Statistique appliquée

Initiation à l'analyse des données statistiques

Gilles Grenon et Suzanne Viau

Statistique appliquée

Initiation à l'analyse des données statistiques

⬜⬜ **gaëtan morin**
éditeur

Montréal ▫ Paris ▫ Casablanca

Données de catalogage avant publication (Canada)

Grenon, Gilles

    Statistique appliquée: initiation à l'analyse des données statistiques

    Comprend des réf. bibliogr. et un index.
    Pour les étudiants du niveau collégial.

    ISBN 2-89105-662-0

    1. Statistique mathématique.   2. Statistique mathématique – Problèmes et exercices.   I. Viau, Suzanne.
II. Titre.

    QA276.12.G76 1997   519.5   C97-940838-5

Montréal, Gaëtan Morin Éditeur ltée
171, boul. de Mortagne, Boucherville (Québec), Canada J4B 6G4. Tél.: (514) 449-2369
Paris, Gaëtan Morin Éditeur, Europe
27 bis, avenue de Lowendal, 75015 Paris, France. Tél.: 01.45.66.08.05
Casablanca, Gaëtan Morin Éditeur – Maghreb S.A.
Rond-point des sports, angle rue Point du jour, Racine, 20000 Casablanca, Maroc. Tél.: 212 (2) 49.02.17

Révision linguistique: Ginette Laliberté

Imprimé au Canada

Dépôt légal 3e trimestre 1997 – Bibliothèque nationale du Québec – Bibliothèque nationale du Canada

1 2 3 4 5 6 7 8 9 0   G M E 9 7   6 5 4 3 2 1 0 9 8 7

Remerciemen

Merci à François Dionne, éditeur, pour ses commentaires, ses suggestions et se. encouragements dans la réalisation de ce volume ;

Merci à Christiane Desjardins, chargée de projet, pour son souci du détail et de la précision.

Merci à Diane Demers, réviseure scientifique, pour ses commentaires ;

Merci à Marie Blain, pour la révision des exercices et du corrigé ;

Merci à nos collègues, pour leurs suggestions et leur collaboration lorsqu'ils ont expérimenté le manuscrit ;

Merci à nos élèves, qui nous ont grandement motivés par leurs réactions positives et leurs commentaires ;

Enfin, merci à nos familles pour leur compréhension et leur patience, car écrire un volume est une entreprise très exigeante.

Avant-pro

Cet ouvrage met l'accent sur l'interprétation des résultats et vise à rendre l'é.
apte à lire, à comprendre et à interpréter les données statistiques contenues dans ic.
articles de journaux et de revues. Loin de nous l'idée de former des spécialistes de
l'application de formules, d'autant plus qu'avec la nouvelle technologie les calculatrices et les ordinateurs éliminent la tâche ardue des calculs.

Après un bref historique, une description des étapes pour réaliser une étude statistique et une mise en place du vocabulaire de base, nous abordons l'étude des différents types de variables. Ainsi, pour chaque type de variable, nous expliquons la
présentation sous forme de tableaux et de graphiques, nous définissons et nous in-
terprétons, s'il y a lieu, les différentes mesures de tendance centrale, de dispersion
et de position. De plus, nous avons intégré un chapitre portant sur l'interprétation
des informations contenues dans des tableaux et des graphiques tels qu'ils apparaissent dans les journaux et les revues. Nous poursuivons avec les variables aléatoires et les modèles de distribution binomiale et normale, l'inférence sur une
moyenne et une proportion, l'association statistique entre deux variables, l'ajustement à une distribution et les séries chronologiques.

Le présent ouvrage offre quelques particularités. Le fait d'étudier les variables par
type permettra à l'élève de faire l'analyse complète d'une variable. En outre, la plupart des exemples et des exercices présentés tout au long des chapitres sont basés
sur des cas réels qui sont tirés de l'actualité, et ce afin de mieux capter et de main-
tenir l'intérêt de l'élève. Enfin, un corrigé détaillé de tous les exercices apparaît à
la fin du volume. L'expérience nous a démontré que l'élève apprécie cet outil et
qu'il acquiert plus de confiance en lui. Le corrigé permet à l'élève de vérifier et
d'améliorer sa compréhension, puis l'incite à soigner la présentation des solutions
dans les devoirs et les examens.

Bref, nous avons voulu faire un volume basé sur les notions mathématiques élé-
mentaires et les notions préparatoires à l'université ou au marché du travail en respectant les objectifs des programmes. De façon générale, nous abordons les
différentes notions dans un langage simple et accessible.

Table des matières

Remerciements V
Avant-propos VII

PARTIE I   LES STATISTIQUES DESCRIPTIVES

CHAPITRE 1   LA PLACE DES STATISTIQUES 3

1.1   Historique 4
1.2   L'étude statistique 6
        1.2.1   L'aspect administratif 7
        1.2.2   L'analyse statistique 7

CHAPITRE 2   L'ÉCHANTILLONNAGE 9

2.1   La population, l'unité statistique et l'échantillon 10
Exercices 13
2.2   Les méthodes d'échantillonnage 15
        2.2.1   Les méthodes d'échantillonnage aléatoire 16
        2.2.2   Les méthodes d'échantillonnage non aléatoire 20
Exercices 22

CHAPITRE 3   LES DONNÉES 23

3.1   Les variables statistiques et les données 24
        3.1.1   Les variables quantitatives 24
        3.1.2   Les variables qualitatives 28
Exercices 29
3.2   Les échelles de mesure 31
        3.2.1   L'échelle de rapport 31
        3.2.2   L'échelle d'intervalle 32
        3.2.3   L'échelle ordinale 34
        3.2.4   L'échelle nominale 36
Exercice 38
3.3   Les données construites 39
        3.3.1   La proportion 39
        3.3.2   Le pourcentage 41
        3.3.3   Le taux 43
        3.3.4   L'indice 48
        3.3.5   Le pourcentage de variation dans le temps 49
        3.3.6   Le ratio 57
Exercices 58

CHAPITRE 4 **LA DESCRIPTION STATISTIQUE DES DONNÉES :**
LES VARIABLES QUANTITATIVES 63

4.1 Les variables quantitatives discrètes 64
    4.1.1 La présentation sous forme de tableau 64
    4.1.2 La présentation sous forme de graphique 67
    4.1.3 Les mesures de tendance centrale 68
    4.1.4 Les mesures de dispersion 78
    4.1.5 Les mesures de position 87
    4.1.6 Un dernier exemple 90
Exercices 93
4.2 Les variables quantitatives continues 96
    4.2.1 La présentation sous forme de tableau 96
    4.2.2 La présentation sous forme de graphique 100
    4.2.3 Les mesures de tendance centrale 103
    4.2.4 Les mesures de dispersion 110
    4.2.5 Les mesures de position 115
    4.2.6 Quelques cas particuliers 118
Exercices 130

CHAPITRE 5 **LA DESCRIPTION STATISTIQUE DES DONNÉES :**
LES VARIABLES QUALITATIVES 135

5.1 Les variables qualitatives à échelle ordinale 136
    5.1.1 La présentation sous forme de tableau 136
    5.1.2 La présentation sous forme de graphique 138
    5.1.3 Les mesures de tendance centrale 140
    5.1.4 Les mesures de dispersion et de position 142
    5.1.5 Un dernier exemple 142
Exercices 144
5.2 Les variables qualitatives à échelle nominale 146
    5.2.1 La présentation sous forme de tableau 146
    5.2.2 La présentation sous forme de graphique 148
    5.2.3 Les mesures de tendance centrale 151
    5.2.4 Les mesures de dispersion 151
    5.2.5 Un dernier exemple 152
Exercices 153

CHAPITRE 6 **LA LECTURE DE TABLEAUX ET DE GRAPHIQUES** 155

6.1 La lecture d'un tableau à double entrée 156
6.2 La lecture de différents types de tableaux 159
6.3 La lecture de différents types de graphiques 161
Exercices 164

PARTIE II **LES MODÈLES PROBABILISTES**

CHAPITRE 7 **LES EXPÉRIENCES ALÉATOIRES ET LES PROBABILITÉS** 177

7.1 L'expérience aléatoire et l'espace échantillonnal (Ω) 178
Exercices 182
7.2 Un événement 182
Exercices 186

7.3   La probabilité d'un événement (P(A) . . . .
Exercices . . . .
     7.3.1   La relation entre P(A $\cup$ B) et P(A $\cap$ B) *187*
     Exercice *9*
     7.3.2   La probabilité conditionnelle (P(A | B)) . . . .
     Exercices . . . .
     7.3.3   Les événements indépendants . . . .
     Exercices . . . .
     7.3.4   Les arrangements et les combinaisons . . . .
     Exercices . . . .
Exercices récapitulatifs 218

CHAPITRE 8 **LES VARIABLES ALÉATOIRES** 221

8.1   La variable aléatoire : définition 222
8.2   La variable aléatoire discrète 224
     8.2.1   La distribution de probabilités 224
     8.2.2   La moyenne et l'écart type d'une variable aléatoire discrète 227
     Exercices 231
     8.2.3   La distribution binomiale B(n ; π) 232
     Exercices 239
8.3   La variable aléatoire continue 240
     8.3.1   La fonction de densité 240
     8.3.2   La distribution normale N(μ ; σ^2) 242
     Exercices 254
     8.3.3   L'approximation de la distribution binomiale par la distribution normale 256
     Exercices 262
Récapitulation 264

CHAPITRE 9 **LES DISTRIBUTIONS D'ÉCHANTILLONNAGE** 265

9.1   La distribution d'une proportion 266
Exercices 275
9.2   La distribution d'une moyenne 276
Exercices 288
Récapitulation 290

PARTIE III   L'INFÉRENCE STATISTIQUE

CHAPITRE 10 **L'ESTIMATION** 293

10.1 Les estimateurs 294
10.2 L'estimation d'une moyenne 295
     10.2.1 L'estimation ponctuelle 295
     Exercices 296
     10.2.2 L'estimation par intervalle de confiance 297
          A. Le cas où l'écart type σ est connu 298
          Exercices 308
          B. Le cas où l'écart type σ est inconnu et $n \geq 30$ 310
          Exercices 314
          C. Le cas où l'écart type σ est inconnu et $n < 30$ 315
          Exercices 319
10.3 L'estimation d'une proportion 320

10.3.1 L'estimation ponctuelle 320
10.3.2 L'estimation par intervalle de confiance 323
Exercices 329
Récapitulation 330
Exercices récapitulatifs 331

CHAPITRE 11 LES TESTS D'HYPOTHÈSES 333

11.1 Le test d'hypothèses sur une moyenne 334
Exercices 347
11.2 Le test d'hypothèses sur une proportion 348
Exercices 353
11.3 Les erreurs 353
11.3.1 L'erreur de première espèce 354
11.3.2 L'erreur de deuxième espèce 354
Exercices 358
Récapitulation 359

CHAPITRE 12 L'ASSOCIATION DE DEUX VARIABLES 361

12.1 L'association de deux variables qualitatives 362
12.1.1 Les distributions conditionnelles et la distribution marginale 362
12.1.2 Les fréquences espérées (ou théoriques) 364
12.1.3 La force du lien 366
12.1.4 La vérification de l'existence d'un lien 369
Exercices 375
12.2 L'association de deux variables quantitatives 377
12.2.1 Le nuage de points 378
12.2.2 Les droites $x = \bar{x}$ et $y = \bar{y}$ 379
12.2.3 La mesure du degré de corrélation linéaire entre deux variables quantitatives . 380
12.2.4 La droite de régression 383
12.2.5 Le coefficient de détermination 385
12.2.6 La signification de l'existence d'un lien linéaire 388
Exercices 391

CHAPITRE 13 LE TEST D'AJUSTEMENT 397

13.1 L'ajustement à une distribution théorique 398
13.2 La vérification de la représentativité d'un échantillon 405
Exercices 408

CHAPITRE 14 LES SÉRIES CHRONOLOGIQUES 411

14.1 Les composantes d'une série chronologique 412
14.1.1 La tendance à long terme T 413
14.1.2 La variation cyclique C 414
14.1.3 La variation saisonnière S 415
14.1.4 La variation aléatoire ou irrégulière I 416
14.2 La relation entre les composantes d'une série chronologique 417
14.2.1 Le modèle additif 417
14.2.2 Le modèle multiplicatif 418
14.3 Les types de lissage 419
14.3.1 Les moyennes mobiles centrées MMC 419
14.3.2 Le lissage linéaire 429
14.3.3 Le lissage exponentiel 435

Récapitulation 443

Exercices 444

Bibliographie 447

Corrigé des exercices 449

ANNEXE   **LES TABLES** 541

Table 1 – La distribution binomiale 542

Table 2 – La distribution normale 552

Table 3 – La distribution de Student 553

Table 4 – La distribution du khi deux 554

Index 555

PARTIE I

LES STATISTIQUES DESCRIPTIVES

CHAPITRE 1   La place des statistiques

CHAPITRE 2   L'échantillonnage

CHAPITRE 3   Les données

CHAPITRE 4   La description statistique des données : les variables quantitatives

CHAPITRE 5   La description statistique des données : les variables qualitatives

CHAPITRE 6   La lecture de tableaux et de graphiques

CHAPITRE
1
La place
des statistiques

George H. Gallup (1901-1984), statisticien américain. Il fonda en 1935 l'American Institute of Public Opinion et en 1947 l'International Association of Public Opinion. Son institut fut le premier à mesurer l'opinion publique de façon objective et scientifique. M. Gallup a reçu plus de 10 doctorats honorifiques d'universités de partout dans le monde[1].

1. L'illustration provient de http://www.takapiru.fi/Gallup/Gallup International/Gall3.html.

1.1   HISTORIQUE

C'est au XVIIe siècle qu'apparaissent les statistiques dans les études à caractère social en Angleterre, en France et en Allemagne. À la suite de la guerre de Trente Ans (1618-1648), le peuple allemand sentit le besoin de faire le point sur la situation. Le mot statistique vient de l'allemand *statistik* qui voulait dire, à l'origine, mélange de géographie, d'histoire, de loi, d'administration publique et de science politique. À l'intérieur des villes, les Allemands ont alors recueilli des informations portant sur ces différents sujets. Ils ont même créé une école de statistique dont le siège était à l'Université de Göttingen.

Toutefois, c'est en Angleterre que l'évolution des statistiques eut le plus d'ampleur. Après l'épidémie qui ravagea Londres en 1665, il devenait essentiel de dénombrer la population. John Graunt (1620-1674) fut l'un des instigateurs de cette étude qui porta aussi sur la migration de la population de Londres vers d'autres régions. Par ailleurs, son influence s'étendit à Jean-Baptiste Colbert, ministre des Finances en France, qui publia un relevé des naissances, des mariages et des décès pour son pays en 1667. En 1693, l'astronome anglais Edmond Halley, observateur de la comète qui porte maintenant son nom, établit une table de mortalité similaire à celle dont se servent les compagnies d'assurances aujourd'hui. À cette époque, plusieurs gouvernements nationaux étaient intéressés à connaître la taille de leur population et de leur armée.

En 1697, la France entreprit « La grande enquête », qui portait sur une multitude d'aspects sociaux. L'objectif de cette enquête était de mettre en évidence les conséquences indésirables de la politique de guerre de Louis XIV et de sa taxation excessive. On se servit des résultats de cette enquête jusqu'en 1762, année de la deuxième grande enquête.

Entre 1750 et 1850, on assista à plusieurs études sociales, tant en France qu'en Angleterre. Une première estimation de la taille de la population française fut faite en 1778, et celle-ci fut évaluée à 23 687 409 habitants. Marie Jean Antoine Nicolas de Caritat, marquis de Condorcet, philosophe, mathématicien et homme politique français, se servit des probabilités en 1785 pour étudier les résultats des verdicts judiciaires et des élections. Dans les années 1785-1789, le chimiste Antoine Laurent de Lavoisier et le mathématicien et physicien Pierre Simon, marquis de Laplace, étudièrent l'organisation des hôpitaux en France et en Europe. En 1800-1801, on vit apparaître le Bureau de la statistique de la République. En 1801, l'Angleterre adopta le principe voulant qu'un recensement soit effectué tous les 10 ans. En 1833, à Paris, on entreprit des études sur la santé, la justice et la prostitution. En 1880, William Booth, fondateur de l'Armée du Salut (1878), fit une étude sur la pauvreté en Angleterre.

Il ne faut pas croire qu'il ne se passait rien au Canada. Déjà en 1666, l'intendant de la Nouvelle-France, Jean Talon, entreprenait le dénombrement de la population de la colonie. Au Québec, après 1867, année de la Confédération du Canada (réunion des provinces du Nouveau-Brunswick, de la Nouvelle-Écosse, de l'Ontario et du Québec), le gouvernement vota des lois concernant la collecte de données dans les domaines suivants : l'éducation, l'agriculture, les municipalités et l'état civil.

Depuis 1871, l'une des principales tâches du gouvernement canadien fut d'organiser un recensement tous les 10 ans. En 1905, le gouvernement canadien créa le Bureau des recensements et statistiques, mais ce dernier ne put mener à bien son nouveau mandat. En effet, il dut faire face à des résistances de la part de certains ministères et de gouvernements provinciaux. C'est en 1918 que le Bureau fédéral de la statistique fut officiellement créé. En 1971, il devient Statistique Canada et, la même année, la nouvelle Loi concernant la statistique du Canada exige la tenue d'un recensement de la population tous les cinq ans. Le 9 décembre 1912, le premier ministre du Québec, Lomer Gouin, présenta un projet de loi concernant la création du Bureau de la statistique du Québec (BSQ). Le 21 décembre, ce projet obtient la sanction royale. Dès 1917, le BSQ publie des informations sur l'enseignement, les municipalités, la justice, les établissements pénitentiaires et les corporations scolaires.

De 1890 à 1940, deux statisticiens firent en sorte que la statistique devienne une science ; il s'agit du mathématicien Karl Pearson et du biologiste Sir Ronald Aylmer Fisher, deux Anglais de la région de Londres. Pendant cette période, l'évolution de la statistique fut dominée par les Anglais, qui l'appliquèrent à plusieurs domaines. En sciences humaines, il ne s'agissait plus seulement de recueillir des informations, mais aussi de découvrir les lois qui régissent les phénomènes humains. Dès lors, la science avait remplacé l'intuition. Depuis, plusieurs maisons de sondage sont nées : Crop, Gallup, Léger et Léger, etc. Chaque individu est régulièrement informé par les résultats de sondages qui peuvent porter sur des sujets aussi divers que les élections, la religion, des émissions de télévision, le chômage ou la vie de couple. Les statistiques font maintenant partie de la vie courante !

> L'ère moderne des sondages a commencé au Québec avec la Révolution tranquille. La première firme québécoise célèbre cette année son 30e anniversaire : fondé en 1965, le Centre de recherche sur l'opinion publique — mieux connu sous le nom de CROP — a fait sa première enquête chez les membres de l'Alliance des professeurs de Montréal. L'ère des ordinateurs n'étant pas encore arrivée, le président fondateur de CROP, Yvan Corbeil, en avait compilé les résultats à la main.

> En fait, quelques précurseurs avaient déjà tâté du métier : le Groupe de recherches sociales, rattaché à l'Université de Montréal, a effectué le premier sondage politique québécois en 1959, pour le Parti libéral, qui cherchait à formuler son programme électoral et sa campagne de 1960. Pendant quelques années, la technique n'a d'ailleurs été utilisée qu'à des fins confidentielles, d'abord par les gouvernements, puis par les grands manufacturiers et distributeurs de produits de consommation.

> Dans les années 60, les sondages étaient surtout socioculturels : le Québec de la Révolution tranquille avait besoin d'un miroir de lui-même pour opérer des changements, se moderniser. Les sondeurs en ont cependant tiré une expérience telle qu'ils ont tout naturellement abordé les études de commercialisation. Les années 70 ont été marquées par l'émergence de l'entrepreneurship et, surtout, du marketing : les rares maisons de sondage alors existantes sont allées convaincre les dirigeants d'entreprise de la nécessité de savoir ce que leurs clients pensaient d'eux, de leurs produits. Depuis le début des années 80, ce type d'enquête constitue le gros de leur travail.

> Aux États-Unis, on utilise les sondages depuis longtemps. G.H. Gallup, journaliste et statisticien américain, a élaboré sa théorie de l'échantillonnage à la fin des années 20 et a effectué son premier sondage préélectoral — pour sa belle-mère,

qui se présentait au Sénat ! — en 1932. Mais la technique fut réellement lancée lors des élections américaines de 1936 lorsque Gallup annonça, contredisant ainsi les spécialistes, les médias et les questionnaires publiés dans les journaux à grand tirage, la victoire de Franklin D. Roosevelt. On n'allait plus revenir en arrière.

Au Québec, pourtant, les sondages politiques devaient longtemps rester une technique controversée. Controversée pour ses résultats, controversée parce qu'on en craignait les effets. Cela est peut-être dû à l'incident de parcours aujourd'hui célèbre qui a marqué les premiers grands sondages politiques québécois. En 1966, ils donnaient Jean Lesage gagnant aux élections. Or, c'est Daniel Johnson qui est devenu premier ministre ! En réalité, Jean Lesage avait obtenu beaucoup plus de voix que son adversaire. Mais les sondages de l'époque ne tenaient pas compte de la répartition par circonscriptions. Aujourd'hui, on évite de faire ce genre d'erreur.

« Il n'y a pas eu de révolution dans le domaine, dit Alain Giguère, l'actuel président de CROP. Notre travail repose toujours sur les mathématiques statistiques. Toutefois, nos programmes informatiques sont de plus en plus perfectionnés, les techniques plus raffinées, même si les questions sont les mêmes qu'il y a 25 ans. La science du sondage a appris de ses erreurs[2]. »

1.2 L'ÉTUDE STATISTIQUE

Pour parvenir à examiner, à comprendre et à circonscrire un ou des phénomènes sociaux, économiques ou autres, le responsable de l'étude doit effectuer une recherche appropriée et méthodique.

Les sources d'information à la disposition du chercheur sont variées. Ce dernier peut consulter la documentation existante sur le sujet, procéder par expérimentation, c'est-à-dire par observation directe d'une expérience, ou effectuer une étude statistique. Dans ce dernier cas, son étude statistique peut se faire en effectuant le recensement de la population (recueillir des informations auprès de chacune des unités constituant la population) ou en utilisant un échantillon (une partie des unités formant la population). Le sondage est précisément une enquête menée auprès d'un échantillon d'une population que l'on veut étudier.

À titre d'exemple, Statistique Canada effectue régulièrement des enquêtes sociales auprès des citoyens canadiens. Il peut s'agir de recensements de la population qui sont effectués tous les cinq ans, mais aussi d'enquêtes sociales générales qui portent sur différents thèmes comme la famille, le revenu, la santé, les habitudes de vie, etc. Différentes revues et divers journaux publient souvent des sondages sur des sujets d'actualité comme l'intention de vote des Canadiens ou des Québécois ou le type de publicité utilisée par les petites et moyennes entreprises (PME). En outre, on se sert aussi des statistiques pour procéder au contrôle de la qualité, c'est-à-dire vérifier si le produit fini est conforme aux normes en vigueur, pour étudier les fluctuations du marché boursier, pour mesurer le degré de satisfaction du client au sujet d'un nouveau produit ou service, etc.

---

2. Ce texte est tiré intégralement de l'article de Paré, Jean. « *Vox populi* », *L'Actualité,* 1er décembre 1995, p. 59.

De manière générale, pour la plupart des études statistiques, le chercheur dispose d'informations statistiques qu'il doit analyser. Il s'agira d'une part de présenter et d'analyser ces informations sous une forme numérique et, d'autre part, d'apporter une conclusion et de prendre des décisions à partir de cette analyse[3]. Le propos d'une étude statistique est d'étudier méthodiquement un ou des faits par des procédés numériques.

Dans la conception et la planification de l'étude statistique, le chercheur considère deux parties principales, soit l'aspect administratif du travail et l'analyse statistique en tant que telle.

1.2.1 L'aspect administratif

La planification administrative du travail comprend les éléments suivants :

– **La définition de l'objet général de l'étude**

Avec l'aide de la personne responsable de l'étude, il s'agit de définir les objectifs poursuivis : Quelle est la problématique ? Pourquoi étudier cette problématique ?

– **La faisabilité de l'étude**

Après avoir défini les objectifs, la personne chargée de l'étude en examine la faisabilité, c'est-à-dire le budget, l'échéancier et l'équipe de travail, compte tenu respectivement des ressources financières, organisationnelles et techniques mises à sa disposition. Certains aspects comme le coût et le temps peuvent influer sur l'ampleur du projet ou sur le choix d'une méthode d'échantillonnage.

1.2.2 L'analyse statistique

La partie concernant l'analyse statistique au sens propre comprend les étapes suivantes.

Première étape : La définition des hypothèses statistiques

Il s'agit de mettre certains aspects de l'objet à l'étude sous forme d'hypothèses à vérifier. Par exemple, le revenu moyen des Canadiens est supérieur à celui des Canadiennes ou, encore, plus de 80 % des Québécois possèdent un téléviseur couleur.

Deuxième étape : La définition de la population

Il faut définir la population à l'étude en établissant, si c'est possible, la liste exhaustive de toutes ses unités (les membres). Il peut s'agir des hommes ou des femmes au travail, des Québécois, des francophones d'Ontario, des Canadiens âgés de 18 ans et plus, des entreprises inscrites à la Chambre de commerce de Montréal, etc.

---

3. Une étude statistique peut être soit qualitative, soit quantitative ou les deux à la fois. La recherche qualitative se déroule habituellement dans le milieu naturel des participants. Il ne s'agit pas de vérifier des hypothèses émises à priori, mais d'observer et de décrire le phénomène étudié. Comme l'objet du présent ouvrage porte sur l'analyse statistique, nous n'aborderons pas les méthodes qualitatives.

Troisième étape : L'élaboration du plan de collecte des données

Le choix du type de recherche. Il faut déterminer si la recherche se fera en utilisant toute la population (établie par recensement) ou une partie représentative de la population (l'échantillon).

Dans le cas d'un sondage auprès d'un échantillon, les facteurs suivants doivent être considérés :

– La méthode d'échantillonnage. Il s'agit d'opter pour une méthode de sélection des unités visées par l'étude. Les unités peuvent être prises au hasard (quatre méthodes seront présentées à la sous-section 2.2.1) ou peuvent ne pas être prises au hasard (quatre méthodes seront décrites à la sous-section 2.2.2).
– La taille de l'échantillon. Il faut évaluer le nombre d'unités à considérer. Ce nombre, appelé taille de l'échantillon, ainsi que la méthode d'échantillonnage dépendront du niveau de précision désiré, du temps alloué, du budget accordé et du taux de réponses prévu.
– Le tirage de l'échantillon. Il s'agit de choisir les unités selon la méthode d'échantillonnage retenue.

Quatrième étape : La conception du questionnaire

Si un questionnaire s'avère nécessaire, on le concevra en collaboration avec la personne responsable de la recherche, et ce pour vérifier la pertinence des questions. Les questions doivent être claires. Il faut éviter les questions agressives, choquantes ou trop directes, ainsi que les éléments qui peuvent influer sur le choix des réponses. Le questionnaire doit être le plus court possible. Pour vérifier la représentativité des répondants, il faut poser des questions sur des sujets dont les résultats sont connus à propos de cette même population. Les questions d'identification doivent être placées au début et celles qui exigent une opinion personnelle, à la fin. Il faut limiter le nombre de questions ouvertes, c'est-à-dire les questions d'opinion qui ne proposent pas de choix de réponses.

Cinquième étape : La collecte des données

Il s'agit de préciser la façon de recueillir les informations : par le biais d'un entretien téléphonique, d'un envoi postal, d'un envoi postal suivi d'un rappel téléphonique. Tout dépend de l'échéancier et du budget alloué à la recherche. Il faut tenter de joindre les non-répondants, leur expliquer la nécessité de collaborer et le principe de la confidentialité, leur faire parvenir une enveloppe-réponse timbrée, leur proposer éventuellement un cadeau ou communiquer avec eux à différentes reprises. Après plusieurs tentatives, s'il reste encore des non-répondants, il convient d'étudier les raisons permettant d'expliquer ce résultat et la répartition des non-répondants.

Sixième étape : Le dépouillement et la description

Il s'agit de regrouper les informations sous forme de tableaux ou de graphiques et d'effectuer le calcul de certaines mesures.

Septième étape : L'estimation et la conclusion

Il faut s'interroger sur la possibilité de généraliser les résultats à l'ensemble de la population : cette méthode de généralisation est appelée inférence statistique. Il faut répondre à certaines questions : Les résultats sont-ils fiables ? Dans quelle proportion ? Quelle est la marge d'erreur associée à ces résultats ? Quelles sont les conclusions de la recherche ? Les résultats confirment-ils les hypothèses de départ ?

Huitième étape : La rédaction du rapport final

Il s'agit de présenter les conclusions de l'étude en relation avec les objectifs généraux visés par la personne responsable de la recherche.

CHAPITRE
2
L'échantillonnage

Gertrude Mary Cox (1900-1978), statisticienne américaine, fut professeure de statistiques à la North Carolina State University at Raleigh. Son but était de simplifier l'application des statistiques dans les domaines de la biologie et de l'agriculture. En 1950, elle publia un volume sur les plans d'expérience en statistiques, en collaboration avec William G. Cochran. En 1947, elle créa la Biometric Society. Elle fut présidente de l'Americain Statistical Association en 1956 et de la Biometric Society en 1968 et en 1969. Elle fut, en 1949, la première femme à être élue à l'International Statistical Institute. Elle fut également élue à la National Academy of Sciences en 1975[1].

1. L'illustration est extraite de Stinnett, Sandra et coll. *The American Statistician*, vol. 44, n° 2, mai 1990, p. 75.

2.1 LA POPULATION, L'UNITÉ STATISTIQUE ET L'ÉCHANTILLON

L'ensemble de tous les individus, des groupes d'individus, des objets ou des phénomènes concernés par une étude statistique s'appelle la **population** : à chaque étude correspond une population précise. Il est important que la population soit clairement définie, car les conclusions qui seront tirées à la fin de l'étude statistique porteront uniquement sur cette population.

Chaque élément de la population est une source unique d'informations statistiques. Chacun de ces éléments est appelé une **unité statistique**. Le nombre d'unités statistiques comprises dans la population se nomme la **taille de la population**, qui sera notée par la lettre N.

Les unités statistiques considérées pour faire l'étude forment l'**échantillon**. Le nombre d'unités dans l'échantillon se nomme la **taille de l'échantillon**, qui sera notée par la lettre n. Les raisons pour lesquelles toute la population n'est pas utilisée pour une recherche sont variées. Il s'agit, par exemple, de facteurs de faisabilité tels que le coût ou le temps.

Lorsqu'on parle de population, d'unité statistique et d'échantillon, on parle des mêmes éléments, mais en considérant des quantités différentes (figure 2.1).

Ainsi, si la population étudiée est l'ensemble de tous les élèves du cégep (par exemple $N = 3\,000$), l'unité statistique sera un élève du cégep, et l'échantillon sera composé de plusieurs élèves du cégep (par exemple $n = 279$).

FIGURE 2.1
Population, unité statistique et échantillon

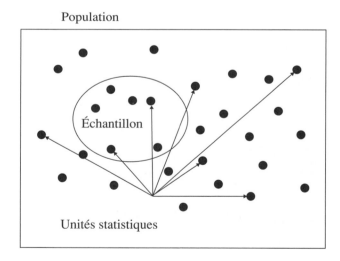

Lorsqu'on publie les résultats d'un sondage, on précise généralement la méthodologie du sondage à partir de laquelle il est possible de reconnaître la population à l'étude, la taille de l'échantillon et la façon dont les unités statistiques ont été prises (la méthode d'échantillonnage).

EXEMPLE 2.1

« Selon un sondage d'Ad hoc recherche, de Montréal, 43,5 % des adultes québécois ont un ou plusieurs régimes enregistrés d'épargne retraite (REER) et 34 % prévoient cotiser à un tel régime pour l'année fiscale 1996[2]. »

Ce sondage a été effectué auprès de 1 029 répondants québécois de 18 ans et plus.

Objet d'étude	Connaître la situation et l'intention des Québécois relativement aux régimes enregistrés d'épargne-retraite
Population	**Tous** les Québécois âgés de 18 ans et plus
Taille de la population	La taille précise de cette population, difficile à évaluer, est d'environ 4 500 000. $N \approx 4\ 500\ 000$
Unité statistique	**Un** Québécois âgé de 18 ans et plus
Échantillon	**Les 1 029** Québécois, âgés de 18 ans et plus, interrogés
Taille de l'échantillon	$n = 1\ 029$

EXEMPLE 2.2

Le 31 octobre 1994, journée d'Halloween, le journal *La Presse* publiait les résultats d'un sondage Gallup effectué auprès de 1 005 Canadiens. Le sondage avait été réalisé pour étudier les croyances dictées par la superstition[3].

Objet d'étude	Connaître les croyances superstitieuses des Canadiens
Population	**Tous** les Canadiens
Taille de la population	La taille précise de cette population, difficile à évaluer, est d'environ 27 200 000. $N \approx 27\ 200\ 000$
Unité statistique	**Un** Canadien
Échantillon	**Les 1 005** Canadiens interrogés
Taille de l'échantillon	$n = 1\ 005$

EXEMPLE 2.3

À partir des données du recensement de 1991 effectué par Statistique Canada[4], il s'agit de faire une étude sur le revenu annuel des familles canadiennes comptant au moins un enfant ou un jeune vivant à la maison, en 1990.

---

2. Gagné, Jean-Paul. « 43,5 % des Québécois ont un REER et 34 % prévoient contribuer une moyenne de 2 800 $ pour 1996 », *Journal Les Affaires*, 4 janvier 1997, p. 39.
3. « Les Québécois croient moins au démon que les autres Canadiens », *La Presse*, Sondage Gallup, 31 octobre 1994, p. A10.
4. Exemple adapté de Rashid, Abdul. *Le revenu des familles au Canada*, Ottawa, Statistique Canada, Catalogue 96-318F, 1994.

Objet d'étude	Connaître le revenu annuel des familles canadiennes comptant au moins un enfant ou un jeune vivant à la maison, en 1990
Population	**Toutes** les familles canadiennes comptant au moins un enfant ou un jeune vivant à la maison, en 1990
Taille de la population	La taille précise de cette population, difficile à évaluer, est d'environ 4 350 000. $N \approx 4\,350\,000$
Unité statistique	**Une** famille canadienne comptant au moins un enfant ou un jeune vivant à la maison, en 1990
Échantillon	**Toutes** les familles canadiennes comptant au moins un enfant ou un jeune vivant à la maison, en 1990
Taille de l'échantillon	$n \approx 4\,350\,000$. Lorsqu'il s'agit d'un recensement, toutes les unités statistiques sont prises en considération, ce qui signifie que toutes les familles sont interrogées. Dans ce cas, l'échantillon correspond à la population.

EXEMPLE 2.4

Un collège a effectué une étude sur le nombre d'élèves, par groupe-cours, qui abandonnent le cours auquel ils sont inscrits. Le collège a effectué cette étude à partir de 30 groupes-cours parmi les 600 groupes-cours de cette session.

Objet d'étude	Déterminer le nombre d'élèves qui abandonnent le cours par groupe-cours
Population	**Tous** les groupes-cours de cette session
Taille de la population	$N = 600$
Unité statistique	**Un** groupe-cours de cette session
Échantillon	**Les 30** groupes-cours sélectionnés de cette session
Taille de l'échantillon	$n = 30$

Note : L'unité statistique n'est pas un élève mais un groupe d'élèves, puisque l'information recherchée concerne les groupes-cours et non les élèves considérés individuellement. Cette information représente le nombre d'élèves du groupe-cours qui ont abandonné le cours ; on aurait pu aussi bien désirer comme information le nombre de filles dans chaque groupe-cours, le résultat scolaire moyen de chaque groupe-cours, le poids moyen des élèves de chaque groupe-cours, le nombre de fois par semaine que le groupe-cours rencontre son professeur.

De la même manière, dans l'exemple 2.3, l'unité statistique était une famille canadienne comptant au moins un enfant ou un jeune vivant à la maison.

EXERCICES

Pour chacun des exercices suivants, déterminez :
a) l'objet d'étude ;
b) la population ;
c) l'unité statistique ;
d) l'échantillon ;
e) la taille de l'échantillon.

2.1 « Le nombre de PME qui utilisent Internet a doublé depuis à peine plus d'un an, regroupant désormais un peu plus du tiers des entreprises.

« Elles s'en servent surtout pour dénicher de l'information sur leur marché et leurs concurrents, mais aussi pour échanger des données et des documents. Toutefois, le commerce électronique proprement dit avec leurs fournisseurs et leurs clients demeure encore marginal.

« C'est ce qui se dégage des résultats du sondage mensuel auprès des dirigeants de PME au Québec qui est réalisé pour La Presse et la Banque Nationale par le Groupe Everest. […]

« L'enquête a été effectuée […] auprès des dirigeants de 301 PME. Celles-ci emploient entre 10 et 200 personnes et leur chiffre d'affaires dépasse 500 000 $ par an[5]. »

2.2 Dans un article intitulé « Les Québécois s'opposent à l'agrandissement du Casino », on publiait les résultats d'un sondage effectué par SOM – La Presse – Radio-Québec, auprès de 1 002 répondants joints par téléphone parmi la population québécoise entre le 26 novembre et le 1er décembre 1993. La question posée était : « Êtes-vous d'accord avec le projet du gouvernement du Québec d'investir 75 millions dans l'agrandissement du Casino[6] ? ».

2.3 Une compagnie d'articles de sport produit et vend des balles de golf. Supposons qu'elle vient de vous engager pour vérifier quotidiennement la production des boîtes contenant trois balles de golf. Chaque jour, vous devez prendre au hasard 100 boîtes de balles de golf et vérifier si les normes de qualité sont respectées.

2.4 « Pour la première fois depuis que l'Institut Gallup cherche à connaître l'opinion des Canadiens sur le Sénat, plus de la moitié d'entre eux (55 p. cent) semblent aujourd'hui en faveur de son abolition.

« Les conclusions du sondage se fondent sur 1 010 interviews effectuées entre le 8 et le 13 juillet 1993 auprès de Canadiens âgés de 18 ans et plus[7]. »

2.5 Les profils de travail et de scolarité des conjoints ont évolué considérablement entre 1970 et 1990. En effet, à partir de données provenant des recensements des années 1971 et 1991, on a effectué une étude auprès des couples canadiens et on a obtenu les résultats suivants : la proportion des couples canadiens dont les deux conjoints travaillent est passée de 42,0 % à 62,4 %, alors que la proportion des couples canadiens dont les deux conjoints n'ont pas terminé leurs études secondaires est tombée de 52,2 % à 24,2 %. Par contre, la proportion des couples dont les deux conjoints détenaient un grade universitaire est passée de 1,8 % à 6,4 % durant cette période[8].

2.6 « C'est connu, les Québécois paient beaucoup d'impôts et sont taxés en long et en large. Alors quand les banques et les caisses populaires se mettent de la partie en tarifant les opérations courantes, les consommateurs grincent des dents ! En effet, 54 % des participants à notre sondage trouvent anormal que les banques et les caisses exigent des frais d'administration pour des transactions effectuées dans les comptes personnels. Encore plus (56 %) estiment que ces frais ne sont pas raisonnables[9]. »

Ce sondage, commandé par la Direction de la planification et de la recherche de l'Office de la protection du consommateur, a été effectué par la maison SOM à l'intérieur de son sondage mensuel. Il a été réalisé entre le 8 et le 18 juillet 1994 auprès d'un échantillon représentatif de la population québécoise âgée de 18 ans et plus. Au total, 1 001 entrevues ont été effectuées.

2.7 On a choisi 43 succursales de la Société des alcools du Québec (SAQ) pour effectuer une étude sur la qualité du service dans les succursales.

5. Vallières, Martin. « Internet attire un nombre croissant de PME », *La Presse*, 12 mars 1997, p. D7.
6. Soulié, Jean-Paul. « Les Québécois s'opposent à l'agrandissement du Casino », *La Presse*, Sondage SOM – La Presse – Radio-Québec, 3 décembre 1993, p. A1-A2.
7. « 55 % des Canadiens souhaitent l'abolition du Sénat », *La Presse*, Sondage Gallup, 22 juillet 1993, p. A11.
8. Rashid, Abdul. *Le revenu des familles au Canada*, Ottawa, Statistique Canada, Catalogue 96-318F, 1994, p. 23-27.
9. « Frais bancaires, 1 Québécois sur 2 les trouve déraisonnables », *Protégez-vous*, septembre 1994, p. 28.

2.8 « Les Canadiens se montrent indifférents à leur qualité de vie. [...]

« Les Canadiens se disent très préoccupés :

– à 69 % par la qualité de l'eau (75 % en 1989) ;
– à 65 % par la qualité de l'air (75 % en 1989) ;
– à 58 % par la protection de la forêt (68 % en 1989) ;
– à 57 % par la qualité des aliments (69 % en 1989) ;
– à 53 % par la couche d'ozone (69 % en 1989) ;
– à 42 % par la qualité du sol (60 % en 1989) ;
– à 39 % par l'effet de serre par rapport à 58 % en 1989[10]. »

Ce sondage a été réalisé auprès de 1 009 Canadiens dont 272 Québécois entre le 6 et le 13 juin 1994 par la maison Gallup.

2.9 « Dix-neuf p. cent des Français n'ont lu aucun livre au cours des 12 derniers mois, 29 p. cent en ont lu au moins 5 et seulement 10 p. cent sont de gros lecteurs avec 25 livres et plus, selon un sondage publié à l'occasion de la Fureur de lire 1993. […]

« En 1989, selon une enquête du ministère de la Culture, 25 % n'avaient lu aucun livre durant les 12 derniers mois et 22 % avaient lu au moins 25 livres, contre 10 % actuellement.

« Ce sondage sur les Français et la lecture, à la demande du club de livres France-Loisirs et du ministère de la Culture et de la Francophonie, a été réalisé par la maison SOFRES du 3 au 21 septembre 1993 et porte sur 1 234 individus âgés de 25 ans et plus[11]. »

2.10 « Statistique Canada se penche sur la façon dont les Canadiens occupent leur journée.

« Plus de 33 % des Canadiens se plaignaient d'être constamment stressés, en 1992, en tentant d'assumer au mieux leur travail et leur vie familiale et sociale. [...]

« L'agence fédérale a par ailleurs découvert que tous les adultes, y compris les chômeurs, les retraités et les travailleurs, passaient en moyenne 3,6 heures par jour à faire du travail rémunéré, étalé sur une période de sept jours. Ils passaient le même temps à des travaux non rémunérés, notamment à des tâches domestiques ou à du travail de volontariat.

« Les temps libres de ces personnes représentaient 5,7 heures par jour. Le bloc horaire le plus important, 10,5 heures, était passé à des soins personnels, dont 8,1 heures de sommeil. [...]

« Statistique Canada a aussi découvert que les femmes et les hommes ne passaient pas leur temps aux mêmes occupations. [...]

« En 1992, l'homme travaillait en moyenne 4,5 heures par jour à des travaux rémunérés ou à des activités annexes comme les déplacements, contre 2,7 heures pour la femme.

« [...] L'homme avait des périodes de loisir légèrement plus élevées que la femme, soit 6,0 heures contre 5,5 heures. L'homme regardait également la télévision plus longtemps que la femme, soit 2,4 heures par jour contre 2,0 heures.

« [...] Les femmes représentaient par ailleurs 96 pour cent des 3,4 millions de Canadiens qui ont décrit comme leur principale responsabilité, en 1992, le soin d'entretenir la maison.

« Un peu plus d'un million d'adultes ont assuré que leur principale activité consistait à rechercher un emploi[12]. »

2.11 Le ministère de l'Environnement et de la Faune désirait connaître l'opinion des différentes fédérations sportives du pays concernant le nouveau budget proposé. Il a envoyé un bref questionnaire à chacune des fédérations sportives, les invitant à communiquer leur opinion à ce sujet. Seulement 18 fédérations ont rempli et retourné le questionnaire.

2.12 Une compagnie québécoise a obtenu un contrat de construction en Arabie Saoudite. Elle y a installé un bureau temporaire pour deux ans et a fait venir 45 employés du Québec. Étant éloignés de leur famille, les employés ont fait plusieurs appels interurbains. La compagnie a réalisé une étude sur la durée des appels interurbains effectués par les employés. Elle a sélectionné 36 appels interurbains pour effectuer son étude.

2.13 Le ministère de l'Éducation a effectué un sondage auprès des cégeps afin de déterminer le nombre d'heures consacrées aux laboratoires d'informatique dans les cours autres que les cours d'informatique. Un questionnaire a été envoyé à tous les cégeps. Ces derniers étaient invités à transmettre au ministère le renseignement demandé. Quarante cégeps ont répondu à l'appel.

2.14 Une compagnie vend des crayons de couleur. Supposons qu'elle vient de vous engager pour vérifier quotidiennement la production des boîtes contenant 48 crayons. Chaque jour, vous devez prendre au hasard 150 boîtes de crayons et vérifier la qualité de chacun des crayons de la boîte.

10. « Les Canadiens se montrent indifférents à leur qualité de vie », *La Presse,* Sondage Gallup, 11 juillet 1994, p. A4.
11. « 19 % des Français ne lisent jamais, selon un sondage », *La Presse,* 16 octobre 1993, p. A2.
12. Presse Canadienne. « Statistique Canada se penche sur la façon dont les Canadiens occupent leur journée », *La Presse,* 28 septembre 1993, p. A9.

2.2   LES MÉTHODES D'ÉCHANTILLONNAGE

Lorsqu'une étude statistique est effectuée à l'aide d'un échantillon, la première préoccupation consiste à faire en sorte que cet échantillon soit représentatif de la population qu'on veut étudier. Comment doit-on s'y prendre pour obtenir un tel échantillon ? La façon de choisir les unités de l'échantillon est très importante. L'anecdote suivante le montre bien.

Aux États-Unis, pendant les élections présidentielles de 1936, la revue *Literary Digest* a choisi au hasard 12 millions de citoyens américains à qui elle a fait parvenir un questionnaire. Environ 2 500 000 d'entre eux ont répondu. Les résultats de cet échantillon prédisaient une victoire d'Alf Landon, candidat républicain. Et pourtant, c'est le démocrate Franklin Delano Roosevelt qui a été élu.

De son côté, George Horace Gallup, avec les résultats d'un échantillon d'environ 2 000 personnes, avait prédit la victoire de Roosevelt. En se basant sur un échantillon plus de 1 000 fois plus petit, il a fait une meilleure prédiction. Qui, aujourd'hui, n'a pas entendu parler de la maison de sondage Gallup ?

Par la suite, on a tenté d'analyser les résultats obtenus par la revue *Literary Digest*. Celle-ci avait sélectionné les noms de citoyens américains à partir des listes de propriétaires d'automobiles et de l'annuaire téléphonique. Or, en 1936, qui possédait une automobile ou le téléphone, sinon les personnes financièrement plus à l'aise que les autres ? Comme l'échantillon était constitué d'un trop grand nombre de citoyens bien nantis, il n'était donc pas représentatif du profil socio-économique général de la population américaine de l'époque.

La morale de cette histoire est qu'un grand échantillon ne garantit pas forcément la représentativité de la population étudiée ! Il est préférable d'adopter la méthode d'échantillonnage des unités statistiques la plus adéquate. Afin de sélectionner les unités statistiques d'un échantillon, il faut choisir entre plusieurs méthodes d'échantillonnage. Celles-ci sont regroupées en deux catégories : les méthodes d'échantillonnage aléatoire et les méthodes d'échantillonnage non aléatoire (tableau 2.1). L'échantillonnage est dit aléatoire si **toutes** les unités de l'échantillon sont prises au hasard.

TABLEAU 2.1
Méthodes d'échantillonnage

Méthodes d'échantillonnage aléatoire	Méthodes d'échantillonnage non aléatoire
Aléatoire simple Systématique Stratifié Par grappes (ou amas)	Accidentel ou à l'aveuglette De volontaires Par quotas Au jugé

L'exemple 2.5 est subdivisé et se poursuit jusqu'à l'exemple 2.13. À l'intérieur de chacun de ces exemples, l'échantillonnage sera effectué en utilisant chacune des huit méthodes précitées.

EXEMPLE 2.5

L'administration d'un collège privé de 4 000 élèves veut effectuer un sondage afin de connaître l'opinion des élèves sur la qualité du service de la bibliothèque. Le budget permet d'interroger 200 d'entre eux.

Objet d'étude	Connaître l'opinion des élèves sur la qualité du service de la bibliothèque
Population	Tous les élèves du collège
Taille de la population	$N = 4\,000$
Unité statistique	Un élève du collège
Taille de l'échantillon	$n = 200$

Quelles sont les méthodes d'échantillonnage possibles pour sélectionner les élèves (les unités statistiques) qui constitueront l'échantillon ?

2.2.1 Les méthodes d'échantillonnage aléatoire

L'échantillonnage est dit aléatoire si l'on connaît les chances que chacune des unités de la population a d'être prise, et si chacune des unités constituant l'échantillon est choisie au hasard. **Les méthodes d'échantillonnage aléatoire supposent que la liste complète des unités de la population est connue.**

A. L'échantillonnage aléatoire simple

C'est la méthode la plus facile. Toutes les unités de la population ont la même chance d'être prises. Il faut numéroter les N unités de la population de 1 à N. Ensuite, on tire des nombres au hasard entre 1 et N jusqu'à ce qu'on ait réuni le nombre d'unités désiré pour former l'échantillon. Un numéro ne peut être utilisé plus d'une fois même si, dans le tirage au sort, il apparaît plusieurs fois.

Il existe plusieurs façons d'obtenir des nombres aléatoires : à l'aide d'un boulier (par exemple à Loto Québec), d'une table de nombres aléatoires, d'une calculatrice, d'un ordinateur, etc. Avant l'avènement des calculatrices et des ordinateurs, les tables de nombres aléatoires étaient grandement utilisées, mais, depuis, elles sont devenues désuètes.

EXEMPLE 2.6

Si l'on poursuit l'exemple concernant le sondage sur la qualité du service de la bibliothèque (exemple 2.5), la personne chargée de l'enquête a numéroté tous les élèves de 1 à 4 000. Ensuite, elle a pris 200 numéros aléatoires différents à partir d'un logiciel générant des nombres aléatoires.

Les élèves dont les numéros attribués correspondent à ces 200 numéros aléatoires forment un échantillon de la population étudiante du collège (figure 2.2).

FIGURE 2.2
Échantillonnage
aléatoire simple

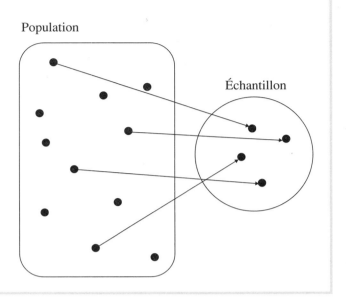

B. L'échantillonnage systématique

La méthode de l'échantillonnage systématique consiste à prendre une unité à intervalle constant. L'intervalle constant est appelé le **pas** du système. Le pas s'obtient de la façon suivante :

$$\text{Pas} = \frac{\text{Taille de la population}}{\text{Taille de l'échantillon}} = \frac{N}{n}.$$

Si le résultat ne donne pas une valeur entière, on l'arrondit à l'entier le plus près.

Il faut numéroter les N unités de la population de 1 à N. Avec cette méthode, une fois le premier numéro obtenu, tous les autres en découlent à l'aide du **pas**.

L'une des façons de procéder est la suivante. On détermine de façon aléatoire simple un numéro entre 1 et N ; ce numéro correspond à la première unité de l'échantillon. Pour obtenir les numéros des unités suivantes, on additionne et on soustrait la valeur du pas au numéro de la première unité. On répète ce processus tant et aussi longtemps que les numéros obtenus se situent entre 1 et N. Si le calcul du pas ne donne pas une valeur entière, les échantillons possibles ne sont pas tous de la même taille.

Le principal désavantage de cette méthode est de ne pas tenir compte de certains phénomènes qui pourraient se répéter à intervalle régulier. Ainsi, dans une étude de la qualité d'objets produits par une machine dans une chaîne de production industrielle, la machine pourrait produire un objet défectueux toujours suivi de 9 objets non défectueux ; si le pas est de 10, c'est-à-dire si 1 objet est choisi tous les 10 objets, l'échantillon sera composé seulement d'objets défectueux ou seulement d'objets non défectueux. Dans les deux cas, il sera difficile d'évaluer correctement la quantité d'objets défectueux produite par la machine.

EXEMPLE 2.7

La personne chargée du projet de sondage sur la bibliothèque (exemple 2.5) a numéroté les élèves de 1 à 4 000. Le pas est :

$$\frac{4\,000}{200} = 20.$$

Il faut prendre un numéro au hasard entre 1 et 4 000. Supposons que le numéro pris au hasard est le 48 ; l'élève n° 48 fait partie de l'échantillon. Les numéros des autres élèves sont :

— en soustrayant le pas :

48 – 20 = 28, l'élève n° 28 fait partie de l'échantillon ;

28 – 20 = 8, l'élève n° 8 fait partie de l'échantillon ;

— en additionnant le pas :

48 + 20 = 68, l'élève n° 68 fait partie de l'échantillon ;

68 + 20 = 88, l'élève n° 88 fait partie de l'échantillon ;

— et ainsi de suite, jusqu'à :

3 968 + 20 = 3 988, l'élève n° 3 988 fait partie de l'échantillon.

Ainsi, les élèves dont les numéros attribués sont 8, 28, 48, ..., 3 988 forment un échantillon de la population.

C. L'échantillonnage stratifié

Une strate est un sous-ensemble d'unités de la population ayant une ou plusieurs caractéristiques communes. Dans une population, lorsque les renseignements varient beaucoup d'une strate à l'autre, mais peu à l'intérieur de chaque strate, il est préférable d'utiliser un échantillonnage stratifié. Un échantillonnage stratifié consiste à choisir de façon aléatoire simple un certain nombre d'unités dans chaque strate. L'une des façons de déterminer le nombre d'unités à prendre dans chacune des strates est de faire en sorte que le pourcentage d'unités dans chacune des strates soit le même dans l'échantillon que dans la population.

EXEMPLE 2.8

La personne chargée du projet de sondage sur la bibliothèque (exemple 2.5) sait que la population des élèves du collège est répartie de la façon suivante :

— 28 % des élèves du collège, soit 1 120 élèves, sont des filles du secteur professionnel ;

— 42 % des élèves du collège, soit 1 680 élèves, sont des garçons du secteur professionnel ;

— 21 % des élèves du collège, soit 840 élèves, sont des filles du secteur général ;

— 9 % des élèves du collège, soit 360 élèves, sont des garçons du secteur général.

L'échantillon stratifié de 200 élèves respectant ces proportions sera composé de :

— 56 filles du secteur professionnel, soit 28 % de 200, choisies de façon aléatoire simple parmi les 1 120 filles du secteur professionnel ;

— 84 garçons du secteur professionnel, soit 42 % de 200, choisis de façon aléatoire simple parmi les 1 680 garçons du secteur professionnel ;

- 42 filles du secteur général, soit 21 % de 200, choisies de façon aléatoire simple parmi les 840 filles du secteur général ;
- 18 garçons du secteur général, soit 9 % de 200, choisis de façon aléatoire simple parmi les 360 garçons du secteur général.

Le tableau 2.2 illustre, pour chacune des strates, le nombre d'élèves compris dans la population étudiante du collège et le nombre d'élèves compris dans l'échantillon.

TABLEAU 2.2
Répartition des élèves selon le sexe et le secteur d'études

| Strates | Population | | Échantillon |
	Nombre d'élèves	Répartition en pourcentage	Nombre d'élèves
Filles du secteur professionnel	1 120	28	56
Garçons du secteur professionnel	1 680	42	84
Filles du secteur général	840	21	42
Garçons du secteur général	360	9	18
Total	4 000	100	200

D. L'échantillonnage par grappes ou amas

Une grappe ou un amas est un sous-ensemble d'unités de la population. Dans une population, lorsque les renseignements varient beaucoup à l'intérieur de chaque grappe mais peu d'une grappe à une autre, on peut utiliser un échantillonnage par grappes ou amas. Une fois les grappes numérotées, un échantillonnage par grappes consiste à prendre de façon aléatoire simple un certain nombre de grappes, et toutes les unités de ces grappes constituent l'échantillon.

EXEMPLE 2.9

La personne chargée du projet de sondage sur la bibliothèque (exemple 2.5) sait que cette session-ci, tous les élèves du collège sont inscrits au même cours de français. Il y a 100 groupes (grappes) de 40 élèves. Parmi les 100 groupes, 5 groupes seront pris au hasard (figure 2.3). Tous les élèves de ces 5 groupes formeront l'échantillon. Cette méthode suppose que la composition des 100 groupes est similaire, et qu'à l'intérieur de chaque groupe il y a beaucoup de variation.

FIGURE 2.3
Échantillonnage par grappes ou amas

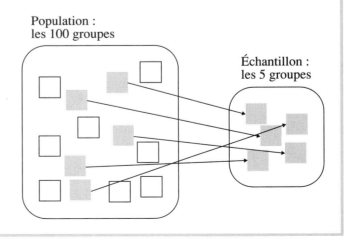

Population :
les 100 groupes

Échantillon :
les 5 groupes

Note : Dans les sondages où l'on procède par échantillonnage aléatoire, il y a toujours des unités sélectionnées pour lesquelles on n'obtient pas de réponse, pour cause d'absence, de refus de donner son opinion, etc. L'absence de réponse influe sur les résultats de l'étude et peut entraîner une sous-représentativité de certains groupes (strates) de la population. Comme la taille de l'échantillon a une influence sur la marge d'erreur des estimations envisagées, il est donc important d'insister auprès de chacune des personnes ou unités statistiques sélectionnées afin de minimiser le nombre de non-répondants.

2.2.2 Les méthodes d'échantillonnage non aléatoire

Contrairement aux méthodes précédentes, les unités qui composent l'échantillon ne sont **pas toutes** prises au hasard. Ces méthodes sont dites d'échantillonnage non aléatoire. Il faut rappeler que pour qu'un échantillonnage soit considéré comme aléatoire, il faut absolument que **toutes** les unités de l'échantillon soient prises au hasard.

A. L'échantillonnage accidentel ou à l'aveuglette

En ce qui concerne l'échantillonnage accidentel, c'est un concours de circonstances qui fait qu'une unité se retrouve dans l'échantillon : l'unité s'est trouvée au bon endroit au bon moment. Toutes les unités qui n'avaient aucune raison d'être là ne pouvaient faire partie de cet échantillon. La sélection des unités se fait jusqu'à ce que la taille désirée soit atteinte. Ce genre d'échantillonnage est effectué lors d'entrevues dans la rue ou dans un centre commercial.

EXEMPLE 2.10

La personne chargée du projet de sondage sur la bibliothèque (exemple 2.5) a décidé de recueillir les commentaires de 200 élèves qui étaient à la cafétéria du collège un certain mercredi midi.

B. L'échantillonnage de volontaires

La méthode d'échantillonnage de volontaires est souvent utilisée au cours de sondages commandés par les médias ou dans le cadre d'expériences en psychologie ou en médecine. C'est l'unité qui décide de faire partie ou non de l'échantillon.

EXEMPLE 2.11

La personne chargée du projet de sondage sur la bibliothèque (exemple 2.5) a décidé d'installer à la bibliothèque une boîte pour recueillir les commentaires. Ceux qui désirent donner leur opinion peuvent le faire. Les commentaires de 200 volontaires seront ainsi colligés.

C. L'échantillonnage par quotas

L'échantillonnage par quotas est similaire à l'échantillonnage stratifié : les unités statistiques sélectionnées dans chaque strate se retrouvent selon les mêmes proportions dans l'échantillon et la population. La seule différence est que, pour atteindre son quota (le nombre d'unités requises) dans chaque strate, l'enquêteur choisira lui-même de façon arbitraire (à l'aveuglette) les unités statistiques qui feront partie de l'échantillon. Dans un échantillonnage par quotas, l'enquêteur est certain d'obtenir un nombre suffisant d'unités dans chaque strate de la population, car les non-répondants sont simplement remplacés par d'autres faisant partie de la même strate.

EXEMPLE   2.12

Comme pour l'exemple 2.8, la personne chargée du projet de sondage sur la bibliothèque a décidé de prendre un échantillon dans lequel les strates se retrouvent dans les mêmes proportions que dans la population. Ainsi, les quotas sont les suivants :

–   56 filles du secteur professionnel, soit 28 % de 200, choisies parmi les 1 120 filles du secteur professionnel ;

–   84 garçons du secteur professionnel, soit 42 % de 200, choisis parmi les 1 680 garçons du secteur professionnel ;

–   42 filles du secteur général, soit 21 % de 200, choisies parmi les 840 filles du secteur général ;

–   18 garçons du secteur général, soit 9 % de 200, choisis parmi les 360 garçons du secteur général.

Pour chacune des strates, la personne chargée du projet s'assurera elle-même d'atteindre les quotas fixés.

D. L'échantillonnage au jugé

La méthode de l'échantillonnage au jugé consiste à prendre les unités de l'échantillon parmi celles que l'on considère comme des unités typiques de la population. Ce jugement peut découler de sa propre expérience ou de l'analyse critique de la situation.

EXEMPLE   2.13

La personne chargée du projet de sondage sur la bibliothèque (exemple 2.5) a décidé de choisir les 200 élèves parmi ceux qui utilisent les services de la bibliothèque, car elle considère que les usagers sont plus aptes à faire des commentaires pertinents.

Il faut toujours essayer de constituer un échantillon qui soit le plus représentatif possible de la population étudiée, puisque la validité des résultats et des conclusions de l'étude en dépend. Dans le cas d'un échantillonnage aléatoire, il existe des techniques statistiques permettant de vérifier la représentativité d'un échantillon. Le choix d'une méthode d'échantillonnage repose sur le jugement du chercheur et sur des critères inhérents à l'objet de l'étude. La précision des résultats, le temps requis, l'importance de l'étude et le coût sont des facteurs qui peuvent influer sur le choix de la méthode d'échantillonnage.

EXERCICES

2.15 La direction d'une université désire connaître l'opinion des étudiants inscrits au baccalauréat au sujet de la qualité des cours. En sachant que les étudiants de première année représentent 50 % des étudiants inscrits au baccalauréat, ceux de deuxième année 30 % et ceux de troisième année 20 %, comment sera constitué un échantillon stratifié de 250 étudiants du baccalauréat qui tienne compte de ces trois niveaux d'étude ?

2.16 Soit une population de 15 unités notées : X_1, X_2, ..., X_{15}. Le pas de l'échantillon systématique est 4. Énumérez tous les échantillons possibles.

2.17 Une association compte 350 membres numérotés de 1 à 350. Le pas de l'échantillon systématique est 14. L'une des unités de l'échantillon porte le n° 167.

a) De quelle taille est l'échantillon ?

b) Quels sont les numéros des autres unités de l'échantillon ?

> Pour chacun des exercices suivants, déterminez :
>
> a) l'objet d'étude ;
> b) la population étudiée ;
> c) l'unité statistique ;
> d) l'échantillon ;
> e) la taille de l'échantillon ;
> f) la méthode d'échantillonnage utilisée.

2.18 Dans le cadre d'un sondage sur l'environnement, une firme a interrogé 300 foyers québécois de la région de Montréal. Chaque foyer a été choisi au hasard à partir de l'annuaire téléphonique Bell de la région de Montréal.

2.19 Au cours d'une émission de radio matinale, l'animateur demandait aux auditeurs si le club de hockey Le Canadien avait des chances de gagner la coupe Stanley cette année. Pour donner leur opinion, les répondants devaient composer un numéro de téléphone.

À la fin de l'émission, l'animateur a donné les résultats de son sondage portant sur 675 appels.

2.20 La direction du service de cafétéria d'un collège désire apporter certains changements à ses menus. Pour connaître l'opinion des élèves à ce sujet, elle a interrogé les 200 élèves présents à la cafétéria, un mardi midi, entre 12 h et 12 h 30.

2.21 Afin de connaître l'opinion des joueurs de hockey de la ligue collégiale concernant la nouvelle réglementation proposée, le directeur de la ligue a interrogé les 15 capitaines d'équipes car, selon lui, ce sont les joueurs les plus représentatifs de chaque équipe.

2.22 Afin de mesurer les habiletés des joueurs de hockey des équipes collégiales, on a pris 3 équipes aux hasard, et tous les joueurs de ces équipes ont été testés. La ligue compte 12 équipes composées chacune de 19 joueurs.

2.23 Un sondage Gallup révèle que « quatre Canadiens sur dix craignent de perdre leur emploi[13] ». Ce sondage a été effectué auprès de 677 Canadiens joints par téléphone entre le 7 et le 13 août 1996.

2.24 Un sondage concernant des modifications de règlements a été envoyé par courrier à tous les membres d'une association. Seulement 30 membres ont répondu à ce sondage.

2.25 Une association d'élèves désirait connaître l'opinion des élèves de niveau collégial sur l'imposition de frais pour les demandes de révision de notes. Elle a donc communiqué avec les présidents de 50 associations de niveau cégep.

---

13. « Quatre Canadiens sur dix craignent de perdre leur emploi », *La Presse*, Sondage Gallup, 3 septembre 1996, p. A9.

CHAPITRE
3
Les données

Harold Hotelling (1895-1973), statisticien et économiste américain. Il est connu pour son apport dans le domaine de l'analyse multivariée en statistique et pour sa contribution très importante à l'application des mathématiques en économie[1].

---

1. L'illustration est extraite de Reid, Constance. *Neyman – from Life*, New York, Springer-Verlag, 1982, p. 238.

3.1   LES VARIABLES STATISTIQUES ET LES DONNÉES

Dans une étude statistique, les variables à étudier sont reliées à l'objet de l'étude. Ainsi, une variable correspond à une caractéristique étudiée pour une population donnée. Par exemple, si l'on veut évaluer le revenu familial[2] (la caractéristique étudiée) des foyers monoparentaux au Québec (la population donnée), la variable à l'étude est le revenu familial.

Au moment du sondage, il va sans dire que chaque unité statistique interrogée (un foyer monoparental) de l'échantillon fournira une réponse à la question : Quel est le revenu familial du foyer ? Comme le revenu familial varie d'un foyer à l'autre, chaque réponse obtenue est considérée comme une donnée de la variable. De même, parce que la taille, l'âge, l'opinion et le nombre de personnes composant un foyer varient de l'un à l'autre, on dit que la taille est une variable, de même que l'âge, l'opinion et le nombre de personnes dans le foyer sont aussi des variables.

Dans le cas d'une étude statistique de ces variables, ces dernières sont appelées des variables statistiques. Pour chacune des unités statistiques de l'échantillon, on obtient une donnée au sujet de la variable statistique étudiée. Le nombre de données recueillies au sujet d'une variable statistique sera donc égal à la taille de l'échantillon.

Les variables se subdivisent en différentes catégories présentées à la figure 3.1.

FIGURE 3.1
Types de variables statistiques

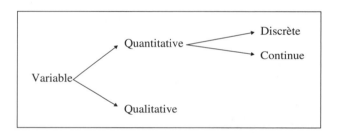

3.1.1   Les variables quantitatives

Une variable est dite quantitative si les données obtenues pour cette variable sont des quantités numériques. Les données obtenues pour une variable quantitative sont classées en fonction de **valeurs** particulières.

EXEMPLE   3.1

Dans le journal *La Presse* du 20 janvier 1995, on trouve les résultats d'un sondage effectué auprès de 953 Québécois âgés de 18 ans et plus, choisis au hasard. Ce sondage porte sur l'opinion des Québécois concernant le projet du gouvernement fédéral de faire passer l'âge de la pension de vieillesse de 65 à 67 ans. On a considéré l'âge des Québécois interrogés[3].

---

2.   À moins d'indication contraire, le revenu est considéré comme étant annuel.
3.   Bellemare, Pierre. « Les Québécois opposés à la retraite à 67 ans », *La Presse*, Sondage SOM – La Presse – Radio-Québec, 20 janvier 1995, p. A10.

Variable	L'âge
Type de variable	Cette variable est quantitative. Les valeurs possibles sont tous les nombres réels supérieurs ou égaux à 18.
Population	Tous les Québécois âgés de 18 ans et plus
Unité statistique	Un Québécois âgé de 18 ans et plus
Taille de l'échantillon	$n = 953$

EXEMPLE   3.2   Au cours d'une étude effectuée auprès de 857 ménages québécois, choisis au hasard, on a noté le nombre de personnes vivant dans le ménage.

Variable	Le nombre de personnes dans le ménage
Type de variable	Cette variable est quantitative. Les valeurs possibles sont 1, 2, 3... personnes.
Population	Tous les ménages québécois
Unité statistique	Un ménage québécois
Taille de l'échantillon	$n = 857$

EXEMPLE   3.3   Dans le cadre d'une étude effectuée auprès de 1 022 familles biparentales québécoises, choisies au hasard, on a noté le revenu familial.

Variable	Le revenu familial
Type de variable	Cette variable est quantitative. Les valeurs possibles sont tous les nombres réels supérieurs ou égaux à 0 $.
Population	Toutes les familles biparentales québécoises
Unité statistique	Une famille biparentale québécoise
Taille de l'échantillon	$n = 1\ 022$

EXEMPLE   3.4   Au cours d'une étude effectuée auprès de 987 personnes âgées, choisies au hasard à travers le Québec et vivant dans une résidence pour personnes âgées, on a noté la distance, en kilomètres, entre la résidence de la personne âgée et le lieu de résidence de l'enfant qui lui rend visite le plus souvent.

Variable	La distance, en kilomètres, entre la résidence de la personne âgée et le lieu de résidence de l'enfant qui lui rend visite le plus souvent
Type de variable	Cette variable est quantitative. Les valeurs possibles sont les nombres réels qui sont supérieurs à 0 km.
Population	Toutes les personnes âgées vivant dans une résidence pour personnes âgées au Québec
Unité statistique	Une personne âgée vivant dans une résidence pour personnes âgées au Québec
Taille de l'échantillon	$n = 987$

EXEMPLE 3.5

Au cours d'une étude effectuée auprès de 589 clients, choisis au hasard, le responsable de la banque a noté le nombre de fois que chaque client a utilisé le guichet automatique au cours du dernier mois.

Variable	Le nombre de fois que le client a utilisé le guichet automatique au cours du dernier mois
Type de variable	Cette variable est quantitative. Les valeurs possibles sont 0, 1, 2, 3, 4... fois.
Population	Tous les clients de la banque
Unité statistique	Un client de la banque
Taille de l'échantillon	$n = 589$

A. Les variables quantitatives discrètes

Une variable quantitative est dite discrète lorsqu'il est possible d'énumérer les valeurs que peut prendre la variable. Entre deux valeurs d'une variable quantitative discrète, il y a un intervalle qui ne contient pas de valeurs possibles pour la variable. Le plus souvent, les variables quantitatives discrètes prennent seulement des valeurs entières.

EXEMPLE 3.6

Reprenons le cas de l'étude effectuée auprès de 857 ménages québécois (exemple 3.2), pris au hasard, où l'on a noté le nombre de personnes vivant dans le ménage.

Variable	Le nombre de personnes dans le ménage
Type de variable	Cette variable est quantitative. Les valeurs possibles sont 1, 2, 3... De plus, puisqu'on peut énumérer les valeurs possibles de cette variable, celle-ci est considérée comme discrète. Il n'y a pas de ménage composé de 1,2, de 1,45678 ou de 4,7892345 personnes.

EXEMPLE   3.7

Reprenons le cas de l'étude effectuée auprès de 589 clients (exemple 3.5), pris au hasard, où le responsable de la banque a noté le nombre de fois que chaque client a utilisé le guichet automatique au cours du dernier mois.

Variable	Le nombre de fois que le client a utilisé le guichet automatique au cours du dernier mois
Type de variable	Cette variable est quantitative. Les valeurs possibles sont 0, 1, 2, 3... De plus, puisqu'on peut énumérer les valeurs possibles de cette variable, celle-ci est discrète.

B. Les variables quantitatives continues

Une variable quantitative est continue quand les données recueillies sont des quantités approximatives ou arrondies, du fait que les valeurs théoriques possibles de la variable peuvent s'écrire avec une infinité de décimales. On ne peut énumérer les valeurs possibles de la variable. En effet, il y a toujours d'autres valeurs possibles entre deux valeurs de la variable.

EXEMPLE   3.8

Reprenons le cas du sondage sur l'opinion des Québécois concernant le projet du gouvernement fédéral de faire passer l'âge de la pension de vieillesse de 65 à 67 ans, effectué auprès de 953 Québécois âgés de 18 ans et plus, où l'on a considéré l'âge des Québécois interrogés (exemple 3.1).

Variable	L'âge
Type de variable	Cette variable est quantitative. Puisque les valeurs possibles sont **toutes** les valeurs supérieures ou égales à 18 ans, il s'agit d'une variable quantitative continue, même si les gens donnent une valeur arrondie (vers le bas) de leur âge. Comme le temps est une variable quantitative continue et que l'âge mesure le temps écoulé depuis la naissance, l'âge est donc une variable quantitative continue.

EXEMPLE 3.9

Reprenons le cas de l'étude effectuée auprès de 1 022 familles biparentales québécoises (exemple 3.3), prises au hasard, où l'on a noté le revenu familial.

Variable	Le revenu familial
Type de variable	Cette variable est quantitative. Puisque les réponses possibles sont **toutes** les valeurs supérieures ou égales à 0 \$, il s'agit d'une variable quantitative continue. Le salaire est considéré comme une valeur arrondie au centième le plus près.

EXEMPLE 3.10

Reprenons le cas de l'étude effectuée auprès de 987 personnes âgées (exemple 3.4), choisies au hasard à travers le Québec et vivant dans une résidence pour personnes âgées, où l'on a noté la distance, en kilomètres, entre la résidence de la personne âgée et le lieu de résidence de l'enfant qui lui rend visite le plus souvent.

Variable	La distance, en kilomètres, entre la résidence de la personne âgée et le lieu de résidence de l'enfant qui lui rend visite le plus souvent
Type de variable	Cette variable est quantitative. Puisque les réponses possibles sont **toutes** les valeurs supérieures à 0 km, il s'agit d'une variable quantitative continue. La distance est une variable continue, tout comme le poids et la taille.

3.1.2 Les variables qualitatives

Une variable est dite qualitative si les données obtenues pour cette variable sont des mots, des symboles ou des expressions qui ne correspondent pas à des quantités numériques. Les données obtenues pour une variable qualitative sont classées selon les différents choix de réponses appelés **modalités**.

EXEMPLE 3.11

Reprenons le cas du sondage sur l'opinion des Québécois concernant le projet du gouvernement fédéral de faire passer l'âge de la pension de vieillesse de 65 ans à 67 ans, effectué auprès de 953 Québécois âgés de 18 ans et plus (exemples 3.1 et 3.8).

La question principale de ce sondage était :

« Êtes-vous tout à fait d'accord, plutôt d'accord, plutôt en désaccord, tout à fait en désaccord à ce qu'on porte de 65 ans à 67 ans l'âge auquel les Canadiens pourront toucher leurs pensions de vieillesse ? ».

En plus de l'intérêt concernant l'opinion et l'âge des Québécois, on a aussi considéré la langue maternelle, le sexe et la région de provenance des Québécois interrogés.

Les différentes variables apparaissant dans ce sondage sont :

a)   L'opinion sur l'intention du gouvernement fédéral de faire passer de 65 ans à 67 ans l'âge des pensions de vieillesse.

Cette variable est qualitative. Les modalités de cette variable sont :

–   Tout à fait en accord ;

–   Plutôt d'accord ;

–   Plutôt en désaccord ;

–   Tout à fait en désaccord.

b)   La langue maternelle. Cette variable est qualitative. Les modalités de cette variable sont :

–   Français seulement ;

–   Anglais ou autre.

c)   Le sexe. Cette variable est qualitative. Les modalités de cette variable sont :

–   Homme ;

–   Femme.

d)   La région de provenance. Cette variable est qualitative. Les modalités de cette variable sont :

–   Région métropolitaine de Québec ;

–   Région métropolitaine de Montréal ;

–   Ailleurs en province.

Population	Tous les Québécois âgés de 18 ans et plus
Unité statistique	Un Québécois âgé de 18 ans et plus
Taille de l'échantillon	$n = 953$

EXERCICES

Pour chacun des exercices 3.1 à 3.7, déterminez :

a)   la variable ;

b)   le type de variable ;

c)   la population étudiée ;

d)   l'unité statistique.

3.1   Au mois d'octobre 1994, la firme de sondage Transdata entreprenait une étude sur la consommation de produits et de services auprès de foyers québécois. Examinons quatre des questions posées sur les sujets suivants[4] :

---

4.   Transdata. *Étude sur la consommation de produits et de services au Québec*, 1994.

A) Les publications d'affaires : « Quel est votre niveau d'intérêt pour les magazines ou les journaux offrant des nouvelles et des reportages sur les affaires, les finances personnelles et l'économie ? ». Les choix de réponses étaient :
   - Aucun intérêt ;
   - Un peu d'intérêt ;
   - Intérêt moyen ;
   - Beaucoup d'intérêt.

B) L'information générale : « Quel est le principal combustible utilisé pour chauffer votre logement ? ». Les choix de réponses étaient :
   - Huile ;
   - Gaz ;
   - Électricité ;
   - Autre.

C) Les suppléments nutritifs : « Avez-vous consommé un tel produit au cours des six derniers mois ? ». Les choix de réponses étaient :
   - Jamais ;
   - Quelquefois ;
   - Régulièrement.

D) L'informatique : « Utilisez-vous un ordinateur ? ». Les choix de réponses étaient :
   - Oui ;
   - Non.

3.2 Dans une étude de contrôle sur la qualité des pneus produits par une compagnie, on a noté la durée de vie, en kilomètres, de chacun des pneus testés.

3.3 Au début de 1990, dans le cadre de son Enquête sociale générale, Statistique Canada posait la question suivante dans un sondage auprès de Canadiens âgés de 15 à 44 ans. « Quel est le nombre total d'enfants que vous avez l'intention d'avoir (y compris ceux que vous avez déjà)[5] ? ».

3.4 Dans une étude sur l'état de santé de ses patients, un médecin a noté la température de chacun des patients sélectionnés.

3.5 Au début de 1990, dans le cadre de son Enquête sociale générale, Statistique Canada posait la question suivante dans un sondage auprès de Canadiens âgés de 15 ans et plus. « Quel âge a votre mère[6] ? ».

3.6 Dans une étude sur la condition physique des joueurs de soccer québécois, on a noté le poids de chacun des joueurs sélectionnés.

3.7 Afin de choisir le meilleur candidat pour un poste administratif au sein d'une compagnie, on fait subir un test d'aptitude à chacun des candidats. Un résultat qui se situe sur une échelle allant de 0 à 100 est attribué à chacun des candidats.

3.8 Dans le document *Vos habitudes de vie et votre santé*[7], produit par Santé Québec avec la collaboration de la maison de sondage Léger et Léger, diverses questions sont posées, dont voici un extrait. Pour chacune des questions, déterminez :

a) la variable ;
b) le type de variable.

« A) Comparativement à d'autres personnes de votre âge, diriez-vous que votre santé est en général…
   - Excellente ;
   - Très bonne ;
   - Bonne ;
   - Moyenne ;
   - Mauvaise.

« B) Combien d'heures par jour, en moyenne, dormez-vous ?

« C) Comment décrivez-vous votre expérience de la cigarette ?
   - Je n'ai jamais fumé de cigarette ;
   - J'ai déjà fumé la cigarette à l'occasion ;
   - J'ai déjà fumé la cigarette tous les jours.

« D) Au cours des 12 derniers mois, quel est le plus grand nombre de consommations d'alcool que vous avez prises à une même occasion ?

« E) Au cours des 12 derniers mois, avez-vous déjà pris de l'alcool en vous levant le matin pour calmer vos nerfs ou vous débarrasser d'une gueule de bois (vous remettre d'une brosse) ?
   - Presque tous les jours ;
   - Assez souvent ;
   - Rarement ;
   - Jamais.

« F) Au cours de la dernière semaine, vous êtes-vous senti(e) tendu(e) ou sous pression ?
   - Jamais ;
   - De temps en temps ;
   - Assez souvent ;
   - Très souvent.

5.   *La famille et les amis, Enquête sociale générale, Série analytique*, Ottawa, Statistique Canada, Catalogue 11-612F, n° 9, Annexe II, 1994, p. 10.
6.   *Ibid.*, p. 10.

7.   Santé Québec. *Vos habitudes de vie et votre santé*. Groupe Léger et Léger.

« G) Combien de fois avez-vous pratiqué des activités physiques de 20 à 30 minutes par séance, dans vos temps libres, au cours des trois derniers mois ?
- Aucune fois ;
- Environ 1 fois par mois ;
- Environ 2 à 3 fois par mois ;
- Environ 1 fois par semaine ;
- Environ 2 fois par semaine ;
- Environ 3 fois par semaine ;
- 4 fois ou plus par semaine.

« H) Où votre mère est-elle née ?
- Au Québec ;
- Dans une autre province (précisez) ;
- À l'extérieur du Canada (précisez).

« I) Quel est votre état matrimonial légal, actuellement ?
- Légalement marié(e) et non séparé(e) ;
- Légalement marié(e) et séparé(e) ;
- Divorcé(e) ;
- Veuf ou veuve ;
- Célibataire, jamais marié(e).

« J) Quel était approximativement votre revenu personnel total l'an dernier avant déduction d'impôts ?
- De 0 $ à moins de 1 000 $;
- De 1 000 $ à moins de 6 000 $;
- De 6 000 $ à moins de 12 000 $;
- De 12 000 $ à moins de 20 000 $;

- De 20 000 $ à moins de 30 000 $;
- De 30 000 $ à moins de 40 000 $;
- De 40 000 $ à moins de 50 000 $;
- De 50 000 $ et plus.

« K) Comment percevez-vous votre situation économique par rapport aux gens de votre âge ?
- Je me considère à l'aise financièrement ;
- Je considère mes revenus suffisants pour répondre à mes besoins fondamentaux ou à ceux de ma famille ;
- Je me considère pauvre ;
- Je me considère très pauvre.

« L) Croyez-vous que votre situation financière va s'améliorer ?
- Oui, dans un proche avenir ;
- Oui, je ne sais pas quand mais j'ai l'espoir que ça va s'améliorer ;
- Non, je ne crois pas que ça va changer ;
- Non, je crois que ça va empirer.

« M) Quel est le plus haut niveau de scolarité atteint par votre père ?
- Aucune scolarité ;
- Élémentaire (primaire) ;
- Secondaire ;
- Collégial ;
- Universitaire. »

3.2 LES ÉCHELLES DE MESURE

Nous devons au psychophysiologiste américain Stanley Smith Stevens[8] la définition de quatre échelles de mesure qui permettent de comparer les données d'une variable statistique particulière.

3.2.1 L'échelle de rapport

On peut établir une échelle de rapport entre les données d'une variable statistique si la valeur zéro comme donnée signifie l'absence de la caractéristique étudiée. Dans ce cas, on dit que le zéro est un zéro absolu. De plus, le rapport entre les valeurs de deux données représente le nombre de fois que la première est supérieure ou inférieure à la seconde. Autrement dit, le rapport entre les valeurs de deux données est porteur de sens. C'est avec des données permettant une échelle de rapport qu'il est possible d'effectuer le plus de mesures statistiques.

---

8. Stevens, S.S. *Handbook of Experimental Psychology*, New York, John Wiley & Sons, 1951, p. 21-30.

EXEMPLE 3.12

Dans le cadre du recensement canadien de 1991, on a noté le nombre de personnes habitant dans un foyer canadien. Les valeurs possibles étaient : 1, 2, 3, 4, 5, 6...

Variable	Le nombre de personnes vivant dans le foyer
Type de variable	La variable est quantitative discrète.
Population	Tous les foyers canadiens
Unité statistique	Un foyer canadien

On peut établir un rapport entre les données obtenues de deux foyers différents. Ainsi, on peut dire qu'un foyer composé de 6 personnes est deux fois plus grand qu'un foyer de 3 personnes. Cette relation peut être faite parce que la valeur zéro comme donnée est un vrai zéro, c'est-à-dire qu'un foyer composé de 0 personne signifie une **absence** totale de foyer.

EXEMPLE 3.13

Au cours du même recensement canadien, on demandait le montant payé par le foyer locataire pour le loyer mensuel du logement[9].

Variable	Le loyer mensuel du logement
Type de variable	La variable est quantitative continue.
Population	Tous les foyers locataires canadiens
Unité statistique	Un foyer locataire canadien

Dans ce cas-ci, on peut aussi établir un rapport entre deux loyers. Celui qui paye 800 $ par mois a un loyer deux fois plus élevé que celui qui paye 400 $. Comme un loyer de 0 $ par mois signifie une absence de loyer, il s'agit d'un zéro absolu.

Note : La taille ou le poids d'individus, le nombre de décibels de son, le temps écoulé entre deux moments ou encore le revenu exprimé en dollars sont des variables pour lesquelles on utilise la plupart du temps une échelle de rapport.

3.2.2 L'échelle d'intervalle

On peut établir une échelle d'intervalle avec les données d'une variable statistique si la différence entre les valeurs de deux données s'interprète en fonction

---

9. *Recensement du Canada de 1991*, Ottawa, Statistique Canada, 1991.

de la distance ou de l'intervalle les séparant. Il faut aussi que l'interprétation de la valeur de cet intervalle soit toujours la même, quelles que soient les deux données.

De plus, la valeur zéro comme donnée ne signifie pas une absence de la caractéristique étudiée. Dans ce cas, on dit que le zéro est un zéro arbitraire. Ainsi, avec une échelle d'intervalle, les rapports ne sont pas porteurs de sens. Si l'on peut utiliser une échelle de rapport pour une variable, on peut aussi utiliser une échelle d'intervalle, mais l'inverse n'est pas vrai.

EXEMPLE   3.14

Dans le cadre du recensement canadien de 1991, on demandait l'année de naissance des résidents[10]. Les valeurs obtenues sont : 1970, 1944, 1950, 1925, 1990...

Variable	L'année de naissance
Type de variable	La variable est quantitative discrète.
Population	Tous les résidents canadiens
Unité statistique	Un résident canadien

Avec l'année de naissance, il n'est pas possible d'établir de rapports entre les données. On ne peut effectuer le raisonnement suivant : même si $1976 \div 1900 = 1,04$, on ne peut dire qu'une personne née en 1976 est 1,04 fois plus jeune ou plus âgée qu'une autre personne née en 1900. L'interprétation du rapport entre les valeurs de deux données n'est pas porteuse de sens.

Dans ce contexte où l'on fait référence au calendrier romain, le zéro de cette échelle correspond à l'année de naissance de Jésus-Christ. On aurait pu fixer l'an 0 à n'importe quel autre moment. Ici le zéro ne signifie pas l'absence d'année de naissance puisque ce n'est pas un « vrai » zéro. Il s'agit d'un zéro arbitraire.

Cependant, l'intervalle de 20 ans entre les années de naissance de deux individus, soit 1972 et 1992, signifie qu'ils ont 20 ans de différence. D'ailleurs, il s'agit de la même différence d'âge que celle de deux personnes nées respectivement en 1946 et en 1966.

EXEMPLE   3.15

On a noté la température maximale de certaines journées de l'année. Les valeurs obtenues sont : 15 °C, 0 °C, –17 °C, 23 °C...

Variable	La température maximale
Type de variable	La variable est quantitative continue.
Population	Toutes les journées de l'année
Unité statistique	Une journée de l'année

---

10. *Recensement du Canada de 1991*, Ottawa, Statistique Canada, 1991.

La température 0 °C ne signifie pas une absence de température puisque le zéro n'est pas un vrai zéro. Ce zéro représente la température à laquelle l'eau gèle ; c'est un zéro arbitraire. On ne peut pas dire qu'à 20 °C il fait deux fois plus chaud qu'à 10 °C, car si l'on prend les mêmes températures en degrés Fahrenheit, on a 68 °F et 50 °F ; et 68 °F n'est pas le double de 50 °F. Par contre, un intervalle de 10 °C correspond toujours à un intervalle de 18 degrés Fahrenheit. De plus, une différence de 10 °C correspond toujours à la même différence d'énergie calorifique, aussi bien entre 10 °C et 20 °C qu'entre 55 °C et 65 °C.

En somme, pour la température exprimée en degrés, on peut utiliser une échelle **d'intervalle**.

Note : Quand on mesure le niveau de connaissance à l'aide d'un test, on ne peut utiliser une échelle de rapport, car 0 % ne signifie pas une absence de connaissance. De plus, 80 % n'équivaut pas à deux fois plus de connaissance que 40 %. Cependant, on peut utiliser une échelle d'intervalle si, par exemple, une différence de 10 % entre 80 % et 70 % représente la même différence de connaissance qu'une différence de 10 % entre 30 % et 20 % ou 55 % et 45 %, etc.

3.2.3 L'échelle ordinale

On peut établir une échelle ordinale entre les données d'une variable statistique si les données recueillies concernant la variable correspondent à des catégories ayant une relation d'ordre entre elles. Ces catégories sont constituées de telle sorte que deux données dans la même catégorie sont considérées comme égales. Une donnée est tenue pour supérieure à une autre donnée si elle est dans une catégorie supérieure à celle de l'autre donnée. Avec une échelle ordinale, il n'est pas possible de calculer l'intervalle (la distance) entre deux données. Si l'on peut utiliser une échelle de rapport ou une échelle d'intervalle, on peut aussi se servir d'une échelle ordinale, mais l'inverse n'est pas vrai.

EXEMPLE 3.16

La firme SOM a effectué un sondage auprès de Québécois, entre le 16 et le 21 mai 1996, au sujet de l'équité salariale entre hommes et femmes. La question posée était : « Êtes-vous… avec le projet de loi du gouvernement du Québec forçant les entreprises de plus de 50 employés à respecter l'équité salariale entre hommes et femmes à partir de l'an 2000, c'est-à-dire à travail équivalent salaire égal[11] ? ». Les choix de réponses étaient :

– Totalement d'accord ;

– Plutôt en accord ;

– Plutôt en désaccord ;

– Totalement en désaccord.

---

11. *La Presse*, Sondage SOM – La Presse – Droit de parole, 24 mai 1996, p. B4.

Variable	L'opinion sur l'équité salariale
Type de variable	La variable est qualitative.
Population	Tous les Québécois en âge de répondre
Unité statistique	Un Québécois en âge de répondre

Il n'est pas possible de calculer l'intervalle entre deux données. Si deux personnes choisissent Plutôt en désaccord, elles sont considérées comme ayant la même opinion. Une personne ayant choisi Plutôt en désaccord est « plus » défavorable à l'idée de forcer les entreprises à respecter l'équité salariale entre hommes et femmes que celle qui a choisi Plutôt en accord. Il existe une relation d'ordre entre les données.

EXEMPLE 3.17

Dans le cadre de l'Enquête sociale générale de 1990 auprès des Canadiens âgés de 15 ans et plus, Statistique Canada posait la question suivante : « Quelle est votre estimation la plus proche du revenu total de tous les membres de votre ménage, en 1989[12] ? ». Les choix de réponses étaient :

- Moins de 5 000 $;
- De 5 000 $ à moins de 10 000 $;
- De 10 000 $ à moins de 15 000 $;
- De 15 000 $ à moins de 20 000 $;
- De 20 000 $ à moins de 30 000 $;
- De 30 000 $ à moins de 40 000 $;
- De 40 000 $ à moins de 60 000 $;
- De 60 000 $ à moins de 80 000 $;
- 80 000 $ et plus.

Variable	Le revenu total du ménage en 1989
Type de variable	La variable est quantitative continue.
Population	Tous les Canadiens âgés de 15 ans et plus
Unité statistique	Un Canadien âgé de 15 ans et plus

Si deux répondants choisissent la même catégorie de revenu, les deux données sont considérées comme égales. Si un répondant choisit la catégorie De 40 000 $ à moins de 60 000 $, son revenu est supérieur à celui d'un répondant qui a choisi la catégorie De 15 000 $ à moins de 20 000 $. Il existe une relation d'ordre entre les choix. Comme on ne peut dire qu'un ménage a un revenu deux fois plus élevé qu'un autre avec le choix de réponses proposé, il n'est pas possible d'effectuer de rapport entre deux données. De plus, on ne peut calculer l'intervalle (la distance) entre deux données, car on ne connaît que la catégorie de revenu dans laquelle elle se trouve. On aurait également pu définir

12. *La famille et les amis, Enquête sociale générale, Série analytique*, Ottawa, Statistique Canada, Catalogue 11-612F, n° 9, Annexe II, 1994, p. 26.

les catégories de revenu selon les termes Très faible, ... , Moyen, ... , Très élevé. Cependant, le classement par tranches salariales a l'avantage d'être moins subjectif.

La variable « Le revenu total du ménage » permettait d'utiliser une échelle de rapport ; il suffisait de demander le revenu total précis du ménage. Toutefois, l'enquêteur a opté pour une échelle ordinale, car des personnes interrogées pouvaient ne pas être en mesure de donner avec précision le revenu total du ménage.

Note :   Pour les tests d'aptitude, de connaissances ou de quotient intellectuel, il n'est pas clairement établi s'il est possible d'utiliser l'échelle d'intervalle en plus de l'échelle ordinale. En effet, certains psychologues croient que l'intervalle de 10 entre des Q.I. de 90 et de 100 ne correspond pas nécessairement à la même différence de connaissances que l'intervalle de 10 entre des Q.I. de 110 et de 120.

EXEMPLE   3.18

Une firme de sondage a entrepris une étude sur la consommation de médicaments auprès de foyers québécois. L'une des questions portait notamment sur l'utilisation d'analgésiques : « Combien d'analgésiques avez-vous utilisé chez vous le mois dernier[13] ? ». Les choix de réponses étaient :

–   Moins de 6 ;
–   De 6 à 14 ;
–   De 15 à 30 ;
–   Plus de 30.

Variable	Le nombre d'analgésiques utilisés le mois dernier
Type de variable	La variable est quantitative discrète.
Population	Tous les foyers québécois
Unité statistique	Un foyer québécois

On ne peut ni effectuer de rapport entre deux données ni calculer d'intervalle (de distance) entre deux données. Cependant, il existe une relation d'ordre entre les choix de réponses.

3.2.4   L'échelle nominale

Une échelle nominale peut être établie entre les données d'une variable statistique si les données recueillies concernant la variable correspondent à des catégories n'ayant pas de relation d'ordre entre elles. Ces catégories sont constituées de telle sorte que deux données dans la même catégorie sont considérées comme égales. Si l'on peut

---

13.   Exemple adapté de Transdata. *Étude sur la consommation de produits et de services au Québec,* 1994.

utiliser une échelle de rapport, une échelle d'intervalle ou une échelle ordinale, on peut aussi employer une échelle nominale, mais l'inverse n'est pas vrai.

EXEMPLE 3.19

Durant le recensement canadien de 1991, on a noté la langue parlée habituellement à la maison par chacune des personnes[14]. Les choix de réponses étaient :

– Anglais ;
– Français ;
– Autre.

Variable	La langue parlée habituellement à la maison
Type de variable	La variable est qualitative.
Population	Tous les Canadiens
Unité statistique	Un Canadien

La seule comparaison possible est de dire que deux données sont égales si elles sont dans la même catégorie de langue parlée, et que deux données sont différentes si elles ne le sont pas.

EXEMPLE 3.20

Au mois d'octobre 1994, la firme de sondage Transdata entreprenait une étude sur la consommation de produits et de services auprès de foyers québécois. L'une des questions portait sur les médias : « Quel média vous informe le mieux pour vos décisions d'achat[15] ? ». Les choix de réponses étaient :

– Circulaires ;
– Magazines ;
– Radio ;
– Quotidiens ;
– Télévision ;
– Panneaux.

Variable	Le média qui informe le mieux
Type de variable	La variable est qualitative.
Population	Tous les foyers québécois
Unité statistique	Un foyer québécois

La seule comparaison possible est de dire que deux données sont égales si elles sont dans la même catégorie de média, et que deux données sont différentes si elles ne le sont pas.

---

14. *Recensement du Canada de 1991*, Ottawa, Statistique Canada, 1991.
15. Transdata. *Étude sur la consommation de produits et de services au Québec*, 1994.

Le tableau 3.1 présente la définition des différents types d'échelle.

TABLEAU 3.1
Échelles de mesure

Échelle de rapport
Le zéro signifie l'absence de la caractéristique étudiée (zéro absolu).
Il est possible d'interpréter les rapports (le quotient) entre les données.

Échelle d'intervalle
Le zéro ne signifie pas l'absence de la caractéristique étudiée (zéro arbitraire).
Il n'y a pas de rapports possibles entre les données.
Un même intervalle entre deux données quelconques a la même signification, peu importe les deux données choisies.

Échelle ordinale
Les données sont recueillies sous forme de classes ou de catégories ordonnées.

Échelle nominale
Les données sont recueillies sous forme de catégories n'ayant pas de relation d'ordre entre elles.

Voici les échelles de mesure les plus souvent utilisées avec chaque type de variable (figure 3.2).

FIGURE 3.2
Types de variables statistiques et échelle de mesure les plus souvent utilisées

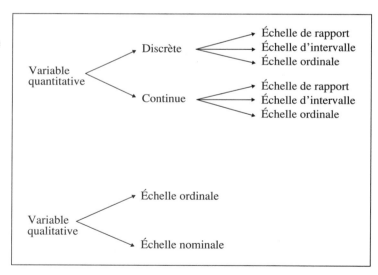

EXERCICE

3.9 Reprenez les exercices 3.1 à 3.8 et déterminez l'échelle de mesure utilisée pour chacune des variables.

3.3   LES DONNÉES CONSTRUITES

Une donnée est considérée comme construite si elle est obtenue à partir d'un calcul utilisant les données recueillies dans l'échantillon ou la population. Les données construites qui font partie des tableaux et des graphiques sont : la proportion, le pourcentage, le taux, l'indice, le pourcentage de variation dans le temps et le ratio. Il convient maintenant de différencier ces termes et d'interpréter leur valeur.

3.3.1   La proportion

La proportion indique quelle partie de l'échantillon ou de la population correspond à la caractéristique étudiée. On l'obtient en divisant le nombre d'unités possédant la caractéristique étudiée par le nombre total d'unités dans l'échantillon ou la population. Une proportion est une valeur qui se situe entre 0 et 1.

EXEMPLE   3.21

« **Non, la musique ne pousse pas au suicide** [...]

« En 1993, 1 313 personnes (1 049 hommes et 264 femmes) se sont suicidées, au Québec[16]. » Le tableau 3.2 regroupe les informations au sujet des suicidés au Québec en 1993 en fonction de l'âge et du sexe.

TABLEAU 3.2
Âge et sexe des suicidés au Québec en 1993

Groupe d'âge	Hommes	Femmes	Total
De 10 à 14 ans	9	6	15
De 15 à 19 ans	77	11	88
De 20 à 24 ans	112	15	127
De 25 à 29 ans	108	15	123
De 30 à 34 ans	143	28	171
De 35 à 39 ans	130	40	170
De 40 à 44 ans	107	41	148
De 45 à 49 ans	117	28	145
De 50 à 54 ans	67	29	96
De 55 à 59 ans	50	14	64
De 60 à 64 ans	42	10	52
De 65 à 69 ans	28	11	39
De 70 à 74 ans	32	7	39
De 75 à 79 ans	16	4	20
De 80 à 84 ans	7	4	11
85 ans et plus	4	1	5
Total	1 049	264	1 313

Source : Adapté d'un tableau du Bureau de la statistique du Québec présenté dans l'article de Colpron, Suzanne. *Op. cit.*, p. A6.

16. Colpron, Suzanne. « Non, la musique ne pousse pas au suicide », *La Presse*, 12 février 1995, p. A6.

a) La proportion de suicidés selon le sexe :

Chez les suicidés, la proportion d'hommes est :

$$\frac{1\,049}{1\,313} = 0,7989 \, ;$$

Chez les suicidés, la proportion de femmes est :

$$\frac{264}{1\,313} = 0,2011.$$

b) La proportion de suicidés selon l'âge :

Chez les suicidés, la proportion des personnes âgées de 45 à 49 ans est :

$$\frac{145}{1\,313} = 0,1104 \, ;$$

Chez les suicidés, la proportion des personnes âgées de moins de 20 ans est :

$$\frac{88+15}{1\,313} = \frac{103}{1\,313} = 0,0784.$$

c) La proportion de suicidés selon le sexe et l'âge :

Chez les suicidés, la proportion de femmes âgées de 50 à 54 ans est :

$$\frac{29}{1\,313} = 0,0221 \, ;$$

Chez les suicidés, la proportion d'hommes âgés de 15 à 24 ans est :

$$\frac{77+112}{1\,313} = \frac{189}{1\,313} = 0,1439.$$

d) La proportion de suicidés selon le sexe pour une catégorie d'âge donnée :

Chez les suicidés âgés de 10 à 14 ans, la proportion d'hommes est :

$$\frac{9}{15} = 0,60 \, ;$$

Chez les suicidés âgés de 60 à 64 ans, la proportion de femmes est :

$$\frac{10}{52} = 0,1923.$$

e) La proportion de suicidés selon l'âge pour un sexe donné :

Chez les hommes suicidés, la proportion d'hommes âgés de 30 à 34 ans est :

$$\frac{143}{1\,049} = 0,1363 \, ;$$

Chez les femmes suicidées, la proportion de femmes âgées de 40 à 44 ans est :

$$\frac{41}{264} = 0,1553.$$

3.3.2   Le pourcentage

Un pourcentage indique, sur une base de 100, quelle partie de l'échantillon ou de la population correspond à la caractéristique étudiée. Par exemple, si 210 personnes sur 840 personnes interrogées possèdent un ordinateur, on a :

$$\frac{210}{840} = \frac{x}{100} \;,\; \text{d'où}\; x = \frac{210}{840} \cdot 100 = 25.$$

Ainsi, on déduira que 25 % des personnes interrogées possèdent un ordinateur. Le pourcentage est obtenu en divisant le nombre d'unités qui possèdent la caractéristique étudiée par le nombre total d'unités dans l'échantillon ou la population et en multipliant le résultat par 100. On obtient donc le pourcentage en multipliant la proportion correspondante par 100. Il arrive souvent qu'on exprime des proportions en pourcentage plutôt que sous forme décimale (Statistique Canada le fait souvent). Ces deux notions sont souvent confondues en une seule. La notation pour le pourcentage est %.

EXEMPLE   3.22

« Le tiers des francophones hors Québec se sont anglicisés[17] »

Le tableau 3.3 donne la taille de la population de chacune des régions, ainsi que le nombre de personnes dont le français est la langue maternelle et le nombre de personnes dont le français est la langue d'usage.

TABLEAU 3.3
Nombre de Canadiens dont le français est la langue maternelle ou la langue d'usage en 1991

Région	Population	Langue maternelle	Langue d'usage
Terre-Neuve	563 925	2 855	1 340
Île-du-Prince-Édouard	128 100	5 770	3 050
Nouvelle-Écosse	890 945	37 525	22 260
Nouveau-Brunswick	716 500	243 690	223 265
Ontario	9 977 055	503 345	318 705
Manitoba	1 079 390	50 775	25 045
Saskatchewan	976 040	21 795	7 155
Alberta	2 519 185	56 730	20 180
Colombie-Britannique	3 247 495	51 585	14 555
Yukon	27 665	905	390
T.-N.-O.	57 435	1 455	680
Canada sans le Québec	20 183 735	976 415	636 640

Source : Adapté d'un tableau de Statistique Canada, Catalogue 96-313, présenté dans l'article de Leblanc, Gérald. *Op. cit.,* p. B6.

a)   Au Manitoba, le pourcentage de personnes dont le français est la langue d'usage est :

$$\frac{25\,045}{1\,079\,390} \cdot 100 = 2,32\ \%.$$

17.   Leblanc, Gérald. « Le tiers des francophones hors Québec se sont anglicisés », *La Presse*, 18 février 1995, p. B6.

b) Au Nouveau-Brunswick, le pourcentage de personnes dont le français est la langue maternelle est :

$$\frac{243\,690}{716\,500} \bullet 100 = 34,01\,\%.$$

c) Au Canada, si l'on ne tient pas compte du Québec, le pourcentage de personnes dont le français est la langue maternelle est :

$$\frac{976\,415}{20\,183\,735} \bullet 100 = 4,84\,\%.$$

Note : Au Nouveau-Brunswick, le pourcentage de personnes dont la langue maternelle est le français est de 34,01 %, tandis qu'au Canada, sans le Québec, le pourcentage de personnes dont la langue maternelle est le français est de 4,84 %. Au Canada, sans le Québec, le pourcentage de personnes dont la langue maternelle est le français ne s'obtient donc pas en additionnant le pourcentage de personnes dont la langue maternelle est le français dans chacune des 11 régions sans le Québec. On ne peut additionner des pourcentages qui n'ont pas été calculés à partir du même ensemble de base.

d) Par rapport à l'ensemble des Canadiens hors Québec dont la langue maternelle est le français, le pourcentage d'Ontariens dont le français est la langue maternelle est :

$$\frac{503\,345}{976\,415} \bullet 100 = 51,55\,\%.$$

EXEMPLE 3.23

Reprenons l'exemple 3.21 dont le sujet est : « Non, la musique ne pousse pas au suicide ».

a) Chez les suicidés, le pourcentage d'hommes est :

$$\frac{1\,049}{1\,313} \bullet 100 = 79,89\,\%.$$

b) Chez les suicidés, le pourcentage de femmes est :

$$\frac{264}{1\,313} \bullet 100 = 20,11\,\%.$$

Note : Le pourcentage de femmes chez les suicidés au Québec est de 20,11 %. Il est obtenu grâce à l'opération suivante :

$$\frac{\text{Nombre de femmes suicidées}}{\text{Nombre de suicidés au Québec}} \bullet 100.$$

Par ailleurs, le pourcentage de suicidées chez les femmes au Québec s'obtiendrait grâce à l'opération suivante :

$$\frac{\text{Nombre de femmes suicidées}}{\text{Nombre de femmes au Québec}} \bullet 100.$$

Ces deux pourcentages correspondent au pourcentage de la même caractéristique « femmes suicidées », mais par rapport à deux populations différentes.

c)   Chez les suicidés, le pourcentage de personnes âgées de 45 à 49 ans est :

$$\frac{145}{1\,313} \cdot 100 = 11,04\,\%.$$

d)   Chez les suicidés, le pourcentage d'hommes âgés de 55 à 59 ans est :

$$\frac{50}{1\,313} \cdot 100 = 3,81\,\%.$$

e)   Chez les femmes suicidées, le pourcentage de femmes âgées de 40 à 44 ans est :

$$\frac{41}{264} \cdot 100 = 15,53\,\%.$$

f)   Chez les suicidés âgés de 10 à 14 ans, le pourcentage d'hommes est :

$$\frac{9}{15} \cdot 100 = 60\,\%.$$

Note :   Tous les pourcentages sont exprimés avec la même précision, c'est-à-dire le même nombre de décimales. Lorsque c'est possible, deux décimales sont utilisées avec les pourcentages.

EXEMPLE   3.24

Selon le Bureau de la statistique du Québec dans *Le Québec statistique*, en 1991, 52,5 % des ménages québécois possèdent plus d'un téléviseur[18]. Si l'on dénombre environ 2 600 000 ménages, il est possible de déterminer approximativement combien de ménages québécois ont plus d'un téléviseur. L'expression 52,5 % de 2 600 000 signifie :

$$\frac{52,5}{100} \cdot 2\,600\,000,$$

ce qui donne environ 1 365 000 ménages québécois qui possèdent plus d'un téléviseur.

3.3.3   Le taux

Le taux indique, sur une base de 1, 10, 100, 1 000..., quelle partie de l'échantillon ou de la population correspond à la caractéristique étudiée. Il est obtenu en divisant le nombre d'unités qui possèdent la caractéristique étudiée par le nombre total d'unités dans l'échantillon ou la population et en multipliant le résultat par 1, 10, 100, 1 000... On calcule donc le taux en multipliant la proportion correspondante par 1, 10, 100, 1 000... Les notations pour les taux sont : $\%$ dans le cas d'un taux sur 100, $\%_0$ dans le cas d'un taux sur 1 000 et $\%_{00}$ dans le cas d'un taux sur 10 000. Lorsque la base choisie est 100, le taux est identique au pourcentage. Le choix de la base dépend souvent d'une convention ou de la fréquence de

---

18.   *Le Québec statistique*, 60e édition, Québec, Les Publications du Québec, 1995, p. 454.

l'occurrence de l'événement. Les taux permettent de comparer une caractéristique entre différents groupes qui ne sont pas de la même taille.

EXEMPLE 3.25

« Selon les données de l'Enquête sociale générale (ESG), 1 ménage sur 10 possédant un véhicule à moteur a été victime d'un crime lié aux véhicules à moteur en 1993[19]. »

Dans ce cas-ci, le taux est exprimé sur une base de 10. La base est petite parce que ce type d'événement n'est pas rare (environ 10 %, 1 sur 10). Plus l'événement est rare, plus la base est grande.

EXEMPLE 3.26

Dans *Tendances sociales canadiennes* d'automne 1994, on présentait un diagramme illustrant les taux de vols de véhicules par province en 1992[20].

La figure 3.3 présente les résultats obtenus :

FIGURE 3.3
Taux de vols de véhicules à moteur par province en 1992

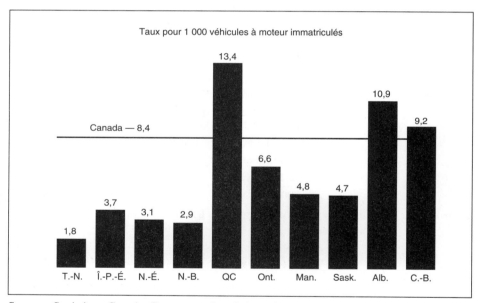

Source : Statistique Canada, Centre canadien de la statistique juridique, Programme de déclaration uniforme de la criminalité. Reproduit dans l'article de Morrison, Peter et Ogrodnik, Lucie. *Op. cit.*, p. 24.

Au Canada, le taux de véhicules volés pour 1 000 véhicules immatriculés est de 8,4. La base est plus grande parce que le vol de véhicules est beaucoup plus rare qu'un crime quelconque lié au véhicule (exemple 3.25).

---

19. Morrison, Peter et Ogrodnik, Lucie. « Les crimes liés aux véhicules à moteur », *Tendances sociales canadiennes*, Ottawa, Statistique Canada, automne 1994, p. 21.
20. *Ibid.*, p. 24.

a) Ainsi, au Canada, le taux de véhicules volés est :

$$\frac{8,4 \quad \text{véhicules volés}}{1\ 000 \quad \text{véhicules immatriculés}}.$$

Au Québec, ce taux est :

$$\frac{13,4 \quad \text{véhicules volés}}{1\ 000 \quad \text{véhicules immatriculés}}.$$

Il est possible d'affirmer que le taux de vols de véhicules à moteur est plus élevé au Québec que dans l'ensemble du Canada.

Parler de 13,4 véhicules volés pour 1 000 véhicules immatriculés, de 134 véhicules volés pour 10 000 véhicules immatriculés ou encore de 67 véhicules volés pour 5 000 véhicules immatriculés signifie la même chose, car

$$\frac{13,4}{1\ 000} = \frac{134}{10\ 000} = \frac{67}{5\ 000} = \dots$$

b) À Terre-Neuve, on a :

$$\frac{1,8 \quad \text{véhicule volé}}{1\ 000 \quad \text{véhicules immatriculés}},$$

alors qu'au Manitoba, on a :

$$\frac{4,8 \quad \text{véhicules volés}}{1\ 000 \quad \text{véhicules immatriculés}}.$$

On est donc en mesure d'affirmer que le taux de vols de véhicules à moteur est plus élevé au Manitoba qu'à Terre-Neuve.

EXEMPLE 3.27

Un taux d'intérêt

Lorsque vous placez un certain montant d'argent à un taux d'intérêt simple de 5 %, cela signifie que pour chaque tranche de 100 $ on vous remettra 5 $ d'intérêts.

De même, lorsque vous empruntez un certain capital pour l'achat d'une voiture à un taux d'intérêt simple de 7 %, cela signifie que pour chaque tranche de 100 $ empruntée on vous imputera des frais d'intérêts de 7 $.

EXEMPLE 3.28

Dans le journal *La Presse* du 6 novembre 1993, un article indique le nombre de ministres dans les pays industrialisés[21] (tableau 3.4).

Puisque la taille de la population varie d'un pays à un autre, il est difficile de comparer le nombre de ministres. C'est pourquoi, si l'on veut déterminer dans quel pays

---

21. Dubuisson, Philippe. « Une suite logique. La taille du nouveau cabinet libéral respecte la réforme amorcée par Kim Campbell », *La Presse*, 6 novembre 1993, p. B6.

le taux de ministres est le plus bas, il faut calculer ce taux sur une base de 1 000, de 10 000 ou de 100 000 habitants afin d'établir une base commune de comparaison.

TABLEAU 3.4
Nombre de ministres dans les pays industrialisés

Pays	Nombre de ministres	Population (millions)	Taux pour 100 000 habitants
Canada	23	27,3	0,08
Allemagne	22	80,1	0,03
Australie	17	17,3	0,10
États-Unis	20	252,7	0,01
France	21	57,0	0,04
Italie	21	57,8	0,04
Japon	21	123,9	0,02
Royaume-Uni	25	57,6	0,04
Suède	21	8,6	0,24

Source : Adapté d'un tableau d'Obsbaldeston, G.F. *Organizing to Govern : Getting the Basic Right*, Montréal, McGraw-Hill, 1993. Présenté dans Dubuisson, Philippe, *Op. cit.*, p. A10.

Supposons qu'on veuille évaluer le nombre de ministres sur une base de 100 000 habitants, on obtient la quatrième colonne du tableau. Une base de 100 000 habitants est appropriée parce que le nombre de ministres est très petit si on le compare à la taille de la population.

Par exemple, le taux de ministres pour le Canada est déterminé de la façon suivante :

$$\frac{\text{Nombre de ministres canadiens}}{\text{Nombre de Canadiens}} \cdot 100\ 000$$

$$= \frac{23}{27\ 300\ 000} \cdot 100\ 000 = 0,08.$$

Il en va de même pour les autres pays. Ainsi, on constate que les États-Unis ont le taux de ministres le moins élevé, alors que la Suède a le taux le plus élevé.

EXEMPLE 3.29

Dans le journal *La Presse* du 3 décembre 1993, on constatait que le taux d'inoccupation des immeubles de trois appartements et plus dans la région de Montréal en octobre 1993 était de 7,7 %[22].

Ce taux d'inoccupation est le rapport entre le nombre d'appartements inoccupés dans les immeubles de trois appartements et plus et le nombre total d'appartements dans les immeubles de trois appartements et plus multiplié par 100.

Le taux d'inoccupation se calcule donc ainsi :

$$\frac{\text{Nombre d'appartements inoccupés à Montréal}}{\text{Nombre total d'appartements à Montréal}} \cdot 100.$$

Puisque la base de comparaison est 100, il s'agit d'un pourcentage.

---

22. Jannard, Maurice. « Le logement reste à l'avantage des locataires », *La Presse*, 3 décembre 1993, p. A13.

EXEMPLE   3.30   Voici un exemple portant sur les véhicules automobiles qui permet la comparaison entre différents pays[23] (tableau 3.5).

On remarque que le Canada est au deuxième rang quant au nombre de véhicules par 1 000 habitants. La base de comparaison est 1 000. De cette façon, on peut présenter la Turquie avec un taux ne comprenant pas de décimales.

TABLEAU 3.5
Véhicules automobiles appartenant à des particuliers dans les pays de l'OCDE en 1991

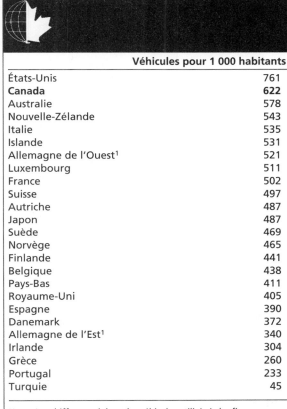

	Véhicules pour 1 000 habitants
États-Unis	761
Canada	**622**
Australie	578
Nouvelle-Zélande	543
Italie	535
Islande	531
Allemagne de l'Ouest[1]	521
Luxembourg	511
France	502
Suisse	497
Autriche	487
Japon	487
Suède	469
Norvège	465
Finlande	441
Belgique	438
Pays-Bas	411
Royaume-Uni	405
Espagne	390
Danemark	372
Allemagne de l'Est[1]	340
Irlande	304
Grèce	260
Portugal	233
Turquie	45

Note : Les chiffres englobent les véhicules utilisés à des fins commerciales et personnelles.
1. Malgré la réunification des deux Allemagnes, les ratios véhicules-habitants demeurent très différents et sont présentés séparément.

Source : Organisation de coopération et de développement économiques. *Données OCDE sur l'environnement 1993*. Reproduit dans l'article de Silver, Cynthia. *Op. cit.*, p. 30.

EXEMPLE   3.31   Voici quelques exemples de taux fréquemment utilisés[24] :

– **Le taux de féminité** est l'expression consacrée en démographie désignant la proportion de personnes de sexe féminin dans un ensemble d'individus. Ce taux

23. Silver, Cynthia. « Au volant. Les Canadiens et leurs véhicules », *Tendances sociales canadiennes*, Ottawa, Statistique Canada, automne 1994, p. 28-30.
24. *Le Québec Statistique*, 59ᵉ édition, Québec, Les Publications du Québec, 1989, p. 333 et 410.

est le rapport entre l'effectif des femmes et l'effectif total des deux sexes, généralement exprimé en pourcentage (sur une base de 100).

Chez les élèves de niveau collégial, en 1986, le taux de féminité était de 52,1 % au secteur général et de 56,0 % au secteur professionnel. Dans le secteur de la main-d'œuvre, en 1986, le taux de féminité était de 42,0 %.

- **Le taux d'activité** est la proportion de la population active (ayant un emploi ou étant en chômage) par rapport à la population de 15 ans et plus, exprimée en pourcentage (sur une base de 100).

   Au Canada, en 1994, le taux d'activité (hommes et femmes) était de 64,9 %, tandis que celui des femmes était de 57,2 %.

- **Le taux de chômage** est la proportion de chômeurs par rapport à la population active, exprimée en pourcentage (sur une base de 100).

   Au Canada, en 1994, le taux de chômage était de 10,3 %.

- **Le taux de présence syndicale** est le rapport entre le nombre de salariés visés par une convention collective et le nombre d'emplois, exprimé en pourcentage (sur une base de 100).

   Au Canada, en 1992, le taux de présence syndicale (ou de syndicalisation) était de 34,9 %. Au Québec, en 1987, le taux de syndicalisation était de 31,0 % dans le secteur privé et de 65,3 % dans le secteur public.

EXEMPLE 3.32

Un taux inversé indique combien il y a d'unités dans l'échantillon ou dans la population pour une unité possédant la caractéristique étudiée. Il s'obtient en divisant le nombre total d'unités dans l'échantillon ou la population par le nombre d'unités possédant la caractéristique étudiée dans l'échantillon ou la population.

En 1993, il y avait 56 876 agents de police au Canada, ce qui représente environ 1 policier pour 509 citoyens. La même enquête révélait que c'est au Québec que ce taux est le plus élevé, soit 1 policier pour 491 citoyens ; l'Île-du-Prince-Édouard et Terre-Neuve figuraient au bas de la liste, comptant respectivement 1 policier pour 690 et 669 citoyens[25].

3.3.4 L'indice

Un indice est une mesure quantitative attribuée à une caractéristique ou à un phénomène qualitatif qui tient compte de plusieurs indicateurs de cette caractéristique ou de ce phénomène.

---

25. « Forces de polices», *Tendances sociales canadiennes*, Ottawa, Statistique Canada, automne 1995, p. 34.

Sans entrer dans le détail du calcul des indices, en voici quelques exemples :

– **L'indice des prix à la consommation (IPC)**

Cet indice, « calculé par Statistique Canada, établit la liste des prix des produits ordinairement consommés par les ménages. Les variations de l'IPC se veulent donc le reflet de celles du coût de la vie pour un ménage type[26] ». D'ailleurs, plusieurs conventions collectives utilisent cet indice pour déterminer les augmentations de salaires des syndiqués.

– **L'indice synthétique de fécondité**

Cet indice sert à mesurer le nombre d'enfants qu'on peut espérer de chaque femme en mesure de procréer (les femmes de 15 à moins de 50 ans). Cet indice est basé sur le nombre d'enfants que les femmes ont au cours d'une année donnée.

– **L'indice synthétique de nuptialité des célibataires**

Cet indice sert à mesurer la proportion d'hommes ou de femmes célibataires qui se marient avant d'atteindre 50 ans. Il est basé sur le nombre d'hommes ou de femmes mariés au cours d'une année donnée.

3.3.5   Le pourcentage de variation dans le temps

Le pourcentage de variation mesure le pourcentage d'augmentation ou de diminution qu'une variable ou une mesure a subi dans le temps.

$$\text{Pourcentage de variation} : \frac{\text{Valeur au temps final} - \text{Valeur au temps initial}}{\text{Valeur au temps initial}} \cdot 100.$$

Si le pourcentage de variation est positif, cela signifie qu'il y a eu une augmentation de la valeur entre les deux périodes. S'il est négatif, cela veut dire qu'il y a eu une diminution de la valeur entre les deux périodes. Il est possible d'avoir une augmentation qui représente plus de 100 %, mais il n'est pas possible d'avoir plus de 100 % de diminution.

Note : Tous les pourcentages sont exprimés en utilisant deux décimales lorsque cela est possible.

EXEMPLE   3.33

En 1993, la Société de l'assurance automobile du Québec organisait une campagne publicitaire pour convaincre les jeunes de respecter les limites de vitesse. Le tableau 3.6 compare le nombre de décès survenus sur la route en 1992 et en 1993[27].

26. Lipsey, R.G., Purvis, D.D., Steiner, P.O. et Carrier, C.-A., *Macroéconomique*, 2e édition. Boucherville, Gaëtan Morin, 1992, p. 76.
27. Presse Canadienne. « Les accidents mortels chez les jeunes ont augmenté de 50 % en 1993 », *La Presse*, 22 avril 1994, p. A9.

TABLEAU 3.6
Décès selon l'âge au Québec

Groupe d'âge	1992 Nombre de décès	1993 Nombre de décès	1992-1993 Pourcentage de variation
De 0 à 14 ans	74	66	−10,81
De 15 à 19 ans	79	118	49,37
De 20 à 24 ans	130	119	−8,46
De 25 à 34 ans	212	194	−8,49
De 35 à 44 ans	133	142	6,77
De 45 à 54 ans	97	128	31,96
De 55 à 64 ans	92	74	−19,57
65 ans et plus	156	126	−19,23
Non précisé	8	5	−37,50
Total	981	972	−0,92

Source : Adapté d'un tableau de la Société de l'assurance automobile du Québec présenté dans l'article de la Presse Canadienne. *Op. cit.*, p. A9.

a) Chez les 0 à 14 ans, le pourcentage de variation du nombre de décès entre les années 1992 et 1993 se calcule ainsi :

$$\frac{66-74}{74} \cdot 100 = -10,81\%.$$

Ce résultat signifie que le nombre de décès sur la route chez les jeunes de 0 à 14 ans a diminué de 10,81 % de 1992 à 1993.

b) Chez les 15 à 19 ans, le pourcentage de variation du nombre de décès entre les années 1992 et 1993 se calcule ainsi :

$$\frac{118-79}{79} \cdot 100 = 49,37\%.$$

Ce résultat signifie que le nombre de décès sur la route chez les jeunes de 15 à 19 ans a augmenté de 49,37 % de 1992 à 1993.

c) Chez les 65 ans et plus, le pourcentage de variation du nombre de décès entre les années 1992 et 1993 se calcule ainsi :

$$\frac{126-156}{156} \cdot 100 = -19,23\%.$$

Ce résultat signifie que le nombre de décès sur la route chez les 65 ans et plus a diminué de 19,23 % de 1992 à 1993.

d) En observant globalement le tableau 3.6, on aurait tendance à croire que la campagne publicitaire a eu un effet positif chez les 20 à 34 ans, puisque le nombre de décès a diminué dans cette catégorie d'âge entre 1992 et 1993.

EXEMPLE   3.34

« **Les Montréalais adoptent l'Internet**

« L'usage de l'Internet et du CD-ROM progresse rapidement dans les foyers montréalais qui reprennent ainsi leur retard sur Toronto où les nouvelles technologies sont déjà largement répandues[28]. » Le tableau 3.7 résume la situation.

TABLEAU 3.7
Utilisation des technologies

	Taux d'utilisation des technologies*					
	Montréal, Québec et Toronto			**Montréal seulement**		
Technologies	1994 (%)	1995 (%)	Var. (%)	1994 (%)	1995 (%)	Var. (%)
Magnétoscope	80	78	−3	82	77	−6
Guichet automatique	71	76	+7	74	76	+3
Photocopieur	62	63	+2	58	60	+3
Ordinateur	53	58	+9	59	55	−7
Répondeur	58	54	−7	52	49	−6
Télécopieur	42	41	−2	38	37	−3
Traitement de texte	35	38	+9	34	36	+6
Boîte vocale	34	37	+9	31	33	+6
Jeux vidéo	30	31	+3	29	32	+10
Vidéoway	21	22	+5	24	24	0
Chiffrier électronique	17	19	+12	17	15	−12
CD-ROM	12	18	+50	7	14	+100
Modem	18	17	−6	12	14	+17
Courrier électronique	16	17	+6	16	14	−13
Internet	6	13	+117	3	11	+267
Cinéma à la carte	8	4	−50	4	5	+25

* Dans ce tableau, on présente les résultats à la question : Avez-vous utilisé les technologies suivantes au cours du dernier mois ?

Source : Impact Recherche – Étude sur les technologies et Infographie *La Presse*. Tableau présenté dans l'article de Durivage, Paul. *Op. cit.*, p. B1.

a) À Montréal seulement, le pourcentage de variation du taux d'utilisation du courrier électronique se calcule ainsi :

$$\frac{14-16}{16} \cdot 100 = -12,50\,\%$$ (dans le tableau, cette valeur a été arrondie à l'entier près).

Ce résultat signifie qu'à Montréal le taux d'utilisation du courrier électronique a diminué de 12,50 % entre 1994 et 1995.

b) À Montréal, Québec et Toronto, le pourcentage de variation du taux d'utilisation du guichet automatique se calcule ainsi :

$$\frac{76-71}{71} \cdot 100 = 7,04\,\%$$ (dans le tableau, cette valeur a été arrondie à l'entier près).

Ce résultat signifie qu'à Montréal, à Québec et à Toronto le taux d'utilisation du guichet automatique a augmenté de 7,04 % entre 1994 et 1995.

---

28. Durivage, Paul. « Les Montréalais adoptent l'Internet », *La Presse*, Cahier Économie, 4 mars 1996, p. B1.

EXEMPLE 3.35

« **La hausse du prix des boissons fait baisser les ventes d'alcool**[29] »

Le tableau 3.8 présente les ventes d'alcool, au Canada, de 1982 à 1993.

TABLEAU 3.8
Ventes d'alcool en millions de litres, au Canada, de 1982 à 1993

Année	Spiritueux	Vin	Bière
1982-1983	188	233	2 056
1983-1984	175	235	2 078
1984-1985	169	246	2 073
1985-1986	165	256	2 067
1986-1987	160	253	2 074
1987-1988	162	264	2 128
1988-1989	160	255	2 119
1989-1990	154	245	2 112
1990-1991	145	236	2 082
1991-1992	137	231	2 045
1992-1993	129	229	1 973

Source : Adapté d'un tableau de Statistique Canada présenté dans l'article de la Presse Canadienne. *Op. cit.*, p. C18.

a) De 1982-1983 à 1992-1993, le pourcentage de variation dans les ventes de spiritueux se calcule ainsi :

$$\frac{129 - 188}{188} \cdot 100 = -31,38\%.$$

Ce résultat signifie que le nombre de litres de spiritueux vendus a diminué de 31,38 % de 1982-1983 à 1992-1993.

b) De 1985-1986 à 1992-1993, le pourcentage de variation dans les ventes de vin se calcule ainsi :

$$\frac{229 - 256}{256} \cdot 100 = -10,55\%.$$

Ce résultat signifie que le nombre de litres de vin vendus a diminué de 10,55 % de 1985-1986 à 1992-1993.

c) De 1987-1988 à 1992-1993, le pourcentage de variation dans les ventes de bière se calcule ainsi :

$$\frac{1\,973 - 2\,128}{2\,128} \cdot 100 = -7,28\%.$$

Ce résultat signifie que le nombre de litres de bière vendus a diminué de 7,28 % de 1987-1988 à 1992-1993.

---

29. Presse Canadienne. « La hausse du prix des boissons fait baisser les ventes d'alcool », *La Presse*, Cahier Sortir, 2 février 1995, p. C18.

EXEMPLE   3.36

Dans le journal *La Presse* du 3 décembre 1993, on a pu lire les données du tableau 3.9[30] :

TABLEAU 3.9
Inoccupation du logement au Québec de 1991 à 1993

Taux d'inoccupation des immeubles de trois appartements et plus, au Québec.

Régions métropolitaines	Oct. 1991	Avril 92	Oct. 92	Avril 93	Oct. 93
Chicoutimi – Jonquière	5,7	4,8	7,1	5,4	6,3
Hull	4,9	4,1	3,7	3,6	4,5
Montréal	7,2	6,4	7,7	6,4	7,7
Québec	5,6	5,3	6,3	5,3	6,0
Sherbrooke	9,6	8,6	9,3	8,0	7,6
Trois-Rivières	8,3	8,1	7,0	7,0	6,5

Loyer moyen* pondéré dans les immeubles de trois logements et plus, dans les régions métropolitaines du Québec (en $).

	Une chambre à coucher			Deux chambres à coucher		
	Oct. 92	Oct. 93	Variat. %	Oct. 92	Oct. 93	Variat. %
Chicoutimi	351	358	2,0	420	419	–0,2
Hull	447	454	1,6	513	513	0,0
Montréal	428	428	0,0	488	484	–0,8
Québec	439	439	0,0	501	502	0,2
Sherbrooke	351	344	–2,0	408	418	2,5
Trois-Rivières	343	338	–1,5	395	400	1,3

* Enquête annuelle effectuée en octobre de chaque année.

Source : SCHL. Fabienne Sallin (PC). Reproduit dans l'article de Jannard, Maurice. *Op.cit.*, p. A13.

Dans la région de Montréal, le taux d'inoccupation des immeubles de trois appartements et plus était de 7,2 % en octobre 1991 et de 7,7 % en octobre 1992. Pour calculer le pourcentage de variation du taux d'inoccupation des immeubles de trois appartements et plus entre 1991 et 1992, on procède ainsi :

$$\frac{\text{Taux de 1992} - \text{Taux de 1991}}{\text{Taux de 1991}} \cdot 100 = \frac{7,7 - 7,2}{7,2} \cdot 100 = 6,94\,\%.$$

30. Jannard, Maurice. « Le logement reste à l'avantage des locataires », *La Presse*, 3 décembre 1993, p. A13.

Ce pourcentage de variation du taux d'inoccupation signifie que pour passer de 7,2 % à 7,7 % entre 1991 et 1992, il y a eu une augmentation de 6,94 % du taux d'inoccupation des immeubles de trois appartements et plus. Une augmentation de 6,94 % du taux d'inoccupation ne signifie pas que le taux est passé de 7,2 % à 14,14 % (7,2 % + 6,94 %) ; il faut être vigilant lorsqu'on calcule des pourcentages de variation de pourcentage. Ici 7,2 % est un taux d'inoccupation des immeubles, alors que 6,94 % est un taux de variation du taux d'inoccupation des immeubles. Ces deux types de pourcentage sont différents. De façon générale, on ne peut pas additionner deux sortes de pourcentage.

EXEMPLE 3.37

Le tableau 3.10 est tiré du journal *La Presse* du 9 mars 1993[31] et concerne la natalité au Québec.

TABLEAU 3.10
Augmentation de la natalité au Québec

L'instauration de prime à la naissance a eu des effets positifs sur la natalité au Québec. Depuis 1987, l'indice synthétique de fécondité des femmes a en effet grimpé de 1,35 à 1,67. Cet indice désigne le nombre moyen d'enfants par femme en âge de procréer et constitue une mesure démographique universellement reconnue.

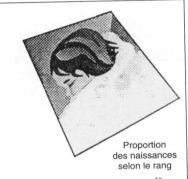

Année	Indice synthétique de fécondité*	Nombre de naissances	Âge de la mère à la naissance du 1er enfant	Âge de la mère à la naissance d'un enfant	1er %	2e %	3e %	4e et + %
1950	3,90	121 842	25,2	29,6	25,0	21,0	16,0	38,0
1955	4,00	136 270	24,8	29,3	25,0	21,0	16,0	38,0
1960	3,86	141 224	24,5	28,9	26,0	22,0	16,0	36,0
1965	3,06	123 279	24,4	28,7	31,0	23,0	16,0	30,0
1970	2,08	96 512	24,7	28,0	42,0	28,0	14,0	16,0
1975	1,82	96 258	25,0	27,4	47,0	34,0	12,0	7,0
1980	1,68	97 498	25,4	27,4	46,0	36,0	13,0	5,0
1985	1,42	86 008	25,7	27,5	45,0	38,0	13,0	4,0
1990	1,65	98 013	26,0	27,7	47,0	35,0	13,0	4,5
1991**	1,67	97 500	N.D.	27,6	46,7	35,1	13,3	4,8

Proportion des naissances selon le rang

* Nombre moyen d'enfants qu'une femme aurait durant sa période de fécondité ;
** Données provisoires.

Source : Registre de l'État civil, *Statistique Québec*. Fabienne Sallin (PC). Reproduit dans l'article de la Presse Canadienne. *Op. cit.*, p. A5.

31. Presse Canadienne. « Le taux de natalité ne cesse de s'accroître au Québec », *La Presse*, 9 mars 1993, p. A5.

a)   On calcule le pourcentage de variation du nombre de naissances entre 1985 et 1990 :

$$\frac{\text{Naissances en 1990} - \text{Naissances en 1985}}{\text{Naissances en 1985}} \cdot 100$$

$$= \frac{98\,013 - 86\,008}{86\,008} \cdot 100 = 13,96\,\%.$$

Ainsi, le nombre de naissances a augmenté de 13,96 % entre 1985 et 1990.

b)   On calcule le pourcentage de variation de l'indice synthétique de fécondité entre 1955 et 1990 :

$$\frac{\text{Indice en 1990} - \text{Indice en 1955}}{\text{Indice en 1955}} \cdot 100 = \frac{1,65 - 4,00}{4,00} \cdot 100 = -58,75\,\%.$$

Ainsi, l'indice synthétique de fécondité a diminué de 58,75 % entre 1955 et 1990.

EXEMPLE   3.38

Le taux d'inflation est un pourcentage de variation dans le temps de l'indice des prix à la consommation (IPC). Il indique le pourcentage d'augmentation ou de diminution que le prix des produits et des services a subi durant la période de temps visée.

Le tableau 3.11 donne la valeur de l'IPC pour les années 1981 à 1994[32]. L'IPC de 100 établi pour 1981 signifie que c'est par rapport à l'année 1981 que seront comparés les IPC des années suivantes. Autrement dit, l'année 1981 a été choisie comme année de référence.

TABLEAU 3.11
Valeur de l'IPC de 1981 à 1994

Année	IPC	Année	IPC
1981	100,0	1988	144,0
1982	110,8	1989	151,2
1983	117,2	1990	158,4
1984	122,4	1991	167,4
1985	127,3	1992	169,9
1986	132,5	1993	173,0
1987	138,3	1994	173,3

Source : Ministre de l'Industrie. *Op. cit.*, p. 11.

a)   Le taux d'inflation entre 1981 et 1982 représente le pourcentage de variation de l'IPC entre les années 1981 et 1982.

$$\frac{\text{IPC de 1982} - \text{IPC de 1981}}{\text{IPC de 1981}} \cdot 100 = \frac{110,8 - 100,0}{100,0} \cdot 100 = 10,80\,\%.$$

L'IPC a augmenté de 10,80 %. Ainsi, le taux d'inflation de 1981 à 1982 est de 10,80 %.

---

32.   Ministre de l'Industrie. *Prix à la consommation et indices des prix*, Catalogue 62-010-XPB, juillet - septembre 1995, p. 11.

b) Le taux d'inflation entre 1982 et 1991 représente le pourcentage de variation de l'IPC entre les années 1982 et 1991.

$$\frac{\text{IPC 1991} - \text{IPC 1982}}{\text{IPC 1982}} \cdot 100 = \frac{167,4 - 110,8}{110,8} \cdot 100 = 51,08\%.$$

L'IPC a augmenté de 51,08 %. Ainsi, le taux d'inflation de 1982 à 1991 est de 51,08 %.

c) Le taux d'inflation entre 1981 et 1991 représente le pourcentage de variation de l'IPC entre les années 1981 et 1991.

$$\frac{\text{IPC 1991} - \text{IPC 1981}}{\text{IPC 1981}} \cdot 100 = \frac{167,4 - 100,0}{100,0} \cdot 100 = 67,40\%.$$

L'IPC a augmenté de 67,40 %. Ainsi, le taux d'inflation de 1981 à 1991 est de 67,40 %.

Les taux d'inflation ne s'additionnent pas. En effet, le taux d'inflation de 1981 à 1982 est de 10,80 %, celui de 1982 à 1991 est de 51,08 % et pourtant celui de 1981 à 1991 est de 67,40 %.

Une valeur de 100 $ en 1981 vaut 110,80 $ en 1982 (10,80 % d'inflation). Une valeur de 110,80 $ en 1982 vaut, en 1991, 51,08 % de plus, c'est-à-dire 51,08 % de 110,80 $ = 56,60 $ de plus. En 1991, sa valeur est donc de 110,80 $ + 56,60 $ = 167,40 $, ce qui représente 67,40 % d'augmentation (d'inflation) par rapport à 1981.

Il ne faut pas additionner les deux taux d'inflation (10,80 % et 51,08 %) car, en les additionnant, on oublie de tenir compte de l'inflation (51,08 %) sur le 10,80 $ de 1982 à 1991.

d) Le taux d'inflation de 1981 par rapport à 1980 était de 12,5 %. Quelle était la valeur de l'IPC en 1980 ?

La valeur de l'IPC en 1980 a augmenté de 12,5 % pour atteindre en 1981 la valeur 100. La valeur de l'IPC de 1981 représente donc 112,5 % de la valeur de l'IPC de 1980.

1980	**1981**

$$\frac{x}{100\%} = \frac{100,0}{112,5\%}$$

Donc, la valeur de l'IPC de 1980 équivaut à :

$$\frac{100,0}{112,5} \cdot 100 = 88,9.$$

Un taux d'inflation positif entre une année donnée et l'année 1981 indique que l'IPC pour cette année est supérieur à 100 si cette année est postérieure à 1981 et inférieur à 100 si cette année est antérieure à 1981.

e) Supposons que le taux d'inflation de l'année 2010 par rapport à 1994 est de 14,6 %. Quelle sera la valeur de l'IPC en 2010 ?

1994	**2010**

$$\frac{173,3}{100\%} = \frac{x}{114,6\%}$$

Donc, la valeur de l'IPC de 2010 équivaut à :

$$\frac{173,3}{100} \cdot 114,6 = 198,6.$$

3.3.6 Le ratio

Un ratio indique le rapport entre le nombre d'unités dans un groupe répondant à certaines caractéristiques et le nombre d'unités dans un autre groupe répondant à d'autres caractéristiques. On ne compare pas un nombre d'unités possédant telle caractéristique par rapport au nombre d'unités possédant la même caractéristique dans l'échantillon ou dans la population comme les autres données construites.

Ce ratio s'obtient en effectuant d'abord le quotient des deux nombres d'unités des groupes considérés au départ. Ensuite, on recherche deux entiers (les plus petits possible) dont le quotient donne approximativement ce résultat. Le ratio s'exprime à l'aide des deux entiers trouvés. Un ratio ne donne pas une relation précise entre deux groupes, mais un aperçu du rapport entre les deux groupes.

EXEMPLE 3.39

Le tableau 3.12 présente le nombre d'ordinateurs hôtes dont disposent les pays de la francophonie par rapport à leur population[33].

TABLEAU 3.12
Pays de la francophonie et accès à Internet

Les pays branchés de la francophonie (janvier 1996)				
Pays	Nom de domaine	Nombre d'ordinateurs hôtes	Population (millions)	Ordinateurs hôtes pour 1 000 habitants
Canada	ca	372 891	29,46	12,7
Suisse	ch	85 844	7,2	11,9
Luxembourg	lu	1 516	0,406	3,7
Belgique	be	30 535	10,11	3,0
France	fr	137 217	57,98	2,4
Monaco	mc	56	0,032	1,75
Bulgarie	bg	1 013	8,78	0,12
Liban	lb	88	3,7	0,024
Tunisie	tn	82	8,88	0,009
Maroc	ma	234	29,17	0,008
Moldavie	md	10	4,49	0,002
Sénégal	sn	14	9,01	0,0016
Algérie	dz	16	28,54	0,0006
Côte d'Ivoire	ci	3	14,79	0,0002
Guinée	gn	2	6,55	0,0003

Source : Net Wizard : www.nw.com/zone/www/dist-byname.html. CIA World Facts Book : www.odci.gov/cia/publications/95fact/index.html. Tableau présenté dans l'article de Bélanger, André. *Op. cit.*, p. A13.

---

33. Bélanger, André. « Inet 96 : Internet est sa propre révolution, *La Presse*, 25 juin 1996, p. A13.

a)   Le ratio pour le nombre d'ordinateurs hôtes entre Monaco et le Sénégal est :

$$\frac{56}{14} = \frac{4}{1} = 4.$$

On peut donc dire que pour 1 ordinateur hôte au Sénégal, il y en a 4 à Monaco.

b)   Le ratio pour le nombre d'ordinateurs hôtes entre la France et la Belgique est :

$$\frac{137\,217}{30\,535} = \frac{4,494}{1} = \frac{8,988}{2} \approx \frac{9}{2}.$$

On peut donc dire que pour 2 ordinateurs hôtes en Belgique, il y en a 9 en France.

c)   Le ratio pour le nombre d'ordinateurs hôtes entre le Canada et la Suisse est :

$$\frac{372\,891}{85\,844} = \frac{4,344}{1} = \frac{8,688}{2} = \frac{13,031}{3} \approx \frac{13}{3}.$$

On peut donc dire que pour 3 ordinateurs hôtes en Suisse, il y en a 13 au Canada.

EXERCICES

3.10 Jean a acheté un cadeau à Hyacinthe pour sa fête. La cadeau a coûté 35,95 $ plus 13,96 % de taxes. De plus, au rayon des articles de bureau, Jean s'est acheté un stylo qu'il a payé 12,54 $, taxes comprises.
a)   Combien Jean a-t-il payé en tout pour le cadeau de Hyacinthe ?
b)   Quel était le prix du stylo, sans les taxes ?
c)   Jean a profité d'une vente avec 25 % de réduction sur le cadeau de Hyacinthe. Quel était le prix du cadeau de Hyacinthe avant la réduction ?

3.11 Le tableau 3.13 donne la population, en 1991, ainsi que le nombre de personnes âgées de 65 ans et plus de chacune des 10 provinces canadiennes[34].

Laquelle des provinces a le plus haut taux de personnes âgées de 65 ans et plus par 1 000 habitants ?

TABLEAU 3.13
Population et nombre de personnes âgées de 65 ans et plus selon les provinces

Province	Population	Personnes âgées
Terre-Neuve	578 900	56 150
Île-du-Prince-Édouard	131 000	17 290
Nouvelle-Écosse	915 200	115 310
Nouveau-Brunswick	746 100	91 020
Québec	7 048 400	789 420
Ontario	10 401 400	1 216 960
Manitoba	1 109 100	148 610
Saskatchewan	1 006 100	141 860
Alberta	2 580 700	234 840
Colombie-Britannique	3 346 300	431 670

3.12 La figure 3.4 donne le taux de change de certaines devises étrangères exprimées en dollars canadiens en date du 13 avril 1996.

a)   Déterminez la valeur du dollar canadien en livres anglaises au 13 avril 1996.
b)   Déterminez la valeur du dollar canadien en dollars américains au 13 avril 1996.
c)   Déterminez la valeur du dollar américain en livres anglaises au 13 avril 1996
d)   Alors que vous étiez résident en France, au 13 avril 1996, vous avez acheté en Allemagne un article au prix de 124 marks. Quel était le prix en francs français ?

34. Calculs effectués à partir du *Rapport sur l'état de la population du Canada, Conjoncture démographique*, Catalogue 91-209F annuel, Ottawa, Statistique Canada, p. 90 à 99 et *Profile of Canada's Seniors*, Statistique Canada, Catalogue 96-312E, 1994, p. 68.

FIGURE 3.4
Taux de change de certaines devises étrangères en dollars canadiens au 13 avril 1996

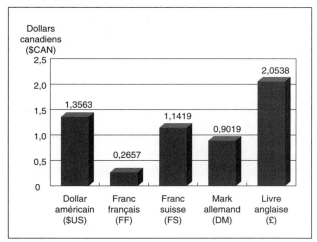

TABLEAU 3.14
Rapport de dépendance économique

Par province	1992	1993	1994
Canada	25,80	26,92	26,85
Terre-Neuve	46,52	44,66	42,06
Île-du-Prince-Édouard	43,63	45,23	43,17
Nouvelle-Écosse	34,38	36,23	
Nouveau-Brunswick	37,20	38,50	37,68
Québec	27,85	29,98	29,42
Ontario	24,31	25,89	25,89
Manitoba	29,19	29,87	29,64
Saskatchewan	29,92		30,24
Alberta	19,23	19,26	18,67
Colombie-Britannique	24,27	25,09	24,86

Source : Adapté d'un tableau de Statistique Canada présenté dans l'article de la Presse Canadienne, *Op. cit*, p. B5.

3.13 **« Les Canadiens comptent sur les programmes sociaux**

« La dépendance des Canadiens envers les programmes sociaux a augmenté de 31,75 pour cent de 1990 à 1994, relevait Statistique Canada.

« En 1994, plus de 14,8 millions de contribuables ont reçu en moyenne 26,85 $, par tranche de 100 $ de revenus d'emploi, par l'entremise de programmes comme l'assurance-chômage, la Sécurité de la vieillesse, le Régime de pensions du Canada et le crédit d'impôt sur la taxe sur les produits et services. En 1990, les contribuables touchaient 20,38 $. [...]

« De nouvelles mesures établies en 1994 ont rendu plus difficile l'obtention de prestations d'assurance-chômage, a indiqué Statistique Canada. Les prestations ont également diminué en raison du nombre de personnes qui les avaient écoulées ou avaient trouvé un emploi[35]. »

Le tableau 3.14 présente le rapport de dépendance économique, en dollars, par tranches de 100 $ de revenu d'emploi.

a) Déterminez le pourcentage de variation du rapport de dépendance économique au Québec entre 1992 et 1994.

b) Si l'on sait que le rapport de dépendance économique en Saskatchewan a diminué de 2,8 % entre 1993 et 1994, quel était ce rapport en 1993 ?

c) Si l'on sait que le rapport de dépendance économique en Nouvelle-Écosse a augmenté de 3,6 % entre 1993 et 1994, quel était ce rapport en 1994 ?

3.14 La revue *Protégez-vous* de novembre 1993 a fait faire un voyage dans le temps à ses lecteurs à travers l'univers de la consommation, pour les nostalgiques et ceux qui ont la mémoire courte. « Bien des choses ont changé depuis les années 70, tout le monde s'entend là-dessus. Pour avoir une idée un peu plus précise de l'ampleur des changements[36] », le tableau 3.15 présente une liste de différents produits et services accompagnés de leur prix il y a 20 ans et aujourd'hui.

Pour chacun des produits et des services, déterminez le pourcentage de variation du prix entre 1973 et 1993. Formulez votre conclusion en tenant compte du contexte.

TABLEAU 3.15
Coût de différents produits et services en 1973 et en 1993

Produits et services	Prix en 1973	Prix en 1993
Boisson gazeuse (750 ml)	0,23 $	0,95 $
Cigarettes (paquet de 25)	0,62	6,30
Calculatrice	130,00	60,00
Journée de ski	7,00	31,00

Source : Extrait d'un tableau de l'Office de la protection du consommateur. *Op. cit.*, p. 12.

3.15 En 1987, il y a eu 215 340 mises en chantier dans les régions urbaines, tandis qu'en 1993 il y en a eu 129 988[37].

35. Presse Canadienne. « Les Canadiens comptent sur les programmes sociaux », *La Presse*, 18 juillet 1996, p. B5.

36. Office de la protection du consommateur. « Le bon vieux temps. Comment viviez-vous en 1973 ? », *Protégez-vous*, Cahier spécial, novembre 1993, p. 12.

37. « Indicateurs sociaux », *Tendances sociales canadiennes*, Ottawa, Statistique Canada, automne 1995, p. 35.

Quel est le pourcentage de variation du nombre de mises en chantier dans les régions urbaines entre ces deux années ? Formulez votre conclusion en tenant compte du contexte.

3.16 En 1993, le nombre d'élèves canadiens au primaire et au secondaire était de 5 367 300, tandis qu'il y avait 949 300 élèves aux études postsecondaires[38]. Trouvez un ratio plausible entre les deux groupes.

3.17 Selon le recensement de 1991 effectué par Statistique Canada, le nombre de veufs âgés de 85 ans et plus est d'environ 33 900, tandis que le nombre de veuves âgées de 85 ans et plus est d'environ 155 200[39].

a) Déterminez un ratio mettant en relation les veufs et les veuves âgés de 85 ans et plus.

b) Si les veufs âgés de 85 ans et plus représentent 19,76 % des veufs âgés de 65 ans et plus, combien y a-t-il approximativement de veufs âgés de 65 ans et plus ?

c) Si le ratio est de 1 femme mariée pour 8 veuves, chez les femmes âgées de 85 ans et plus, combien y a-t-il approximativement de femmes mariées âgées de 85 ans et plus ?

3.18 Le tableau 3.16 donne les gains moyens (revenus moyens) des Canadiens ayant travaillé à plein temps, par province, pour 1970, 1980, 1985 et 1990[40].

a) Quel pourcentage de variation ont subi les gains moyens des Albertains entre 1980 et 1990 ? Formulez votre conclusion en tenant compte du contexte.

b) Quel pourcentage de variation ont subi les gains moyens des Ontariens entre 1970 et 1990 ? Formulez votre conclusion en tenant compte du contexte.

c) Quel pourcentage de variation ont subi les gains moyens des Québécois entre 1970 et 1990 ? Formulez votre conclusion en tenant compte du contexte.

d) Laquelle des 10 provinces a subi le plus grand pourcentage de variation des gains moyens entre 1985 et 1990 ? Formulez votre conclusion en tenant compte du contexte.

TABLEAU 3.16
Gains moyens des Canadiens ayant travaillé toute l'année à plein temps

	Gains moyens (dollars de 1990)			
	1970	1980	1985	1990
Canada	**28 362**	**33 614**	**33 337**	**33 714**
Terre-Neuve	24 009	30 445	30 457	30 993
Île-du-Prince-Édouard	20 510	26 745	27 417	28 617
Nouvelle-Écosse	24 836	29 468	30 747	30 841
Nouveau-Brunswick	23 461	29 314	29 846	30 274
Québec	27 161	32 616	31 546	31 705
Ontario	30 540	33 746	34 497	36 031
Manitoba	25 350	30 285	30 396	29 607
Saskatchewan	21 763	31 938	30 004	27 868
Alberta	27 782	36 666	35 238	33 325
Colombie-Britannique	31 096	37 265	35 429	34 886
Yukon	34 863	39 960	36 668	37 287
Territoires-du-Nord-Ouest	31 535	37 933	38 857	42 268

Source : Extrait d'un tableau du Recensement du Canada de 1991 présenté dans le cahier de Statistique Canada. *Op. cit.*, p. 41.

3.19 Le tableau 3.17 donne la population des 10 provinces canadiennes pour les années 1988 à 1991[41].

TABLEAU 3.17
Population des provinces canadiennes de 1988 à 1991

Province	1988	1989	1990	1991
Terre-Neuve	575 900	576 800	577 500	578 900
Île-du-Prince-Édouard	129 600	130 500	130 800	131 000
Nouvelle-Écosse	897 500	903 200	909 800	915 200
Nouveau-Brunswick	731 200	735 200	740 100	746 100
Québec	6 829 100	6 906 000	6 979 000	7 048 400
Ontario	9 782 200	10 017 400	10 236 000	10 401 400
Manitoba	1 102 300	1 104 100	1 105 900	1 109 100
Saskatchewan	1 033 200	1 025 100	1 014 500	1 006 100
Alberta	2 448 600	2 483 900	2 528 700	2 580 700
Colombie-Britannique	3 096 400	3 170 400	3 258 600	3 346 300

a) Quel pourcentage de variation a subi la population du Québec entre 1988 et 1991 ? Formulez votre conclusion en tenant compte du contexte.

b) Quel pourcentage de variation a subi la population de la Saskatchewan entre 1988 et 1991 ? Formulez votre conclusion en tenant compte du contexte.

38. *Ibid.*, p. 35.
39. *Profile of Canada's Seniors*, Ottawa, Statistique Canada, Catalogue 96-312E, p. 22.
40. *Les gains des Canadiens*, Ottawa, Statistique Canada, Catalogue 96-317F, p. 41.
41. *Rapport sur l'état de la population du Canada, Conjoncture démographique*, Ottawa, Statistique Canada, Catalogue 91-209F, 1993, p. 90-99.

c) Quelle province a connu le plus grand pourcentage de variation entre 1989 et 1991 ? Formulez votre conclusion en tenant compte du contexte.

3.20 Le tableau 3.18 donne la valeur de l'IPC pour les années 1986 à 1994[42]. L'IPC de 100 établi pour 1986 signifie que c'est par rapport à 1986 que seront comparés les IPC des années suivantes. Autrement dit, l'année 1986 sert de référence.

a) Quel a été le taux d'inflation de 1989 à 1992 ?

b) Quel a été le taux d'inflation de 1987 à 1993 ?

c) Calculez le taux d'inflation de 1989 à 1992 à partir du tableau des valeurs de l'IPC de l'exemple 3.38.

d) Calculez le taux d'inflation de 1987 à 1993 à partir du tableau des valeurs de l'IPC de l'exemple 3.38.

e) Si l'on compare les taux obtenus en a) et en b) avec ceux qu'on a obtenus en c) et en d), qu'est-il possible de constater ?

TABLEAU 3.18
Valeur de l'IPC de 1986 à 1994

Année	IPC
1986	100,0
1987	104,4
1988	108,7
1989	114,1
1990	119,6
1991	126,3
1992	128,2
1993	130,6
1994	130,9

3.21 Au Canada, « 60 % des détaillants vendraient du tabac aux jeunes[43] ».

On a interrogé 50 détaillants dans chacune des villes mentionnées ci-après. Le tableau 3.19 donne le pourcentage de détaillants se disant prêts à vendre des cigarettes aux mineurs.

TABLEAU 3.19
Pourcentage de détaillants prêts à vendre des cigarettes aux mineurs

Ville	Pourcentage
Vancouver	40
Saint-Jean (T.-N.)	44
Saint-Jean (N.-B.)	46
Charlottetown	50
Calgary	58
Halifax	60
Toronto	62
Winnipeg	64
Regina	76
Montréal	98

Source : Élaboré à partir d'une figure de la Presse Canadienne. *Op. cit.*, p. A6.

Parmi les détaillants interrogés, approximativement combien ont dit être prêts à vendre des cigarettes aux mineurs dans chacune des villes ?

3.22 « **Le mariage est de moins en moins populaire**[44] »

Le tableau 3.20 en offre un aperçu pour le Canada.

TABLEAU 3.20
Mariages et divorces au Canada

Année	Mariages	Divorces
1981	190 082	67 671
1983	184 675	68 565
1985	184 096	61 976
1987	182 151	96 200
1989	190 640	80 998
1991	172 251	77 020
1993	159 316	78 226

Source : Élaboré à partir d'une figure de Statistique Canada présentée dans l'article de la Presse Canadienne. *Op. cit.*, p. A17.

Trouvez un ratio entre le nombre de mariages et le nombre de divorces pour chacune des années.

42. Ministre de l'Industrie. *Prix à la consommation et indices des prix*, Ottawa, Statistique Canada, Catalogue 62-010-XPB, juillet-septembre 1995, p. 11.

43. Presse Canadienne. « 60 % des détaillants vendraient du tabac aux jeunes », *La Presse*, 25 septembre 1995, p. A6.

44. Presse Canadienne. « Le mariage est de moins en moins populaire », *La Presse*, 14 juin 1995, p. A17.

4

La description statistique des données : les variables quantitatives

Karl Pearson (1857-1936), mathématicien britannique, surnommé le fondateur de la science des statistiques. Il mit au point une méthode mathématique et graphique (la biométrie) conduisant à l'application de formules de mathématique statistique pour l'avancement de la science anthropologique. Il fut l'un des trois fondateurs du journal *Biometrika*, dans lequel sont publiées chaque année les découvertes récentes dans le domaine des statistiques[1].

1. L'illustration est extraite de *Biometrika*, Cambridge, Cambridge University Press, 1936, vol. 28, p. 223.

4.1 LES VARIABLES QUANTITATIVES DISCRÈTES

Généralement, dans une étude statistique, plusieurs variables statistiques (les caractéristiques de la population) sont considérées. Pour chacune des variables étudiées, la série de données recueillies auprès des unités statistiques d'un échantillon ou d'une population s'appelle la **série de données brutes** de la variable. Nous verrons comment présenter ces données sous forme de tableau ou de graphique et comment interpréter certaines mesures qui sont calculées à partir des données.

4.1.1 La présentation sous forme de tableau

La présentation sous forme de tableau consiste à classer les données selon leurs valeurs. Ce type de classement se nomme répartition ou distribution d'une série de données brutes.

EXEMPLE 4.1

Les données suivantes ont été recueillies au cours d'un sondage sur les ménages québécois en 1986. À cet effet, 125 ménages ont été interrogés, et on a noté le nombre de personnes vivant dans chacun des ménages[2].

Variable	Le nombre de personnes vivant dans le ménage
Population	Tous les ménages québécois
Unité statistique	Un ménage québécois
Taille de l'échantillon	$n = 125$

Voici le nombre de personnes vivant dans chacun des 125 ménages interrogés (la série des données brutes) :

```
6 1 2 1 2 6 3 2 2 3 2 1 2 2 5 2 4 1 2 4 3 3 2 5 4
2 3 2 4 3 1 2 5 5 6 4 4 1 3 4 3 4 1 5 2 3 3 2 7 1
1 4 1 2 3 2 3 3 3 4 1 2 4 1 3 1 4 3 3 4 2 1 1 3 2
3 1 4 2 1 3 7 6 4 3 1 8 2 2 5 7 4 2 2 2 3 6 7 1 3
2 3 5 2 2 4 1 6 1 3 4 2 2 3 2 1 4 1 8 2 4 4 1 3 1
```

Lorsqu'on regroupe ces données sous forme de tableau, on obtient la représentation suivante (tableau 4.1) :

---

2. Échantillon fictif simulé à partir des informations contenues dans *Portrait social du Québec, Statistiques sociales*, Québec, Les Publications du Québec, 1992, p. 48.

TABLEAU 4.1
Répartition des ménages
en fonction du nombre
de personnes
dans le ménage

Nombre de personnes	Nombre de ménages	Pourcentage des ménages	Pourcentage cumulé des ménages
1	25	20,0	20,0
2	33	26,4	46,4
3	27	21,6	68,0
4	21	16,8	84,8
5	7	5,6	90,4
6	6	4,8	95,2
7	4	3,2	98,4
8	2	1,6	100,0
Total	125	100,0	

La démarche à suivre est la suivante.

Première étape : Titrer le tableau

Il faut toujours titrer un tableau. Le titre doit informer clairement le lecteur sur le contenu du tableau en question. Voici une formulation générale de titre qui peut toujours s'appliquer : **Répartition des unités statistiques en fonction de la variable**. Il faut évidemment adapter ce titre à chacune des situations.

Deuxième étape : Indiquer les valeurs de la variable

Le titre de la première colonne correspond toujours au nom de la variable étudiée. Dans cette colonne, on inscrit toutes les valeurs différentes qui apparaissent dans la série de données brutes. Dans ce cas-ci, ces valeurs représentent le nombre de personnes vivant dans le ménage.

Troisième étape : Préciser le nombre d'unités statistiques pour chacune des valeurs

Dans la deuxième colonne, on indique le nombre d'unités statistiques compilées pour chacune des valeurs de la première colonne. Ce nombre d'unités est aussi appelé **fréquence** de la valeur. Pour arriver à compiler et à dénombrer précisément le nombre d'unités statistiques correspondant à chacune des valeurs de la variable, il faut d'abord effectuer le dépouillement des données. De nos jours, des logiciels statistiques se chargent de ce travail. Sinon, il est possible de procéder de la façon suivante : réaliser un tableau de trois colonnes (tableau 4.2) dont la première contient les valeurs de la variable ; dans la deuxième colonne, inscrire une marque qui doit être placée vis-à-vis de la valeur correspondant à chacune des données de la série de données brutes prises une à la suite de l'autre ; dans la troisième colonne, convertir l'addition des marques en un total numérique (la fréquence) pour chacune des valeurs.

TABLEAU 4.2
Dénombrement
des données brutes

Nombre de personnes	Dépouillement	Nombre de ménages
1	₩₩ ₩₩ ₩₩ ₩₩ ₩₩	25
2	₩₩ ₩₩ ₩₩ ₩₩ ₩₩ ₩₩ III	33
3	₩₩ ₩₩ ₩₩ ₩₩ ₩₩ II	27
4	₩₩ ₩₩ ₩₩ ₩₩ I	21
5	₩₩ II	7
6	₩₩ I	6
7	IIII	4
8	II	2
Total		125

On remarque que la colonne « Dépouillement » n'apparaît pas dans le tableau final (tableau 4.1). De plus, le nombre de bâtonnets vis-à-vis de chacune des valeurs de la variable correspond au nombre d'unités (la fréquence) pour chacune des valeurs de la variable. Par exemple, le nombre 25 apparaissant sur la ligne qui correspond à la valeur 1 signifie que 25 ménages étaient composés de 1 seule personne. De même, 33 ménages étaient composés de 2 personnes, 27 ménages étaient composés de 3 personnes, etc.

La somme des nombres dans la colonne « Nombre de ménages » correspond au nombre total d'unités dans l'échantillon, c'est-à-dire 125 ménages, qui représente la taille de l'échantillon.

Quatrième étape : Déterminer le pourcentage d'unités statistiques pour chacune des valeurs

Ce pourcentage correspond au nombre d'unités statistiques pour chacune des valeurs de la variable calculé par rapport au nombre total d'unités statistiques dans l'échantillon ou la population. Ainsi, au lieu de dire que 25 ménages étaient composés de 1 seule personne, on dit que 20,0 % des ménages étaient composés de 1 seule personne, 26,4 % des ménages étaient composés de 2 personnes, etc.

Étant donné que toutes les unités statistiques sont comprises dans le dépouillement, le pourcentage total des ménages est donc de 100 %.

Note : Il se peut que dans certains tableaux la somme des pourcentages ne donne pas 100 %, ce qui se produit lorsque le pourcentage est arrondi à l'entier le plus près. Si l'on reprend le tableau 4.1 et qu'on arrondit les pourcentages à des valeurs entières, on obtient le tableau 4.3

TABLEAU 4.3
Répartition des ménages en fonction du nombre de personnes dans le ménage

Nombre de personnes	Nombre de ménages	Pourcentage des ménages
1	25	20
2	33	26
3	27	22
4	21	17
5	7	6
6	6	5
7	4	3
8	2	2
Total	125	101

Note : Dans les journaux, les pourcentages sont arrondis à la valeur entière la plus près, tandis que dans les informations provenant de Statistique Canada ou du Bureau de la statistique du Québec, les pourcentages sont généralement présentés avec une décimale et quelquefois deux. Dans cet ouvrage, nous continuerons d'utiliser deux décimales pour les pourcentages, sauf si la deuxième décimale et toutes les suivantes sont 0 pour tous les pourcentages, comme c'est le cas dans le présent exemple.

Cinquième étape : Établir le pourcentage cumulé des unités statistiques

Les valeurs de la quatrième colonne sont obtenues en additionnant successivement les valeurs de la colonne des pourcentages. Voici ce que signifie chacun des pourcentages de la dernière colonne :

TABLEAU 4.1

Nombre de personnes	Nombre de ménages	Pourcentage des ménages	Pourcentage cumulé des ménages
1	25	20,0	20,0
2	33	26,4	46,4
3	27	21,6	68,0
4	21	16,8	84,8
5	7	5,6	90,4
6	6	4,8	95,2
7	4	3,2	98,4
8	2	1,6	100,0
Total	125	100,0	

– 20,0 % des ménages sont composés d'au plus 1 personne ;

– 46,4 % des ménages sont composés d'au plus 2 personnes (1 ou 2 personnes) ;

– 68,0 % des ménages sont composés d'au plus 3 personnes (1, 2 ou 3 personnes) ;

– 84,8 % des ménages sont composés d'au plus 4 personnes (1, 2, 3 ou 4 personnes) ;

– 90,4 % des ménages sont composés d'au plus 5 personnes (1, 2, 3, 4 ou 5 personnes) ;

– 95,2 % des ménages sont composés d'au plus 6 personnes (1, 2, 3, 4, 5 ou 6 personnes) ;

– 98,4 % des ménages sont composés d'au plus 7 personnes (1, 2, 3, 4, 5, 6 ou 7 personnes) ;

– 100,0 % des ménages sont composés d'au plus 8 personnes (1, 2, 3, 4, 5, 6, 7 ou 8 personnes).

4.1.2   La présentation sous forme de graphique

Plusieurs formes de graphiques permettent de représenter un tableau. Dans le cas de la variable quantitative discrète, le type de graphique le plus utilisé est le **diagramme en bâtons**.

EXEMPLE   4.2

Reprenons le tableau 4.1 qui décrit la répartition des ménages en fonction du nombre de personnes dans le ménage. Si l'on représente graphiquement ces données sous la forme d'un diagramme en bâtons, on obtient la figure 4.1.

FIGURE 4.1
Répartition des ménages en fonction du nombre de personnes dans le ménage

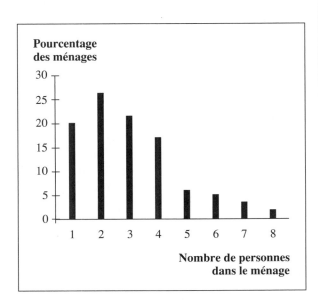

La démarche à suivre est la suivante.

Première étape : Titrer le graphique

Il ne faut surtout pas oublier de titrer le graphique. Le titre peut être le même que celui du tableau correspondant, puisqu'il représente la même répartition mais sous forme visuelle.

Deuxième étape : Placer les valeurs de la variable sur l'axe horizontal

On place les valeurs de la variable (la première colonne du tableau 4.1) sur l'axe horizontal, de la plus petite à la plus grande valeur. La distance sur l'axe horizontal entre deux valeurs doit toujours être proportionnelle à l'écart entre les deux valeurs. Par exemple, l'écart entre les valeurs 1 et 2 est de 1, tandis que l'écart entre les valeurs 3 et 7 doit être de 4. La distance entre les valeurs 3 et 7 est donc égale à quatre fois celle entre les valeurs 1 et 2. L'axe est désigné par le nom de la variable. S'il y a lieu, il convient de préciser les unités de mesure utilisées.

Troisième étape : Placer les pourcentages des unités statistiques sur l'axe vertical

Sur l'axe vertical, on établit une échelle pour placer les pourcentages (la troisième colonne du tableau 4.1). Puisque le pourcentage le plus élevé est 26,4 %, il est inutile d'aller plus haut que 30 %. Cet axe correspond à une échelle qui pourrait être placée à gauche ou à droite du graphique ; cette échelle permet seulement d'estimer la hauteur des bâtons. Il convient aussi d'identifier l'axe par ce qu'il représente en indiquant, s'il y a lieu, les unités de mesure utilisées. (On pourrait employer le nombre d'unités de la deuxième colonne du tableau 4.1 pour construire l'échelle verticale. Au lieu de subdiviser l'axe en pourcentages, celui-ci serait subdivisé en nombre d'unités.)

Quatrième étape : Tracer les bâtons

Pour chacune des valeurs de la variable, sur l'axe horizontal on trace un bâton dont la hauteur correspond au pourcentage qui se trouve dans la troisième colonne du tableau 4.1. (Toutefois, si l'on a utilisé la deuxième colonne, la hauteur représente le nombre d'unités, mais la longueur des bâtons est la même ; seule l'échelle de lecture est différente.) Puisque la variable est quantitative **discrète**, les bâtons doivent être espacés, sinon on pourrait croire qu'il s'agit d'une variable quantitative continue.

4.1.3 Les mesures de tendance centrale

En plus de la représentation sous forme de tableau ou de graphique, il peut être utile d'ajouter des informations concernant la position des données. Puisque les données ont souvent tendance à se concentrer autour d'une valeur, et que cette valeur se retrouve fréquemment vers le centre de la distribution des données brutes, c'est cette valeur qu'on tentera de déterminer. On dit qu'il s'agit d'une mesure de tendance centrale. Dans le cas de la variable quantitative discrète, on verra comment calculer et interpréter trois mesures de tendance centrale.

A. Le mode (*Mo*)

Le mode est la valeur de la variable étudiée qui a la plus grande fréquence (le plus grand nombre d'unités statistiques) dans l'échantillon ou la population. En d'autres mots, c'est la valeur de la variable pour laquelle le pourcentage d'unités statistiques est le plus élevé dans l'échantillon ou la population.

EXEMPLE   4.3

TABLEAU 4.1

Nombre de personnes	Nombre de ménages	Pourcentage des ménages	Pourcentage cumulé des ménages
1	25	20,0	20,0
2	33	26,4	46,4
3	27	21,6	68,0
4	21	16,8	84,8
5	7	5,6	90,4
6	6	4,8	95,2
7	4	3,2	98,4
8	2	1,6	100,0
Total	125	100,0	

Reprenons le tableau 4.1 sur les ménages québécois. Le mode est l'une des valeurs qui se trouvent dans la première colonne du tableau. La valeur qui a la plus grande fréquence est 2. Cette valeur apparaît 33 fois parmi les 125 unités, soit une proportion de 26,4 % de l'échantillon. Cela veut dire que ce sont les ménages québécois composés de 2 personnes qui sont les plus fréquents dans l'échantillon ; le mode est donc 2 personnes. Le mode n'est pas 26,4 % mais bien 2 personnes. Ainsi, on écrit :

$$Mo = 2 \text{ personnes.}$$

La formulation générale pour l'interprétation du mode d'une distribution est donc : Les ménages québécois les plus fréquents sont ceux qui sont composés de 2 personnes, avec un pourcentage de 26,4 %.

Notes : — Dans certains cas, il peut arriver que le mode ne soit pas unique, c'est-à-dire que deux, trois ou plusieurs valeurs ont la même fréquence maximale. Une telle distribution de données est dite bimodale, trimodale ou plurimodale.

— Les termes à éviter lorsqu'on parle du mode sont « la majorité » et « la plupart ». Ces termes portent à confusion : la majorité est souvent associée à plus de 50 %, ce qui est rarement le cas pour le mode ; la plupart signifie encore plus de 50 %.

B. La médiane (*Md*)

La médiane est la valeur de la variable étudiée qui occupe la position centrale dans la liste, ordonnée par ordre croissant, des données de l'échantillon ou de la population. La médiane est définie comme étant la valeur qui sépare le nombre de données en deux groupes égaux.

EXEMPLE   4.4

Marcel a pris au hasard 7 cours parmi les 28 auxquels il était inscrit au cégep. Il a noté le nombre d'élèves inscrits dans chacun de ces groupes-cours (tableau 4.4).

TABLEAU 4.4
Relevé du nombre d'inscriptions à certains cours

Cours	Nombre d'élèves inscrits
Philosophie 101	31
Français 203	29
Éducation physique 102	33
Statistique 337	27
Sociologie 301	30
Histoire 201	35
Informatique 101	28

Variable	Le nombre d'élèves dans le groupe-cours
Population	Tous les groupes-cours dont faisait partie Marcel, au cégep
Taille de la population	$N = 28$
Unité statistique	Un groupe-cours dont faisait partie Marcel, au cégep
Taille de l'échantillon	$n = 7$

Si l'on place les 7 données en ordre croissant, on obtient :

27   28   29   30   31   33   35.

On constate que la valeur 30 est au centre de la distribution, et qu'il y a trois données de chaque côté de celle-ci. Dans ce cas-ci, la médiane est de 30.

$Md = 30$ élèves.

On peut dire que le nombre médian d'élèves par groupe-cours dans les 7 groupes-cours de Marcel est de 30 élèves.

Cependant, on ne peut pas dire qu'il y a 50 % des données qui ont des valeurs inférieures ou égales à 30 élèves. Dans cette série, 4 valeurs sur 7 sont inférieures ou égales à 30, c'est-à-dire 57,14 % des données. De plus, 4 valeurs sur 7 sont supérieures ou égales à 30, c'est-à-dire 57,14 % des données.

La formulation générale pour l'interprétation de la médiane est donc : Au moins 50 % des groupes-cours (dans ce cas-ci 57,14 %) contiennent au plus 30 élèves, et au moins 50 % des groupes-cours (dans ce cas-ci 57,14 %) contiennent au moins 30 élèves. Par convention, l'interprétation de la médiane se fera de la façon suivante : **Au moins 50 % des groupes-cours (dans ce cas-ci 57,14 %) contiennent au plus 30 élèves.**

Il faut toujours avoir à l'esprit que **la médiane est en réalité la plus petite valeur** de l'échantillon ou de la population pour laquelle cette interprétation peut s'appliquer. Sinon, le double cumul d'au moins 50 % (inférieur ou égal, et supérieur ou égal) ne serait pas possible.

EXEMPLE 4.5

Pauline est enseignante en administration. Elle a pris au hasard 4 groupes d'élèves parmi les 7 groupes du cours de marketing à l'automne. Les groupes sont composés de 32, de 35, de 29 et de 31 élèves.

Variable	Le nombre d'élèves dans le groupe-cours de marketing
Population	Tous les groupes-cours de marketing
Taille de la population	$N = 7$
Unité statistique	Un groupe-cours de marketing
Taille de l'échantillon	$n = 4$

Si l'on place les 4 données en ordre croissant, on obtient :

29   31   32   35.

On constate qu'il n'y a pas de valeur centrale unique, c'est-à-dire qu'il n'y a aucune valeur ayant le même nombre de données de chaque côté. Lorsque cette situation se produit, et c'est le cas avec un **nombre pair de données**, la convention veut qu'on prenne le point milieu entre les deux données centrales.

Ici les deux données centrales sont 31 élèves et 32 élèves. Le point milieu (la médiane) entre ces deux valeurs s'obtient de la façon suivante :

$$Md = \frac{31 + 32}{2} = 31,5 \text{ élèves.}$$

On peut donc dire que le nombre médian d'élèves par groupe-cours dans les groupes-cours choisis est de 31,5 élèves, ce qui signifie qu'**au moins 50 % des groupes-cours (dans ce cas-ci 50 %) contiennent au plus 31,5 élèves.**

EXEMPLE 4.6

Pierre-Jean enseigne le français. À la session d'hiver, il a pris au hasard 4 des 20 groupes-cours de français qui sont composés respectivement de 32, de 36, de 30 et de 32 élèves.

Variable	Le nombre d'élèves dans le groupe-cours de français
Population	Tous les groupes-cours de français
Taille de la population	$N = 20$
Unité statistique	Un groupe-cours de français
Taille de l'échantillon	$n = 4$

Si l'on place les 4 données en ordre croissant, on obtient :

30   32   32   36.

Tout comme dans l'exemple 4.5, il n'y a pas de valeur centrale unique puisque le nombre de données est pair :

$n = 4$.

Dans ce cas-ci, les deux données centrales sont 32 élèves et 32 élèves. Le point milieu (la médiane) entre ces deux valeurs s'obtient de la façon suivante :

$$Md = \frac{32 + 32}{2} = 32 \text{ élèves.}$$

On peut donc dire que le nombre médian d'élèves pour ces groupes est de 32 élèves, ce qui signifie qu'**au moins 50 % des groupes-cours (dans ce cas-ci 75 %) contiennent au plus 32 élèves.**

Dans le cas de variables quantitatives discrètes, cette situation peut se produire, car chacune des valeurs peut se répéter.

EXEMPLE 4.7

Reprenons l'exemple 4.1 sur les ménages québécois. Lorsque les données sont groupées sous forme de tableau, elles sont déjà en ordre croissant (première colonne du tableau 4.1).

TABLEAU 4.1

Nombre de personnes	Nombre de ménages	Pourcentage des ménages	Pourcentage cumulé des ménages
1	25	20,0	20,0
2	33	26,4	46,4
3	27	21,6	68,0
4	21	16,8	84,8
5	7	5,6	90,4
6	6	4,8	95,2
7	4	3,2	98,4
8	2	1,6	100,0
Total	125	100,0	

Ainsi, les 25 premières données ont comme valeur 1, les 33 suivantes ont comme valeur 2... Lorsque les données sont en très grand nombre, comme dans l'exemple 4.1 où la taille de l'échantillon est de 125, on peut trouver la valeur de la médiane à l'aide des pourcentages cumulés.

Puisque la médiane est la première valeur pour laquelle au moins 50 % des données sont inférieures ou égales, elle sera donc la première valeur dont le pourcentage cumulé est d'au moins 50 % dans le tableau. Ici cette valeur est 3, avec un pourcentage cumulé de 68,0 %. Ainsi, on peut dire qu'au moins 50 % des ménages sont composés d'au plus 3 personnes :

$Md = 3$ personnes.

EXEMPLE 4.8

Le registraire du collège a fait une étude sur le taux de réussite des élèves du collège. Il a pris au hasard 80 dossiers d'élèves. Dans chacun des dossiers, il a noté le nombre de cours échoués la session dernière. Le tableau 4.5 décrit la répartition obtenue.

TABLEAU 4.5
Répartition des élèves en fonction du nombre de cours échoués

Nombre de cours échoués	Nombre d'élèves	Pourcentage des élèves	Pourcentage cumulé des élèves
0	14	17,50	17,50
1	26	32,50	50,00
2	21	26,25	76,25
3	13	16,25	92,50
4	2	2,50	95,00
5	2	2,50	97,50
6	1	1,25	98,75
7	1	1,25	100,00
Total	80	100,00	

Variable	Le nombre de cours échoués
Population	Tous les élèves du collège
Unité statistique	Un élève du collège
Taille de l'échantillon	$n = 80$

En se référant à la dernière colonne, on constate qu'exactement 50 % des élèves ont échoué 0 ou 1 cours. Alors, la valeur qui sépare les 80 données en deux blocs de 40 données se situe entre la valeur 1 et la valeur 2 :

$$Md = \frac{1+2}{2} = 1,5 \text{ cours.}$$

Ainsi, on peut dire **qu'au moins 50 % des élèves (dans ce cas-ci c'est exact) ont échoué au plus 1,5 cours.**

Lorsque le nombre de données est pair, il est possible d'obtenir une valeur qui accumule exactement 50 % des données. La situation est alors la même que pour l'exemple 4.5. Il faut prendre le point milieu entre les deux données centrales, c'est-à-dire entre la valeur qui accumule précisément 50 % et la valeur suivante.

C. La moyenne ($\bar{x}$)

Pour comprendre la signification de la moyenne, on peut s'imaginer :

– que toutes les données de l'échantillon sont des blocs ayant le même poids ;
– qu'on place chaque bloc vis-à-vis de sa valeur sur une tige graduée ; il y a superposition des blocs de valeur identique ;
– qu'on détermine un point d'appui pour faire tenir la tige en équilibre.

La moyenne est la valeur où se situe le point d'appui tenant le système en équilibre. La valeur de la moyenne s'obtient à l'aide de la formule suivante :

$$\bar{x} = \frac{\sum x}{n},$$

où $\sum x$ représente la somme de toutes les données ;
   n est le nombre de données dans l'échantillon.
Le symbole $\sum$ signifie qu'il faut effectuer une somme.

EXEMPLE 4.9   Reprenons l'exemple 4.1 et le tableau 4.1, et montrons par un graphique à quoi correspond la moyenne.

TABLEAU 4.1

Nombre de personnes	Nombre de ménages	Pourcentage des ménages	Pourcentage cumulé des ménages
1	25	20,0	20,0
2	33	26,4	46,4
3	27	21,6	68,0
4	21	16,8	84,8
5	7	5,6	90,4
6	6	4,8	95,2
7	4	3,2	98,4
8	2	1,6	100,0
Total	125	100,0	

Le graphique de la figure 4.2 montre l'endroit où il faut placer le point d'appui (valeur calculée à l'exemple 4.11) pour que le système tienne en équilibre. On a 25 poids superposés vis-à-vis de la valeur 1 parce qu'il y a 25 ménages de 1 personne, 33 poids superposés vis-à-vis de la valeur 2 parce qu'il y a 33 ménages de 2 personnes, 27 poids superposés vis-à-vis de la valeur 3 parce qu'il y a 27 ménages de 3 personnes, etc.

Il faudrait placer le point d'appui vis-à-vis de 3,0 pour que ce système tienne en équilibre.

FIGURE 4.2
Répartition des ménages en fonction du nombre de personnes dans le ménage

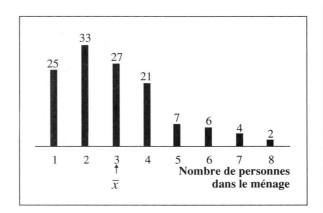

EXEMPLE 4.10

Revenons à l'exemple 4.4 où Marcel choisissait au hasard 7 groupes-cours contenant 27, 28, 29, 30, 31, 33 et 35 élèves.

On considère encore la variable « Nombre d'élèves ». On veut calculer la moyenne de la distribution. Celle-ci correspondra donc à un nombre d'élèves.

On a 7 données, et la somme de ces 7 données est :

$$\sum x = 27 + 28 + 29 + 30 + 31 + 33 + 35 = 213 ;$$

$$\bar{x} = \frac{\sum x}{n} = \frac{213}{7} = 30,4 \text{ élèves.}$$

La formulation générale pour l'interprétation de la moyenne est donc : Les groupes choisis par Marcel contiennent en moyenne 30,4 élèves par groupe. L'expression « 30,4 élèves par groupe » signifie que, si l'on répartissait uniformément les 213 élèves de Marcel entre les 7 groupes, il faudrait que chaque groupe soit composé de 30,4 élèves.

Note : La calculatrice utilisée en mode statistique donnera rapidement cette valeur.

EXEMPLE 4.11

Reprenons l'exemple 4.1 sur les ménages québécois. La variable est le nombre de personnes vivant dans le ménage.

Pour trouver le nombre moyen de personnes par ménage, il faut calculer le nombre total de personnes pour tous les ménages et le diviser par le nombre de ménages, c'est-à-dire 125.

Pour trouver le nombre total de personnes, il faut procéder cas par cas :
— Les ménages composés de 1 personne : il y a 25 ménages composés de 1 personne.

$1 \cdot 25 = 25$ personnes ;

— Les ménages composés de 2 personnes : il y a 33 ménages composés de 2 personnes.

$2 \cdot 33 = 66$ personnes ;

— Les ménages composés de 3 personnes : il y a 27 ménages composés de 3 personnes.

$3 \cdot 27 = 81$ personnes ;

— Les ménages composés de 4 personnes : il y a 21 ménages composés de 4 personnes.

$4 \cdot 21 = 84$ personnes ;

— Les ménages composés de 5 personnes : il y a 7 ménages composés de 5 personnes.

$5 \cdot 7 = 35$ personnes ;

— Les ménages composés de 6 personnes : il y a 6 ménages composés de 6 personnes.

$6 \cdot 6 = 36$ personnes ;

— Les ménages composés de 7 personnes : il y a 4 ménages composés de 7 personnes.

$7 \cdot 4 = 28$ personnes ;

— Les ménages composés de 8 personnes : il y a 2 ménages composés de 8 personnes.

$8 \cdot 2 = 16$ personnes.

Il est possible de faire le bilan des calculs précédents (tableau 4.6).

TABLEAU 4.6
Détail du calcul pour
obtenir la moyenne

Nombre de personnes	Nombre de ménages	Valeur • Nombre
1	25	25
2	33	66
3	27	81
4	21	84
5	7	35
6	6	36
7	4	28
8	2	16
Total	125	$\sum x = 371$

Le nombre moyen de personnes par ménage est donc :

$$\bar{x} = \frac{\sum x}{n} = \frac{\text{Nombre total de personnes}}{\text{Nombre de ménages}}$$

$$= \frac{25 + 66 + 81 + 84 + 35 + 36 + 28 + 16}{125} = \frac{371}{125}$$

$$= 2,968 \text{ personnes par ménage.}$$

De façon générale, on conserve une seule décimale de plus que le nombre de décimales précisé par les valeurs des données. Comme les données sont des valeurs entières, on ne garde qu'une seule décimale pour la moyenne.

$$\bar{x} = 3,0 \text{ personnes.}$$

Il y a donc en moyenne 3,0 personnes par ménage. Ainsi, si l'on répartissait uniformément les 371 personnes entre les 125 ménages, il faudrait que chaque ménage soit composé de 3 personnes (plus exactement de 2,968 personnes).

Note :   La calculatrice donnera ce résultat très rapidement.

Si les données proviennent d'une population, le symbole utilisé pour désigner la moyenne est μ. La façon de calculer μ est identique à celle pour évaluer $\bar{x}$. La calculatrice ne fait pas de distinction entre les deux, car ces deux moyennes se calculent avec la même formule.

EXEMPLE   4.12

La sécurité routière

La Société de l'assurance automobile du Québec voudrait réduire le nombre d'accidents de la route de 25 % d'ici l'an 2000. L'une des stratégies adoptées par la Société pour atteindre son objectif est l'éducation des détenteurs de permis de conduire du Québec. Notamment, la Société prévoit envoyer une lettre aux détenteurs de permis de conduire les informant du nombre de contraventions reçues, du type de contravention, de l'âge du conducteur, etc.

Si l'on assume que la répartition présentée dans le tableau 4.7 s'applique à l'ensemble de tous les détenteurs de permis de conduire du Québec en 1996, on calcule le nombre moyen de contraventions reçues par les détenteurs de permis de conduire en 1996.

TABLEAU 4.7
Répartition des détenteurs de permis de conduire en fonction du nombre de contraventions reçues en 1996

Nombre de contraventions	Pourcentage des détenteurs
0	78,4
1	11,3
2	5,9
3 et plus	4,4
Total	100,0

Variable	Le nombre de contraventions reçues en 1996
Population	Tous les détenteurs de permis de conduire du Québec en 1996
Taille de la population	$N \approx 3\ 850\ 000$
Unité statistique	Un détenteur de permis de conduire du Québec en 1996

Note : Pour calculer la moyenne et les autres mesures, on utilise la valeur 3 pour la catégorie 3 ou plus, car cette catégorie représente seulement 4,4 % de la population. Les mesures seront approximatives mais assez près de la réalité.

Dans le cas d'une population pour laquelle les fréquences ne sont pas disponibles, on peut employer la colonne des pourcentages pour calculer la moyenne μ à l'aide de la calculatrice (avec la plupart des modèles récents).

Ainsi, le nombre moyen de contraventions reçues par les détenteurs de permis de conduire du Québec a été, en 1996, de 0,36 contravention par détenteur.

D. Le choix de la mesure de tendance centrale

Le choix de la mesure de tendance centrale la plus appropriée dépend de la distribution des données. Il suffit d'avoir quelques données avec des valeurs extrêmes, c'est-à-dire très grandes ou très petites par rapport aux autres données, pour que la moyenne soit touchée, car celle-ci tient compte de toutes les valeurs en leur attribuant la même importance, ce qui n'est pas le cas du mode et de la médiane qui ne sont pas influencés par les valeurs extrêmes de la distribution. Dans ce cas, la moyenne pourrait ne pas être le meilleur choix comme mesure de tendance centrale de la distribution.

Par conséquent, il est important d'examiner la forme de la représentation graphique de la distribution. Lorsque la distribution est symétrique, on constate souvent que les trois mesures de tendance centrale sont rapprochées, comme le montre la figure 4.3 :

FIGURE 4.3
Distribution symétrique

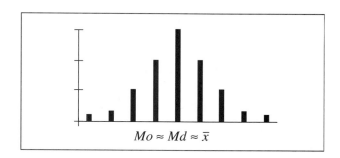

$Mo \approx Md \approx \bar{x}$

Dans ce cas, la moyenne est la mesure de tendance centrale appropriée.

On dit qu'une représentation graphique est asymétrique à droite (figure 4.4) si la distribution n'est pas symétrique et s'allonge vers l'extrême droite sur l'axe horizontal. Les valeurs extrêmes sont alors situées à droite.

FIGURE 4.4
Distribution asymétrique
à droite

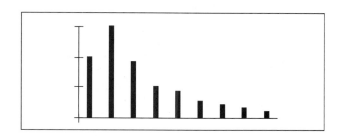

En général, la relation entre les trois mesures de tendance centrale est la suivante :

$Mo < Md < \bar{x}$.

Dans ce cas, la médiane est la mesure de tendance centrale appropriée puisqu'elle n'est pas influencée par les valeurs extrêmes.

Par ailleurs, on dit qu'une représentation graphique est asymétrique à gauche (figure 4.5) si la distribution n'est pas symétrique et s'allonge vers l'extrême gauche sur l'axe horizontal. Les valeurs extrêmes sont alors situées à gauche.

FIGURE 4.5
Distribution asymétrique
à gauche

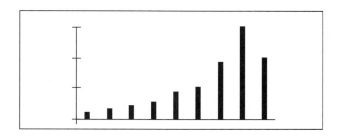

En général, la relation entre les trois mesures de tendance centrale est la suivante :

$\bar{x} < Md < Mo$.

Dans ce cas, la médiane est la mesure de tendance centrale appropriée puisqu'elle n'est pas influencée par les valeurs extrêmes.

Ainsi, pour déterminer si une distribution est symétrique ou asymétrique, il faut baser sa décision sur la représentation graphique et sur la relation entre les trois mesures de tendance centrale. Dans certains cas, ce sont les trois mesures de tendance centrale qui influeront sur le choix et, dans d'autres cas, ce sera la représentation graphique.

EXEMPLE 4.13

Reprenons l'exemple 4.1, qui porte sur les ménages québécois, et la figure 4.1, qui porte sur la répartition des ménages en fonction du nombre de personnes dans le ménage :

FIGURE 4.1

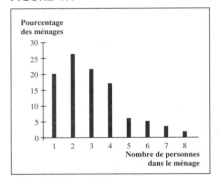

– Le nombre modal de personnes dans les ménages est de 2 personnes ;

– Le nombre médian de personnes dans les ménages est de 3 personnes ;

– Le nombre moyen de personnes dans les ménages est de 3,0 personnes.

Même si la médiane et la moyenne sont égales, le graphique de la distribution montre une asymétrie à droite. La médiane serait ici un choix approprié pour représenter la tendance centrale de la distribution. On dira donc que le nombre médian de 3 personnes par ménage est le centre de la distribution. Le fait de préciser que c'est la médiane garantit qu'il y a au moins 50 % des ménages qui sont composés d'au plus 3 personnes.

4.1.4 Les mesures de dispersion

Mesurer la dispersion consiste à mesurer l'éparpillement ou l'éloignement des données autour de la mesure de tendance centrale choisie. Deux mesures de dispersion seront abordées dans les sous-sections suivantes : l'écart type et le coefficient de variation.

A. L'écart type (*s*)

Le rôle de l'écart type est de fournir de l'information sur la dispersion des données autour de la moyenne. L'écart type tient compte de la distance entre la valeur d'une donnée et la valeur de la moyenne, et ce pour toutes les données. Il peut prendre des valeurs allant de zéro à l'infini. Lorsqu'il vaut 0, cela signifie qu'il n'y a pas de dispersion, c'est-à-dire que toutes les données ont la même valeur ; la distance entre la valeur de la donnée et la valeur de la moyenne est 0 pour toutes les données.

Plus il y aura de données dont les valeurs s'éloigneront de la valeur de la moyenne, plus la valeur de l'écart type augmentera. Il n'est pas facile de déterminer si les données sont plus ou moins dispersées seulement en regardant la valeur de l'écart type. Cette décision sera plus facile en comparant la valeur de l'écart type avec celle d'une autre distribution ou avec des résultats antérieurs étudiant la même variable. Voici la formule qui sert à calculer la valeur de l'écart type des données d'un échantillon :

$$s = \sqrt{\frac{\sum(x - \bar{x})^2}{n - 1}},$$

où $\bar{x}$ est la moyenne des données de l'échantillon ;

$(x - \bar{x})$ est la différence entre la valeur d'une donnée x et la moyenne $\bar{x}$;

n est le nombre de données dans l'échantillon.

EXEMPLE   4.14

Jean-Pierre, conseiller pédagogique, a choisi au hasard 6 groupes-cours à l'éducation des adultes, 3 à la session d'automne et 3 à la session d'hiver. Les 3 groupes de l'automne comprenaient respectivement 30, 32 et 34 élèves et ceux de l'hiver 28, 32 et 36 élèves.

On calcule l'écart type pour les groupes de l'automne :

Variable	Le nombre d'élèves par groupe-cours
Population	Tous les groupes-cours à la session d'automne
Unité statistique	Un groupe-cours à la session d'automne
Taille de l'échantillon	$n = 3$
Nombre moyen d'élèves par groupe-cours	$\bar{x} = 32$ élèves

En utilisant la formule, on obtient :

Valeur de x	$x - \bar{x}$	$(x - \bar{x})^2$
30	−2	4
32	0	0
34	2	4
Total		8

$$s = \sqrt{\frac{\sum(x - \bar{x})^2}{n - 1}} = \sqrt{\frac{8}{2}} = 2 \text{ élèves.}$$

On calcule maintenant l'écart type pour les groupes de l'hiver :

Variable	Le nombre d'élèves par groupe-cours
Population	Tous les groupes-cours à la session d'hiver
Unité statistique	Un groupe-cours à la session d'hiver
Taille de l'échantillon	$n = 3$
Nombre moyen d'élèves par groupe-cours	$\bar{x} = 32$ élèves

En utilisant la formule, on obtient :

Valeur de x	$x - \bar{x}$	$(x - \bar{x})^2$
28	–4	16
32	0	0
36	4	16
Total		32

$$s = \sqrt{\frac{\sum(x - \bar{x})^2}{n - 1}} = \sqrt{\frac{32}{2}} = 4 \text{ élèves.}$$

Note : Dans les deux cas, le nombre moyen d'élèves par groupe-cours est le même, soit 32 élèves, mais la dispersion n'est pas la même. Comme les données 28 et 36 à la session d'hiver ont des valeurs qui sont plus loin de la moyenne 32 que les données 30 et 34 à la session d'automne, la valeur de l'écart type à la session d'hiver est plus élevée que celle de l'écart type à la session d'automne. La dispersion des données à la session d'hiver est plus grande que celle des données à la session d'automne.

La valeur de l'écart type peut aussi être obtenue à l'aide de la formule équivalente suivante :

$$s = \sqrt{\frac{\sum x^2 - \frac{(\sum x)^2}{n}}{n - 1}}.$$

C'est cette formule que la calculatrice utilise pour calculer la valeur de l'écart type.

Note : Tout comme la valeur de la moyenne, la valeur de l'écart type est obtenue en employant toutes les valeurs des données.

EXEMPLE 4.15

Revenons encore une fois à l'exemple 4.4 où Marcel choisissait au hasard 7 groupes-cours comprenant 27, 28, 29, 30, 31, 33 et 35 élèves.

Considérons encore la variable « Nombre d'élèves ». On a :

$$\sum x = 27 + 28 + 29 + 30 + 31 + 33 + 35 = 213;$$
$$\sum x^2 = 27^2 + 28^2 + 29^2 + 30^2 + 31^2 + 33^2 + 35^2 = 6\ 529;$$
$$s = \sqrt{\frac{\sum x^2 - \frac{(\sum x)^2}{n}}{n - 1}} = \sqrt{\frac{6\ 529 - \frac{(213)^2}{7}}{7 - 1}} = 2,8 \text{ élèves.}$$

Note : La calculatrice utilisée en mode statistique donnera rapidement cette valeur.

EXEMPLE 4.16

Reprenons l'exemple 4.1 sur les ménages québécois. On répartit les ménages en fonction du nombre de personnes dans le ménage (tableau 4.8).

TABLEAU 4.8
Détail du calcul pour obtenir l'écart type

Nombre de personnes	Nombre de ménages	Valeur • Nombre	Valeur^2 • Nombre
1	25	25	25
2	33	66	132
3	27	81	243
4	21	84	336
5	7	35	175
6	6	36	216
7	4	28	196
8	2	16	128
Total	125	$\sum x = 371$	$\sum x^2 = 1\,451$

La variable est le nombre de personnes dans le ménage. On calcule l'écart type avec la seconde formule proposée. Pour trouver les deux sommes, la méthode utilisée est similaire à celle qui l'a été pour la moyenne (sous-section 4.1.3 C). $\sum x$ représente la somme de toutes les données. On a déjà calculé cette somme (exemple 4.11) : $\sum x = 371$.

Pour trouver $\sum x^2$ (dernière colonne du tableau 4.8), le processus est le même ; on procède cas par cas :

— Les ménages composés de 1 personne : il y a 25 ménages composés de 1 personne. Puisque $x = 1$ dans chacun des ménages, $x^2 = 1^2 = 1$. Ainsi, on doit additionner 25 fois la valeur 1^2.

  Alors, pour les 25 ménages :

  $x^2 \cdot 25 = 1 \cdot 25 = 25$;

— Les ménages composés de 2 personnes : il y a 33 ménages composés de 2 personnes. Puisque $x = 2$ dans chacun des ménages, $x^2 = 2^2 = 4$.

  Alors, pour les 33 ménages :

  $x^2 \cdot 33 = 4 \cdot 33 = 132$;

— Les ménages composés de 3 personnes : il y a 27 ménages composés de 3 personnes. Puisque $x = 3$ dans chacun des ménages, $x^2 = 3^2 = 9$.

  Alors, pour les 27 ménages :

  $x^2 \cdot 27 = 9 \cdot 27 = 243$;

— Les ménages composés de 4 personnes : il y a 21 ménages composés de 4 personnes. Puisque $x = 4$ dans chacun des ménages, $x^2 = 4^2 = 16$.

  Alors, pour les 21 ménages :

  $x^2 \cdot 21 = 16 \cdot 21 = 336$;

— Les ménages composés de 5 personnes : il y a 7 ménages composés de 5 personnes. Puisque $x = 5$ dans chacun des ménages, $x^2 = 5^2 = 25$.

  Alors, pour les 7 ménages :

  $x^2 \cdot 7 = 25 \cdot 7 = 175$;

— Les ménages composés de 6 personnes : il y a 6 ménages composés de 6 personnes. Puisque $x = 6$ dans chacun des ménages, $x^2 = 6^2 = 36$.

  Alors, pour les 6 ménages :

  $x^2 \cdot 6 = 36 \cdot 6 = 216$;

— Les ménages composés de 7 personnes : il y a 4 ménages composés de 7 personnes. Puisque $x = 7$ dans chacun des ménages, $x^2 = 7^2 = 49$.

  Alors, pour les 4 ménages :

  $x^2 \cdot 4 = 49 \cdot 4 = 196$;

– Les ménages composés de 8 personnes : il y a 2 ménages composés de 8 personnes. Puisque $x = 8$ dans chacun des ménages, $x^2 = 8^2 = 64$.

Alors, pour les 2 ménages :

$$x^2 \cdot 2 = 64 \cdot 2 = 128.$$

Pour l'ensemble des 125 ménages, on calcule :

$$\sum x^2 = 25 + 132 + 243 + 336 + 175 + 216 + 196 + 128 = 1\ 451.$$

L'écart type est :

$$s = \sqrt{\dfrac{\sum x^2 - \dfrac{(\sum x)^2}{n}}{n-1}} = \sqrt{\dfrac{1\ 451 - \dfrac{(371)^2}{125}}{125-1}} = 1{,}7 \text{ personne.}$$

Note : On obtient cette valeur beaucoup plus rapidement avec la calculatrice.

L'écart type mesure la dispersion des 125 données autour de la moyenne qui est de 3,0 personnes par ménage. En 1961, selon Statistique Canada, le nombre moyen de personnes par ménage québécois était de 3,9 personnes, avec un écart type de 1,6 personne. Dans l'échantillon des 125 ménages québécois de 1986, le nombre moyen de personnes par ménage québécois est de 3,0 personnes avec un écart type de 1,7 personne. Si l'on compare les résultats des deux années, on remarque que les valeurs des écarts types sont près l'une de l'autre, soit 1,6 et 1,7 personne ; la dispersion des données dans les deux cas est sensiblement la même. On note cependant un écart sensible entre les deux moyennes, 3,9 et 3,0 personnes ; la tendance centrale a diminué de beaucoup. Cela signifie que les ménages québécois de 1986 étaient composés de moins de personnes que les ménages québécois de 1961, mais on ne peut pas dire que le nombre de personnes dans les ménages québécois est plus dispersé en 1986 qu'il ne l'était en 1961.

Si les données proviennent d'une population, le symbole utilisé pour désigner l'écart type est σ. Dans ce cas, la formule est légèrement différente. Il faut remplacer $n - 1$ par N au dénominateur. Il faut être vigilant, car les calculatrices ont deux touches d'écarts types, une pour le cas d'un échantillon s et une autre pour le cas d'une population σ.

EXEMPLE 4.17

Reprenons l'exemple 4.12 portant sur le nombre de contraventions reçues par les détenteurs de permis de conduire du Québec en 1996, et voyons le tableau 4.7 montrant la distribution en question. La variable est le nombre de contraventions reçues.

TABLEAU 4.7

Nombre de contraventions	Pourcentage des détenteurs
0	78,4
1	11,3
2	5,9
3 et plus	4,4
Total	100,0

On a déjà trouvé la valeur de la moyenne pour cette distribution, soit $\mu = 0{,}36$ contravention. Le nombre moyen de contraventions reçues est de 0,36 contravention par détenteur.

Ici $\sigma = 0{,}78$ contravention (résultat obtenu avec la calculatrice). La distribution du nombre de contraventions reçues par les détenteurs de permis de conduire du Québec en 1996 a un écart type de 0,78 contravention.

Comme les données sont très concentrées autour de la moyenne (0,36 contravention) et que les seules valeurs possibles de la variable sont 0, 1, 2 et 3, il fallait s'attendre à obtenir un écart type relativement petit.

B. Le coefficient de variation (*CV*)

Comment peut-on juger de l'importance de la dispersion des données autour de la moyenne ? En se basant sur les informations fournies par Statistique Canada[3], on sait que les femmes canadiennes âgées de 30 à 34 ans, en 1991, avaient déjà mis au monde en moyenne 1,47 enfant avec un écart type de 1,20 enfant ; par contre, les femmes canadiennes âgées de 50 à 54 ans, pour la même année, avaient déjà mis au monde en moyenne 2,68 enfants avec un écart type de 1,60 enfant. Les deux moyennes montrent que les femmes canadiennes âgées de 50 à 54 ans ont mis au monde, en moyenne, plus d'enfants que les femmes canadiennes de 30 à 34 ans. Les deux écarts types montrent que la distribution du nombre d'enfants mis au monde chez les femmes canadiennes âgées de 50 à 54 ans est plus dispersée autour de leur moyenne que la distribution du nombre d'enfants mis au monde chez les femmes canadiennes de 30 à 34 ans.

Le coefficient de variation est une mesure de dispersion relative. Il représente **l'importance de la dispersion par rapport à la valeur de la moyenne.** Il est exprimé en pourcentage et permet de comparer la dispersion des données, mesurée à l'aide de l'écart type, à la valeur de la moyenne. Le coefficient de variation se calcule ainsi :

$$CV = \frac{s}{\bar{x}} \cdot 100 \text{ (pour un échantillon)};$$

$$CV = \frac{\sigma}{\mu} \cdot 100 \text{ (pour une population).}$$

Dans le cas des femmes canadiennes âgées de 30 à 34 ans, le coefficient de variation est :

$$CV = \frac{1,20}{1,47} \cdot 100 = 81,63\%.$$

Dans le cas des femmes canadiennes âgées de 50 à 54 ans, le coefficient de variation est :

$$CV = \frac{1,60}{2,68} \cdot 100 = 59,70\%.$$

Ainsi, chez les femmes canadiennes âgées de 30 à 34 ans, la dispersion représente 81,63 % de la valeur de la moyenne, tandis que chez les femmes canadiennes de 50 à 54 ans, la dispersion représente seulement 59,70 % de la valeur de la moyenne. Autrement dit, même si la dispersion de toutes les données autour de la moyenne est plus grande chez les femmes canadiennes âgées

---

3. *La famille au long de la vie*, Ottawa, Statistique Canada, Catalogue 91-543F, 1995, p. 55.

de 50 à 54 ans, l'importance relative de cette dispersion de la variable « nombre d'enfants déjà mis au monde » autour de la moyenne est moins importante chez les femmes canadiennes de 50 à 54 ans que chez les femmes canadiennes de 30 à 34 ans.

EXEMPLE 4.18

Le propriétaire de deux clubs vidéo, situés à Laval et à Montréal, a organisé le même concours aux deux endroits. Il s'agissait de deviner le nombre de billes dans un bocal, et ce nombre était différent dans les deux clubs. Le gagnant de chaque club avait droit à 25 locations de films gratuites.

– À Laval, 235 clients ont participé au concours. La moyenne des 235 données était de 1 245,7 billes avec un écart type de 134,8 billes ;

Variable	Le nombre de billes deviné
Population	Tous les clients à Laval
Unité statistique	Un client à Laval
Taille de l'échantillon	$n = 235$

– À Montréal, 324 clients ont participé au concours. La moyenne des 324 données était de 4 568,4 billes avec un écart type de 134,8 billes.

Variable	Le nombre de billes deviné
Population	Tous les clients à Montréal
Unité statistique	Un client à Montréal
Taille de l'échantillon	$n = 324$

L'écart type de la distribution est le même à Montréal et à Laval. Puisque les deux écarts types sont égaux, la dispersion autour de la moyenne est semblable dans les deux cas, mais la dispersion relative des données n'est pas la même si l'on considère la valeur de la moyenne des données obtenues :

$$CV(\text{à Laval}) = \frac{134,8}{1\,245,7} \cdot 100 = 10,82\,\% ;$$

$$CV(\text{à Montréal}) = \frac{134,8}{4\,568,4} \cdot 100 = 2,95\,\%.$$

Si l'on considère que la moyenne est approximativement égale au nombre de billes dans le bocal, chaque participant a commis une erreur dans l'évaluation du nombre de billes dans le bocal. Par exemple, un participant de Montréal qui aurait évalué le nombre de billes à 4 700 aurait un écart de 131,6 billes par rapport à la moyenne, ce qui représente une erreur de 2,88 % ; tandis qu'un participant à Laval qui aurait évalué le nombre de billes dans le bocal à 1 350 aurait un écart de 104,3 billes par rapport à la moyenne, ce qui représente une erreur de 8,37 %.

Le coefficient de variation est une mesure de dispersion pour la distribution du pourcentage d'erreur des participants. Les personnes de Montréal qui ont participé au concours ont été plus précises que celles qui ont participé au concours à Laval. Donc, par rapport à la valeur de la moyenne, la dispersion des données à Montréal est moins importante que celle à Laval. Nous dirons que les données recueillies à Montréal sont plus précises ou plus **homogènes** que celles qui ont été recueillies à Laval.

On mesure l'**homogénéité** ou la précision des données à l'aide du coefficient de variation. En général, on exige que la dispersion représente moins de 15 % de la valeur de la moyenne, c'est-à-dire que le coefficient de variation soit inférieur à 15 %. Par conséquent, on dit qu'une série de données est homogène si son coefficient de variation ne dépasse pas 15 %. Dans le domaine de l'industrie et des laboratoires, on se sert de ce critère pour déterminer si la technique utilisée est satisfaisante. Par contre, dans le domaine des sciences humaines, il est difficile de respecter ce critère, car il n'y a pas de contrôle sur les humains. Le coefficient de variation servira quand même à comparer l'homogénéité de différentes distributions.

EXEMPLE 4.19

a) **Le coefficient de variation et l'échelle d'intervalle – la température**

On a noté la température maximale, exprimée en degrés Celsius, pour 10 journées prises au hasard dans le courant de l'année. Les données recueillies sont :

–10   25   15   0   30   20   15   5   10   20.

Variable	La température maximale de la journée
Type de variable	La variable est quantitative continue (cette variable sera utilisée même s'il s'agit d'une variable quantitative continue, car elle se prête bien à la situation étudiée).
Échelle de mesure	Échelle d'intervalle

La moyenne est de 13 °C, et l'écart type est de 12,06 °C. En outre, le coefficient de variation est :

$$CV = \frac{12,06}{13} \bullet 100 = 92,77\%.$$

Si l'on reprend les mêmes températures exprimées en degrés Fahrenheit, la série de données dans l'échantillon devient :

14   77   59   32   86   68   59   41   50   68.

La moyenne est de 55,4 °F, et l'écart type est de 21,72 °F. En outre, le coefficient de variation est :

$$CV = \frac{21,72}{55,4} \bullet 100 = 39,21\%.$$

On parle des mêmes températures et, pourtant, la dispersion relative des données est différente pour les deux échelles utilisées.

b) **Le coefficient de variation et l'échelle de rapport – le salaire horaire**

On a noté le salaire horaire de 10 emplois d'été offerts aux étudiants, exprimé en dollars canadiens. Les données recueillies sont :

6,75   12,65   10,50   16,80   8,45   11,25   7,50   7,90   9,00   10,35.

Variable	Le salaire horaire
Type de variable	La variable est quantitative continue (cette variable sera utilisée même s'il s'agit d'une variable quantitative continue, car elle se prête bien à la situation étudiée).
Échelle de mesure	Échelle de rapport

Le salaire horaire moyen est de 10,12 \$CAN, et l'écart type est de 2,98 \$CAN. En outre, le coefficient de variation est :

$$CV = \frac{2,98}{10,12} \cdot 100 = 29,45\%.$$

Si l'on reprend les mêmes salaires horaires exprimés en dollars américains, basés sur le taux de change du 8 février 1996 (1 \$CAN = 0,7289 \$US), la série de données dans l'échantillon devient :

4,92   9,22   7,65   12,25   6,16   8,20   5,47   5,76   6,56   7,54.

Le salaire horaire moyen est de 7,37 \$US, et l'écart type est de 2,17 \$US. En outre, le coefficient de variation est :

$$CV = \frac{2,17}{7,37} \cdot 100 = 29,44\%.$$

Dans ce cas-ci, la dispersion relative est la même dans les deux systèmes monétaires. Il en sera toujours ainsi avec des échelles de rapport. Le coefficient de variation ne devrait être utilisé qu'avec des échelles de rapport et non avec des échelles d'intervalle.

EXEMPLE 4.20

Reprenons l'exemple 4.1 sur les ménages québécois.

Variable	Le nombre de personnes dans le ménage
Échelle de mesure	Échelle de rapport

La moyenne est de 3,0 personnes, et l'écart type est de 1,7 personne. En outre, le coefficient de variation est :

$$CV = \frac{1,7}{3,0} \cdot 100 = 56,67\%.$$

On constate que la série de données pour le nombre de personnes dans les ménages n'est pas homogène, ce qui signifie que la dispersion des données est importante par rapport à la valeur de la moyenne.

Pour certains, le coefficient de variation est un indicateur de fiabilité de la moyenne. À Statistique Canada, lorsque le coefficient de variation est supérieur à 33 %, on ne publie pas la valeur de la moyenne ; on considère que celle-ci n'est pas une mesure pertinente de la tendance centrale de la distribution. Lorsque le coefficient de variation se situe entre 16,5 % et 33 %, la moyenne est publiée mais avec restriction, et elle doit être utilisée avec prudence[4]. Dans ce cas-ci, Statistique Canada ne donnerait pas la valeur de la moyenne, ne la jugeant pas fiable.

En ce qui concerne le contrôle de la qualité dans les laboratoires cliniques, les exigences sont encore plus grandes. En effet, il faut que la valeur correspondant à trois fois le coefficient de variation ($3 \cdot CV$) soit inférieure à 10 % pour qu'une méthode d'analyse soit jugée satisfaisante. Par exemple, pour déterminer le taux de cholestérol ou de calcium dans le sang, il est important que les résultats soient le plus précis possible.

4.1.5 Les mesures de position

Pour trouver la position d'une donnée dans l'échantillon ou la population, il est possible d'utiliser deux types de mesure : les quantiles et la cote Z. Un quantile correspond à une valeur au-dessous de laquelle il y a un certain pourcentage de données ; dans ce sens, la médiane est un quantile puisqu'elle donne la valeur au-dessous de laquelle il y a 50 % des données. La cote Z indique à combien de longueurs d'écart type se situe une donnée par rapport à la moyenne.

A. Les quantiles

Pour trouver les quantiles, il faut placer les données en ordre croissant, comme dans le cas de la médiane. Les quantiles correspondent à des points qui subdivisent le nombre de données en tranches égales, c'est-à-dire qu'entre deux points le pourcentage de données est le même, mais la distance entre les deux points n'est généralement pas la même.

– **Les quartiles**

Les quartiles correspondent à des valeurs qui subdivisent le nombre de données placées en ordre croissant en tranches contenant chacune 25 % des données. La notation utilisée pour les quartiles est Q_1, Q_2 et Q_3. En effet, seulement trois valeurs sont nécessaires pour subdiviser le nombre de données en quatre parties de 25 % ; les notations Q_0 et Q_4 n'existent pas. Le deuxième quantile, soit Q_2, correspond à la médiane.

$$\underline{\quad 25\,\% \quad |\quad 25\,\% \quad |\quad 25\,\% \quad |\quad 25\,\% \quad}$$
$$Q_1 \qquad\quad Q_2 \qquad\quad Q_3$$
$$Md$$

– **Les déciles**

Les déciles correspondent à des valeurs qui subdivisent le nombre de données placées en ordre croissant en tranches contenant chacune 10 % des données.

---

4. *La famille et les amis, Enquête sociale générale, Série analytique,* Ottawa, Statistique Canada, Catalogue 11-612F, n° 9, 1994, p. 6.

La notation utilisée pour les déciles est D_1, D_2, ..., D_9. Pour les raisons déjà citées, les notations D_0 et D_{10} n'existent pas. Le cinquième décile, soit D_5, correspond à la médiane.

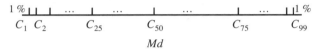

– **Les centiles**

Les centiles correspondent à des valeurs qui subdivisent le nombre de données placées en ordre croissant en tranches contenant chacune 1 % des données. La notation utilisée pour les centiles est C_1, C_2, C_3, ..., C_{99}. Pour les raisons déjà citées, les notations C_0 et C_{100} n'existent pas. Le cinquantième centile, soit C_{50}, correspond à la médiane.

Le choix des quantiles à utiliser est influencé par le nombre de données que contient l'échantillon ; si l'on a 28 données, il est difficile de les subdiviser en centiles et même en déciles. En effet, cela correspondrait à subdiviser les 28 données en 100 parties, pour les centiles ou en 10 parties pour les déciles, ce qui représente trop de subdivisions pour un nombre de données de cet ordre. On choisira plutôt les quartiles.

EXEMPLE 4.21

Reprenons l'exemple 4.1 sur les ménages québécois. Lorsque les données sont groupées et présentées sous forme de tableau, elles sont déjà en ordre croissant (première colonne du tableau 4.1).

TABLEAU 4.1

Nombre de personnes	Nombre de ménages	Pourcentage des ménages	Pourcentage cumulé des ménages
1	25	20,0	20,0
2	33	26,4	46,4
3	27	21,6	68,0
4	21	16,8	84,8
5	7	5,6	90,4
6	6	4,8	95,2
7	4	3,2	98,4
8	2	1,6	100,0
Total	125	100,0	

À l'aide de la colonne du pourcentage cumulé, on peut facilement trouver Q_1 et Q_3. On a $Q_1 = 2$ personnes, puisque c'est avec cette valeur qu'on accumule au moins 25 % des données.

La formulation générale pour l'interprétation est donc : Au moins 25 % des ménages (en réalité 46,4 %) sont composés d'au plus 2 personnes. (Comme dans le cas de la médiane, il ne faut pas oublier que l'interprétation est possible pour la plus petite valeur de la série des données ordonnées en ordre croissant.)

De plus, on a $Q_3 = 4$ personnes, puisque c'est avec cette valeur qu'on accumule au moins 75 % des données.

La formulation générale pour l'interprétation est donc : Au moins 75 % des ménages (en réalité 84,8 %) sont composés d'au plus 4 personnes.

Note : Tout comme dans le cas de la médiane, si le pourcentage précis se trouve dans la colonne du pourcentage cumulé, cela signifie qu'on se situe entre deux valeurs différentes ; il faut prendre le point milieu entre la valeur qui cumule exactement le pourcentage et la valeur suivante.

B. La cote *Z*

La cote *Z* donne la position, en longueur d'écart type, d'une donnée par rapport à la moyenne. Elle se calcule de la façon suivante :

$$Z = \frac{x - \bar{x}}{s} \quad \text{(pour un échantillon),}$$

$$Z = \frac{x - \mu}{\sigma} \quad \text{(pour une population),}$$

où *x* est la valeur d'une donnée.

Une cote *Z* de 0 signifie que la valeur de la donnée est égale à la moyenne. Une cote *Z* négative veut dire que la valeur de la donnée considérée se situe au-dessous de la moyenne du groupe, et une cote *Z* positive signifie que la valeur de la donnée considérée est au-dessus de la moyenne du groupe.

L'interprétation de la cote *Z* est basée sur un modèle théorique : la distribution normale, que nous verrons en détail au chapitre 8. Ce modèle théorique concerne les données continues, mais on se sert souvent de la cote *Z* avec des données discrètes. Le modèle théorique a la **forme symétrique** montrée à la figure 4.6.

FIGURE 4.6
Distribution normale

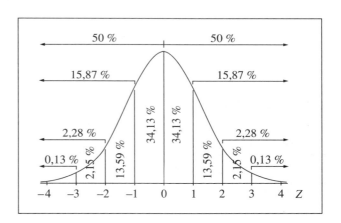

Ce modèle indique, entre autres, qu'il y a environ 34,13 % des données dont la cote *Z* se situe entre 0 et 1 ; par symétrie, il y a aussi environ 34,13 % des données dont la cote *Z* se situe entre −1 et 0. Il y a environ 2,28 % des données dont la cote *Z* est supérieure à 2 ; par symétrie, il y aussi environ 2,28 % des données dont la cote *Z* est inférieure à −2.

Même si dans le modèle les valeurs de *Z* vont de −∞ à +∞, on peut constater que 99,74 % des valeurs se situent entre −3 et +3. Une cote *Z* ne prend pas seulement des valeurs entières ; l'étude plus détaillée des pourcentages, quelle que soit la valeur de *Z*, est prévue au chapitre 8.

Puisque la cote *Z* tient compte à la fois de l'écart par rapport à la moyenne et de la dispersion des données, elle permet de comparer différents groupes. Par exemple, considérons deux groupes d'étudiants A et B et la distribution du nombre de bonnes réponses dans un test de chacun des deux groupes dans une discipline donnée. Les résultats de deux étudiants, l'un du groupe A et l'autre du groupe B, ayant la même cote Z seront considérés comme équivalents, même s'ils n'ont pas les mêmes résultats. Un résultat de 78 bonnes réponses dans un groupe A dont la moyenne est de 72 bonnes réponses et l'écart type de 6 bonnes réponses a la même cote Z qu'un résultat de 60 bonnes réponses dans un groupe B dont la moyenne est de 50 bonnes réponses et l'écart type de 10 bonnes réponses. En effet, les deux étudiants ont des résultats ayant chacun une cote Z de +1.

Deux groupes sont considérés comme équivalents lorsqu'ils sont soumis aux mêmes conditions (même horaire, même évaluation, même professeur...) ; les résultats sont les mêmes. Ainsi, si les groupes A et B sont équivalents, les résultats de deux individus ayant la même cote Z sont considérés comme équivalents. Dans les programmes contingentés, les universités se servent de la cote R basée sur la cote Z pour sélectionner les candidats.

Note : Il n'existe pas vraiment de variable qui ait une distribution exactement conforme au modèle théorique de la distribution normale. On adopte ce modèle pour une variable lorsque sa distribution réelle est assez près du modèle. La distribution normale étant symétrique, il est essentiel que la distribution des données ait une forme symétrique. À l'aide de tests statistiques, on peut déterminer si la distribution normale est utilisable comme modèle de distribution pour une variable. On verra ce test au chapitre 13.

EXEMPLE 4.22

Reprenons l'exemple 4.1 sur les ménages québécois. Dans l'échantillon constitué des 125 ménages, on a déjà calculé la moyenne et l'écart type ; le nombre moyen de personnes dans les ménages est de 3,0 personnes, et l'écart type est de 1,7 personne.

Ainsi, un ménage composé de 6 personnes a une cote Z (les cotes Z sont calculées avec deux décimales) de :

$$Z = \frac{6 - 3,0}{1,7} = 1,76.$$

Cela signifie qu'un ménage composé de 6 personnes se situe à 1,76 longueur d'écart type au-dessus de la moyenne.

Un ménage composé de 1 personne a une cote Z de :

$$Z = \frac{1 - 3,0}{1,7} = -1,18.$$

Cela signifie qu'un ménage composé de 1 personne se situe à 1,18 longueur d'écart type au-dessous de la moyenne.

La distribution des ménages n'étant pas symétrique, on ne peut pas se servir du modèle de la distribution normale pour interpréter les cotes Z avec des pourcentages.

4.1.6 Un dernier exemple

Revoyons toutes les notions présentées dans cette section à l'aide de l'exemple suivant :

EXEMPLE 4.23

La question suivante a été posée à 283 Canadiens, âgés de 15 à 44 ans, choisis au hasard en 1990 : « Quel est le nombre total d'enfants que vous avez l'intention d'avoir (y compris ceux que vous avez déjà)[5] ? ». Les réponses obtenues ont été[6] :

```
1 2 3 1 3 2 0 2 3 2 1 1 2 0 0
0 3 2 2 0 3 2 3 3 2 0 2 2 2 2
2 2 0 3 3 3 2 2 4 2 2 3 2 3 0
2 3 4 2 4 2 2 1 0 2 4 0 3 3 2
0 1 3 3 4 2 2 0 2 2 2 3 4 2 2
3 2 0 0 3 0 3 2 3 2 0 0 2 2 2
1 2 2 2 2 0 1 1 4 3 2 2 3 3 0
0 4 3 0 2 0 2 0 0 0 2 3 2 2 3
4 3 2 1 0 2 3 3 4 2 1 4 2 2 2
3 3 2 2 2 2 4 3 2 0 2 3 3 3 2
2 2 0 3 3 2 0 4 3 3 3 2 2 2 2
1 2 2 2 3 2 2 0 0 3 1 2 1 4 2
0 3 2 2 2 3 3 2 3 0 2 2 4 2 2
2 1 1 3 2 2 1 2 1 4 3 3 0 2 3
1 2 3 3 1 2 2 3 4 3 2 2 0 3 3
2 3 3 0 0 0 3 3 2 0 2 2 4 2 1
2 3 3 3 1 2 3 0 2 2 3 2 3 3 2
0 2 4 0 2 3 4 1 2 2 2 2 2 3 3
3 1 1 3 3 2 0 1 4 4 2 2 2
```

Variable	Le nombre total d'enfants désirés
Type de variable	La variable est quantitative discrète.
Population	Tous les Canadiens âgés de 15 à 44 ans en 1990
Unité statistique	Un Canadien âgé de 15 à 44 ans en 1990
Taille de l'échantillon	$n = 283$

Le tableau 4.9 présente la répartition des Canadiens, âgés de 15 à 44 ans, en fonction du nombre total d'enfants désirés.

TABLEAU 4.9
Répartition des Canadiens, âgés de 15 à 44 ans, en fonction du nombre total d'enfants désirés

Nombre total d'enfants désirés	Nombre de Canadiens	Pourcentage des Canadiens	Pourcentage cumulé des Canadiens
0	43	15,19	15,19
1	26	9,19	24,38
2	117	41,34	65,72
3	75	26,50	92,22
4	22	7,77	100,00
Total	283	100,00	

Première étape : Titrer le tableau

La formulation sera la suivante : Répartition des Canadiens, âgés de 15 à 44 ans, en fonction du nombre total d'enfants désirés.

---

5. *La famille et les amis, Enquête sociale générale, Série analytique*, Ottawa, Statistique Canada, Catalogue 11-612F, n° 9, 1994, p. 10 de l'annexe II, question D7 du questionnaire ESG 5-2.
6. Exemple fictif simulé à partir du tableau explicatif 3.4 de Statistique Canada. *Op. cit.*, p. 41.

Deuxième étape : Indiquer les valeurs de la variable

Les données différentes qui apparaissent dans la série de données brutes sont 0, 1, 2, 3 et 4.

Troisième étape : Préciser la fréquence de chacune des valeurs

La valeur 0 a une fréquence de 43, la valeur 1 une fréquence de 26, la valeur 2 une fréquence de 117, la valeur 3 une fréquence de 75 et la valeur 4 une fréquence de 22.

Quatrième étape : Déterminer le pourcentage d'unités statistiques pour chacune des valeurs

La valeur 0 représente une proportion de 15,19 %, la valeur 1 une proportion de 9,19 %, la valeur 2 une proportion de 41,34 %, la valeur 3 une proportion de 26,50 % et la valeur 4 une proportion de 7,77 %.

La figure 4.7 présente le diagramme en bâtons construit à partir des données précédentes.

FIGURE 4.7
Répartition des Canadiens, âgés de 15 à 44 ans, en fonction du nombre total d'enfants désirés

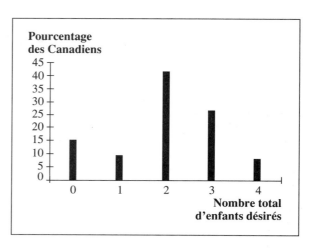

Le **mode** est de 2 enfants désirés. Le nombre total d'enfants désirés qui revient le plus souvent chez les Canadiens âgés de 15 à 44 ans, interrogés en 1990, est de 2, avec une proportion de 41,34 %.

La **médiane** est de 2 enfants désirés. Au moins 50 % des Canadiens âgés de 15 à 44 ans, interrogés en 1990, désiraient au plus 2 enfants.

La **moyenne** est de 2,02 enfants désirés. Le nombre moyen d'enfants désirés par les Canadiens âgés de 15 à 44 ans, interrogés en 1990, est d'environ 2.

Les trois **mesures de tendance centrale** sont identiques, et le graphique ne montre pas d'asymétrie à gauche ou à droite. La moyenne est un bon choix comme mesure de tendance centrale, soit 2 enfants désirés.

L'**écart type** est de 1,13 enfant. La dispersion du nombre d'enfants désirés par les Canadiens âgés de 15 à 44 ans, interrogés en 1990, correspond à un écart type de 1,13 enfant.

Le **coefficient de variation** est de 55,94 %, ce qui représente une distribution qui n'est pas homogène ; la dispersion relative à la valeur de la moyenne est importante.

La moyenne de 2 enfants situe sur l'axe horizontal la valeur autour de laquelle les données sont dispersées. Les différentes valeurs prises par la variable dans l'échantillon sont peu nombreuses (0, 1, 2, 3 et 4) et, près de la moyenne, la valeur de l'écart type

(1,13 enfant) n'est donc pas grande. Cependant, la dispersion des données est jugée importante par rapport à la valeur de la moyenne ($CV = 55,94$ %) ; la distribution des données n'est pas homogène. Pour avoir une distribution homogène, il aurait fallu une plus grande concentration de données sur la valeur 2 et beaucoup moins de données pour les autres valeurs.

$Q_1 = 2$ enfants désirés. Au moins 25 % des Canadiens âgés de 15 à 44 ans, interrogés en 1990, désiraient au plus 2 enfants.

$Q_3 = 3$ enfants désirés. Au moins 75 % des Canadiens âgés de 15 à 44 ans, interrogés en 1990, désiraient au plus 3 enfants.

Un Canadien interrogé désirant au total 3 enfants a une cote Z de 0,87 ; le nombre d'enfants désirés se situe à 0,87 longueur d'écart type au-dessus du nombre total moyen d'enfants désirés.

EXERCICES

4.1 Un conseiller pédagogique du secondaire s'interroge sur le nombre de cours auxquels un élève de techniques administratives est inscrit à sa première session au collégial. Il a prélevé un échantillon aléatoire de 65 élèves de première session en techniques administratives au Collège Ducoin. Voici les données qu'il a recueillies :

```
4 7 7 6 7 5 8 6 7 7 6 5 6 6 6 5 7
6 7 5 4 6 6 7 6 6 7 8 6 4 8 6 6 8
6 7 4 6 7 8 7 8 6 6 8 7 5 6 8 6 7
6 7 5 8 7 6 7 6 7 8 5 6 8 5
```

a) Quelle est la variable étudiée ?

b) Déterminez la population étudiée dans ce sondage.

c) Quelle est l'unité statistique ?

d) Quelle est la taille de l'échantillon ?

e) Présentez vos données sous forme de tableau.

f) Trouvez le mode de cette distribution et donnez sa signification en tenant compte du contexte.

g) Trouvez la médiane de cette distribution et donnez sa signification en tenant compte du contexte.

h) Trouvez la moyenne de cette distribution et donnez sa signification en tenant compte du contexte.

i) Présentez les données sous forme de graphique et commentez la symétrie ou l'asymétrie de la distribution.

j) Que pouvez-vous dire au sujet de la dispersion des données de cette variable ?

k) Quel est le nombre maximal de cours suivis par 45 % des élèves qui en suivent le moins ?

l) Quel est le nombre minimal de cours suivis par 20 % des élèves qui en suivent le plus ?

m) Quelle est la cote Z d'un élève inscrit à 8 cours ?

4.2 Un sondage concernant le nombre de cadres siégeant au conseil d'administration de leur entreprise a été réalisé auprès de 52 entreprises québécoises de moins de 100 employés. Les données recueillies sont présentées dans le tableau 4.10.

TABLEAU 4.10
Répartition des entreprises en fonction du nombre de cadres au conseil d'administration

Nombre de cadres au conseil d'administration	Nombre d'entreprises
1	8
2	15
3	10
4	8
5	6
6	3
7	2
Total	52

a) Quelle est la variable étudiée ?

b) Déterminez la population étudiée dans ce sondage.

c) Quelle est l'unité statistique ?

d) Quelle est la taille de l'échantillon ?

e) Complétez le tableau en ajoutant les colonnes de pourcentage et de pourcentage cumulé.

f) Trouvez le mode de cette distribution et donnez sa signification en tenant compte du contexte.

g) Trouvez la médiane de cette distribution et donnez sa signification en tenant compte du contexte.

h) Trouvez la moyenne de cette distribution et donnez sa signification en tenant compte du contexte.

i) Présentez les données sous forme de graphique et commentez la symétrie ou l'asymétrie de la distribution.

j) Que pouvez-vous dire au sujet de la dispersion des données de cette variable ?

k) Quel pourcentage des entreprises ont au plus 4 cadres qui siègent au conseil d'administration ?

l) Combien d'entreprises ont plus de 4 cadres qui siègent au conseil d'administration ?

m) Trouvez la valeur du premier quartile et interprétez-la.

4.3 Une recherche concernant le nombre de journées de maladie accordées par année aux employés syndiqués du Québec a été réalisée à partir de 96 conventions collectives. Les données recueillies sont présentées dans le tableau 4.11.

TABLEAU 4.11
Répartition des conventions collectives en fonction du nombre de journées de maladie par année par employé

Nombre de journées de maladie par année par employé	Pourcentage des conventions collectives
5	12,50
7	43,75
10	28,13
12	10,42
14	5,21
Total	100,00

a) Quelle est la variable étudiée ?

b) Déterminez la population étudiée dans cette recherche.

c) Quelle est l'unité statistique ?

d) Quelle est la taille de l'échantillon ?

e) Complétez le tableau en y ajoutant la colonne des fréquences et la colonne de pourcentage cumulé.

f) Quelle mesure de tendance centrale choisiriez-vous pour le nombre de journées de maladie accordées aux employés dans les conventions collectives ? Justifiez votre réponse.

g) Diriez-vous que les données sont homogènes ? Justifiez votre réponse.

h) Quel pourcentage des conventions collectives accordent moins de 10 journées de maladie par année aux employés ?

i) Combien de conventions collectives accordent plus de 12 journées de maladie par année aux employés ?

j) Quelle est la cote Z d'une convention collective qui accorde 12 journées de maladie aux employés ?

k) Combien de journées de maladie doit accorder une convention collective pour avoir une cote Z de $-2,60$? Commentez.

4.4 L'association générale des élèves du collégial au Québec a fait une étude concernant le nombre de journées d'apprentissage autonome (journées d'évaluation) prévu à la session d'hiver dans les cégeps. L'étude a été menée auprès de 36 cégeps. Les données recueillies sont présentées au tableau 4.12.

TABLEAU 4.12
Répartition des cégeps en fonction du nombre de journées d'apprentissage

Nombre de journées d'apprentissage	Nombre de cégeps
2	6
3	12
4	5
5	8
6	5
Total	36

a) Quelle est la variable étudiée ?

b) Déterminez la population étudiée.

c) Quelle est l'unité statistique ?

d) Quelle est la taille de l'échantillon ?

e) Complétez le tableau en ajoutant les colonnes de pourcentage et de pourcentage cumulé.

f) Trouvez le nombre modal de journées d'apprentissage autonome dans les cégeps et donnez sa signification en tenant compte du contexte.

g) Trouvez le nombre médian de journées d'apprentissage autonome dans les cégeps et donnez sa signification en tenant compte du contexte.

h) Trouvez le nombre moyen de journées d'apprentissage autonome dans les cégeps.

i) Présentez les données sous forme de graphique et commentez la symétrie ou l'asymétrie de la distribution.

j) Que pouvez-vous dire au sujet de la dispersion du nombre de journées d'apprentissage autonome dans les cégeps ?

k) Quel pourcentage des cégeps ont moins de 4 journées d'apprentissage autonome ?

l) Combien de journées d'apprentissage autonome doit avoir un cégep pour faire partie des 37 % qui en ont le plus ?

m) Trouvez la valeur du troisième quartile et interprétez-la.

n) Est-ce que l'une des données peut avoir une cote Z de 3,23 ? Commentez.

4.5 Un sondage a été effectué auprès de 120 élèves d'un collège de la Rive-Sud afin d'étudier leur intérêt pour les films présentés dans une salle de cinéma. On leur a donc posé comme question : « Combien de films avez-vous vu dans une salle de cinéma au cours du mois d'août ? » Voici les réponses obtenues :

```
4 4 2 3 4 1 3 2 3 1 4 5 2 1 0 2 4 5 1 2 5 2 6 0
1 1 3 3 3 2 5 0 1 3 2 3 5 2 6 0 1 0 2 1 3 4 2 5
2 3 4 5 2 3 4 1 4 2 3 6 3 4 2 0 0 1 2 1 3 4 1 4
3 2 5 1 1 3 5 6 2 0 0 1 2 2 5 3 5 2 4 2 5 1 4 2
1 5 2 5 4 2 1 6 0 2 4 1 5 2 6 0 2 3 2 0 0 1 2 5
```

a) Quelle est la variable étudiée ?

b) Quelle est la population étudiée dans ce sondage ?

c) Quelle est l'unité statistique ?

d) Quelle est la taille de l'échantillon ?

e) Présentez vos données sous forme de tableau.

f) Présentez vos données sous forme de graphique.

g) Donnez la signification du mode de cette distribution.

h) Donnez la signification de la médiane de cette distribution.

i) Donnez la signification de la moyenne de cette distribution.

j) Analysez la symétrie de la distribution des données.

k) Analysez la dispersion de ces données.

l) Précisez la valeur de C_{30}, de D_6 et de Q_3 et interprétez chacune de ces valeurs en tenant compte du contexte.

m) Quelle serait la cote Z d'un élève qui a vu 3 films au cinéma durant le mois d'août ?

4.6 « En 1986, le Québec compte 1 214 060 familles : 79,2 % d'entre elles sont des familles biparentales et 20,8 %, des familles monoparentales. Ces dernières composent donc une plus large part de l'univers familial qu'en 1976, où leur proportion était de 14,3 %[7]. »

Le tableau 4.13 illustre la situation.

TABLEAU 4.13
Répartition des familles monoparentales et biparentales selon le nombre d'enfants en 1986

Nombre d'enfants	Nombre de familles monoparentales	Nombre de familles biparentales
1	150 320	355 570
2	73 555	407 845
3	21 565	151 070
4	5 425	36 090
5	1 940	10 680
Total		

Source : Adapté du tableau 61 des Publications du Québec. *Op. cit.*, p. 448.

a) Quelle est la variable étudiée ?

b) Quelles sont les populations étudiées ?

c) De quelle taille sont les populations ?

d) Complétez le tableau en ajoutant les colonnes de pourcentage et de pourcentage cumulé pour les deux types de familles.

e) Présentez vos données sous forme de graphique pour chacun des deux types de familles.

f) Comparez le nombre modal d'enfants dans les deux types de familles et commentez-le.

g) Comparez le nombre médian d'enfants dans les deux types de familles et commentez-le.

h) Comparez le nombre moyen d'enfants dans les deux types de familles et commentez-le.

i) Analysez la symétrie des deux distributions et commentez-la.

j) Comparez la dispersion du nombre d'enfants dans les deux types de familles et commentez-la.

k) Précisez la valeur de C_{80}, de D_2 et de Q_1 pour chaque type de familles et interprétez chacune des valeurs en tenant compte du contexte.

l) Quelle serait la cote Z d'une famille biparentale ayant 4 enfants ?

m) Combien d'enfants devrait avoir une famille monoparentale pour obtenir une cote Z de 3 ?

4.7 « Bien que le Québec compte 25,6 % de tous les téléphones résidentiels au Canada en 1986, la moyenne du nombre de téléphones par 100 ménages reste inférieure à celle de chacune des autres provinces. De plus, les ménages québécois possédant au moins deux téléphones [...] sont moins nombreux que ceux qui n'en ont qu'un [...], contrairement à ce qu'on peut observer dans six des neuf autres provinces, où les ménages possédant plus de deux téléphones sont majoritaires[8]. »

Le tableau 4.14 présente une simulation basée sur cette situation.

TABLEAU 4.14
Répartition des ménages en fonction du nombre de téléphones

Nombre de téléphones	Nombre de ménages
1	1 156
2	860
3	474
Total	

Source : Adapté du tableau 15 des Publications du Québec. *Op. cit.*, p. 668.

a) Quelle est la variable étudiée ?

b) Quelle est la population étudiée ?

c) Quelle est l'unité statistique ?

---

7. *Le Québec statistique*, 59e édition, Québec, Les Publications du Québec, 1989, p. 408.

8. Échantillon fictif simulé à partir du *Québec statistique*, 59e édition, Québec, Les Publications du Québec, 1989, p. 655.

d) De quelle taille est l'échantillon ?

e) Complétez le tableau en ajoutant les colonnes de pourcentage et de pourcentage cumulé.

f) Présentez vos données sous forme de graphique.

g) Trouvez le mode de cette distribution et donnez sa signification en tenant compte du contexte.

h) Trouvez la médiane de cette distribution et donnez sa signification en tenant compte du contexte.

i) Trouvez la moyenne de cette distribution et donnez sa signification en tenant compte du contexte.

j) Que diriez-vous au sujet de la symétrie de cette distribution ?

k) Trouvez l'écart type de cette distribution et donnez sa signification en tenant compte du contexte.

l) Déterminez le coefficient de variation et indiquez ce qu'il représente en tenant compte du contexte.

m) Précisez la valeur correspondant à C_{40}, à D_8 et à Q_1 et interprétez chacune de ces valeurs en tenant compte du contexte.

n) Quelle serait la cote Z d'un ménage possédant 2 téléphones ?

o) Combien de téléphones a un ménage dont la cote Z est 2,88 ?

4.2 LES VARIABLES QUANTITATIVES CONTINUES

En ce qui concerne les données provenant d'une variable quantitative continue, on constate le très grand nombre de valeurs différentes (à l'exclusion, ici, du cas où les choix de réponses sont sous forme de classes). Nous verrons comment procéder pour décrire les données et pour interpréter les différentes mesures à partir de la série de données brutes.

4.2.1 La présentation sous forme de tableau

EXEMPLE 4.24

Les données suivantes ont été recueillies lors d'un sondage sur le revenu des hommes canadiens âgés de 15 ans et plus ayant travaillé à plein temps en 1990. Pour ce sondage, 160 hommes canadiens ont été interrogés, et on a noté le revenu de chacun.

Variable	Le revenu
Population	Tous les hommes canadiens âgés de 15 ans et plus ayant travaillé à plein temps en 1990
Unité statistique	Un homme canadien âgé de 15 ans et plus ayant travaillé à plein temps en 1990
Taille de l'échantillon	$n = 160$

Voici donc le revenu, exprimé en milliers de dollars, de ces 160 hommes canadiens interrogés[9] :

Note : Les données sont exprimées en milliers de dollars. Si l'on avait pris le revenu jusqu'au cent près, les 160 données seraient toutes différentes ou presque.

---

9. Échantillon fictif simulé à partir des informations contenues dans *Les gains des Canadiens*, Ottawa, Statistique Canada, Catalogue 96-317F, 1994, p. 46, tableau 4.3.

35,9	27,8	41,1	39,1	49,4	41,0	45,4	31,8	47,2	42,3
36,8	26,9	39,6	28,6	30,9	47,9	39,4	34,5	41,6	45,7
33,8	41,4	33,2	37,3	39,9	29,8	37,1	42,2	36,7	38,7
26,5	40,4	43,1	43,0	27,1	52,6	45,3	35,9	33,1	36,9
29,0	47,7	41,6	48,7	39,7	39,3	35,5	40,2	36,7	34,7
36,3	24,5	37,7	36,5	46,0	33,8	33,1	47,3	37,1	39,5
38,6	45,7	44,2	32,1	30,1	40,3	38,7	36,9	38,1	34,9
44,1	38,4	42,6	39,1	33,7	37,0	30,3	37,1	31,2	34,0
46,1	35,8	41,0	34,3	39,9	39,1	39,9	37,2	45,2	36,6
39,7	43,7	34,4	36,0	40,8	27,2	30,1	50,6	39,2	37,5
43,5	43,2	41,4	39,5	36,0	35,7	38,0	40,6	36,7	25,3
44,0	37,6	46,0	38,9	34,8	31,5	35,4	38,3	33,7	47,1
47,1	39,1	28,7	37,9	39,4	41,4	39,3	49,3	45,4	40,6
22,6	32,7	51,7	39,5	32,8	42,7	35,7	36,6	55,7	39,7
40,2	41,1	36,8	49,6	46,7	34,3	39,6	49,0	30,7	34,2
39,0	41,3	37,8	34,6	46,0	35,1	38,0	41,1	37,0	46,4

Il y a un trop grand nombre de valeurs différentes pour procéder comme dans le cas d'une variable quantitative discrète de la section 4.1.

Pour présenter les données sous forme de tableau, il faut les regrouper en classes. De telles données sont appelées **données groupées** et sont présentées au tableau 4.15.

TABLEAU 4.15
Répartition des hommes canadiens âgés de 15 ans et plus ayant travaillé à plein temps en 1990, en fonction de leur revenu

Revenu (milliers de dollars)	Point milieu (milliers de dollars)	Nombre de Canadiens	Pourcentage des Canadiens	Pourcentage cumulé des Canadiens
De 20 à moins de 25	22,5	2	1,25	1,25
De 25 à moins de 30	27,5	10	6,25	7,50
De 30 à moins de 35	32,5	28	17,50	25,00
De 35 à moins de 40	37,5	63	39,38	64,38
De 40 à moins de 45	42,5	30	18,75	83,13
De 45 à moins de 50	47,5	23	14,38	97,51
De 50 à moins de 55	52,5	3	1,88	99,39
De 55 à moins de 60	57,5	1	0,63	100,00
Total		160	100,00	

Source : Adapté du tableau 4.3 de Statistique Canada. *Op. cit.*, p. 46.

La démarche à suivre est la suivante.

Première étape : Titrer le tableau

La formulation générale du titre est toujours **Répartition des unités statistiques en fonction de la variable**. Il faut évidemment adapter ce titre à chacune des situations.

Deuxième étape : Délimiter les classes

Les classes sont délimitées dans la première colonne. Puisque la variable est continue, cela signifie que les données pourraient prendre n'importe quelle valeur, avec autant de décimales imaginables, entre un minimum et un maximum donnés. On ne peut pas regrouper ces données de la même façon que les données discrètes, car il y a trop de valeurs différentes. De plus, un regroupement par valeurs différentes ne laisse pas transparaître la continuité de la variable. Dans un tel cas, il faut réunir les données par classes contiguës.

— Déterminer le nombre de classes.   Il faut d'abord choisir le nombre de classes le plus approprié pour regrouper les données. Il s'agit d'opter pour un nombre de classes qui ne soit ni trop petit ni trop grand. En 1926, W.H. Sturges a présenté une formule pour déterminer le nombre de classes qui était basée sur un modèle qui revient souvent :

Nombre de classes $= 1 + 3{,}322 \cdot \log n,$

où n représente la taille de l'échantillon.

Le tableau 4.16 présente le résultat de la formule de Sturges.

TABLEAU 4.16
Application de la formule de Sturges

Taille n			Nombre de classes souhaité
$23 \leq$	n	$\leq \quad 45$	6
$46 \leq$	n	$\leq \quad 90$	7
$91 \leq$	n	$\leq \quad 180$	8
$181 \leq$	n	$\leq \quad 361$	9
$362 \leq$	n	$\leq \quad 723$	10
$724 \leq$	n	$\leq \quad 1\,447$	11
$1\,448 \leq$	n	$\leq \quad 2\,895$	12
$2\,896 \leq$	n	$\leq \quad 5\,791$	13
$5\,792 \leq$	n	$\leq \quad 11\,582$	14
$11\,583 \leq$	n	$\leq \quad 23\,165$	15

La première colonne représente la taille de l'échantillon et la deuxième, le nombre de classes souhaité.

Note :   Plusieurs tailles nécessitent le même nombre de classes. Ainsi, tous les échantillons dont la taille se situe de 91 à 180 nécessitent 8 classes.

Dans cet exemple, on a 160 données. Comme cette taille d'échantillon se situe dans la catégorie 91 à 180, le nombre de classes souhaité est donc 8.

— Évaluer l'étendue des données.   L'étendue des données d'un échantillon est l'écart entre la plus petite donnée et la plus grande donnée. Ainsi, dans cet échantillon, la plus grande donnée est 55,7, c'est-à-dire 55 700 $, et la plus petite donnée est 22,6, c'est-à-dire 22 600 $. L'étendue de ces données est donc :

Étendue $= 55{,}7 - 22{,}6 = 33{,}1,$ c'est-à-dire 33 100 $.

— Déterminer la largeur des classes.   La technique présentée concerne l'élaboration de classes de largeurs égales. Cependant, on remarque que dans certains sondages les classes ne sont pas toutes de même largeur. Les raisons qui font que certaines classes ont des largeurs différentes varient d'un sondage à l'autre. Dans le présent ouvrage, de telles classes ne seront pas construites même si, à l'occasion, on travaillera avec des tableaux qui en comportent.

La largeur des classes s'obtient en divisant l'étendue par le nombre de classes :

$$\text{Largeur} = \frac{\text{Étendue}}{\text{Nombre de classes}}.$$

À partir de cette valeur, on choisit la largeur à utiliser pour les classes (un multiple de 5 est souvent choisi, car il facilite les calculs et la lecture des graphiques). Pour l'échantillon de l'exemple :

$$\text{Largeur} = \frac{\text{Étendue}}{\text{Nombre de classes}} = \frac{33{,}1}{8} = 4{,}1375.$$

Pour choisir la largeur des classes, il faut tenir compte de l'ordre de grandeur des données Ainsi, dans l'exemple, la largeur des classes sera de 5 milliers de dollars (5 000 $).

— Former les classes.   Il s'agit maintenant de choisir le point de départ de la première classe, c'est-à-dire la borne inférieure de la première classe à partir de laquelle les autres seront déterminées. Ce choix peut entraîner la modification du nombre de classes ou de la largeur des classes. Il faut retenir que ce choix doit faciliter la représentation graphique ainsi que le calcul des différentes mesures.

Chaque valeur des données doit entrer dans une classe ; cette propriété s'appelle l'**exhaustivité**. Il faut aussi que chaque valeur puisse entrer dans une seule classe ; cette propriété s'appelle l'**exclusivité.** Pour respecter cette dernière propriété, la convention suivante sera utilisée : la borne inférieure est incluse dans la classe, tandis que la borne supérieure en est exclue. Par conséquent, les classes auront la forme « De... à moins de... ».

Dans cet exemple, avec une largeur de 5 000 $ pour couvrir une étendue de 33 100 $, 7 classes seraient suffisantes, mais cela dépend aussi de la borne inférieure de la première classe. La plus petite donnée étant 22 600 $, 20 000 $ serait un bon choix pour commencer les classes. Avec ce choix, la septième classe sera « De 50 000 $ à moins de 55 000 $ ». Où faudra-t-il placer les données dont les valeurs vont de 55 000 $ à 55 700 $? Dans une huitième classe.

Troisième étape : Déterminer le point milieu

Dans la deuxième colonne, on indique le point milieu de chacune des classes. Le point milieu d'une classe s'obtient en additionnant la borne inférieure et la borne supérieure de la classe et en divisant le résultat par deux :

$$\text{Point milieu} = \frac{\text{Borne inférieure} + \text{Borne supérieure}}{2}.$$

Le point milieu de la première classe est :

$$\frac{20 + 25}{2} = 22{,}5 \text{ milliers de dollars.}$$

Les points milieux des classes seront utilisés pour tracer un type de graphique et pour calculer la moyenne et l'écart type à partir d'un tableau où les données sont regroupées en classes.

Quatrième étape : Indiquer le nombre d'unités statistiques par classe

Dans la troisième colonne, on indique le nombre d'unités compilées dans chacune des classes. Ce nombre est appelé **fréquence** de la classe. Le nombre d'unités se trouve par le dépouillement des données, comme dans la section 4.1 relative aux variables quantitatives discrètes.

Ainsi, il y a 2 hommes canadiens ayant travaillé à temps plein en 1990 dont le revenu se situe de 20 à moins de 25 milliers de dollars, 10 dont le revenu se situe de 25 à moins de 30 milliers de dollars...

Cinquième étape : Établir le pourcentage des unités statistiques par classe

La quatrième colonne exprime le nombre d'unités ou la fréquence sous forme de pourcentage.

Ainsi, il y a 1,25 % des hommes canadiens ayant travaillé à temps plein en 1990 dont le revenu se situe de 20 à moins de 25 milliers de dollars, 6,25 % dont le revenu se situe de 25 à moins de 30 milliers de dollars...

Sixième étape : Déterminer le pourcentage cumulé des unités statistiques par classe

Dans la cinquième colonne, on indique le pourcentage cumulé d'une classe. Ce dernier correspond au pourcentage de données qui appartiennent à cette classe ou aux classes précédentes, ce qui veut dire toutes les données dont les valeurs sont inférieures ou égales à la borne supérieure de la classe. Le pourcentage cumulé s'interprète donc à l'aide de la borne supérieure de la classe.

Il y a 1,25 % des hommes canadiens ayant travaillé à temps plein en 1990 dont le revenu est inférieur à 25 milliers de dollars, 7,50 % dont le revenu est inférieur à 30 milliers de dollars... et 100 % dont le revenu est inférieur à 60 000 $. On dit inférieur, car la borne supérieure de chaque classe ne fait pas partie de la classe : « De... à moins de... ».

4.2.2 La présentation sous forme de graphique

Plusieurs formes de graphiques permettent de représenter les données. Dans le cas des données quantitatives continues, les graphiques utilisés sont l'histogramme, le polygone des pourcentages et la courbe des pourcentages cumulés ou ogive.

EXEMPLE 4.25

Reprenons l'exemple 4.24 sur le revenu des hommes canadiens.

a) L'histogramme

La figure 4.8 illustre l'histogramme construit à partir des données du tableau 4.15.

TABLEAU 4.15

Revenu (milliers de dollars)	Point milieu (milliers de dollars)	Nombre de Canadiens	Pourcentage des Canadiens	Pourcentage cumulé des Canadiens
De 20 à moins de 25	22,5	2	1,25	1,25
De 25 à moins de 30	27,5	10	6,25	7,50
De 30 à moins de 35	32,5	28	17,50	25,00
De 35 à moins de 40	37,5	63	39,38	64,38
De 40 à moins de 45	42,5	30	18,75	83,13
De 45 à moins de 50	47,5	23	14,38	97,51
De 50 à moins de 55	52,5	3	1,88	99,39
De 55 à moins de 60	57,5	1	0,63	100,00
Total		160	100,00	

FIGURE 4.8
Répartition des hommes canadiens âgés de 15 ans et plus ayant travaillé à plein temps en 1990, en fonction de leur revenu

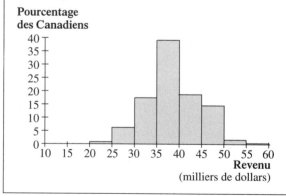

Première étape : Titrer l'histogramme

Le titre peut être le même que celui du tableau, puisqu'il représente la même répartition mais sous forme visuelle.

Deuxième étape : Placer les valeurs de la variable sur l'axe horizontal

On situe d'abord les bornes des classes (première colonne du tableau) sur l'axe horizontal, puis on identifie l'axe en indiquant les unités de mesure utilisées.

Troisième étape : Placer le pourcentage d'unités statistiques sur l'axe vertical

Sur l'axe vertical, on trace une échelle pour les pourcentages (quatrième colonne du tableau 4.15). Puisque le pourcentage le plus élevé est 39,38 %, il est inutile d'aller plus haut que 40 %. (On pourrait également choisir d'utiliser le nombre d'unités dans chaque classe.) Il faut identifier l'axe vertical en indiquant les unités de mesure de l'échelle choisie.

Quatrième étape : Tracer les rectangles

Pour chaque classe, on trace un rectangle dont la base est la largeur de la classe et la hauteur, le pourcentage d'unités dans la classe (si l'échelle est faite à partir de la quatrième colonne du tableau 4.15) ou le nombre d'unités (si l'échelle est faite à partir de la troisième colonne du même tableau).

b)   Le polygone des pourcentages

La figure 4.9 illustre le polygone des pourcentages construit en se basant sur les données du tableau 4.15.

FIGURE 4.9
Répartition des hommes canadiens âgés de 15 ans et plus ayant travaillé à plein temps en 1990, en fonction de leur revenu

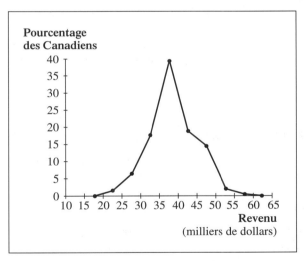

Le polygone donne l'allure générale de la distribution de la variable étudiée. On peut placer plusieurs polygones sur un même graphique, ce qui n'est pas possible avec les histogrammes. (Pour faciliter les comparaisons, on peut placer sur le même graphique le polygone de la répartition du revenu des hommes et le polygone de la répartition du revenu des femmes.)

La démarche à suivre pour bâtir un polygone est la suivante :

Première étape : Titrer la figure

Le titre peut être le même que celui de l'histogramme, puisqu'il représente la même répartition.

Deuxième étape : Placer les valeurs de la variable sur l'axe horizontal

Pour que la figure soit un polygone fermé aux deux extrémités, à chacune des extrémités, il faut prévoir une classe de même largeur que les autres ayant 0 % d'unités, puisqu'il n'y a pas de données dont les valeurs se situent dans ces classes. Ici les classes ayant 0 % d'unités sont « De 15 à moins de 20 » (le point milieu est 17,5) et « De 60 à moins de 65 » (le point milieu est 62,5).

Troisième étape : Placer le pourcentage d'unités statistiques sur l'axe vertical

Sur l'axe vertical, on trace une échelle pour les pourcentages (quatrième colonne du tableau 4.15). Puisque le pourcentage le plus élevé est 39,38 %, il est inutile d'aller plus haut que 40 %. (On pourrait également choisir d'utiliser le nombre d'unités dans chaque classe.) Il faut identifier l'axe vertical en indiquant les unités de mesure de l'échelle choisie.

Quatrième étape : Tracer les segments

Vis-à-vis du point milieu de chacune des classes, on place un point à une hauteur égale au pourcentage (ou au nombre) d'unités dans la classe. On fait de même pour les deux classes ayant 0 % d'unités. Ensuite, on joint les points par des segments de droite.

Note : Parfois, il se peut qu'ajouter une classe au début ou à la fin d'une distribution de données groupées ne soit pas logiquement possible, comme ajouter une classe comprenant des valeurs négatives pour la taille ou des résultats scolaires. Dans ce cas, il faut tronquer le segment concerné.

c) La courbe des pourcentages cumulés (ogive)

La figure 4.10 illustre la courbe des pourcentages cumulés construite à partir des données du tableau 4.15.

FIGURE 4.10
Courbe des pourcentages cumulés des hommes canadiens âgés de 15 ans et plus ayant travaillé à plein temps en 1990, en fonction de leur revenu

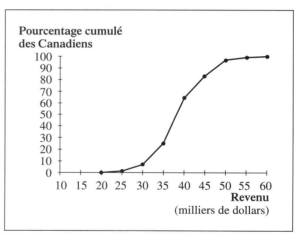

Cette courbe donne comme information le pourcentage cumulé des données depuis le début de la première classe. Autrement dit, elle donne le pourcentage des données ayant des valeurs inférieures ou égales à la valeur mentionnée.

La démarche à suivre pour bâtir une courbe des pourcentages cumulés (ogive) est la suivante.

Première étape : Titrer la figure

Le titre aura la forme suivante : Courbe des pourcentages cumulés des « unités statistiques » en fonction de la **variable**.

Deuxième étape : Placer les valeurs de la variable sur l'axe horizontal

On place d'abord les bornes des classes sur l'axe horizontal, puis on identifie l'axe en indiquant les unités de mesure utilisées.

Troisième étape : Placer les pourcentages cumulés sur l'axe vertical

Sur l'axe vertical, on trace une échelle pour les pourcentages cumulés. Dans ce cas-ci, l'échelle doit aller de 0 % à 100 %. On identifie l'axe en indiquant les unités de mesure utilisées.

Quatrième étape : Tracer les segments

Vis-à-vis de la valeur de la **borne supérieure** de chacune des classes, on place un point dont la hauteur égale le pourcentage cumulé indiqué dans la dernière colonne du tableau 4.15. Vis-à-vis de la borne inférieure de la première classe, on place un point de hauteur 0 % qui est le point de départ. Avec les données groupées en classes, on ne connaît pas le pourcentage cumulé des données pour une valeur qui se situe entre les bornes d'une classe. Cependant, une répartition uniforme des données à l'intérieur d'une classe correspond à une représentation graphique sous forme linéaire (sous la forme d'une droite) pour l'accumulation des données de la classe. On suppose donc que les données sont réparties uniformément à l'intérieur de chacune des classes, ce qui permet de relier les points déjà tracés par des segments de droite.

4.2.3   Les mesures de tendance centrale

Les mesures de tendance centrale qui ont déjà été présentées dans la sous-section 4.1.3 sur les variables quantitatives discrètes s'appliquent aussi aux variables quantitatives continues. Les calculs et l'interprétation de ces mesures seront adaptés en fonction des classes plutôt que des valeurs précises.

A. Le mode (*Mo*) pour les données groupées en classes

Pour la variable quantitative discrète, le mode a été défini comme étant la valeur de la variable étudiée qui a la plus grande fréquence (le plus grand nombre d'unités statistiques) dans l'échantillon ou la population. En ce qui concerne la variable quantitative continue, une telle définition ne s'applique pas, car la variable quantitative continue peut prendre toutes les valeurs possibles entre deux valeurs. De ce fait, une donnée obtenue pour une telle variable revient rarement plus de quelques fois ; elle n'apparaît souvent qu'une seule fois. Ainsi, le mode calculé selon la définition précédente n'aurait alors aucune signification. Le fait de regrouper les données d'une variable quantitative continue en classes permet de donner une définition du mode en fonction des classes. On définira d'abord une classe modale. Ensuite, le mode sera défini sous la forme d'une valeur à l'intérieur de cette classe modale.

a) La classe modale
Dans le cas d'une distribution où les classes sont de largeurs égales, la classe modale est celle qui a le plus grand pourcentage de données. (Le cas des distributions ayant des classes de largeurs inégales sera étudié à l'exemple 4.35.)

b) Le mode brut
C'est la valeur centrale de la classe modale.

c) Le mode, une valeur approximative basée sur la répartition
Il s'agit d'une valeur située dans la classe modale qui tient compte du nombre de données dans la classe précédant la classe modale et dans la classe suivant la classe modale. Le mode est défini comme suit :

$$Mo = B_i + \left(\frac{\Delta_1}{\Delta_1 \, + \, \Delta_2} \right) \cdot a.$$

- La classe modale est d'abord repérée ;
- B_i est la borne inférieure de la classe modale ;
- a est la largeur de la classe modale ;
- Δ_1 est la différence de hauteur entre le rectangle de la classe modale et le rectangle de la classe précédente ;
- Δ_2 est la différence de hauteur entre le rectangle de la classe modale et le rectangle de la classe suivante.

EXEMPLE 4.26

Repenons l'exemple 4.24 portant sur le revenu des hommes canadiens.

TABLEAU 4.15

Revenu (milliers de dollars)	Point milieu (milliers de dollars)	Nombre de Canadiens	Pourcentage des Canadiens	Pourcentage cumulé des Canadiens
De 20 à moins de 25	22,5	2	1,25	1,25
De 25 à moins de 30	27,5	10	6,25	7,50
De 30 à moins de 35	32,5	28	17,50	25,00
De 35 à moins de 40	37,5	63	39,38	64,38
De 40 à moins de 45	42,5	30	18,75	83,13
De 45 à moins de 50	47,5	23	14,38	97,51
De 50 à moins de 55	52,5	3	1,88	99,39
De 55 à moins de 60	57,5	1	0,63	100,00
Total		160	100,00	

Les classes du tableau 4.15 étant toutes de même largeur (5 000 $), la classe modale est « De 35 à moins de 40 milliers de dollars ». C'est dans cette classe de revenu qu'on trouve le plus de personnes, soit 63, ce qui représente une proportion de 39,38 %.

Le mode brut est 37,5 milliers de dollars, c'est la valeur centrale de la classe modale. Le revenu autour duquel il y a une plus forte concentration (densité) de données est d'environ 37 500 $.

Selon la formule, on calcule le mode de la façon suivante :

$$Mo = B_i + \left(\frac{\Delta_1}{\Delta_1 + \Delta_2} \right) \cdot a.$$

- La classe modale est « De 35 à moins de 40 milliers de dollars » ;
- B_i (la borne inférieure de la classe modale) égale 35 milliers de dollars ;
- a (la largeur de la classe modale) vaut 5 milliers de dollars ;
- La différence de hauteur entre le rectangle de la classe modale et le rectangle de la classe précédente est :
$$\Delta_1 = 39,38 - 17,50 = 21,88 \ ;$$
- La différence de hauteur entre le rectangle de la classe modale et le rectangle de la classe suivante est :
$$\Delta_2 = 39,38 - 18,75 = 19,63.$$

On obtient donc le mode des données groupées :

$$Mo = B_i + \left(\frac{\Delta_1}{\Delta_1 + \Delta_2} \right) \cdot a$$

$$= 35 + \left(\frac{21,88}{21,88 + 19,63} \right) \cdot 5 = 35 + 0,5271 \cdot 5 = 35 + 2,636$$

$$= 37,636 \text{ milliers de dollars } (37\,636\,\$).$$

Cela signifie que le revenu autour duquel il y a la plus forte concentration (densité) de données est d'environ 37 636 $.

Note : Le mode, tel qu'il est calculé à l'aide de la formule, se situe vis-à-vis de l'intersection des deux diagonales dans le rectangle de la classe modale ;

plus le rectangle (précédent ou suivant) est élevé, plus il attire le mode dans sa direction.

La figure 4.11 illustre l'exemple que nous venons d'étudier.

FIGURE 4.11
Répartition des hommes canadiens âgés de 15 ans et plus ayant travaillé à plein temps en 1990, en fonction de leur revenu

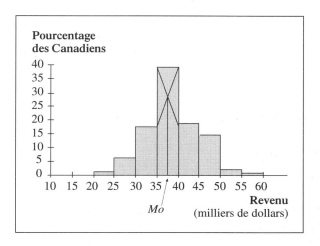

B. La médiane (*Md*) pour les données groupées en classes

La médiane est la valeur de la variable étudiée qui sépare le nombre de données ordonnées en deux groupes égaux. Lorsque les données sont groupées en classes, il est impossible de trouver la médiane des données brutes. Il est seulement possible d'en obtenir une valeur approximative. Pour ce faire, on utilise une formule d'interpolation linéaire basée sur la supposition que les données sont réparties uniformément dans chacune des classes. Cette valeur s'obtient aussi par une lecture de la courbe des pourcentages cumulés. La valeur obtenue est la médiane des données groupées.

a) La classe médiane
La classe médiane est celle qui accumule au moins 50 % des données. C'est dans cette classe que se situe la médiane.

b) La lecture de la courbe des pourcentages cumulés (ogive)
Il s'agit de déterminer la valeur (sur l'axe horizontal de l'ogive) pour laquelle le pourcentage cumulé est de 50 %. Ainsi, afin de déterminer la médiane des données groupées, on peut remplacer les calculs effectués à l'aide de la formule d'interpolation linéaire par une simple lecture de l'ogive. Cependant, comme un graphique reste imprécis, la lecture ne correspondra pas exactement à la valeur calculée à l'aide de la formule de l'interpolation linéaire.

c) La formule d'interpolation linéaire
La formule d'interpolation linéaire détermine avec précision la valeur lue sur l'ogive. La médiane des données groupées est obtenue à l'aide de la formule suivante :

$$Md = B_i + \frac{(50 - F)}{\%_{Md}} \bullet a.$$

- La classe médiane est d'abord repérée ;
- B_i est la borne inférieure de la classe médiane ;
- a est la largeur de la classe médiane ;
- F est le pourcentage de données cumulées dans les classes précédant la classe médiane ;
- $\%_{Md}$ est le pourcentage des données dans la classe médiane.

EXEMPLE 4.27

Reprenons l'exemple 4.24 portant sur le revenu des hommes canadiens.

Si l'on examine le tableau 4.15, on constate que la classe médiane est « De 35 à moins de 40 milliers de dollars ». La valeur de la médiane se situe entre ces deux bornes.

a) La détermination de la médiane à l'aide de l'ogive

Il s'agit de trouver à quel endroit se situe le point qui cumule 50 % des données. La figure 4.12 illustre cette démarche.

TABLEAU 4.15

Revenu (milliers de dollars)	Point milieu (milliers de dollars)	Nombre de Canadiens	Pourcentage des Canadiens	Pourcentage cumulé des Canadiens
De 20 à moins de 25	22,5	2	1,25	1,25
De 25 à moins de 30	27,5	10	6,25	7,50
De 30 à moins de 35	32,5	28	17,50	25,00
De 35 à moins de 40	37,5	63	39,38	64,38
De 40 à moins de 45	42,5	30	18,75	83,13
De 45 à moins de 50	47,5	23	14,38	97,51
De 50 à moins de 55	52,5	3	1,88	99,39
De 55 à moins de 60	57,5	1	0,63	100,00
Total		160	100,00	

FIGURE 4.12
Courbe des pourcentages cumulés des hommes canadiens âgés de 15 ans et plus ayant travaillé à plein temps en 1990, en fonction de leur revenu

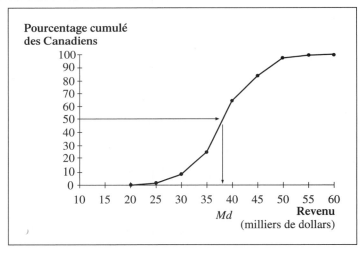

On peut donc lire sur ce graphique que la médiane est approximativement égale à 38 000 $.

b) La détermination de la médiane à l'aide de la formule

Il s'agit de trouver à quel endroit se situe le point qui accumule 50 % des données. La formule pour calculer la médiane est :

$$Md = B_i + \frac{(50 - F)}{\%_{Md}} \cdot a.$$

- La classe médiane est « De 35 à moins de 40 milliers de dollars » ;
- B_i (la borne inférieure de la classe médiane) est de 35 milliers de dollars ;

— a (la largeur de la classe médiane) égale 5 milliers de dollars ;

— F (le pourcentage de données cumulées dans les classes précédant la classe médiane) égale 25,00 % ;

— $\%_{Md}$ (le pourcentage de données dans la classe médiane) vaut 39,38 %.

La médiane des données groupées est donc :

$$Md = B_i + \frac{(50 - F)}{\%_{Md}} \cdot a$$

$$= 35 + \frac{(50 - 25,00)}{39,38} \cdot 5 = 35 + 0,6348 \cdot 5$$

$$= 35 + 3,174$$

$$= 38,174 \text{ milliers de dollars (38 174 \$).}$$

Cela signifie qu'**environ 50 % des hommes canadiens âgés de 15 ans et plus ayant travaillé à plein temps, interrogés en 1990, ont un revenu d'au plus 38 174 \$ (ou 38 000 \$** si l'ogive a été utilisée).

Ici on emploie l'expression « environ » au lieu de l'expression « au moins », qui est utilisée dans le cas des variables quantitatives discrètes, car la médiane des données groupées est calculée en supposant que les données sont réparties uniformément à l'intérieur de chacune des classes. Notons que dans cet échantillon il y a 76 données sur 160 dont la valeur est d'au plus 38 174 \$, soit 47,5 % des données. C'est pour cette raison qu'on ne peut garantir « au moins 50 % » mais seulement « environ 50 % ».

C. La moyenne ($\bar{x}$)

Comme dans le cas de la variable quantitative discrète, la moyenne correspond à la valeur où se situe le point d'appui qui tiendrait le système en équilibre. Cependant, dans le cas des données groupées en classes, on ne pourra trouver qu'une valeur approximative pour la moyenne des données brutes de l'échantillon ($\bar{x}$) ou de la population μ. Puisqu'on suppose toujours que les données sont réparties uniformément à l'intérieur de chacune des classes, alors le point milieu de chacune des classes correspond à la moyenne des données de sa classe. Ce point milieu sera utilisé pour représenter les données de sa classe, c'est-à-dire que toutes les données d'une classe seront considérées comme égales au point milieu de la classe. La moyenne se calcule en utilisant le point milieu et la fréquence de chacune des classes. La moyenne obtenue est approximative, mais sa valeur n'est pas très loin de la valeur qu'on pourrait obtenir en utilisant la série de données brutes.

EXEMPLE   4.28

Reprenons l'exemple 4.24 portant sur le revenu des hommes canadiens. La moyenne s'obtient toujours en divisant la somme de toutes les données par le nombre de données dans l'échantillon ou la population. Le tableau 4.17 montre comment procéder pour obtenir la somme approximative de toutes les données. Cette façon de faire est aussi celle qui est utilisée par la calculatrice en mode statistique.

Dans la dernière colonne, les valeurs représentent les sommes approximatives des données de chacune des classes :

TABLEAU 4.17
Détail du calcul pour obtenir
la moyenne

Revenu (milliers de dollars)	Point milieu (milliers de dollars)	Nombre de Canadiens	Milieu • Nombre
De 20 à moins de 25	22,5	2	45,0
De 25 à moins de 30	27,5	10	275,0
De 30 à moins de 35	32,5	28	910,0
De 35 à moins de 40	37,5	63	2 362,5
De 40 à moins de 45	42,5	30	1 275,0
De 45 à moins de 50	47,5	23	1 092,5
De 50 à moins de 55	52,5	3	157,5
De 55 à moins de 60	57,5	1	57,5
Total		160	$\sum x = 6\ 175,0$

– Pour les hommes canadiens interrogés dont le revenu est de 20 à moins de 25 milliers de dollars :
Le point milieu est 22,5 milliers de dollars ;
Il y a 2 données dans cette classe ;
22,5 • 2 = 45 milliers de dollars.

– Pour ceux dont le revenu est de 25 à moins de 30 milliers de dollars :
Le point milieu est 27,5 milliers de dollars ;
Il y a 10 données dans cette classe ;
27,5 • 10 = 275 milliers de dollars.

– Pour ceux dont le revenu est de 30 à moins de 35 milliers de dollars :
Le point milieu est 32,5 milliers de dollars ;
Il y a 28 données dans cette classe ;
32,5 • 28 = 910 milliers de dollars.

– Pour ceux dont le revenu est de 35 à moins de 40 milliers de dollars :
Le point milieu est 37,5 milliers de dollars ;
Il y a 63 données dans cette classe ;
37,5 • 63 = 2 362,5 milliers de dollars.

– Pour ceux dont le revenu est de 40 à moins de 45 milliers de dollars :
Le point milieu est 42,5 milliers de dollars ;
Il y a 30 données dans cette classe ;
42,5 • 30 = 1 275 milliers de dollars.

– Pour ceux dont le revenu est de 45 à moins de 50 milliers de dollars :
Le point milieu est 47,5 milliers de dollars ;
Il y a 23 données dans cette classe ;
47,5 • 23 = 1 092,5 milliers de dollars.

– Pour ceux dont le revenu est de 50 à moins de 55 milliers de dollars :
Le point milieu est 52,5 milliers de dollars ;
Il y a 3 données dans cette classe ;
52,5 • 3 = 157,5 milliers de dollars.

– Pour ceux dont le revenu est de 55 à moins de 60 milliers de dollars :
Le point milieu est 57,5 milliers de dollars ;
Il y a 1 donnée dans cette classe ;
57,5 • 1 = 57,5 milliers de dollars.

Le revenu moyen des 160 hommes canadiens âgés de 15 ans et plus ayant travaillé à plein temps, interrogés en 1990, est donc :

$$\bar{x} = \frac{\text{Revenu total}}{\text{Nombre de Canadiens}}$$
$$= \frac{45 + 275 + 910 + ... + 57{,}5}{160} = \frac{6\ 175{,}0}{160}$$
$$= 38{,}594 \text{ milliers de dollars } (38\ 594\ \$).$$

Les 160 hommes canadiens âgés de 15 et plus ayant travaillé à plein temps en 1990 ont donc un revenu moyen d'environ 38 594 $. Si l'on répartissait tous les revenus à parts égales entre les 160 hommes, chacun aurait un revenu d'environ 38 594 $.

D. Le choix de la mesure de tendance centrale

Comme dans le cas des variables quantitatives discrètes, on peut s'intéresser à la forme de représentation graphique d'une distribution de données d'une variable quantitative continue. Les propriétés de symétrie (figure 4.13), d'asymétrie à droite (figure 4.14) et d'asymétrie à gauche (figure 4.15) sont définies de façon identique dans les deux cas.

FIGURE 4.13
Distribution symétrique

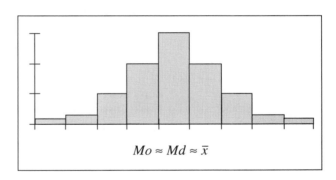

$Mo \approx Md \approx \bar{x}$

Dans ce cas, la moyenne est la mesure de tendance centrale la plus appropriée.

FIGURE 4.14
**Distribution asymétrique
à droite**

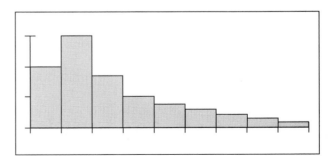

En général, la relation entre les trois mesures de tendance centrale est la suivante :

$$Mo < Md < \bar{x}.$$

Dans ce cas la médiane, qui n'est pas influencée par ces valeurs extrêmes, est la mesure de tendance centrale la plus appropriée.

FIGURE 4.15
Distribution asymétrique
à gauche

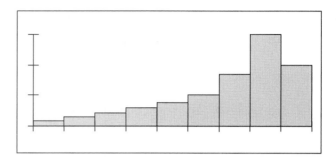

En général, la relation entre les trois mesures de tendance centrale est la suivante :

$$\bar{x} < Md < Mo.$$

Dans ce cas la médiane, qui n'est pas influencée par ces valeurs extrêmes, est la mesure de tendance centrale la plus appropriée.

Comme pour les variables quantitatives discrètes, afin de déterminer si une distribution est symétrique ou asymétrique, il faut baser sa décision sur la représentation graphique et sur la relation entre les trois mesures de tendance centrale. Parfois, ce sont les trois mesures de tendance centrale qui influeront sur le choix et, en d'autres occasions, ce sera la représentation graphique.

EXEMPLE 4.29

FIGURE 4.8

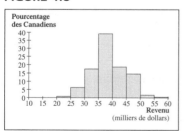

Reprenons l'exemple 4.24 et la figure 4.8 portant sur le revenu des hommes canadiens. On a les données suivantes :

– Le revenu modal est de 37 636 $ (le mode brut est de 37 500 $) ;
– Le revenu médian est de 38 174 $;
– Le revenu moyen est de 38 594 $.

Les trois mesures de tendance centrale sont rapprochées. De plus, le graphique montre une symétrie. La moyenne est le bon choix comme mesure de tendance centrale.

4.2.4 **Les mesures de dispersion**

A. L'écart type (s) pour les données groupées par classes

Toujours en supposant que les données sont réparties uniformément à l'intérieur de chacune des classes, l'écart type se calcule en utilisant le point milieu de chacune des classes. Là aussi, on a une valeur approximative de la valeur de l'écart type des données brutes de l'échantillon s ou de la population σ, mais elle ne sera pas loin de la valeur qu'on obtiendrait avec la série de données brutes. L'écart type tient compte des écarts entre la valeur de chacune des données et la valeur de la moyenne mais, dans ce cas-ci, ce sont les écarts entre les points milieux des classes et la valeur de la moyenne qui sont employés. Pour le calcul de l'écart type, on se sert de la même formule qui est utilisée par la calculatrice :

$$s = \sqrt{\frac{\sum x^2 - \dfrac{\left(\sum x\right)^2}{n}}{n-1}}.$$

EXEMPLE 4.30

Reprenons l'exemple 4.24 sur le revenu des hommes canadiens et calculons l'écart type de la distribution des données groupées.

Le tableau 4.18 complète le tableau 4.17 présenté pour la calcul de la moyenne. Les deux dernières colonnes servent à calculer la somme de toutes les données et la somme de tous les carrés des données, et ce classe par classe.

TABLEAU 4.18
Détail du calcul pour obtenir l'écart type

Revenu (milliers de dollars)	Point milieu (milliers de dollars)	Nombre de Canadiens	Milieu • Nombre	Milieu^2 • Nombre
De 20 à moins de 25	22,5	2	45,0	1 012,50
De 25 à moins de 30	27,5	10	275,0	7 562,50
De 30 à moins de 35	32,5	28	910,0	29 575,00
De 35 à moins de 40	37,5	63	2 362,5	88 593,75
De 40 à moins de 45	42,5	30	1 275,0	54 187,50
De 45 à moins de 50	47,5	23	1 092,5	51 893,75
De 50 à moins de 55	52,5	3	157,5	8 268,75
De 55 à moins de 60	57,5	1	57,5	3 306,25
		160	$\sum x = 6\ 175,0$	$\sum x^2 = 244\ 400$

Pour trouver les deux sommes, on procède de façon similaire à la manière utilisée pour déterminer la moyenne. $\sum x$ représente la somme de toutes les données. On a déjà calculé cette somme à la sous-section 4.2.3 C sur la moyenne :

$\sum x = 6\ 175$.

Si l'on recherche $\sum x^2$, le processus est le même. On procède classe par classe :

— Pour les hommes canadiens dont le revenu est de 20 à moins de 25 milliers de dollars :
Le point milieu est de 22,5 milliers de dollars ;
Il y a 2 données dans cette classe.
Puisque le point milieu est :
$x = 22,5$;
$x^2 = 22,5^2 = 506,25$.
Alors, pour les 2 données :
$x^2 \cdot 2 = 506,25 \cdot 2 = 1\ 012,5$.

— Pour ceux dont le revenu est de 25 à moins de 30 milliers de dollars :
Le point milieu est de 27,5 milliers de dollars ;
Il y a 10 données dans cette classe.
Puisque le point milieu est :

$x = 27,5$;
$x^2 = 27,5^2 = 756,25$.
Alors, pour les 10 données :
$x^2 \cdot 10 = 756,25 \cdot 10 = 7\ 562,5$.

— Pour ceux dont le revenu est de 30 à moins de 35 milliers de dollars :
Le point milieu est de 32,5 milliers de dollars ;
Il y a 28 données dans cette classe.
Puisque le point milieu est :
$x = 32,5$;
$x^2 = 32,5^2 = 1\ 056,25$.
Alors, pour les 28 données :
$x^2 \cdot 28 = 1\ 056,25 \cdot 28 = 29\ 575,0$.

— Pour ceux dont le revenu est de 35 à moins de 40 milliers de dollars :
Le point milieu est de 37,5 milliers de dollars ;
Il y a 63 données dans cette classe.
Puisque le point milieu est :
$x = 37,5$;
$x^2 = 37,5^2 = 1\ 406,25$.
Alors, pour les 63 données :
$x^2 \cdot 63 = 1\ 406,25 \cdot 63 = 88\ 593,75$.

— Pour ceux dont le revenu est de 40 à moins de 45 milliers de dollars :
Le point milieu est de 42,5 milliers de dollars ;
Il y a 30 données dans cette classe.
Puisque le point milieu est :
$x = 42,5$;
$x^2 = 42,5^2 = 1\ 806,25$.
Alors, pour les 30 données :
$x^2 \cdot 30 = 1\ 806,25 \cdot 30 = 54\ 187,5$.

— Pour ceux dont le revenu est de 45 à moins de 50 milliers de dollars :
Le point milieu est de 47,5 milliers de dollars ;
Il y a 23 données dans cette classe.
Puisque le point milieu est :
$x = 47,5$;
$x^2 = 47,5^2 = 2\ 256,25$.
Alors, pour les 23 données :
$x^2 \cdot 23 = 2\ 256,25 \cdot 23 = 51\ 893,75$.

— Pour ceux dont le revenu est de 50 à moins de 55 milliers de dollars :
Le point milieu est de 52,5 milliers de dollars ;
Il y a 3 données dans cette classe.
Puisque le point milieu est :
$x = 52,5$;
$x^2 = 52,5^2 = 2\ 756,25$.
Alors, pour les 3 données :
$x^2 \cdot 3 = 2\ 756,25 \cdot 3 = 8\ 268,75$.

— Pour ceux dont le revenu est de 55 à moins de 60 milliers de dollars :
Le point milieu est de 57,5 milliers de dollars ;
Il y a 1 donnée dans cette classe.

Puisque le point milieu est :

$x = 57,5$;

$x^2 = 57,5^2 = 3\ 306,25$.

Alors, pour la donnée :

$x^2 \cdot 1 = 3\ 306,25 \cdot 1 = 3\ 306,25$.

Pour l'ensemble des 160 hommes canadiens :

$\sum x^2 = 1\ 012,5 + 7\ 562,5 + 29\ 575,0 + 88\ 593,75 + 54\ 187,5 + 51\ 893,75$
$\qquad + 8\ 268,75 + 3\ 306,25$
$\qquad = 244\ 400,00$;

$$s = \sqrt{\dfrac{\sum x^2 - \dfrac{\left(\sum x\right)^2}{n}}{n-1}}$$

$$= \sqrt{\dfrac{244\ 400 - \dfrac{(6\ 175)^2}{160}}{160-1}}$$

$= 6,186$ milliers de dollars (6 186 $).

Note : Cette valeur est obtenue beaucoup plus rapidement avec la calculatrice.

La mesure $s = 6\ 186$ $ informe sur la dispersion des 160 données autour de la moyenne $\bar{x} = 38\ 594$ $ par homme canadien interrogé.

La même année, un échantillon de 125 Canadiennes âgées de 15 ans et plus ayant travaillé toute l'année a donné un revenu moyen de 25 900 $ avec un écart type de 5 665 $. La première constatation est que le revenu moyen des Canadiennes interrogées est inférieur au revenu moyen des Canadiens interrogés. L'autre constatation est que les Canadiennes interrogées ont un revenu moins dispersé autour de leur revenu moyen que celui des Canadiens interrogés autour de leur revenu moyen ; l'écart type du revenu des Canadiennes interrogées, soit 5 665 $, est inférieur à celui du revenu des Canadiens interrogés, soit 6 186 $.

Le tableau 4.19 compare la distribution du revenu chez les hommes et les femmes des deux échantillons.

TABLEAU 4.19
Répartition des Canadiens et des Canadiennes âgés de 15 ans et plus ayant travaillé à plein temps en 1990, en fonction de leur revenu

Revenu (milliers de dollars)	Point milieu (milliers de dollars)	Nombre de Canadiens	Nombre de Canadiennes
De 10 à moins de 15	12,5	0	2
De 15 à moins de 20	17,5	0	16
De 20 à moins de 25	22,5	2	38
De 25 à moins de 30	27,5	10	40
De 30 à moins de 35	32,5	28	23
De 35 à moins de 40	37,5	63	5
De 40 à moins de 45	42,5	30	1
De 45 à moins de 50	47,5	23	0
De 50 à moins de 55	52,5	3	0
De 55 à moins de 60	57,5	1	0
Total		160	125

La figure 4.16 représente les deux polygones superposés de pourcentage des hommes et des femmes, ce qui permet de comparer les deux distributions.

FIGURE 4.16
Polygones superposés
du pourcentage des hommes
et des femmes

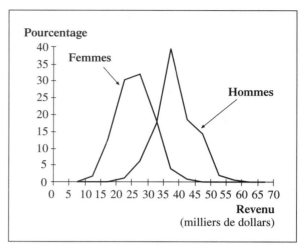

Sur ce graphique, on peut voir que le revenu des hommes a une distribution ayant des valeurs supérieures au revenu des femmes.

B. Le coefficient de variation (*CV*)

Le coefficient de variation se calcule et s'interprète de la même façon, qu'il s'agisse de données pour une variable quantitative discrète ou de données pour une variable quantitative continue. Le critère d'homogénéité ou de précision des données est toujours le même, c'est-à-dire que les données sont considérées comme homogènes si le coefficient de variation ne dépasse pas 15 %. Toutefois, ce critère n'est pas absolu et peut varier. En effet, Statistique Canada et les laboratoires utilisent d'autres pourcentages pour déterminer l'homogénéité de leurs données.

EXEMPLE 4.31

Reprenons l'exemple 4.30 sur le revenu des hommes canadiens et des femmes canadiennes.

Variables	Le revenu des hommes canadiens et le revenu des femmes canadiennes
Échelle de mesure	Échelle de rapport
Coefficient de variation pour le revenu des hommes interrogés	$CV = \dfrac{6\,186}{38\,594} \cdot 100 = 16,03\,\%$
Coefficient de variation pour le revenu des femmes interrogées	$CV = \dfrac{5\,665}{25\,900} \cdot 100 = 21,87\,\%$

Comme on l'a dit précédemment, les hommes ont un revenu moyen supérieur à celui des femmes, et la distribution du revenu des femmes est moins dispersée que celle du revenu des hommes. Cependant, si l'on considère les valeurs des revenus moyens des hommes et des femmes, on s'aperçoit que la dispersion du revenu des hommes représente seulement 16,03 % de la valeur de leur revenu moyen, tandis que la dispersion du revenu des femmes représente 21,87 % de la valeur de leur revenu moyen. Ainsi, même si la dispersion du revenu des hommes est plus grande que celle du revenu des femmes, elle est moins importante si l'on examine leurs revenus moyens. La distribution du revenu des hommes est donc plus homogène que celle du revenu des femmes.

4.2.5 Les mesures de position

Les mesures de position pour des données quantitatives continues sont les mêmes que pour des données quantitatives discrètes. Ces mesures sont les quantiles et la cote Z.

A. Les quantiles

Dans le cas de données continues groupées en classes, les quantiles sont des valeurs qui subdivisent la surface totale de l'histogramme en tranches correspondant aux pourcentages désirés. Les valeurs obtenues seront approximatives, car on suppose encore que les données sont réparties uniformément à l'intérieur des classes. Pour obtenir les centiles, il faut diviser la surface en tranches de 1 %, les déciles en tranches de 10 % et les quartiles en tranches de 25 %.

Les notations utilisées sont C_1, C_2, C_3, ..., C_{99} pour les centiles, D_1, D_2, ..., D_9 pour les déciles et Q_1, Q_2 et Q_3 pour les quartiles, en gardant en mémoire que C_{50}, D_5 et Q_2 correspondent à la médiane. Les quantiles se trouvent de la même façon que la médiane, c'est-à-dire à l'aide soit de la courbe des pourcentages cumulés ou de la formule d'interpolation linéaire adaptée au pourcentage recherché. Comme dans le cas de la médiane, le centile C_p d'une distribution de données groupées est, sur l'axe horizontal, la valeur qui correspond à un pourcentage cumulé de p %.

Puisque les déciles et les quartiles peuvent s'exprimer en centiles, la formule d'interpolation linéaire ne sera présentée que pour les centiles. Alors C_p, le p-ième centile de données groupées, est obtenu par la formule suivante :

$$C_p = B_i + \frac{(p - F)}{\%_{C_p}} \cdot a.$$

— La classe du p-ième centile est d'abord repérée ;

— B_i est la borne inférieure de la classe du p-ième centile ;

— a est la largeur de la classe du p-ième centile ;

— F est le pourcentage des données cumulées dans les classes précédant la classe du p-ième centile ;

— $\%_{C_p}$ est le pourcentage de données dans la classe du p-ième centile.

EXEMPLE 4.32

Reprenons l'exemple 4.24 sur le revenu des hommes canadiens. Si l'on se base sur le tableau 4.15, on trouve la valeur du premier quartile ($Q_1 = C_{25}$) à l'aide de l'ogive :

Q_1 ou C_{25} est, sur l'ogive de cette distribution (figure 4.17), la valeur sur l'axe horizontal qui correspond à un pourcentage cumulé de 25 %.

FIGURE 4.17
Courbe des pourcentages cumulés des hommes canadiens âgés de 15 ans et plus ayant travaillé à plein temps en 1990, en fonction de leur revenu

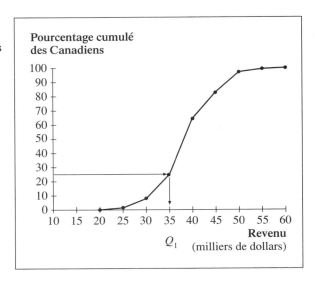

On s'aperçoit que la valeur de Q_1 correspond à un revenu d'environ 35 000 $. On dira donc qu'**environ 25 % des hommes canadiens âgés de 15 ans et plus ayant travaillé à plein temps, interrogés en 1990, ont un revenu d'au plus 35 000 $.**

À l'aide de la formule d'interpolation linéaire, on recherche la valeur du premier quartile ($Q_1 = C_{25}$) :

TABLEAU 4.15

Revenu (milliers de dollars)	Point milieu (milliers de dollars)	Nombre de Canadiens	Pourcentage des Canadiens	Pourcentage cumulé des Canadiens
De 20 à moins de 25	22,5	2	1,25	1,25
De 25 à moins de 30	27,5	10	6,25	7,50
De 30 à moins de 35	32,5	28	17,50	25,00
De 35 à moins de 40	37,5	63	39,38	64,38
De 40 à moins de 45	42,5	30	18,75	83,13
De 45 à moins de 50	47,5	23	14,38	97,51
De 50 à moins de 55	52,5	3	1,88	99,39
De 55 à moins de 60	57,5	1	0,63	100,00
Total		160	100,00	

– La classe de C_{25} est « De 30 à moins de 35 milliers de dollars » ;
– 30 milliers de dollars est la borne inférieure de la classe de C_{25} ;
– 5 milliers de dollars est la largeur de la classe de C_{25} ;
– 7,50 % est le pourcentage cumulé de données précédant la classe de C_{25} ;
– 17,50 % est le pourcentage de données dans la classe de C_{25}.

Donc, la valeur du premier quartile est de :

$$C_p = B_i + \frac{(p - F)}{\%_{C_p}} \cdot a \ ;$$

$$C_{25} = 30 + \left(\frac{25 - 7,50}{17,50}\right) \cdot 5 = 30 + 1 \cdot 5 = 30 + 5$$

$$= 35 \text{ milliers de dollars } (35\,000\,\$).$$

Cela signifie qu'**environ 25 % des hommes canadiens âgés de 15 ans et plus ayant travaillé à plein temps, interrogés en 1990, ont un revenu d'au plus 35 000 $.**

À l'aide de l'ogive, on recherche la valeur du troisième quartile ($Q_3 = C_{75}$) :

Sur l'ogive de cette distribution (figure 4.18), Q_3 ou C_{75} est la valeur sur l'axe horizontal qui correspond à un pourcentage cumulé de 75 %.

FIGURE 4.18
Courbe des pourcentages
cumulés des hommes canadiens
âgés de 15 ans et plus ayant
travaillé à plein temps en 1990,
en fonction de leur revenu

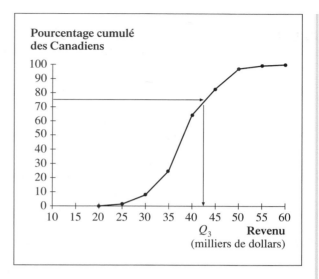

On s'aperçoit que la valeur de Q_3 correspond à un revenu d'environ 43 000 \$. On dira donc qu'**environ 75 % des hommes canadiens âgés de 15 ans et plus ayant travaillé à plein temps, interrogés en 1990, ont un revenu d'au plus 43 000 \$.**

À l'aide de la formule d'interpolation linéaire, on recherche la valeur du troisième quartile ($Q_3 = C_{75}$) :

—   La classe de C_{75} est « De 40 à moins de 45 milliers de dollars » ;

—   40 milliers de dollars est la borne inférieure de la classe de C_{75} ;

—   5 milliers de dollars est la largeur de la classe de C_{75} ;

—   64,38 % est le pourcentage cumulé des données précédant la classe de C_{75} ;

—   18,75 % est le pourcentage de données dans la classe de C_{75}.

Donc, la valeur du troisième quartile est de :

$$C_p = B_i + \frac{(p - F)}{\%_{C_p}} \cdot a \, ;$$

$$C_{75} = 40 + \left(\frac{75 - 64,38}{18,75} \right) \cdot 5$$

$$= 40 + 0,5664 \cdot 5 = 40 + 2,832$$

$$= 42,832 \text{ milliers de dollars } (42\,832\,\$).$$

Cela signifie qu'**environ 75 % des hommes canadiens âgés de 15 ans et plus ayant travaillé à plein temps, interrogés en 1990, ont un revenu d'au plus 42 832 \$.**

B. La cote *Z*

Quel que soit le type de variable quantitative (discrète ou continue), la cote *Z* se calcule toujours de la façon suivante :

$$Z = \frac{x - \bar{x}}{s} \text{ (pour un échantillon);}$$

$$Z = \frac{x - \mu}{\sigma} \text{ (pour une population);}$$

FIGURE 4.6

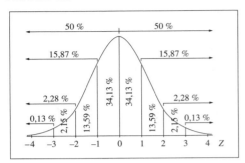

où x est la valeur d'une donnée, $\bar{x}$ ou μ est la moyenne de l'échantillon ou de la population et s ou σ est l'écart type de l'échantillon ou de la population. La cote Z est exprimée en longueurs d'écart type. Rappelons que l'interprétation de la cote Z est faite en se basant sur le modèle de la distribution normale (figure 4.6), modèle ayant une forme symétrique.

EXEMPLE 4.33

Reprenons l'exemple 4.24 sur le revenu des hommes canadiens. Le revenu moyen des hommes canadiens est de 38 594 \$, et l'écart type est de 6 186 \$. Ainsi, l'individu qui a un revenu de 45 000 \$ a une cote Z de :

$$Z = \frac{45\,000 - 38\,594}{6\,186} = 1,04.$$ (Les cotes Z sont exprimées avec deux décimales.)

Le résultat précédent signifie que l'individu qui a un revenu de 45 000 \$ se situe environ à une longueur d'écart type au-dessus du revenu moyen. La distribution du revenu des hommes étant symétrique, on interprète la valeur de la cote Z d'après le modèle de la distribution normale. Il y a environ 15,87 % des hommes ayant un revenu supérieur à 45 000 \$ dans cet échantillon.

L'individu qui a un revenu de 25 000 \$ a une cote Z de :

$$Z = \frac{25\,000 - 38\,594}{6\,186} = -2,20.$$

Ce résultat signifie que l'individu qui a un revenu de 25 000 \$ se situe environ à deux longueurs d'écart type au-dessous du revenu moyen. Ainsi, d'après le modèle de la distribution normale, il y a un peu moins de 2,28 % des hommes ayant un revenu inférieur à 25 000 \$ dans cet échantillon.

4.2.6 Quelques cas particuliers

Dans cette sous-section, le regroupement des données en classes se fera de manière différente. On verra en détail une application concernant un cas particulier d'asymétrie. Ensuite, on étudiera un cas de classes ouvertes et de classes de largeurs inégales et, pour terminer, une application avec des variables quantitatives discrètes.

A. Un cas particulier d'asymétrie

EXEMPLE 4.34

Lors de son « Enquête sociale générale » de 1990, Statistique Canada a recueilli des informations au sujet du revenu des couples canadiens sans enfant en 1990.

Variable	Le revenu total du couple
Type de variable	La variable est quantitative continue.
Population	Tous les couples canadiens sans enfant en 1990
Unité statistique	Un couple canadien sans enfant en 1990

Les données suivantes représentent le revenu total de 183 couples sans enfant[10], choisis au hasard, en 1990 :

3 600,88 $	16 598,10 $	35 562,91 $	79 154,33 $	79 748,53 $	49 020,66 $
5 789,06	21 944,49	48 750,57	81 579,64	74 149,91	38 750,88
9 731,44	26 649,98	52 345,04	76 622,82	62 721,03	49 565,42
12 092,65	15 576,80	49 785,15	83 858,46	71 379,44	57 726,68
14 090,85	25 125,58	54 549,70	72 235,48	79 753,11	47 032,99
12 305,52	18 142,19	32 742,09	79 266,03	69 931,03	33 526,72
11 519,97	26 673,33	58 170,72	78 616,90	80 306,10	52 328,56
945,77	21 260,57	47 820,37	68 337,05	73 254,49	67 644,89
15,11	29 480,42	56 363,41	69 894,41	70 656,15	62 012,39
580,46	22 048,86	38 920,26	74 764,24	70 018,92	61 043,73
12 990,81	15 510,88	37 325,36	74 236,88	85 998,11	83 083,90
1 921,29	16 516,16	40 013,43	69 250,77	83 216,65	85 957,82
2 803,43	20 353,71	44 087,65	73 631,70	42 245,55	63 397,63
41 275,06	27 673,12	40 205,69	63 832,51	31 508,84	72 849,82
34 481,64	29 192,48	51 315,96	84 825,28	47 623,52	44 671,77
45 251,32	23 903,78	58 215,58	81 444,14	31 855,83	35 342,27
59 955,14	22 126,22	56 920,07	78 071,23	33 117,47	36 483,05
37 042,45	17 326,88	48 669,09	65 722,22	56 086,92	36 875,82
43 682,06	24 439,37	47 192,30	69 535,51	34 489,88	37 912,23
33 590,81	17 642,29	36 890,47	84 470,96	38 354,44	43 522,75
54 851,83	28 646,81	44 735,86	64 971,47	59 263,89	57 487,72
42 187,87	20 021,36	42 136,60	88 200,93	40 672,63	54 479,20
38 875,39	23 321,02	49 656,97	83 038,12	30 420,24	54 797,81
35 937,38	16 560,56	47 553,03	73 932,00	57 735,83	33 057,04
50 230,11	21 951,81	57 830,13	82 507,10	36 856,59	47 891,78
35 609,61	15 257,27	44 963,84	85 262,92	54 893,03	33 244,73
82 044,74	26 545,15	56 634,42	84 874,72	80 159,61	40 997,65
88 086,49	24 088,26	40 008,85	73 753,47	71 589,10	52 103,34
60 477,92	28 455,46	49 634,08	78 851,28	73 470,56	33 946,04
81 350,75	21 131,93	54 516,74	75 325,48	60 282,91	33 917,66
55 680,41	21 177,71	38 608,97			

Taille de l'échantillon	$n = 183$

10. Échantillon fictif simulé à partir des informations de *La famille et les amis, Enquête sociale générale, Série analytique*, Ottawa, Statistique Canada, Catalogue 11-612F, n° 9, 1994, p. 37-39.

a) Le tableau

Les données sont regroupées selon la démarche suivante.

Première étape : Titrer le tableau

La formulation sera celle-ci : Répartition des couples canadiens, sans enfant, en fonction de leur revenu total en 1990.

Deuxième étape : Construire les classes

Pour construire les classes, il convient de déterminer les éléments suivants :

— Le nombre de classes. La taille de l'échantillon est de 183. Le nombre de classes suggéré, d'après le tableau de Sturges pour les échantillons dont les tailles vont de 181 à 361, est de 9. On obtient la même valeur en utilisant la formule ci-après. Le nombre de classes est de :

$$1 + 3,322 \cdot \log 183 = 8,52 \cong 9 \text{ classes.}$$

— L'étendue des données. L'étendue des données est :

$$88\,200,93\,\$ - 15,11\,\$ = 88\,185,82\,\$.$$

— La largeur des classes. La largeur des classes se calcule ainsi :

$$\frac{88\,185,82}{9} = 9\,798,42\,\$;$$

une largeur de 10 000 $ serait un bon choix.

— Les classes. Comme la plus petite donnée a comme valeur 15,11 $, on commence la première classe à 0 $. Les classes sont : « De 0 $ à moins de 10 000 $ », « De 10 000 $ à moins de 20 000 $ », ..., « De 80 000 $ à moins de 90 000 $ ».

Ces classes sont exhaustives et exclusives parce que chaque donnée entre dans une et une seule classe.

Troisième étape : Trouver le point milieu des classes

Le point milieu de chacune des classes se place dans la deuxième colonne.

Quatrième étape : Dénombrer les unités statistiques

Il s'agit de faire le dépouillement des données pour obtenir le nombre d'unités statistiques dans chaque classe. On peut voir qu'il y a 8 couples dont le revenu total est de 0 $ à moins de 10 000 $...

Cinquième étape : Établir les pourcentages

Les pourcentages sont placés dans la quatrième colonne du tableau. Les 8 couples dont le revenu est de 0 $ à moins de 10 000 $ représentent 4,37 % des couples ; les 14 couples dont le revenu est de 10 000 $ à moins de 20 000 $ représentent 7,65 % des couples...

Sixième étape : Établir les pourcentages cumulés

Les pourcentages cumulés sont placés dans la cinquième colonne du tableau. Il y a 12,02 % des couples dont le revenu total est inférieur à 20 000 $, 24,04 % des couples dont le revenu total est inférieur à 30 000 $...

Le tableau 4.20 résulte de la démarche précédente.

TABLEAU 4.20
Répartition des couples canadiens, sans enfant, en fonction de leur revenu total en 1990

Revenu (milliers de dollars)	Point milieu (milliers de dollars)	Nombre de couples	Pourcentage des couples	Pourcentage cumulé des couples
[0 ; 10[	5	8	4,37	4,37
[10 ; 20[	15	14	7,65	12,02
[20 ; 30[	25	22	12,02	24,04
[30 ; 40[	35	29	15,85	39,89
[40 ; 50[	45	29	15,85	55,74
[50 ; 60[	55	24	13,11	68,85
[60 ; 70[	65	15	8,20	77,05
[70 ; 80[	75	23	12,57	89,62
[80 ; 90[	85	19	10,38	100,00
Total		183	100,00	

b) Les graphiques

– La figure 4.19 présente l'**histogramme** construit à partir des données du tableau 4.20.

FIGURE 4.19
Répartition des couples canadiens, sans enfant, en fonction de leur revenu total en 1990

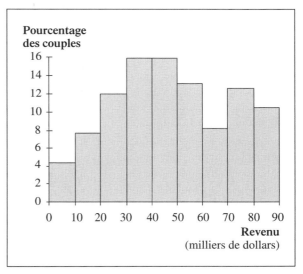

– La figure 4.20 illustre le **polygone** construit à partir des données du tableau 4.20.

FIGURE 4.20
Répartition des couples canadiens, sans enfant, en fonction de leur revenu total en 1990

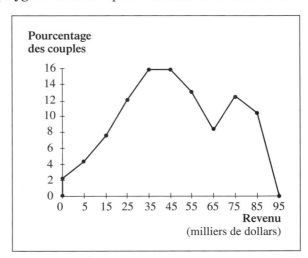

On a tronqué le polygone vis-à-vis de 0 $ pour ne pas avoir de revenu négatif.

– La figure 4.21 illustre l'**ogive** construite à partir des données du tableau 4.20.

FIGURE 4.21
Courbe des pourcentages cumulés des couples canadiens, sans enfant, en fonction de leur revenu total en 1990

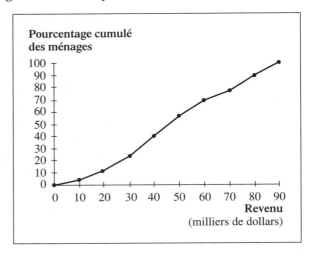

c) Les mesures de tendance centrale

– **Le mode**

Il y a deux classes modales : « De 30 000 $ à moins de 40 000 $ » et « De 40 000 $ à moins de 50 000 $ ». La classe de revenu total qui revient le plus souvent chez les couples canadiens, sans enfant, interrogés, est « De 30 000 $ à moins de 50 000 $ ».

Le mode brut des données groupées est de 40 000 $, le point milieu des deux classes modales réunies. Le revenu total, chez les couples canadiens sans enfant interrogés, autour duquel il y a une plus forte concentration de données est d'environ 40 000 $.

Le mode des données groupées calculé à l'aide de la formule est de 40 000 $, qu'on prenne n'importe laquelle des deux classes modales pour effectuer le calcul. Le revenu total, chez les couples canadiens, sans enfant, interrogés, autour duquel il y a une plus forte concentration de données est d'environ 40 000 $.

– **La médiane**

La médiane des données groupées est de 46 379 $ (résultat obtenu à l'aide de la courbe des pourcentages cumulés ou de la formule). Environ 50 % des couples canadiens, sans enfant, interrogés, ont un revenu total d'au plus 46 379 $.

– **La moyenne**

La moyenne des données groupées est de 47 842 $. Le revenu total moyen des couples canadiens, sans enfant, interrogés, est d'environ 47 842 $.

– **Le choix de la mesure de tendance centrale**

Les trois mesures de tendance centrale sont dans l'ordre suivant :

Mode < Médiane < Moyenne
40 000 $ < 46 379 $ < 47 842 $

ce qui représente un signe d'asymétrie à droite. Cependant, l'histogramme (ou le polygone) n'a pas la forme traditionnelle d'asymétrie à droite, asymétrie causée par une quantité importante de données qui se détachent à droite du bloc principal des données. Puisqu'une mesure de tendance centrale sert à localiser la valeur autour de laquelle les données sont dispersées, il est dans ce cas-ci plus approprié de choisir la médiane comme mesure de tendance centrale, la valeur de la moyenne étant plus touchée que la médiane par cette quantité de données à droite de la distribution.

d) Les mesures de dispersion

– L'écart type

L'écart type des données groupées est de 22 862 $. La dispersion du revenu total des couples canadiens, sans enfant, interrogés, donne un écart type d'environ 22 862 $.

– Le coefficient de variation

Le coefficient de variation des données groupées est de 47,79 %. La distribution du revenu total des couples canadiens, sans enfant, interrogés, n'est pas homogène puisque le coefficient de variation est supérieur à 15 %. Si l'on examine la valeur du revenu moyen, la dispersion du revenu est trop importante pour que l'on considère le revenu moyen comme mesure de tendance centrale des données.

e) Les mesures de position

– Les quartiles des données groupées

Q_1 est 30 606 $ (trouvé à l'aide de la courbe des pourcentages cumulés ou de la formule). Environ 25 % des couples canadiens, sans enfant, interrogés, ont un revenu total d'au plus 30 606 $.

Q_3 est 67 500 $ (trouvé à l'aide de la courbe des pourcentages cumulés ou de la formule). Environ 75 % des couples canadiens, sans enfant, interrogés, ont un revenu total d'au plus 67 500 $.

– La cote Z

La cote Z de 84 470,96 $ est 1,60 écart type. Un couple canadien, sans enfant, dont le revenu total est de 84 470,96 $, se situe à 1,60 écart type au-dessus du revenu total moyen de ces couples.

La cote Z de 17 642,29 $ est –1,32 écart type. Un couple canadien, sans enfant, dont le revenu total est de 17 642,29 $, se situe à 1,32 écart type au-dessous du revenu total moyen de ces couples.

La distribution du revenu n'étant pas symétrique, une interprétation des cotes Z à l'aide de la distribution normale n'est pas appropriée.

B. Des classes ouvertes et des classes de largeurs inégales

EXEMPLE 4.35

Les femmes d'avant le *baby-boom*

Le tableau 4.21 donne la répartition, en fonction du revenu de leur conjoint en 1990[11], de 135 femmes canadiennes âgées de 46 à moins de 56 ans, mariées ou vivant en union libre, choisies au hasard en 1991.

TABLEAU 4.21
Répartition des femmes mariées ou en union libre, âgées de 46 à moins de 56 ans, en 1991, en fonction du revenu de leur conjoint en 1990

Revenu du conjoint (milliers de dollars)	Point milieu (milliers de dollars)	Nombre de femmes	Pourcentage des femmes	Pourcentage cumulé des femmes
Moins de 10		33	24,44	24,44
De 10 à moins de 20	15	7	5,19	29,63
De 20 à moins de 30	25	25	18,52	48,15
De 30 à moins de 40	35	18	13,33	61,48
De 40 à moins de 50	45	19	14,07	75,55
De 50 à moins de 60	55	8	5,93	81,48
60 et plus		25	18,52	100,00
Total		135	100,00	

Source : Adapté du tableau 2.1 de Statistique Canada. *Op. cit.*, p. 10.

---

11. Échantillon fictif simulé à partir des données de *Les femmes du* baby-boom : *une génération au travail*, Ottawa, Statistique Canada, Catalogue 96-315F, 1994, p. 10.

Variable	Le revenu du conjoint
Type de variable	La variable est quantitative continue.
Population	Toutes les femmes canadiennes âgées de 46 à moins de 56 ans, mariées ou vivant en union libre en 1991
Unité statistique	Une femme canadienne âgée de 46 à moins de 56 ans, mariée ou vivant en union libre en 1991
Taille de l'échantillon	$n = 135$

a) Les classes ouvertes et les classes de largeurs inégales

Des classes de la forme « Moins de 10 » et « 60 et plus » sont des classes ouvertes, car une seule des deux bornes est précisée. La classe « 60 et plus » est utilisée parce que si l'on ajoutait d'autres classes de largeur 10, on risquerait d'avoir des classes avec peu ou pas de données. Supposons que la valeur de l'une des données soit 180. Faut-il changer la largeur des classes pour 1 seule donnée ? Par ailleurs, il ne faut pas faire de classes très larges qui regrouperaient trop de données dans ces classes et pas assez dans les autres ; l'information obtenue sur la répartition des données serait alors insatisfaisante.

Les graphiques et le calcul des différentes mesures pour les données groupées par classes nécessitent les deux bornes de classes. Il faudra donc choisir la borne manquante des classes ouvertes. Pour ce qui est de la première classe, on peut facilement concevoir que 0 $ serait un choix approprié pour la borne inférieure. Cependant, pour la dernière classe, on ignore jusqu'où vont les revenus de ces conjoints (70 000 $, 90 000 $...). On suppose ici que les valeurs individuelles des unités nous sont inconnues, ce qui est le cas pour les sondages où les choix de réponses sont des classes. L'une des façons de procéder dans une situation comme celle-ci consiste à prendre une largeur de classe qui est au moins le double de la largeur de la classe précédente. Toutefois, cette décision dépend aussi des valeurs plausibles qu'on pourrait avoir dans l'échantillon. Dans cet exemple, la borne supérieure sera fixée à 100 000 $.

Aux fins de travail, les données prendraient la forme du tableau 4.22.

TABLEAU 4.22
Répartition des femmes mariées ou en union libre, âgées de 46 à moins de 56 ans, en 1991, en fonction du revenu de leur conjoint en 1990

Revenu du conjoint (milliers de dollars)	Point milieu (milliers de dollars)	Nombre de femmes	Pourcentage des femmes	Pourcentage cumulé des femmes
De 0 à moins de 10	5	33	24,44	24,44
De 10 à moins de 20	15	7	5,19	29,63
De 20 à moins de 30	25	25	18,52	48,15
De 30 à moins de 40	35	18	13,33	61,48
De 40 à moins de 50	45	19	14,07	75,55
De 50 à moins de 60	55	8	5,93	81,48
De 60 à moins de 100	80	25	18,52	100,00
Total		135	100,00	

Le tableau 4.22 comprend une dernière classe qui est quatre fois plus large que les autres.

b) L'histogramme pour des données groupées dans des classes de largeurs inégales

La figure 4.22 présente l'histogramme construit de façon conventionnelle.

FIGURE 4.22
Répartition des femmes mariées ou en union libre, âgées de 46 à moins de 56 ans, en 1991, en fonction du revenu de leur conjoint en 1990

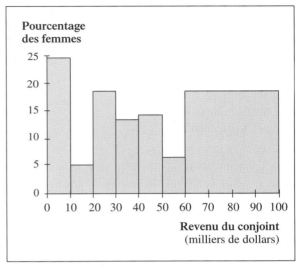

La lecture de l'histogramme indique qu'il y a :

- environ 18,52 % de ces femmes dont le conjoint a un revenu de 20 000 $ à moins de 30 000 $, ce qui est vrai ;

- environ 18,52 % de ces femmes dont le conjoint a un revenu de 60 000 $ à moins de 70 000 $, **ce qui est faux** ;

- environ 18,52 % de ces femmes dont le conjoint a un revenu de 70 000 $ à moins de 80 000 $, **ce qui est faux** ;

- environ 18,52 % de ces femmes dont le conjoint a un revenu de 80 000 $ à moins de 90 000 $, **ce qui est faux** ;

- environ 18,52 % de ces femmes dont le conjoint a un revenu de 90 000 $ à moins de 100 000 $, **ce qui est faux**.

Les classes « De 20 à moins de 30 » et « De 60 à moins de 100 » contiennent toutes les deux 18,52 % des données. Cependant, l'une des deux classes est quatre fois plus large que l'autre ; c'est ce qui fait dire que la densité (la concentration) des données est plus grande dans la classe « De 20 à moins de 30 » que dans celle « De 60 à moins de 100 ».

Dans un histogramme, la hauteur du rectangle doit être proportionnelle à la densité de données dans la classe. Dans le cas des classes de largeurs égales, cette propriété est respectée, ce qui n'est pas le cas lorsqu'au moins une classe a une largeur différente de celle des autres. Pour respecter cette propriété, il faut que la surface des rectangles soit égale au pourcentage de données dans la classe, de telle sorte que la somme de toutes les surfaces donne 100 %. Pour y arriver, il faudrait construire des rectangles dont la hauteur est égale au pourcentage divisé par la largeur de la classe :

$$\text{Hauteur} = \frac{\text{Pourcentage}}{\text{Largeur}}.$$

Pour la première classe, la hauteur est :

$$\frac{24,44}{10} = 2,44.$$

Cette valeur signifie que si l'on répartissait uniformément les données de la classe en 10 classes d'une largeur de 1 millier de dollars, il y aurait 2,44 % des données dans chacune de ces 10 classes de même largeur. On peut donc dire que dans cette classe la densité est de 2,44 % des données par tranche de 1 millier de dollars.

Pour la deuxième classe, la hauteur est :

$$\frac{5,19}{10} = 0,52.$$

Cette valeur signifie encore que si l'on répartissait uniformément les données de la classe en 10 classes d'une largeur de 1 millier de dollars, il y aurait 0,52 % (la densité) de données dans chacune de ces 10 classes de même largeur.

Pour la dernière classe, la hauteur est :

$$\frac{18,52}{40} = 0,46.$$

Cette valeur signifie encore une fois que si l'on répartissait uniformément les données de la classe en 40 classes d'une largeur de 1 millier de dollars, il y aurait 0,46 % (la densité) des données dans chacune de ces 40 classes de même largeur. Une telle façon de procéder permet de comparer les classes, car la densité est calculée pour des tranches de 1 millier de dollars dans toutes les classes.

Si l'on reprend le tableau 4.22 et qu'on change la colonne de pourcentage par la colonne des densités, on obtient le tableau 4.23.

TABLEAU 4.23
Répartition des femmes mariées ou en union libre, âgées de 46 à moins de 56 ans, en 1991, en fonction du revenu de leur conjoint en 1990

Revenu du conjoint (milliers de dollars)	Point milieu (milliers de dollars)	Nombre de femmes	Densité des femmes	Pourcentage cumulé des femmes
De 0 à moins de 10	5	33	2,44	24,44
De 10 à moins de 20	15	7	0,52	29,63
De 20 à moins de 30	25	25	1,85	48,15
De 30 à moins de 40	35	18	1,33	61,48
De 40 à moins de 50	45	19	1,41	75,55
De 50 à moins de 60	55	8	0,59	81,48
De 60 à moins de 100	80	25	0,46	100,00
Total		135		

Si l'on construit le nouvel histogramme en tenant compte des densités, on obtient la figure 4.23.

FIGURE 4.23
Répartition des femmes mariées ou en union libre, âgées de 46 à moins de 56 ans, en 1991, en fonction du revenu de leur conjoint en 1990

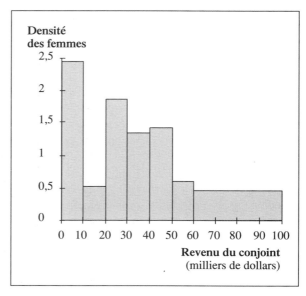

La construction du polygone nécessite aussi l'utilisation de la densité des classes. Cependant, cette façon de procéder ne s'applique pas à la construction de la courbe des pourcentages cumulés, puisqu'elle tient compte seulement du pourcentage accumulé à la fin de chacune des classes ; dans la classe « De 60 à moins de 100 », on a accumulé le même pourcentage de données, soit 18,52 %, que cette classe soit subdivisée ou non.

c)   Le calcul des mesures avec des classes de largeurs inégales

Quelle que soit la largeur de la classe, on utilise le point milieu pour effectuer les calculs. Pour des données groupées en classes, le calcul du mode est basé sur la hauteur des rectangles de l'histogramme ; il faudra donc utiliser les densités dans la formule.

C. Une variable quantitative discrète

EXEMPLE   4.36

Une recherche auprès d'un échantillon aléatoire de 178 compagnies québécoises, composées de 200 employés salariés ou moins et régis par une convention collective, a permis de noter le nombre de syndiqués dans chacune des compagnies.

Variable	Le nombre d'employés syndiqués
Type de variable	La variable est quantitative discrète.
Population	Toutes les compagnies québécoises de 200 employés salariés ou moins régis par une convention collective
Unité statistique	Une compagnie québécoise de 200 employés salariés ou moins régis par une convention collective
Taille de l'échantillon	$n = 178$

Voici la liste des données :

16	34	73	154	18	27	63	5	20	71
14	27	73	132	10	37	99	11	38	72
19	27	61	174	13	41	96	6	27	84
15	22	57	103	18	20	61	9	33	50
15	20	74	148	14	37	60	11	38	84
6	24	57	183	16	44	36	7	27	67
12	41	56	198	16	35	6	47	9	30
12	34	63	167	7	37	12	38	12	27
8	40	76	159	13	36	15	27	8	45
18	48	63	170	17	20	14	37	19	28
17	28	67	132	8	48	9	23	12	45
19	34	65	121	18	25	10	35	10	46
12	46	80	156	11	34	8	38	7	47
6	49	90	166	15	7	8	24	15	40
13	26	96	170	16	6	17	6	8	47
5	29	62	173	8	17	9	12	18	12
16	17	6	5	12	11	19	19	17	16
12	11	19	18	7	16	19	5		

Comme on peut le remarquer, ce cas est traité comme celui d'une variable quantitative continue parce qu'il y a un très grand nombre de valeurs différentes dans la série de données brutes. Il faudra faire des regroupements en classes pour présenter la distribution sous forme de tableau ou de graphique. On utilisera le même procédé que l'on a utilisé pour des données quantitatives continues, mais il ne faut pas oublier qu'il s'agit d'une variable quantitative discrète.

a) Le tableau

Les données sont regroupées selon la démarche suivante.

Première étape : Titrer le tableau

La formulation sera celle-ci : Répartition des compagnies québécoises, de 200 employés salariés ou moins, en fonction du nombre de syndiqués.

Deuxième étape : Construire les classes

Pour construire les classes, il convient de déterminer les éléments suivants :

- Le nombre de classes.   La taille de l'échantillon est de 178. Le nombre de classes suggéré, d'après le tableau de Sturges pour les échantillons dont les tailles vont de 91 à 180, est de 8. On obtient la même valeur en utilisant la formule :

$$1 + 3,322 \cdot \log 178 = 8,48 \cong 8 \text{ classes.}$$

- L'étendue des données.   L'étendue des données est :

$$198 - 5 = 193 \text{ syndiqués.}$$

- La largeur des classes.   La largeur des classes se calcule ainsi :

$$\frac{193}{8} = 24,13 \text{ syndiqués;}$$

le choix de regroupements par tranches de 25 serait approprié.

- Les classes.   Dans l'échantillon, puisque les valeurs vont de 5 à 198, on pourrait faire des regroupements à partir de 1, ce qui mènerait jusqu'à 200. Les regroupements seraient « De 1 à 25 », « De 26 à 50 », « De 51 à 75 », ..., « De 176 à 200 ».

 Ces classes sont exhaustives et exclusives parce que chaque donnée entre dans une et une seule classe. Il ne faut pas oublier que la variable est quantitative discrète.

Troisième étape : Trouver le point milieu des classes

Dans la deuxième colonne du tableau 4.24, on note le point milieu de chacune des classes.

Quatrième étape : Dénombrer les unités statistiques

Il s'agit de faire le dépouillement des données pour obtenir le nombre de données dans chaque classe et d'indiquer ce nombre dans la troisième colonne du tableau 4.24.

Cinquième étape : Établir les pourcentages

Les données de la quatrième colonne représentent le nombre d'unités dans chaque classe sous forme de pourcentage.

Sixième étape : Établir les pourcentages cumulés

Il y a 51,12 % des compagnies qui comptent au plus 25 syndiqués ; il y a 76,40 % des compagnies qui comptent au plus 50 syndiqués, etc.

Le tableau 4.24 résulte de la démarche précédente.

TABLEAU 4.24
Répartition des compagnies québécoises, de 200 employés salariés ou moins, en fonction du nombre de syndiqués

Nombre de syndiqués	Point milieu	Nombre de compagnies	Pourcentage des compagnies	Pourcentage cumulé des compagnies
De 1 à 25	13	91	51,12	51,12
De 26 à 50	38	45	25,28	76,40
De 51 à 75	63	18	10,11	86,51
De 76 à 100	88	8	4,49	91,00
De 101 à 125	113	2	1,12	92,12
De 126 à 150	138	3	1,69	93,81
De 151 à 175	163	9	5,06	98,87
De 176 à 200	188	2	1,12	100,00
Total		178	100,00	

b)   Le graphique

Puisque la variable est quantitative discrète, on construit un diagramme en bâtons (figure 4.24) ; un bâton correspond à chaque regroupement de valeurs.

FIGURE 4.24
Répartition des compagnies québécoises, de 200 employés ou moins salariés, en fonction du nombre de syndiqués

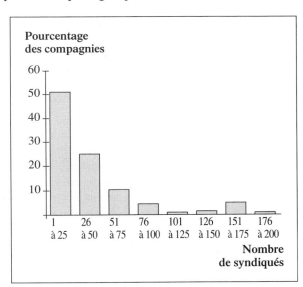

c)   Les mesures de tendance centrale

– **Le mode**

La classe modale est de 1 à 25 syndiqués. Le nombre de salariés syndiqués qu'on trouve le plus souvent parmi les compagnies étudiées, ayant 200 employés salariés ou moins, est de 1 à 25 syndiqués.

Le mode brut est le centre de la classe modale, soit 13 syndiqués. Le nombre de syndiqués autour duquel il y a une plus forte concentration de compagnies ayant 200 employés salariés ou moins, parmi les compagnies étudiées, est d'environ 13 syndiqués.

Pour trouver la valeur du mode à l'aide de la formule, il faut considérer la variable comme une variable quantitative continue.

– **La médiane**

La classe médiane est « De 1 à 25 ». Pour trouver une valeur à l'aide d'une ogive, il faut aussi considérer la variable comme une variable quantitative continue.

On se contentera de remarquer que la valeur de la médiane des données groupées devrait être d'environ 25 employés, étant donné que la classe « De 1 à 25 » cumule 51,12 % des données ; environ 50 % des compagnies québécoises étudiées, ayant 200 employés salariés ou moins, ont au plus 25 syndiqués.

– **La moyenne**

Le calcul de la moyenne se fait à l'aide du point milieu et du nombre de données de chacune des classes. La moyenne des données groupées donne 40,5 ; on peut dire que le nombre moyen d'employés syndiqués dans les compagnies québécoises étudiées, ayant 200 employés salariés ou moins, est d'environ 40,5 syndiqués.

– **Le choix de la mesure de tendance centrale**

Les trois mesures de tendance centrale sont dans l'ordre suivant :

Mode < Médiane < Moyenne
13 < 25 < 40,5

ce qui représente un signe d'asymétrie à droite. De plus, si l'on examine le graphique, on remarque qu'il y a une asymétrie à droite. Il est donc approprié de choisir la médiane comme mesure de tendance centrale.

d) **Les mesures de dispersion**

– **L'écart type**

L'écart type des données groupées est de 42,1 syndiqués. La dispersion du nombre d'employés syndiqués dans les compagnies québécoises étudiées, ayant 200 employés salariés ou moins, correspond à une dispersion dont l'écart type est d'environ 42,1 syndiqués.

– **Le coefficient de variation**

Le coefficient de variation des données groupées est de 103,95 %. La distribution du nombre de syndiqués dans les compagnies québécoises étudiées, ayant 200 employés salariés ou moins, n'est pas homogène puisque le coefficient de variation est nettement supérieur à 15 %. La dispersion relative à la valeur de la moyenne est trop importante pour considérer cette dernière comme mesure de tendance centrale des données.

EXERCICES

4.8 Le *baby-boom* désigne « l'explosion démographique qu'ont connue certains pays, dont les États-Unis, le Canada, la Nouvelle-Zélande et l'Australie, après la Seconde Guerre mondiale[12] ». Statistique Canada a fait une étude sur les femmes nées durant cette période ; les données suivantes représentent le revenu annuel, en milliers de dollars, de 120 femmes canadiennes, nées entre 1946 et 1965, ayant travaillé à temps plein toute l'année en 1990[13].

22,9	23,8	20,8	13,5	16,0	23,3	25,6	31,1	33,1	26,7	30,5	31,0
34,1	9,6	27,2	14,8	13,9	28,4	27,4	34,7	11,5	32,7	25,4	22,8
30,7	30,2	24,6	26,1	19,7	28,1	28,1	26,6	20,2	30,1	28,6	24,7
31,2	29,6	28,0	21,4	28,4	33,0	15,7	38,7	23,8	26,1	15,6	24,3
30,0	35,7	23,5	19,1	26,1	21,3	23,0	26,5	25,9	24,9	26,5	36,6
36,4	17,9	26,9	14,1	27,0	33,0	17,1	20,7	26,9	27,8	23,0	21,8
26,4	19,8	33,7	28,0	34,9	16,8	39,6	26,3	20,8	27,3	24,0	26,1
14,2	22,7	18,5	28,4	29,7	21,3	32,4	26,4	24,1	32,3	22,5	20,1
25,7	17,3	26,9	17,1	25,0	22,4	26,3	22,7	26,6	18,8	21,5	29,2
22,9	27,2	34,3	23,9	24,1	24,2	37,6	27,6	25,3	36,3	23,6	36,0

12. *Les femmes du* baby-boom : *une génération au travail*, Ottawa, Statistique Canada, Catalogue 96-315F, 1994, p. 5.

13. Échantillon fictif simulé à partir des informations de Statistique Canada. *Op. cit.*, p. 36.

a) Quelle est la variable étudiée ?

b) Quelle est la population étudiée ?

c) Quelle est l'unité statistique ?

d) En vous basant sur le tableau de Sturges, de quelle largeur choisiriez-vous les classes pour regrouper les données dans un tableau ? Justifiez votre choix.

e) Regroupez ces données sous forme de tableau, avec des classes de largeur 5 (milliers de dollars) à partir de 5 (milliers de dollars).

f) Tracez l'histogramme de cette distribution.

g) Tracez le polygone des pourcentages de cette distribution.

h) Tracez la courbe des pourcentages cumulés de cette distribution.

i) Trouvez le mode de cette distribution et donnez sa signification en tenant compte du contexte.

j) Trouvez la médiane de cette distribution et donnez sa signification en tenant compte du contexte (à l'aide de la courbe des pourcentages cumulés ou de la formule).

k) Trouvez la moyenne de cette distribution et donnez sa signification en tenant compte du contexte.

l) Laquelle des mesures de tendance centrale est la plus appropriée ? Justifiez votre choix.

m) Trouvez l'écart type de cette distribution et donnez sa signification en tenant compte du contexte.

n) Déterminez le coefficient de variation de cette distribution et indiquez ce qu'il représente en tenant compte du contexte.

o) Déterminez la valeur des quantiles C_{60}, Q_1 et Q_3 de cette distribution et interprétez chacune de ces valeurs en tenant compte du contexte.

p) Quelle est la cote Z d'une femme du *baby-boom* ayant travaillé à temps plein toute l'année en 1990, dont le revenu était de 32 769 $, parmi les femmes interrogées ?

q) Quelle est la cote Z d'une femme du *baby-boom* ayant travaillé à temps plein toute l'année en 1990, dont le revenu était de 12 547 $, parmi les femmes interrogées ?

4.9 « Au 1er juin 1986, on dénombre 650 635 Québécois et Québécoises âgés de 65 ans et plus. Entre 1981 et 1986, leur nombre s'est accru de 81 255, soit 2,7 % par année, en moyenne. [...]

« La croissance inégale de la population des divers groupes d'âge explique le vieillissement de la population québécoise : le groupe des 65 ans et plus, qui représentait 4,8 % de l'ensemble de la population en 1901 et 5,7 % en 1951, en forme maintenant 10 %. Selon les projections de population, l'augmentation de la population âgée devrait se poursuivre de telle sorte qu'en 2006, le Québec compterait 13,7 % de personnes âgées. C'est le groupe [des] 75 ans et plus qui voit sa proportion s'accroître le plus

fortement (de 3,7 % de la population totale en 1986 à 6,3 % en 2006)[14]. »

Le tableau 4.25 provient des données du recensement de 1986 sur la population des 65 ans et plus selon l'âge.

TABLEAU 4.25
Répartition de la population des 65 ans et plus selon l'âge

Âge (années)	Nombre de personnes (milliers)	Pourcentage des personnes
[65 ; 70[	227,9	35,03
[70 ; 75[	179,6	27,61
[75 ; 80[	123,9	19,04
[80 ; 85[	72,1	11,08
[85 ; 90[	32,9	5,06
[90 ; 95[	14,2	2,18
Total	650,6	100,00

Source : Adapté du tableau 23 des Publications du Québec. *Op. cit.*, p. 423.

a) Quelle est la variable étudiée ?

b) Quelle est la population étudiée ?

c) Quelle est l'unité statistique ?

d) À partir du tableau 4.25, présentez les résultats de l'étude à l'aide d'un graphique.

e) Trouvez l'âge modal des personnes âgées et donnez sa signification en tenant compte du contexte.

f) Trouvez l'âge médian des personnes âgées et donnez sa signification en tenant compte du contexte (à l'aide de la courbe des pourcentages cumulés ou de la formule).

g) Trouvez l'âge moyen des personnes âgées et donnez sa signification en tenant compte du contexte.

h) Laquelle des mesures de tendance centrale est la plus appropriée ? Justifiez votre choix.

i) Déterminez l'écart type de la distribution de l'âge des personnes âgées et donnez sa signification en tenant compte du contexte.

j) Déterminez le coefficient de variation de cette distribution et indiquez ce qu'il représente en tenant compte du contexte.

k) Indiquez la valeur des quantiles C_{30}, D_6 et Q_3 de cette distribution et interprétez chacune de ces valeurs en tenant compte du contexte.

l) Quelle serait la cote Z d'une personne québécoise âgée de 73 ans ?

m) Quel est le pourcentage de variation de la proportion des personnes de 75 ans et plus entre 1986 et 2006 ?

n) Combien y avait-il de personnes âgées d'au moins 70 ans et de moins de 80 ans en 1986 ?

_____

14. *Le Québec statistique*, 59e édition, Québec, Les Publications du Québec, 1989, p. 397.

o) Quel pourcentage de la population « âgée » avait au moins 80 ans en 1986 ?

4.10 « **Le revenu des familles monoparentales est généralement inférieur à celui des familles époux-épouse.** [...] Près d'un million de familles canadiennes avaient pour chef un parent seul en 1991, ce qui représente 13 % de toutes les familles comparativement à un peu plus de 9 % en 1971[15]. »

La figure 4.25 présente la répartition des familles monoparentales en fonction de l'âge du parent au Canada en 1990.

FIGURE 4.25
Répartition des familles monoparentales en fonction de l'âge du parent

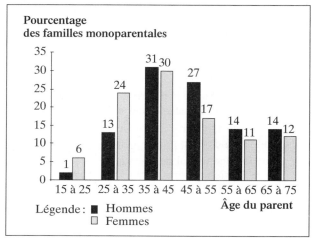

Note : 15 à 25 signifie de 15 à moins de 25 ans.
Source : Élaborée à partir d'un tableau de Rachid, Abdul. *Op. cit.*, p. 42.

a) Quelle est la variable étudiée ?

b) Quelles sont les populations étudiées ?

c) Quelle est l'unité statistique de chaque population ?

d) À partir de la figure 4.25, présentez les résultats de l'étude sous forme de tableau.

e) Déterminez les classes modales et les modes des distributions correspondant aux parents seuls de sexe masculin et de sexe féminin et donnez leur signification en tenant compte du contexte.

f) Déterminez les médianes des distributions correspondant aux parents seuls de sexe masculin et de sexe féminin et donnez leur signification en tenant compte du contexte (à l'aide de la courbe des pourcentages cumulés ou de la formule).

g) Trouvez les moyennes des distributions correspondant aux parents seuls de sexe masculin et de sexe féminin et donnez leur signification en tenant compte du contexte.

h) Pour chacune des distributions, laquelle des mesures de tendance centrale est la plus appropriée ? Justifiez votre choix.

i) Trouvez les écarts types des distributions correspondant aux parents seuls de sexe masculin et de sexe féminin et donnez leur signification en tenant compte du contexte.

j) Déterminez les coefficients de variation des distributions correspondant aux parents seuls de sexe masculin et de sexe féminin et indiquez ce qu'ils représentent en tenant compte du contexte.

k) Déterminez la valeur des quantiles C_{40}, D_8 et Q_1 des distributions correspondant aux parents seuls de sexe masculin et de sexe féminin et interprétez chacune de ces valeurs en tenant compte du contexte.

l) Quelle serait la cote Z d'un parent seul de sexe masculin âgé de 27 ans en 1990 ?

m) Quelle serait la cote Z d'un parent seul de sexe féminin âgé de 32 ans en 1991 ?

4.11 « **Les locataires et l'abordabilité du logement**

« [...En 1991], la plupart des locataires pour lesquels l'abordabilité du logement est un problème avaient un revenu très faible[16]. »

Le tableau 4.26 présente la répartition des ménages locataires qui avaient de la difficulté à payer leur loyer, en fonction du revenu du ménage.

TABLEAU 4.26
Répartition des ménages locataires qui avaient de la difficulté à payer leur loyer, en fonction de leur revenu

Revenu	Pourcentage des ménages
Moins de 10 000 $	36
De 10 000 $ à moins de 20 000 $	44
De 20 000 $ à moins de 30 000 $	14
De 30 000 $ à moins de 40 000 $	4
De 40 000 $ à moins de 50 000 $	1
50 000 $ et plus	1
Total	100

Note : Une classe d'une largeur de 20 000 $ peut être utilisée pour la dernière classe.
Source : Élaboré à partir d'une figure de Statistique Canada, Recensement du Canada, présentée dans l'article de Lo, Oliver et Gauthier, Pierre. *Op. cit.*, p. 16.

15. Rashid, Abdul. *Le revenu des familles au Canada*, Ottawa, Statistique Canada, Catalogue 96-318F, 1994, p. 37.

16. Lo, Oliver et Gauthier, Pierre. « Les locataires et l'abordabilité du logement », *Tendances sociales canadiennes*, Ottawa, Statistique Canada, Catalogue 11-008F, printemps 1995, p. 14 et 15.

a) Quelle est la variable étudiée?

b) Quelle est la population étudiée?

c) Quelle est l'unité statistique?

d) Tracez l'histogramme de cette distribution.

e) Déterminez le revenu modal des ménages locataires ayant de la difficulté à payer leur loyer et donnez sa signification en tenant compte du contexte.

f) Sur la courbe des pourcentages cumulés, localisez la médiane et interprétez sa valeur en tenant compte du contexte.

g) Déterminez le revenu moyen des ménages locataires ayant de la difficulté à payer leur loyer et donnez sa signification en tenant compte du contexte.

h) Trouvez l'écart type de cette distribution et donnez sa signification en tenant compte du contexte.

i) Est-ce que les données sont homogènes? Justifiez votre réponse.

j) Déterminez la valeur des quantiles Q_1 et Q_3 de cette distribution et interprétez chacune de ces valeurs en tenant compte du contexte.

4.12 Une étude faite auprès de jeunes âgés de 15 à moins de 20 ans a révélé que ceux-ci investissaient beaucoup de temps et d'argent dans les jeux électroniques. On a demandé à des jeunes âgés de 15 à moins de 20 ans ayant un ordinateur ou un jeu électronique à la maison combien ils avaient personnellement dépensé pour l'achat de jeux électroniques dans le courant des 12 derniers mois. Le tableau 4.27 présente les résultats d'un sondage effectué auprès de 370 jeunes Montréalais âgés de 15 à moins de 20 ans choisis au hasard.

TABLEAU 4.27
Répartition des jeunes Montréalais âgés de 15 à moins de 20 ans en fonction du montant dépensé pour l'achat de jeux électroniques

Montant dépensé	Nombre de jeunes
De 0 $ à moins de 50 $	12
De 50 $ à moins de 100 $	20
De 100 $ à moins de 150 $	183
De 150 $ à moins de 200 $	64
De 200 $ à moins de 250 $	42
De 250 $ à moins de 300 $	26
De 300 $ à moins de 350 $	15
De 350 $ à moins de 400 $	8
Total	370

a) Quelle est la variable étudiée?

b) Quelle est la population étudiée?

c) Quelle est l'unité statistique?

d) Tracez l'histogramme de cette distribution.

e) Déterminez le montant modal dépensé par les jeunes et donnez sa signification en tenant compte du contexte.

f) Sur la courbe des pourcentages cumulés, localisez la médiane et interprétez sa valeur en tenant compte du contexte.

g) Déterminez le montant moyen dépensé par les jeunes et donnez sa signification en tenant compte du contexte.

h) Trouvez l'écart type de cette distribution et donnez sa signification en tenant compte du contexte.

i) Est-ce que les données sont homogènes? Justifiez votre réponse.

j) Déterminez la valeur des quantiles Q_1 et C_{80} de cette distribution et interprétez chacune de ces valeurs en tenant compte du contexte.

4.13 « **La pratique privée du droit au Québec en 1993**

« …Au Québec, en 1993, le Barreau compte 15 049 membres; il n'en comptait que 13 748 en 1991. […] C'est surtout le nombre d'avocats de pratique privée qui s'est accru au cours de cette période, passant de 8 000 à 9 137 […]. Leur pourcentage est de 60,7 % en 1993, alors que celui des avocats exerçant au sein d'entreprises ou d'administrations est de 39,3 %[17]. »

Le tableau 4.28 présente la répartition des cabinets d'avocats au Québec en fonction de leur taille.

TABLEAU 4.28
Répartition des cabinets d'avocats au Québec en fonction de leur taille

Taille du cabinet	Pourcentage des cabinets
1 avocat	16
De 2 à 4 avocats	28
De 5 à 10 avocats	22
De 11 à 20 avocats	9
De 21 à 30 avocats	6
31 avocats et plus	19
Total	100

Note : Une classe d'une largeur de 20 peut être utilisée pour la dernière classe.

Source : Adapté d'un tableau du Barreau du Québec, présenté dans Les Publications du Québec. *Op. cit.*, p. 502.

a) Quelle est la variable étudiée?

b) Quelle est la population étudiée?

c) Quelle est l'unité statistique?

d) Quel est le pourcentage de variation du nombre de membres du Barreau entre 1991 et 1993?

e) Quel est le pourcentage d'augmentation du nombre d'avocats de pratique privée entre 1991 et 1993?

f) Trouvez le nombre moyen d'avocats par cabinet et interprétez ce nombre en tenant compte du contexte.

g) Trouvez le nombre médian d'avocats et interprétez ce nombre en tenant compte du contexte.

17. *Le Québec statistique*, 60e édition, Québec, Les Publications du Québec, 1995, p. 492.

CHAPITRE

5

La description statistique des données : les variables qualitatives

Harald Cramér (1893-1985), statisticien et actuaire suédois. Il fut président de la société suédoise des actuaires de 1935 à 1964. Comme statisticien, il contribua à la généralisation de l'application du théorème central limite. Son volume *Mathematical Methods of Statistics*, publié en 1945, fut le premier à présenter la théorie des statistiques basée sur les probabilités. C'est dans ce livre qu'on trouve pour la première fois la démonstration de l'importante inégalité de Cramér et Rao concernant les estimateurs non biaisés[1].

1. L'illustration est extraite de Reid, Constance. *Neyman – from Life*, New York, Springer-Verlag, 1982, p. 240.

5.1 LES VARIABLES QUALITATIVES À ÉCHELLE ORDINALE

La variable étant qualitative, les données recueillies ne sont pas des quantités numériques. Dans le cas d'une variable qualitative, les choix possibles sont appelés des modalités. S'il existe une relation d'ordre entre ces modalités, l'échelle de mesure utilisée est ordinale.

Avec une variable qualitative, il ne sera pas possible de calculer certaines mesures de tendance centrale, de dispersion et de position. Il se peut que la façon de coder les données recueillies se fasse avec des chiffres (1, 2, 3...), mais ces chiffres ne servent qu'à énumérer les choix possibles ; ils ne correspondent pas à des quantités. Il faudra être vigilant dans l'interprétation des résultats que fournissent certains logiciels.

5.1.1 La présentation sous forme de tableau

EXEMPLE 5.1

Les responsables de la bibliothèque du collège ont effectué un sondage auprès de 140 élèves choisis au hasard. L'une des questions du sondage était : « Quel est votre niveau d'intérêt pour les journaux ou revues à caractère financier ? ». Le choix de réponses était :

– Aucun intérêt ;
– Un peu d'intérêt ;
– Un intérêt moyen ;
– Beaucoup d'intérêt.

Variable	Le niveau d'intérêt pour la documentation à caractère financier
Type de variable	La variable est qualitative.
Échelle de mesure	Échelle ordinale
Population	Tous les élèves du collège
Unité statistique	Un élève du collège
Taille de l'échantillon	$n = 140$

Les codes et les modalités de la variable utilisés sont les suivants :

1 : Aucun intérêt ;
2 : Un peu d'intérêt ;
3 : Un intérêt moyen ;
4 : Beaucoup d'intérêt.

Les données brutes sont :

1	1	3	1	2	1	1	2	1	2	2	3	1	3	1	1	1	2	1	3
1	1	1	1	1	3	3	3	3	2	2	2	2	1	1	2	3	1	3	1
2	1	1	2	1	1	3	1	1	2	2	1	2	4	2	2	4	1	4	2
3	3	3	1	2	4	2	2	2	2	2	2	1	2	4	1	4	4	1	1
4	1	4	1	4	2	3	1	2	3	3	1	1	1	3	1	2	3	1	2
3	1	1	1	2	2	2	3	1	1	1	1	2	4	1	2	1	3	2	
3	2	2	3	3	2	1	2	4	1	3	3	1	2	2	2	1	2	3	1

Lorsqu'on regroupe ces données, on obtient le tableau 5.1.

TABLEAU 5.1
Répartition des élèves en fonction de leur niveau d'intérêt pour la documentation à caractère financier

Niveau d'intérêt	Nombre d'élèves	Pourcentage des élèves	Pourcentage cumulé des élèves
Aucun intérêt	55	39,29	39,29
Un peu d'intérêt	45	32,14	71,43
Un intérêt moyen	28	20,00	91,43
Beaucoup d'intérêt	12	8,57	100,00
Total	140	100,00	

La démarche à suivre est la suivante.

Première étape : Titrer le tableau

La formulation est toujours la même : **Répartition des unités statistiques en fonction de la variable.** Il convient d'adapter ce titre à chacune des situations.

Deuxième étape : Indiquer les modalités de la variable

Dans la première colonne du tableau, on inscrit toutes les modalités différentes qui apparaissent dans la série de données. Les modalités sont placées en ordre croissant, tout comme dans le cas des variables quantitatives. Ici l'ordre est induit par le critère « Niveau d'intérêt ». Le titre de cette colonne correspond toujours au nom de la variable étudiée.

Troisième étape : Préciser le nombre d'unités statistiques pour chacune des modalités

Dans la deuxième colonne, on indique le nombre d'unités compilées pour chacune des modalités de la première colonne. On obtient ce nombre à l'aide du dépouillement de données qui s'effectue de la même façon que pour les variables quantitatives. L'interprétation des nombres dans cette colonne est :
— 55 élèves ne manifestent aucun intérêt pour la documentation à caractère financier ;
— 45 élèves manifestent un peu d'intérêt ;
— 28 élèves manifestent un intérêt moyen ;
— 12 élèves manifestent beaucoup d'intérêt.

Le nombre total d'élèves est de 140 ; c'est la taille de l'échantillon.

Quatrième étape : Déterminer le pourcentage d'unités statistiques pour chacune des modalités

La troisième colonne exprime le nombre d'unités statistiques sous forme de pourcentage :
— 39,29 % des élèves ne manifestent aucun intérêt pour la documentation à caractère financier ;
— 32,14 % manifestent un peu d'intérêt ;
— 20,00 % manifestent un intérêt moyen ;
— 8,57 % manifestent beaucoup d'intérêt.

Le pourcentage total des élèves est donc de 100 %.

Cinquième étape : Indiquer le pourcentage cumulé des unités statistiques

Les valeurs de la quatrième colonne s'obtiennent en additionnant successivement les valeurs de la colonne des pourcentages. Voici la signification de chacun des pourcentages de la dernière colonne :
— 39,29 % des élèves n'ont aucun intérêt pour la documentation à caractère financier ;
— 71,43 % des élèves manifestent aucun intérêt ou un peu d'intérêt pour la documentation à caractère financier ;

– 91,43 % des élèves manifestent aucun intérêt, un peu d'intérêt ou un intérêt moyen pour la documentation à caractère financier ;

– 100 % des élèves manifestent aucun intérêt, un peu d'intérêt, un intérêt moyen ou beaucoup d'intérêt pour la documentation à caractère financier.

5.1.2 La présentation sous forme de graphique

Dans le cas des variables qualitatives avec une échelle de mesure ordinale, les graphiques les plus utilisés sont des diagrammes à bandes verticales ou horizontales. Dans ce type de graphique, les bandes peuvent être plus larges que dans les diagrammes en bâtons réservés aux variables quantitatives discrètes. En effet, le bâton représentait le pourcentage d'unités statistiques pour une valeur précise, sur l'axe horizontal, de la variable quantitative discrète étudiée. Ici la variable étudiée a des modalités et non des valeurs ; la largeur de la bande sur l'axe horizontal n'a donc pas de signification.

EXEMPLE 5.2

Reprenons l'exemple 5.1 sur le sondage effectué par les responsables de la bibliothèque et portant, entre autres, sur la documentation à caractère financier.

A. Le diagramme à bandes verticales

TABLEAU 5.1

Niveau d'intérêt	Nombre d'élèves	Pourcentage des élèves	Pourcentage cumulé des élèves
Aucun intérêt	55	39,29	39,29
Un peu d'intérêt	45	32,14	71,43
Un intérêt moyen	28	20,00	91,43
Beaucoup d'intérêt	12	8,57	100,00
Total	140	100,00	

À partir du tableau 5.1, on peut construire le diagramme à bandes verticales de la figure 5.1.

FIGURE 5.1
Répartition des élèves en fonction de leur niveau d'intérêt pour la documentation à caractère financier

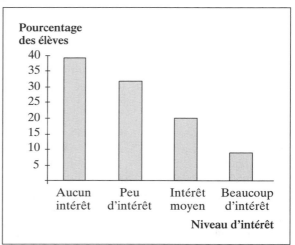

La démarche à suivre pour bâtir un diagramme à bandes verticales est la suivante.

Première étape : Titrer la figure

Le titre peut être le même que celui du tableau correspondant, puisqu'il représente la même répartition mais sous forme visuelle.

Deuxième étape : Placer les modalités de la variable sur l'axe horizontal

On place les modalités de la variable (première colonne du tableau) sur l'axe horizontal. Celles-ci sont placées en ordre croissant vers la droite, tout comme dans le cas des variables quantitatives.

Troisième étape : Placer les pourcentages d'unités sur l'axe vertical

On trace une échelle pour les pourcentages (troisième colonne du tableau) sur l'axe vertical. Puisque le pourcentage le plus élevé est 39,29 %, il n'est pas nécessaire d'avoir une échelle plus élevée que 40 %.

Quatrième étape : Tracer les bandes

Pour chacune des modalités de la variable, sur l'axe horizontal, on trace une bande dont la hauteur correspond au pourcentage qui se trouve dans la troisième colonne du tableau. Les bandes sont toutes de même largeur pour signifier que les modalités ont toutes la même importance.

B. Le diagramme à bandes horizontales

À partir du tableau 5.1, on peut aussi construire le diagramme à bandes horizontales de la figure 5.2.

FIGURE 5.2
Répartition des élèves en fonction de leur niveau d'intérêt pour la documentation à caractère financier

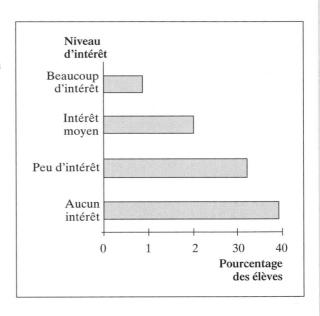

Le diagramme à bandes horizontales est construit comme le diagramme à bandes verticales, sauf que les axes horizontaux et verticaux sont interchangés.

La démarche à suivre pour bâtir un diagramme à bandes horizontales est la suivante.

Première étape : Titrer la figure

Le titre peut être le même que celui du diagramme à bandes verticales, puisqu'il représente la même répartition.

Deuxième étape : Placer les pourcentages d'unités sur l'axe horizontal

On trace une échelle pour les pourcentages (troisième colonne du tableau) sur l'axe horizontal. Puisque le pourcentage le plus élevé est 39,29 %, il n'est pas nécessaire d'avoir une échelle plus élevée que 40 %.

Troisième étape : Placer les modalités de la variable sur l'axe vertical

On place les modalités de la variable (première colonne du tableau) sur l'axe vertical en suivant l'ordre croissant vers le haut.

Quatrième étape : Tracer les bandes

Pour chacune des modalités de la variable, sur l'axe vertical, on trace une bande dont la longueur correspond au pourcentage qui se trouve dans la troisième colonne du tableau.

5.1.3 Les mesures de tendance centrale

Dans le cas de la variable qualitative, la notion de distance entre les données n'existe pas. Ainsi, on ne peut obtenir de moyenne, puisque cette mesure est basée sur la notion de distance entre les données. Certains logiciels fournissent quand même des valeurs pour la moyenne, mais celle-ci est calculée à partir des codes utilisés. Cela signifie que les logiciels procèdent à des manipulations algébriques des codes 1, 2, 3..., comme si ces derniers étaient des quantités, alors qu'ils ne correspondent qu'à des modalités. Il ne faut donc pas en tenir compte.

A. Le mode (*Mo*)

Comme dans le cas des variables quantitatives discrètes, le mode correspond à la modalité dont la fréquence ou le pourcentage est le plus élevé dans l'échantillon ou dans la population. Le mode est l'une des modalités qui se trouvent dans la première colonne du tableau.

EXEMPLE 5.3

Reprenons l'exemple 5.1 sur le sondage effectué par les responsables de la bibliothèque et portant, entre autres, sur la documentation à caractère financier ainsi que les données du tableau 5.1.

TABLEAU 5.1

Niveau d'intérêt	Nombre d'élèves	Pourcentage des élèves	Pourcentage cumulé des élèves
Aucun intérêt	55	39,29	39,29
Un peu d'intérêt	45	32,14	71,43
Un intérêt moyen	28	20,00	91,43
Beaucoup d'intérêt	12	8,57	100,00
Total	140	100,00	

La modalité qui a le plus grand pourcentage est « Aucun intérêt » avec 39,29 %. Le mode est donc « Aucun intérêt » ; c'est le niveau d'intérêt qui revient le plus souvent dans l'échantillon.

B. La médiane (*Md*)

Il n'est pas fréquent d'utiliser une autre mesure que le mode comme mesure de tendance centrale avec des variables qualitatives. Cependant, il arrive souvent que le mode n'ait pas une fréquence qui se démarque suffisamment des fréquences correspondant aux autres modalités pour qu'on le considère vraiment comme la tendance centrale de l'échantillon ou de la population. Dans un tel cas, puisqu'il existe une relation d'ordre entre les modalités de la variable, on peut envisager l'utilisation de la médiane comme mesure de tendance centrale. Toutefois, il faudra être prudent dans l'interprétation de celle-ci.

Pour trouver la médiane, il faut placer les données en ordre croissant. La médiane est définie comme étant la modalité qui sépare les données ordonnées en deux groupes égaux.

EXEMPLE   5.4

Reprenons l'exemple 5.1 sur le sondage effectué par les responsables de la bibliothèque et portant sur la documentation à caractère financier ainsi que les données du tableau 5.1.

TABLEAU 5.1

Niveau d'intérêt	Nombre d'élèves	Pourcentage des élèves	Pourcentage cumulé des élèves
Aucun intérêt	55	39,29	39,29
Un peu d'intérêt	45	32,14	71,43
Un intérêt moyen	28	20,00	91,43
Beaucoup d'intérêt	12	8,57	100,00
Total	140	100,00	

Ici la première modalité dont le pourcentage cumulé dépasse 50 % est « Un peu d'intérêt ». Ainsi, on peut dire qu'**il y a au moins 50 % des élèves qui n'ont « Aucun intérêt » ou qui ont « Un peu d'intérêt » pour la documentation à caractère financier**. Le pourcentage réel est de 71,43 %.

Md = Un peu d'intérêt.

EXEMPLE   5.5

Reprenons l'exemple 5.1 sur le sondage effectué par les responsables de la bibliothèque, mais cette fois au sujet de la documentation à caractère scientifique. Dans ce même sondage, on demandait aussi quel était le niveau d'intérêt pour les revues à caractère scientifique. Le tableau 5.2 donne la répartition des élèves qui a été obtenue.

TABLEAU 5.2
Répartition des élèves en fonction de leur niveau d'intérêt pour la documentation à caractère scientifique

Niveau d'intérêt	Nombre d'élèves	Pourcentage des élèves	Pourcentage cumulé des élèves
Aucun intérêt	30	21,43	21,43
Un peu d'intérêt	40	28,57	50,00
Un intérêt moyen	46	32,86	82,86
Beaucoup d'intérêt	24	17,14	100,00
Total	140	100,00	

Dans ce cas-ci, considérer la médiane comme mesure de tendance centrale crée un problème d'interprétation. En effet, les deux premières modalités cumulent exactement 50 % des données. La médiane se situe entre la 70e donnée et la 71e donnée de la série ordonnée. La médiane se situe donc entre « Un peu d'intérêt » et « Un intérêt moyen ». Lorsque le nombre de données est pair, on peut trouver une modalité qui cumule exactement 50 % des données. C'est à ce moment-là qu'il faut être prudent dans l'interprétation de la médiane.

Pour ce qui est de cet exemple, on peut résumer la situation en disant que 50 % des élèves interrogés n'ont aucun ou ont peu d'intérêt pour la documentation à caractère scientifique, ou encore que 50 % des élèves interrogés ont un intérêt moyen ou beaucoup d'intérêt pour la documentation à caractère scientifique.

C. Le choix de la mesure de tendance centrale

Dans le cas des variables qualitatives, il n'est pas souvent question de symétrie. Le mode est souvent utilisé avec ces variables, mais lorsque l'échelle utilisée est ordinale on peut aussi utiliser la médiane. Avec une échelle ordinale, les modalités sont fixées à l'avance et leur nombre est assez restreint. Il n'y a pas vraiment de possibilité d'obtenir de « données extrêmes ». Toutefois, si le mode n'a pas une fréquence qui se démarque suffisamment des autres pour qu'on le considère vraiment comme la tendance centrale de l'échantillon ou de la population, on peut opter pour la médiane, et ce afin de représenter la tendance centrale de la distribution.

EXEMPLE   5.6

Reprenons l'exemple 5.1 sur le sondage effectué par les responsables de la bibliothèque et portant sur la question de la documentation à caractère financier ainsi que les données de la figure 5.1.

Le niveau d'intérêt modal est « Aucun intérêt », et le niveau d'intérêt médian est « Un peu d'intérêt ». Parmi les élèves interrogés, 39,29 % ont déclaré n'avoir aucun intérêt pour la documentation à caractère financier, mais 32,14 % des élèves interrogés ont aussi déclaré avoir un peu d'intérêt pour ce genre de documentation. La différence entre les deux pourcentages n'est pas assez grande pour qu'on puisse considérer que le niveau d'intérêt modal « Aucun intérêt » est la tendance centrale de la distribution des données. De plus, la répartition n'ayant pas une forme symétrique (figure 5.1), la médiane « Un peu d'intérêt » serait un bon choix pour la mesure de tendance centrale de cette distribution.

5.1.4   Les mesures de dispersion et de position

En ce qui concerne la variable qualitative, puisque la notion de distance entre les données n'existe pas, on ne peut pas obtenir d'écart type, de coefficient de variation et de cote Z. Les quantiles, sauf quelquefois la médiane, ne sont pas utilisés dans le cas d'une variable qualitative.

5.1.5   Un dernier exemple

EXEMPLE   5.7

Un sondage Léger et Léger réalisé auprès de la population québécoise portait sur la perception qu'ont les Québécois de leur compétence en matière d'investissements financiers. La question posée était la suivante : « Vous considérez-vous compétent en matière d'investissements financiers[2] ? ».

Le tableau 5.3 présente la répartition des résultats effectuée à partir de 1 002 entrevues.

---

2.   Sondage Léger et Léger, *Magazine Affaires Plus*, novembre 1996, p. 86.

TABLEAU 5.3
Répartition des Québécois en fonction de leur perception de leur niveau de compétence en matière d'investissements financiers

Perception de leur niveau de compétence	Nombre de Québécois	Pourcentage des Québécois	Pourcentage cumulé des Québécois
Très compétent	94	9,38	9,38
Assez compétent	396	39,52	48,90
Peu compétent	312	31,14	80,04
Pas du tout compétent	200	19,96	100,00
Total	1 002	100,00	

Source : Élaboré à partir d'une figure du Sondage Léger et léger. *Op. cit.*, p. 86.

Les Québécois sont nombreux à se trouver assez compétents en matière d'investissements financiers.

Variable	La perception de leur niveau de compétence en matière d'investissements financiers
Type de variable	La variable est qualitative.
Échelle de mesure	Échelle ordinale
Population	Tous les Québécois
Unité statistique	Un Québécois
Taille de l'échantillon	$n = 1\ 002$

La figure 5.3 présente le diagramme à bandes verticales en fonction des données précédentes.

FIGURE 5.3
Répartition des Québécois en fonction de leur perception de leur niveau de compétence en matière d'investissements financiers

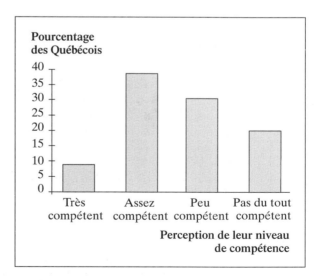

Le niveau modal est « Assez compétent », et le niveau médian est « Peu compétent ». Chez les Québécois, la perception de leur niveau de compétence qui revient le plus souvent est « Assez compétent », tandis qu'au moins 50 % des Québécois croient que leur niveau de compétence est « Très compétent », « Assez compétent » ou « Peu compétent ».

EXERCICES

5.1 « Le niveau de scolarité de la population canadienne est plus élevé aujourd'hui qu'il ne l'a jamais été. Depuis quelques dizaines d'années, ce niveau a constamment augmenté. Par rapport aux cohortes précédentes, une plus forte proportion de jeunes Canadiens possèdent aujourd'hui un diplôme universitaire, et un nombre relativement plus faible ont moins de neuf années de scolarité. Même si l'écart s'améliore, il reste des différences entre les groupes linguistiques quant au niveau de scolarité.

« Bien que leur niveau général de scolarité se soit amélioré, les francophones continuent de se situer derrière les anglophones sous ce rapport. Les allophones, c'est-à-dire les personnes dont la langue maternelle n'est ni l'anglais ni le français, forment le groupe qui a la plus forte proportion de diplômés universitaires. En dépit du fait qu'ils aient également le plus haut pourcentage de personnes ayant moins d'une neuvième année, certains signes montrent que cette situation change[3]. »

FIGURE 5.4
Répartition des anglophones, des francophones et des allophones en fonction du niveau de scolarité le plus élevé atteint en 1986

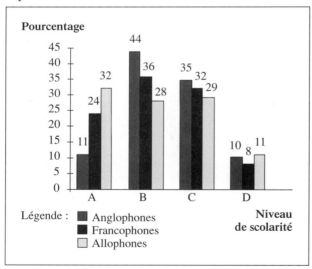

Source : Adaptée d'une figure de Baril, Alain et Mori, Georges A. *Op. cit.*, p. 18.

La figure 5.4 présente la répartition des anglophones, des francophones et des allophones du Canada en fonction du niveau de scolarité le plus élevé atteint en 1986. Les différentes catégories sont :

A : Moins d'une neuvième année ;
B : Études secondaires partielles ou complètes ;
C : Études postsecondaires partielles ou diplôme d'études collégiales ;
D : Diplôme universitaire.

a) Quelle est la variable étudiée ?
b) De quel type est cette variable ?
c) Quelle est l'échelle de mesure utilisée ? Justifiez votre réponse.
d) Quelle est la population étudiée ?
e) Quelle est l'unité statistique ?
f) Présentez les résultats sous forme de tableau.
g) Quelles mesures de tendance centrale est-il possible d'évaluer, et quelle est la signification de chacune d'elles en tenant compte du contexte ?

5.2 « Une majorité de Canadiens favorisent le salariat pour les médecins.

« Selon un sondage pancanadien, 67 % des répondants pensent que le salaire est préférable au paiement à l'acte. [...]

« 50 % des personnes interrogées ont dit qu'elles étaient en faveur [...] de l'adoption d'un système de classification par lequel certains services médicaux ne seraient pas couverts, ou ne seraient que partiellement couverts, par le régime d'assurance-maladie. [...]

« L'enquête, menée par la firme Decima et commandée par la compagnie pharmaceutique Eli Lilly, a été effectuée à partir d'entrevues par téléphone auprès de 1 401 Canadiens [...] âgés de 18 ans et plus, choisis au hasard[4]. » Le tableau 5.4 résume les données recueillies.

a) Quelle est la variable étudiée ?
b) De quel type est cette variable ?
c) Quelle est l'échelle de mesure utilisée ? Justifiez votre réponse.
d) Quelle est la population étudiée ?
e) Quelle est l'unité statistique ?
f) Quel est l'échantillon employé ?
g) Présentez les résultats sous forme de graphique.

3. Baril, Alain et Mori, Georges A. « Niveau de scolarité dans les différents groupes linguistiques au Canada », *Tendances sociales canadiennes*, Ottawa, Statistique Canada, printemps 1991, p. 17-18.

4. Presse Canadienne. « Une majorité de Canadiens favorisent le salariat pour les médecins », *La Presse*, 10 janvier 1995, p. A6.

h) Quelles mesures de tendance centrale est-il possible d'évaluer, et quelle est la signification de chacune d'elles en tenant compte du contexte ?

i) Quelle méthode d'échantillonnage a été utilisée ? S'agit-il d'une méthode aléatoire ou non ?

TABLEAU 5.4
Répartition des Canadiens en fonction de leur opinion sur un système de classification des services médicaux

Opinion	Pourcentage des Canadiens
Fortement en faveur	14,7
Assez en faveur	36,8
Assez opposé	22,7
Fortement opposé	25,8
Total	100,0

Source : Adapté de la figure de la Presse Canadienne. *Op. cit.*, p. A6.

5.3 « La grande majorité des Québécois (79 %) qui ont connu l'expérience des tribunaux sont satisfaits du travail des juges.

« Ce résultat réjouira sans doute les magistrats québécois, qui ont fait l'objet de critiques sévères depuis quelque temps. Il provient d'un sondage effectué au Québec par la maison SOM pour le compte de la Chambre des notaires et La Presse, effectué du 14 au 19 octobre 1994, dans toutes les régions, auprès de 1 003 répondants[5]. »

Le tableau 5.5 résume les données recueillies.

TABLEAU 5.5
Répartition des Québécois en fonction de leur opinion au sujet des juges

Opinion	Pourcentage des Québécois
Très satisfait	42
Assez satisfait	37
Peu satisfait	10
Pas du tout satisfait	11
Total	100

Source : Inspiré de la figure de Boisvert, Yves. *Op. cit.*, p. A3.

a) Quelle est la variable étudiée ?

b) De quel type est cette variable ?

c) Quelle est l'échelle de mesure utilisée ? Justifiez votre réponse.

d) Quelle est la population étudiée ?

e) Quelle est l'unité statistique ?

f) Quel est l'échantillon employé ?

g) Présentez les résultats sous forme de graphique.

h) Quelles mesures de tendance centrale est-il possible d'évaluer, et quelle est la signification de chacune d'elles en tenant compte du contexte ?

5.4 Un sondage SOM – La Presse – Droit de parole publié dans le journal *La Presse* du 22 mars 1996 montre les opinions très partagées des Québécois au sujet de la réforme de l'Assurance-chômage. La question posée était : « La prochaine réforme de l'Assurance-chômage prévoit une baisse des prestations et une hausse du nombre d'heures de travail pour y être admissible. Êtes-vous d'accord avec ces modifications au régime de l'Assurance-chômage[6] ? ».

Le tableau 5.6 résume les données recueillies.

TABLEAU 5.6
Répartition des Québécois en fonction de leur opinion au sujet de la réforme de l'Assurance-chômage

Opinion	Nombre de Québécois
Tout à fait d'accord	121
Assez d'accord	209
Plutôt en désaccord	253
Tout à fait en désaccord	429
Total	1 012

Source : Adapté du tableau d'Infographie *La Presse* présenté dans Bellemare, Pierre. *Op. cit.*, p. A15.

a) Quelle est la variable étudiée ?

b) De quel type est cette variable ?

c) Quelle est l'échelle de mesure utilisée ? Justifiez votre réponse.

d) Quel est l'échantillon employé ?

e) Présentez les résultats sous forme de graphique.

f) Quelles mesures de tendance centrale est-il possible d'évaluer, et quelle est la signification de chacune d'elles en tenant compte du contexte ?

5.5 Le service de santé du collège a posé la question suivante à 130 de ses élèves : « Pour vous, consacrer 2 à 3 heures par semaine à des activités physiques au cours de la prochaine année serait : Très facile ; Assez facile ; Ni facile ni difficile ; Assez difficile ; Très difficile ? ».

Les différents choix de réponses ont été codés comme suit :

1 : Très facile ;

2 : Assez facile ;

3 : Ni facile ni difficile ;

4 : Assez difficile ;

5 : Très difficile.

---

5. Boisvert, Yves. « Plus des trois quarts des Québécois sont satisfaits du travail des juges », *La Presse*, 29 octobre 1994, p. A3.

6. Bellemare, Pierre, Sondage SOM – La Presse – Droit de parole, *La Presse*, 22 mars 1996, p. A15.

4	3	2	4	5	1	3	2	1	3	2	1
3	1	1	3	1	4	1	1	3	2	1	1
4	3	3	4	2	3	1	3	4	3	1	2
1	2	1	1	1	1	1	4	1	1	3	4
2	4	2	4	1	2	2	1	2	4	2	1
3	1	2	5	2	1	1	2	1	2	3	2
2	5	1	2	2	4	3	2	4	1	1	2
1	1	3	1	2	2	1	1	2	2	5	1
4	2	4	3	5	1	2	1	4	3	4	1
2	3	1	1	1	3	4	2	3	1	1	2
1	1	2	1	4	5	1	2	1	2		

a) Quelle est la variable étudiée ?

b) De quel type est cette variable ?

c) Quelle est l'échelle de mesure utilisée ? Justifiez votre réponse.

d) Quelle est la population étudiée ?

e) Quelle est l'unité statistique ?

f) Quel est l'échantillon employé ?

g) Présentez les résultats sous forme de tableau.

h) Présentez les résultats sous forme de graphique.

i) Quelles mesures de tendance centrale est-il possible d'évaluer, et quelle est la signification de chacune d'elles en tenant compte du contexte ?

5.2 LES VARIABLES QUALITATIVES À ÉCHELLE NOMINALE

S'il n'y a pas d'ordre entre les modalités de la variable qualitative, l'échelle de mesure utilisée est nominale. Tout comme dans le cas d'une variable qualitative avec une échelle ordinale, il ne sera pas possible de calculer certaines mesures de tendance centrale, de dispersion et de position. Il se peut que la façon de coder les données recueillies se fasse avec des chiffres (1, 2, 3...), mais ces chiffres ne servent qu'à énumérer les choix possibles ; ils ne correspondent pas à des quantités. Encore une fois, il faudra être vigilant dans l'interprétation des résultats que fournissent certains logiciels.

5.2.1 La présentation sous forme de tableau

EXEMPLE 5.8

En 1990, au cours d'un sondage auprès de 160 familles canadiennes, les familles ont été classées selon la structure suivante : Les deux époux ont travaillé ; Seul l'époux a travaillé ; L'époux n'a pas travaillé ; Père seul ; Mère seule.

Variable	La structure de la famille
Type de variable	La variable est qualitative.
Échelle de mesure	Échelle nominale
Population	Toutes les familles canadiennes
Unité statistique	Une famille canadienne
Taille de l'échantillon	$n = 160$

Les modalités de la variable ont été codées comme suit :
- Pour les familles biparentales,
  - 1 : Les deux époux ont travaillé ;
  - 2 : Seul l'époux a travaillé ;
  - 3 : L'époux n'a pas travaillé ;

– Pour les familles monoparentales,
4 : Père seul ;
5 : Mère seule.

Les données brutes se présentent ainsi[7] :

```
5  1  3  1  1  2  5  1  1  5  2  2  3  5  5  1  1  1  1  1
1  1  1  1  1  5  1  1  5  2  2  1  1  1  1  2  1  5  1  3
1  5  5  1  3  1  1  2  1  1  3  5  3  1  3  3  1  1  1  5
1  1  1  3  1  1  1  2  3  1  2  5  2  1  2  3  1  1  1  1
2  1  4  3  1  1  3  1  1  1  2  1  3  1  1  5  3  2  1  1
1  1  1  2  1  1  1  2  1  1  1  2  3  3  1  1  2  1  1  3
1  3  1  1  3  1  1  2  1  3  5  3  1  1  2  2  3  2  4  1
1  5  1  3  1  3  1  5  2  1  5  3  1  1  1  1  1  1  5  1
```

Lorsqu'on regroupe ces données, on obtient le tableau 5.7.

TABLEAU 5.7
Répartition des familles canadiennes en fonction de la structure de la famille

Structure de la famille	Nombre de familles	Pourcentage des familles
Les deux époux ont travaillé	90	56,25
Seul l'époux a travaillé	23	14,38
L'époux n'a pas travaillé	26	16,25
Père seul	2	1,25
Mère seule	19	11,88
Total	160	100,00

Source : Adapté d'un tableau de Rashid, Abdul. *Op. cit.*, p. 54.

La démarche à suivre est la suivante.

Première étape : Titrer le tableau
La formulation est toujours la même : **Répartition des unités statistiques en fonction de la variable.** Il convient de toujours adapter ce titre à chacune des situations.

Deuxième étape : Indiquer les modalités de la variable
Dans la première colonne du tableau, on inscrit toutes les modalités différentes qui apparaissent dans la série de données. Le titre de cette colonne correspond toujours au nom de la variable étudiée.

Troisième étape : Indiquer le nombre d'unités statistiques pour chacune des modalités
Dans la deuxième colonne, on indique le nombre d'unités pour chacune des modalités de la première colonne. Ce nombre s'obtient à l'aide du dépouillement des données. Le résultat obtenu est celui-ci :
– Dans 90 familles, les deux époux ont travaillé ;
– Dans 23 familles, seul l'époux a travaillé ;
– Dans 26 familles, l'époux n'a pas travaillé ;
– 2 familles étaient du type père seul ;
– 19 familles étaient du type mère seule.

Le nombre total de familles est de 160, ce qui correspond à la taille de l'échantillon.

---

7.   Échantillon fictif simulé à partir des informations de Rashid, Abdul. *Le revenu des familles au Canada*, Ottawa, Statistique Canada, Catalogue 96-318F, 1994, p. 54.

Quatrième étape : Préciser le pourcentage des unités statistiques pour chacune des modalités

Dans la troisième colonne, on précise le nombre d'unités sous forme de pourcentage :
— Dans 56,25 % des familles, les deux époux ont travaillé ;
— Dans 14,38 % des familles, seul l'époux a travaillé ;
— Dans 16,25 % des familles, l'époux n'a pas travaillé ;
— 1,25 % des familles étaient du type père seul ;
— 11,88 % des familles étaient du type mère seule.

Le pourcentage total des familles est donc de 100 %. De plus, puisqu'il n'y a pas de relation d'ordre entre les modalités de la variable, la notion de pourcentage cumulé ne peut pas être interprétée.

5.2.2   La présentation sous forme de graphique

Pour présenter les données d'une variable qualitative à échelle nominale, on peut utiliser le graphique à bandes horizontales, le graphique à bandes verticales, le graphique circulaire et le graphique linéaire.

EXEMPLE 5.9   Reprenons l'exemple 5.8 portant sur les familles canadiennes ainsi que les données du tableau 5.7.

A. Le diagramme à bandes verticales

TABLEAU 5.7

Structure de la famille	Nombre de familles	Pourcentage des familles
Les deux époux ont travaillé	90	56,25
Seul l'époux a travaillé	23	14,38
L'époux n'a pas travaillé	26	16,25
Père seul	2	1,25
Mère seule	19	11,88
Total	160	100,00

Le diagramme à bandes verticales pour les données à échelle nominale se construit de la même manière que pour les variables qualitatives à échelle ordinale, sauf que l'ordre des modalités sur l'axe horizontal n'a pas d'importance. La figure 5.5 illustre cette forme de graphique.

FIGURE 5.5
Répartition des familles canadiennes en fonction de la structure de la famille

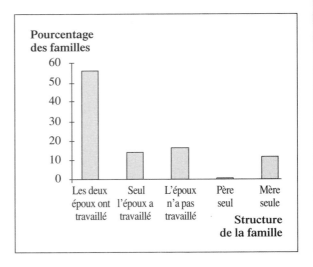

B. Le diagramme à bandes horizontales

Le diagramme à bandes horizontales s'obtient en inversant l'axe vertical et l'axe horizontal du diagramme à bandes verticales. Il se construit également de la même façon que pour les variables qualitatives à échelle ordinale, sauf que l'ordre des modalités sur l'axe vertical n'a pas d'importance. La figure 5.6 illustre cette forme de graphique.

FIGURE 5.6
Répartition des familles canadiennes en fonction de la structure de la famille

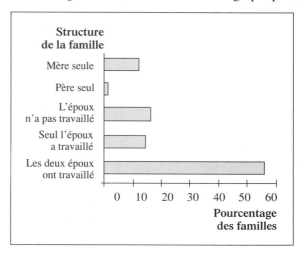

C. Le diagramme circulaire

Le diagramme circulaire comprend les deux formes décrites ci-après.

– Le diagramme circulaire à deux dimensions (figure 5.7)

FIGURE 5.7
Répartition des familles canadiennes en fonction de la structure de la famille

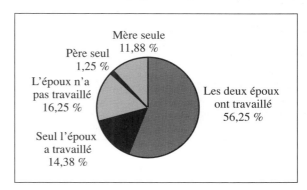

– Le diagramme circulaire à trois dimensions (figure 5.8)

FIGURE 5.8
Répartition des familles canadiennes en fonction de la structure de la famille

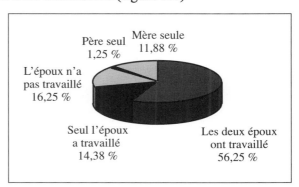

Pour bâtir un diagramme circulaire, la démarche est la suivante.

Première étape : Titrer la figure

Il s'agit d'adapter le titre « Répartition des unités statistiques en fonction de la variable » au contexte.

Deuxième étape : Convertir les pourcentages en degrés

Un cercle a 360°. On subdivise celui-ci en secteurs, un par modalité. Chaque secteur a un angle au centre correspondant au pourcentage de la modalité.

Le secteur de la modalité « Les deux époux ont travaillé » a un angle au centre de :
56,25 % de 360° = 202,50°.

Le secteur de la modalité « Seul l'époux a travaillé » a un angle au centre de :
14,38 % (en réalité 14,375 %) de 360° = 51,75°.

Le secteur de la modalité « L'époux n'a pas travaillé » a un angle au centre de :
16,25 % de 360° = 58,50°.

Le secteur de la modalité « Père seul » a un angle au centre de :
1,25 % de 360° = 4,50°.

Le secteur de la modalité « Mère seule » a un angle au centre de :
11,88 % (en réalité 11,875 %) de 360° = 42,75°.

Troisième étape : Déterminer les secteurs

En partant du centre du cercle, on place les secteurs selon le nombre de degrés calculés et on indique le pourcentage de chacune des modalités, soit dans les secteurs, soit à l'extérieur de ceux-ci.

D. Le diagramme linéaire

La figure 5.9 illustre le diagramme linéaire qui est construit à partir des mêmes données.

FIGURE 5.9
Répartition des familles canadiennes en fonction de la structure de la famille

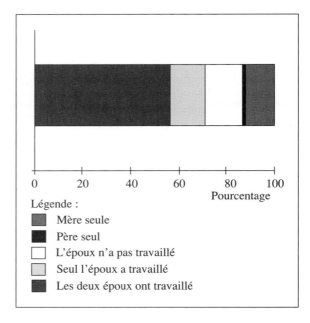

La démarche à suivre pour bâtir un diagramme linéaire est la suivante.

Première étape : Titrer la figure

Il s'agit de la même formulation déjà décrite.

Deuxième étape : Établir l'axe horizontal

L'axe horizontal est établi tout simplement en fonction d'une échelle qui va de 0 % à 100 %.

Troisième étape : Construire les bandes

Il s'agit de placer bout à bout les bandes, une par modalité. Chaque bande a une longueur égale au pourcentage de la modalité de la variable. Puisque l'échelle de mesure utilisée est nominale, l'ordre dans lequel les bandes (les modalités) sont placées n'a pas d'importance.

5.2.3 Les mesures de tendance centrale

Dans le cas des variables qualitatives à échelle nominale, la seule mesure de tendance centrale qu'on peut calculer est le mode. Il faut toujours faire attention au fait que certains logiciels donneront des valeurs pour les autres mesures, mais ces valeurs auront été calculées avec les valeurs correspondant aux codes ; il ne faut donc pas en tenir compte.

A. Le mode (*Mo*)

Le mode correspond toujours à la modalité de la variable étudiée qui a la plus grande fréquence (le plus grand nombre d'unités statistiques) dans l'échantillon ou la population.

EXEMPLE 5.10

Reprenons l'exemple 5.8 portant sur les familles canadiennes et les données du tableau 5.7.

TABLEAU 5.7

Structure de la famille	Nombre de familles	Pourcentage des familles
Les deux époux ont travaillé	90	56,25
Seul l'époux a travaillé	23	14,38
L'époux n'a pas travaillé	26	16,25
Père seul	2	1,25
Mère seule	19	11,88
Total	160	100,00

La modalité qui a la plus grande fréquence est « Les deux époux ont travaillé » avec 56,25 %. Le **mode** est donc « Les deux époux ont travaillé ». Le mode n'est pas 56,25 %, mais plutôt « Les deux époux ont travaillé ». Les familles avec deux époux qui travaillent est la structure familiale qui revient le plus souvent.

5.2.4 Les mesures de dispersion

Dans le cas des variables qualitatives à échelle nominale, il n'y a aucune mesure de dispersion. Encore une fois, il faut faire attention au fait que certains logiciels donneront des valeurs pour ces mesures, mais ces valeurs auront été calculées avec les valeurs correspondant plutôt aux codes ; il ne faut donc pas en tenir compte.

5.2.5 Un dernier exemple

EXEMPLE 5.11

« Le bâton et l'OMC. Washington augmentera les tarifs imposés à certains produits japonais[8]. » En 1994, 4 362 000 voitures japonaises ont été vendues à travers le monde. La figure 5.10 illustre le diagramme circulaire qui découle des données recueillies.

FIGURE 5.10
Répartition des voitures japonaises vendues en 1994, en fonction des différentes régions du globe

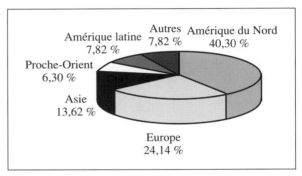

Source : Adaptée de la figure de l'Agence France-Presse. *Op. cit.*, p. E2.

Variable	La région du globe où la voiture a été vendue
Type de variable	La variable est qualitative.
Échelle de mesure	Échelle nominale
Population	Toutes les voitures japonaises vendues en 1994
Taille de la population	$N = 4\ 362\ 000$
Unité statistique	Une voiture japonaise vendue en 1994

Le tableau 5.8 présente la répartition des voitures japonaises vendues en 1994 en fonction des différentes régions du globe.

TABLEAU 5.8
Répartition des voitures japonaises vendues en 1994, en fonction des différentes régions du globe

Région	Nombre de voitures (milliers)	Pourcentage des voitures
Amérique du Nord	1 758	40,30
Europe	1 053	24,14
Asie	594	13,62
Proche-Orient	275	6,30
Amérique latine	341	7,82
Autres	341	7,82
Total	4 362	100,00

Source : Adapté de la figure de l'Agence France-Presse. *Op. cit.*, p. E2.

En ce qui concerne le mode, on peut constater que c'est en Amérique du Nord qu'il y a le plus grand nombre de voitures japonaises vendues, avec 40,30 % des ventes.

---

8. Agence France-Presse. « Le bâton et l'OMC. Washington augmentera les tarifs imposés à certains produits japonais », *La Presse*, 11 mai 1995, p. E2.

EXERCICES

5.6 « Où iront les billets du XXIXe Super Bowl[9] ? » La figure 5.11 présente la répartition des billets au cours du XXIXe Super Bowl en fonction de la catégorie d'acheteurs.

a) Quelle est la variable traitée ?

b) De quel type est cette variable ?

c) Quelle est l'échelle de mesure utilisée ?

d) Quelle est la population étudiée ?

e) Quelle est l'unité statistique ?

f) Présentez les résultats sous forme de tableau.

g) Quelle mesure de tendance centrale est-il possible d'évaluer, et quelle est sa signification en tenant compte du contexte ?

FIGURE 5.11
Répartition des billets au cours du XXIXe Super Bowl (1995) en fonction de la catégorie d'acheteurs

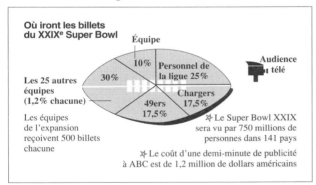

Source : *La Presse. Op. cit.*, p. G1.

5.7 « La majorité des enfants vivant dans une famille monoparentale sont pauvres. Cependant, la plupart des enfants pauvres vivent dans une famille biparentale.

« [...] Beaucoup de personnes pensent que la pauvreté chez les enfants a pour seule cause le nombre élevé de familles monoparentales. Les mères seules sont proportionnellement cinq ou six fois plus nombreuses à vivre dans la pauvreté que les mères qui élèvent leurs enfants avec un conjoint. Cependant, comme les familles monoparentales représentent [...] environ 20 % des familles qui élèvent des enfants, elles ne constituent encore

qu'une minorité. La plupart des enfants pauvres vivent, de fait, avec une mère et un père pauvres[10]. »

La figure 5.12 présente la répartition des enfants pauvres au Canada en fonction du type de famille dans laquelle ils vivent, en 1981 et en 1991.

a) Quelle est la variable traitée ?

b) De quel type est cette variable ?

c) Quelle est l'échelle de mesure utilisée ?

d) Quelle est la population étudiée ?

e) Quelle est l'unité statistique ?

f) Présentez les résultats sous forme de tableau.

g) Quelle mesure de tendance centrale est-il possible d'évaluer, et quelle est sa signification en tenant compte du contexte ?

FIGURE 5.12
Répartition des enfants pauvres au Canada en fonction du type de famille dans laquelle ils vivent, en 1981 et en 1991

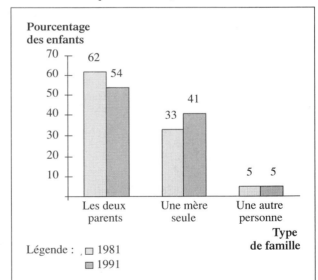

Source : Institut Vanier de la famille. *Profil des familles canadiennes*, 1994. Figure présentée dans l'article « La famille canadienne : entretien avec Robert Glossop ». *Op. cit.*, p. 8.

5.8 « Lorsqu'on demande aux employeurs pourquoi ils ont de la difficulté à recruter, trois mots reviennent continuellement : compétence, compétence et compétence. Les c.v. affluent, les candidats pleuvent,

---

9. « Où iront les billets du XXIXe Super Bowl », *La Presse*, Cahier Sports, 28 janvier 1995, p. G1.

10. « La famille canadienne : entretien avec Robert Glossop », *Tendances sociales canadiennes*, Ottawa, Statistique Canada, hiver 1994, p. 9.

les fax ne dérougissent pas et même les réseaux de courriers électroniques commencent à acheminer des fleuves de demandes d'emplois. Plus de 218 000 chômeurs cherchent du travail dans la région montréalaise. Ça paraît. Et ça coûte cher aussi aux entreprises qui ont à trier et à traiter ces montagnes de dossiers.

« Mais quand vient le temps de choisir les futurs employés, qu'ils cherchent un ingénieur en propulsion ou un vendeur, les employeurs se plaignent que très peu de candidats ont les compétences recherchées[11]. »

La figure 5.13 présente la répartition professionnelle des postes vacants en fonction du type de poste.

FIGURE 5.13
Répartition des postes vacants en fonction du type de poste

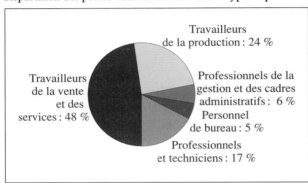

Source : Enquête sur les caractéristiques de la demande de main-d'œuvre SQDM-DRHC et Infographie *La Presse*. Figure présentée dans Lortie, Marie-Claude. *Op. cit.*, p. B5.

a) Quelle est la variable traitée?

b) De quel type est cette variable?

c) Quelle est l'échelle de mesure utilisée?

d) Quelle est la population étudiée?

e) Quelle est l'unité statistique?

f) Présentez les résultats sous forme de tableau.

g) Quelle mesure de tendance centrale est-il possible d'évaluer, et quelle est sa signification en tenant compte du contexte?

5.9 Un sondage SOM – La Presse – Droit de parole publié dans le journal *La Presse* du 17 mai 1996 montre les contraintes exprimées par 1 002 Québécois qui empêchent les jeunes couples de vouloir des enfants. La question posée était : « Parmi les contraintes suivantes, qu'est-ce qui empêche le plus les jeunes couples qui en veulent d'avoir des enfants[12] ? ». Le tableau 5.9 résume les données recueillies.

TABLEAU 5.9
Répartition des Québécois en fonction de leur opinion

Opinion	Nombre de Québécois
Difficulté à avoir un emploi	191
Difficulté à concilier le travail et la vie familiale	130
Manque de services de garde	20
Peur de se retrouver sans conjoint	70
Difficultés économiques	351
Perception d'avenir limité des enfants	60
Coût que ça implique	90
Autre	50
NSP / NRP	40
Total	1 002

Source : Adapté d'un tableau d'Infographie *La Presse* présenté dans Sondage SOM – La Presse – Droit de parole, *Op. cit.*, p. A11.

a) Quelle est la variable étudiée?

b) De quel type est cette variable?

c) Quelle est l'échelle de mesure utilisée? Justifiez votre réponse.

d) Quelle est la population étudiée?

e) Quelle est l'unité statistique?

f) Présentez les résultats sous forme de graphique.

g) Quelle mesure de tendance centrale est-il possible d'évaluer, et quelle est sa signification en tenant compte du contexte?

---

11. Lortie, Marie-Claude. « Le pire frein à l'embauche : le manque de compétence », *La Presse*, Cahier Plus, 21 septembre 1996, p. B5.

12. Sondage SOM – La Presse – Droit de parole, *La Presse*, 17 mai 1996, p. A11.

6

La lecture de tableaux et de graphiques

Irene Barnes Taeuber (1906-1974), démographe et statisticienne américaine. Elle publia plusieurs articles sur l'Europe, l'Afrique, l'Amérique latine, le sud-est de l'Asie, les Îles du Pacifique et surtout sur le Japon et les États-Unis. Elle était affiliée à l'Office of Population Research de la Princeton University. Elle fut le premier éditeur de la revue périodique *Population Index*, de 1936 à 1954[1].

1. L'illustration est extraite du *American Statistician*, vol. 28, n° 3, août 1974, p. 109.

Dans les sections précédentes, on a étudié des tableaux et des graphiques sur la répartition des unités statistiques pour une seule variable. Toutefois, il arrive souvent qu'une étude porte sur plus d'une variable. L'un des intérêts d'une étude portant sur plusieurs variables est d'établir des liens entre celles-ci ou de les comparer. Ces liens et ces comparaisons se font en analysant les distributions conjointes qui existent entre les différentes variables en question.

6.1 LA LECTURE D'UN TABLEAU À DOUBLE ENTRÉE

Si l'on fait une étude conjointe de plusieurs variables auprès d'un même échantillon ou d'une même population, on peut regrouper les données dans un tableau à plusieurs entrées, une entrée par variable. Ainsi, l'étude d'une seule variable donne un tableau à une entrée, et l'étude conjointe de deux variables donne un tableau à double entrée.

EXEMPLE 6.1

Dans un sondage auprès de 2 004 citoyens âgés de 15 ans et plus, choisis au hasard dans une municipalité, on a recueilli plusieurs informations dont une au sujet de l'âge des citoyens et une autre au sujet de leur langue maternelle. Les tableaux 6.1 et 6.2 présentent la répartition des unités statistiques pour les deux variables traitées séparément. L'interprétation de ces tableaux est identique à celle qu'on a vue aux chapitres 4 et 5.

TABLEAU 6.1
Répartition des citoyens en fonction de leur âge

Âge	Nombre de citoyens	Pourcentage des citoyens
De 15 à moins de 25 ans	121	6,04
De 25 à moins de 35 ans	342	17,07
De 35 à moins de 45 ans	539	26,90
De 45 à moins de 55 ans	573	28,59
De 55 à moins de 65 ans	321	16,02
65 ans et plus	108	5,39
Total	2 004	100,00

TABLEAU 6.2
Répartition des citoyens en fonction de leur langue maternelle

Langue maternelle	Nombre de citoyens	Pourcentage des citoyens
Français	1 606	80,14
Anglais	272	13,57
Autres	126	6,29
Total	2 004	100,00

a) Tableau à double entrée sans pourcentage

Chacun des tableaux précédents montre la répartition des unités de l'échantillon pour une seule variable. Cependant, ces tableaux ne donnent pas d'information au sujet de la répartition des francophones selon leur âge ou de la répartition des 15 à moins de 25 ans selon leur langue maternelle. Pour obtenir ce genre d'information, il faut un tableau à double entrée, c'est-à-dire un tableau qui donne des informations conjointes au sujet des deux variables à l'étude tel le tableau 6.3.

TABLEAU 6.3
Répartition des citoyens
en fonction de leur âge
et de leur langue maternelle

Âge	Langue maternelle			Total (nombre)
	Français (nombre)	Anglais (nombre)	Autres (nombre)	
De 15 à moins de 25 ans	72	30	19	121
De 25 à moins de 35 ans	225	74	43	342
De 35 à moins de 45 ans	428	75	36	539
De 45 à moins de 55 ans	503	48	22	573
De 55 à moins de 65 ans	291	26	4	321
65 ans et plus	87	19	2	108
Total	1 606	272	126	2 004

La colonne « Total » et la ligne « Total » correspondent aux répartitions individuelles des deux variables qu'on trouve dans les tableaux 6.1 et 6.2. Les autres nombres dans le tableau donnent une information conjointe pour les deux variables. Ainsi, 225 signifie que 225 des 2 004 citoyens sont **âgés de 25 à moins de 35 ans ET sont francophones** ; 26 signifie que 26 des 2 004 citoyens sont **âgés de 55 à moins de 65 ans ET sont anglophones**.

b) Tableau à double entrée avec un seul 100 %

On peut aussi exprimer les informations en pourcentage, tout comme on le faisait pour une seule variable. Si l'on calcule tous les pourcentages par rapport à 2 004 (le nombre total d'unités dans l'échantillon), on obtient le tableau 6.4.

TABLEAU 6.4
Répartition des citoyens
en fonction de leur âge
et de leur langue maternelle,
en pourcentage

Âge	Langue maternelle			Total (pourcentage)
	Français (pourcentage)	Anglais (pourcentage)	Autres (pourcentage)	
De 15 à moins de 25 ans	3,59	1,50	0,95	6,04
De 25 à moins de 35 ans	11,23	3,69	2,15	17,07
De 35 à moins de 45 ans	21,36	3,74	1,80	26,90
De 45 à moins de 55 ans	25,10	2,40	1,10	28,59
De 55 à moins de 65 ans	14,52	1,30	0,20	16,02
65 ans et plus	4,34	0,95	0,10	5,39
Total	80,14	13,57	6,29	100

Ainsi, 25,10 % des 2 004 citoyens sont **âgés de 45 à moins de 55 ans ET sont francophones**, 1,30 % des 2 004 citoyens **sont âgés de 55 à moins de 65 ans ET sont anglophones**.

c) Tableau à double entrée avec 100 % partout dans la colonne « Total »

Si l'on effectue une répartition, en pourcentage, des citoyens selon leur langue maternelle pour chacune des catégories d'âge, on obtient le tableau 6.5.

TABLEAU 6.5
Répartition des citoyens
en fonction de leur langue
maternelle pour chacune
des catégories d'âge,
en pourcentage

Âge	Langue maternelle			Total (pourcentage)
	Français (pourcentage)	Anglais (pourcentage)	Autres (pourcentage)	
De 15 à moins de 25 ans	59,50	24,79	15,70	100
De 25 à moins de 35 ans	65,79	21,64	12,57	100
De 35 à moins de 45 ans	79,41	13,91	6,68	100
De 45 à moins de 55 ans	87,78	8,38	3,84	100
De 55 à moins de 65 ans	90,65	8,10	1,25	100
65 ans et plus	80,56	17,59	1,85	100
Ensemble	80,14	13,57	6,29	100

Ainsi, parmi les 539 citoyens âgés de 35 à moins de 45 ans :

- 79,41 % sont francophones ;
- 13,91 % sont anglophones ;
- 6,68 % sont d'une langue maternelle autre.

Le total donne 100 % des citoyens âgés de 35 à moins de 45 ans. Comme la même interprétation s'applique à chacune des catégories d'âge, chaque ligne représente donc une répartition complète.

La dernière ligne ne représente plus le total, car si l'on additionne les pourcentages de chacune des colonnes, on n'obtient pas la valeur indiquée sur cette ligne. La dernière ligne représente la répartition des citoyens selon leur langue maternelle sans tenir compte de leur âge.

d) Tableau à double entrée avec 100 % partout sur la ligne « Total »

Si l'on effectue une répartition, en pourcentage, des citoyens selon leur âge pour chacune des langues maternelles, on obtient le tableau 6.6.

TABLEAU 6.6
Répartition des citoyens en fonction de leur âge pour chacune des langues maternelles, en pourcentage

| Âge | Langue maternelle | | | Ensemble (pourcentage) |
	Français (pourcentage)	Anglais (pourcentage)	Autres (pourcentage)	
De 15 à moins de 25 ans	4,48	11,03	15,08	6,04
De 25 à moins de 35 ans	14,01	27,21	34,13	17,07
De 35 à moins de 45 ans	26,65	27,57	28,57	26,90
De 45 à moins de 55 ans	31,32	17,65	17,46	28,59
De 55 à moins de 65 ans	18,12	9,56	3,17	16,02
65 ans et plus	5,42	6,99	1,59	5,39
Total	100	100	100	100

Ainsi, parmi les 272 citoyens anglophones :

- 11,03 % sont âgés de 15 à moins de 25 ans ;
- 27,21 % sont âgés de 25 à moins de 35 ans ;
- 27,57 % sont âgés de 35 à moins de 45 ans ;
- 17,65 % sont âgés de 45 à moins de 55 ans ;
- 9,56 % sont âgés de 55 à moins de 65 ans ;
- 6,99 % sont âgés de 65 ans et plus.

Le total donne 100 % des citoyens anglophones. La même interprétation s'applique par rapport à chacune des langues maternelles. Par conséquent, chaque colonne représente une répartition complète.

La dernière colonne ne représente plus le total, car si l'on additionne les pourcentages de chacune des lignes, on n'obtient pas la valeur indiquée dans cette colonne. La dernière colonne représente la répartition des citoyens selon leur âge sans tenir compte de leur langue maternelle.

Avant d'interpréter un nombre dans un tableau ou un graphique, il est important de déterminer ce que représente le ou les 100 %, afin de savoir par rapport à quel groupe de données se fait l'interprétation. Du même coup, il faut vérifier si les catégories sont exclusives et si l'ensemble des catégories est exhaustif.

Dans les revues et les journaux, on peut voir des tableaux et des graphiques de toutes sortes. Compte tenu des connaissances acquises jusqu'à maintenant, il sera plus facile de les interpréter de manière adéquate.

6.2   LA LECTURE DE DIFFÉRENTS TYPES DE TABLEAUX

Certains tableaux peuvent avoir l'apparence de tableaux à double entrée mais, en réalité, ils n'en sont pas. Il faudra donc les observer avec attention. Il est fortement suggéré de déterminer la ou les variables présentées dans un tableau avant de commencer à interpréter les valeurs apparaissant dans celui-ci. Les quelques exemples qui suivent permettront de distinguer différents types de tableaux.

EXEMPLE   6.2

Les crimes liés aux véhicules à moteur [...]

Selon les données d'une enquête internationale sur le crime, les pays où, en 1988, était le plus grand le risque d'être victime d'un vol de véhicule à moteur étaient la France (2,8 %), l'Australie (2,6 %), puis l'Angleterre et le pays de Galles (2,4 %). Parmi les 14 pays étudiés, le Canada s'est classé au dixième rang, moins de 1 % des propriétaires de véhicules à moteur s'y étant fait voler leur véhicule. La probabilité d'être victime de ce genre d'infraction aux États-Unis est plus de deux fois plus élevée qu'au Canada. [...] L'Enquête sur les vols de véhicules à moteur a montré que 16 850 automobiles, camions, motocyclettes et remorques ont été volés entre juillet et septembre 1991[2].

Le tableau 6.7 présente les marques et modèles d'automobiles les plus souvent volées et les moins souvent retrouvées.

TABLEAU 6.7
Types d'automobiles volées

Marque et modèle	Volées	Non retrouvées
	Nombre	%
Chevrolet Camaro	549	25
Honda Civic	518	35
Honda Accord	426	38
Ford Mustang	370	30
Pontiac Firebird	310	29
Chevrolet Cavalier	300	24
Oldsmobile Cutlass	294	25
Toyota Corolla	283	22
Volkswagen Jetta	244	34
Honda Prelude	239	26

Note : Il s'agit d'automobiles volées entre juillet et septembre 1991 dont la marque et le modèle étaient connus. Sont exclues les camionnettes, les motocyclettes, les remorques et les tentatives de vol. La probabilité de vol d'un modèle particulier est difficile à évaluer étant donné que la « population exposée au risque » n'est pas connue (c'est-à-dire le nombre de véhicules immatriculés, par marque et par modèle). De plus, il est difficile de déterminer si ces modèles sont recherchés par les voleurs parce que la demande est forte, parce qu'ils sont faciles à voler ou parce que, du fait de leur popularité, il s'en vend beaucoup.

Source : Statistique Canada, Centre canadien de la statistique. Enquête sur les vols de véhicules à moteur. Tableau présenté dans l'article de Morrison, Peter et Ogrodnik, Lucie. *Op.cit.*, p. 24.

La première colonne de ce tableau contient les modalités de la variable « Types d'automobiles volées ». Cependant, les deux autres colonnes ne correspondent pas aux modalités d'une seconde variable. Il ne s'agit pas d'un tableau à double entrée

2.   Morrison, Peter et Ogrodnik, Lucie. « Les crimes liés aux véhicules à moteur », *Tendances sociales canadiennes*, Ottawa, Statistique Canada, automne 1994, p. 3 et 24.

avec des fréquences ou des pourcentages. En fait, la deuxième colonne représente le nombre d'automobiles volées pour chaque marque et modèle, tandis que la troisième colonne représente le pourcentage d'automobiles volées non retrouvées de chaque marque et modèle.

L'information contenue dans ce tableau s'interprète comme suit :

— En 1991, 549 Chevrolet Camaro ont été volées, 25 % de celles-ci n'ont pas été retrouvées ; 100 % représente les 549 Chevrolet Camaro volées ;

— En 1991, 283 Toyota Corolla ont été volées, 22 % de celles-ci n'ont pas été retrouvées ; 100 % représente les 283 Toyota Corolla volées.

Les pourcentages de la dernière colonne sont calculés par rapport au nombre d'automobiles volées de chaque marque et modèle et non par rapport au nombre total d'automobiles volées. Ce sont des taux pour chaque marque et modèle d'automobiles. C'est pourquoi la somme des pourcentages ne donne pas 100 %. Ainsi, l'interprétation des pourcentages de la dernière colonne doit se faire séparément pour chaque marque et modèle.

EXEMPLE 6.3

« Pour les aînés, les Québécois privilégient les soins à domicile[3] »

TABLEAU 6.8
Répartition des répondants en fonction de leur opinion quant au lieu de résidence préconisé pour les personnes âgées

SONDAGE SOM- La Presse -Radio-Québec

■ Quel choix favorisez-vous pour assurer le mieux possible la qualité de vie d'une personne âgée?

	Habite dans famille imméd.	Aide et soins à domicile	Habite résidence pers. âgée	Autres	NSP/ NRP
L'ensemble (n: 1002)	24 %	55 %	20 %	1 %	2 %
Région					
Québec-métro (n: 300)	25	54	20	1	1
Montréal-métro (n: 452)	31	54	15	–	2
Ailleurs en prov. (n: 250)	17	57	24	2	1
Âge					
18-24 ans (n: 141)	36	44	20	–	1
25-34 ans (n: 212)	24	49	24	3	1
35-44 ans (n: 230)	25	58	16	1	2
45-54 ans (n: 172)	23	55	22	–	1
55-64 ans (n: 105)	25	58	17	–	5
65 ans et plus (n: 138)	13	66	18	3	1
Sexe					
Homme (n: 463)	30	50	19	1	2
Femme (n: 539)	19	60	20	1	1

Source : *La Presse. Op.cit.*, p. A2.

---

3. « Pour les aînés, les Québécois privilégient les soins à domicile », Sondage SOM – La Presse – Radio-Québec, *La Presse*, 28 octobre 1994, p. A2.

Le tableau 6.8 présente la répartition des répondants en fonction de leur opinion quant au lieu de résidence qu'ils préconisent pour les personnes âgées. La répartition des 1 002 répondants se trouve sur la ligne « L'ensemble ». Il faut toujours vérifier si la somme des pourcentages donne 100 % afin de savoir si les NSP et les NRP sont inclus dans la distribution. Rappelons que NSP signifie « Ne sait pas » et que NRP signifie « Ne répond pas ». La somme des pourcentages de cette ligne ne donne pas 100 %, car les NSP et les NRP ne sont pas inclus dans la distribution. Ainsi, 24 % des personnes qui ont répondu à cette question pensent que les personnes âgées devraient demeurer dans la famille immédiate.

De plus, le tableau 6.8 regroupe trois tableaux à double entrée mettant en relation l'opinion et la région de provenance du répondant, l'opinion et l'âge du répondant et enfin l'opinion et le sexe du répondant. Ainsi, 31 % des personnes de la région de Montréal qui ont répondu à la question pensent que les personnes âgées devraient habiter dans la famille immédiate. La somme des pourcentages ne donne pas 100 % pour chacune des régions, car là aussi les NSP et les NRP ne sont pas inclus dans la distribution.

Parmi les 1 002 personnes interrogées, 2 % n'ont pas répondu ou ne savaient pas, ce qui représente 20 personnes. Il y a donc 982 répondants :

—   24 % des répondants, c'est-à-dire 236 personnes, pensent que les personnes âgées devraient vivre dans la famille immédiate ;

—   55 % des répondants, c'est-à-dire 540 personnes, pensent que les personnes âgées devraient recevoir de l'aide et des soins à domicile ;

—   20 % des répondants, c'est-à-dire 196 personnes, pensent que les personnes âgées devraient habiter dans une résidence pour personnes âgées ;

—   1 % des répondants, c'est-à-dire 10 personnes, pensent à autre chose pour les personnes âgées.

6.3   LA LECTURE DE DIFFÉRENTS TYPES DE GRAPHIQUES

EXEMPLE   6.4

Au feu !

Selon l'Association canadienne des directeurs provinciaux et des commissaires des incendies, le nombre d'incendies ainsi que les pertes matérielles et le taux de mortalité qui en résultent ont diminué depuis le début des années 80[4].

Lorsqu'une caractéristique d'un phénomène est étudiée dans le temps, à intervalle régulier (une année, un mois, une semaine, un jour...), la série de données recueillies s'appelle une **série chronologique**.

Les figures 6.1, 6.2 et 6.3 donnent l'évolution d'informations sur les incendies pour les années 1982 à 1991. Les caractéristiques étudiées sont le nombre d'incendies, les pertes matérielles et les décès causés par les incendies.

---

4.   Silver, Cynthia. « Au feu », *Tendances sociales canadiennes*, Ottawa, Statistique Canada, automne 1994, p. 17.

Dans la figure 6.1, on peut remarquer qu'il y a eu environ 70 000 incendies au Canada en 1991.

FIGURE 6.1
Nombre d'incendies
(en milliers)

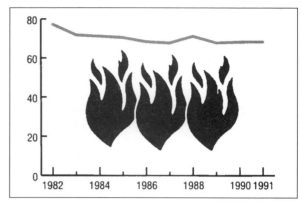

Source : Silver, Cynthia. *Op. cit.*, p. 18.

Dans la figure 6.2, on voit que les pertes matérielles ont été d'environ 1 200 millions de dollars en 1991.

FIGURE 6.2
Pertes matérielles causées
par des incendies (en millions
de dollars constants de 1991)

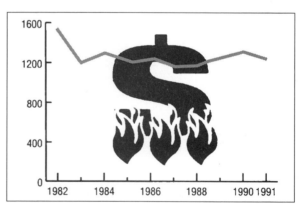

Source : Silver, Cynthia. *Op. cit.*, p. 18.

La figure 6.3 montre que le taux de décès causés par les incendies a été d'environ 1,5 personne par 100 000 habitants au Canada en 1991.

FIGURE 6.3
Décès causés
par des incendies,
pour 100 000 habitants

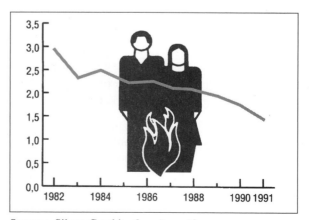

Source : Silver, Cynthia. *Op. cit.*, p. 18.

> Plusieurs données construites sont présentées sous forme de série chronologique : le taux de chômage, les taux d'intérêts, le taux d'inflation, etc.

EXEMPLE   6.5

« Une des principales caractéristiques démographiques des prochaines années sera le vieillissement rapide de la population[5]. »

FIGURE 6.4
Répartition des hommes et des femmes du pays en fonction de l'âge (1993)

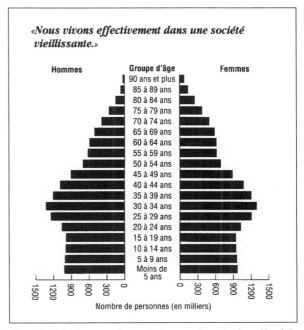

Source : Statistique Canada, publication n° 91-213 au catalogue. Figure présentée dans l'article « La famille canadienne : entretien avec Robert Glossop », *Op. cit.*, p. 6.

La figure 6.4 présente dos à dos le nombre d'hommes et de femmes du pays, pour toutes les catégories d'âge. Cette forme de graphique est appelée la **pyramide des âges**.

Une population en voie d'accroissement a une forme triangulaire, la base étant plus large. On peut voir qu'on manque de jeunes au Canada pour avoir une forme triangulaire. Cette situation caractérise une population vieillissante. La largeur plus importante vis-à-vis les 30 à 45 ans correspond à la période dite du *baby-boom* où l'on a enregistré un accroissement important des naissances, après la Seconde Guerre mondiale.

---

5. « La famille canadienne : entretien avec Robert Glossop », *Tendances sociales canadiennes*, Ottawa, Statistique Canada, hiver 1994, p. 6.

EXERCICES

6.1 « La consommation de médicaments en hausse

« La moitié des Québécois interrogés avaient consommé au moins un médicament, au cours des deux jours ayant précédé l'enquête Santé-Québec. Chez les femmes de 65 ans et plus, la proportion grimpe même à 87 %.

« Qui plus est, cette consommation de médicaments a enregistré une hausse entre l'enquête de 1987 et celle de 1992.

« Ces données ressortent de l'enquête Santé-Québec réalisée auprès de 35 000 Québécois entre novembre 1992 et novembre 1993. Celle-ci est financée par le ministère de la Santé et des Services sociaux et les régies régionales de la santé.

« Ces informations sur la consommation de médicaments incluent les médicaments sous ordonnance et en vente libre, ainsi que les vitamines et minéraux[6]. »

Le tableau 6.9 présente les données recueillies.

TABLEAU 6.9
Personnes ayant pris au moins un médicament au cours des deux jours ayant précédé l'enquête, selon le sexe et l'âge, pour la population totale (Québec 1987, 1992-1993)

Absorption de médicaments 1987 et 1992-93

Sexe et groupe d'âge	Hommes		Femmes		Ensemble	
	1987 (%)	1992-93 (%)	1987 (%)	1992-93 (%)	1987 (%)	1992-93 (%)
De 0 à 14 ans	34,9	40,0	37,1	42,6	36,0	41,3
De 15 à 24 ans	23,6	28,7	56,1	60,2	39,6	44,1
De 25 à 44 ans	26,9	34,6	52,5	58,2	39,8	46,4
De 45 à 64 ans	42,9	49,2	63,1	70,0	53,3	59,8
65 ans et plus	66,8	72,2	76,4	86,6	72,4	80,6
Total	34,5	41,4	54,7	61,4	44,7	51,5

Source : Santé Québec. Tableau présenté dans Lévesque, Lia. *Op. cit.*, p. A5.

a) Parmi la population étudiée en 1987, quelle proportion des hommes âgés de 45 à 64 ans ont pris au moins un médicament au cours des deux jours ayant précédé l'enquête ?

b) Parmi la population étudiée en 1992-1993, quelle proportion des personnes âgées de 65 ans et plus ont pris au moins un médicament au cours des deux jours ayant précédé l'enquête ?

c) Parmi la population étudiée en 1987, quelle proportion des femmes ont pris au moins un médicament au cours des deux jours ayant précédé l'enquête ?

d) Interprétez le nombre 28,7 du tableau 6.9.

e) Interprétez le nombre 46,4 du tableau 6.9.

f) Interprétez le nombre 61,4 du tableau 6.9.

6.2 « Répartition des éléments de rémunération des cadres supérieurs [...]

« Les options, une forme de rémunération qui prend de plus en plus d'importance, donnent le droit d'acheter un certain nombre d'actions à un prix convenu et pendant une période déterminée. [...]

« Les options sont très populaires, note M. Claude Boulanger, un spécialiste en rémunération de cadres avec la société Towers Perrin. Elles permettent de faire des grands voyages, de payer une hypothèque, etc.

« Les options d'achat d'actions font de plus en plus partie de la rémunération des cadres supérieurs. Quatre-vingts des 100 plus grandes entreprises canadiennes ont de tels régimes, affirme M. Ronald Goldthorpe, des conseillers en administration Hay. On n'en comptait que 65 il y a cinq ans.

« À titre de comparaison, aux États-Unis, 98 des 100 premières entreprises offrent des options à leurs cadres[7]. »

La figure 6.5 présente la répartition des entreprises au Canada et aux États-Unis en fonction des éléments de rémunération des cadres supérieurs.

a) Quelle est la variable étudiée et quelles sont ses modalités ?

b) De quel type est cette variable ?

c) Quelle échelle de mesure est utilisée pour étudier cette variable ?

d) Quelles sont les populations étudiées ?

e) Comparez les États-Unis et le Canada relativement à la prime annuelle.

f) À partir des diagrammes circulaires de la figure 6.5, construisez le tableau de distribution des entreprises au Canada et aux États-Unis en fonction des éléments de rémunération des cadres supérieurs.

---

6. Presse Canadienne, Lévesque, Lia. « La consommation de médicaments en hausse », *La Presse*, 19 septembre 1995, p. A5.

7. Beauregard, Valérie. « Comment motiver les cadres d'entreprises ? En en faisant des actionnaires ! », *La Presse*, 24 novembre 1993, p. D1-2.

FIGURE 6.5

Répartition des entreprises au Canada et aux États-Unis en fonction des éléments de rémunération des cadres supérieurs

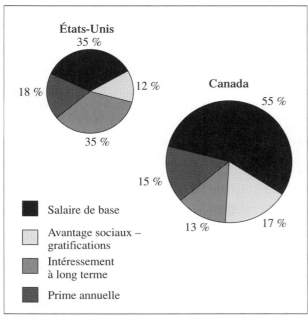

Source : Mercier, Infographie *La Presse*. Figure présentée dans l'article de Beauregard, Valérie. *Op. cit.*, p. D1.

6.3 « **Appareils domestiques** [...]

« Le tiers des ménages ont un lecteur de DC.

« Statistique Canada soutient que la popularité grandissante des lecteurs de DC s'inscrit dans une mode favorable aux produits de haute technologie. L'organisme note par ailleurs que les lecteurs de DC ont été moins rapidement acceptés que les vidéos[8]. »

Les données présentées dans la figure 6.6 proviennent d'une enquête réalisée par Statistique Canada, en mai 1993, dans 38 000 foyers canadiens.

a) Quelle est la population étudiée par cette enquête ?

b) Quelle est l'unité statistique ?

c) Comment interprétez-vous la valeur 23,3 % apparaissant sur le graphique ?

d) Dans l'échantillon, quel est le nombre approximatif de foyers canadiens qui possèdent un lecteur DC (disque compact) ?

e) Comment expliquez-vous le fait que la somme des pourcentages apparaissant dans ce graphique ne donne pas 100 % ?

FIGURE 6.6

Appareils domestiques dans les foyers canadiens

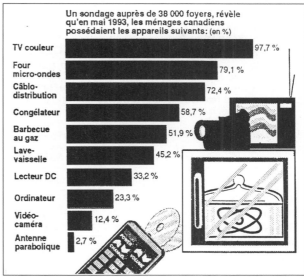

Source : Statistique Canada. Figure présentée dans la Presse Canadienne. *Op. cit.*, p. B10.

6.4 « **Le recours à la grève jugé peu efficace**

« Une bonne majorité de Québécois estime que l'exercice du droit de grève n'est pas un moyen de pression efficace dans le contexte économique actuel.

« Selon un sondage réalisé par la firme SOM pour *La Presse*, près des deux tiers des gens interrogés ne reconnaissent aucune efficacité à l'exercice du droit de grève. [...]

« Les résultats du sondage permettent d'observer certaines différences significatives selon l'âge, la langue maternelle et le sexe des répondants[9]. »

Le tableau 6.10 présente les données recueillies.

a) Quel pourcentage des individus dont la langue maternelle est le français pensent que le droit de grève est un moyen de pression efficace?

b) Quel est le nombre approximatif de personnes dont l'âge est entre 25 et 34 ans croient que le droit de grève n'est pas un moyen de pression efficace?

c) Dans quelle catégorie de scolarité trouvez-vous le plus haut pourcentage de gens qui croient que le droit de grève est un moyen de pression efficace?

d) Dans quelle catégorie d'âge trouvez-vous le plus petit nombre de personnes qui ne croient pas que le droit de grève est un moyen de pression efficace?

---

8. Presse Canadienne. « Le tiers des ménages ont un lecteur DC », *La Presse*, 7 décembre 1993, p. B10.

9. Bellemare, Pierre. « Le recours à la grève jugé peu efficace », *La Presse*, 19 avril 1996, p. A9.

TABLEAU 6.10
Répartition des répondants en fonction de leur opinion sur l'efficacité de l'exercice du droit de grève comme moyen de pression

SONDAGE

SOM La Presse DROIT DE PAROLE

■ **Croyez-vous que l'exercice du droit de grève soit un moyen de pression efficace dans le contexte économique du Québec actuel (mondialisation des marchés, libre-échange, etc.)?**

	Le droit de grève est un moyen de pression efficace		
	OUI	*NON*	*NSP/NRP*
Total (n : 1 000)	*29 %*	*64 %*	*7 %*
Âge			
18 à 24 ans (n : 122)	*49*	*42*	*9*
25 à 34 ans (n : 225)	*36*	*58*	*6*
35 à 44 ans (n : 263)	*28*	*67*	*5*
45 à 54 ans (n : 187)	*26*	*66*	*8*
55 à 64 ans (n : 84)	*19*	*72*	*9*
65 ans et plus (n : 118)	*15*	*75*	*10*
Scolarité			
6 et moins (n : 48)	*23*	*65*	*12*
7-12 ans (n : 407)	*26*	*65*	*9*
13-15 ans (n : 289)	*34*	*59*	*7*
16 et plus (n : 247)	*31*	*65*	*4*
Langue maternelle			
Français seul. (n : 848)	*27*	*65*	*8*
Anglais/autre (n : 151)	*38*	*55*	*7*
Sexe			
Homme (n : 489)	*34*	*62*	*4*
Femme (n : 511)	*25*	*64*	*11*
Occupe emploi syndiqué			
OUI (n : 227)	*40*	*53*	*7*
NON (n : 772)	*26*	*66*	*8*

Ce sondage a été réalisé entre le 12 et le 16 avril 1996. Au total, 1 011 entrevues ont été complétées. La marge d'erreur est estimée à 3,63 % pour l'ensemble des 1 001 répondants. Ce sondage fera l'objet de la discussion à l'émission Droit de parole ce soir à 20 h à Radio-Québec.

Source : Infographie *La Presse*. Tableau présenté dans Bellemare, Pierre. *Op. cit.*, p. A9.

6.5 **« Vive la saison de la crème glacée, au diable les bonnes résolutions »**

« L'été, lorsque la fringale les prend et qu'ils décident d'aller au dépanneur du coin ou dans un bar laitier pour acheter une collation glacée, les gens oublient leurs bonnes résolutions. Ils n'ont qu'une idée en tête : se payer la traite.

« Les fabricants de crème glacée ont bien compris ce principe. C'est pourquoi ils offrent, depuis quelques années, des produits plus variés les uns que les autres.

« Au Canada, le marché de la crème glacée est de 581 millions, indique une étude réalisée en 1993 par la firme A.C. Nielsen. [...]

« La même étude révèle par ailleurs que le marché canadien des friandises glacées est de 200 millions. [...]

« "Il y a deux groupes de gens, explique Jacques Perreault, directeur du marketing chez Natrel, fabricant notamment des crèmes glacées Québon et Laval [...]. Il y a ceux qui veulent des choses très spéciales et il y a ceux qui aiment la crème glacée régulière et mangent de la crème glacée à la vanille toute leur vie[10] ! " »

La figure 6.7 présente les données recueillies au sujet du marché canadien de la crème glacée durant cette étude.

FIGURE 6.7
Différents aspects du marché canadien de crème glacée

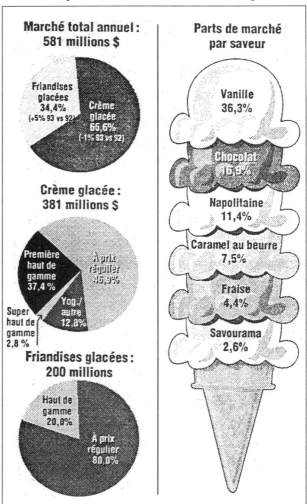

Source : Nielsen, A.C. Infographie *La Presse*. Figure présentée dans l'article de Bonneau, Danielle. *Op. cit.*, p. C1.

---

10. Bonneau, Danielle. « Vive la saison de la crème glacée, au diable les bonnes résolutions », *La Presse*, Cahier Actualités, 20 mai 1994, p. C1.

a) Quelle est la part du marché de la crème glacée au chocolat ?

b) Que signifie l'information entre parenthèses (+5 % 93 vs 92) ?

c) Combien dépense-t-on annuellement pour de la crème glacée à prix « régulier » ?

6.6 « **À travail égal, salaire inégal.**

« Les femmes continuent de gagner moins que les hommes, 45 ans après l'accord international sur l'égalité des salaires. Et plus le pays est pauvre, plus la différence est grande.

« "Les femmes gagnent encore 20 à 50 pour cent de moins que les hommes de par le monde", souligne un rapport de l'Organisation internationale du travail. [...]

« Le rapport, intitulé "Plus d'emplois dans de meilleures conditions pour les femmes", note également que les femmes ont un moindre accès à la formation, aux prêts bancaires, au choix des emplois, aux postes de décision, aux responsabilités familiales, aux plans de carrière et aux enplois stables[11] ».

La figure 6.8 présente les données recueillies.

FIGURE 6.8
Femmes et travail

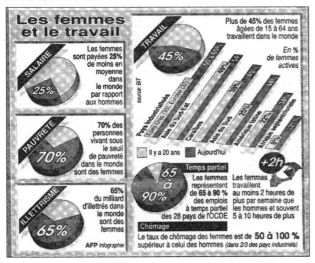

Source : Figure présentée dans Associated Press. *Op. cit.,* p. D2.

a) Dans le diagramme à bandes, comment interprétez-vous le 25 % ?

b) À quel pourcentage des illettrés correspondent les illettrés de sexe masculin ?

6.7 « **Le nombre de jeunes femmes au travail diminue** [...]

« Les femmes représentent toujours une part importante de la main-d'œuvre au Canada, depuis le début de la décennie, mais le nombre des jeunes femmes au travail a fléchi.

« Un rapport de Statistique Canada sur les femmes au travail révèle en effet que le taux de participation des femmes de moins de 25 ans a baissé de cinq points de pourcentage, entre 1990 et 1993. [...]

« Comment expliquer cette situation ?

« "Un bon nombre de ces jeunes femmes étudient", explique Colin Lindsay, analyste de Statistique Canada.

« On a signalé en effet un nombre grandissant de jeunes femmes qui s'inscrivent dans les collèges et universités. Par ailleurs, de dire l'agence fédérale, les femmes sont conscientes que plus elles sont instruites, plus grandes sont leurs chances de trouver un bon emploi[12]. »

La figure 6.9 présente les données recueillies durant l'enquête.

a) Quel pourcentage des mères de familles monoparentales occupaient un emploi en 1991 ?

b) Comment interprétez-vous la valeur 71,8 qui apparaît dans la figure 6.9 ?

c) Identifiez les deux séries chronologiques qui apparaissent dans le deuxième graphique de la figure 6.9.

FIGURE 6.9
Femmes et emploi

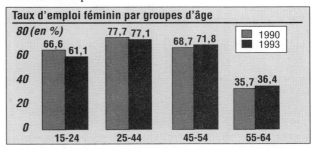

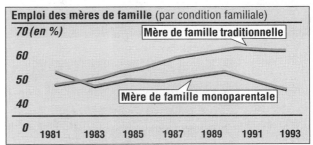

Source : Statistique Canada. Figure présentée dans la Presse Canadienne. *Op. cit.*, p. D5.

---

11. Associated Press, Washington. « Les femmes toujours moins payées que les hommes », *La Presse*, 31 juillet 1996, p. D2.

12. Presse Canadienne. « Le nombre de jeunes femmes au travail diminue », *La Presse*, Cahier Économie, 26 octobre 1994, p. D5.

6.8 « **Une population connaissant de plus en plus le fonctionnement des ordinateurs**

Selon l'Enquête sociale générale (ESG) de 1994, 56 % des adultes du Canada (12,3 millions) étaient en mesure d'utiliser un ordinateur comparativement à 47 % en 1989, une hausse certes notable. De plus, 41 % des Canadiens âgés de 15 ans et plus cette même année avaient suivi au moins 1 cours d'informatique.

FIGURE 6.10
Utilisation de l'ordinateur chez les Canadiens

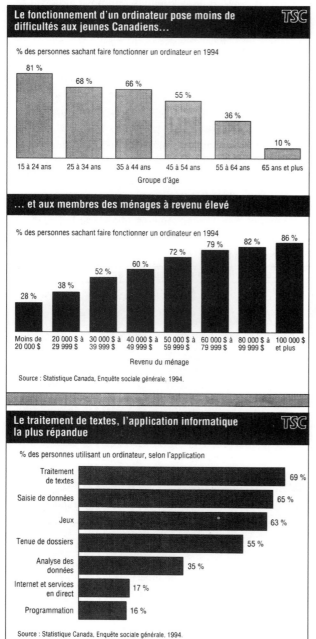

Source : Figure présentée dans Frank, Jeffrey. *Op. cit.,* p. 7.

« La connaissance du fonctionnement des ordinateurs est surtout courante chez les jeunes, en partie parce que la majorité de ces derniers y sont aujourd'hui initiés durant leurs études. [...]

« Tout comme le fait d'acquérir des ordinateurs personnels, l'aptitude à utiliser un ordinateur est liée au revenu des ménages. [...]

« L'application la plus courante au sein des utilisateurs d'ordinateurs est sans contredit le traitement de textes. [...]

« Il semble que les Canadiens soient bien disposés à entrer dans l'ère de l'information. En effet, plus de Canadiens que jamais ont une connaissance du fonctionnement des ordinateurs et en possèdent un à la maison; nombre d'entre eux utilisent des services en direct. Le recours à la technologie de l'information et aux avantages qu'elle offre demeure toutefois plus répandu chez les Canadiens à revenu élevé et chez les jeunes[13]. »

La figure 6.10 présente les données recueillies durant cette enquête.

a) Dans le premier graphique, comment interprétez-vous le 66 % ?

b) À partir du deuxième graphique, est-il possible de calculer le revenu moyen des personnes sachant faire fonctionner un ordinateur en 1994 ? Si oui, trouvez ce revenu moyen. Sinon, expliquez pourquoi.

c) Dans le troisième graphique, comment interprétez-vous le 17 % ?

6.9 « **Publicité : la presse écrite a toujours la faveur des PME**

« Aussi branchées soient-elles, les PME du Québec, avec à leur disposition un budget de marketing considérable de plus de 1,5 milliard, comptent toujours sur la presse écrite – hebdos, quotidiens et magazines – pour faire connaître leurs produits et services.

« C'est ce que révèle notamment le cinquième sondage d'une série mensuelle qui vise à percer les pratiques, vues, intentions, souhaits et projets des PME du Québec. L'étude est menée par la division recherche-stratégie du Groupe Everest pour le compte de la Banque Nationale et *La Presse.* [...]

« Ce sondage a été effectué entre le 12 et le 22 décembre 1995 auprès de dirigeants de 300 PME du Québec.

« Ces PME ont été sélectionnées aléatoirement parmi un ensemble de quelque 27 000 entreprises québécoises définies comme suit :

13. Frank, Jeffrey. « Les ménages canadiens se préparent technologiquement à emprunter l'inforoute », *Tendances sociales canadiennes*, Ottawa, Statistique Canada, Catalogue 11-008F, automne 1995, p. 6.

– entre 10 et 200 employés ;

– chiffre d'affaires de 1 million ou plus ;

– tous les secteurs d'activité, à l'exception des sociétés ou institutions gouvernementales[14]. »

Le tableau 6.11 présente les données recueillies sur le budget de marketing des PME.

TABLEAU 6.11
Budget marketing des PME

SONDAGE BANQUE NATIONALE / GROUPE EVEREST / LA PRESSE
Budget marketing

La publicité est une activité incontournable pour les PME ayant un budget marketing.	Réalisation de l'activité (% sur 194 entreprises ayant un budget marketing)	Utilisation d'un consultant extérieur (% des cas)
Publicité	94	40
Promotion	68	20
Commandites	78	13
Relations publiques	70	17
Télémarketing	30	17
Marketing postal (direct)	62	25
Expositions, salons, foires, etc.	9	22
Développement des affaires (contacts, brochures, etc.)	4	
Recherche marketing	37	28

Source : Infographie *La Presse*. Tableau présenté dans Durivage, Paul. *Op. cit.*, p. B1.

a) Quelle est la population étudiée ?

b) Quelle est l'unité statistique ?

c) Quel pourcentage des PME du Québec ont participé à ce sondage ?

d) Comment interprétez-vous le nombre 94 apparaissant dans le tableau 6.11 ?

e) Comment interprétez-vous le nombre 20 apparaissant dans le tableau 6.11 ?

f) Combien d'entreprises ayant un budget de marketing réservent une partie de ce budget pour les commandites ?

6.10 « **Les femmes du pré-*baby-boom***

« Taux d'activité et contexte économique

« Les femmes du pré-*baby-boom* (nées entre 1936 et 1945), qui se sont jointes au marché du travail autour de la vingtaine, l'ont fait principalement durant les années 1950. À cette époque, le Canada traversait une période d'expansion générale depuis la fin de la Seconde Guerre mondiale. [...] Cependant, l'activité des femmes sur le marché du travail était encore un phénomène récent – en 1961, environ 39 % seulement des femmes du pré-*baby-boom*, alors âgées de 16 à 25 ans, travaillaient à l'extérieur. Également, il est facile d'imaginer que nombre d'entre elles participaient au marché du travail quelques années tout au plus jusqu'à ce qu'elles se marient. Il est donc possible qu'une minorité de femmes seulement, à cette époque, ait eu accès à [des emplois prometteurs nouvellement créés].

« Cependant, cette mentalité n'a pas tardé à se modifier. Les femmes du pré-*baby-boom* ont par la suite accru leur participation au marché du travail à 43 % en 1971, à 64 % en 1981 et finalement à 70 % en 1991.

« Parallèlement à ce changement spectaculaire, le niveau de scolarité de ce groupe s'est accru entre 1971 et 1991. [...]

« Si le taux d'activité des femmes du pré-*baby-boom* variait considérablement selon l'état matrimonial en 1971 [...], en 1991, l'écart n'était plus que de 4 points [...]. Avec le temps, la présence et le nombre d'enfants à la maison ont également eu un effet moins important sur l'activité de ces femmes sur le marché du travail. [...]

« [Enfin], en 1971, le taux d'activité des femmes du pré-*baby-boom* (mariées ou en union libre) diminuait considérablement à mesure que le revenu d'emploi du conjoint augmentait[15]. »

Le tableau 6.12 présente la répartition et le taux d'activité des femmes du pré-*baby-boom* selon certaines variables démographiques et économiques.

a) En 1981, quel pourcentage des femmes du pré-*baby-boom* avaient un conjoint dont le revenu se situait entre 30 000 $ et 39 999 $?

b) En 1991, quel pourcentage des femmes du pré-*baby-boom* détenaient un diplôme universitaire ?

c) Quel était l'état matrimonial de la majorité des femmes du pré-*baby-boom* en 1981 ?

d) Quel était le taux d'activité des femmes du pré-*baby-boom* ayant 2 enfants en 1981 ?

---

14. Durivage, Paul. « Publicité : la presse écrite a toujours la faveur des PME », *La Presse*, Cahier Économie, 15 janvier 1996, p. B1.

15. *Les femmes du* baby-boom : *une génération au travail*, Ottawa, Statistique Canada, Catalogue 96-315F, 1994, p. 9-11.

TABLEAU 6.12
Répartition et taux d'activité des femmes du pré-*baby-boom* selon certaines variables démographiques et économiques

Âge	1971	1981	1991	1971	1981	1991
	26 à 35 ans	36 à 45 ans	46 à 55 ans	26 à 35 ans	36 à 45 ans	46 à 55 ans
	Répartition en %			Taux d'activité en %		
Niveau de scolarité						
Total	100	100	100	43	64	70
Moins de 9 ans	23	20	18	31	48	48
De 9 à 13 ans	49	41	42	43	63	68
Études postsecondaires	23	32	31	54	72	79
Diplôme universitaire	5	8	9	64	83	88
État matrimonial						
Célibataire (jamais mariée)	11	7	6	80	79	73
Mariée	83	82	77	37	62	69
Autre	6	12	17	60	74	73
Présence et nombre d'enfants à la maison						
Sans enfant	22	17	45	77	78	69
Avec enfant(s)	78	83	55	34	62	71
1 enfant	16	17	27	45	68	70
2 enfants	28	34	19	34	64	73
3 enfants et plus	34	33	8	28	56	68
Sans enfant d'âge préscolaire	23	71	54	48	64	71
Avec enfant(s) d'âge préscolaire	55	12	1	28	47	60
Revenu d'emploi du conjoint (en dollars constants de 1990)						
Moins de 10 000 $	9	10	21	41	58	59
10 000 $ à 19 999 $	15	9	10	40	65	73
20 000 $ à 29 999 $	28	16	15	41	66	72
30 000 $ à 39 999 $	27	23	17	37	65	71
40 000 $ à 49 999 $	11	18	14	30	62	71
50 000 $ à 59 999 $	5	10	9	28	60	72
60 000 $ et plus	5	14	14	25	54	70

Source : *Les femmes du* baby-boom : *une génération au travail*, Ottawa, Statistique Canada, Catalogue 96-315F, 1994, p. 10.

6.11 « **Contribution de la femme dans le revenu d'emploi familial**

« Les familles dont les deux conjoints travaillent formant désormais la majorité, on pourrait s'attendre à ce que la part du revenu d'emploi des femmes dans le revenu d'emploi familial augmente dans le temps et selon les groupes, mais qu'en est-il au juste ?

« La contribution de la femme dans le revenu d'emploi familial dépend de plusieurs facteurs, dont l'intensité du travail de chacun des membres de la famille, le nombre de membres qui contribuent au revenu familial, le type d'emploi qu'ils détiennent et l'industrie où ils travaillent, pour n'en nommer que quelques-uns. Pour cet exercice, nous n'avons retenu que les femmes mariées ou en union libre, qui ont eu un revenu d'emploi au cours de l'année précédant celle du recensement, pour un travail à temps plein ou à temps partiel, toute l'année ou une partie de l'année seulement. [...]

« Il est intéressant d'observer qu'au moment où le revenu d'emploi familial atteint des niveaux légèrement au-dessus de la moyenne, la contribution de la femme

FIGURE 6.11
Contribution moyenne des femmes de 26 à 35 ans dans le revenu d'emploi moyen de la famille, selon la tranche du revenu familial

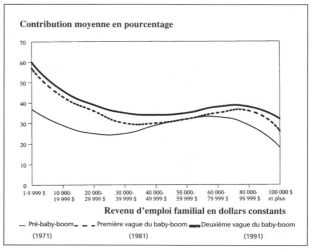

Source : Statistique Canada. *Op. cit.*, p. 42.

s'accroît quelque peu. Cela peut être attribuable à une combinaison de situations, dont possiblement la présence plus élevée de couples formés de professionnels, dont l'intensité au travail tend à être élevée tant pour les hommes que pour les femmes[16]. »

La figure 6.11 illustre la contribution moyenne des femmes de 26 à 35 ans dans le revenu d'emploi moyen de la famille, selon le groupe (pré-*baby-boom*, première vague du *baby-boom*, deuxième vague du *baby-boom*).

a) Quelle est la contribution moyenne, en pourcentage, des femmes de la première vague du *baby-boom* au revenu familial lorsque celui-ci se situe entre 40 000 $ et 49 000 $?

b) Commentez la contribution moyenne des femmes au revenu familial selon que la femme appartienne au groupe de la première vague du *baby-boom* ou de la deuxième vague du *baby-boom*.

6.12 « L'écart salarial persiste entre les jeunes hommes et les jeunes femmes

« Il existe toujours un écart entre le revenu moyen des jeunes hommes et des jeunes femmes [...]. S'il est vrai que la différence était légèrement moindre en 1990 qu'en 1980, cette réduction semble largement attribuable à un déclin plus prononcé du revenu moyen chez les jeunes hommes que chez les jeunes femmes. Autrement dit, les jeunes femmes ne semblent pas avoir réalisé de véritables gains, du moins sous l'angle de leur revenu moyen[17]. »

La figure 6.12 permet de comparer le revenu moyen des jeunes en dollars constants (de 1990) selon l'âge et le sexe, au Canada.

FIGURE 6.12
Revenu moyen des jeunes selon l'âge et le sexe, au Canada

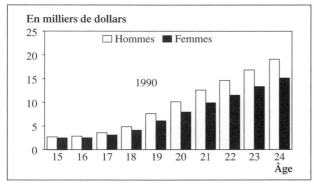

Source : Statistique Canada. Recensements du Canada 1981 et 1991, totalisations non publiées. Figure présentée dans Statistique Canada. *Op. cit.*, p. 61.

16. *Ibid.*, p. 41.
17. *Les enfants et les jeunes : un aperçu*, Ottawa, Statistique Canada, Catalogue 96-320F, 1994, p. 60.

a) Quelles sont les populations étudiées ?

b) Quel était le revenu moyen des hommes de 21 ans en 1990 ?

c) Quel était le revenu moyen des femmes de 23 ans en 1990 ?

d) Comparez le revenu moyen des hommes et des femmes âgés entre 15 et 24 ans en 1990.

6.13 « Les jeunes dans la population active

« Ces dernières années, on a assisté à une baisse du nombre absolu de jeunes Canadiens dans la population active. En 1991, 2 564 200 jeunes ont déclaré qu'ils travaillaient ou cherchaient activement un emploi, une diminution par rapport au nombre de 3 036 295 enregistré en 1981 [...]. De 1981 à 1986, le nombre de jeunes dans la population active a régressé dans une proportion de 7,1 %, comparativement à une baisse de 9,1 % pour la période 1986-1991. Toutes les personnes de 15 ans et plus qui étaient ou occupées (qu'elles travaillaient à plein temps ou à temps partiel) ou à la recherche d'un emploi au cours de la semaine précédant le recensement sont incluses dans la population active.

« Cette baisse en nombre absolu est directement liée aux récents changements dans la répartition par âge de la population canadienne. À mesure que les derniers-nés de la génération du *baby-boom* parvenaient à l'âge adulte, le nombre de jeunes disponibles pour l'emploi diminuait, indépendamment de tout changement de tendance quant à leur entrée sur le marché du travail. Or, ces statistiques nous en disent très peu sur la proportion de jeunes qui travaillent actuellement, sur la nature de leur emploi, et sur leurs chances relatives de se trouver un emploi, entre autres choses[18]. »

Le tableau 6.13 présente certaines données recueillies.

TABLEAU 6.13
Nombre de jeunes dans la population active et variation en pourcentage selon le groupe d'âge et le sexe, au Canada, en 1981, en 1986 et en 1991

	Nombre			Variation en pourcentage	
	1981	1986	1991	1981-1986	1986-1991
15 à 24 ans					
Total	3 036 295	2 819 915	2 564 200	-7,1	-9,1
Hommes	1 632 075	1 487 440	1 341 225	-8,9	-9,8
Femmes	1 404 210	1 332 480	1 222 980	-5,1	-8,2
15 à 19 ans					
Total	1 073 950	901 405	904 370	-16,1	0,3
Hommes	571 570	474 650	471 555	-17,0	-0,7
Femmes	502 375	426 755	432 815	-15,1	1,4
20 à 24 ans					
Total	1 962 345	1 918 510	1 659 830	-2,2	-13,5
Hommes	1 060 505	1 012 790	869 670	-4,5	-14,1
Femmes	901 835	905 725	790 165	0,4	-12,8

Source : Statistique Canada. *Op. cit.*, p. 39.

18. *Les enfants et les jeunes : un aperçu*, Ottawa, Statistique Canada, Catalogue 96-320F, 1994, p. 39-40.

a) Comment interprétez-vous la valeur −16,1 dans le tableau 6.13 ?

b) Combien y avait-il de jeunes de 15 à 19 ans dans la population active au Canada en 1991 ?

c) Combien y avait-il de femmes de 20 à 24 ans dans la population active au Canada en 1986 ?

d) Quel est le taux de variation chez les hommes de 15 à 24 ans dans la population active au Canada entre 1986 et 1991 ?

6.14 « Les médecins canadiens satisfaits de pratiquer dans le cadre du régime public

« [...] Les [médecins] canadiens sont plus satisfaits de pratiquer dans le cadre du régime de soins de santé de leur pays que les médecins britanniques, français et américains, indique le sondage du Medical Post.

« Nos médecins sont plutôt heureux, a estimé Mme Diana Swift, qui a effectué l'enquête pour la publication torontoise. Ils peuvent trouver à redire et se plaindre individuellement, mais, comme groupe, ils sont beaucoup plus contents que les médecins de la plupart des autres nations occidentales industrialisées[19]. »

Le sondage a été mené entre novembre 1993 et mai 1994 par la firme Camm Corp. International auprès de 300 médecins au Canada, de 500 médecins aux États-Unis, de 350 médecins en France et de 250 médecins au Royaume-Uni. La figure 6.13 illustre la situation.

FIGURE 6.13
Pourcentage des médecins satisfaits de pratiquer dans le cadre du régime public selon le pays

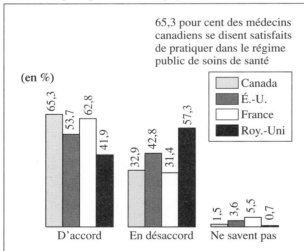

Source : Sondage international de médecins. Presse Canadienne. *Op. cit.*, p. A4.

---

19. Presse Canadienne. « Les médecins canadiens satisfaits de pratiquer dans le cadre du régime public », *La Presse*, 29 novembre 1994, p. A4.

a) Déterminez quelle est la variable.

b) Précisez quelles sont les modalités de la variable.

c) Les choix de réponse sont-ils exhaustifs ?

d) Les choix de réponse sont-ils exclusifs ?

e) Interprétez le nombre 32,9 de la figure 6.13.

La figure 6.14 présente la moyenne du temps que les médecins consacrent à chaque patient.

f) Interprétez le nombre 20,6 de la figure 6.14.

FIGURE 6.14
Moyenne du temps que les médecins consacrent à chaque patient, en minutes

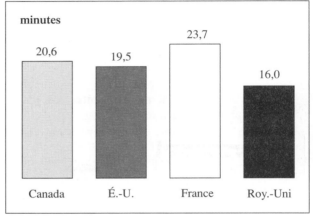

Source : Sondage international de médecins. Presse Canadienne. *Op. cit.*, p. A4.

La figure 6.15 présente le niveau de salaire des médecins canadiens.

FIGURE 6.15
Revenu des médecins canadiens

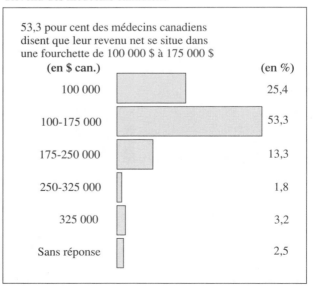

Source : Sondage international de médecins. Presse Canadienne. *Op. cit.*, p. A4.

g) Déterminez quelle est la variable.

h) Précisez quels sont les choix de réponse.

i) Les choix de réponse sont-ils exhaustifs ?

j) Les choix de réponse sont-ils exclusifs ?

k) Comment interprétez-vous la catégorie 100 000 $ avec 25,4 % ?

6.15 « **Sommet mondial sur la pauvreté, le chômage et l'injustice sociale**

« Le problème de la pauvreté et de l'exclusion se présente sous autant de formes qu'il a d'ampleur. Selon l'ONU, plus d'un milliard de personnes dans le monde (une sur cinq) vivent en dessous du seuil de pauvreté. Plus de 800 millions sont privées d'emploi et une personne sur 100 connaît l'exode pour cause de guerre, de famine ou d'autres raisons[20]. »

La figure 6.16 résume la situation.

FIGURE 6.16
1,3 milliard d'humains vivent dans la pauvreté absolue

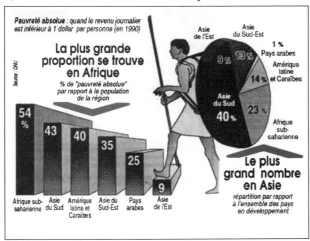

Source : AFP infographie – Laurence Saubadu. Figure présentée dans l'article d'Associated Press, Ginsberg, Thomas. *Op. cit.*, p. A19.

À partir du diagramme circulaire de la figure 6.16 :

a) Déterminez quelle est la population étudiée.

b) Déterminez quelle est la variable.

c) De quel type de variable s'agit-il ?

d) Quelle échelle de mesure est utilisée ?

e) Les modalités de cette variable sont-elles exhaustives ? exclusives ?

f) Interprétez la valeur 14 %.

g) Donnez le nombre approximatif d'humains vivant dans la pauvreté absolue en Afrique sub-saharienne.

À partir du diagramme à bandes verticales de la figure 6.16 :

h) Comment expliquez-vous que la somme des pourcentages ne donne pas 100 % ? Expliquez votre réponse.

i) Interprétez le nombre 35.

20. Associated Press, Ginsberg, Thomas. « Sommet mondial sur la pauvreté, le chômage et l'injustice sociale », *La Presse*, 4 mars 1995, p. A19.

PARTIE II

LES MODÈLES PROBABILISTES

CHAPITRE 7   Les expériences aléatoires et les probabilités

CHAPITRE 8   Les variables aléatoires

CHAPITRE 9   Les distributions d'échantillonnage

7

Les expériences aléatoires et les probabilités

Florence Nightingale David (1909-1993), statisticienne anglaise. En 1929, les compagnies d'assurances ne retinrent pas sa candidature parce qu'elle était une femme. Elle se tourna donc du côté des statistiques et, en 1933, Karl Pearson lui offrit un emploi comme assistante de recherche. Parmi tous les honneurs dont on la gratifia, notons qu'elle fut la première à recevoir, en 1992, le Prix Elizabeth L. Scott. Ce prix lui fut décerné particulièrement pour son effort à ouvrir la porte aux femmes en statistiques et pour sa contribution à cette science[1].

1. L'illustration est extraite de Stinnett, Sandra et coll. *The American Statistician*, vol. 44, n° 2, p. 76.

La théorie des probabilités est apparue et a connu un essor pendant la période de 1650 à 1800. Certains mathématiciens comme Daniel Bernoulli (1700-1782) et Thomas Bayes (1702-1761) ont contribué à l'évolution de ladite théorie. À cette époque, l'intérêt des mathématiciens portait beaucoup sur la théorie des jeux, comme les jeux de cartes ou de dés. La notion de probabilité concerne l'évaluation théorique des chances qu'un événement se réalise. Plus généralement, la théorie des probabilités est l'étude des lois qui gouvernent des phénomènes aléatoires, c'est-à-dire des phénomènes dont le résultat dépend du hasard. Certaines probabilités sont cependant déterminées par l'observation du phénomène. Par exemple[2] :

— on a 9 chances sur 10 de reprendre, après une cure d'amaigrissement, tout le poids perdu ;
— on a 1 chance sur 250 que notre enfant soit un génie ;
— on a 1 chance sur 100 que le fisc scrute à la loupe notre déclaration de revenus cette année ;
— un golfeur professionnel a 1 chance sur 15 000 de jouer un trou d'un coup.

La notion de probabilité est aussi utilisée dans le domaine des statistiques où une multitude d'échantillons sont possibles, mais où un seul échantillon est choisi. Ainsi, au lieu de prendre des cartes au hasard à partir des 52 cartes d'un jeu, on prend un certain nombre d'unités au hasard à partir de toutes les unités statistiques d'une population. Le joueur de cartes se base sur la répartition des probabilités des différentes mains possibles pour miser. Le statisticien, quant à lui, se base sur la distribution des probabilités des différents échantillons possibles pour évaluer la précision des estimations faites au sujet d'un phénomène concernant toute la population ou pour vérifier des hypothèses émises au sujet de ce phénomène.

7.1 L'EXPÉRIENCE ALÉATOIRE ET L'ESPACE ÉCHANTILLONNAL (Ω)

Lorsqu'on choisit au hasard une personne parmi une population, on ne peut prédire quelle personne sera sélectionnée. Obtiendra-t-on Jean Tremblay, John Smith... ? De même, lorsqu'on lance un dé, on ne peut prédire le résultat avec certitude. Obtiendra-t-on la face 1, la face 2, ..., la face 6 ? Ce sont des expériences aléatoires. Ainsi, une expérience aléatoire est une expérience dont le résultat dépend du hasard et dont on connaît cependant l'ensemble des résultats possibles.

L'ensemble de tous les résultats possibles pour une expérience aléatoire est appelé « espace échantillonnal ». On le note Ω (lire oméga). Si l'on choisit au hasard une personne parmi une population, l'espace échantillonnal est la population à partir de laquelle la personne est sélectionnée. Dans le cas du lancer d'un dé, l'espace échantillonnal est :

$\Omega = \{$face 1, face 2, ..., face 6$\}$.

---

2. « Une chance sur combien ? », *La Presse*, Cahier Livres, arts et spectacles, 14 novembre 1993, p. B9.

EXEMPLE 7.1

Le réseau scolaire

Dans *La Presse* du samedi 22 mai 1993, on publiait un sondage qui a été mené du 13 au 18 mai, dont l'une des questions portait sur le choix du réseau scolaire, anglophone ou francophone, que les parents feraient si on leur laissait le libre choix. Le tableau 7.1 résume les informations recueillies auprès des répondants[3].

TABLEAU 7.1
Répartition des répondants en fonction de leur langue maternelle et de leur choix de réseau scolaire

Choix	Langue maternelle			Total
	Français	Anglais	Autres	
Réseau anglophone	146	71	32	249
Réseau francophone	689	30	19	738
Total	835	101	51	987

Imaginons qu'on décide de choisir au hasard 1 des 987 personnes qui ont répondu à ce sondage. L'expérience aléatoire serait donc de choisir une personne qui a répondu à ce sondage. Cette expérience aléatoire comporte en tout 987 résultats possibles, soit les 987 personnes qui ont répondu.

L'espace échantillonnal Ω est donc composé des 987 personnes qui ont répondu. Il peut être décrit en énumérant les noms de chacune de ces 987 personnes, par exemple,

$\Omega = \{$Jean Tremblay, John Smith, Kim Lu...$\}$.

L'espace échantillonnal représente tous les résultats possibles qu'on peut obtenir avant que l'expérience aléatoire soit réalisée. Lorsque l'expérience aléatoire sera réalisée, un seul de ces résultats sera obtenu et c'est le hasard qui le déterminera.

EXEMPLE 7.2

Le souper

Vous avez planifié d'aller souper avec un ami au restaurant, et vous décidez de tirer à pile ou face afin de savoir qui paiera le souper.

Expérience aléatoire	Lancer une pièce de monnaie
Espace échantillonnal	L'ensemble des résultats possibles sont pile ou face.

Ainsi,

$\Omega = \{$pile, face$\}$.

Si vous ne lancez pas la pièce de monnaie, vous ne saurez pas quel résultat (pile ou face) sera obtenu. Tant que vous ne lancerez pas la pièce de monnaie, vous ne saurez pas qui paiera le souper. C'est donc le hasard qui décidera lequel des deux paiera.

3.   Adapté d'un tableau présenté dans l'article de Ouimet, Michèle. « Les élèves anglophones sont mieux préparés au bilinguisme que les enfants francophones », *La Presse*, 22 mai 1993, p. B4.

EXEMPLE 7.3

Le jeu de jacquet

Vous jouez au jeu de jacquet (*backgammon*), qui consiste à lancer deux dés et à avancer des pierres vers leur ciel.

Expérience aléatoire	Lancer deux dés
Espace échantillonnal	L'ensemble des 36 résultats présentés sous forme de couples de telle sorte que chaque coordonnée du couple représente toujours la face obtenue sur le même dé

Ainsi,

$$\Omega = \begin{cases} (1, 1) & (1, 2) & (1, 3) & (1, 4) & (1, 5) & (1, 6) \\ (2, 1) & (2, 2) & (2, 3) & (2, 4) & (2, 5) & (2, 6) \\ (3, 1) & (3, 2) & (3, 3) & (3, 4) & (3, 5) & (3, 6) \\ (4, 1) & (4, 2) & (4, 3) & (4, 4) & (4, 5) & (4, 6) \\ (5, 1) & (5, 2) & (5, 3) & (5, 4) & (5, 5) & (5, 6) \\ (6, 1) & (6, 2) & (6, 3) & (6, 4) & (6, 5) & (6, 6) \end{cases}.$$

L'expérience comporte 36 résultats possibles, mais 1 seul sera obtenu lorsque l'expérience se réalisera et c'est le hasard qui le déterminera.

EXEMPLE 7.4

Le poker

Vous jouez au poker. Une main de poker est constituée de 5 des 52 cartes d'un jeu de cartes. Supposons que les 5 cartes sont choisies au hasard.

Expérience aléatoire	Choisir au hasard 5 cartes parmi les 52 cartes du jeu
Espace échantillonnal	L'ensemble des 2 598 960 mains possibles, c'est-à-dire des quintuplets dont les coordonnées sont les éléments d'un jeu de cartes

$$\Omega = \{(A\heartsuit, 2\clubsuit, D\diamondsuit, R\spadesuit, 10\heartsuit), (4\diamondsuit, 3\heartsuit, 2\heartsuit, D\spadesuit, 7\heartsuit)...\}.$$

Il y a 2 598 960 mains possibles au poker. Un peu plus loin dans ce chapitre, on verra comment trouver ce nombre.

Lorsque l'expérience sera réalisée, c'est-à-dire lorsque les 5 cartes seront choisies, une seule main de poker se réalisera et c'est le hasard qui la déterminera.

EXEMPLE 7.5

La lotto 6/49

À la lotto 6/49, une combinaison est composée de 6 numéros différents pris parmi les numéros allant de 1 à 49 inclusivement. Le soir du tirage, les 6 numéros sont déterminés à l'aide d'un boulier contenant 49 boules numérotées de 1 à 49.

Expérience aléatoire	Sélectionner au hasard une combinaison formée de 6 des 49 numéros
Espace échantillonnal	L'ensemble des 13 983 816 combinaisons possibles, c'est-à-dire de tous les sextuplets dont les coordonnées sont des chiffres de 1 à 49

$\Omega = \{(1, 4, 7, 10, 17, 42), (3, 7, 14, 28, 37, 49)...\}$.

Il y a 13 983 816 combinaisons possibles. Nous montrerons plus loin comment calculer le nombre de combinaisons possibles.

Une seule de ces combinaisons se réalisera, et c'est le hasard qui la déterminera.

EXEMPLE 7.6

Une légère majorité de Québécois appuie l'objectif du déficit zéro

Dans le journal *La Presse* du 23 décembre 1996, on donnait les résultats obtenus dans un sondage réalisé en décembre en réponse à une question portant sur l'opinion de la personne concernant le déficit zéro pour l'an 2000[4].

Le tableau 7.2 présente la répartition des personnes interrogées en fonction de leur opinion pour chacune des catégories d'âge.

TABLEAU 7.2
Répartition des personnes interrogées, en pourcentage, en fonction de leur opinion concernant le déficit zéro, pour chacune des catégories d'âge

Âge	Opinion			Total
	D'accord	En désaccord	NSP/NRP	
De 18 à 34 ans	55	36	9	100
De 35 à 54 ans	59	37	4	100
55 ans et plus	38	49	13	100
Tous	52	40	8	100

Note : NSP/NRP signifie « ne sait pas » ou « ne répond pas ».

On choisit au hasard l'une des personnes interrogées. L'espace échantillonnal est constitué de l'ensemble des personnes interrogées, même si l'article n'en spécifie pas le nombre.

Expérience aléatoire	Choisir au hasard une personne interrogée
Espace échantillonnal	L'ensemble des personnes interrogées

C'est le hasard qui déterminera laquelle des personnes sera choisie.

4. Jannard, Maurice. « Une légère majorité de Québécois appuie l'objectif du déficit zéro », *La Presse*, Cahier Économie, 23 décembre 1996, p. B1.

EXERCICES

7.1 Vous jouez au Monopoly. Chaque fois que vous voulez avancer votre pion, vous devez préalablement lancer deux dés. L'addition des deux nombres obtenus détermine de combien de cases le pion sera avancé.

a) Quelle expérience aléatoire faites-vous au cours de ce jeu ?

b) Décrivez l'espace échantillonnal, en énumérant tous ses résultats, et spécifiez-en le nombre.

7.2 Dans le journal *La Presse* du 19 janvier 1996, on donnait les résultats d'un sondage réalisé entre le 12 et le 16 janvier et portant sur l'opinion des gens concernant leur sécurité d'emploi. La question était : « Estimez-vous que l'emploi que vous avez présentement vous donne une bonne sécurité d'emploi[5] ? ».

Le tableau 7.3 présente les résultats obtenus.

Si l'on avait l'intention de choisir au hasard l'une des personnes interrogées pour lui poser d'autres questions :

_____

5. Sondage SOM – Droit de parole, *La Presse*, 19 janvier 1996, p. A9.

a) Quelle serait l'expérience aléatoire ?

b) Quels seraient les éléments de l'espace échantillonnal ?

c) Si Maude fait partie de l'espace échantillonnal, est-ce certain qu'elle sera choisie pour se faire poser d'autres questions ?

TABLEAU 7.3
Répartition des personnes interrogées, en pourcentage, en fonction de leur opinion concernant leur sécurité d'emploi pour chaque type d'employeur

Employeur	Votre emploi vous donne une bonne sécurité d'emploi		
	Oui	Non	Total
Gouvernement ou organisme public	50	50	100
Grande entreprise privée	62	38	100
PME	47	53	100
À son compte	60	40	100
Autre	33	67	100
Total	54	46	100

Source : Adapté d'un tableau d'Infographie *La Presse*, présenté dans Sondage SOM – Droit de parole, *Op. cit.*, p. A9.

7.2 UN ÉVÉNEMENT

Dans la section précédente, on a vu que l'espace échantillonnal d'une expérience aléatoire contient tous les résultats possibles de cette expérience. Un événement est un sous-ensemble de l'espace échantillonnal contenant une partie des résultats possibles ; il sera noté par une lettre majuscule A, B...

Un événement peut être défini soit en précisant la caractéristique propre à tous les résultats qui le composent, soit en énumérant tous ses résultats :

— Soit l'événement A : Être anglophone *(caractéristique)* ou

A = {Mary Poppins, John Smith, James Cross...} *(énumération)* ;

— Soit l'événement B : Obtenir un nombre pair lors du lancer d'un dé *(caractéristique)* ou

B = {2, 4, 6} *(énumération)*.

EXEMPLE 7.7   **Le réseau scolaire**

TABLEAU 7.1

Reprenons l'exemple 7.1 et le tableau 7.1 sur le choix de réseau scolaire.

Choix	Langue maternelle			Total
	Français	Anglais	Autres	
Réseau anglophone	146	71	32	249
Réseau francophone	689	30	19	738
Total	835	101	51	987

Expérience aléatoire	Choisir au hasard une personne qui a répondu au sondage
Espace échantillonnal	L'ensemble des 987 personnes qui ont répondu

—   Si l'on est intéressé à choisir une personne francophone :
   Soit l'événement A : La personne est francophone.
      A = {Pierre Lemieux, Jean Tremblay, Louise Gagné...}.
   Il y a 835 personnes francophones qui devraient être énumérées.

—   Si l'on est intéressé à choisir une personne qui a opté pour le réseau anglophone :
   Soit l'événement B : La personne a opté pour le réseau anglophone.
      B = {Mary Poppins, John Smith, Jean Gagnon...}.
   Il y a 249 personnes qui devraient être énumérées.

Note :   La lettre (A, ou B, ou C, ou...) attribuée à un événement est arbitraire. On pourrait utiliser n'importe quelle lettre pour identifier un événement.
   Au cours d'une expérience aléatoire, un seul des résultats de l'espace échantillonnal est obtenu. Ainsi, pour qu'un événement se réalise, il faut que le résultat obtenu soit l'un de ceux qui sont décrits dans l'événement. Dans l'exemple précédent, pour réaliser l'événement B « La personne opte pour le réseau anglophone », il faut choisir l'une des 249 personnes ayant opté pour le réseau anglophone.

Tous les événements sont compris dans l'espace échantillonnal. Soit A et B, deux de ces événements. On peut s'intéresser à la réalisation de deux événements à la fois au cours d'une expérience aléatoire, ce qui sera le cas si le résultat de l'expérience aléatoire est l'un des résultats compris dans l'intersection de ces événements, soit A ∩ B. Ainsi, l'événement « A et B » est composé de tous les résultats contenus dans A ∩ B.

De même, on peut s'intéresser à la réalisation de l'un ou de l'autre, ou des deux événements. Cet événement se réalisera si le résultat de l'expérience aléatoire est l'un des résultats compris dans l'union de ces événements, soit A ∪ B. Ainsi, l'événement « A ou B » est composé de tous les résultats contenus dans A ∪ B.

La figure 7.1 présente les ensembles A ∩ B et A ∪ B dans un diagramme de Venn.

FIGURE 7.1
**Intersection et union
de deux événements**

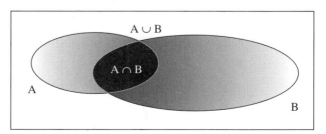

**EXEMPLE 7.7
(suite)**

Revenons à l'exemple.

— Si l'on est intéressé à choisir une personne qui est francophone et qui a opté pour le réseau anglophone :

Soit l'événement A : La personne est francophone.

Soit l'événement B : La personne a opté pour le réseau anglophone.

Soit l'événement A ∩ B : La personne est francophone et elle a opté pour le réseau anglophone.

   A ∩ B = {Jean Tremblay, Marie Duquette...}.

Il y a 146 personnes qui devraient être énumérées.

— Si l'on est intéressé à choisir une personne qui est francophone ou qui a opté pour le réseau anglophone :

Soit l'événement A : La personne est francophone.

Soit l'événement B : La personne a opté pour le réseau anglophone.

Soit l'événement A ∪ B : La personne est francophone ou elle a opté pour le réseau anglophone.

   A ∪ B = {Jean Tremblay, Marie Duquette, John Smith...}.

Il y a 938 personnes qui devraient être énumérées.

— Si l'on est intéressé à choisir une personne anglophone :

Soit l'événement C : La personne est anglophone.

   C = {John Smith, Peter Johnson, Garry Pearson...}.

Il y a 101 personnes anglophones qui devraient être énumérées.

— Si l'on est intéressé à choisir une personne qui est francophone et anglophone :

Soit l'événement A : La personne est francophone.

Soit l'événement C : La personne est anglophone.

Soit l'événement A ∩ C : La personne est francophone et anglophone.

   A ∩ C = { } = ∅.

Il n'y a aucun résultat de l'espace échantillonnal qui peut faire en sorte que cet événement se réalise ; c'est un événement impossible pour cette expérience aléatoire.

EXEMPLE 7.8

Le jeu de jacquet

Revenons à l'exemple 7.3 sur la partie de jacquet.

Votre adversaire a une pierre vulnérable. Pour l'atteindre, vous devez obtenir une somme de 8. Considérons l'événement suivant :

Soit l'événement A : La somme des deux dés est 8.

Les résultats de l'espace échantillonnal Ω qui satisfont l'événement A sont tous les couples dont la somme des coordonnées est 8. Il y a 5 résultats possibles. Ainsi,

   A = {(2, 6), (3, 5), (4, 4), (5, 3), (6, 2)}.

Pour atteindre une autre pierre de votre adversaire, vous devez obtenir une somme de 3. Considérons l'événement suivant :

Soit l'événement B : La somme des deux dés est 3.

Les résultats de l'espace échantillonnal Ω qui satisfont l'événement B sont tous les couples dont la somme des coordonnées est 3. Il y a 2 résultats possibles. Ainsi,

   B = {(1, 2), (2, 1)}.

Pour atteindre l'une ou l'autre des deux pierres visées, vous devez obtenir une somme de 8 ou une somme de 3. Considérons l'événement suivant :

Soit l'événement A $\cup$ B : La somme des deux dés est 8 ou la somme des deux dés est 3.

Les résultats de l'espace échantillonnal Ω qui satisfont l'événement A $\cup$ B sont tous les couples dont la somme des coordonnées est 8 ou 3. Il y a 7 résultats possibles. Ainsi,

   A $\cup$ B = {(2, 6), (3, 5), (4, 4), (5, 3), (6, 2), (1, 2), (2, 1)}.

EXEMPLE 7.9

L'aide sociale

Dans le journal *La Presse* du 10 septembre 1993, à la suite d'un sondage SOM – La Presse – Radio-Québec effectué entre le 2 et le 6 septembre 1993, on publiait les résultats obtenus à la question suivante : « Êtes-vous tout à fait favorable, assez favorable, peu favorable ou pas du tout favorable à ce que le gouvernement oblige les bénéficiaires de l'aide sociale à effectuer des travaux communautaires pour avoir droit à leurs prestations[6] ? ».

Le tableau 7.4 tient compte seulement des répondants.

TABLEAU 7.4
Répartition des répondants, en pourcentage, en fonction de leur opinion pour chacun des sexes

Sexe	Opinion				Total
	Tout à fait favorable	Assez favorable	Peu favorable	Pas du tout favorable	
Homme	43	33	10	14	100
Femme	48	30	12	10	100
Tous	46	31	11	12	100

Source : Adapté d'un tableau présenté dans l'article de la Presse Canadienne. *Op. cit.*, p. A1.

On choisit au hasard l'une des personnes interrogées.

Expérience aléatoire	Choisir au hasard une personne ayant répondu au sondage
Espace échantillonnal	L'ensemble des personnes qui ont répondu

Considérons maintenant l'événement suivant :

Soit l'événement A : Choisir une personne qui est peu favorable à ce que le gouvernement oblige les bénéficiaires de l'aide sociale à faire des travaux communautaires pour avoir droit à leurs prestations.

---

6.   Presse Canadienne. « Sondage SOM : les assistés sociaux doivent mériter leurs prestations », *La Presse*, 10 septembre 1993, p. A1-A2-A11.

A = ?. Ici il est impossible d'énumérer et de donner le nombre de résultats qui composent l'événement A. Cependant, le pourcentage des personnes qui ont répondu au sondage et qui satisfont cet événement est de 11 %. L'événement A est donc composé de 11 % des résultats de l'espace échantillonnal Ω.

EXEMPLE 7.10

Un groupe d'amis

Un groupe est constitué de 5 amis : Marie, Julie, Kim, Marc et Jean. On veut prélever un échantillon aléatoire simple de taille 3 de ce groupe d'amis, c'est-à-dire qu'on veut choisir au hasard 3 des 5 amis.

Expérience aléatoire	Choisir au hasard 3 des 5 amis
Espace échantillonnal	L'ensemble des 10 résultats (échantillons de taille 3) possibles

Ω = {(Marie, Julie, Kim), (Marie, Julie, Marc), (Marie, Julie, Jean), (Marie, Kim, Marc), (Marie, Kim, Jean), (Marie, Marc, Jean), (Julie, Kim, Marc), (Julie, Kim, Jean), (Julie, Marc, Jean), (Kim, Marc, Jean)}.

– Si l'on est intéressé à obtenir un échantillon qui comprend une seule fille :

Soit l'événement A : L'échantillon comprend une seule fille.

A = {(Marie, Marc, Jean), (Julie, Marc, Jean), (Kim, Marc, Jean)}.

Il y a 3 échantillons (résultats) possibles. Si le hasard fait qu'on obtient l'un de ces trois échantillons, l'événement A se réalisera.

– Si l'on est intéressé à obtenir un échantillon qui comprend un seul garçon :

Soit l'événement B : L'échantillon comprend un seul garçon.

B = {(Marie, Julie, Marc), (Marie, Julie, Jean), (Marie, Kim, Marc), (Marie, Kim, Jean), (Julie, Kim, Marc), (Julie, Kim, Jean)}.

Il y a 6 échantillons (résultats) possibles. Si le hasard fait qu'on obtient l'un de ces six échantillons, l'événement B se réalisera.

EXERCICES

7.3 Vous jouez au Monopoly. Vous faites avancer votre pion d'autant de cases que l'indique la somme obtenue lors du lancer de deux dés, un rouge et un bleu.

a) Quelle expérience aléatoire faites-vous au cours de ce jeu ?

b) Décrivez l'espace échantillonnal, en énumérant tous ses résultats, et spécifiez-en le nombre.

c) Pour atteindre « Place du Parc », vous devez obtenir un total de 5. Soit A l'événement « Le total est 5 ». Énumérez les résultats qui satisfont l'événement A.

d) Si vous obtenez un total de 7, de 9 ou de 10, vous vous retrouvez chez l'un de vos adversaires. Soit B l'événement « Le total est 7, 9 ou 10 ». Énumérez les résultats qui satisfont l'événement B.

e) Si vous obtenez une somme de 6, de 8 ou de 12, vous vous retrouvez en terrain neutre. Soit C l'événement « Le total est 6, 8 ou 12 ». Énumérez les résultats qui satisfont l'événement C.

7.4 Dans le journal *La Presse* du 19 janvier 1996, on donnait les résultats d'un sondage portant sur l'opinion des gens concernant leur sécurité d'emploi. La question était : « Estimez-vous que l'emploi que vous avez présentement vous donne une bonne sécurité d'emploi[7] ? ».

Reprenons le tableau 7.3 de l'exercice 7.2.

TABLEAU 7.3
Répartition des personnes interrogées, en pourcentage, en fonction de leur opinion concernant leur sécurité d'emploi pour chaque type d'employeur

Employeur	Votre emploi vous donne une bonne sécurité d'emploi		
	Oui	Non	Total
Gouvernement ou organisme public	50	50	100
Grande entreprise privée	62	38	100
PME	47	53	100
À son compte	60	40	100
Autre	33	67	100
Total	54	46	100

Vous choisissez au hasard l'une des personnes interrogées pour lui poser d'autres questions :

---

7. Sondage SOM – Droit de parole, *La Presse*, 19 janvier 1996, p. A9.

a) Quelle expérience aléatoire faites-vous ?
b) Décrivez l'espace échantillonnal ?
c) Soit l'événement A : Choisir une personne qui considère que sa sécurité d'emploi est bonne. Quelle proportion des résultats de l'espace échantillonnal satisfont l'événement A ?
d) Soit l'événement B : Choisir une personne qui considère que sa sécurité d'emploi n'est pas bonne. Quelle proportion des résultats de l'espace échantillonnal satisfont l'événement B ?

7.5 Le directeur de recherche a décidé de prendre un échantillon aléatoire composé de 3 de ses 6 chercheurs et de les affecter à un projet. Les chercheurs ont comme pseudonyme : Fouine, Rat, Tenace, Lâcheur, Cerveau et Cœur.

a) Quelle est l'expérience aléatoire ?
b) Décrivez l'espace échantillonnal, en énumérant tous ses résultats, et spécifiez-en le nombre.
c) Soit l'événement A : Fouine et Rat font partie de l'échantillon. Énumérez les échantillons possibles qui satisfont l'événement A.
d) Soit l'événement B : Cerveau fait partie de l'échantillon. Énumérez les échantillons possibles qui satisfont l'événement B.

7.3 LA PROBABILITÉ D'UN ÉVÉNEMENT (P(A))

Considérons une expérience aléatoire donnée et son espace échantillonnal Ω. Si tous les résultats compris dans Ω ont la même chance de se réaliser, la probabilité de réaliser un événement A représente la proportion des résultats de l'espace échantillonnal qui satisfont cet événement A. Cette proportion s'obtient en divisant le nombre de résultats possibles contenus dans l'événement A par le nombre de résultats possibles contenus dans l'espace échantillonnal. Autrement dit, si A est un événement de Ω, sa probabilité, notée P(A), est définie par

$$P(A) = \frac{N(A)}{N(\Omega)},$$

où N(A) est le nombre de résultats possibles contenus dans l'événement A ;

N(Ω) est le nombre de résultats possibles contenus dans l'espace échantillonnal Ω.

EXEMPLE 7.11   **Le réseau scolaire**

TABLEAU 7.1

Choix	Langue maternelle			Total
	Français	Anglais	Autres	
Réseau anglophone	146	71	32	249
Réseau francophone	689	30	19	738
Total	835	101	51	987

Reprenons l'exemple 7.1 et le tableau 7.1 sur le sondage concernant le choix de réseau scolaire.

Expérience aléatoire	Choisir au hasard une personne qui a répondu au sondage
Espace échantillonnal	L'ensemble des 987 personnes qui ont répondu

Considérons les événements suivants et établissons leur probabilité :

– Soit l'événement A : La personne est francophone.
   La proportion des personnes francophones est de

   $$\frac{N(A)}{N(\Omega)} = \frac{835}{987} = 0,8460 \text{ ou } 84,60\,\%.$$

   Cela signifie que 84,60 % des personnes qui ont répondu sont francophones.
   La probabilité de l'événement A se calcule ainsi :

   $$P(A) = \frac{N(A)}{N(\Omega)} = \frac{835}{987} = 0,8460.$$

   Cela signifie qu'il y a 84,60 % des chances que la personne choisie soit francophone.

– Soit l'événement B : La personne a opté pour le réseau anglophone.
   La proportion des personnes ayant opté pour le réseau anglophone est de

   $$\frac{N(B)}{N(\Omega)} = \frac{249}{987} = 0,2523 \text{ ou } 25,23\,\%.$$

   Cela signifie que 25,23 % des personnes qui ont répondu ont opté pour le réseau anglophone.
   La probabilité de l'événement B se calcule ainsi :

   $$P(B) = \frac{N(B)}{N(\Omega)} = \frac{249}{987} = 0,2523.$$

   Cela signifie qu'il y a 25,23 % des chances que la personne choisie ait opté pour le réseau anglophone.

– Soit l'événement A ∩ B : La personne est francophone et elle a opté pour le réseau anglophone.
   La proportion des personnes qui sont francophones et qui ont opté pour le réseau anglophone est de

   $$\frac{N(A \cap B)}{N(\Omega)} = \frac{146}{987} = 0,1479 \text{ ou } 14,79\,\%.$$

   Cela signifie que 14,79 % des personnes qui ont répondu sont francophones et ont opté pour le réseau anglophone.
   La probabilité de l'événement A∩B se calcule ainsi :

   $$P(A \cap B) = \frac{N(A \cap B)}{N(\Omega)} = \frac{146}{987} = 0,1479.$$

   Cela signifie qu'il y a 14,79 % des chances que la personne choisie soit francophone et qu'elle ait opté pour le réseau anglophone.

– Soit l'événement A ∪ B : La personne est francophone ou elle a opté pour le réseau anglophone.
   La proportion des personnes qui sont francophones ou qui ont opté pour le réseau anglophone est de

$$\frac{N(A \cup B)}{N(\Omega)} = \frac{689 + 146 + 71 + 32}{987} = \frac{938}{987} = 0,9504 \text{ ou } 95,04\,\%.$$

Cela signifie que 95,04 % des personnes qui ont répondu sont francophones ou ont opté pour le réseau anglophone.

La probabilité de l'événement A∪B se calcule ainsi :

$$P(A \cup B) = \frac{N(A \cup B)}{N(\Omega)} = \frac{938}{987} = 0,9504.$$

Cela signifie qu'il y a 95,04 % des chances que la personne choisie soit francophone ou qu'elle ait opté pour le réseau anglophone.

— Soit l'événement D : La personne choisie a opté pour un réseau autre qu'un réseau francophone ou anglophone.

D = Ø, c'est-à-dire un événement impossible puisque aucune des 987 personnes n'a opté pour un réseau autre qu'un réseau francophone ou anglophone.

La proportion des personnes ayant opté pour un réseau ni francophone ni anglophone est de

$$\frac{N(D)}{N(\Omega)} = \frac{0}{987} = 0,00 \text{ ou } 0\,\%.$$

Cela signifie que 0 % des personnes qui ont répondu ont opté pour un réseau autre qu'un réseau francophone ou anglophone.

La probabilité de l'événement D se calcule ainsi :

$$P(D) = \frac{N(D)}{N(\Omega)} = \frac{0}{987} = 0,00.$$

Cela signifie qu'il y a 0 % des chances que la personne choisie ait opté pour un réseau autre qu'un réseau francophone ou anglophone.

Voici les propriétés qu'on peut déduire concernant une probabilité :

1) Puisqu'un espace échantillonnal Ω contient tous les résultats possibles d'une expérience aléatoire, alors

$$P(\Omega) = \frac{N(\Omega)}{N(\Omega)} = 1.$$

De même, lorsqu'un événement a une probabilité de 1, il contient tous les résultats de Ω. On dit alors que c'est un **événement certain**.

2) Un événement ne contenant aucun résultat de Ω a une probabilité de 0. De même, lorsqu'un événement a une probabilité de 0, cela signifie qu'aucun résultat de Ω ne peut faire en sorte qu'il se réalise. On dit alors que c'est un **événement impossible**.

3) Pour tout événement A compris dans Ω, on a :
   $$0 \leq N(A) \leq N(\Omega),$$
   d'où $\mathbf{0 \leq P(A) \leq 1}$.

EXEMPLE 7.12   **Le jeu de jacquet**

Expérience aléatoire	Lancer deux dés
Espace échantillonnal	L'ensemble des 36 couples

$\Omega = \{(1, 1), (1, 2), ..., (1, 6), (2, 1), (2, 2), ..., (2, 6), ..., (6, 1), (6, 2), ..., (6, 6)\}$.

Considérons les événements suivants et établissons leur probabilité :

— Soit l'événement A : La somme des deux dés est 8. Alors,
A = {(2, 6), (3, 5), (4, 4), (5, 3), (6, 2)}.
La proportion des résultats qui donnent une somme de 8 est de

$$\frac{N(A)}{N(\Omega)} = \frac{5}{36} = 0{,}1389 \text{ ou } 13{,}89\%.$$

Cela signifie qu'il y a 13,89 % des résultats qui donnent une somme de 8.
La probabilité de l'événement A se calcule ainsi :

$$P(A) = \frac{N(A)}{N(\Omega)} = \frac{5}{36} = 0{,}1389.$$

Il y a donc 13,89 % des chances que la somme obtenue soit 8.

— Soit l'événement B : La somme des deux dés est 3. Alors,
B = {(1, 2), (2, 1)}.
La proportion des résultats qui donnent une somme de 3 est de

$$\frac{N(B)}{N(\Omega)} = \frac{2}{36} = 0{,}0556 \text{ ou } 5{,}56\%.$$

Cela signifie qu'il y a 5,56 % des résultats qui donnent une somme de 3.
La probabilité de l'événement B se calcule ainsi :

$$P(B) = \frac{N(B)}{N(\Omega)} = \frac{2}{36} = 0{,}0556.$$

Il y a donc 5,56 % des chances que la somme obtenue soit 3.

— Soit l'événement A ∪ B : La somme des deux dés est 8 ou la somme des deux dés est 3. Alors,
A ∪ B = {(2, 6), (3, 5), (4, 4), (5, 3), (6, 2), (1, 2), (2, 1)}.
La proportion des résultats qui donnent une somme de 8 ou une somme de 3 est de

$$\frac{N(A \cup B)}{N(\Omega)} = \frac{7}{36} = 0{,}1944 \text{ ou } 19{,}44\%.$$

Cela signifie qu'il y a 19,44 % des résultats qui donnent une somme de 8 ou une somme de 3.
La probabilité de l'événement A ∪ B se calcule ainsi :

$$P(A \cup B) = \frac{N(A \cup B)}{N(\Omega)} = \frac{7}{36} = 0{,}1944.$$

Il y a donc 19,44 % des chances que la somme obtenue soit 8 ou 3.

EXERCICES

7.6 Au cours de votre partie de jacquet, c'est maintenant au tour de votre adversaire de jouer.
a) Quelle est l'expérience aléatoire ?
b) Décrivez l'espace échantillonnal, en énumérant tous ses résultats, et spécifiez-en le nombre.
c) Quelle est la probabilité qu'il obtienne une somme de 9 ?
d) Quelle est la probabilité qu'il obtienne une somme de 6 ?
e) Quelle est la probabilité qu'il obtienne au moins un 4 ?
f) Quelle est la probabilité qu'il obtienne un 4 et une somme de 9 ?

g) Quelle est la probabilité qu'il obtienne une somme de 6 ou une somme de 9 ?

7.7 Au cours de votre partie de Monopoly, votre pion est rendu dans une zone risquée, puisque la plupart des terrains de cette zone appartiennent à vos adversaires. De plus, ils y ont bâti des maisons ou des hôtels. Pour passer à travers cette zone sans trop de dommages, vous devez obtenir une somme supérieure à 7 au moment du lancer des deux dés. Soit l'événement A : La somme est supérieure à 7.

a) Quelle est l'expérience aléatoire ?

b) Décrivez l'espace échantillonnal, en énumérant tous ses résultats, et spécifiez-en le nombre.

c) Énumérez les résultats qui satisfont l'événement A.

d) Établissez la probabilité de l'événement A.

7.8 Considérez l'exemple 7.1 sur le choix du réseau scolaire, où vous devez choisir au hasard l'une des personnes qui ont répondu au sondage.

TABLEAU 7.1
Répartition des répondants en fonction de leur langue maternelle et de leur choix de réseau scolaire

| Choix | Langue maternelle | | | |
	Français	Anglais	Autres	Total
Réseau anglophone	146	71	32	249
Réseau francophone	689	30	19	738
Total	835	101	51	987

Quelle est la probabilité des événements suivants ?

a) A : La personne est anglophone.

b) B : La personne a opté pour le réseau francophone.

c) C : La personne est allophone.

d) D : La personne a opté pour le réseau anglophone.

Interprétez les événements suivants et trouvez leur probabilité.

e) A ∩ B.   h) A ∪ C.
f) A ∩ C.   i) A ∪ B.
g) B ∩ C.   j) B ∪ D.

7.9 « Le rapport Juneau, déposé [le 7 février 1996], recommande d'instituer une taxe de 7,5 % sur la câblodistribution, les télécommunications par satellite et les appels téléphoniques interurbains, afin de financer Radio-Canada qui d'ici l'an 2000 perdrait ses subventions du gouvernement et une bonne partie de ses revenus publicitaires. Êtes-vous d'accord avec la recommandation du rapport Juneau[8] ? »

Le tableau 7.5 présente la répartition des répondants en fonction de leur opinion et de leur scolarité.

Si l'on choisit au hasard l'une des personnes interrogées, quelle est la probabilité des événements suivants ?

a) A : La personne est plutôt en désaccord.

b) B : La personne a une scolarité entre 7 et 12 ans.

c) A ∩ B (interprétez la signification de cet événement).

d) C : La personne est plutôt d'accord.

e) D : La personne a une scolarité de 16 ans et plus.

f) D ∪ C (interprétez la signification de cet événement).

7.10 Reprenons le cas du directeur de recherche (exercice 7.5) qui a décidé de prendre un échantillon aléatoire composé de 3 de ses 6 chercheurs et de les affecter à un projet. Les chercheurs ont comme pseudonyme : Fouine, Rat, Tenace, Lâcheur, Cerveau et Cœur.

a) Quelle est la probabilité que Fouine et Rat fassent partie de l'échantillon ?

b) Quelle est la probabilité que Cerveau fasse partie de l'échantillon ?

c) Quelle est la probabilité que Cœur, Tenace et Lâcheur fassent partie de l'échantillon ?

---

8. Sondage SOM – Droit de parole. « Non à la taxe pour Radio-Canada », *La Presse*, Cahier Arts et spectacles, 9 février 1996, p. B5.

TABLEAU 7.5
Répartition des répondants en fonction de leur opinion et de leur scolarité

| Scolarité (années) | Opinion | | | | Total |
	Tout à fait d'accord	Plutôt d'accord	Plutôt en désaccord	Tout à fait en désaccord	
6 ans et moins	2	2	9	32	45
De 7 à 12 ans	3	35	71	194	303
De 13 à 15 ans	9	32	55	107	203
16 ans et plus	18	64	57	105	244
Total	32	133	192	438	795

Source : Adapté d'un tableau de sondage SOM – Droit de parole. *Op. cit.*, p. B5.

7.3.1 La relation entre P(A ∪ B) et P(A ∩ B)

On considère une expérience aléatoire. Le nombre d'éléments dans A ∪ B peut être trouvé en additionnant le nombre d'éléments de A à celui de B. Cependant, pour ne pas compiler deux fois le nombre d'éléments dans l'intersection de A et B, il faut le retrancher une fois de la somme obtenue. Ainsi,

$$N(A \cup B) = N(A) + N(B) - N(A \cap B),$$

comme on peut le voir sur le diagramme de la figure 7.2.

FIGURE 7.2
A ∪ B lorsque A ∩ B ≠ Ø

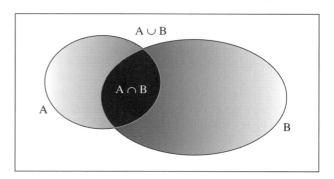

D'où, si l'on applique la définition de la probabilité, on obtient :

P(A ∪ B) = P(A) + P(B) − P(A ∩ B).

Si deux événements A et B n'ont aucun résultat en commun, c'est-à-dire si

A ∩ B = Ø,

on dit que ces événements sont **mutuellement exclusifs**, comme on peut le voir sur la figure 7.3.

FIGURE 7.3
A ∪ B lorsque A ∩ B = Ø

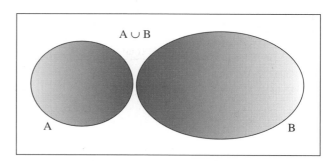

Donc, si A et B sont deux événements mutuellement exclusifs, alors

P(A ∩ B) = P(Ø) = 0.

La formule précédente devient :

P(A ∪ B) = P(A) + P(B).

À noter que cette relation n'est valable que si A ∩ B = Ø. En effet, dans ce cas seulement, il n'est pas nécessaire de retrancher l'intersection puisqu'elle est vide.

EXEMPLE 7.13   **Le réseau scolaire**

TABLEAU 7.1

Reprenons l'exemple 7.1 et le tableau 7.1 concernant le choix de réseau scolaire.

	Langue maternelle			
Choix	Français	Anglais	Autres	Total
Réseau anglophone	146	71	32	249
Réseau francophone	689	30	19	738
Total	835	101	51	987

Expérience aléatoire	Choisir au hasard une personne qui a répondu au sondage
Espace échantillonnal	L'ensemble des 987 personnes qui ont répondu

Définissons les événements suivants :

Soit l'événement A : La personne est francophone.

Soit l'événement B : La personne a opté pour le réseau anglophone.

La probabilité de l'événement A se calcule ainsi :

$$P(A) = \frac{N(A)}{N(\Omega)} = \frac{835}{987} = 0,8460.$$

La probabilité de l'événement B se calcule ainsi :

$$P(B) = \frac{N(B)}{N(\Omega)} = \frac{249}{987} = 0,2523.$$

Considérons l'événement A ∪ B : La personne est francophone ou la personne a opté pour le réseau anglophone. Le tableau 7.6 reprend le tableau 7.1 tout en mettant l'accent sur le nombre d'éléments dans A ∩ B.

TABLEAU 7.6
Répartition des répondants en fonction de leur langue maternelle et de leur choix de réseau scolaire

| Choix | Langue maternelle | | | Total |
	Français	Anglais	Autres	
Réseau anglophone	146	71	32	249
Réseau francophone	689	30	19	738
Total	835	101	51	987

On a déjà calculé cette probabilité :

$$P(A \cup B) = \frac{689 + 146 + 71 + 32}{987} = \frac{938}{987} = 0,9504 \text{ ou } 95,04\%.$$

Voyons maintenant avec la formule (il faut être prudent en utilisant la formule, car on ne doit pas compiler deux fois les 146 possibilités).

Soit l'événement A ∩ B : La personne est francophone et la personne a opté pour le réseau anglophone. La probabilité de cet événement a déjà été calculée :

$$P(A \cap B) = \frac{146}{987} = 0,1479.$$

Après avoir calculé P(A ∩ B), il est maintenant possible d'évaluer P(A ∪ B).

Puisque

P(A ∪ B) = P(A) + P(B) − P(A ∩ B),

on obtient :

$$P(A \cup B) = \frac{835}{987} + \frac{249}{987} - \frac{146}{987} = \frac{938}{987} = 0,9504.$$

Cela signifie que 95,04 % des personnes qui ont répondu sont francophones ou ont opté pour le réseau anglophone. Ainsi, lorsqu'on choisit au hasard une personne, il y a 95,04 % des chances que cette personne soit francophone ou qu'elle ait opté pour un réseau anglophone.

Trouvons la probabilité d'obtenir une personne qui est allophone ou francophone.

Définissons d'abord les deux événements :

Soit l'événement A : La personne est francophone.

$$P(A) = \frac{N(A)}{N(\Omega)} = \frac{835}{987}.$$

Soit l'événement B : La personne est allophone.

$$P(B) = \frac{N(B)}{N(\Omega)} = \frac{51}{987}.$$

Soit l'événement $A \cap B$: La personne est francophone et allophone.

C'est un événement impossible, car le répondant devait choisir une seule catégorie. Les deux événements sont mutuellement exclusifs.

Donc,

$$P(A \cap B) = 0,$$

d'où

$$P(A \cup B) = P(A) + P(B) = \frac{835}{987} + \frac{51}{987} = \frac{886}{987} = 0,8977.$$

Cela signifie que 89,77 % des personnes qui ont répondu sont francophones ou allophones. Ainsi, lorsqu'on choisit au hasard une personne, il y a 89,77 % des chances que cette personne soit francophone ou allophone.

EXEMPLE 7.14

Le jeu de jacquet

a) La partie n'est pas encore terminée. Selon les stratégies que vous avez envisagées, vous aimeriez obtenir une somme de 8 ou une somme de 3.

On définit les événements A et B :

Soit l'événement A : La somme des deux dés est 8.

Soit l'événement B : La somme des deux dés est 3.

$$P(A) = \frac{5}{36} \text{ et } P(B) = \frac{2}{36}.$$

Examinons l'événement $A \cap B$: Obtenir une somme de 8 et une somme de 3.

Cet événement est impossible, car A et B n'ont aucun résultat en commun. Alors,

$$A \cap B = \emptyset \text{ et } P(A \cap B) = 0.$$

On peut maintenant évaluer la probabilité d'obtenir une somme de 8 ou une somme de 3. Donc,

$$P(A \cup B) = P(A) + P(B) - P(A \cap B)$$

devient :

$$P(A \cup B) = P(A) + P(B) - 0 = P(A) + P(B) = \frac{5}{36} + \frac{2}{36} = \frac{7}{36} = 0,1944.$$

Théoriquement, cela signifie que vous pouvez espérer obtenir une somme de 8 ou une somme de 3 dans 19,44 % des cas lorsque vous lancez deux dés (c'est-à-dire environ 1 fois sur 5).

b) Trouvons maintenant la probabilité d'obtenir une somme de 10 ou deux chiffres ayant une différence de 2.

Il faut se rappeler que

$$\Omega = \begin{cases} (1, 1) & (1, 2) & (1, 3) & (1, 4) & (1, 5) & (1, 6) \\ (2, 1) & (2, 2) & (2, 3) & (2, 4) & (2, 5) & (2, 6) \\ (3, 1) & (3, 2) & (3, 3) & (3, 4) & (3, 5) & (3, 6) \\ (4, 1) & (4, 2) & (4, 3) & (4, 4) & (4, 5) & (4, 6) \\ (5, 1) & (5, 2) & (5, 3) & (5, 4) & (5, 5) & (5, 6) \\ (6, 1) & (6, 2) & (6, 3) & (6, 4) & (6, 5) & (6, 6) \end{cases}.$$

Soit l'événement A : La somme des deux dés est 10.

A = {(4, 6), (5, 5), (6, 4)}.

$$P(A) = \frac{N(A)}{N(\Omega)} = \frac{3}{36}.$$

Soit l'événement B : Les deux chiffres ont une différence de 2.

B = {(1, 3), (2, 4), (3, 1), (3, 5), (4, 2), (4, 6), (5, 3), (6, 4)}.

$$P(B) = \frac{N(B)}{N(\Omega)} = \frac{8}{36}.$$

Examinons l'événement A ∩ B : La somme des deux dés est 10 et les deux chiffres ont une différence de 2.

A ∩ B = {(4, 6), (6, 4)}.

$$P(A \cap B) = \frac{N(A \cap B)}{N(\Omega)} = \frac{2}{36}.$$

Pour évaluer la probabilité demandée, il faut évaluer P(A ∪ B). Ainsi,

P(A ∪ B) = P(A) + P(B) − P(A ∩ B)

devient :

$$P(A \cup B) = \frac{3}{36} + \frac{8}{36} - \frac{2}{36} = \frac{9}{36} = 0,25.$$

Théoriquement, cela signifie que vous pouvez espérer obtenir une somme de 10 ou deux chiffres ayant une différence de 2 dans 25 % des cas lorsque vous lancez deux dés (c'est-à-dire une fois sur quatre).

On aurait obtenu le même résultat en décrivant l'ensemble A ∪ B :

A ∪ B = {(1, 3), (2, 4), (3, 1), (3, 5), (4, 2), (4, 6), (5, 3), (6, 4), (5, 5)},

et en utilisant la définition

$$P(A \cup B) = \frac{N(A \cup B)}{N(\Omega)}.$$

EXERCICE

7.11 Le tableau 7.7 présente la répartition des accidents selon le type de véhicule et la nature des blessures, au Québec[9].

L'expérience consiste à prendre un accident au hasard parmi les 247 088 accidents décrits dans le tableau.

a) Quelle est la probabilité de l'événement « Le véhicule impliqué dans l'accident est un camion » ?

b) Quelle est la probabilité de l'événement « Avoir des blessures légères lors d'un accident » ?

c) Quelle est la probabilité de l'événement « Le véhicule impliqué dans l'accident est une motocyclette ou un camion » ?

d) Quelle est la probabilité de l'événement « Avoir des blessures légères lors d'un accident, et le véhicule impliqué dans l'accident est un camion » ?

e) Quelle est la probabilité de l'événement « Ne pas avoir de blessures lors d'un accident, ou le véhicule impliqué dans l'accident est un véhicule de promenade » ?

f) Quelle est la probabilité de l'événement « Avoir des blessures mortelles ou graves lors d'un accident » ?

9. Les données proviennent de la Régie de l'assurance automobile du Québec, Direction de la statistique, 1987. *Le Québec statistique*, 59e éd., Québec, Les Publications du Québec, 1989, p. 637.

TABLEAU 7.7
Répartition des accidents en fonction du type de véhicule et de la nature des blessures, au Québec

Type de véhicule	Blessures				Total
	mortelles	graves	légères	Aucune	
De promenade	766	4 584	33 134	146 330	184 814
Autobus	9	51	451	2 878	3 389
Autobus scolaire	1	18	147	797	963
Taxi	5	52	542	1 833	2 432
Camion	237	953	6 289	36 852	44 331
Motocyclette	104	841	2 946	1 248	5 139
Cyclomoteur	8	86	572	153	819
Motoneige	11	61	117	125	314
Bicyclette	38	432	4 044	373	4 887
Total	1 179	7 078	48 242	190 589	247 088

Source : Adapté de la Régie de l'assurance automobile du Québec. *Op. cit.*, p. 637.

7.3.2   La probabilité conditionnelle (P(A | B))

On peut se demander si la réalisation d'un événement B modifie la probabilité de réalisation d'un événement A. Ainsi, sachant que l'événement B s'est réalisé, on voudra utiliser cette information pour calculer la probabilité que l'événement A se réalise. On parle alors de probabilité conditionnelle de A sachant que B est réalisé, ce qui est noté P(A | B).

A. La probabilité conditionnelle à partir du tableau des fréquences

EXEMPLE 7.15   **Le réseau scolaire**

TABLEAU 7.1

Choix	Langue maternelle			Total
	Français	Anglais	Autres	
Réseau anglophone	146	71	32	249
Réseau francophone	689	30	19	738
Total	835	101	51	987

Reprenons l'exemple 7.1 et le tableau 7.1 concernant le choix de réseau scolaire.

Le tableau 7.1 présente la répartition des répondants en fonction de la langue maternelle et du choix de réseau scolaire.

L'expérience aléatoire consiste encore à choisir au hasard une personne parmi les 987 personnes qui ont répondu au sondage.

a)   Trouvons la probabilité de choisir une personne ayant opté pour le réseau francophone.

Soit l'événement A : La personne a opté pour le réseau francophone.

$$P(A) = \frac{738}{987} = 0,7477.$$

Cela signifie que 74,77 % des répondants ont opté pour le réseau francophone. Ainsi, lorsqu'on choisit au hasard une personne, il y a 74,77 % des chances que cette personne ait opté pour le réseau francophone.

b)   Trouvons la probabilité de choisir une personne ayant opté pour le réseau francophone, **si elle est francophone**.

Soit l'événement A : La personne a opté pour le réseau francophone.

Soit l'événement B : La personne est francophone.

On recherche donc $P(A \mid B)$, c'est-à-dire la probabilité d'obtenir l'événement A si l'on sait que l'événement B est réalisé. Si l'on ne considère que les répondants francophones, quelle est la probabilité que, parmi ceux-ci, on choisisse une personne ayant opté pour le réseau francophone ?

$$P(A \mid B) = \frac{\text{Nombre de francophones ayant opté pour le réseau francophone}}{\text{Nombre de francophones}}$$

$$= \frac{N(A \cap B)}{N(B)} = \frac{689}{835} = 0,8251.$$

Cela signifie que 82,51 % des répondants francophones ont opté pour le réseau francophone. Ainsi, lorsqu'on choisit au hasard une personne parmi les francophones, il y a 82,51 % des chances que cette personne ait opté pour le réseau francophone.

Cette probabilité n'est pas la même que $P(A)$, qui est la probabilité que la personne choisie ait opté pour le réseau francophone. Cela veut dire que l'événement B (choisir une personne francophone) a modifié la probabilité de réalisation de l'événement A. Si l'on connaît la langue maternelle d'un individu, la probabilité qu'il opte pour le réseau francophone n'est pas la même que si on l'ignore.

c) Trouvons la probabilité de choisir une personne ayant opté pour le réseau anglophone.

Soit l'événement C : La personne a opté pour le réseau anglophone.

$$P(C) = \frac{N(C)}{N(\Omega)} = \frac{249}{987} = 0,2523.$$

Cela signifie que 25,23 % des répondants ont opté pour le réseau anglophone. Ainsi, lorsqu'on choisit au hasard une personne, il y a 25,23 % des chances que cette personne ait opté pour le réseau anglophone.

d) Trouvons la probabilité de choisir une personne ayant opté pour le réseau anglophone, **si elle est francophone**.

Soit l'événement C : La personne a opté pour le réseau anglophone.

Soit l'événement B : La personne est francophone.

On recherche donc $P(C \mid B)$, la probabilité d'obtenir l'événement C si l'on sait que l'événement B est réalisé.

$$P(C \mid B) = \frac{\text{Nombre de francophones ayant opté pour le réseau anglophone}}{\text{Nombre de francophones}}$$

$$= \frac{N(C \cap B)}{N(B)} = \frac{146}{835} = 0,1749.$$

Cela signifie que 17,49 % des répondants francophones ont opté pour le réseau anglophone. Ainsi, lorsqu'on choisit au hasard une personne parmi les francophones, il y a 17,49 % des chances que cette personne ait opté pour le réseau anglophone.

Cette probabilité n'est pas la même que $P(C)$, qui est la probabilité que la personne choisie ait opté pour le réseau anglophone. Cela veut dire que l'événement B a modifié la probabilité de réalisation de l'événement C. Si l'on connaît la langue maternelle d'un individu, la probabilité qu'il opte pour le réseau anglophone n'est pas la même que si on l'ignore.

On remarque que, dans l'exemple précédent, on a appliqué la formule

$$P(A \mid B) = \frac{N(A \cap B)}{N(B)}.$$

Celle-ci peut aussi s'écrire ainsi :

$$P(A \mid B) = \frac{\dfrac{N(A \cap B)}{N(\Omega)}}{\dfrac{N(B)}{N(\Omega)}} = \frac{P(A \cap B)}{P(B)}.$$

De façon générale, on définit une probabilité conditionnelle de la façon suivante : soit A et B deux événements où $P(B) \neq 0$; la probabilité conditionnelle de A, si l'on sait que B est réalisé, se définit par

$$P(A \mid B) = \frac{P(A \cap B)}{P(B)}.$$

($P(B) = 0$ signifie que l'événement B ne peut se réaliser.)

Pour illustrer la définition de

$$P(A \mid B) = \frac{P(A \cap B)}{P(B)},$$

on peut présenter l'argumentation suivante : si l'on est certain de la réalisation d'un événement B, cela veut dire que tous les résultats possibles sont ceux de B, ce qui est la définition d'un espace échantillonnal. Donc, B devient le nouvel espace échantillonnal. Alors, pour qu'un événement A se réalise, il faut obtenir un résultat de A qui se trouve aussi dans B, donc dans A ∩ B. La figure 7.4 illustre la situation.

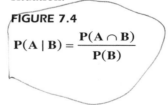

FIGURE 7.4

$$P(A \mid B) = \frac{P(A \cap B)}{P(B)}$$

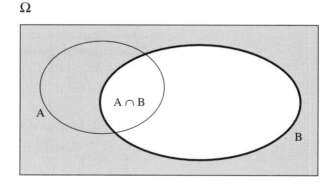

Ainsi, l'événement A dans le nouvel espace échantillonnal B devient A ∩ B. En appliquant la définition de la probabilité présentée à la section 7.3, on obtient $P(A \mid B)$ = probabilité que l'événement A ∩ B se réalise dans l'espace échantillonnal B. Ainsi,

$$P(A \mid B) = \frac{N(A \cap B)}{N(B)},$$

ce qui revient à dire que

$$P(A \mid B) = \frac{P(A \cap B)}{P(B)}.$$

B. La probabilité conditionnelle à partir du tableau en pourcentage

D'après la définition précédente de $P(A|B)$, lorsque les pourcentages, dans un tableau, sont tous calculés par rapport au nombre total d'unités, on peut calculer des probabilités conditionnelles à partir de ce tableau.

EXEMPLE 7.15 (suite)

Le tableau 7.8 présente la même information, mais celle-ci est exprimée en pourcentage par rapport aux 987 personnes. Ainsi, pour un événement A, au lieu de donner N(A), le tableau indique P(A) exprimée en pourcentage, c'est-à-dire

$$\frac{N(A)}{N(\Omega)} \cdot 100.$$

TABLEAU 7.8
Répartition des répondants, en pourcentage, en fonction de leur langue maternelle et de leur choix de réseau scolaire

| | Langue maternelle | | | |
Choix	Français	Anglais	Autres	Total
Réseau anglophone	14,79	7,19	3,24	25,23
Réseau francophone	69,81	3,04	1,93	74,77
Total	84,60	10,23	5,17	100

Rappelons l'événement A : « La personne a opté pour le réseau francophone » et l'événement B : « La personne est francophone ». Ainsi,

$P(A \cap B) = 0,6981$ ou 69,81 % ; cette valeur, dans le tableau, correspond à $\dfrac{N(A \cap B)}{N(\Omega)}$.

$P(B) = 0,8460$ ou 84,60 % ; cette valeur, dans le tableau, correspond à $\dfrac{N(B)}{N(\Omega)}$.

$$P(A \mid B) = \frac{P(A \cap B)}{P(B)} = \frac{0,6981}{0,8460} = 0,8251.$$

Cela signifie que 82,51 % des répondants francophones ont opté pour le réseau francophone. Ainsi, lorsqu'on choisit au hasard une personne parmi les francophones, il y a 82,51 % des chances que cette personne ait opté pour le réseau francophone.

C. La probabilité conditionnelle à partir du tableau des probabilités conditionnelles

EXEMPLE 7.15 (suite)

Le tableau 7.9 présente la répartition des répondants en fonction du choix de réseau scolaire des répondants pour chacune des catégories de langue maternelle.

TABLEAU 7.9
Répartition des répondants, en pourcentage, en fonction du choix de réseau scolaire pour chacune des catégories de langue maternelle

| | Langue maternelle | | | |
Choix	Français	Anglais	Autres	Total
Réseau anglophone	17,49	70,30	62,75	25,23
Réseau francophone	82,51	29,70	37,25	74,77
Total	100	100	100	100

Chaque langue maternelle est considérée à tour de rôle comme un espace échantillonnal, c'est-à-dire que chaque langue maternelle jouera le rôle de B dans $P(A \mid B)$.

Les trois colonnes regroupées sous « Langue maternelle » représentent des probabilités conditionnelles : les probabilités du choix de réseau scolaire si l'on sait que la personne est francophone, les probabilités du choix de réseau scolaire si l'on sait que la personne est anglophone et les probabilités du choix de réseau scolaire si l'on sait que la personne est allophone. La dernière colonne représente les probabilités du choix du réseau scolaire sans aucune condition, c'est-à-dire des probabilités calculées dans l'espace échantillonnal Ω. On dit aussi que ce sont des probabilités marginales.

Ainsi, on peut dire ce qui suit :

— la probabilité qu'une personne opte pour le réseau anglophone si l'on sait qu'elle est francophone est de 17,49 % ;
— la probabilité qu'une personne opte pour le réseau francophone si l'on sait qu'elle est allophone est de 37,25 % ;
— la probabilité qu'une personne opte pour le réseau francophone est de 74,77 % si l'on ne tient pas compte de la langue maternelle ;

et ainsi de suite.

Note : Il arrive souvent que cette forme de tableau soit utilisée pour présenter des résultats de sondage dans les revues et les journaux.

D. La probabilité de l'intersection à partir d'une probabilité conditionnelle

À partir de la définition d'une probabilité conditionnelle, on peut déduire que
$$P(A \cap B) = P(B) \cdot P(A \mid B).$$

EXEMPLE 7.15 (suite)

Cette formule exprime le fait que pour choisir une personne francophone qui a opté pour le réseau francophone, il faut qu'elle soit d'abord francophone ($P(B)$) et, ensuite, si l'on sait qu'elle est francophone, qu'elle ait opté pour le réseau francophone ($P(A \mid B)$).

$0,6981 = 0,8460 \cdot 0,8251$.

Cela signifie que 69,81 % des répondants sont des francophones qui ont opté pour le réseau francophone, ce qui représente 82,51 % des francophones qui, eux, représentent 84,60 % des répondants.

La figure 7.5 résume tous les cas possibles (l'événement A peut être utilisé pour représenter l'événement « La personne a opté pour le réseau anglophone » et aussi l'événement « La personne a opté pour le réseau francophone »).

FIGURE 7.5
Probabilité
de l'intersection à partir
d'une probabilité
conditionnelle

	Probabilité de la langue maternelle du répondant	Probabilité du réseau si l'on connaît la langue maternelle du répondant		Probabilité du réseau et de la langue maternelle
	B Francophone 0,8460	Anglophone A|B Francophone	0,1749 0,8251	0,1479 A∩B 0,6981
Ω	C Anglophone 0,1023	Anglophone A|C Francophone	0,7030 0,2970	0,0719 A∩C 0,0304
	D Allophone 0,0517	Anglophone A|D Francophone	0,6275 0,3725	0,0324 A∩D 0,0193

– Soit l'événement A : La personne a opté pour le réseau francophone ;

– Soit l'événement B : La personne est francophone ;

– Soit l'événement C : La personne est anglophone ;

– Soit l'événement D : La personne est allophone.

$$P(A) = P(A \cap B) + P(A \cap C) + P(A \cap D).$$

Cela vient du fait que les événements B, C et D sont disjoints et recouvrent tout l'espace échantillonnal, comme le montre la figure 7.6.

FIGURE 7.6
Partition de l'événement A

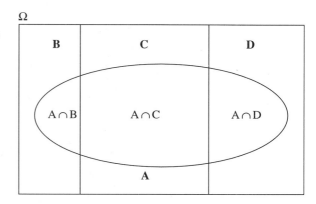

Dans la même figure, on voit que

A = (A ∩ B) ∪ (A ∩ C) ∪ (A ∩ D),
où A ∩ B, A ∩ C et A ∩ D sont disjoints.

Ainsi,

$$P(A) = P(A \cap B) + P(A \cap C) + P(A \cap D)$$
$$= 0,6981 + 0,0304 + 0,0193 = 0,7478.$$

Cela signifie que 69,81 % des répondants sont des francophones qui ont opté pour le **réseau francophone**, que 3,04 % des répondants sont des anglophones qui ont opté pour le **réseau francophone** et que 1,93 % des répondants sont des allophones qui ont opté pour le **réseau francophone**. En tout, 74,78 % des répondants ont opté pour le réseau francophone.

À partir du tableau 7.9 des probabilités conditionnelles présenté précédemment, on pouvait lire que P(A) = 0,7477. La différence obtenue est due à l'arrondissement des valeurs.

Si l'on évalue les probabilités conjointes à l'aide des probabilités conditionnelles et marginales, on obtient :

$$P(A) = P(B) \bullet P(A \mid B) + P(C) \bullet P(A \mid C) + P(D) \bullet P(A \mid D)$$
$$= 0,8460 \bullet 0,8251 + 0,1023 \bullet 0,2970 + 0,0517 \bullet 0,3725 = 0,7477.$$

Cela signifie que les 74,77 % des répondants qui ont opté pour le réseau francophone se répartissent de la façon suivante :

– 82,51 % des francophones, qui, eux, représentent 84,60 % des répondants ;

– 29,70 % des anglophones, qui, eux, représentent 10,23 % des répondants ;

– 37,25 % des allophones, qui, eux, représentent 5,17 % des répondants.

EXEMPLE 7.16

TABLEAU 7.2

Âge	Opinion			Total
	D'accord	En désaccord	NSP/NRP	
De 18 à 34 ans	55	36	9	100
De 35 à 54 ans	59	37	4	100
55 ans et plus	38	49	13	100
Tous	52	40	8	100

Une légère majorité de Québécois appuie l'objectif du déficit zéro

Dans le journal _La Presse_ du 23 décembre 1996, on donnait les résultats obtenus à une question portant sur l'opinion de la personne concernant l'objectif du déficit zéro pour l'an 2000[10].

Reprenons l'exemple 7.6 et le tableau 7.2 concernant la répartition des personnes interrogées en fonction de leur opinion pour chacune des catégories d'âge.

On peut constater que ce tableau est déjà sous une forme de probabilités conditionnelles et de probabilité marginale.

Si l'expérience aléatoire consiste à choisir au hasard une personne parmi les personnes interrogées, évaluons les probabilités suivantes :

a) La probabilité de choisir une personne en accord avec l'objectif du déficit zéro, **si l'on sait qu'elle a entre 35 et 54 ans.**

Soit l'événement A : La personne est d'accord avec l'objectif zéro.

Soit l'événement B : La personne a entre 35 et 54 ans.

Alors, P(A | B) = probabilité que la personne soit d'accord avec l'objectif du déficit zéro, **si l'on sait qu'elle a entre 35 et 54 ans.**

On trouvera cette probabilité conditionnelle sur la ligne représentant la répartition des personnes âgées entre 35 et 54 ans. La somme des pourcentages de cette ligne donne 100 %, parce qu'elle représente la répartition de l'opinion pour **tous et seulement** ceux qui ont entre 35 et 54 ans.

De 35 à 54 ans	**59**	37	4	100

Ainsi,

P(A | B) = 0,59 ou 59 %.

Cela signifie que 59 % des personnes interrogées qui ont entre 35 et 54 ans sont d'accord avec l'objectif du déficit zéro.

Les probabilités conditionnelles et la probabilité marginale se trouvent directement à partir du tableau 7.2.

Il est impossible d'utiliser

$$P(A \mid B) = \frac{N(A \cap B)}{N(B)} \text{ ou } P(A \mid B) = \frac{P(A \cap B)}{P(B)},$$

car ni $N(A \cap B)$, ni $N(B)$, ni $P(A \cap B)$ ne sont connus.

b) La probabilité de choisir une personne en désaccord avec l'objectif du déficit zéro **si l'on sait qu'elle a entre 18 à 34 ans.**

Soit l'événement C : La personne est en désaccord avec l'objectif du déficit zéro.

Soit l'événement D : La personne a entre 18 et 34 ans.

Alors, P(C | D) = probabilité que la personne soit en désaccord avec l'objectif du déficit zéro, **si l'on sait qu'elle a entre 18 et 34 ans.**

---

10. Jannard, Maurice. « Une légère majorité de Québécois appuie l'objectif du déficit zéro », _La Presse_, Cahier Économie, 23 décembre 1996, p. B1.

On trouve cette probabilité sur la ligne suivante :

| De 18 à 34 ans | 55 | **36** | 9 | 100 |

Ainsi,

P(C | D) = 0,36 ou 36 %.

Cela signifie que 36 % des personnes interrogées qui ont entre 18 et 34 ans sont en désaccord avec l'objectif du déficit zéro.

EXERCICES

7.12 Le tableau 7.7, déjà vu à l'exercice 7.11, présente la répartition des accidents en fonction du type de véhicule et de la nature des blessures, au Québec[11].

TABLEAU 7.7
Répartition des accidents en fonction du type de véhicule et de la nature des blessures, au Québec

Type de véhicule	Blessures				Total
	mortelles	graves	légères	Aucune	
De promenade	766	4 584	33 134	146 330	184 814
Autobus	9	51	451	2 878	3 389
Autobus scolaire	1	18	147	797	963
Taxi	5	52	542	1 833	2 432
Camion	237	953	6 289	36 852	44 331
Motocyclette	104	841	2 946	1 248	5 139
Cyclomoteur	8	86	572	153	819
Motoneige	11	61	117	125	314
Bicyclette	38	432	4 044	373	4 887
Total	1 179	7 078	48 242	190 589	247 088

L'expérience consiste à prendre un accident au hasard parmi les 247 088 accidents décrits dans le tableau.

a) Si un taxi est impliqué dans un accident, quelle est la probabilité qu'il y ait des blessures mortelles ?

b) Si une motocyclette est impliquée dans un accident, quelle est la probabilité qu'il y ait des blessures graves ?

c) S'il n'y a aucune blessure lors d'un accident, quelle est la probabilité que le véhicule impliqué dans l'accident soit un véhicule de promenade ?

d) Si une bicyclette est impliquée dans un accident, quelle est la probabilité qu'il y ait des blessures légères ?

e) S'il y a des blessures graves lors d'un accident, quelle est la probabilité que le véhicule impliqué dans l'accident soit un camion ?

f) S'il y a des blessures mortelles lors d'un accident, quelle est la probabilité que le véhicule impliqué dans l'accident soit un cyclomoteur ?

g) Si une motoneige est impliquée dans un accident, quelle est la probabilité qu'il n'y ait aucune blessure ?

7.13 Une compagnie de boisson gazeuse sait que, si une personne de la ville X est en contact avec sa publicité du samedi, il y a 60 % des chances que cette personne achète son produit dans le courant de la semaine qui suit et que, si elle n'est pas en contact avec sa publicité du samedi, il n'y a que 25 % des chances que cette personne achète ce produit dans le courant de la semaine qui suit. De plus, la compagnie sait que 40 % des personnes de la ville X sont en contact avec sa publicité du samedi.

Quelle est la probabilité qu'une personne choisie au hasard dans cette ville X achète la boisson gazeuse dans le courant de la semaine ?

7.14 Un établissement bancaire sait que si un client utilise le guichet automatique pour effectuer ses retraits hebdomadaires, il y a 60 % des chances qu'il l'utilise aussi pour payer différents comptes (électricité, téléphone, etc.). Par contre, l'établissement bancaire sait que celui qui n'utilise pas le guichet automatique pour effectuer ses retraits hebdomadaires n'a que 8 % des chances de l'utiliser pour effectuer le paiement de ses comptes. Or, il y a 48 % des clients de l'établissement bancaire qui utilisent le guichet automatique pour effectuer des retraits hebdomadaires.

Quelle est la probabilité qu'un client utilise le guichet automatique pour payer ses comptes si ce client est choisi au hasard parmi tous les clients de l'établissement bancaire ?

---

11. Les données proviennent de la Régie de l'assurance automobile du Québec, Direction de la statistique, 1987. *Le Québec statistique*, 59e éd., Québec, Les Publications du Québec, 1989, p. 637.

| | **7.3.3** | ### Les événements indépendants |

Lorsque la réalisation d'un événement B ne modifie pas la probabilité de réalisation d'un événement A, on dit que l'événement A est indépendant de l'événement B. Dans un tableau à double entrée, on peut le constater lorsque les probabilités conditionnelles sont identiques à la probabilité marginale. Ainsi, on dit que A est indépendant de B si $P(A \mid B) = P(A)$ et, puisque

$$P(A \mid B) = \frac{P(A \cap B)}{P(B)},$$

on déduit que

$$\frac{P(A \cap B)}{P(B)} = P(A),$$

c'est-à-dire que

$$P(A \cap B) = P(A) \cdot P(B).$$

EXEMPLE 7.17 **Le réseau scolaire**

TABLEAU 7.9

| Choix | Langue maternelle | | | Total |
	Français	Anglais	Autres	
Réseau anglophone	17,49	70,30	62,75	25,23
Réseau francophone	82,51	29,70	37,25	74,77
Total	100	100	100	100

Reprenons l'exemple 7.1. Le tableau 7.9 présente la répartition des répondants en fonction du choix de réseau scolaire des répondants pour chacune des catégories de langue maternelle.

a) Soit l'événement A : La personne a opté pour le réseau francophone.

Soit l'événement B : La personne est francophone.

$P(A) = 0,7477$ ou 74,77 % (*marginale*).

$P(A \mid B) = 0,8251$ ou 82,51 % (*conditionnelle*).

Les deux probabilités n'étant pas égales, A n'est pas indépendant de B. Ainsi, l'événement A dépend de l'événement B, ce qui signifie que la réalisation de l'événement B « La personne est francophone » modifie la probabilité de réalisation de l'événement A « La personne a opté pour le réseau francophone », la probabilité passe de 74,77 % à 82,51 %.

b) Soit l'événement C : La personne a opté pour le réseau anglophone.

Soit l'événement B : La personne est francophone.

$P(C) = 0,2523$ ou 25,23 % (*marginale*).

$P(C \mid B) = 0,1749$ ou 17,49 % (*conditionnelle*).

Les deux probabilités n'étant pas égales, l'événement C n'est pas indépendant de l'événement B. Ainsi, l'événement C dépend de l'événement B, ce qui signifie que la réalisation de l'événement B « La personne est francophone » modifie la probabilité de réalisation de l'événement C « La personne a opté pour le réseau anglophone ». La probabilité de réalisation de l'événement C diminue si l'événement B est réalisé ; elle passe de 25,23 % à 17,49 %.

EXEMPLE 7.18

Une légère majorité de Québécois appuie l'objectif du déficit zéro

TABLEAU 7.2

Âge	D'accord	En désaccord	NSP/NRP	Total
De 18 à 34 ans	55	36	9	100
De 35 à 54 ans	59	37	4	100
55 ans et plus	38	49	13	100
Tous	52	40	8	100

Opinion

Reprenons l'exemple 7.6 et le tableau 7.2 concernant l'opinion des personnes au sujet de l'objectif du déficit zéro.

L'expérience aléatoire consiste toujours à choisir une personne au hasard parmi les personnes interrogées.

Vérifions si certains événements sont indépendants.

Soit l'événement A : La personne est d'accord avec l'objectif du déficit zéro.

Soit l'événement B : La personne est en désaccord avec l'objectif du déficit zéro.

Soit l'événement C : La personne a 55 ans et plus.

$$P(A \mid C) = 0,38 \neq P(A) = 0,52.$$

$$P(B \mid C) = 0,49 \neq P(B) = 0,40.$$

L'événement « La personne a 55 ans et plus » modifie la probabilité de réalisation de l'événement « D'accord avec l'objectif du déficit zéro » et de l'événement « En désaccord avec l'objectif du déficit zéro », qu'on trouve à la ligne « Tous ». Cela veut dire que le fait de savoir que « La personne a entre 18 et 34 ans » modifie la probabilité de la réalisation de l'événement « D'accord avec l'objectif du déficit zéro » et de l'événement « En désaccord avec l'objectif du déficit zéro ». On peut donc dire que ces événements sont dépendants. Cela signifie aussi que les personnes qui ont 55 ans et plus sont moins d'accord que les autres avec l'objectif du déficit zéro.

EXEMPLE 7.19

Cinq lancers du même dé

Vous lancez un dé 5 fois de suite et vous désirez obtenir, dans l'ordre, un 4, un 2, un 3, un 4 et un 6.

Soit l'événement A : Obtenir un 4 au premier lancer.

Soit l'événement B : Obtenir un 2 au deuxième lancer.

Soit l'événement C : Obtenir un 3 au troisième lancer.

Soit l'événement D : Obtenir un 4 au quatrième lancer.

Soit l'événement E : Obtenir un 6 au cinquième lancer.

On recherche $P(A \cap B \cap C \cap D \cap E)$.

Chaque événement correspond à un lancer, et la probabilité d'obtenir un résultat à un lancer donné n'est pas influencée par les résultats obtenus lors des lancers précédents. Ainsi, les événements A, B, C, D et E sont indépendants. Dans une telle situation,

$$P(A \cap B \cap C \cap D \cap E) = P(A) \cdot P(B) \cdot P(C) \cdot P(D) \cdot P(E)$$
$$= \frac{1}{6} \cdot \frac{1}{6} \cdot \frac{1}{6} \cdot \frac{1}{6} \cdot \frac{1}{6} = \frac{1}{7\,776} = 0,0001.$$

Cela signifie qu'une telle séquence s'obtient une fois sur 7 776.

EXERCICES

7.15 Le tableau 7.7, déjà vu à l'exercice 7.11, présente la répartition des accidents en fonction du type de véhicule et de la nature des blessures, au Québec[12].

TABLEAU 7.7
Répartition des accidents en fonction du type de véhicule et de la nature des blessures, au Québec

Type de véhicule	Blessures				Total
	mortelles	graves	légères	Aucune	
De promenade	766	4 584	33 134	146 330	184 814
Autobus	9	51	451	2 878	3 389
Autobus scolaire	1	18	147	797	963
Taxi	5	52	542	1 833	2 432
Camion	237	953	6 289	36 852	44 331
Motocyclette	104	841	2 946	1 248	5 139
Cyclomoteur	8	86	572	153	819
Motoneige	11	61	117	125	314
Bicyclette	38	432	4 044	373	4 887
Total	1 179	7 078	48 242	190 589	247 088

L'expérience consiste à prendre un accident au hasard parmi les 247 088 accidents décrits dans le tableau.

a) Est-ce que l'événement « Avoir des blessures mortelles lors d'un accident » est indépendant de l'événement « Le véhicule impliqué dans l'accident est une motocyclette » ?

b) Est-ce que l'événement « Avoir des blessures mortelles lors d'un accident » est indépendant de l'événement « Le véhicule impliqué dans l'accident est un véhicule de promenade » ?

c) Est-ce que l'événement « Avoir des blessures graves lors d'un accident » est indépendant de l'événement « Le véhicule impliqué dans l'accident est une motoneige » ?

d) Est-ce que l'événement « Avoir des blessures légères lors d'un accident » est indépendant de l'événement « Le véhicule impliqué dans l'accident est un taxi » ?

e) Est-ce que l'événement « Avoir des blessures mortelles lors d'un accident » est indépendant de l'événement « Le véhicule impliqué dans l'accident est un cyclomoteur » ?

f) Est-ce que l'événement « N'avoir aucune blessure lors d'un accident » est indépendant de l'événement

« Le véhicule impliqué dans l'accident est un autobus scolaire » ?

g) Est-ce que l'événement « Avoir des blessures graves lors d'un accident » est indépendant de l'événement « Le véhicule impliqué dans l'accident est un véhicule de promenade » ?

7.16 Dans le journal _La Presse_ du 19 janvier 1996, on donnait les résultats d'un sondage portant sur l'opinion des gens concernant leur sécurité d'emploi. La question était : « Estimez-vous que l'emploi que vous avez présentement vous donne une bonne sécurité d'emploi[13] ? ».

Le tableau 7.10 présente les résultats obtenus.

TABLEAU 7.10
Répartition des personnes interrogées, en pourcentage, en fonction de leur opinion concernant leur sécurité d'emploi pour chacune des tranches de revenu personnel

Revenu personnel	Votre emploi vous donne une bonne sécurité d'emploi		Total
	Oui	Non	
Moins de 15 000 $	39	61	100
De 15 000 $ à 25 000 $	53	47	100
De 25 000 $ à 35 000 $	55	45	100
De 35 000 $ à 45 000 $	62	38	100
De 45 000 $ à 55 000 $	65	35	100
55 000 $ et plus	73	27	100
NSP / NRP	50	50	100
Total	54	46	100

Source : Adapté d'un tableau d'Infographie _La Presse_, présenté dans Sondage SOM – Droit de parole, _Op. cit._, p. A9.

Si l'on choisit au hasard une personne parmi celles qu'on a interrogées :

a) Quelle est la probabilité que cette personne pense que sa sécurité d'emploi est bonne ?

b) Quelle est la probabilité que cette personne pense que sa sécurité d'emploi est bonne si l'on sait que son revenu se situe entre 25 000 $ et 35 000 $?

c) Est-ce que les événements « Être d'avis d'avoir une bonne sécurité d'emploi » et « Avoir un revenu entre 25 000 $ et 35 000 $ » sont indépendants ? Expliquez votre réponse.

12. Les données proviennent de la Régie de l'assurance automobile du Québec, Direction de la statistique, 1987. _Le Québec statistique_, 59ᵉ éd., Québec, Les Publications du Québec, 1989, p. 637.

13. Sondage SOM – Droit de parole, _La Presse_, 19 janvier 1996, p. A9.

d) Est-ce que les événements « Être d'avis de ne pas avoir une bonne sécurité d'emploi » et « Avoir un revenu de 55 000 $ et plus » sont indépendants ? Expliquez votre réponse.

7.17 Dans le journal *La Presse* du 5 avril 1997, on publiait les résultats d'un sondage effectué par SOM sur la situation de l'emploi. L'une des questions posées était : « Selon vous, dans les 12 prochains mois, la situation de l'emploi…[14] ? ».

Dans le tableau 7.11, on met en relation l'opinion des gens et leur scolarité.

TABLEAU 7.11
Répartition des personnes interrogées, en pourcentage, en fonction de leur opinion concernant la situation de l'emploi pour chacune des catégories de scolarité

	Opinion sur la situation de l'emploi			
Scolarité	Va s'améliorer	Va rester stable	Va se détériorer	Total
12 ans et moins	14	48	38	100
13 à 15 ans	13	59	28	100
16 ans et plus	14	66	20	100
Total	14	58	28	100

Source : Adapté d'un tableau d'Infographie *La Presse*, présenté dans Perreault, Mathieu. *Op. cit.*, p. A1.

Si l'on choisit au hasard une personne parmi celles qu'on a interrogées :

a) Quelle est la probabilité que cette personne pense que la situation de l'emploi va se détériorer ?

b) Quelle est la probabilité que cette personne pense que la situation de l'emploi va se détériorer si l'on sait qu'elle a 13 à 15 ans de scolarité ?

c) Est-ce que les événements « Être d'avis que la situation de l'emploi va se détériorer » et « Avoir 13 à 15 ans de scolarité » sont indépendants ? Expliquez votre réponse.

d) Est-ce que les événements « Être d'avis que la situation de l'emploi va rester stable » et « Avoir 16 ans et plus de scolarité » sont indépendants ? Expliquez votre réponse.

7.18 Une compagnie de boisson gazeuse sait que, si une personne d'une ville X est en contact avec sa publicité du samedi, elle a 60 % des chances d'acheter son produit dans le courant de la semaine qui suit et que, si elle n'est pas en contact avec sa publicité du samedi, elle n'a que 25 % des chances de l'acheter dans le courant

de la semaine qui suit. De plus, elle sait que 40 % des personnes de la ville X sont en contact avec sa publicité du samedi.

Jean et Élisabeth sont deux personnes de la ville X que la compagnie aimerait avoir comme clients cette semaine.

a) Quelle est la probabilité que les deux personnes achètent la boisson gazeuse dans le courant de la semaine ?

b) Quelle est la probabilité qu'une seule des deux personnes achète la boisson gazeuse dans le courant de la semaine ?

c) Quelle est la probabilité qu'au moins une des deux personnes achète la boisson gazeuse dans le courant de la semaine ?

7.19 Un établissement bancaire sait que si un client utilise le guichet automatique pour effectuer ses retraits hebdomadaires, il y a 60 % des chances qu'il l'utilise aussi pour payer différents comptes (électricité, téléphone, etc.). Par contre, l'établissement bancaire sait que celui qui n'utilise pas le guichet automatique pour effectuer ses retraits hebdomadaires n'a que 8 % des chances de l'utiliser pour effectuer le paiement de ses comptes. Or, il y a 48 % des clients de l'établissement bancaire qui utilisent le guichet automatique pour effectuer des retraits hebdomadaires.

Mélanie, Thomas et Claude sont des clients de l'établissement bancaire.

a) Quelle est la probabilité que ces trois clients utilisent le guichet automatique pour payer leurs comptes ?

b) Quelle est la probabilité qu'au moins un de ces trois clients utilise le guichet automatique pour le paiement de ses comptes ?

7.20 Antoine doit rencontrer trois clients aujourd'hui. Il a 40 % des chances de signer un contrat avec le premier client, 70 % avec le deuxième et 60 % avec le troisième. On suppose que ces trois événements sont indépendants.

a) Quelle est la probabilité qu'Antoine signe un contrat avec les trois clients ?

b) Quelle est la probabilité qu'Antoine signe un contrat avec au moins un des trois clients ?

---

14. Perreault, Mathieu. « Les jeunes entrevoient un avenir sombre », *La Presse*, 5 avril 1997, p. A1.

7.3.4 Les arrangements et les combinaisons

Le domaine de l'analyse combinatoire est très vaste. Nous présentons d'abord quelques outils de l'analyse combinatoire qui pourront être utiles, puis nous donnerons un exemple d'application de ceux-ci avec le calcul des probabilités des loteries.

EXEMPLE 7.20

Six places pour six personnes

Votre groupe comprend 6 personnes. Vous arrivez au cinéma et vous vous rendez compte qu'il reste exactement 6 places dans une rangée.

Pour déterminer le nombre de façons dont vous disposez pour occuper les 6 places tous les 6, imaginons que les 6 cases ci-dessous représentent les 6 places.

Vous choisissez votre place en premier ; vous avez 6 possibilités, puisque les 6 places sont libres.

6					

Maintenant la deuxième personne a 5 possibilités, puisqu'il ne reste que 5 places libres (vous en occupez une).

6	5				

Ainsi, peu importe la place que vous choisissez, elle aura 5 possibilités. À deux, vous avez donc 6 • 5 = 30 possibilités différentes.

Quant à la troisième personne, il lui reste 4 places, donc 4 possibilités.

6	5	4			

Par conséquent, à vous trois, vous disposez de 6 • 5 • 4 = 120 possibilités différentes de vous asseoir.

La quatrième personne a 3 possibilités, puisqu'il reste 3 places disponibles.

6	5	4	3		

À vous quatre, vous disposez de 6 • 5 • 4 • 3 = 360 possibilités différentes de vous asseoir.

La cinquième personne a 2 possibilités, puisque les 4 personnes la précédant sont déjà assises.

6	5	4	3	2	

D'où 6 • 5 • 4 • 3 • 2 = 720 possibilités différentes.

La dernière personne ne dispose que d'une seule place.

6	5	4	3	2	1

Donc, à vous 6, vous disposez de 6 • 5 • 4 • 3 • 2 • 1 = 720 possibilités différentes.

EXEMPLE 7.21

Soixante sujets pour soixante étudiants

Un professeur de français a l'intention de répartir 60 sujets différents de composition littéraire à ses 60 étudiants.

De combien de façons les étudiants peuvent-ils se répartir les sujets s'ils doivent tous avoir des sujets différents ?

Le principe est le même que pour l'exemple précédent. Imaginons 60 cases, une par sujet de composition. Le premier étudiant choisira parmi les 60 sujets disponibles, le deuxième parmi les 59 restants et ainsi de suite.

Ils auront $60 \cdot 59 \cdot 58 \cdot ... \cdot 1 = 8{,}32 \cdot 10^{81}$ possibilités différentes.

Dans l'exemple précédent, il était facile d'effectuer la multiplication. Ce n'est pas aussi facile avec 60 personnes ou encore avec 500 personnes.

Note : Il existe une notation particulière pour ce genre de produit, appelée une factorielle.

Ainsi, $6 \cdot 5 \cdot 4 \cdot 3 \cdot 2 \cdot 1$ sera noté 6! (lire 6 factoriel).

De même, $60 \cdot 59 \cdot 58 \cdot ... \cdot 3 \cdot 2 \cdot 1$ sera noté 60! (lire 60 factoriel).

De façon générale, pour les entiers positifs,
$$n \cdot (n - 1) \cdot (n - 2) \cdot ... \cdot 3 \cdot 2 \cdot 1$$
sera noté $n!$ (lire n factoriel).

L'évaluation des factorielles nécessite l'utilisation d'une calculatrice. Si la calculatrice est pourvue d'une touche de fonction factorielle, le travail est simplifié de beaucoup.

EXEMPLE 7.22

Les opérations avec des factorielles

On effectue les opérations suivantes :

a) $\dfrac{8!}{4!} = \dfrac{40\,320}{24} = \dfrac{8 \cdot 7 \cdot 6 \cdot 5 \cdot 4 \cdot 3 \cdot 2 \cdot 1}{4 \cdot 3 \cdot 2 \cdot 1} = 8 \cdot 7 \cdot 6 \cdot 5 = 1\,680.$

On constate que $\dfrac{8!}{4!} = 1\,680 \neq 2\,!$.

À noter qu'il ne faut pas simplifier le nombre 8 et le nombre 4 entre eux avant d'avoir développé les factorielles.

b) $3! \cdot 2! = (3 \cdot 2 \cdot 1) \cdot (2 \cdot 1) = 6 \cdot 2 = 12.$

On constate que $3! \cdot 2! = 12 \neq 6!$.

Encore ici, il ne faut pas multiplier le nombre 3 et le nombre 2 entre eux avant d'avoir développé les factorielles.

c) $4! + 2! = 24 + 2 = 26.$

On constate que $4! + 2! = 26 \neq 6!$.

Il ne faut pas additionner le nombre 4 et le nombre 2 entre eux avant d'avoir développé les factorielles.

Note : La notation ! a pour rôle d'abréger l'écriture. Il faudra toujours revenir à la définition de la factorielle avant d'effectuer des opérations.

EXEMPLE 7.23

Six livres pour quatre personnes

On a 6 livres différents qu'il faut répartir entre 4 personnes, mais en ne donnant qu'un seul livre à chacune des personnes.

Comme il y a seulement 4 personnes, cela implique qu'il y aura seulement 4 livres qui seront distribués à la fois et 2 qui ne le seront pas. Autrement dit, on veut répartir 6 livres en les prenant 4 à la fois.

Imaginons que les 4 cases ci-dessous représentent les 4 personnes auxquelles on donnera 1 livre.

De combien de façons différentes peut-on effectuer cette répartition ?

On donnera 1 des 6 livres à la première personne. Il y a donc 6 possibilités pour la première case.

6			

La première personne ayant reçu 1 livre, il reste 5 livres disponibles. On donnera 1 des 5 livres restants à la deuxième personne.

6	5		

Les deux premières personnes ayant reçu chacune 1 livre, il reste 4 livres disponibles. On donnera 1 des 4 livres restants à la troisième personne.

6	5	4	

Les trois premières personnes ayant reçu chacune 1 livre, il reste 3 livres disponibles. On donnera 1 des 3 livres restants à la quatrième personne.

6	5	4	3

On dispose donc de $6 \cdot 5 \cdot 4 \cdot 3 = 360$ façons différentes de répartir les 6 livres entre les 4 personnes.

Imaginons que les 6 livres soient représentés par les lettres A, B, C, D, E et F, et que les 4 personnes soient représentées par les 4 cases. L'une des 360 répartitions possibles est :

A	F	E	B

Une autre répartition possible est :

F	E	A	B

Ce sont les mêmes 4 livres, mais ils n'appartiennent pas tous aux mêmes personnes ; les livres F, E et A ont changé de case, c'est-à-dire de propriétaire. L'ordre dans lequel les livres sont répartis est différent entre les deux répartitions, ce sont deux **arrangements** différents des 6 livres, pris 4 à la fois, car il n'y a que 4 personnes.

Un autre arrangement (répartition) différent possible est :

D	E	A	B

Cette fois-ci, c'est l'un des livres qui a changé, mais il s'agit encore d'un **arrangement** des 6 livres pris 4 à la fois.

Lorsqu'il faut tenir compte d'un ordre (hiérarchique, visuel ou autre) entre les éléments pour déterminer le nombre de façons différentes qu'il y a de les répartir, on parle d'arrangements. Le nombre d'arrangements peut être évalué à partir des factorielles. Dans le présent exemple, le nombre d'arrangements des 6 livres pris 4 à la fois est noté A_4^6 et vaut :

$$A_4^6 = \frac{6!}{(6-4)!} = \frac{6!}{2!} = \frac{6 \cdot 5 \cdot 4 \cdot 3 \cdot 2 \cdot 1}{2 \cdot 1} = \frac{720}{2} = 360.$$

D'une façon générale, lorsqu'on a n éléments différents qu'on veut arranger en les prenant r à la fois, et que chaque élément ne peut être utilisé plus d'une fois dans un arrangement (pas de répétition), on obtient le nombre d'arrangements différents à l'aide de la formule suivante :

$$A_r^n = \frac{n!}{(n-r)!}.$$

EXEMPLE 7.24

Quarante rôles pour soixante candidats

Un producteur doit attribuer 40 rôles différents d'importance mineure dans son prochain film à 40 personnes différentes. Il a reçu 60 candidatures aussi valables les unes que les autres.

De combien de façons peut-il répartir les 40 rôles entre les 60 personnes ? On recherche donc le nombre d'arrangements des 60 personnes en les prenant 40 à la fois.

On a $n = 60$ et $r = 40$.

En appliquant la formule précédente, on obtient :

$$A_{40}^{60} = \frac{60!}{(60-40)!} = \frac{60!}{20!} = 3,42 \cdot 10^{63}.$$

(On comprend maintenant pourquoi certaines personnes mettent tant de temps avant de prendre une décision !)

EXEMPLE 7.25

Les arrangements de trois lettres

Combien d'**arrangements** de 3 lettres différentes choisies parmi les 5 lettres a, b, c, d et e peut-on faire ? Quels sont-ils ?

On a 3 places et 5 lettres. Ainsi, en appliquant la formule précédente, on obtient pour $n = 5$ et $r = 3$:

$$A_3^5 = \frac{5!}{(5-3)!} = \frac{5!}{2!} = 60.$$

Les arrangements possibles sont :

abc	abd	abe	acd	ace	ade	bcd	bce	bde	cde
acb	adb	aeb	adc	aec	aed	bdc	bec	bed	ced
bac	bad	bae	cad	cae	dae	cbd	cbe	dbe	dce
bca	bda	bea	cda	cea	dea	cdb	ceb	deb	dec
cab	dab	eab	dac	eac	ead	dbc	ebc	ebd	ecd
cba	dba	eba	dca	eca	eda	dcb	ecb	edb	edc

EXEMPLE 7.26

Les arrangements de cinq lettres

Combien d'arrangements contenant 5 lettres différentes peut-on former à partir des lettres a, b, c, d et e ? On a 5 places et 5 lettres. Ainsi, en appliquant la formule précédente, on obtient pour $n = 5$ et $r = 5$:

$$A_5^5 = \frac{5!}{(5-5)!} = \frac{5!}{0!} = ?.$$

On peut trouver la solution de ce problème d'une autre façon avec les cases :

5	4	3	2	1

Ainsi, le nombre d'arrangements de 5 lettres différentes est :

$5 \cdot 4 \cdot 3 \cdot 2 \cdot 1 = 5! = 120$ arrangements.

Ainsi, la seule façon de procéder pour que $\frac{5!}{0!} = 5!$ est de poser

$0! = 1$.

Cette définition permettra d'utiliser les formules dans toutes les situations.

D'une façon générale, si tous les éléments sont pris à la fois ($r = n$), le nombre d'arrangements différents correspond au nombre de permutations de ces éléments entre eux. Ainsi, le nombre de permutations est donné par

$$A_n^n = \frac{n!}{(n-n)!} = \frac{n!}{0!} = \frac{n!}{1} = n!.$$

EXEMPLE 7.27

Les combinaisons de trois lettres

De combien de façons peut-on regrouper les 5 lettres a, b, c, d et e en les prenant 3 à la fois, si l'on ne doit pas tenir compte de l'ordre entre les 3 lettres ?

Si l'on observe les colonnes dans le tableau des 60 arrangements ci-dessous provenant de l'exemple 7.25, on remarque que, dans chaque colonne, ce sont toujours les trois mêmes lettres qui apparaissent.

abc	abd	abe	acd	ace	ade	bcd	bce	bde	cde
acb	adb	aeb	adc	aec	aed	bdc	bec	bed	ced
bac	bad	bae	cad	cae	dae	cbd	cbe	dbe	dce
bca	bda	bea	cda	cea	dea	cdb	ceb	deb	dec
cab	dab	eab	dac	eac	ead	dbc	ebc	ebd	ecd
cba	dba	eba	dca	eca	eda	dcb	ecb	edb	edc

On a donc 10 combinaisons (groupes) de 3 lettres différentes, 1 combinaison (groupe) par colonne.

Dans chacune des colonnes, il y a 6 permutations de la même combinaison de lettres. On a 60 arrangements formés, grâce à 6 permutations, pour chacune des 10 combinaisons de 3 lettres différentes :

$$10 \text{ combinaisons} = \frac{60 \text{ arrangements}}{6 \text{ permutations par combinaison}}.$$

Voyons maintenant comment obtenir ce nombre de combinaisons sans faire une liste exhaustive des arrangements. On sait qu'il y a 60 arrangements calculés à partir de A_3^5 et que chaque arrangement contient 3 éléments (lettres) différents.

On sait aussi que toutes les permutations de 3 éléments (lettres) donnent la même combinaison de 3 éléments (lettres). Le nombre de permutations est calculé par $A_3^3 = 3!$ permutations possibles avec 3 éléments (lettres). Cela signifie que chaque combinaison de 3 éléments (lettres) se répète 3! fois parmi les 60 arrangements.

Ainsi, le nombre de combinaisons différentes est obtenu par l'opération suivante :

$$\frac{\text{Nombre d'arrangements de 5 éléments pris 3 à la fois}}{\text{Nombre de permutations de 3 éléments}},$$

d'où

$$\frac{A_3^5}{A_3^3} = \frac{\dfrac{5!}{(5-3)!}}{\dfrac{3!}{(3-3)!}} = \frac{5!}{(5-3)! \; 3!} = 10 \text{ combinaisons}.$$

On dira donc qu'avec 5 lettres on peut faire 10 combinaisons de 3 lettres. (Ce résultat correspond exactement à ce qu'on avait obtenu avec la méthode utilisant la liste exhaustive.)

D'une façon générale, lorsqu'on a n éléments différents qu'on veut combiner en les prenant r à la fois, et que chaque élément ne peut être utilisé plus d'une fois dans une combinaison (pas de répétition), on obtient le nombre de **combinaisons** à l'aide de la formule suivante :

$$\binom{n}{r} = \frac{n!}{(n-r)! \; r!}.$$

Lorsqu'on recherche le nombre de **combinaisons** de n éléments différents en les prenant r à la fois, et que chaque élément ne peut être utilisé plus d'une fois dans une combinaison (pas de répétition), **il ne faut pas tenir compte de l'ordre entre les éléments**.

Par contre, lorsqu'on recherche le nombre d'**arrangements** de n éléments différents en les prenant r à la fois, et que chaque élément ne peut être utilisé plus d'une fois dans un arrangement (pas de répétition), **il faut tenir compte de l'ordre entre les éléments**.

EXEMPLE 7.27 (suite)

Ainsi, dans l'exemple 7.27 (avec les lettres), le nombre de combinaisons de 3 lettres prises à partir d'un ensemble de 5 lettres est :

$$\binom{5}{3} = \frac{5!}{(5-3)!\ 3!} = \frac{120}{2 \cdot 6} = 10.$$

EXEMPLE 7.28

Cinq figurants demandés

Un producteur a besoin d'un groupe de 5 figurants pour une scène extérieure. Les figurants n'ont pas de rôles attitrés. Il a reçu 30 candidatures pour ces rôles.

a) De combien de façons différentes peut-il choisir ses figurants ?

Puisque les figurants n'ont pas de rôles attitrés, il s'agit de calculer le nombre de groupes de 5 personnes, sans tenir compte de l'ordre entre les personnes, qu'on peut faire à partir des 30 candidats. C'est donc le nombre de combinaisons de 30 personnes choisies 5 à la fois.

Le nombre de combinaisons est :

$$\binom{30}{5} = \frac{30!}{(30-5)!\ 5!} = 142\ 506.$$

b) Patrice et Mélanie font partie des 30 candidats. Quelles sont les chances que les deux soient sélectionnés, si le producteur fait son choix au hasard ?

Expérience aléatoire	Choisir 5 personnes parmi les 30 candidats
Espace échantillonnal	L'ensemble de tous les groupes possibles de 5 personnes, soit 142 506

Soit l'événement A : Patrice et Mélanie font partie du groupe choisi.

A = l'ensemble de tous les groupes de 5 personnes comprenant Patrice et Mélanie.

$$P(A) = \frac{N(A)}{N(\Omega)} = \frac{N(A)}{142\ 506}.$$

N(A) = nombre de groupes de 5 personnes dans lesquels Patrice et Mélanie sont présents avec 3 autres candidats choisis parmi les 28 autres candidats. Pour compléter le groupe de 5 personnes, il s'agit de former un groupe de 3 personnes choisies à partir des 28 candidats restants.

Calculons N(A).

$$N(A) = \binom{28}{3} = \frac{28!}{(28-3)!\ 3!} = 3\ 276.$$

Ainsi,

$$P(A) = \frac{N(A)}{N(\Omega)} = \frac{3\ 276}{142\ 506} = 0,0230.$$

Cela signifie que parmi tous les groupes (échantillons) de taille 5 faits à partir d'un ensemble (population) de taille 30, il y en a 2,30 % qui comprennent Patrice et Mélanie.

EXEMPLE 7.29

La lotto 6/49

Vous avez acheté un billet pour le tirage de la 6/49. Le jeu, c'est-à-dire l'expérience aléatoire, consiste à tirer au hasard 6 numéros différents parmi les numéros 1 à 49. L'ordre dans lequel les numéros apparaissent ne compte pas, seule la combinaison est importante.

L'espace échantillonnal Ω de cette expérience aléatoire contient plusieurs résultats. Le nombre de résultats correspond au nombre de combinaisons de 6 numéros pris parmi 49. Ce nombre correspond donc à

$$N(\Omega) = \binom{49}{6} = \frac{49!}{(49-6)! \ 6!} = \frac{49!}{43! \ 6!} = 13\ 983\ 816.$$

Vous avez acheté l'une de ces combinaisons.

Quelle est la probabilité que vous gagniez le gros lot ?

Soit A l'événement qui consiste à obtenir votre combinaison.

$$P(A) = \frac{1}{13\ 983\ 816} = 0,000\ 000\ 072.$$

Il est donc fort peu probable que votre combinaison soit la combinaison gagnante.

EXEMPLE 7.30

La partie de golf

Vous avez 5 amis qui savent jouer au golf. Vous voulez en inviter 3 pour participer à un tournoi, mais vous ne savez pas lesquels choisir ; vous avez donc décidé de le faire au hasard.

Combien de possibilités avez-vous ? Puisque l'ordre dans lequel vous allez les choisir n'a pas d'importance, il s'agit de combinaisons.

Ainsi, l'espace échantillonnal de cette expérience correspond à l'ensemble de toutes les combinaisons de 5 personnes choisies 3 à la fois, d'où

$$N(\Omega) = \binom{5}{3} = \frac{5!}{(5-3)! \ 3!} = \frac{120}{2 \bullet 6} = 10 \text{ possibilités.}$$

Ces 10 possibilités correspondent aux 10 échantillons de 3 personnes que vous pouvez prélever à partir d'une population comprenant 5 personnes.

EXEMPLE 7.31

Les Pieuvres

60 joueurs se sont présentés au camp d'entraînement des Pieuvres. Cependant, vous devez retenir seulement 25 joueurs pour la saison.

Puisqu'ils sont tous de force égale, vous avez décidé de les choisir au hasard. Combien de possibilités avez-vous ? Puisque l'ordre ne compte pas, il s'agit de combinaisons.

Donc,

$$N(\Omega) = \binom{60}{25} = \frac{60!}{(60-25)! \; 25!} = 5{,}1915 \cdot 10^{16} \text{ échantillons possibles.}$$

EXEMPLE 7.32

Le nombre d'échantillons possibles

Comment peut-on déterminer le nombre d'échantillons possibles de taille 100 à prélever sans remise dans une population de 3 000 personnes, ou le nombre d'échantillons possibles de taille 1 000 à prélever sans remises dans une population de 6 000 000 d'habitants ?

Pour calculer ce nombre d'échantillons, il faut évaluer un nombre de combinaisons.

Dans le premier cas, on a :

$$\binom{3\,000}{100} = \frac{3\,000!}{(3\,000-100)! \; 100!} = \frac{3\,000!}{2\,900! \; 100!}.$$

Dans le deuxième cas, on a :

$$\binom{6\,000\,000}{1\,000} = \frac{6\,000\,000!}{(6\,000\,000-1\,000)! \; 1\,000!}$$

$$= \frac{6\,000\,000!}{5\,999\,000! \; 1\,000!}.$$

Note : Ne pas tenter d'effectuer ces calculs, car ils dépassent probablement la capacité de la calculatrice.

EXEMPLE 7.33

Le poker

Pour constituer une main de poker, il faut choisir 5 cartes à partir des 52 cartes que contient un jeu de cartes.

L'expérience effectuée consiste à choisir 5 cartes pour former une main de poker.

Combien de résultats possibles comporte cette expérience ?

Un résultat correspond à une combinaison de 5 cartes prises parmi 52 cartes. Ainsi, le nombre de résultats (combinaisons) possibles est de

$$\binom{52}{5} = \frac{52!}{(52-5)! \; 5!} = \frac{52!}{47! \; 5!} = 2\,598\,960.$$

Il y a donc 2 598 960 mains possibles au poker.

EXEMPLE 7.34

L'échantillonnage

Quatre des 40 étudiants inscrits à un cours ont obtenu un résultat supérieur à 80 %. La proportion des étudiants ayant un résultat supérieur à 80 % est donc de 10 %.

Les 4 étudiants qui ont obtenu un résultat supérieur à 80 % sont Charles, Karine, Marc et Marie.

Supposons qu'on choisisse au hasard 10 des 40 étudiants de ce groupe, c'est-à-dire qu'on prenne un échantillon aléatoire simple de taille 10 dans une population de taille 40.

Quelle est la probabilité que dans l'échantillon la proportion d'étudiants ayant un résultat supérieur à 80 % soit de 10 % ?

Expérience aléatoire	Choisir 10 étudiants au hasard parmi les 40 étudiants
Espace échantillonnal	L'ensemble de tous les échantillons de taille 10 qu'on peut former à partir des 40 étudiants du groupe

Soit l'événement A : Obtenir un échantillon comprenant un seul (10 % de 10) étudiant ayant un résultat supérieur à 80 %.

Il faut donc évaluer $P(A) = \dfrac{N(A)}{N(\Omega)}$.

$$N(\Omega) = \binom{40}{10} = \frac{40!}{30! \ 10!} = 847\ 660\ 528 \text{ échantillons possibles de taille 10.}$$

$N(A)$ = nombre d'échantillons de taille 10 comprenant 1 des 4 étudiants ayant un résultat supérieur à 80 % et 9 des 36 autres étudiants n'ayant pas un résultat supérieur à 80 %. Que ce soit Charles, Karine, Marc ou Marie qui fasse partie de l'échantillon, le nombre d'échantillons de taille 10 qu'on peut former de cette façon est le même pour chacun des 4 étudiants. Il faut donc calculer quatre fois le même nombre d'échantillons de taille 9 qu'on peut former à partir des 36 autres étudiants : une fois avec Charles, une fois avec Karine, une fois avec Marc et une autre fois avec Marie.

$$N(A) = 4 \cdot \binom{36}{9} = 4 \cdot \frac{36!}{27! \ 9!} = 376\ 573\ 120 \text{ échantillons possibles.}$$

Ainsi,

$$P(A) = \frac{N(A)}{N(\Omega)} = \frac{376\ 573\ 120}{847\ 660\ 528} = 0{,}4442 \text{ ou } 44{,}42\ \%.$$

Cela signifie que 44,42 % des échantillons de taille 10 comprennent 10 % d'étudiants ayant un résultat supérieur à 80 %. Cela veut dire aussi que 44,42 % des échantillons de taille 10 ont la même proportion d'étudiants ayant un résultat supérieur à 80 % que dans la population. En d'autres mots, si l'on prend un échantillon de taille 10 de cette population, on n'a que 44,42 % des chances que la proportion dans l'échantillon soit la même que la proportion dans la population.

Lorsqu'une firme de sondage prend un échantillon aléatoire d'environ 1000 Québécois parmi tous les Québécois, la probabilité que la proportion dans l'échantillon des Québécois ayant la caractéristique étudiée soit identique à la proportion dans la population des Québécois ayant la même caractéristique étudiée est de l'ordre de 2 %. Cela ne les empêche pas d'effectuer des sondages et d'inférer des résultats pour la population étudiée. Ce sujet sera abordé au chapitre 10.

EXERCICES

7.21 Dans une grande ville du Québec, le conseil municipal est formé du maire et de 8 conseillers.

a) Combien de comités différents de 5 personnes peut-on former si le maire doit absolument être membre de chacun des comités et qu'aucune fonction particulière n'est attribuée aux membres du comité ?

b) Combien de comités différents de 5 personnes peut-on former si le maire est exclu de chacun des comités et qu'aucune fonction particulière n'est attribuée aux membres du comité ?

c) Combien de comités différents de 4 personnes peut-on former avec les membres du conseil municipal, si des postes particuliers sont attribués aux membres (président, vice-président, secrétaire, trésorier) ?

d) À l'intérieur de chacun des comités de 4 personnes dans lesquels il y a des postes particuliers à occuper, combien y a-t-il de permutations possibles des personnes d'un comité ?

7.22 Dans une ville de la banlieue de Montréal, il y a 25 000 résidents. Un règlement municipal stipule que tout propriétaire de bicyclette doit se procurer une plaque d'immatriculation.

a) Combien de plaques différentes la ville peut-elle produire si, sur chaque plaque, on doit trouver 1 lettre suivie de 4 chiffres ?

b) Si la ville décide de modifier les codes des plaques en y inscrivant 2 lettres suivies de 2 chiffres, y aura-t-il suffisamment de plaques différentes pour ses 25 000 résidents, si chaque résident a au plus 1 bicyclette ?

7.23 Si N représente la taille de la population à partir de laquelle on veut tirer un échantillon de taille n, déterminez le nombre d'échantillons possibles dans les cas suivants.

a) $N = 60$ et $n = 15$.
b) $N = 50$ et $n = 40$.
c) $N = 40$ et $n = 12$.
d) $N = 65$ et $n = 25$.
e) $N = 30$ et $n = 20$.

EXERCICES RÉCAPITULATIFS

7.24 Une étude effectuée auprès de 242 personnes a permis de recueillir les observations présentées dans le tableau 7.12 relativement à la possession d'un ordinateur et au niveau de scolarité le plus élevé atteint par son propriétaire.

TABLEAU 7.12

Répartition des répondants en fonction de leur niveau de scolarité et de la possession d'un ordinateur

Niveau de scolarité	Possession d'un ordinateur		
	Oui	Non	Total
Primaire	6	21	27
Secondaire	15	37	52
Collégial	18	61	79
Universitaire	38	46	84
Total	77	165	242

On veut choisir au hasard l'une de ces personnes pour l'interroger sur l'emploi qu'elle occupe.

a) Quelle sera l'expérience aléatoire ?

b) Quels seront les éléments de l'espace échantillonnal ?

c) Quelle sera la probabilité de choisir une personne qui possède un ordinateur ?

d) Quelle sera la probabilité de choisir une personne qui possède un ordinateur, si l'on sait que cette personne a terminé ses études universitaires ?

e) Les événements « Posséder un ordinateur » et « Avoir terminé ses études universitaires » sont-ils indépendants ? Expliquez votre réponse.

f) Quelle sera la probabilité que la personne choisie ne possède pas d'ordinateur ou que son niveau de scolarité le plus élevé atteint soit des études secondaires ?

g) Quelle sera la probabilité que la personne choisie possède un ordinateur et que son niveau de scolarité le plus élevé atteint soit des études collégiales ?

7.25 Le responsable du bureau des ressources humaines d'une compagnie possède les dossiers de ses 750 employés dont il a obtenu la répartition selon le sexe et l'âge. Le tableau 7.13 présente cette répartition des fréquences.

TABLEAU 7.13
Répartition des répondants en fonction de leur âge et de leur sexe

Âge (années)	Sexe		Total
	masculin	féminin	
[20 ; 30[	56	80	136
[30 ; 40[	122	196	318
[40 ; 65[	188	108	296
Total	366	384	750

Si l'on choisit au hasard une personne parmi les employés :

a) Quelle est la probabilité qu'elle ait moins de 30 ans ?

b) Quelle est la probabilité qu'elle ait moins de 30 ans, si l'on sait qu'elle est de sexe féminin ?

c) Quelle est la probabilité qu'elle ait 40 ans ou plus ?

d) Quelle est la probabilité qu'elle soit de sexe féminin et qu'elle ait moins de 40 ans ?

e) Quelle est la probabilité qu'elle soit âgée entre 30 et 40 ans ou qu'elle soit de sexe féminin ?

f) Quelle est la probabilité qu'elle soit de sexe féminin si elle a au moins 40 ans ?

7.26 Le tableau 7.14 présente la répartition du nombre d'heures de travail rémunéré par semaine, pour les élèves du collégial, selon le programme dans lequel ils sont inscrits.

TABLEAU 7.14
Répartition des répondants, en pourcentage, en fonction du nombre d'heures de travail rémunéré pour chaque programme d'étude

Nombre d'heures	Programme de sciences	Autres programmes	Total
[0 ; 5[	12,6	6,1	7,4
[5 ; 10[	14,2	7,2	8,6
[10 ; 15[	31,8	27,2	28,1
[15 ; 20[	29,7	34,0	33,2
[20 ; 25[	8,1	17,6	15,7
[25 ; 30[	2,6	4,9	4,4
[30 ; 40[	1,0	3,0	2,6
Total	100,0	100,0	100,0

Source : Échantillon fictif simulé à partir de Ducharme, Robert et Terrill, Ronald. « Les étudiants de sciences, une espèce à part ? », *Spectre*, vol. 22, n° 5, août-septembre 1993, p. 36.

On suppose que cette répartition s'applique à l'ensemble des élèves du collégial.

a) Si l'on choisit au hasard un élève du collégial, quelle est la probabilité qu'il travaille entre 5 et 10 heures par semaine ?

b) Soit l'événement A : Un élève du collégial travaillant entre 20 et 25 heures par semaine.

Soit l'événement B : Un élève du collégial étudiant en sciences.

Est-ce que les événements A et B sont indépendants ? Expliquez votre réponse.

c) Quelle est la probabilité qu'un élève du collégial inscrit dans « Autres programmes » travaille plus de 30 heures par semaine ?

7.27 Le tableau 7.15 présente la répartition hypothétique des habitants d'une province canadienne en fonction de leur allégeance politique et de leur opinion portant sur un certain projet de loi.

Si l'on choisit au hasard un habitant, dans cette province, quelle est la probabilité :

a) qu'il soit opposé au projet de loi ?

b) qu'il soit conservateur, si l'on sait qu'il est en faveur du projet de loi ?

TABLEAU 7.15
Répartition des répondants, en pourcentage, en fonction du parti politique et de leur opinion

Parti politique	Opinion		Total
	Pour	Contre	
Conservateurs	26,5	20,5	47
Libéraux	13,5	31,5	45
Néo-démocrates	2,0	6,0	8
Total	42,0	58,0	100

Lambert Adolphe Jacques Quételet (1796-1874), savant belge. Professeur de mathématiques à l'Université de Gand, fondateur et directeur de l'Observatoire royal de Bruxelles. Il s'intéressa à la poésie, à la peinture, à la géométrie analytique, aux probabilités, à l'astronomie, à la météorologie, aux statistiques morales et aux recensements de population. Dans *Sur l'homme et le développement de ses facultés*, publié en 1835, Quételet présenta sa conception de l'homme moyen comme valeur centrale autour de laquelle les mesures d'une caractéristique humaine sont groupées suivant une courbe normale[1].

1. L'illustration provient de http://www-groups.dcs.st-and.ac.uk/~history/Mathe-maticians/Quetelet.html.

Rappelons qu'une **variable statistique** est quantitative ou qualitative, et que la distribution (observée) de cette variable donne les fréquences d'apparition effectives de chacune des valeurs, classes de valeurs ou modalités de la variable au sein de l'échantillon ou de la population.

Une **variable aléatoire** est toujours une variable quantitative qui est définie à partir d'une expérience aléatoire. La distribution (théorique) des fréquences d'une variable aléatoire donne les fréquences d'apparition probables de chacune des valeurs ou classes de valeurs de la variable au sein de l'expérience aléatoire. La distribution d'une variable aléatoire est basée sur un modèle théorique qui peut aussi s'appliquer à des variables statistiques dans le cas des populations.

Deux de ces modèles théoriques seront étudiés dans le présent chapitre : la distribution binomiale et la distribution normale. Il s'agira de trouver toutes les valeurs possibles pour une variable aléatoire, d'évaluer la probabilité de réalisation de chacune de ces valeurs et de calculer les mesures de tendance centrale et de dispersion pour le modèle associé à la variable aléatoire étudiée.

8.1 LA VARIABLE ALÉATOIRE : DÉFINITION

On sait maintenant qu'à toute expérience aléatoire correspond un espace échantillonnal Ω. Une variable aléatoire est une fonction qui associe un nombre réel à chacun des résultats de l'espace échantillonnal. Les lettres X, Y et Z seront utilisées pour représenter une variable aléatoire.

Une variable aléatoire est dite **discrète** si elle peut prendre un nombre fini ou dénombrable de valeurs, et elle est dite **continue** si elle peut prendre toutes les valeurs comprises dans un intervalle de nombres réels.

EXEMPLE 8.1

Le lancer de deux dés

Dans le chapitre 7, au jeu de jacquet, vous cherchiez à obtenir une somme précise pour le lancer des deux dés.

Expérience aléatoire	Lancer deux dés
Espace échantillonnal	L'ensemble des 36 couples

$$\Omega = \begin{cases} (1, 1) & (1, 2) & (1, 3) & (1, 4) & (1, 5) & (1, 6) \\ (2, 1) & (2, 2) & (2, 3) & (2, 4) & (2, 5) & (2, 6) \\ (3, 1) & (3, 2) & (3, 3) & (3, 4) & (3, 5) & (3, 6) \\ (4, 1) & (4, 2) & (4, 3) & (4, 4) & (4, 5) & (4, 6) \\ (5, 1) & (5, 2) & (5, 3) & (5, 4) & (5, 5) & (5, 6) \\ (6, 1) & (6, 2) & (6, 3) & (6, 4) & (6, 5) & (6, 6) \end{cases}.$$

On peut définir une variable aléatoire X de la façon suivante :

X = Somme des deux dés.

En effet, c'est une fonction qui permet d'associer à chaque résultat (à chaque couple) de Ω un nombre réel, soit la somme des coordonnées du couple.

Par exemple, si l'on obtient le résultat (2, 2), la somme est 4 ; si l'on obtient le résultat (5, 4), la somme est 9. Les valeurs possibles pour la variable X sont 2, 3, 4, 5, 6, 7, 8, 9, 10, 11 et 12, puisque les sommes possibles des deux dés varient de 2 à 12.

EXEMPLE 8.2

Les échantillons de taille 3

Supposons une population comprenant 5 personnes : Stéphane, Julie, Antoine, Anne et Olivier.

Expérience aléatoire	Choisir un échantillon de 3 personnes
Espace échantillonnal	L'ensemble de tous les échantillons de taille 3

$\Omega = \{$(Stéphane, Julie, Antoine), (Stéphane, Julie, Anne), (Stéphane, Julie, Olivier), (Stéphane, Antoine, Anne), (Stéphane, Antoine, Olivier), (Stéphane, Anne, Olivier), (Julie, Antoine, Anne), (Julie, Antoine, Olivier), (Julie, Anne, Olivier), (Antoine, Anne, Olivier)$\}$.

On a 10 échantillons possibles. Ce sont des combinaisons de 5 éléments pris 3 à la fois :

$$\binom{5}{3} = \frac{5!}{(5-3)!\,3!} = \frac{120}{2 \bullet 6} = 10.$$

On peut définir une variable aléatoire X de la façon suivante :

X = Nombre de garçons dans l'échantillon.

On a donc une fonction qui associe un nombre réel (le nombre de garçons dans le triplet) à chaque résultat (triplet de noms) de Ω.

Par exemple, si l'on obtient (Stéphane, Julie, Olivier), le nombre de garçons associé est 2 ; si l'on a (Stéphane, Julie, Anne), le nombre de garçons associé est 1.

Les valeurs possibles pour la variable X sont 1, 2 et 3.

EXEMPLE 8.3

Les joueurs de hockey pee-wee

On choisit au hasard un jeune joueur de hockey de niveau pee-wee au Québec, et on le chronomètre lorsqu'il exécute un exercice de patinage.

Expérience aléatoire	Choisir au hasard un jeune joueur de hockey de niveau pee-wee au Québec
Espace échantillonnal	Tous les jeunes joueurs de hockey de niveau pee-wee au Québec

On peut définir une variable aléatoire X de la façon suivante :

X = Temps pris pour exécuter un exercice de patinage.

On a donc une fonction qui associe un nombre réel (le temps requis pour exécuter un exercice de patinage) à chaque jeune de Ω.

8.2 LA VARIABLE ALÉATOIRE DISCRÈTE

Rappelons qu'une variable aléatoire est dite discrète si elle peut prendre un nombre fini ou dénombrable de valeurs.

8.2.1 La distribution de probabilités

EXEMPLE 8.4

Le lancer de deux dés

Reprenons l'expérience aléatoire qui consiste à lancer deux dés et la variable aléatoire X définie par la somme des deux dés. La plus petite valeur possible pour la variable X est 2, et on l'obtiendra seulement si le résultat est $(1, 1)$. De même, la plus grande valeur pour la variable X est 12, et on l'obtiendra seulement si le résultat est $(6, 6)$. Les valeurs possibles pour la variable X sont les entiers de 2 à 12 ; il s'agit d'une variable aléatoire discrète. Il faut maintenant associer à chacune des valeurs de la variable la probabilité de l'obtenir. Pour ce faire, on utilise la définition de probabilité, présentée au chapitre 7.

Par exemple, en se basant sur l'espace échantillonnal, quelle est la probabilité d'obtenir une somme égale à 8 ?

Puisque la somme de 8 peut être obtenue de 5 façons différentes, la probabilité d'obtenir une somme égale à 8 est de 5 sur 36. (Il y a 36 résultats équiprobables qui sont possibles dans Ω.)

La façon de noter cette probabilité sera :

$$P(X = 8) = \frac{5}{36}.$$

Si l'on procède de la même façon pour toutes les valeurs de la variable X, on obtient la fonction de probabilité de la variable X, notée f. Par exemple, $f(8) = P(X = 8)$.

D'une façon générale, la fonction de probabilités ou distribution de probabilités d'une variable aléatoire X discrète est une fonction qui associe une probabilité $f(x_i)$ où $f(x_i) = P(X = x_i)$ à chacune des valeurs x_i de la variable X.

La variable aléatoire X subdivise l'espace échantillonnal en plusieurs événements ; chacun de ceux-ci correspond à une valeur différente de la variable. Dans ce cas-ci, l'espace échantillonnal est subdivisé en 11 événements, un par valeur de la variable X, qui est la somme des deux dés.

Le tableau 8.1 montre la distribution de probabilités pour les différentes valeurs de la variable X.

TABLEAU 8.1
Distribution de probabilités pour les différentes valeurs de la variable

Valeurs de X x_i	Probabilité $f(x_i)$	Événement
2	1/36 = 0,0278	(1, 1)
3	2/36 = 0,0556	(1, 2) (2, 1)
4	3/36 = 0,0833	(1, 3) (3, 1) (2, 2)
5	4/36 = 0,1111	(1, 4) (4, 1) (2, 3) (3, 2)
6	5/36 = 0,1389	(1, 5) (5, 1) (2, 4) (4, 2) (3, 3)
7	6/36 = 0,1667	(1, 6) (6, 1) (2, 5) (5, 2) (3, 4) (4, 3)
8	5/36 = 0,1389	(2, 6) (6, 2) (3, 5) (5, 3) (4, 4)
9	4/36 = 0,1111	(3, 6) (6, 3) (4, 5) (5, 4)
10	3/36 = 0,0833	(4, 6) (6, 4) (5, 5)
11	2/36 = 0,0556	(5, 6) (6, 5)
12	1/36 = 0,0278	(6, 6)
Total	36/36 = 1,0000	Espace échantillonnal

La somme des probabilités donne 1, puisque la réunion de tous les résultats de Ω donne Ω. De façon générale, si f est la fonction de probabilité d'une variable aléatoire X, on a toujours :

1) $0 \leq f(x_i) \leq 1$;

2) $P(\Omega) = \sum f(x_i) = 1$.

La figure 8.1 présente graphiquement la distribution de probabilités d'une variable aléatoire discrète sous la forme d'un diagramme en bâtons.

FIGURE 8.1
Distribution de probabilités de la somme de deux dés

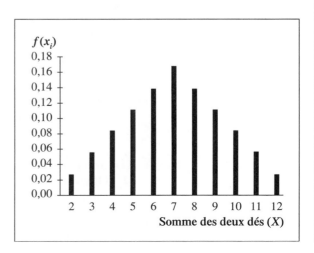

Une distribution de probabilités est une distribution théorique de la variable aléatoire étudiée. Elle est différente de la distribution observée de la variable statistique, puisque celle-ci indique la fréquence d'apparition des valeurs de la variable au sein d'un échantillon. Examinons cette différence au moyen d'un exemple.

EXEMPLE 8.5

Le lancer de deux dés

Supposons qu'on ait lancé deux dés 720 fois et qu'on ait obtenu la distribution (observée) présentée dans le tableau 8.2.

TABLEAU 8.2
Répartition de 720 lancers de deux dés en fonction de la somme obtenue

Valeurs de X x_i	Fréquence n_i	Proportion observée f_i	Pourcentage
2	15	0,0208	2,08
3	42	0,0583	5,83
4	57	0,0792	7,92
5	84	0,1167	11,67
6	108	0,1500	15,00
7	112	0,1556	15,56
8	94	0,1306	13,06
9	77	0,1069	10,69
10	66	0,0917	9,17
11	41	0,0569	5,69
12	24	0,0333	3,33
Total	720	1	100

Dans l'expérience aléatoire des 720 lancers, la proportion ou fréquence relative associée à une somme de 5 est 0,1167 ou 11,67 %. Selon la distribution théorique, on devait obtenir une somme de 5 dans une proportion de 4/36, soit 0,1111 ou 11,11 %. Intuitivement, plus le nombre de lancers augmentera, plus la proportion se rapprochera de 11,11 %. La proportion observée d'un événement pour une expérience aléatoire qui est répétée une infinité de fois se rapproche de la proportion théorique de la réalisation de cet événement, c'est-à-dire de la probabilité.

Ainsi, pour une variable quantitative discrète, un modèle théorique consiste à énumérer les valeurs possibles de la variable, accompagnées de leur probabilité.

EXEMPLE 8.6

Les échantillons de taille 3

Reprenons l'exemple 8.2 portant sur les 10 échantillons de taille 3 formés à partir d'une population de taille 5.

$\Omega = \{$(Stéphane, Julie, Antoine), (Stéphane, Julie, Anne), (Stéphane, Julie, Olivier), (Stéphane, Antoine, Anne), (Stéphane, Antoine, Olivier), (Stéphane, Anne, Olivier), (Julie, Antoine, Anne), (Julie, Antoine, Olivier), (Julie, Anne, Olivier), (Antoine, Anne, Olivier)$\}$.

X = Nombre de garçons dans l'échantillon.

Le tableau 8.3 présente la distribution de probabilités pour les différentes valeurs de la variable aléatoire *X*.

TABLEAU 8.3
Distribution de probabilités pour les différentes valeurs de la variable aléatoire *X*

Valeurs de *X* x_i	Probabilité $f(x_i)$	Événement
1	3/10 = 0,3	(Stéphane, Julie, Anne), (Julie, Antoine, Anne), (Julie, Anne, Olivier)
2	6/10 = 0,6	(Stéphane, Julie, Antoine), (Stéphane, Julie, Olivier), (Stéphane, Antoine, Anne), (Stéphane, Anne, Olivier), (Julie, Antoine, Olivier), (Antoine, Anne, Olivier)
3	1/10 = 0,1	(Stéphane, Antoine, Olivier)
Total	10/10 = 1,0	Espace échantillonnal

8.2.2 La moyenne et l'écart type d'une variable aléatoire discrète

À partir d'une distribution de probabilités, on peut calculer des mesures de tendance centrale et de dispersion. Les mesures les plus usuelles sont la moyenne (notée μ) et l'écart type (noté σ). Ces mesures, lorsqu'elles concernent une population ou un modèle théorique, sont appelées des **paramètres**. Dans le cas d'un échantillon, elles sont appelées **statistiques**. Rappelons qu'on utilise un symbolisme différent pour les paramètres d'une population et pour les statistiques d'un échantillon.

Dans le cas d'un échantillon, la moyenne des données groupées se calcule de la façon suivante :

$$\overline{x} = \frac{\sum x_i \cdot n_i}{n} = \sum x_i \cdot \left(\frac{n_i}{n}\right),$$

où n_i représente la fréquence observée de la valeur x_i ;

$\frac{n_i}{n}$ est la proportion observée qui tend vers la probabilité lorsque *n* augmente.

Ainsi, en remplaçant $\frac{n_i}{n}$ par $f(x_i)$, on obtient la moyenne μ de la distribution théorique de la variable, soit

$$\mu = \sum x_i \cdot f(x_i).$$

Il en est de même pour l'écart type :

$$s = \sqrt{\frac{\sum(x_i - \overline{x})^2 \cdot n_i}{n-1}} = \sqrt{\sum(x_i - \overline{x})^2 \cdot \left(\frac{n_i}{n-1}\right)},$$

où n_i représente la fréquence observée.

Lorsque la taille de l'échantillon augmente, $\frac{n_i}{n-1} \approx \frac{n_i}{n}$ tend vers $f(x_i)$ et $\overline{x}$ tend vers μ. Ainsi,

$$s = \sqrt{\sum(x_i - \overline{x})^2 \cdot \left(\frac{n_i}{n-1}\right)} \text{ tend vers } \sqrt{\sum(x_i - \mu)^2 \cdot f(x_i)} = \sigma, \text{ l'écart type de la}$$

distribution théorique de la variable.

L'expression à l'intérieur du radical est appelée la variance, et elle est notée σ^2. Ainsi,

$$\sigma^2 = \sum (x_i - \mu)^2 \cdot f(x_i).$$

La variance σ^2 est le carré de l'écart type σ.

EXEMPLE 8.7

Le lancer de deux dés

Le tableau 8.4 montre la distribution de probabilités pour la somme de deux dés.

TABLEAU 8.4
Distribution de probabilités pour la somme de deux dés

x_i	$f(x_i)$
2	1/36
3	2/36
4	3/36
5	4/36
6	5/36
7	6/36
8	5/36
9	4/36
10	3/36
11	2/36
12	1/36
Total	1

a) La moyenne pour la variable aléatoire X = Somme des deux dés

$$\mu = 2 \cdot \frac{1}{36} + 3 \cdot \frac{2}{36} + \ldots + 7 \cdot \frac{6}{36} + \ldots + 12 \cdot \frac{1}{36} = 7.$$

Pour calculer cette somme plus facilement, on peut ajouter une colonne $(x_i \cdot f(x_i))$, comme le montre le tableau 8.5.

TABLEAU 8.5
Détail du calcul pour obtenir la moyenne μ

x_i	$f(x_i)$	$x_i \cdot f(x_i)$
2	1/36	2/36
3	2/36	6/36
4	3/36	12/36
5	4/36	20/36
6	5/36	30/36
7	6/36	42/36
8	5/36	40/36
9	4/36	36/36
10	3/36	30/36
11	2/36	22/36
12	1/36	12/36
Total	1	7

La somme des valeurs de la dernière colonne donne la moyenne, soit
$$\mu = \sum x_i \cdot f(x_i) = 7.$$

Que signifie une moyenne théorique de 7 ? Cela veut dire que si l'on répète cette expérience aléatoire une infinité de fois, la moyenne espérée des sommes obtenues sera 7. En fait, si on lance deux dés plusieurs fois, on peut **espérer** une somme moyenne de 7. Au lieu de parler de moyenne, on utilise souvent l'expression **espérance mathématique**. C'est pourquoi certains auteurs utilisent la notation $E(X)$ (espérance mathématique) au lieu de μ.

b)   L'écart type pour la variable aléatoire X = Somme des deux dés

Pour trouver l'écart type de la distribution théorique d'une variable aléatoire à l'aide de la formule

$$\sigma = \sqrt{\sum (x_i - \mu)^2 \cdot f(x_i)},$$

il faut ajouter deux autres colonnes au tableau de calcul de la moyenne, comme le montre le tableau 8.6.

TABLEAU 8.6
Détail du calcul pour obtenir la moyenne et l'écart type

x_i	$f(x_i)$	$x_i \cdot f(x_i)$	$x_i - \mu$	$(x_i - \mu)^2 \cdot f(x_i)$
2	1/36	2/36	−5	25/36
3	2/36	6/36	−4	32/36
4	3/36	12/36	−3	27/36
5	4/36	20/36	−2	16/36
6	5/36	30/36	−1	5/36
7	6/36	42/36	0	0/36
8	5/36	40/36	1	5/36
9	4/36	36/36	2	16/36
10	3/36	30/36	3	27/36
11	2/36	22/36	4	32/36
12	1/36	12/36	5	25/36
Total	1	7		210/36

Après avoir complété le tableau dans lequel on peut constater que $\mu = 7$, on est en mesure de déduire σ.

Ainsi,

$$\sigma = \sqrt{\sum (x_i - \mu)^2 \cdot f(x_i)} = \sqrt{\frac{210}{36}} = 2,42.$$

On peut obtenir ces valeurs plus rapidement à l'aide de la calculatrice.

L'écart type est toujours une mesure de dispersion. Plus la valeur de l'écart type est petite, plus cela signifie que la probabilité que la variable aléatoire prenne une valeur près de la moyenne est élevée.

EXEMPLE 8.8

Les échantillons de taille 3

Reprenons l'exemple 8.2 portant sur les 10 échantillons de taille 3 et la variable aléatoire X = Nombre de garçons dans l'échantillon.

Si l'on complète le tableau de distribution de probabilités obtenu à l'exemple 8.6, on obtient le tableau 8.7.

TABLEAU 8.7
Détail du calcul pour obtenir la moyenne et l'écart type

Valeurs de X x_i	Probabilité $f(x_i)$	$x_i \bullet f(x_i)$	$x_i - \mu$	$(x_i - \mu)^2 \bullet f(x_i)$
1	3/10 = 0,3	0,3	−0,8	0,192
2	6/10 = 0,6	1,2	0,2	0,024
3	1/10 = 0,1	0,3	1,2	0,144
Total	1	1,8		0,360

La moyenne $\mu = 1,8$ veut dire que si l'on répète l'expérience aléatoire une infinité de fois, dans les mêmes conditions, c'est-à-dire si l'on choisit au hasard 3 personnes parmi 10, on obtiendra en moyenne 1,8 garçon par échantillon. On peut donc espérer un nombre moyen de 1,8 garçon par échantillon de taille 3. L'écart type de la variable aléatoire X est obtenu par

$$\sigma = \sqrt{\sum (x_i - \mu)^2 \bullet f(x_i)} \text{ et donne } \sigma = 0,6 \text{ garçon.}$$

(On peut vérifier ces valeurs à l'aide de la calculatrice.) Cette valeur est relativement petite, car il n'y a que 3 valeurs possibles. De plus, il y a une très forte probabilité (0,60) qu'on obtienne la valeur 2.

EXEMPLE 8.9

Les entreprises

Cinq entreprises engagent respectivement 35, 45, 125, 135 et 210 employés.

Considérons, d'une part, l'expérience aléatoire qui consiste à choisir 1 entreprise au hasard parmi les 5 entreprises du groupe et, d'autre part, la variable aléatoire X = Nombre d'employés dans l'entreprise. Pour obtenir les deux paramètres μ et σ de la distribution de cette variable, on procède comme dans les exemples précédents. Le tableau 8.8 montre les détails du calcul pour trouver la moyenne et l'écart type.

TABLEAU 8.8
Détail du calcul pour obtenir la moyenne et l'écart type

Valeurs de X x_i	Probabilité $f(x_i)$	$x_i \bullet f(x_i)$	$x_i - \mu$	$(x_i - \mu)^2 \bullet f(x_i)$
35	1/5	7	−75	1 125
45	1/5	9	−65	845
125	1/5	25	15	45
135	1/5	27	25	125
210	1/5	42	100	2 000
Total	1	110		4 140

Ainsi,

$$\mu = \sum x_i \bullet f(x_i) = 110 \text{ employés;}$$

$$\sigma = \sqrt{\sum (x_i - \mu)^2 \bullet f(x_i)} = \sqrt{4\ 140} = 64,3 \text{ employés.}$$

Alors, dans le cas d'une expérience aléatoire où l'espace échantillonnal est fini et d'une variable aléatoire définie dans cet espace échantillonnal dont les résultats sont tous équiprobables, on peut poser :

$$f(x_i) = \frac{1}{N},$$

où N est le nombre de résultats dans l'espace échantillonnal.

Les formules pour la moyenne μ et l'écart type σ de la distribution de probabilités de cette variable deviennent :

$$\mu = \frac{\sum x_i}{N} \ \text{et} \ \sigma = \sqrt{\frac{\sum (x_i - \mu)^2}{N}}.$$

Ces formules s'appliquent à une variable aléatoire X lorsque l'expérience aléatoire consiste à prendre au hasard une unité d'une population de taille N et que chaque unité a une probabilité de 1/N d'être choisie. Dans ce cas, l'espace échantillonnal correspond à la population de taille N, et les résultats possibles de l'expérience aléatoire sont les N unités de la population. Cela signifie que si l'on connaît les valeurs de la variable X pour toutes les unités d'une population, on connaît de ce fait la distribution théorique de cette variable pour la population étudiée. On est donc en mesure d'évaluer la moyenne μ et l'écart type σ du modèle théorique qui correspond à la distribution de probabilités de la variable X.

EXERCICES

8.1 À partir des informations publiées par Statistique Canada à l'automne 1990[2], le tableau 8.9 montre la répartition des familles canadiennes en fonction du nombre d'enfants.

TABLEAU 8.9
Répartition des familles en fonction du nombre d'enfants

Nombre d'enfants	0	1	2	3 et plus	Total
Pourcentage des familles	36	26	28	10	100

On veut choisir une famille canadienne au hasard.

a) Quelle est l'expérience aléatoire ?

b) Décrivez l'espace échantillonnal.

c) Quelle est la variable aléatoire étudiée ?

d) Quelle est la probabilité que cette famille ait 2 enfants ?

e) Quelle est la probabilité que cette famille ait au moins 1 enfant ?

f) Quel est le nombre moyen d'enfants par famille ?

g) Quelle est la valeur de l'écart type de cette distribution ?

8.2 La distribution présentée au tableau 8.10 montre la répartition d'élèves du collégial en fonction du nombre de cours réussis pour une session normale.

TABLEAU 8.10
Répartition des élèves en fonction du nombre de cours réussis

Nombre de cours réussis	0	1	2	3	4	5	6	7
Pourcentage des élèves	1	2	4	8	19	33	31	2

On a choisi au hasard un élève du collégial, inscrit à la dernière session.

a) Quelle est l'expérience aléatoire ?

b) Décrivez l'espace échantillonnal.

c) Quelle est la variable étudiée ?

d) Quelle est la probabilité que cet élève ait réussi 2 cours ?

e) Quelle est la probabilité que cet élève ait réussi moins de 5 cours ?

f) Quel est le nombre moyen de cours réussis par les élèves inscrits à la dernière session ?

g) Quelle est la valeur de l'écart type de cette distribution ?

8.3 Dans une foire, on vous propose le jeu suivant : pour 1 $, vous lancez deux pièces de monnaie ; si vous obtenez 2 faces on vous remet 3 $; sinon, vous perdez votre 1 $. Soit X la variable représentant le montant gagné.

a) Présentez la distribution de probabilités de la variable X sous forme de tableau.

2. Devereaux, Mary Sue. « Déclin du nombre d'enfants », *Tendances sociales canadiennes*, Statistique Canada, automne 1990, p. 32-34.

b) Quelle est l'espérance mathématique de ce jeu ? Donnez sa signification en tenant compte du contexte.

c) À qui profite ce jeu ?

8.4 Marcel est chauffeur d'autobus à Montréal. Soit X la variable représentant le nombre de clients à un arrêt. Les probabilités de la variable X sont données par la fonction suivante :

$$f(x_i) = \frac{x_i + 1}{15}, \text{ où } x_i = 0, 1, 2, 3, 4.$$

a) Présentez la distribution de probabilités de la variable X sous forme de tableau.

b) Est-ce que $f(x_i)$ définit une fonction de probabilité ? Justifiez votre réponse.

c) Quelle est la probabilité qu'il y ait 2 clients à un arrêt ?

d) Quel est le nombre moyen de clients par arrêt ?

e) Quelle est la valeur de l'écart type de la distribution du nombre de clients par arrêt ?

8.5 Une équipe de chercheurs est composée de 2 hommes et de 2 femmes. Le directeur du programme de recherche doit nommer 2 personnes pour mener un nouveau projet. Afin d'éviter toute accusation de favoritisme ou de sexisme, il a décidé de nommer les 2 personnes par tirage au sort. Soit X la variable représentant le nombre d'hommes choisis.

a) Présentez la distribution de probabilités de la variable X sous forme de tableau.

b) Quelle est l'espérance mathématique de la variable X ? Donnez sa signification en tenant compte du contexte.

c) Quelle est la valeur de l'écart type de la distribution de la variable X ?

8.6 Soit X une variable aléatoire et x_i ses valeurs. Déterminez la valeur de k, de telle sorte que $f(x_i)$ soit une fonction de probabilité.

a) $f(x_i) = \dfrac{x_i}{k}$, où $x_i = 1, 2, 3$.

b) $f(x_i) = \dfrac{k}{x_i}$, où $x_i = 1, 2, 3$.

8.2.3 La distribution binomiale B(n ; π)

Certaines distributions de probabilités de variable aléatoire discrète sont utilisées comme modèles de phénomènes aléatoires. Ces distributions sont appelées **lois de probabilité**. Dans cette section, nous étudierons la loi binomiale. Celle-ci joue un rôle important pour obtenir des estimations de pourcentages ou de proportions (par exemple, le pourcentage des citoyens favorables à un projet de loi). Jacques Bernoulli (1654-1705), mathématicien suisse, est l'instigateur de cette distribution.

Une « épreuve de Bernoulli » est une expérience aléatoire qui ne comporte que deux résultats possibles, appelés succès et échec. La probabilité de réalisation du succès est notée π et la probabilité de réalisation de l'échec $1 - \pi$.

Si l'on répète n fois une épreuve de Bernoulli dans les mêmes conditions, de telle sorte que les épreuves soient indépendantes, et que l'on considère la variable aléatoire $X = $ Nombre de succès obtenus, alors celle-ci suit une loi binomiale. Ainsi, on dira que la variable suit une distribution B(n ; π),

où B veut dire binomiale ;
  n est le nombre de fois que l'épreuve est répétée ;
  π est la probabilité de succès à chaque épreuve.

Alors, une distribution binomiale est caractérisée par l'expérience aléatoire suivante :

1) L'épreuve comporte seulement deux résultats possibles :

  – succès : probabilité π ;

  – échec : probabilité $1 - \pi$.

2) L'épreuve est répétée *n* fois.

3) L'épreuve est répétée dans les mêmes conditions, de telle sorte que les épreuves soient indépendantes.

EXEMPLE 8.10

Les oublis

Jean a de la difficulté avec son emploi du temps. Ses proches ont constaté qu'il oubliait 70 % de ses rendez-vous. Jean a pris 5 rendez-vous pour le mois prochain.

Soit la variable aléatoire X = Nombre de rendez-vous que Jean n'oubliera pas le mois prochain. Comment peut-on trouver les probabilités pour les valeurs de cette variable ?

Vérifions d'abord si la variable X suit une loi binomiale.

1) L'épreuve est d'avoir un rendez-vous :
   - succès : ne pas oublier ; $\pi = 0{,}3$;
   - échec : oublier ; $1 - \pi = 0{,}7$.

2) L'épreuve est répétée 5 fois : $n = 5$.

3) Si l'on considère que la probabilité que Jean n'oublie pas un rendez-vous est toujours de 0,3, peu importe qu'il ait oublié ou non ses rendez-vous précédents, alors les épreuves sont indépendantes.

Donc, la variable obéit à une loi binomiale. Le nombre de rendez-vous que Jean n'oubliera pas, soit X, a une distribution B(5 ; 0,30).

Maintenant, à titre d'exemple, trouvons P($X = 3$), la probabilité d'obtenir 3 succès en 5 tentatives, c'est-à-dire 3 rendez-vous qui ne sont pas oubliés sur 5.

Considérons les événements :

S_i : ne pas oublier le rendez-vous i ;
E_i : oublier le rendez-vous i.

Alors, $E_1 \cap S_2 \cap S_3 \cap E_4 \cap S_5$ est l'événement : Jean oubliera son premier rendez-vous **et** il n'oubliera pas son deuxième rendez-vous **et** il n'oubliera pas son troisième rendez-vous **et** il oubliera son quatrième rendez-vous **et** il n'oubliera pas son cinquième rendez-vous.

Cette séquence de succès et d'échecs donne 3 succès.

On recherche P($E_1 \cap S_2 \cap S_3 \cap E_4 \cap S_5$) :

$$P(E_1 \cap S_2 \cap S_3 \cap E_4 \cap S_5) = P(E_1) \cdot P(S_2) \cdot P(S_3) \cdot P(E_4) \cdot P(S_5),$$
puisque ces épreuves sont indépendantes.

Comme la probabilité d'un succès est toujours de 0,3 et celle d'un échec de 0,7, on a :

$$P(E_1 \cap S_2 \cap S_3 \cap E_4 \cap S_5) = 0{,}7 \cdot 0{,}3 \cdot 0{,}3 \cdot 0{,}7 \cdot 0{,}3$$
$$= 0{,}3^3 \cdot 0{,}7^2 = 0{,}0132.$$

Toutefois, cette dernière séquence de succès et d'échecs n'est pas la seule qui donne 3 succès en 5 tentatives.

$$S_1 \cap S_2 \cap E_3 \cap E_4 \cap S_5, \quad S_1 \cap S_2 \cap S_3 \cap E_4 \cap E_5,$$
$$E_1 \cap E_2 \cap S_3 \cap S_4 \cap S_5 \quad \text{et} \quad E_1 \cap S_2 \cap S_3 \cap S_4 \cap E_5$$

sont quatre autres séquences d'événements qui donnent 3 succès en 5 tentatives.

Chacune d'elles a la même probabilité, c'est-à-dire $0,3^3 \cdot 0,7^2$, puisqu'elles comportent toutes 3 succès et 2 échecs.

Ainsi,
$$\begin{aligned} P(X = 3) &= P(E_1 \cap S_2 \cap S_3 \cap E_4 \cap S_5 \text{ ou } S_1 \cap S_2 \cap S_3 \cap E_4 \cap E_5 \\ &\quad \text{ou... ou } E_1 \cap S_2 \cap S_3 \cap S_4 \cap E_5) \\ &= P(E_1 \cap S_2 \cap S_3 \cap E_4 \cap S_5) + P(S_1 \cap S_2 \cap S_3 \cap E_4 \cap E_5) \\ &\quad + ... + P(E_1 \cap S_2 \cap S_3 \cap S_4 \cap E_5) \end{aligned}$$

puisqu'il est impossible d'obtenir 2 de ces séquences d'événements simultanément.

$$P(X = 3) = 0,3^3 \cdot 0,7^2 + 0,3^3 \cdot 0,7^2 + ... + 0,3^3 \cdot 0,7^2.$$

Ainsi, pour trouver la probabilité recherchée, il faut connaître le nombre de séquences différentes qui donnent 3 succès en 5 tentatives.

Il y a 5 tentatives (rendez-vous) numérotées de 1 à 5. Il faut choisir 3 de ces 5 numéros pour leur attribuer un succès. Les numéros qui ne sont pas choisis se verront attribuer automatiquement des échecs.

Le nombre de séquences différentes comprenant 3 succès et 2 échecs s'obtient donc en calculant le nombre de combinaisons de 3 numéros qu'on peut faire à partir des 5 numéros. Ce sont des combinaisons, puisque l'ordre dans lequel sont choisis les numéros des rendez-vous auxquels on attribuera un succès ne compte pas. En effet, choisir les numéros {1, 2, 4} ou les numéros {4, 1, 2} donne la même séquence $S_1 \cap S_2 \cap E_3 \cap S_4 \cap E_5$. Ainsi, le nombre de séquences différentes contenant 3 succès est :

$$\binom{5}{3} = \frac{5!}{(5-3)! \, 3!} = \frac{120}{2 \cdot 6} = 10 \text{ possibilités.}$$

Maintenant, on peut obtenir la probabilité désirée :

$$P(X = 3) = \binom{5}{3} \cdot 0,3^3 \cdot 0,7^2 = 10 \cdot 0,3^3 \cdot 0,7^2 = 0,1323.$$

La probabilité que Jean n'oublie pas 2 de ses 5 rendez-vous s'obtient de façon similaire :

$$P(X = 2) = \binom{5}{2} \cdot 0,3^2 \cdot 0,7^3 = 0,3087.$$

On peut maintenant déduire la formule générale servant à calculer des probabilités pour une variable aléatoire X qui obéit à une loi binomiale :

$$P(X = x) = \binom{n}{x} \cdot \pi^x \cdot (1-\pi)^{(n-x)},$$

où x peut prendre les valeurs de 0 à n.

Au moyen de cet exemple, étudions la moyenne et l'écart type d'une loi binomiale. Le tableau 8.11 montre la distribution de probabilités de X = Nombre possible de succès de Jean.

TABLEAU 8.11
Distribution de probabilités
de la variable aléatoire
X = Nombre possible
de succès de Jean

Valeurs de X x_i	$f(x_i)$
0	$\binom{5}{0} \cdot 0,3^0 \cdot 0,7^5 = 0,16807$
1	$\binom{5}{1} \cdot 0,3^1 \cdot 0,7^4 = 0,36015$
2	$\binom{5}{2} \cdot 0,3^2 \cdot 0,7^3 = 0,30870$
3	$\binom{5}{3} \cdot 0,3^3 \cdot 0,7^2 = 0,13230$
4	$\binom{5}{4} \cdot 0,3^4 \cdot 0,7^1 = 0,02835$
5	$\binom{5}{5} \cdot 0,3^5 \cdot 0,7^0 = 0,00243$
Total	1

Combien de succès peut-on espérer de la part de Jean sur ses 5 rendez-vous ?

Puisqu'on travaille avec un modèle théorique pour la distribution du nombre de succès de Jean, l'espérance mathématique est la moyenne μ.

$$\mu = \sum x_i \cdot f(x_i),$$

et l'écart type sera :

$$\sigma = \sqrt{\sum (x_i - \mu)^2 \cdot f(x_i)}.$$

On ajoute les deux colonnes qui aideront à calculer ces deux mesures, comme le montre le tableau 8.12.

TABLEAU 8.12
Détail du calcul pour
obtenir la moyenne
et l'écart type

Valeurs de X x_i	$f(x_i)$	$x_i \cdot f(x_i)$	$(x_i - \mu)^2 \cdot f(x_i)$
0	0,16807	0,00000	0,3781575
1	0,36015	0,36015	0,0900375
2	0,30870	0,61740	0,0771750
3	0,13230	0,39690	0,2976750
4	0,02835	0,11340	0,1771875
5	0,00243	0,01215	0,0297675
Total	1	1,5	1,05

$\mu = 1,5$ rendez-vous que Jean n'oubliera pas.

Il est possible de prévoir cette valeur. On sait que Jean n'oublie pas 30 % de ses rendez-vous. Or, 30 % de 5 donne 1,5.

De façon générale, **pour une distribution binomiale**, la moyenne donnera toujours

$$\mu = n \cdot \pi.$$

Pour l'écart type,

$$\sigma = \sqrt{1,05} = 1,0247.$$

De façon générale, **pour une distribution binomiale**, l'écart type donnera toujours

$$\sigma = \sqrt{n \cdot \pi \cdot (1 - \pi)}$$
$$= \sqrt{5 \cdot 0,3 \cdot 0,7} = \sqrt{1,05} = 1,0247.$$

Avant d'utiliser les deux formules précédentes pour abréger les calculs, il est important de vérifier s'il s'agit d'une distribution binomiale.

EXEMPLE 8.11

Les obligations d'épargne

Selon les résultats d'un sondage CROP publiés dans la revue *L'Actualité* du 15 mai 1993, 20 % des Québécois investissent dans les obligations d'épargne du Québec ou du Canada[3].

On veut choisir au hasard 20 Québécois pour les interroger sur leurs placements.

Quelle est la probabilité que 5 d'entre eux aient des placements dans les obligations d'épargne du Québec ou du Canada ?

La première étape consiste à définir la variable aléatoire appropriée et à vérifier si elle remplit les conditions d'application d'une distribution binomiale.

Soit X = Nombre de Québécois, dans l'échantillon, qui ont investi dans les obligations d'épargne du Québec ou du Canada.

1) L'épreuve consiste à choisir 1 Québécois :
   - succès : le Québécois a investi ; $\pi = 0,2$;
   - échec : le Québécois n'a pas investi ; $1 - \pi = 1 - 0,2 = 0,8$.
2) L'épreuve est répétée 20 fois : $n = 20$.
3) Les épreuves seront considérées comme étant indépendantes, car le fait de choisir un petit nombre de Québécois, sans remise, modifie de façon négligeable la probabilité de succès à chacune des épreuves. On considère donc que la probabilité de succès demeure la même à chacune des épreuves.

Comme la variable obéit à une loi binomiale : B(20 ; 0,20),

$$P(X = 5) = \binom{20}{5} \cdot 0,2^5 \cdot 0,8^{15} = 0,1746.$$

Cela veut dire que, sur un échantillon de 20 Québécois, on a environ 17,46 % des chances d'en avoir 5 qui ont investi dans des obligations d'épargne du Québec ou du Canada. Cela signifie aussi que, dans l'ensemble, de tous les échantillons de taille 20 qu'on peut former avec les Québécois, il y a environ 17,46 % des échantillons qui comprennent 5 Québécois ayant investi dans des obligations d'épargne du Québec ou du Canada.

Par ailleurs, le nombre de Québécois ayant investi dans les obligations du Québec ou du Canada qu'on peut espérer dans un échantillon de 20 Québécois correspond à la moyenne de cette distribution :

$$\mu = n \cdot \pi = 20 \cdot 0,2 = 4 \text{ Québécois.}$$

De plus, cette distribution a un écart type de

$$\sigma = \sqrt{n \cdot \pi \cdot (1 - \pi)} = \sqrt{20 \cdot 0,2 \cdot 0,8} = 1,79 \text{ Québécois.}$$

Il existe une **table de probabilités** pour la distribution binomiale (voir la table 1 en annexe à la fin du volume). Cette table donne les probabilités uniquement pour des valeurs de n allant de 1 à 30 et pour des valeurs de π précises :

0,05 ; 0,10 ; 0,15 ; 0,20 ; 0,25 ; 0,30 ; 0,35 ; 0,40 ; 0,45 ; 0,50.

Le tableau 8.13 en présente un extrait.

---

3. Paré, Jean. « L'argent et vous », *L'Actualité*, 15 mai 1993, p. 27.

TABLEAU 8.13
Extrait de la table
de probabilités

n	x	π 0,05	0,10	0,15	0,20	0,25
20	0	0,3585	0,1216	0,0388	0,0115	0,0032
	1	0,3774	0,2702	0,1368	0,0576	0,0211
	2	0,1887	0,2852	0,2293	0,1369	0,0669
	3	0,0596	0,1901	0,2428	0,2054	0,1339
	4	0,0133	0,0898	0,1821	0,2182	0,1897
	5	0,0022	0,0319	0,1028	**0,1746**	0,2023
	6	0,0003	0,0089	0,0454	0,1091	0,1686

Ainsi, $P(X = 5) = 0,1746$, qu'on peut trouver dans la colonne de $\pi = 0,20$, vis-à-vis de $x = 5$, dans la section $n = 20$.

À l'aide de la table présentée au tableau 8.14, quelle est la probabilité d'avoir dans l'échantillon moins de 3 Québécois qui ont investi dans des obligations d'épargne du Québec ou du Canada ?

On recherche $P(X < 3) = P(X = 0) + P(X = 1) + P(X = 2)$.

TABLEAU 8.14
Extrait de la table
de probabilités

n	x	π 0,05	0,10	0,15	0,20	0,25
20	0	0,3585	0,1216	0,0388	**0,0115**	0,0032
	1	0,3774	0,2702	0,1368	**0,0576**	0,0211
	2	0,1887	0,2852	0,2293	**0,1369**	0,0669
	3	0,0596	0,1901	0,2428	0,2054	0,1339
	4	0,0133	0,0898	0,1821	0,2182	0,1897
	5	0,0022	0,0319	0,1028	0,1746	0,2023
	6	0,0003	0,0089	0,0454	0,1091	0,1686

$P(X < 3) = 0,0115 + 0,0576 + 0,1369 = 0,2060$.

Cela veut dire que, sur un échantillon de 20 Québécois, il y a environ 20,60 % des chances d'avoir moins de 3 Québécois ayant investi dans des obligations d'épargne du Québec ou du Canada.

Cela signifie aussi que, dans l'ensemble de tous les échantillons de taille 20 qu'on peut former avec les Québécois, il y en a environ 20,60 % qui comprennent moins de 3 Québécois ayant investi dans des obligations d'épargne du Québec ou du Canada.

EXEMPLE 8.12

Le ticket modérateur

Selon les résultats publiés dans la revue *L'Actualité* du 15 novembre 1992, 70 % des Québécois sont favorables au ticket modérateur de 5 $ par visite à l'urgence d'un hôpital[4].

Si l'on choisit au hasard 15 Québécois, quelle est la probabilité d'avoir, dans l'échantillon, 9 Québécois favorables au ticket modérateur ?

---

4.   Sondage Angus Reid. « Votre médecin et vous », *L'Actualité*, 15 novembre 1992, p. 59.

Soit X = Nombre de Québécois, dans l'échantillon, favorables au ticket modérateur.

1) L'épreuve consiste à choisir 1 Québécois :
   - succès : Québécois favorable ; $\pi = 0{,}7$;
   - échec : Québécois non favorable ; $1 - \pi = 1 - 0{,}7 = 0{,}3$.

2) L'épreuve est répétée 15 fois : $n = 15$.

3) Les épreuves seront considérées comme étant indépendantes, car le fait de choisir un petit nombre de Québécois, sans remise, modifie de façon négligeable la probabilité de succès à chacune des épreuves. On considère donc que la probabilité de succès demeure la même à chacune des épreuves.

Comme la variable obéit à une loi binomiale : B(15 ; 0,7),

$$P(X = 9) = \binom{15}{9} \cdot 0{,}7^9 \cdot 0{,}3^6 = 0{,}1472.$$

Comment est-il possible de trouver cette valeur dans la table, puisque les valeurs de π ne dépassent pas 0,50 ?

Une épreuve de Bernoulli comporte deux résultats possibles : un succès et un échec. La variable étudiée représente toujours le nombre de succès, peu importe la nature de celui-ci. Alors, reprenons l'épreuve de Bernoulli en inversant la description de ce qu'est le succès et de ce qu'est l'échec.

Soit Y = Nombre de Québécois, dans l'échantillon, non favorables au ticket modérateur.

1) L'épreuve consiste à choisir 1 Québécois :
   - succès : Québécois non favorable ; $\pi = 0{,}3$;
   - échec : Québécois favorable ; $1 - \pi = 1 - 0{,}3 = 0{,}7$.

2) L'épreuve est répétée 15 fois : $n = 15$.

3) Les épreuves seront considérées comme étant indépendantes, car le fait de choisir un petit nombre de Québécois, sans remise, modifie de façon négligeable la probabilité de succès à chacune des épreuves. On considère donc que la probabilité de succès demeure la même à chacune des épreuves.

Comme la variable obéit à une loi binomiale : B(15 ; 0,3),

$$P(Y = 6) = \binom{15}{6} \cdot 0{,}3^6 \cdot 0{,}7^9 = 0{,}1472.$$

De plus, le fait d'obtenir 9 succès en 15 tentatives implique 6 échecs. Si l'on veut que 9 Québécois soient favorables, il faut vouloir que 6 ne le soient pas.

$$P(X = 9) = P(Y = 6).$$

Dans la table de probabilités, il faut lire $n = 15$, $x = 6$ (au lieu de 9) et $\pi = 0{,}3$ (au lieu de 0,7).

Chaque fois que la valeur de π est supérieure à 0,50, il faut inverser la description du succès et de l'échec. Évidemment, on procède ainsi seulement si la nouvelle valeur de π est dans la table ; sinon, il convient d'utiliser la formule.

Donc, dans le cas présent, une probabilité de 0,1472 veut dire que, dans environ 14,72 % des échantillons de taille 15 Québécois, il y a 9 Québécois qui sont favorables au ticket modérateur. Par conséquent, on a environ 14,72 % des chances d'obtenir que 9 Québécois, sur les 15 choisis, soient favorables au ticket modérateur.

EXERCICES

8.7 Larry, membre d'une équipe professionnelle de baseball, a une moyenne au bâton de 0,300 pour la saison, ce qui veut dire qu'à chacune de ses présences officielles au bâton, il a 30 % des chances de frapper un coup sûr.

Au cours des trois prochains matchs, Larry devrait avoir 12 présences officielles au bâton.

a) Quelle est la variable aléatoire étudiée ?

b) Est-ce que cette variable a une distribution binomiale ? Justifiez votre réponse.

c) Quelle est la probabilité que Larry obtienne exactement 6 coups sûrs ?

d) Quelle est la probabilité que Larry obtienne moins de 2 coups sûrs ?

e) Combien de coups sûrs peut-on espérer de Larry au cours de ses 12 présences ?

f) Quelle est la valeur de l'écart type de la distribution représentant le nombre de coups sûrs ?

8.8 Selon un sondage effectué par CROP entre le 13 et le 16 février 1992, qui a été publié dans la revue *Coup de pouce* de mai 1992, 45 % des Québécoises sont très satisfaites de la répartition des tâches ménagères avec leur conjoint[5].

On choisit au hasard 20 Québécoises vivant avec un conjoint.

a) De quelle expérience aléatoire s'agit-il ?

b) Quelle est la variable aléatoire étudiée ?

c) Quel modèle théorique peut-on utiliser pour étudier la distribution de la variable ? Justifiez votre réponse.

d) Quelle est la probabilité que, parmi ces 20 Québécoises, il y en ait moins de 7 qui soient très satisfaites de la répartition des tâches ménagères avec leur conjoint ?

e) Quelle est la probabilité que, parmi ces 20 Québécoises, il y en ait plus de 15 qui soient très satisfaites de la répartition des tâches ménagères avec leur conjoint ?

f) Parmi ces Québécoises, combien pouvez-vous espérer en trouver qui soient très satisfaites de la répartition des tâches ménagères avec leur conjoint ?

g) Dans un échantillon de taille 20, quelle est la valeur de l'écart type de la distribution représentant le nombre de Québécoises très satisfaites de la répartition des tâches ménagères avec leur conjoint ?

h) Dans l'ensemble de tous les échantillons de 20 Québécoises vivant avec un conjoint, quelle est la proportion des échantillons comprenant plus de 15 Québécoises très satisfaites de la répartition des tâches ménagères avec leur conjoint ?

8.9 Selon un sondage effectué entre le 6 et le 11 décembre 1995 auprès de 1 002 Canadiens et publié dans le journal *La Presse* du 8 janvier 1996, 77 % de ceux-ci estiment que c'est le bon moment pour économiser[6].

On choisit au hasard 15 Canadiens.

a) De quelle expérience aléatoire s'agit-il ?

b) Quelle est la variable aléatoire étudiée ?

c) Quel modèle théorique peut-on utiliser pour étudier la distribution de cette variable ? Justifiez votre réponse.

d) Quelle est la probabilité que sur les 15 Canadiens, il y en ait plus de 10 qui estiment que c'est le bon moment pour économiser ?

e) Quelle est la probabilité que sur les 15 Canadiens, il y en ait moins de 3 qui estiment que c'est le bon moment pour économiser ?

f) Dans un échantillon de 15 Canadiens, combien peut-on espérer en trouver qui estiment que c'est le bon moment pour économiser ?

g) Dans un échantillon de taille 15, quelle est la valeur de l'écart type de la distribution représentant le nombre de Canadiens qui estiment que c'est le bon moment pour économiser ?

h) Dans l'ensemble de tous les échantillons de 15 Canadiens, quelle est la proportion des échantillons comprenant moins de 3 Canadiens qui estiment que c'est le bon moment pour économiser ?

8.10 Selon un sondage publié dans la revue *L'Actualité* de mai 1993, effectué par CROP auprès de Québécois âgés de 18 ans et plus parlant français ou anglais, 60 % de ceux-ci pensent qu'on ne devrait payer que des taxes à la consommation et qu'on devrait abolir l'impôt sur le revenu[7].

5. Villemure, Johanne. « Les Québécoises sont-elles heureuses en ménage ? », *Coup de pouce*, mai 1992, p. 30.

6. Sondage Gallup, « Les Canadiens préfèrent économiser que dépenser », *La Presse*, 8 janvier 1996, p. B1.

7. Paré, Jean. «L'argent et vous», *L'Actualité*, 15 mai 1993, p. 28.

On choisit au hasard 10 Québécois de 18 ans et plus parlant français ou anglais.

a) De quelle expérience aléatoire s'agit-il ?

b) Quelle est la variable aléatoire étudiée ?

c) Quel modèle théorique peut-on utiliser pour étudier la distribution de cette variable ? Justifiez votre réponse.

d) Quelle est la probabilité que, sur les 10 Québécois, il y en ait moins de 4 qui soient favorables à cette opinion ?

e) Quelle est la probabilité que, sur les 10 Québécois, il y en ait plus de 8 qui soient favorables à cette opinion ?

f) Dans un échantillon de 10 Québécois de 18 ans et plus parlant français ou anglais, combien peut-on espérer en trouver qui soient favorables à cette opinion ?

g) Dans un échantillon de taille 10, quelle est la valeur de l'écart type de la distribution représentant le nombre de Québécois de 18 ans et plus parlant français ou anglais qui sont favorables à cette opinion ?

h) Dans l'ensemble de tous les échantillons de taille 10 de Québécois de 18 ans et plus parlant français ou anglais, quelle est la proportion des échantillons qui comprennent moins de 4 Québécois favorables à cette opinion ?

8.3   LA VARIABLE ALÉATOIRE CONTINUE

Dans cette section, nous aborderons le cas d'une variable aléatoire continue. Puisque celle-ci a une infinité de valeurs possibles, on ne peut définir une fonction de probabilité de la même manière que dans le cas d'une variable aléatoire discrète.

8.3.1   La fonction de densité

EXEMPLE 8.13   **Les joueurs de hockey pee-wee**

On choisit au hasard 150 joueurs de niveau pee-wee au Québec, et on leur demande d'exécuter un exercice de patinage. On note le temps pris par chaque joueur pour faire l'exercice. On regroupe ensuite les données en classes, comme le montre le tableau 8.15.

TABLEAU 8.15
Répartition des joueurs de niveau pee-wee en fonction du temps pris pour faire un exercice de patinage

Temps (minutes)	Milieu m_i	Nombre de joueurs n_i	Proportion des joueurs	Pourcentage des joueurs
[0 ; 2[	1	12	0,0800	8,00
[2 ; 4[	3	18	0,1200	12,00
[4 ; 6[	5	25	0,1667	16,67
[6 ; 8[	7	40	0,2667	26,67
[8 ; 10[	9	30	0,2000	20,00
[10 ; 12[	11	15	0,1000	10,00
[12 ; 14[	13	10	0,0667	6,67
Total		150	1	100

Dans le modèle théorique qui correspond à cette variable, on utiliserait toutes les valeurs entre un temps minimal et un temps maximal. Il n'est donc pas possible d'énumérer toutes les valeurs accompagnées de leur probabilité, puisqu'il y a une infinité de valeurs possibles et que chacune d'elles a une probabilité de réalisation infiniment petite, presque nulle. Ainsi, la probabilité qu'un joueur prenne 7,457345 minutes pour exécuter l'exercice est presque nulle puisque 7,457345 minutes représente un seul temps possible sur une infinité de temps possibles.

Même dans l'échantillon, on a regroupé les données par classes pour avoir un aperçu de la distribution de cette variable. Dans ce cas, la représentation graphique est un histogramme dont **la surface des rectangles est égale à la proportion des données dans la classe**. La hauteur du rectangle de chacune des classes s'obtient en divisant la proportion par la largeur de la classe ; cette valeur s'appelle la **densité**. Le tableau 8.16 montre l'application de cette définition.

TABLEAU 8.16
Densité des joueurs de niveau pee-wee en fonction du temps pris pour faire un exercice de patinage

Temps (minutes)	Nombre de joueurs n_i	Proportion des joueurs	Densité des joueurs
[0 ; 2[	12	0,0800	0,0400
[2 ; 4[	18	0,1200	0,0600
[4 ; 6[	25	0,1667	0,0833
[6 ; 8[	40	0,2667	0,1333
[8 ; 10[	30	0,2000	0,1000
[10 ; 12[	15	0,1000	0,0500
[12 ; 14[	10	0,0667	0,0333
Total	150	1	

La densité dans la première classe signifie qu'il y a 0,0400 ou 4 % des joueurs par sous-classe qui correspond à une durée de 1 minute. Dans la deuxième classe, il y a 0,0600 ou 6 % des joueurs par sous-classe qui correspond à une durée de 1 minute. L'opération consiste à subdiviser chacune des classes en d'autres classes moins larges, la somme totale des surfaces de rectangles donnant toujours 1.

Imaginons maintenant qu'on ait une infinité de données et que l'on calcule la densité à partir de classes dont les largeurs sont infiniment petites. En diminuant la largeur des classes infiniment, on obtiendra une courbe qui donnera la densité des données pour chacune des valeurs de la variable, dont la somme des aires de tous ces rectangles infiniment petits donne toujours 1. Cette courbe s'appelle la **fonction de densité** de la variable, et l'aire sous cette courbe donne 1.

Alors, pour une variable aléatoire continue, plutôt que de procéder valeur par valeur, on calculera des probabilités pour des intervalles de valeurs à l'aide de la fonction de densité. Étant donné le nombre infini de valeurs possibles pour la variable, chacune d'elles (même s'il est possible de l'obtenir) a une probabilité zéro (infiniment petite) d'être obtenue. C'est l'aire sous la fonction de densité qui donnera la probabilité d'obtenir une valeur dans l'intervalle choisi, comme l'illustre la figure 8.2 qui présente une fonction de densité prise parmi tant d'autres.

FIGURE 8.2
Fonction de densité

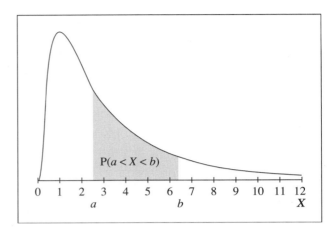

L'aire totale sous la courbe donne P(Ω). Puisque P(Ω) = 1, l'aire totale vaut 1. Ainsi, la distribution de probabilités d'une variable aléatoire continue peut être représentée par une fonction appelée **fonction de densité**. Cette dernière satisfait les propriétés suivantes :

1) $f(x) \geq 0$ pour toute valeur x ;

2) L'aire sous la courbe de f est 1.

(On a déjà vu que la fonction de probabilité pour une variable aléatoire discrète satisfait aussi deux propriétés équivalentes.)

La probabilité qu'une variable aléatoire X se situe entre deux valeurs a et b peut alors être calculée de la manière suivante :

$$P(a < X < b) = \text{Aire sous la courbe de } f \text{ entre } a \text{ et } b.$$

8.3.2   La distribution normale N(μ ; σ^2)

La distribution normale est un modèle de distribution de probabilités pour une variable aléatoire quantitative continue. Le premier à travailler sur ce sujet fut Thomas Simpson (1755). Ensuite Lagrange (1774), Laplace (1774 et 1781) et Bernoulli (1778) s'y intéressèrent. Toutefois, c'est Carl Friedrich Gauss (1777-1855) qui publia en 1809 la distribution que nous connaissons aujourd'hui. Celle-ci porte souvent le nom de **courbe de Gauss**.

La notation générale pour représenter une variable X qui a une distribution normale est N(μ ; σ^2),

où N veut dire normale ;

    μ est la moyenne ;

    σ^2 est la variance.

Pour obtenir l'écart type à partir de la variance, il suffit d'en extraire la racine carrée :

$$\sigma = \sqrt{\sigma^2}.$$

On dira qu'une variable X a une distribution $N(\mu \ ; \ \sigma^2)$ si la fonction de densité de cette variable est :

$$f(x) = \frac{1}{\sigma\sqrt{2\pi}} e^{-\frac{1}{2}\left(\frac{x-\mu}{\sigma}\right)^2} \text{ pour } -\infty < x < \infty.$$

La forme générale de cette fonction de densité est présentée à la figure 8.3.

FIGURE 8.3
Forme générale
de la fonction
de densité

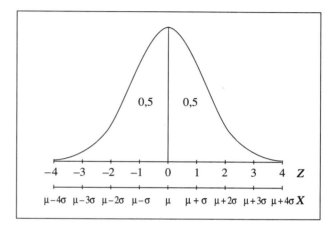

L'aire totale sous la courbe est 1, comme l'exige la définition d'une fonction de densité. De plus, cette courbe est symétrique, de telle sorte que l'aire de chaque côté de la moyenne vaut 0,5.

Plusieurs variables ont des distributions normales : le quotient intellectuel, la taille et le poids des individus, etc. Il existe des techniques pour vérifier, à partir d'un échantillon, si une variable concernant une population obéit à une loi normale. En fait, la plupart des variables dont le résultat dépend de plusieurs facteurs indépendants obéissent à une loi normale, ce qui est le cas de plusieurs variables concernant les humains. Le seul inconvénient de cette fonction est qu'il n'existe aucun outil mathématique pour calculer précisément l'aire sous la courbe entre deux points.

Toutefois, grâce à des techniques d'analyse numérique, les mathématiciens ont réussi à évaluer, avec une excellente approximation, ces aires pour la variable Z. Celle-ci est la variable qui représente la distribution des cotes Z pour la variable X[8]. Elle a donc une moyenne de 0 et un écart type de 1. C'est pourquoi nous l'appelons la variable **centrée** $(\mu = 0)$ et **réduite** $(\sigma = 1)$. Souvent, on la nomme aussi $N(0 \ ; \ 1)$. La cote Z associée à une valeur x s'obtient de la manière suivante :

$$Z_x = \frac{x - \mu}{\sigma}.$$

L'intérêt de la distribution des cotes Z est que l'aire (la probabilité) entre deux valeurs de la variable X est la même que l'aire (la probabilité) entre les cotes Z correspondant à ces deux valeurs, comme le montre la figure 8.4. Ainsi,

$$P(a < X < b) = P(Z_a < Z < Z_b).$$

---

8.   La cote Z correspond à la valeur de la variable Z associée à une valeur x de la variable X.

Une table de probabilités pour Z est présentée en annexe (table 2) à la fin du volume.

FIGURE 8.4

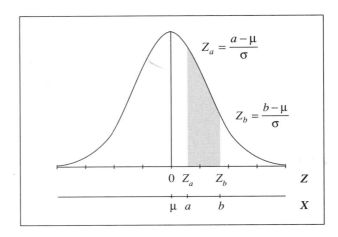

EXEMPLE 8.14

Les élèves américains

La distribution des résultats des élèves américains au test SAT[9] obéit à une loi normale avec une moyenne $\mu = 500$ et un écart type $\sigma = 100$. Ce test est utilisé pour évaluer les capacités des élèves américains à poursuivre des études universitaires.

Supposons que l'expérience consiste à choisir au hasard un élève qui a subi ce test.

a) Quelle est la probabilité que le résultat de l'élève au test se situe entre 500 et 638 ?

$P(500 < X < 638) = ?$

Pour répondre à cette question, il faut utiliser les cotes Z correspondant aux résultats 500 et 638.

$$Z_{500} = \frac{x - \mu}{\sigma} = \frac{500 - 500}{100} = 0,00 \text{ écart type.}$$

La moyenne a toujours une cote Z de 0, puisqu'elle est au centre de la distribution.

$$Z_{638} = \frac{x - \mu}{\sigma} = \frac{638 - 500}{100} = 1,38 \text{ écart type.}$$

Ainsi,

$$P(500 < X < 638) = P(0 < Z < 1,38),$$

comme le montre la figure 8.5.

---

9.   Glass, Gene et Hopkins, Kenneth. *Statistical Methods in Education and Psychology*, 2e éd., États-Unis, Prentice Hall, p. 67. SAT : Scholastic Aptitude Test of the College Entrance Examination Board. La moyenne et l'écart type réels peuvent varier légèrement par rapport à ceux qui sont utilisés dans l'exemple.

FIGURE 8.5

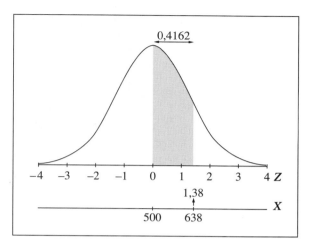

L'aire s'obtient grâce à une lecture directe dans la table de probabilités. La valeur se lit à l'intersection de 1,3 dans la colonne de gauche et de 0,08 sur la ligne du haut : l'aire entre 0 et 1,38 est 0,4162.

Alors,

$$P(500 < X < 638) = P(0 < Z < 1,38) = 0,4162,$$

ce qui signifie qu'il y a environ 41,62 % des élèves américains qui ont un résultat entre 500 et 638 parmi ceux qui subissent ce test.

b) Quelle est la probabilité que le résultat de l'élève au test se situe entre 362 et 500 ?

$$P(362 < X < 500) = ?$$

Pour répondre à cette question, il faut utiliser les cotes Z de 362 et de 500.

$$Z_{362} = \frac{x - \mu}{\sigma} = \frac{362 - 500}{100} = -1,38 \text{ écart type.}$$

$$Z_{500} = \frac{x - \mu}{\sigma} = \frac{500 - 500}{100} = 0,00 \text{ écart type.}$$

Ainsi,

$$P(362 < X < 500) = P(-1,38 < Z < 0), \text{ comme le montre la figure 8.6.}$$

FIGURE 8.6

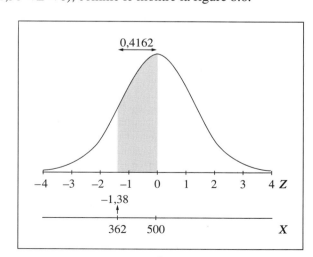

L'aire de la figure 8.6 est identique à celle de la figure 8.5. Étant donné que la courbe est symétrique, l'aire entre –1,38 et 0 est la même qu'entre 0 et 1,38. Ainsi,

$$P(-1,38 < Z < 0) = P(0 < Z < 1,38) = 0,4162.$$

Alors,

$$P(362 < X < 500) = P(-1,38 < Z < 0) = 0,4162,$$

ce qui signifie qu'il y a environ 41,62 % des élèves américains qui ont un résultat entre 362 et 500 parmi ceux qui subissent ce test.

Note : L'aire entre deux valeurs sous la courbe d'une distribution normale n'est jamais négative ; elle représente une proportion. Une cote Z négative signifie que la valeur est inférieure à la moyenne, et une cote Z positive signifie que la valeur est supérieure à la moyenne, mais la proportion (ou le pourcentage) n'est jamais négative. La valeur minimale pour une proportion est 0 ; cela signifie qu'il n'y a aucune donnée dans la région considérée.

c) Quelle est la probabilité que le résultat de l'élève au test se situe entre 575 et 713 ?

$$P(575 < X < 713) = ?$$

Pour répondre à cette question, il faut utiliser les cotes Z de 575 et de 713.

$$Z_{575} = \frac{x - \mu}{\sigma} = \frac{575 - 500}{100} = 0,75 \text{ écart type.}$$

$$Z_{713} = \frac{x - \mu}{\sigma} = \frac{713 - 500}{100} = 2,13 \text{ écarts types.}$$

Ainsi,

$$P(575 < X < 713) = P(0,75 < Z < 2,13),$$

comme le montre la figure 8.7.

FIGURE 8.7

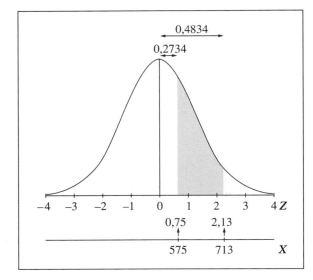

La table de probabilités ne donne pas directement cette aire, mais donne toujours l'aire entre 0 et une cote Z trouvée. Ainsi, la table donne l'aire entre 0 et 2,13 et l'aire entre 0 et 0,75. **Pour obtenir l'aire entre deux cotes Z positives, il faut faire une différence d'aires et non une différence de cotes Z.**

Ainsi,

$$P(575 < X < 713) = P(0,75 < Z < 2,13)$$
$$= P(0 < Z < 2,13) - P(0 < Z < 0,75)$$
$$= 0,4834 - 0,2734 = 0,2100,$$

ce qui signifie qu'il y a environ 21 % des élèves américains qui ont un résultat entre 575 et 713 parmi ceux qui subissent ce test.

d) Quelle est la probabilité que le résultat de l'élève au test se situe entre 300 et 425 ?

$$P(300 < X < 425) = \ ?$$

Pour répondre à cette question, il faut utiliser les cotes Z de 300 et de 425.

$$Z_{300} = \frac{x - \mu}{\sigma} = \frac{300 - 500}{100} = -2,00 \text{ écarts types.}$$

$$Z_{425} = \frac{x - \mu}{\sigma} = \frac{425 - 500}{100} = -0,75 \text{ écart type.}$$

Ainsi,

$$P(300 < X < 425) = P(-2,00 < Z < -0,75), \text{ comme le montre la figure 8.8.}$$

FIGURE 8.8

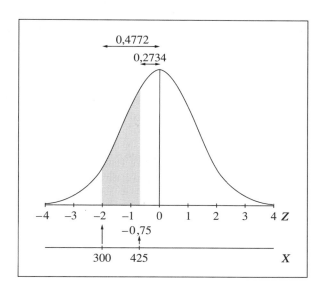

L'aire entre –2,00 et –0,75 est la même que celle entre 0,75 et 2,00, la courbe étant symétrique. **Pour obtenir l'aire entre deux cotes Z négatives, il faut faire une différence d'aires et non une différence de cotes Z.**

Ainsi,

$$P(300 < X < 425) = P(-2,00 < Z < -0,75)$$
$$= P(-2,00 < Z < 0) - P(-0,75 < Z < 0)$$
$$= P(0 < Z < 2,00) - P(0 < Z < 0,75)$$
$$= 0,4772 - 0,2734 = 0,2038,$$

ce qui signifie qu'il y a environ 20,38 % des élèves américains qui ont un résultat entre 300 et 425 parmi ceux qui subissent ce test.

e) Quelle est la probabilité que le résultat de l'élève au test se situe entre 375 et 738 ?

P(375 < X < 738) = ?

Pour répondre à cette question, il faut utiliser les cotes Z de 375 et de 738.

$$Z_{375} = \frac{x - \mu}{\sigma} = \frac{375 - 500}{100} = -1,25 \text{ écart type.}$$

$$Z_{738} = \frac{x - \mu}{\sigma} = \frac{738 - 500}{100} = 2,38 \text{ écarts types.}$$

Ainsi,

P(375 < X < 738) = P(−1,25 < Z < 2,38),

comme le montre la figure 8.9.

FIGURE 8.9

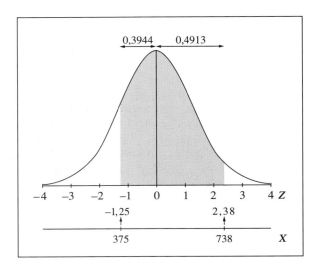

L'aire entre −1,25 et 2,38 s'obtient en additionnant deux aires. Elle est égale à la somme des aires de −1,25 à 0 et de 0 à 2,38.

Ainsi,

$$\begin{aligned}
\text{P}(375 < X < 738) &= \text{P}(-1,25 < Z < 2,38) \\
&= \text{P}(-1,25 < Z < 0) + \text{P}(0 < Z < 2,38) \\
&= 0,3944 + 0,4913 = 0,8857,
\end{aligned}$$

ce qui signifie qu'il y a environ 88,57 % des élèves américains qui ont un résultat entre 375 et 738 parmi ceux qui subissent ce test.

f) Quelle est la probabilité que le résultat de l'élève au test se situe entre 1 000 et 1 100 ?

P(1 000 < X < 1 100) = ?

Pour répondre à cette question, il faut utiliser les cotes Z de 1 000 et de 1 100.

$$Z_{1\,000} = \frac{x - \mu}{\sigma} = \frac{1\,000 - 500}{100} = 5,00 \text{ écarts types.}$$

$$Z_{1\,100} = \frac{x - \mu}{\sigma} = \frac{1\,100 - 500}{100} = 6,00 \text{ écarts types.}$$

Ainsi,

P(1 000 < X < 1 100) = P(5,00 < Z < 6,00),

comme le montre la figure 8.10.

FIGURE 8.10

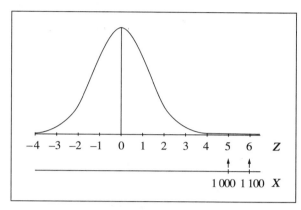

Ainsi,

$$P(1\ 000 < X < 1\ 100) = P(5,00 < Z < 6,00)$$
$$= P(0 < Z < 6,00) - P(0 < Z < 5,00)$$
$$= 0,5000 - 0,5000 = 0,0000.$$

En effet, bien que la table de probabilités ne donne les aires que pour les cotes Z allant de 0 à 4,09, à partir de cette valeur l'aire ajoutée est négligeable. Ainsi,

$$P(0 < Z < 5,00) \cong P(0 < Z < 6,00) \cong P(0 < Z < 12,00) = 0,5000,$$

ce qui signifie qu'il y a environ 0 % des élèves américains qui ont un résultat entre 1 000 et 1 100 parmi ceux qui subissent ce test.

g) Quelle est la probabilité que le résultat de l'élève au test soit inférieur à 663 ?

P(X < 663) = ?

Pour répondre à cette question, il faut utiliser la cote Z de 663.

Ainsi,

$$Z_{663} = \frac{x - \mu}{\sigma} = \frac{663 - 500}{100} = 1,63 \text{ écart type,}$$

comme le montre la figure 8.11.

FIGURE 8.11

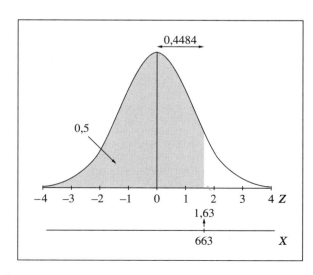

Ainsi,

$$\begin{aligned}
\mathrm{P}(X < 663) &= \mathrm{P}(-\infty < Z < 1,63)\\
&= \mathrm{P}(-\infty < Z < 0) + \mathrm{P}(0 < Z < 1,63)\\
&= 0,5000 + 0,4484 = 0,9484,
\end{aligned}$$

ce qui signifie qu'il y a environ 94,84 % des élèves américains qui ont un résultat inférieur à 663 parmi ceux qui subissent ce test.

h) **Quelle est la probabilité que le résultat de l'élève au test soit supérieur à 337 ?**

$$\mathrm{P}(X > 337) = \ ?$$

Pour répondre à cette question, il faut utiliser la cote Z de 337.

Ainsi,

$$Z_{337} = \frac{x - \mu}{\sigma} = \frac{337 - 500}{100} = -1,63 \text{ écart type,}$$

comme le montre la figure 8.12.

FIGURE 8.12

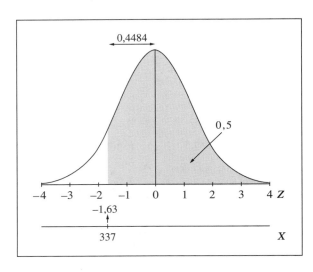

Ainsi,

$$\begin{aligned}
\mathrm{P}(X > 337) &= \mathrm{P}(-1,63 < Z < \infty)\\
&= \mathrm{P}(-1,63 < Z < 0) + \mathrm{P}(0 < Z < \infty)\\
&= 0,4484 + 0,5000 = 0,9484,
\end{aligned}$$

ce qui signifie qu'il y a environ 94,84 % des élèves américains qui ont un résultat supérieur à 337 parmi ceux qui subissent ce test.

i) **Quelle est la probabilité que le résultat de l'élève au test soit supérieur à 719 ?**

$$\mathrm{P}(X > 719) = \ ?$$

Pour répondre à cette question, il faut utiliser la cote Z de 719.

Ainsi,

$$Z_{719} = \frac{x - \mu}{\sigma} = \frac{719 - 500}{100} = 2,19 \text{ écarts types,}$$

comme le montre la figure 8.13.

FIGURE 8.13

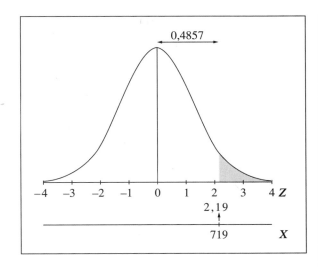

Ainsi,

$$P(X > 719) = P(2,19 < Z < \infty)$$
$$= P(0 < Z < \infty) - P(0 < Z < 2,19)$$
$$= 0,5000 - 0,4857 = 0,0143,$$

ce qui signifie qu'il y a environ 1,43 % des élèves américains qui ont un résultat supérieur à 719 parmi ceux qui subissent ce test.

j) Quelle est la probabilité que le résultat de l'élève au test soit inférieur à 281 ?

$$P(X < 281) = \; ?$$

Pour répondre à cette question, il faut utiliser la cote Z de 281.

Ainsi,

$$Z_{281} = \frac{x - \mu}{\sigma} = \frac{281 - 500}{100} = -2,19 \text{ écarts types,}$$

comme le montre la figure 8.14.

FIGURE 8.14

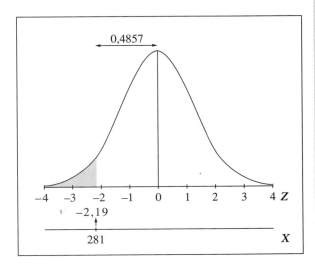

Ainsi,

$$P(X < 281) = P(-\infty < Z < -2,19)$$
$$= P(-\infty < Z < 0) - P(-2,19 < Z < 0)$$
$$= 0,5000 - 0,4857 = 0,0143,$$

ce qui signifie qu'il y a environ 1,43 % des élèves américains qui ont un résultat inférieur à 281 parmi ceux qui subissent ce test.

k) Quel doit être le résultat maximal d'un élève pour qu'il puisse faire partie des 30 % des élèves qui ont un résultat immédiatement supérieur à la moyenne ?

La valeur 30 % correspond à l'aire entre 500 et le résultat recherché. Elle correspond aussi à l'aire entre 0 et la cote Z du résultat recherché. Il faut d'abord trouver la cote Z qui correspond à cette aire et ensuite trouver le résultat qui correspond à la cote Z déterminée, comme le montre la figure 8.15.

FIGURE 8.15

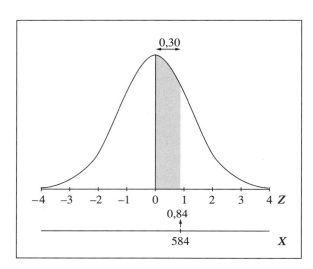

Puisque dans la table de probabilités, les aires partent toujours de 0, il faut connaître l'aire entre 0 et la cote Z recherchée.

Dans ce cas-ci, l'aire entre 0 et la cote Z recherchée est 0,3000. Il faut rechercher 0,3000 parmi les proportions (les aires) dans la table et ensuite lire la valeur de la cote Z correspondante. Comme l'aire 0,3000 n'est pas dans la table, on prendra l'aire la plus près de cette valeur, soit 0,2995. La cote Z qui correspond à cette aire est 0,84.

Il y a donc environ 30 % des données dont la cote Z se situe entre 0 et 0,84.

Puisque

$$Z_x = \frac{x - \mu}{\sigma},$$

alors

$$0,84 = \frac{x - 500}{100},$$

d'où $x = 500 + 0,84 \cdot 100 = 584$. Ainsi, il y a environ 30 % des élèves qui ont un résultat entre 500 et 584.

l)   Quel est le résultat minimal des 2,5 % des élèves ayant les résultats les plus élevés ?

Tout comme dans le cas précédent, il faut d'abord trouver la cote Z qui correspond au pourcentage mentionné et ensuite trouver le résultat qui correspond à la cote Z.

L'aire connue ne s'applique pas à une situation qui fait partie de la table de probabilités ; celle-ci donne des aires sous la courbe de 0 à z et non de z à +∞. Pour utiliser la table, il faut donc rechercher l'aire entre 0 et z. Puisque l'aire de 0 à +∞ vaut 0,5000, on a :

$$P(Z > z) = P(0 < Z < \infty) - P(0 < Z < z).$$
$$0,0250 = 0,5000 - P(0 < Z < z).$$
$$P(0 < Z < z) = 0,5000 - 0,0250 = 0,4750.$$

La figure 8.16 illustre la situation.

FIGURE 8.16

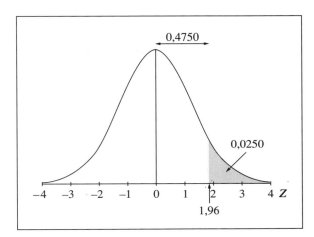

Pour trouver la valeur de la cote Z, il faut rechercher 0,4750 parmi les aires, et ensuite lire la valeur de la cote Z correspondante. Une aire de 0,4750 correspond à une cote $Z = 1,96$.

La cote Z du résultat recherché est 1,96.

Puisque

$$Z_x = \frac{x - \mu}{\sigma},$$

alors

$$1,96 = \frac{x - 500}{100},$$

d'où

$$x = 500 + 1,96 \cdot 100 = 696.$$

Ainsi, environ 2,5 % des élèves ont un résultat supérieur à 696.

m) Quel est le résultat maximal des 10 % des élèves ayant les résultats les plus faibles ?

La cote Z qui correspond à une aire de 0,4000 entre 0 et z est 1,28. La cote Z du résultat recherché est −1,28, car la valeur recherchée est sous la moyenne, comme le montre la figure 8.17.

FIGURE 8.17

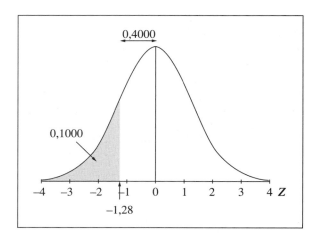

Puisque

$$Z_x = \frac{x - \mu}{\sigma},$$

alors

$$-1,28 = \frac{x - 500}{100},$$

d'où

$$x = 500 - 1,28 \cdot 100 = 372.$$

Ainsi, environ 10 % des élèves ont un résultat inférieur à 372.

EXERCICES

8.11 **« Le travail autonome, mieux que le chômage**
« Les quatre cinquièmes des chercheurs d'emploi qui se sont improvisés entrepreneurs grâce au programme fédéral d'Aide au travail indépendant (ATI) se tirent assez bien d'affaires un an plus tard.

« [...Le revenu familial moyen des travailleurs indépendants s'élève à 40 000 $[10]. »

Supposons que le revenu familial obéisse à une loi normale avec une moyenne de 40 000 $ et un écart type de 8 500 $.

On choisit au hasard un travailleur parmi la population des travailleurs indépendants.

a) Quelle est l'expérience aléatoire ?

b) Quelle est la variable aléatoire étudiée ?

c) Quelle est la probabilité de choisir un travailleur indépendant qui a un revenu familial de plus de 50 000 $?

d) Quelle est la probabilité de choisir un travailleur indépendant qui a un revenu familial de moins de 35 000 $?

e) Quelle est la probabilité de choisir un travailleur indépendant qui a un revenu familial se situant entre 38 000 $ et 44 000 $?

f) Quelle est la probabilité de choisir un travailleur indépendant qui a un revenu familial se situant entre 52 000 $ et 58 000 $?

g) Quelle est la probabilité de choisir un travailleur indépendant qui a un revenu familial se situant entre 25 000 $ et 28 000 $?

h) Quelle est la proportion des travailleurs indépendants qui ont un revenu familial de plus de 65 000 $?

8.12 Selon Statistique Canada, en 1994, au Canada, les garçons de 15 ans regardaient des vidéos en moyenne 2,26 heures par semaine[11]. Supposons que le temps consacré à regarder des vidéos par ces garçons obéisse à une loi normale d'écart type de 0,34 heure. On choisit un garçon de 15 ans parmi tous les garçons du même âge.

a) Quelle est l'expérience aléatoire ?

b) Quelle est la variable aléatoire étudiée ?

10. Malbœuf, Marie-Claude. « Le travail autonome, mieux que le chômage », *La Presse*, 11 septembre 1996, p. D5.

11. *E-Stat–Un didacticiel pour les écoles canadiennes*, Statistique Canada, sur CD-ROM.

c) Quelle est la probabilité de choisir un garçon de 15 ans qui regarde des vidéos moins de 2 heures par semaine ?

d) Le décile inférieur (respectivement supérieur) d'une distribution est la valeur de la variable pour laquelle 10 % (respectivement 90 %) des observations sont plus petites. Donc, entre le décile inférieur et le décile supérieur doivent se situer 80 % des données centrales. Trouvez la valeur de ces deux déciles et expliquez à quoi ils correspondent en tenant compte du contexte.

e) Quelle est la probabilité de choisir un garçon de 15 ans qui regarde des vidéos plus de 10 heures par semaine ?

f) Quelle est la probabilité de choisir un garçon de 15 ans qui regarde des vidéos entre 1,5 et 2,5 heures par semaine ?

g) Quelle est la proportion des garçons de 15 ans qui regardent des vidéos entre 2 et 3 heures par semaine ?

8.13 Selon Statistique Canada, l'âge moyen des Canadiens ayant effectué un voyage en 1992 est de 40,61 ans, et l'écart type de la distribution de l'âge est de 14,77 ans[12]. Supposons que l'âge obéisse à une loi normale et qu'on choisisse au hasard un Canadien ayant effectué un voyage en 1992.

a) Quelle est l'expérience aléatoire ?

b) Quelle est la variable aléatoire étudiée ?

c) Quelle est la probabilité de choisir un Canadien de plus de 60 ans ayant fait un voyage en 1992 ?

d) Quelle est la probabilité de choisir un Canadien âgé de moins de 20 ans ayant voyagé en 1992 ?

e) Quelle est la probabilité de choisir un Canadien âgé entre 30 et 50 ans ayant fait un voyage en 1992 ?

f) Quelle est la probabilité de choisir un Canadien âgé entre 18 et 25 ans ayant voyagé en 1992 ?

g) Le quartile inférieur d'une distribution est la valeur de la variable pour laquelle 25 % des observations sont plus petites. Trouvez la valeur de ce quartile pour la distribution de l'âge des Canadiens ayant voyagé en 1992, et expliquez à quoi correspond cette valeur en tenant compte du contexte.

h) Le quartile supérieur d'une distribution est la valeur de la variable pour laquelle 75 % des observations sont plus petites. Trouvez la valeur de ce quartile pour la distribution de l'âge, et expliquez à quoi correspond cette valeur en tenant compte du contexte.

8.14 En 1990, les dépenses annuelles moyennes des familles canadiennes (en dollars constants de 1986) pour des disques, des bandes et des disques compacts

étaient de 87 $[13]. Supposons que la distribution des dépenses obéisse à une distribution normale d'écart type de 10,44 $ et qu'on choisisse une famille canadienne au hasard.

a) Quelle est l'expérience aléatoire ?

b) Quelle est la variable aléatoire étudiée ?

c) Quelle est la probabilité que la famille canadienne choisie ait dépensé, en 1990, moins de 50 $ pour des disques, des bandes et des disques compacts ?

d) Quelle est la probabilité que la famille canadienne choisie ait dépensé, en 1990, entre 100 $ et 150 $ pour des disques, des bandes et des disques compacts ?

e) Quelle est la probabilité que la famille canadienne choisie ait dépensé, en 1990, plus de 75 $ pour des disques, des bandes et des disques compacts ?

f) Quel pourcentage des familles canadiennes ont dépensé, en 1990, moins de 125 $ pour des disques, des bandes et des disques compacts ?

g) Quel est le montant maximal dépensé par les 15 % des familles canadiennes qui ont dépensé le moins, en 1990, pour des disques, des bandes et des disques compacts ?

h) Quel est l'intervalle correspondant au montant dépensé, en 1990, pour des disques, des bandes et des disques compacts par les 20 % des familles canadiennes se situant également de part et d'autre de la moyenne qui est de 87 $?

8.15 Les étudiants canadiens (hommes seulement) avaient en moyenne 6,1 heures de temps libre par jour en 1992[14]. Supposons que la distribution des heures libres obéisse à une loi normale d'écart type de 0,79 heure et qu'on choisisse un étudiant canadien au hasard.

a) Quelle est l'expérience aléatoire ?

b) Quelle est la variable aléatoire étudiée ?

c) Quelle est la probabilité que l'étudiant canadien choisi ait eu moins de 5 heures de temps libre par jour en 1992 ?

d) Quelle est la probabilité que l'étudiant canadien choisi ait eu au moins 6,5 heures de temps libre par jour en 1992 ?

e) Quelle est la probabilité que l'étudiant canadien choisi ait eu entre 6 et 8 heures de temps libre par jour en 1992 ?

f) Quel est le temps libre maximal des 13 % d'étudiants canadiens les plus occupés en 1992 ?

12. *E-Stat–Un didacticiel pour les écoles canadiennes*, Statistique Canada, sur CD-ROM.

13. Frank, Jeffrey et Durand, Michel. «Le contenu canadien des produits culturels», *Tendances sociales canadiennes*, été 1993, p. 20.

14. Devereaux, Mary Sue. « L'emploi du temps des Canadiens en 1992 », *Tendances sociales canadiennes*, automne 1993, p. 14.

8.16 En ce qui concerne les athlètes féminines provinciales, le temps pris pour nager le 100 mètres, style papillon, est distribué normalement avec une moyenne de 1,28 minute et un écart type de 0,12 minute[15].

a) Quelle est la variable aléatoire étudiée ?

b) Pour une athlète, est-il préférable d'avoir une cote Z négative ou positive ? Expliquez votre réponse.

c) Quel pourcentage des athlètes nagent le 100 mètres, style papillon, en moins de 1,15 minute ?

d) Quel est le temps minimal des 50 % des athlètes les moins rapides ?

e) Quel pourcentage des athlètes nagent le 100 mètres, style papillon, dans un temps supérieur à 1,8 minute ?

f) Quel temps maximal doit prendre une athlète pour faire partie des 3 % des athlètes les plus rapides dans le 100 mètres, style papillon ?

g) Quel est le temps maximal des 50 % des athlètes les plus rapides ?

---

15. Invitation provinciale A-AA-AAA, 28 et 29 octobre 1995, Centre Claude-Robillard, Résultats, p. 33-34.

8.3.3 L'approximation de la distribution binomiale par la distribution normale

Pourquoi devrait-on faire l'approximation d'une distribution dont on connaît la formule pour calculer les probabilités ? Imaginons une distribution binomiale avec n = 250. Que de factorielles ! Voilà pourquoi, depuis longtemps, les mathématiciens se sont attardés sur l'approximation des factorielles. En 1733, Abraham de Moivre (1667-1754) présenta une première approximation des probabilités de la distribution binomiale à l'aide de l'équation de la courbe normale, mais c'est Pierre Simon de Laplace (1749-1827) qui démontra, en 1812, le théorème permettant de faire l'approximation d'une distribution binomiale par une distribution normale.

La représentation graphique de la distribution de probabilités pour une variable aléatoire discrète est un diagramme en bâtons, et celle d'une variable aléatoire continue est une fonction de densité. Dans le cas d'une variable aléatoire discrète, la probabilité d'une valeur correspond à la longueur d'un bâton alors que, dans le cas d'une variable aléatoire continue, les probabilités sont calculées à l'aide d'aires sous la fonction de densité. Nous verrons comment faire l'approximation d'une variable aléatoire discrète par une variable aléatoire continue.

EXEMPLE 8.15

Le sexe du bébé

Un généticien dit que la probabilité d'avoir un enfant de sexe féminin est de 50 %. On considère que c'est vrai, et l'on examine le cas de 20 femmes enceintes.

Soit X = Nombre de filles qu'auront les 20 femmes enceintes.

Il s'agit ici d'une variable discrète qui suit une distribution binomiale.

1) L'épreuve consiste à noter le sexe du bébé :
   – succès : fille ; $\pi = 0,5$;
   – échec : garçon ; $1 - \pi = 1 - 0,5 = 0,5$.

2) L'épreuve est répétée 20 fois : $n = 20$.

3) Les naissances sont indépendantes entre elles.

$$P(X = x) = \binom{20}{x} \cdot 0,5^x \cdot 0,5^{20-x}.$$

La représentation graphique pour cette variable est le diagramme en bâtons, comme le montre la figure 8.18. Il s'agit d'une distribution symétrique dont la forme est celle d'une cloche, tout comme pour la distribution normale.

FIGURE 8.18
Distribution de probabilités de la variable aléatoire X **= Nombre de filles**

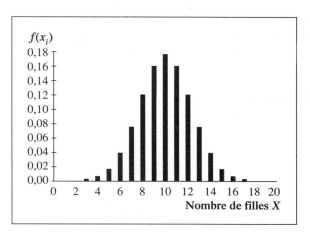

Si l'on joint les extrémités des bâtons par des segments de droite, on obtient un polygone qui ressemble à une courbe normale.

Ainsi, on peut juxtaposer une distribution normale à une distribution binomiale X.

La distribution binomiale sera toujours une distribution binomiale et la distribution normale, une distribution normale. La distribution binomiale ne deviendra jamais une distribution normale, mais on se servira de la surface sous la courbe de la distribution normale pour estimer les probabilités de la variable X.

La distribution normale Y qui s'ajuste le mieux à la distribution binomiale X est celle qui a la même moyenne et le même écart type que la distribution binomiale X.

La moyenne de cette distribution binomiale est :
$$\mu = n \cdot \pi = 20 \cdot 0{,}5 = 10 \text{ filles},$$
et l'écart type est :
$$\sigma = \sqrt{n \cdot \pi \cdot (1-\pi)} = \sqrt{20 \cdot 0{,}5 \cdot 0{,}5} = 2{,}24 \text{ filles}.$$

À titre d'exemple, regardons en gros plan ce qui se passe pour les valeurs 7, 8 et 9 filles de la variable X, à la figure 8.19.

FIGURE 8.19

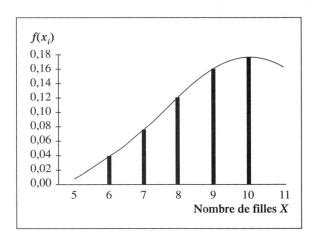

La probabilité d'avoir 7, 8 ou 9 succès s'obtient en calculant la longueur des bâtons pour $X = 7$, $X = 8$ et $X = 9$.

Si l'on construit des rectangles centrés sur chacune de ces valeurs, on obtient la figure 8.20.

FIGURE 8.20

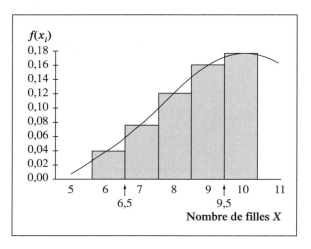

On constate que l'aire des rectangles centrés sur 7, 8 et 9 correspond **approximativement** à l'aire sous la courbe entre le début du rectangle centré sur 7, c'est-à-dire 6,5, et la fin du rectangle centré sur 9, c'est-à-dire 9,5.

Si l'on recherche l'aire de ces trois rectangles, on remarque que chacun des trois rectangles a comme hauteur la valeur de la probabilité. Ainsi, le rectangle vis-à-vis de 7 a comme hauteur $P(X = 7) = f(7)$, celui vis-à-vis de 8 a comme hauteur $f(8)$ et celui vis-à-vis de 9 a comme hauteur $f(9)$. De plus, chacun des trois rectangles a comme base 1, puisque le rectangle vis-à-vis de 7 va de 6,5 à 7,5, celui vis-à-vis de 8 va de 7,5 à 8,5 et celui vis-à-vis de 9 va de 8,5 à 9,5.

Si l'on calcule les aires de ces rectangles, on obtient $f(7) \cdot 1 = f(7)$, $f(8) \cdot 1 = f(8)$ et $f(9) \cdot 1 = f(9)$, ce qui veut dire que les aires des rectangles, telles qu'elles sont définies, sont égales à la probabilité d'obtenir la valeur de X qui est au centre du rectangle. La figure 8.21 illustre la situation.

FIGURE 8.21

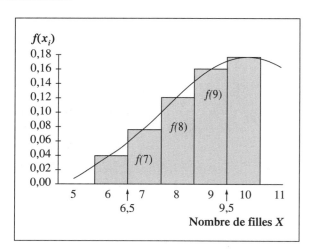

Si l'on calcule ces probabilités à l'aide des tables de la binomiale, avec $n = 20$ et $\pi = 0,5$, on obtient :

P(X = 7) = 0,0739 ;
P(X = 8) = 0,1201 ;
P(X = 9) = 0,1602 ;
P(7 ≤ X ≤ 9) = 0,0739 + 0,1201 + 0,1602 = 0,3542.

Il y a 35,42 % des chances qu'ensemble 20 femmes enceintes donnent naissance à 7 ou 8, ou 9 filles.

Évaluons maintenant de façon approximative les aires des rectangles
$f(7) = P(X = 7), f(8) = P(X = 8)$ et $f(9) = P(X = 9)$
à l'aide de l'aire sous la courbe de la distribution normale.

Ainsi,
P(X = 7) ≈ P(6,5 ≤ Y ≤ 7,5) ;
P(X = 8) ≈ P(7,5 ≤ Y ≤ 8,5) ;
P(X = 9) ≈ P(8,5 ≤ Y ≤ 9,5).

De même,
P(7 ≤ X ≤ 9) ≈ P(6,5 ≤ Y ≤ 9,5).

Calculons maintenant cette dernière probabilité à l'aide de l'aire sous la courbe normale dont la moyenne est 10 et l'écart type 2,24.

Ainsi,
P(6,5 ≤ Y ≤ 9,5) = P(–1,56 ≤ Z ≤ –0,22), comme le montre la figure 8.22.

FIGURE 8.22

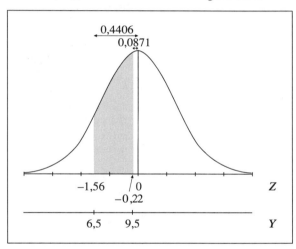

P(6,5 ≤ Y ≤ 9,5) = 0,4406 – 0,0871 = 0,3535.

On pourrait dire que P(7 ≤ X ≤ 9) ≈ 0,3535.

La vraie probabilité trouvée à l'aide de la distribution binomiale est 0,3542, alors que la probabilité approximative trouvée à l'aide de la distribution normale est 0,3535. La différence est mince !

La probabilité d'une valeur correspond à l'aire totale d'un rectangle. On ne calculera jamais l'aire d'une portion de rectangle. Donc, il faut prêter attention aux signes ≤ et <, car il y a une différence entre les deux.

Ainsi, P(6 ≤ X < 9) ≈ P(5,5 ≤ Y < 8,5), puisque la valeur 9 est exclue, et la valeur 6 est incluse.

De même, P(6 < X ≤ 9) ≈ P(6,5 < Y ≤ 9,5), puisque la valeur 6 est exclue, et la valeur 9 est incluse.

Il y a des conditions d'application à l'approximation d'une distribution binomiale par une distribution normale. Il est préférable que la valeur de π soit près de 0,5, de façon à être le plus près possible de la symétrie. Il faut aussi que n soit suffisamment grand. Pour considérer que l'approximation est valable, on s'entend en général sur les conditions suivantes :

$n \geq 30$;
$n \cdot \pi \geq 5$;
$n \cdot (1 - \pi) \geq 5$.

Lorsque les trois conditions précédentes sont remplies, on juge que l'approximation est valable.

EXEMPLE 8.16

Le bilinguisme

Selon les résultats publiés dans *La Presse* du 22 mai 1993, il y avait, en 1991, 61 % des anglophones du Québec qui étaient bilingues[16].

Si l'on choisit au hasard 90 anglophones du Québec, quelle est la probabilité que l'échantillon comprenne au moins 60 personnes bilingues ?

Soit X = Nombre de personnes bilingues. Il s'agit d'une variable discrète.

Vérifions si cette variable suit une distribution binomiale.

1) L'épreuve consiste à choisir une personne anglophone :
    – succès : personne bilingue ; $\pi = 0,61$;
    – échec : personne unilingue ; $1 - \pi = 1 - 0,61 = 0,39$.
2) L'épreuve est répétée 90 fois : $n = 90$.
3) Les épreuves seront considérées comme indépendantes, car le fait de choisir un petit nombre d'anglophones modifie seulement de façon négligeable la probabilité de succès à chacune des épreuves. On considère donc que la probabilité de succès demeure la même à chacune des épreuves.

Donc, la variable suit une distribution binomiale : B(90 ; 0,61).

Est-ce que les conditions de l'approximation par une distribution normale sont remplies ?

$n = 90 \geq 30$;
$n \cdot \pi = 90 \cdot 0,61 = 54,9 \geq 5$;
$n \cdot (1 - \pi) = 90 \cdot 0,39 = 35,1 \geq 5$.

Les conditions sont remplies.

On peut donc évaluer approximativement les probabilités de la variable X à l'aide d'une distribution normale Y dont la moyenne et l'écart type sont :

$\mu = n \cdot \pi = 90 \cdot 0,61 = 54,9$;

$\sigma = \sqrt{n \cdot \pi \cdot (1 - \pi)} = \sqrt{90 \cdot 0,61 \cdot 0,39} = 4,63$.

Ainsi,
$$P(X \geq 60) \approx P(Y \geq 59,5) = P\left(Z \geq \frac{59,5 - 54,9}{4,63} \right) = P(Z \geq 0,99).$$

16. Ouimet, Michèle. « Les élèves anglophones sont mieux préparés au bilinguisme que les enfants francophones », *La Presse*, 22 mai 1993, p. B4.

La figure 8.23 illustre la situation.

FIGURE 8.23

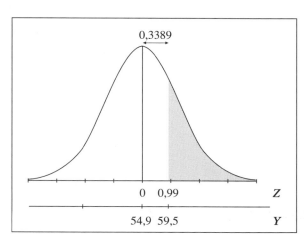

Et puisque
P(Z ≥ 0,99) = 0,5 − P(0 < Z < 0,99),
P(X ≥ 60) ≈ 0,5 − P(0 < Z < 0,99) = 0,5 − 0,3389 = 0,1611.

Il y a donc environ 16,11 % des chances que, dans un échantillon de 90 anglophones, il y en ait au moins 60 qui soient bilingues. Cela veut aussi dire que sur l'ensemble de tous les échantillons de 90 anglophones, il y en a environ 16,11 % qui sont composés d'au moins 60 anglophones bilingues.

EXEMPLE 8.17   **Le harcèlement sexuel**

En supposant que les données fournies par le groupe Léger et Léger dans le *Magazine Affaires Plus* de mars 1993 s'appliquent à l'ensemble des femmes cadres d'entreprises, professionnelles, travailleuses autonomes ou propriétaires d'entreprises, il y aurait 15 % de ces femmes qui auraient déjà été victimes de harcèlement sexuel au travail[17].

Dans un échantillon de 30 de ces femmes, quelle est la probabilité d'en compter moins de 10 qui aient déjà été victimes de harcèlement sexuel au travail ?

Soit X = Nombre de victimes de harcèlement sexuel au travail. Il s'agit d'une variable discrète.

1) Une épreuve consiste à choisir une femme cadre d'entreprise, professionnelle, travailleuse autonome ou propriétaire d'entreprise :
   – succès : femme victime ; $\pi = 0,15$;
   – échec : femme non victime ; $1 - \pi = 1 - 0,15 = 0,85$.
2) L'épreuve est répétée 30 fois : $n = 30$.
3) Les épreuves seront considérées comme indépendantes, car le fait de choisir un petit nombre de femmes cadres d'entreprises, professionnelles, travailleuses autonomes ou propriétaires d'entreprises modifie seulement de façon négligeable

---

17. Lacerte, Pierre. « Quand le patron chanteur de pomme devient maître chanteur », *Magazine Affaires Plus*, vol. 16, nº 2, mars 1993, p. 37.

la probabilité de succès à chacune des épreuves. On considère donc que la probabilité de succès demeure la même à chacune des épreuves.

Donc, on a une variable qui suit une distribution binomiale : B(30 ; 0,15).

Est-ce que les conditions de l'approximation par une distribution normale sont remplies ?

$n = 30 \geq 30$;
$n \cdot \pi = 30 \cdot 0,15 = 4,5 < 5$.

Comme les conditions ne sont pas remplies, il ne faut pas utiliser l'approximation par la distribution normale.

Il faudra trouver la probabilité à l'aide de la formule de la binomiale ou des tables de la distribution binomiale :

$$P(X < 10) = P(X = 0) + P(X = 1) + ... + P(X = 9)$$
$$= 0,0076 + 0,0404 + 0,1034 + ... + 0,0181 = 0,9903.$$

Donc, on peut dire qu'il s'agit d'un événement presque certain. Dans 99,03 % des échantillons de taille 30 de ces femmes, il y a moins de 10 femmes qui ont déjà été victimes de harcèlement sexuel.

EXERCICES

8.17 Selon Statistique Canada, dans la revue *Tendances sociales canadiennes* de l'automne 1990, 28 % des logements coopératifs étaient occupés par des mères seules[18].

On veut prendre un échantillon de 150 logements coopératifs.

a) De quelle expérience aléatoire s'agit-il ?
b) Quelle est la variable aléatoire étudiée ?
c) Quel modèle théorique peut-on utiliser pour étudier la distribution de cette variable ? Justifiez votre réponse.
d) Quelle est la probabilité que l'échantillon comprenne au moins 30 et au plus 60 mères seules ?
e) Quelle est la probabilité que l'échantillon comprenne moins de 20 mères seules ?
f) Quelle est la probabilité que l'échantillon comprenne plus de 75 mères seules ?
g) Parmi tous les échantillons de 150 logements coopératifs, quelle est la proportion de ceux qui sont occupés par plus de 40 mères seules ?
h) Parmi tous les échantillons de 150 logements coopératifs, quelle est la proportion de ceux qui sont occupés par au moins 35 et au plus 50 mères seules ?

i) Parmi les échantillons composés de 150 logements coopératifs, quel doit être le nombre minimal de logements occupés par des mères seules dans l'échantillon pour que celui-ci fasse partie des 10 % des échantillons qui en contiennent le plus ?

8.18 Selon Statistique Canada, dans la revue *Tendances sociales canadiennes* de l'automne 1991, les catholiques représentaient, en 1990, 45 % de la population adulte du Canada, les protestants, 30 %, et ceux n'ayant aucune religion, 12 %[19].

Il faut former un échantillon de 250 adultes canadiens pour étudier la distribution des adultes n'ayant aucune religion.

a) De quelle expérience aléatoire s'agit-il ?
b) Quelle est la variable aléatoire étudiée ?
c) Quel modèle théorique peut-on utiliser pour étudier la distribution de cette variable ? Justifiez votre réponse.
d) Quelle est la probabilité que l'échantillon comprenne au moins 20 et au plus 25 personnes n'ayant aucune religion ?

18. Burke, Mary Anne. « Les occupants des logements coopératifs », *Tendances sociales canadiennes,* automne 1990, p. 28.

19. Baril, Alain et Mori George A. « La baisse de la pratique religieuse », *Tendances sociales canadiennes*, automne 1991, p. 22

e) Quelle est la probabilité que l'échantillon comprenne plus de 40 personnes n'ayant aucune religion ?

f) Quelle est la probabilité que l'échantillon comprenne moins de 36 personnes n'ayant aucune religion ?

g) Parmi tous les échantillons de 250 adultes canadiens, quelle est la proportion de ceux qui comprennent moins de 25 personnes n'ayant aucune religion ?

h) Parmi tous les échantillons de 250 adultes canadiens, quelle est la proportion de ceux qui comprennent au moins 20 et au plus 40 personnes n'ayant aucune religion ?

i) Parmi les échantillons de 250 adultes canadiens, quel doit être le nombre maximal d'adultes canadiens n'ayant aucune religion dans l'échantillon pour que celui-ci fasse partie des 20 % des échantillons qui en contiennent le moins ?

8.19 Un rapport du Conseil des ministres de l'Éducation du Canada, rendu public le 24 novembre 1995, révélait que « 41 % des Canadiens âgés de 25 à 64 ans ont fait, au moins partiellement, des études collégiales ou universitaires. [...]

« À titre de comparaison, le pourcentage est de 31 % aux États-Unis. [...]

« On a souvent tendance à critiquer notre système d'éducation. Mais cette étude nous rappelle que les choses ne vont pas si mal », a déclaré Gordon MacInnis, président du CMEC.

« Le rapport du Conseil des ministres brosse un tableau assez positif de l'éducation au Canada – sur son accessibilité, sa qualité et sa pertinence[20]. »

Il faut prélever un échantillon aléatoire de 300 Canadiens âgés de 25 à 64 ans.

a) De quelle expérience aléatoire s'agit-il ?

b) Quelle est la variable aléatoire étudiée ?

c) Quel modèle théorique peut-on utiliser pour étudier la distribution de cette variable ? Justifiez votre réponse.

d) Quelle est la probabilité que l'échantillon comprenne au moins 125 personnes ayant fait, au moins partiellement, des études collégiales ou universitaires ?

e) Supposons que l'échantillon soit composé de 300 Américains. Dans ce cas, quelle serait la probabilité de réalisation du même événement ?

f) Combien d'Américains ayant fait, au moins partiellement, des études collégiales ou universitaires doit comprendre l'échantillon, de telle sorte que ce nombre fasse partie des 15 % des échantillons qui en contiennent le plus ?

20. Dansereau, Suzanne. « Les Canadiens sont parmi les plus instruits au monde », *La Presse*, 25 novembre 1995, p. A21.

8.20 Dans le même rapport, cité à l'exercice 8.19, on révélait qu'en 1993 « la proportion de personnes âgées de 18 à 24 ans inscrites à l'université était de 31 %, alors que la proportion de jeunes inscrits dans un établissement collégial était de 12 % ».

De plus, en 1994, « le conseil a effectué une enquête auprès d'un échantillon d'élèves qui donne les résultats suivants :

« – 70 % des élèves de 16 ans lisent et comprennent facilement des textes complexes ;

« – 80 % des élèves montrent une bonne maîtrise de la grammaire, du vocabulaire et du style ».

Il faut former un échantillon de 275 jeunes canadiens âgés de 18 à 24 ans et considérer le nombre de jeunes inscrits dans un établissement collégial. On suppose que les informations sont généralisées pour l'ensemble des jeunes canadiens de 18 à 24 ans.

a) De quelle expérience aléatoire s'agit-il ?

b) Quelle est la variable aléatoire étudiée ?

c) Quel modèle théorique peut-on utiliser pour étudier la distribution de cette variable ? Justifiez votre réponse.

d) Quelle est la probabilité que l'échantillon comprenne moins de 25 jeunes canadiens inscrits dans un établissement collégial ?

Il faut aussi former un échantillon de 200 jeunes canadiens âgés de 16 ans et considérer le nombre de jeunes qui lisent et comprennent facilement des textes complexes. On suppose que les informations sont généralisées pour l'ensemble des jeunes canadiens de 16 ans.

e) De quelle expérience aléatoire s'agit-il ?

f) Quelle est la variable aléatoire étudiée ?

g) Quel modèle théorique peut-on utiliser pour étudier la distribution de cette variable ? Justifiez votre réponse.

h) Quelle est la probabilité que l'échantillon comprenne plus de 150 jeunes canadiens qui lisent et comprennent facilement des textes complexes ?

Il faut aussi former un échantillon de 200 jeunes canadiens de 16 ans et considérer le nombre de jeunes qui montrent une bonne maîtrise de la grammaire, du vocabulaire et du style. On suppose que les informations sont généralisées pour l'ensemble des jeunes canadiens de 16 ans.

i) De quelle expérience aléatoire s'agit-il ?

j) Quelle est la variable aléatoire étudiée ?

k) Quel modèle théorique peut-on utiliser pour étudier la distribution de cette variable ? Justifiez votre réponse.

l) Quelle est la probabilité que l'échantillon comprenne moins de 150 jeunes canadiens qui montrent une bonne maîtrise de la grammaire, du vocabulaire et du style ?

RÉCAPITULATION

La moyenne et l'écart type dans une distribution de probabilités pour une variable aléatoire discrète

- La moyenne $\mu = \sum x_i \cdot f(x_i)$.
- L'écart type $\sigma = \sqrt{\sum (x_i - \mu)^2 \cdot f(x_i)}$.

La distribution binomiale B(n ; π)

- Une épreuve avec seulement deux résultats possibles :
  - succès : probabilité π ;
  - échec : probabilité $(1 - \pi)$.
- L'épreuve est répétée n fois.
- L'épreuve est répétée dans les mêmes conditions :
  X = Nombre de succès.
- $P(X = x) = \binom{n}{x} \cdot \pi^x \cdot (1 - \pi)^{(n-x)}$
  où x varie de 0 à n.
- La moyenne $\mu = n \cdot \pi$.
- L'écart type $\sigma = \sqrt{n \cdot \pi \cdot (1 - \pi)}$.

La distribution normale N(μ ; σ²)

L'aire (probabilité) entre deux valeurs de la variable X est la même que l'aire (probabilité) entre les cotes Z des deux valeurs :

$P(a < X < b) = P(Z_a < Z < Z_b)$,

où $Z_a = \dfrac{a - \mu}{\sigma}$ et $Z_b = \dfrac{b - \mu}{\sigma}$.

L'approximation de la distribution binomiale par la distribution normale

Pour considérer que l'approximation est valable, on s'entend en général sur les conditions suivantes :

- $n \geq 30$;
- $n \cdot \pi \geq 5$;
- $n \cdot (1 - \pi) \geq 5$.

CHAPITRE
9
Les distributions d'échantillonnage

George W. Snedecor (1881-1974), statisticien américain. Il fonda en 1933 le Statistical Laboratory de la Iowa State University, le premier de ce genre aux États-Unis. Il publia en 1934 un volume expliquant les applications des techniques d'analyse de la variance élaborées par R.A. Fisher. Mais sa plus grande contribution fut la publication de *Statistical Methods*, en 1937, volume qui est toujours publié avec W.G. Cochran comme coauteur[1].

---

1. L'illustration est extraite du *Americain Statistician*, vol. 28, n⁰ 3, p. 108.

On sait qu'il est possible de former plusieurs échantillons à partir d'une population. Alors, comment peut-on évaluer les chances d'obtenir une proportion ou une moyenne dans un échantillon qui soit assez près de celle de la population ? La seule façon de le savoir est d'observer comment sont distribuées toutes les valeurs possibles des proportions ou des moyennes provenant de tous les échantillons possibles.

Le présent chapitre traite donc de la distribution de proportions et de moyennes d'échantillons, appelée distribution d'échantillonnage. La théorie qui suit suppose que l'échantillonnage est fait de façon aléatoire ; sinon, on ne peut l'utiliser.

Les chapitres suivants traiteront de l'inférence statistique. Celle-ci consiste, à partir des résultats obtenus dans un échantillon, à tirer des conclusions pour l'ensemble de la population. Il peut s'agir d'estimer un paramètre (une proportion, une moyenne ou un écart type) ou de tester une hypothèse émise sur la population.

9.1 LA DISTRIBUTION D'UNE PROPORTION

Considérons une caractéristique que l'on étudie auprès d'une population donnée, et l'expérience aléatoire qui consiste à prendre au hasard une unité statistique de la population étudiée. On appelle succès l'événement « L'unité statistique possède la caractéristique étudiée » et échec l'événement « L'unité statistique ne possède pas la caractéristique étudiée ». Dans ce cas, l'expérience représente une épreuve de Bernoulli où la probabilité de succès correspond à la proportion des unités statistiques dans la population possédant la caractéristique étudiée.

Si l'on répète l'expérience n fois de manière à prélever aléatoirement un échantillon de taille n de la population, l'espace échantillonnal est l'ensemble de tous les échantillons de taille n pouvant être formés à partir des unités statistiques de la population. Si l'on considère que la variable aléatoire X est le nombre d'unités statistiques dans l'échantillon possédant la caractéristique étudiée, alors celle-ci suit une distribution binomiale où la probabilité de succès correspond à la proportion d'unités statistiques dans la population possédant la caractéristique étudiée. (Pour l'instant on suppose, comme dans le chapitre 8, que la taille de l'échantillon est petite comparativement à la taille de la population, ce qui permet de dire que le fait de prélever une unité statistique de la population ne change pas la probabilité de succès pour les unités restantes de cette même population.)

On peut également définir une autre variable aléatoire P sur cet espace échantillonnal, où P est la proportion des unités statistiques possédant la caractéristique étudiée dans un échantillon. On pourra ainsi parler de la distribution de proportions. La variable aléatoire P peut prendre différentes valeurs p, chacune représentant la proportion des unités statistiques possédant la caractéristique étudiée dans un échantillon donné.

La proportion des unités statistiques possédant cette caractéristique dans la population sera notée π.

On verra deux façons d'évaluer des probabilités concernant une proportion : la première consistera à utiliser la distribution binomiale de la variable X définie précédemment, et la deuxième à obtenir une approximation de la distribution des proportions à l'aide de la distribution normale.

EXEMPLE 9.1

Les obligations d'épargne

D'après un sondage CROP effectué du 4 au 8 février 1993 et publié dans la revue *L'Actualité* du 15 mai 1993, 20 % (π) des Québécois investissent dans les obligations d'épargne du Québec ou du Canada[2].

On veut choisir au hasard 20 Québécois.

Expérience aléatoire	Choisir au hasard 20 Québécois parmi tous les Québécois
Espace échantillonnal	L'ensemble de tous les échantillons possibles de 20 Québécois
Variable aléatoire	X = Nombre de Québécois dans l'échantillon qui investissent dans les obligations d'épargne du Québec ou du Canada (succès) ; cette variable a une distribution binomiale.

a) Quelle est la distribution de probabilités pour la proportion des Québécois qui investissent dans les obligations d'épargne du Québec ou du Canada, pour les échantillons de taille 20 ?

La variable aléatoire P est la proportion des Québécois, dans l'échantillon, qui investissent dans les obligations d'épargne du Québec ou du Canada. Les valeurs possibles pour cette variable s'obtiennent en divisant le nombre de succès possibles (x) par le nombre de Québécois dans l'échantillon ($n = 20$). Par exemple, dans un échantillon de 20 Québécois, s'il y a 5 Québécois qui investissent dans les obligations d'épargne du Québec ou du Canada ($x = 5$), la proportion des Québécois, dans l'échantillon, qui investissent dans les obligations d'épargne du Québec ou du Canada est de

$$p = \frac{5}{20} = 0,25 \text{ ou } 25 \text{ \%.}$$

La distribution de probabilités de la variable aléatoire P est identique à la distribution de probabilités de la variable aléatoire X, qui représente le nombre de Québécois qui investissent dans les obligations d'épargne du Québec ou du Canada.

La première colonne du tableau 9.1 présente les valeurs possibles de la variable aléatoire X = Nombre de succès possibles dans l'échantillon, la deuxième colonne les valeurs possibles pour la variable aléatoire

$$P = \frac{X}{n} = \frac{X}{20} = \text{Proportion de succès dans l'échantillon}$$

et la dernière colonne la probabilité d'obtenir une telle proportion. La colonne des probabilités s'obtient à l'aide de la table de la distribution binomiale.

Que signifie une telle distribution ? Cela veut dire que, parmi tous les échantillons de 20 Québécois, il y en a environ 0,0115 ou 1,15 % qui comprennent 0 Québécois qui investissent dans les obligations d'épargne du Québec ou du Canada. Dans ces échantillons, la proportion p de Québécois qui investissent dans les obligations d'épargne du Québec ou du Canada est de 0/20 = 0,00 ou 0 %.

---

2.   Paré, Jean. « L'argent et vous », *L'Actualité*, vol. 18, n° 8, 15 mai 1993, p. 27.

TABLEAU 9.1
Distribution du nombre de succès et de la proportion de succès dans un échantillon de taille 20, lorsque $\pi = 0,20$

Nombre de succès x	Proportion de succès p	Probabilité $f(x) = f(p)$
0	0,00	0,0115
1	0,05	0,0576
2	0,10	0,1369
3	0,15	0,2054
4	0,20	0,2182
5	0,25	0,1746
6	0,30	0,1091
7	0,35	0,0545
8	0,40	0,0222
9	0,45	0,0074
10	0,50	0,0020
11	0,55	0,0005
12	0,60	0,0001
13	0,65	0,0000
14	0,70	0,0000
15	0,75	0,0000
16	0,80	0,0000
17	0,85	0,0000
18	0,90	0,0000
19	0,95	0,0000
20	1,00	0,0000

Parmi tous les échantillons de 20 Québécois, il y en a environ 0,2054 ou 20,54 % qui comprennent 3 Québécois qui investissent dans les obligations d'épargne du Québec ou du Canada. Dans ces échantillons, la proportion *p* de Québécois qui investissent dans les obligations d'épargne du Québec ou du Canada est de 3/20 = 0,15 ou 15 %.

Parmi tous les échantillons de 20 Québécois, il y en a environ 0,0000 ou 0 % qui comprennent 16 Québécois qui investissent dans les obligations d'épargne du Québec ou du Canada. Dans ces échantillons, la proportion *p* de Québécois qui investissent dans les obligations d'épargne du Québec ou du Canada est de 16/20 = 0,80 ou 80 %. La figure 9.1 présente la répartition de la proportion *P* provenant des échantillons de taille 20.

FIGURE 9.1
Répartition de la proportion *P* provenant des échantillons de taille 20

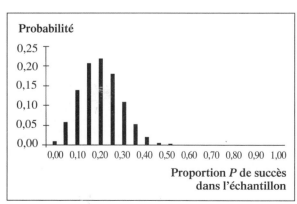

On se rend compte que toutes les proportions échantillonnales *p* sont concentrées autour de 0,20. Il y a donc peu de chances que, dans un échantillon de 20 Québécois, on obtienne 50 % ou plus de Québécois qui investissent dans les obligations d'épargne du Québec ou du Canada.

b) Quels sont les paramètres (la moyenne et l'écart type) de la distribution des proportions p ?

– La moyenne est la proportion **espérée** de succès, dans un échantillon de taille 20.

On sait que la moyenne d'une distribution binomiale B(n ; π) est $\mu = n \cdot \pi$. Ainsi, puisque le nombre de Québécois qui investissent dans les obligations d'épargne du Québec ou du Canada dans un échantillon de taille 20 suit une distribution B(20 ; 0,20),

$\mu = 20 \cdot 0,20 = 4$ Québécois.

À partir du tableau de distribution de la proportion de succès présenté précédemment, si l'on cherche, à l'aide de la calculatrice, la moyenne des proportions, notée μ_p, on obtient :

$\mu_p = 0,20$ ou 20 %.

Puisque la colonne des proportions s'obtient en divisant le nombre de succès par le nombre d'unités dans l'échantillon, soit

$$p = \frac{x}{n} = \frac{x}{20},$$

la moyenne des proportions μ_p s'obtient en divisant la valeur de la moyenne du nombre de succès par le nombre d'unités :

$$\mu_p = \frac{\mu}{n} = \frac{n \cdot \pi}{n} = \pi = \frac{4}{20} = 0,20 \text{ ou } 20\%.$$

Cela signifie que la moyenne de toutes les proportions p de Québécois qui investissent dans les obligations d'épargne du Québec ou du Canada dans les échantillons de 20 Québécois est de 20 %.

– L'écart type d'une distribution binomiale B(n ; π) est $\sigma = \sqrt{n \cdot \pi \cdot (1 - \pi)}$.

L'écart type, dans un échantillon de taille 20, pour la distribution du nombre de Québécois qui investissent dans les obligations d'épargne du Québec ou du Canada, est donc :

$$\sigma = \sqrt{20 \cdot 0,20 \cdot 0,80} = \sqrt{3,20} = 1,7889 \text{ Québécois.}$$

À partir du tableau 9.1 sur la distribution de la proportion de succès, si l'on cherche, à l'aide de la calculatrice, l'écart type des proportions, noté σ_p, on obtient :

$\sigma_p = 0,0894$ ou 8,94 %.

Puisque la colonne des proportions s'obtient en divisant le nombre de succès par le nombre d'unités dans l'échantillon, soit

$$p = \frac{x}{n} = \frac{x}{20},$$

l'écart type des proportions σ_p s'obtient en divisant la valeur de l'écart type du nombre de succès par le nombre d'unités :

$$\sigma_p = \frac{\sigma}{n} = \frac{1,7889}{20} = 0,0894 \text{ ou } 8,94\%,$$

ou encore

$$\sigma_p = \frac{\sigma}{n} = \frac{\sqrt{n \cdot \pi \cdot (1 - \pi)}}{n} = \sqrt{\frac{n \cdot \pi \cdot (1 - \pi)}{n^2}} = \sqrt{\frac{\pi \cdot (1 - \pi)}{n}}$$

$$= \sqrt{\frac{0,20 \cdot 0,80}{20}} = 0,0894 \text{ ou } 8,94\%.$$

Cela signifie que la distribution de toutes les proportions p de Québécois qui investissent dans les obligations d'épargne du Québec ou du Canada pour les échantillons de 20 Québécois a une dispersion autour de la moyenne

$$\mu_p = 20\ \%,$$

dont l'écart type σ_p est de 8,94 %.

De façon générale,

- **la valeur de la moyenne des proportions est toujours égale à la valeur de la proportion dans la population, peu importe la taille de l'échantillon :**

$$\mu_p = \pi\ ;$$

- **la valeur de l'écart type des proportions diminue lorsque la taille de l'échantillon augmente :**

$$\sigma_p = \sqrt{\frac{\pi \cdot (1-\pi)}{n}}.$$

Les proportions π et P ont chacune leur interprétation.

La proportion π	**La variable aléatoire P**

La proportion π représente la proportion de succès dans la population si l'on considère les unités une à la fois.

La variable P s'applique à n unités à la fois (un échantillon). À chaque échantillon est associée une proportion p de succès.

L'espace échantillonnal
Les N unités qui constituent la population étudiée (figure 9.2 a).

L'espace échantillonnal
Les $\binom{N}{n}$ échantillons possibles de taille n (figure 9.2 b).

FIGURE 9.2a
Population

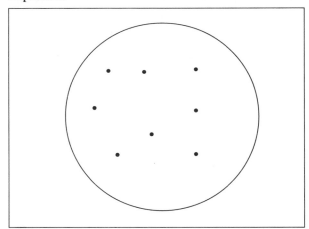

FIGURE 9.2b
Tous les échantillons de taille n

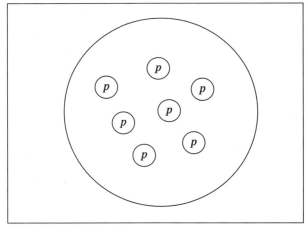

La proportion
π, la proportion de succès parmi les N données.

La moyenne
$\mu_p = \pi$, la moyenne des $\binom{N}{n}$ valeurs p.

L'écart type

$$\sigma_p = \sqrt{\frac{\pi \cdot (1-\pi)}{n}},\ \text{l'écart type de la distribution des}$$

$\binom{N}{n}$ valeurs p.

**EXEMPLE 9.1
(suite)**

c) Quelle est la probabilité que, dans un échantillon aléatoire de 20 Québécois, on trouve de 1 à 7 Québécois qui investissent dans les obligations d'épargne du Québec ou du Canada ?

Cette probabilité porte sur le nombre de succès X.

On recherche $P(1 \leq X \leq 7)$. La taille de l'échantillon étant inférieure à 30, on ne peut pas utiliser l'approximation à l'aide de la distribution normale. Avec la table de la distribution binomiale, on obtient :

$$P(1 \leq X \leq 7) = P(X = 1) + P(X = 2) + ... + P(X = 7)$$
$$= 0,0576 + 0,1369 + ... + 0,0545 = 0,9563.$$

Cela signifie qu'il y a environ 95,63 % des échantillons de taille 20 qui comprennent de 1 à 7 Québécois qui investissent dans les obligations d'épargne du Québec ou du Canada.

d) Quelle est la probabilité que, dans un échantillon de 20 Québécois, il y ait de 5 % à 35 % des Québécois qui investissent dans les obligations d'épargne du Québec ou du Canada ?

Cette probabilité porte sur la proportion P de Québécois qui investissent dans les obligations d'épargne du Québec ou du Canada, dans un échantillon de 20 Québécois. Il s'agit de la même question que celle en c). En effet, 5 % de 20 donne 1 succès, et 35 % de 20 donne 7 succès, d'où

$$P(0,05 \leq P \leq 0,35) = P(1 \leq X \leq 7) = 0,9563.$$

Cela signifie que, dans environ 95,63 % des échantillons de 20 Québécois, la proportion de ceux qui investissent dans les obligations d'épargne du Québec ou du Canada varie de 0,05 à 0,35, ou 5 % à 35 %.

e) Comment devrait-on réagir si, dans un échantillon de 20 Québécois, on obtenait une proportion de 85 % des Québécois qui investissent dans les obligations d'épargne du Québec ou du Canada ?

Ce serait jouer de malchance, ou encore l'information concernant la proportion π de Québécois qui investissent dans les obligations d'épargne du Québec ou du Canada dans la population serait fausse. En effet, avec une proportion π de 20 % des Québécois qui investissent dans les obligations d'épargne du Québec ou du Canada dans la population, la probabilité d'obtenir 85 % ou plus des Québécois qui investissent dans les obligations d'épargne du Québec ou du Canada, dans un échantillon de 20 Québécois, est presque nulle, car $P(P \geq 0,85) = P(X \geq 17) = 0,0000$. Ainsi, si $\pi = 20$ %, il est presque impossible d'avoir une proportion $p = 0,85$ dans un échantillon. Ainsi, le fait d'obtenir une proportion de 85 % remettrait en question la valeur de π fournie. Il serait alors plausible de croire que la proportion π est supérieure à 20 %.

EXEMPLE 9.2

Le ticket modérateur

Selon un sondage effectué par la firme Angus Reid, publié dans la revue *L'Actualité* du 15 novembre 1992, 30 % des Québécois ne sont pas favorables au ticket modérateur de 5 $ par visite à l'urgence d'un hôpital[3].

---

3. Goyette, Robert. « Votre médecin et vous », *L'Actualité*, vol. 17, no 18, 15 novembre 1992, p. 59.

a) **Quelle est la probabilité que la proportion des Québécois non favorables au ticket modérateur soit inférieure à 40 % dans un échantillon de taille 15 ?**

Expérience aléatoire	Prendre au hasard un échantillon de 15 Québécois parmi la population du Québec
Espace échantillonnal	Tous les échantillons possibles de 15 Québécois
Variable aléatoire	P = Proportion des Québécois non favorables au ticket modérateur dans un échantillon

On recherche P(P < 0,40).

La taille de l'échantillon étant inférieure à 30, on ne peut faire l'approximation à l'aide de la distribution normale. On utilisera donc la table de la distribution binomiale.

$$P(P < 0,40) = P(X < 6), \text{ car 40 \% de 15 représente 6 succès.}$$
$$= P(X = 0) + P(X = 1) + ... + P(X = 5)$$
$$= 0,0047 + 0,0305 + 0,0916 + 0,1700 + 0,2186 + 0,2061$$
$$= 0,7215.$$

Cela signifie que, dans environ 72,15 % des échantillons de taille 15, la proportion des Québécois non favorables au ticket modérateur est inférieure à 40 %.

b) **Quels sont les paramètres de la distribution des proportions des échantillons de 15 Québécois ?**

La moyenne des proportions p est :
$$\mu_p = \pi = 0,30.$$
L'écart type des proportions p est :
$$\sigma_p = \sqrt{\frac{\pi \cdot (1 - \pi)}{n}} = \sqrt{\frac{0,30 \cdot 0,70}{15}} = 0,1183.$$

La proportion moyenne de toutes les proportions p de Québécois qui ne sont pas favorables au ticket modérateur dans les échantillons de 15 Québécois est de 30 %, soit la proportion π dans la population. La distribution de toutes les proportions p de Québécois qui ne sont pas favorables au ticket modérateur dans les échantillons de taille 15 a une dispersion autour de la moyenne μ_p = 30 % dont la valeur de l'écart type σ_p est de 11,83 %.

Dans l'exemple 9.3, l'approximation d'une distribution binomiale sera adaptée à l'aide d'une distribution normale pour les proportions.

EXEMPLE 9.3

Le bilinguisme

Dans le journal *La Presse* du 22 mai 1993, on mentionnait que 61 % des anglophones du Québec étaient bilingues[4].

---

4. Ouimet, Michèle. « Les élèves anglophones sont mieux préparés au bilinguisme que les enfants francophones », *La Presse*, 22 mai 1993, p. A2.

a) Si l'on choisit au hasard 90 anglophones, quelle est la probabilité que l'échantillon comprenne entre 45 % et 70 % d'anglophones bilingues ?

Expérience aléatoire	Prendre au hasard un échantillon de 90 anglophones parmi la population anglophone du Québec
Espace échantillonnal	Tous les échantillons de 90 anglophones du Québec
Variable aléatoire	P = Proportion des anglophones bilingues dans l'échantillon

Ainsi, la moyenne des proportions p est :

$$\mu_p = \pi = 0,61 \text{ ou } 61\ \%.$$

L'écart type des proportions p est :

$$\sigma_p = \sqrt{\frac{\pi \cdot (1 - \pi)}{n}} = \sqrt{\frac{0,61 \cdot 0,39}{90}} = 0,0514 \text{ ou } 5,14\%.$$

Au chapitre 8, on a déterminé que la variable aléatoire X = Nombre d'anglophones bilingues dans l'échantillon obéissait à une distribution binomiale $B(90 ; 0,61)$.

Les conditions d'approximation à l'aide de la distribution normale sont :

1) $n \geq 30$.

2) $n \cdot \pi \geq 5$.

3) $n \cdot (1 - \pi) \geq 5$.

Dans ce cas-ci, les conditions sont :

1) $n = 90 \geq 30$.

2) $90 \cdot 0,61 = 54,9 \geq 5$.

3) $90 \cdot 0,39 = 35,1 \geq 5$.

Donc, les conditions sont respectées.

On recherche $P(0,45 < P < 0,70)$. La figure 9.3 illustre la situation.

FIGURE 9.3

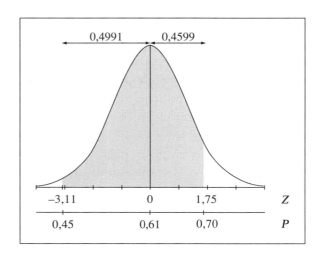

Ainsi,

$$P(0,45 < P < 0,70) \approx P\left(\frac{0,45-0,61}{0,0514} < Z < \frac{0,70-0,61}{0,0514}\right)$$
$$= P(-3,11 < Z < 1,75)$$
$$= 0,4991 + 0,4599 = 0,9590 \text{ ou } 95,90 \text{ %.}$$

Cela signifie que, dans approximativement 95,90 % des échantillons de 90 anglophones, il y en a entre 45 % et 70 % qui sont bilingues.

b) Quelle est la probabilité que l'échantillon comprenne entre 50,93 % et 71,07 % d'anglophones bilingues ?

On recherche P(0,5093 < P < 0,7107). La figure 9.4 illustre la situation.

FIGURE 9.4

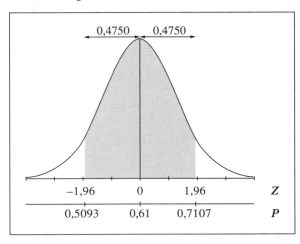

Ainsi,

$$P(0,5093 < P < 0,7107) \approx P(-1,96 < Z < 1,96)$$
$$= 0,4750 + 0,4750 = 0,9500 \text{ ou } 95 \text{ %.}$$

Cela signifie que, dans approximativement 95 % des échantillons de 90 anglophones, il y en a entre 50,93 % et 71,07 % qui sont bilingues.

c) Quelle est la probabilité que l'échantillon comprenne entre 52,57 % et 69,43 % d'anglophones bilingues ?

On recherche P(0,5257 < P < 0,6943). La figure 9.5 illustre la situation.

FIGURE 9.5

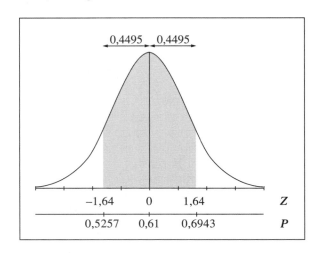

Ainsi,
$$P(0,5257 < P < 0,6943) \approx P(-1,64 < Z < 1,64)$$
$$= 0,4495 + 0,4495 = 0,8990 \text{ ou } 89,90 \ \%.$$

Cela signifie que, dans approximativement 89,90 % des échantillons de 90 anglophones, il y en a entre 52,57 % et 69,43 % qui sont bilingues.

d) Quelle est la probabilité que l'échantillon comprenne moins de 30 % d'anglophones bilingues ?

On recherche P(P < 0,30). La figure 9.6 illustre la situation.

FIGURE 9.6

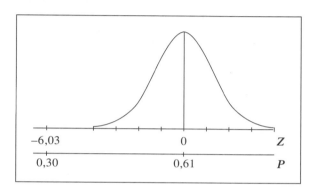

Ainsi,
$$P(P < 0,30) \approx P(Z < -6,03) = 0 \text{ ou } 0 \ \%.$$

Les chances qu'on obtienne un échantillon de 90 anglophones comprenant moins de 30 % d'anglophones bilingues sont presque nulles. Toutefois, si l'on obtenait une telle proportion, il serait légitime de douter de l'information reçue concernant la proportion des anglophones bilingues parmi les anglophones québécois.

EXERCICES

9.1 Selon Statistique Canada, dans la revue *Tendances sociales canadiennes* de l'automne 1990, en 1986, 28 % des logements coopératifs sont occupés par des mères seules[5].

En 1986, on a prélevé un échantillon aléatoire de 150 logements coopératifs, et la variable aléatoire est P = Proportion des mères seules dans l'échantillon.

a) Quelle est la moyenne de la distribution des proportions de mères seules dans les échantillons de 150 logements coopératifs ?

b) Quel est l'écart type de la distribution des proportions de mères seules dans les échantillons de 150 logements coopératifs ?

c) Est-ce que les conditions de l'approximation de la distribution de P à l'aide de la distribution normale sont remplies ?

d) Quelle est la probabilité que la proportion des mères seules, dans un échantillon de 150 logements coopératifs, se situe entre 20,81 % et 35,19 % ?

e) Quelle est la probabilité que la proportion des mères seules, dans un échantillon de 150 logements coopératifs, se situe entre 18,53 % et 37,47 % ?

f) Quelle est la probabilité que la proportion des mères seules, dans un échantillon de 150 logements coopératifs, se situe entre 13,69 % et 42,31 % ?

5. Burke, Mary Anne. « Les occupants des logements coopératifs », *Tendances sociales canadiennes*, Statistique Canada, automne 1990, p. 28.

g) On choisit un échantillon aléatoire de 150 logements coopératifs, et l'on obtient 52 % des logements occupés par des mères seules. Que peut-on dire au sujet de la probabilité d'obtenir une telle proportion ?

9.2 Selon Statistique Canada, dans la revue *Tendances sociales canadiennes* de l'automne 1991, en 1990, les catholiques représentent 45 % de la population adulte du Canada, les protestants, 30 %, et ceux qui n'ont aucune religion, 12 %[6].

En 1990, on a formé un échantillon aléatoire de 250 adultes canadiens, et l'on s'intéresse à la proportion des adultes qui n'ont aucune religion. Soit la variable aléatoire P = Proportion des adultes qui n'ont aucune religion dans l'échantillon.

a) Quelle est la moyenne de la distribution des proportions de « ceux qui n'ont aucune religion » dans les échantillons de 250 adultes canadiens ?

b) Quel est l'écart type de la distribution des proportions de « ceux qui n'ont aucune religion » dans les échantillons de 250 adultes canadiens ?

c) Est-ce que les conditions de l'approximation de la distribution de P à l'aide de la distribution normale sont remplies ?

d) Quelle est la probabilité que, dans l'échantillon, la proportion de « ceux qui n'ont aucune religion » se situe entre 6,69 % et 17,31 % ?

e) Quelle est la probabilité que, dans l'échantillon, la proportion de « ceux qui n'ont aucune religion » se situe entre 7,96 % et 16,04 % ?

f) Quelle est la probabilité que, dans l'échantillon, la proportion de « ceux qui n'ont aucune religion » se situe entre 2,87 % et 21,13 % ?

g) On a formé un échantillon aléatoire de 250 adultes canadiens et l'on obtient 30 % de « ceux qui n'ont aucune religion ». Que peut-on dire de la probabilité d'obtenir une telle proportion ?

9.3 L'Enquête sociale générale *La famille et les amis* de 1990 révèle que « la moitié des personnes en âge de procréer veulent avoir des enfants (ou en veulent d'autres), ce qui n'indique donc aucun rejet de la famille ou des enfants. Comme 86 % des personnes âgées de 15 à 24 ans souhaitent avoir des enfants, comparativement à 54 % des 25 à 34 ans, il est possible qu'un grand nombre de Canadiens ont les enfants qu'ils voulaient avoir une fois parvenus à la trentaine et n'en désirent plus d'autres. Cela peut également vouloir dire que devenus adultes, les jeunes Canadiens font face à la réalité, en termes de coûts réels et personnels, que représente le fait d'avoir des enfants[7] ».

En 1990, on a pris un échantillon aléatoire de 225 Canadiens âgés de 25 à 34 ans. On s'intéresse à la proportion des personnes, dans l'échantillon, qui désirent avoir des enfants.

a) Définissez la variable aléatoire P.

b) Quels sont les paramètres de la distribution des proportions échantillonnales de personnes qui désirent avoir des enfants, pour des échantillons de 225 Canadiens âgés de 25 à 34 ans ?

c) Est-ce que les conditions de l'approximation de la distribution de P à l'aide de la distribution normale sont remplies ?

d) Quelle est la probabilité que, dans l'échantillon, la proportion des personnes qui désirent avoir des enfants se situe entre 50 % et 60 % ?

e) Quelle est la probabilité que, dans l'échantillon, la proportion des personnes qui désirent avoir des enfants soit inférieure à 40 % ? Commentez.

6. Baril, Alain et Mori, George A. « La baisse de la pratique religieuse », *Tendances sociales canadiennes*, Statistique Canada, automne 1991, p. 22.

7. *La famille et les amis*, Enquête sociale générale, Série analytique, Ottawa, Statistique Canada, Catalogue 11-612F, n° 9, 1994, p. 43.

9.2 LA DISTRIBUTION D'UNE MOYENNE

À la section 9.1, on s'intéressait à la proportion des unités possédant une caractéristique dans une population. On va maintenant étudier une variable aléatoire X dans une population donnée. On considère la même expérience aléatoire que précédemment, c'est-à-dire qu'on prend au hasard un échantillon de taille n parmi la population étudiée. Cette fois, on définit, sur l'ensemble de tous les échantillons de taille n qu'on peut former, la variable aléatoire $\overline{X}$ = Moyenne des données de la variable aléatoire X dans l'échantillon. C'est la distribution de cette variable aléatoire $\overline{X}$ qui sera étudiée dans la présente section.

On présentera également un théorème, connu sous le nom de théorème central limite, qui permettra d'obtenir une approximation de la distribution de la variable $\overline{X}$ à l'aide d'une distribution normale. Ce théorème s'apparente au résultat de la section 9.1 qui a permis, sous certaines conditions, de faire une approximation de la distribution de la variable P à l'aide d'une distribution normale.

EXEMPLE 9.4

Les amis

Paul a 4 amis, Marie, Jacques, Anouk et Manuel, qui sont âgés respectivement de 17, de 18, de 20 et de 19 ans. Ces 4 amis constituent une population. On calcule la moyenne et l'écart type de cette population :

$\mu = 18,5$ ans ;
$\sigma = 1,1$ an (1,118).

On considère l'expérience aléatoire consistant à prélever un échantillon de taille 2 de cette population.

Combien d'échantillons différents de taille 2 peut-on constituer à partir de cette population ? On a appris qu'il était possible de calculer le nombre d'échantillons à l'aide de la formule des combinaisons.

On a une population de taille $N = 4$, et les échantillons sont de taille $n = 2$. Le nombre d'échantillons possibles est donc :

$$\binom{4}{2} = \frac{4!}{(4-2)!\,2!} = 6.$$

Quels sont ces échantillons ? Le tableau 9.2 donne les échantillons de taille 2 possibles prélevés sans remise, c'est-à-dire sans utiliser deux fois la même personne, ainsi que l'âge moyen $\overline{x}$ de l'échantillon.

TABLEAU 9.2
Échantillons de taille 2 possibles

Échantillon	Âge (années)	Âge moyen $\overline{x}$ (années)
Marie et Jacques	17 et 18	17,5
Marie et Anouk	17 et 20	18,5
Marie et Manuel	17 et 19	18
Jacques et Anouk	18 et 20	19
Jacques et Manuel	18 et 19	18,5
Anouk et Manuel	20 et 19	19,5

Les six échantillons obtenus constituent la population des échantillons de taille 2. On va maintenant calculer la moyenne et l'écart type de cette population constituée des six moyennes $\overline{x}$, d'où la notation $\mu_{\overline{x}}$ pour la moyenne des $\overline{x}$ et $\sigma_{\overline{x}}$ pour l'écart type des $\overline{x}$.

On définit une variable aléatoire sur l'ensemble de tous les échantillons de taille 2 par $\overline{X} =$ Moyenne de l'échantillon. Les différentes valeurs $\overline{x}$ de la variable $\overline{X}$ dépendent des unités statistiques dans l'échantillon.

a) La moyenne $\mu_{\bar{x}} = \dfrac{\text{Somme des moyennes}}{\text{Nombre total d'échantillons de taille 2}}$

$= \dfrac{111}{6} = 18,5 \text{ ans} = \mu$ (âge moyen des 4 amis).

D'une façon générale, $\mu_{\bar{x}} = \mu$.

b) L'écart type $\sigma_{\bar{x}} = \sqrt{\dfrac{\sum(\bar{x}-\mu_{\bar{x}})^2}{\text{Nombre total d'échantillons de taille 2}}} = 0,6455 \text{ an.}$

D'une façon générale,

$$\sigma_{\bar{x}} = \dfrac{\sigma}{\sqrt{n}} \sqrt{\dfrac{N-n}{N-1}},$$

où N est la taille de la population ;

n est la taille de l'échantillon ;

σ est l'écart type de la distribution de la variable X dans la population.

Dans le présent exemple,

$$\sigma_{\bar{x}} = \dfrac{1,118}{\sqrt{2}} \sqrt{\dfrac{4-2}{4-1}} = 0,6455 \text{ an.}$$

En résumé, quelle que soit la taille de la population et la taille de l'échantillon pour une variable X étudiée sur une population,

$$\mu_{\bar{x}} = \mu \text{ et } \sigma_{\bar{x}} = \dfrac{\sigma}{\sqrt{n}} \sqrt{\dfrac{N-n}{N-1}}.$$

Notes : – Les variables aléatoires X et $\overline{X}$ ont la même moyenne, mais elles n'ont pas la même dispersion.

– Puisque σ est divisé par $\sqrt{n}$, la valeur de $\sigma_{\bar{x}}$ diminue au fur et à mesure que la taille de l'échantillon augmente. On peut donc dire que la dispersion de la variable aléatoire $\overline{X}$ autour de μ diminue lorsque la taille de l'échantillon augmente.

– Lorsque la taille de l'échantillon est égale à la taille de la population, c'est-à-dire lorsque $n = N$, l'échantillon est constitué de toutes les unités de la population. Il y a donc un seul échantillon possible et une seule valeur $\bar{x}$ pour la variable $\overline{X}$; cette valeur est μ. Dans ce cas, la variable aléatoire $\overline{X}$ n'a pas de dispersion, ce qui se caractérise par un écart type de 0. On obtient ce résultat en posant $n = N$ dans la formule de $\sigma_{\bar{x}}$:

$$\sigma_{\bar{x}} = \dfrac{\sigma}{\sqrt{N}} \sqrt{\dfrac{N-N}{N-1}} = \dfrac{\sigma}{\sqrt{N}} \cdot 0 = 0.$$

La différence entre les deux variables aléatoires X et $\overline{X}$ réside dans le nombre d'unités statistiques considérées. Avec la variable aléatoire X, on considère les unités une à la fois. Par exemple, on peut rechercher la probabilité de choisir au hasard un ami âgé de 18 ans. Tandis qu'avec la variable aléatoire $\overline{X}$, on considère les unités par groupe de n. Par exemple, on peut rechercher la probabilité de choisir au hasard un groupe de 2 amis dont l'âge moyen est de 18 ans. La variable aléatoire X porte sur la valeur d'une unité, tandis que la variable aléatoire $\overline{X}$ porte sur la valeur moyenne de n unités.

EXEMPLE 9.5

Le facteur de correction pour une population finie

Le terme $\sqrt{\dfrac{N-n}{N-1}}$ dans la formule de $\sigma_{\bar{x}}$ est appelé facteur de correction pour une population finie.

Prenons le cas d'une population dont la taille est de 3 000 000, et dont l'échantillon est de taille 1 000.

Que vaut le facteur $\sqrt{\dfrac{N-n}{N-1}}$?

$$\sqrt{\frac{N-n}{N-1}} = \sqrt{\frac{3\ 000\ 000 - 1\ 000}{3\ 000\ 000 - 1}} = 0,99983 \approx 1.$$

De façon générale, plus la taille de la population est grande par rapport à la taille de l'échantillon, plus la valeur de $\sqrt{\dfrac{N-n}{N-1}}$ se rapproche de 1.

Puisque le facteur de correction se rapproche de 1 lorsque la taille de l'échantillon est petite comparativement à la taille de la population, par convention, il a été décidé de remplacer $\sqrt{\dfrac{N-n}{N-1}}$ par 1 lorsque le taux de sondage, obtenu par l'équation

$$\frac{n}{N} = \frac{\text{Nombre d'unités statistiques dans l'échantillon}}{\text{Nombre d'unités statistiques dans la population}},$$

ne dépasse pas 0,05.

L'écart type pour la variable $\overline{X}$ devient :

$$\sigma_{\bar{x}} = \frac{\sigma}{\sqrt{n}} \sqrt{\frac{N-n}{N-1}} \approx \frac{\sigma}{\sqrt{n}} \cdot 1 = \frac{\sigma}{\sqrt{n}}.$$

Donc, il faut toujours vérifier le taux de sondage.

Note : On peut toujours utiliser le facteur de correction lorsque le taux de sondage est inférieur à 0,05, mais presque personne ne le fait dans ce cas.

Le facteur $\sqrt{\dfrac{N-n}{N-1}}$ s'appelle **facteur de correction pour une population finie**, car on considère la taille de la population comme infinie (par rapport à la taille de l'échantillon) lorsque le taux de sondage $\dfrac{n}{N} \leq 0,05$.

On peut alors construire le tableau 9.3.

TABLEAU 9.3
Paramètres $\mu_{\bar{x}}$ et $\sigma_{\bar{x}}$

Paramètres	Taux de sondage	
	$\dfrac{n}{N} \leq 0,05$	$\dfrac{n}{N} > 0,05$
$\mu_{\bar{x}}$	μ	μ
$\sigma_{\bar{x}}$	$\dfrac{\sigma}{\sqrt{n}}$	$\dfrac{\sigma}{\sqrt{n}} \sqrt{\dfrac{N-n}{N-1}}$

Les mêmes conditions s'appliquent à la distribution des proportions vues à la section 9.1, comme le montre le tableau 9.4.

TABLEAU 9.4
Paramètres μ_p et σ_p

Paramètres	Taux de sondage	
	$\dfrac{n}{N} \leq 0,05$	$\dfrac{n}{N} > 0,05$
μ_p	π	π
σ_p	$\sqrt{\dfrac{\pi \cdot (1-\pi)}{n}}$	$\sqrt{\dfrac{\pi \cdot (1-\pi)}{n}} \sqrt{\dfrac{N-n}{N-1}}$

Note : À l'exemple 9.1, on avait un cas où le taux de sondage était inférieur ou égal à 0,05 ou 5 %.

Les variables X et $\overline{X}$ ont chacune leurs paramètres.

La variable X

La variable X s'applique à une unité à la fois.

L'espace échantillonnal

Les N unités qui constituent la population étudiée (figure 9.7 a).

FIGURE 9.7a
Population

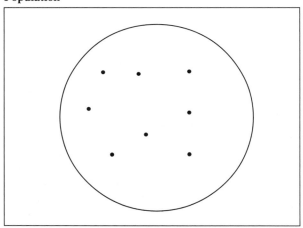

La variable $\overline{X}$

La variable $\overline{X}$ s'applique à n unités à la fois (un échantillon).

L'espace échantillonnal

Les $\dbinom{N}{n}$ échantillons possibles de taille n (figure 9.7 b).

FIGURE 9.7b
Tous les échantillons de taille n

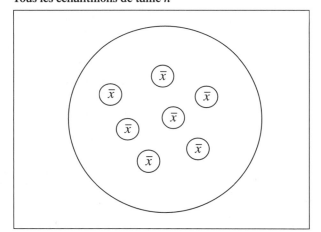

La moyenne

μ, la moyenne de la distribution des N données.

L'écart type

σ, l'écart type de la distribution des N données.

La moyenne

$\mu_{\overline{x}} = \mu$, la moyenne de la distribution des $\dbinom{N}{n}$ valeurs $\overline{x}$.

L'écart type

$\sigma_{\overline{x}} = \dfrac{\sigma}{\sqrt{n}} \sqrt{\dfrac{N-n}{N-1}}$, l'écart type de la distribution des $\dbinom{N}{n}$ valeurs $\overline{x}$.

EXEMPLE 9.6   **Les joueurs de hockey pee-wee**

On suppose que le temps pris par les jeunes joueurs de hockey de niveau pee-wee au Québec pour exécuter un exercice de patinage particulier suit une distribution normale dont la moyenne est de 7 minutes et l'écart type est de 3 minutes.

On a choisi au hasard 30 jeunes joueurs de hockey parmi tous les jeunes joueurs de niveau pee-wee de la province pour les inviter à exécuter un exercice de patinage particulier, puis on a considéré le temps moyen pris par les 30 joueurs pour effectuer l'exercice.

Expérience aléatoire	Choisir au hasard 30 joueurs de niveau pee-wee
Espace échantillonnal	Tous les échantillons de 30 joueurs de niveau pee-wee de la province
Variable aléatoire $\overline{X}$	Si la variable aléatoire X = « Temps pris par un jeune joueur de hockey de niveau pee-wee du Québec pour faire un exercice de patinage particulier », alors la variable aléatoire $\overline{X}$ = « Temps moyen pris par les 30 jeunes joueurs de hockey de niveau pee-wee du Québec dans un échantillon de taille 30 prélevé à partir de cette population ».

Déterminons les paramètres de la distribution des moyennes des échantillons de 30 jeunes joueurs, les paramètres de $\overline{X}$, c'est-à-dire $\mu_{\overline{x}}$ et $\sigma_{\overline{x}}$.

Le premier élément qu'il faut vérifier est le taux de sondage, afin de décider si l'on doit utiliser le facteur de correction d'une population finie. Soit N la taille de la population des jeunes joueurs de hockey de niveau pee-wee au Québec.

Dans ce cas-ci, $n = 30$. Il faudrait qu'il y ait moins de 600 joueurs de niveau pee-wee au Québec (c'est-à-dire $N < 600$) pour que le taux de sondage $\frac{30}{N}$ soit supérieur à 0,05. Il y a beaucoup plus de 600 joueurs de niveau pee-wee au Québec ; il suffit de considérer le nombre de municipalités au Québec et le nombre de joueurs de hockey de niveau pee-wee dans chacune de ces municipalités. Ainsi, on n'utilisera pas le facteur de correction.

Note : En général, lorsque la taille de la population n'est pas mentionnée, c'est qu'elle est jugée suffisamment grande. Il faut alors considérer le taux de sondage comme n'étant pas supérieur à 0,05.

Ainsi,
$$\mu_{\overline{x}} = \mu = 7 \text{ minutes};$$
$$\sigma_{\overline{x}} = \frac{\sigma}{\sqrt{n}} = \frac{3}{\sqrt{30}} = 0,55 \text{ minute.}$$

Cela signifie que la valeur moyenne $\mu_{\overline{x}}$ de tous les temps moyens $\overline{x}$ qu'on peut obtenir à partir de tous les échantillons possibles de 30 joueurs de niveau pee-wee du Québec est de 7 minutes, et que la dispersion des valeurs $\bar{x}$ autour de la moyenne de 7 minutes a un écart type $\sigma_{\bar{x}}$ de 0,55 minute.

Connaissant la moyenne et l'écart type de la distribution d'échantillonnage des moyennes des échantillons de taille 30, on s'intéressera maintenant au modèle de la distribution des $\bar{x}$.

De façon générale, dans le cas d'une variable aléatoire *X* obéissant à une distribution normale, la variable aléatoire $\overline{X}$ obéit aussi à une distribution normale.

Ainsi, si l'on considère que le temps d'exécution *X* obéit à une distribution $N(\mu \; ; \sigma^2)$, alors la variable aléatoire $\overline{X}$ obéit à une distribution $N(\mu_{\bar{x}} \; ; \sigma_{\bar{x}}^2)$. Dans cet exemple, la variable $\overline{X}$ obéit donc à une distribution $N(7 \; ; 0,55^2)$.

Il est maintenant facile d'évaluer une probabilité concernant le temps moyen d'un échantillon. On peut conclure que la distribution des moyennes obéit à une distribution $N(7 \; ; 0,55^2)$.

$$\frac{\overline{X} - \mu}{\sigma_{\bar{x}}} = Z \text{ obéit à une distribution } N(0 \; ; 1).$$

a) Quelle est la probabilité que le temps moyen pris par 30 jeunes joueurs choisis au hasard soit inférieur à 5 minutes ?

On recherche :

$$P(\overline{X} < 5) = P\left(Z < \frac{5-7}{0,55}\right) = P(Z < -3,64).$$

La figure 9.8 illustre la situation.

FIGURE 9.8

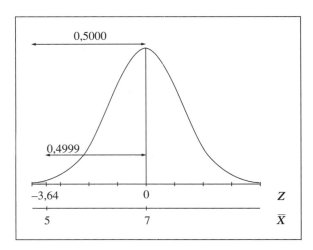

Ainsi,

$$P(\overline{X} < 5) = 0,5 - 0,4999 = 0,0001 \text{ ou } 0,01\%.$$

Il n'y a pour ainsi dire aucune chance que cela se produise. En effet, très peu d'échantillons de taille 30 ont un temps moyen inférieur à 5 minutes.

b) Quelle est la probabilité que le temps moyen pris par 30 jeunes joueurs choisis au hasard se situe entre 5,92 et 8,08 minutes ?

On recherche :

$$P(5,92 < \overline{X} < 8,08) = P\left(\frac{5,92 - 7}{0,55} < Z < \frac{8,08 - 7}{0,55}\right)$$

$$= P(-1,96 < Z < 1,96).$$

La figure 9.9 illustre la situation.

FIGURE 9.9

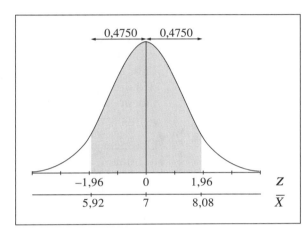

Ainsi,

$$P(5,92 < \overline{X} < 8,08) = 0,4750 + 0,4750 = 0,9500 \text{ ou } 95\%.$$

Cela signifie qu'environ 95 % des échantillons de taille 30 ont un temps moyen qui se situe entre 5,92 et 8,08 minutes. Cela veut aussi dire que pour environ 95 % des échantillons de 30 joueurs, le temps moyen $\overline{x}$ dans l'échantillon est à au plus 1,08 minute du temps moyen de l'ensemble de tous les jeunes joueurs, soit $\mu = 7$ minutes.

c) Quelle est la probabilité que le temps moyen pris par 30 jeunes joueurs choisis au hasard se situe entre 5,58 et 8,42 minutes ?

On recherche :

$$P(5,58 < \overline{X} < 8,42) = P(-2,58 < Z < 2,58).$$

La figure 9.10 illustre la situation.

FIGURE 9.10

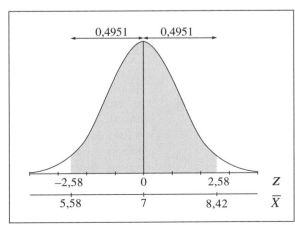

Ainsi,

$$P(5,58 < \overline{X} < 8,42) = 0,4951 + 0,4951 = 0,9902 \text{ ou } 99,02\,\%.$$

Cela signifie qu'environ 99,02 % des échantillons de 30 joueurs ont un temps moyen qui se situe entre 5,58 et 8,42 minutes. Cela veut aussi dire que, pour environ 99,02 % des échantillons de 30 joueurs, le temps moyen $\overline{x}$ dans l'échantillon est à au plus 1,42 minute du temps moyen de l'ensemble de tous les jeunes joueurs, soit $\mu = 7$ minutes.

Dans l'exemple 9.6, on a supposé que la distribution de la variable aléatoire X « Temps pris par un jeune joueur de hockey de niveau pee-wee du Québec pour faire un exercice de patinage », suivait une distribution normale, d'où l'on a pu déduire que la variable aléatoire $\overline{X}$ = « Temps moyen pris par les 30 jeunes joueurs de hockey de niveau pee-wee du Québec pour faire un exercice de patinage », suivait également une distribution normale.

Que peut-on faire lorsqu'on ignore si la variable X suit ou non une distribution normale ?

Bien qu'on doive à de Moivre l'approximation de la distribution binomiale à l'aide de la distribution normale, c'est à de Laplace (1810), Lindeberg (1922) et Feller (1935) qu'on doit la généralisation du théorème de Moivre, qui porte le nom de **théorème central limite**. Ce dernier s'énonce comme suit :

Quelle que soit la distribution d'une variable aléatoire X, la distribution de $\overline{X}$ tend vers une distribution normale au fur et à mesure que la taille de l'échantillon augmente.

L'approximation est jugée acceptable lorsque la taille de l'échantillon est d'au moins 30.

Pour s'en convaincre, on a tiré 500 échantillons de trois populations ayant des distributions différentes : une distribution normale, une distribution uniforme et une distribution exponentielle. (À noter que ce ne sont pas les seules distributions possibles.) Dans une distribution uniforme, toutes les valeurs de la variable ont la même probabilité. Dans la distribution exponentielle, la probabilité diminue lorsque la valeur de la variable augmente.

Pour chacune de ces variables, on a tiré 500 échantillons de la population. On a prélevé des échantillons de taille 2, de taille 10 et de taille 30, et l'on a tracé l'histogramme de la distribution des moyennes échantillonnales sous la distribution de la variable correspondante. De plus, on a tracé la courbe normale pour chacune des distributions afin de montrer la précision de l'approximation.

On remarque que la distribution de la variable aléatoire $\overline{X}$ est près de la courbe normale lorsque $n = 30$, et ce même si l'on a seulement 500 échantillons, ce qui est loin de représenter une infinité d'échantillons. (Pour connaître l'ordre de grandeur du nombre d'échantillons qu'il est possible de prélever à partir d'une population, on peut se référer au chapitre 7.) À remarquer aussi que la dispersion des valeurs de la variable aléatoire $\overline{X}$ diminue au fur et à mesure que la taille de l'échantillon augmente. La figure 9.11 montre les différentes distributions pour chacune des tailles.

FIGURE 9.11
Distribution
de 500 moyennes $\bar{x}$
provenant d'échantillons
de taille 2, 10 et 500

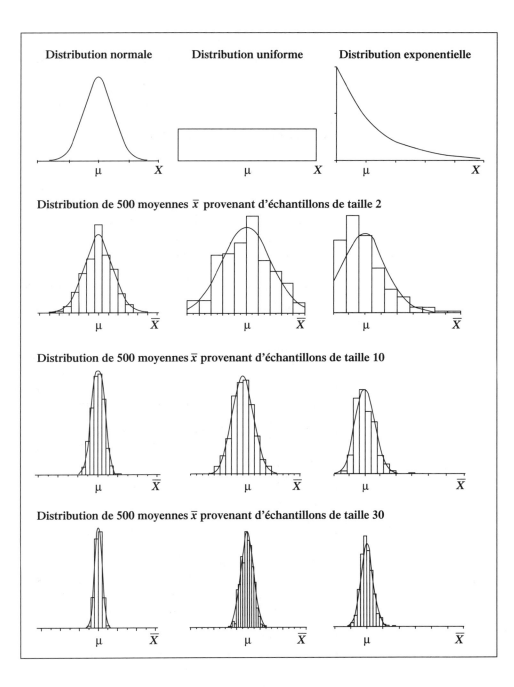

EXEMPLE 9.7

Le permis de conduire

D'après les données fournies par la Régie de l'assurance automobile du Québec, en 1987, l'âge moyen des personnes détenant un permis de conduire est de 39,7 ans, avec un écart type de 14,5 ans.

On suppose qu'une compagnie d'assurance a entrepris un sondage auprès de 1 000 personnes choisies au hasard parmi les 3 850 000 personnes détenant un permis de conduire au Québec. La compagnie s'intéresse à l'âge moyen des détenteurs de permis de conduire du Québec.

Expérience aléatoire	Choisir au hasard 1 000 personnes détenant un permis de conduire du Québec
Espace échantillonnal	L'ensemble de tous les échantillons de 1 000 personnes détenant un permis de conduire du Québec
Variable aléatoire $\overline{X}$	Si la variable aléatoire X = « Âge d'une personne détenant un permis de conduire du Québec », alors la variable aléatoire $\overline{X}$ = « Âge moyen de 1 000 personnes choisies au hasard parmi celles qui détiennent un permis de conduire du Québec ».

a) **Quelle est la probabilité que l'âge moyen de 1 000 personnes choisies au hasard parmi celles qui détiennent un permis de conduire du Québec soit inférieur à 39 ans ?**

On recherche $P(\overline{X} < 39)$.

Est-ce que la variable aléatoire $\overline{X}$ obéit à une distribution normale ? Pour que ce soit le cas, il faudrait que la variable aléatoire X = « Âge d'une personne détenant un permis de conduire du Québec », obéisse à une loi normale, ce qui n'est pas précisé.

Puisque la taille de l'échantillon est de $1\,000 \geq 30$, grâce au théorème central limite, on peut utiliser l'approximation par la distribution normale pour étudier la distribution de la variable aléatoire $\overline{X}$.

Les paramètres de la distribution de la variable aléatoire $\overline{X}$ sont :

$$\mu_{\overline{x}} = \mu = 39,7 \text{ ans.}$$

Avant de calculer la valeur de l'écart type, il faut vérifier le taux de sondage :

$$\frac{n}{N} = \frac{1\,000}{3\,850\,000} = 0,00026 \leq 0,05.$$

Par conséquent, il n'est pas nécessaire d'utiliser le facteur de correction.

Donc,

$$\sigma_{\overline{x}} = \frac{\sigma}{\sqrt{n}} = \frac{14,5}{\sqrt{1\,000}} = 0,46 \text{ an.}$$

Ainsi, pour déterminer la probabilité que l'âge moyen des personnes dans l'échantillon soit inférieur à 39 ans, on procède de la manière décrite ci-après.

On recherche :

$$P(\overline{X} < 39) \approx P\left(Z < \frac{39 - 39,7}{0,46}\right) = P(Z < -1,52).$$

La figure 9.12 illustre la situation.

FIGURE 9.12

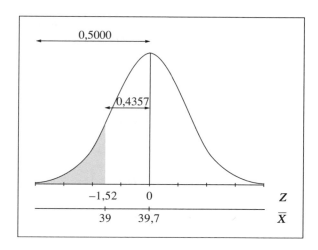

Ainsi,

   P($\overline{X}$ < 39) ≈ 0,5 − 0,4357 = 0,0643 ou 6,43 %.

Cela signifie qu'environ 6,43 % des échantillons de 1 000 personnes détenant un permis de conduire du Québec ont un âge moyen inférieur à 39 ans.

b)   Quelle est la probabilité que l'échantillon de 1 000 personnes choisies au hasard parmi celles qui détiennent un permis de conduire du Québec soit constitué de personnes dont l'âge moyen se situe entre 38,3 et 41,1 ans ?

On recherche :

$$P(38,3 < \overline{X} < 41,1) \approx P\left(\frac{38,3 - 39,7}{0,46} < Z < \frac{41,1 - 39,7}{0,46} \right)$$
$$= P(-3,04 < Z < 3,04).$$

La figure 9.13 illustre la situation.

FIGURE 9.13

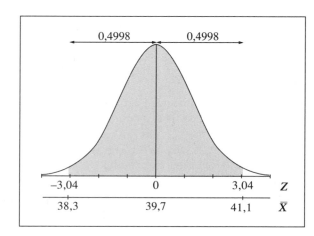

Ainsi,

   P(38,3 < $\overline{X}$ < 41,1) ≈ 0,4988 + 0,4988 = 0,9976 ou 99,76 %.

Cela signifie qu'environ 99,76 % des échantillons composés de 1 000 personnes détenant un permis de conduire du Québec ont un âge moyen qui se situe entre

38,3 et 41,1 ans. Cela veut aussi dire que, pour environ 99,76 % des échantillons de 1 000 détenteurs d'un permis de conduire du Québec, l'âge moyen $\bar{x}$ dans l'échantillon est à au plus 1,4 an de l'âge moyen de l'ensemble de tous les détenteurs d'un permis de conduire du Québec, soit μ = 39,7 ans.

c) On suppose que l'âge moyen d'un échantillon de 1 000 personnes détenant un permis de conduire du Québec choisies au hasard est de 42 ans. Est-ce possible ?

Si la Régie de l'assurance automobile du Québec a raison, on joue de malchance, puisqu'on n'avait presque aucune chance d'obtenir un tel échantillon. En effet,

$$P(\bar{X} \geq 42) \approx P(Z \geq 5) = 0.$$

Par contre, si l'on a fait l'échantillonnage dans le but de vérifier l'affirmation de la Régie de l'assurance automobile du Québec, on pourrait sans doute la contester, car on a obtenu un âge moyen nettement au-dessus de tout ce qui était possible selon la Régie.

EXERCICES

9.4 Selon le Bureau de la statistique du Québec, en 1986, les Québécoises décédaient en moyenne à l'âge de 72,5 ans, avec un écart type de 17,8 ans[8].

Un actuaire a choisi au hasard 1 056 Québécoises parmi les quelque 40 000 Québécoises décédées en 1986.

a) Quels sont les paramètres de la distribution d'échantillonnage de l'âge moyen des Québécoises à leur décès, pour les échantillons de 1 056 Québécoises ?

b) Quel est le modèle de distribution de l'âge moyen des Québécoises à leur décès, pour les échantillons de 1 056 Québécoises ?

c) Quelle est la probabilité que l'âge moyen des Québécoises à leur décès, dans l'échantillon, soit inférieur à 72 ans ?

d) Quelle est la probabilité que l'âge moyen des Québécoises à leur décès, dans l'échantillon, soit inférieur à 74 ans ?

e) Quelle est la probabilité que l'âge moyen des Québécoises à leur décès, dans l'échantillon, se situe entre 72 et 73 ans ?

f) Quelle est la probabilité que l'âge moyen des Québécoises à leur décès, dans l'échantillon, se situe entre 71,5 et 73,5 ans ?

g) Quelle est la probabilité que l'âge moyen des Québécoises à leur décès, dans l'échantillon, se situe entre 70 et 75 ans ?

h) Si l'âge moyen des 1 056 Québécoises à leur décès, est de 77 ans, que peut conclure la compagnie d'assurance ?

9.5 Selon le Bureau de la statistique du Québec, en 1985, l'âge moyen des hommes au moment d'un divorce est de 39,3 ans, avec un écart type de 9,8 ans[9].

Une firme de sondage veut effectuer un sondage aléatoire auprès de 1 200 hommes parmi les 15 800 divorcés au Québec.

a) Quels sont les paramètres de la distribution d'échantillonnage de l'âge moyen au moment du divorce pour les échantillons de 1 200 divorcés ?

b) Quel est le modèle de distribution de l'âge moyen des hommes au moment du divorce pour les échantillons de 1 200 divorcés ?

c) Quelle est la probabilité que l'âge moyen des hommes au moment du divorce, dans l'échantillon, soit supérieur à 39 ans ?

d) Quelle est la probabilité que l'âge moyen des hommes au moment du divorce, dans l'échantillon, soit supérieur à 41 ans ?

---

8. *Le Québec statistique,* 59e édition, Québec, Les Publications du Québec, 1989, p. 309.

9. *Ibid.* 1989, p. 315.

e) Quelle est la probabilité que l'âge moyen des hommes au moment du divorce, dans l'échantillon, se situe entre 38,8 et 39,8 ans ?

f) Quelle est la probabilité que l'âge moyen des hommes au moment du divorce, dans l'échantillon, se situe entre 38,3 et 40,3 ans ?

g) Quelle est la probabilité que l'âge moyen des hommes au moment du divorce, dans l'échantillon, se situe entre 41 et 42 ans ?

h) Au moment du divorce des 1 200 hommes, si l'âge moyen des hommes est de 41,5 ans, que peut-on conclure ?

9.6 Selon le Bureau de la statistique du Québec, le nombre moyen de personnes dans les ménages québécois en 1986 est de 2,7 personnes, avec un écart type de 1,4 personne[10].

On veut effectuer un sondage aléatoire auprès de 784 ménages parmi les 2 360 000 ménages québécois.

a) Quels sont les paramètres de la distribution d'échantillonnage du nombre moyen de personnes dans les ménages pour les échantillons de 784 ménages ?

b) Quel est le modèle de distribution du nombre moyen de personnes dans les ménages pour les échantillons de 784 ménages ?

c) Quelle est la probabilité que le nombre moyen de personnes dans les ménages de l'échantillon soit supérieur à 3 personnes ?

d) Quelle est la probabilité que le nombre moyen de personnes dans les ménages de l'échantillon soit supérieur à 2,6 personnes ?

e) Quelle est la probabilité que le nombre moyen de personnes dans les ménages de l'échantillon se situe entre 2,6 et 2,8 personnes ?

f) Quelle est la probabilité que le nombre moyen de personnes dans les ménages de l'échantillon se situe entre 2,5 et 2,9 personnes ?

g) Quelle est la probabilité que le nombre moyen de personnes dans les ménages de l'échantillon soit supérieur à 2,7 personnes ?

h) Si le nombre moyen de personnes dans les ménages de l'échantillon est de 2,66 personnes, que peut-on conclure ?

9.7 Selon le Bureau de la statistique du Québec, le revenu moyen des unités familiales québécoises était, en 1986, de 28 900 $, avec un écart type de 20 300 $[11].

On suppose que ces données s'appliquent encore aujourd'hui et qu'il faut effectuer un sondage aléatoire auprès de 841 unités familiales choisies de façon aléatoire parmi les 2 800 000 unités familiales québécoises.

a) Quels sont les paramètres de la distribution d'échantillonnage du revenu moyen pour les échantillons de 841 unités familiales ?

b) Quel est le modèle de distribution du revenu moyen pour les échantillons de 841 unités familiales ?

c) Quelle est la probabilité que le revenu moyen des unités familiales de l'échantillon soit inférieur à 28 000 $?

d) Quelle est la probabilité que le revenu moyen des unités familiales de l'échantillon soit inférieur à 29 600 $?

e) Quelle est la probabilité que le revenu moyen des unités familiales de l'échantillon se situe entre 27 528 $ et 30 272 $?

f) Quelle est la probabilité que le revenu moyen des unités familiales de l'échantillon se situe entre 27 094 $ et 30 706 $?

g) Quelle est la probabilité que le revenu moyen des unités familiales de l'échantillon se situe entre 26 100 $ et 31 700 $?

h) Si le revenu moyen des unités familiales de l'échantillon est de 33 000 $, que peut-on conclure ?

---

10. *Portrait social du Québec*, Statistiques sociales, Québec, Les Publications du Québec, 1992, p. 48.

11. *Le Québec statistique*, 59e édition, Québec, Les Publications du Québec, 1989, p. 369.

RÉCAPITULATION

La distribution des moyennes $\bar{x}$

Paramètres	Taux de sondage	
	$\dfrac{n}{N} \leq 0,05$	$\dfrac{n}{N} > 0,05$
$\mu_{\bar{x}}$	μ	μ
$\sigma_{\bar{x}}$	$\dfrac{\sigma}{\sqrt{n}}$	$\dfrac{\sigma}{\sqrt{n}} \sqrt{\dfrac{N-n}{N-1}}$

- Si la variable aléatoire X obéit à une loi normale et que σ est connu, alors la variable aléatoire $\overline{X}$ obéit à une loi normale, peu importe la taille de l'échantillon.
- Si la distribution de la variable aléatoire X est inconnue, alors la variable aléatoire $\overline{X}$ obéit approximativement à une loi normale lorsque $n \geq 30$.

Note : Ne pas oublier de toujours vérifier le taux de sondage.

La distribution des proportions p

Paramètres	Taux de sondage	
	$\dfrac{n}{N} \leq 0,05$	$\dfrac{n}{N} > 0,05$
μ_p	π	π
σ_p	$\sqrt{\dfrac{\pi \cdot (1-\pi)}{n}}$	$\sqrt{\dfrac{\pi \cdot (1-\pi)}{n}} \sqrt{\dfrac{N-n}{N-1}}$

La distribution des proportions p est approximativement normale lorsque les trois conditions suivantes sont remplies :

1) $n \geq 30$.

2) $n \cdot \pi \geq 5$.

3) $n \cdot (1 - \pi) \geq 5$.

Note : Ne pas oublier de toujours vérifier le taux de sondage.

PARTIE III

L'INFÉRENCE STATISTIQUE

CHAPITRE 10   L'estimation

CHAPITRE 11   Les tests d'hypothèses

CHAPITRE 12   L'association de deux variables

CHAPITRE 13   Le test d'ajustement

CHAPITRE 14   Les séries chronologiques

Sir Ronald Aylmer Fisher (1890-1962), généticien et statisticien anglais. Il élabora des méthodes d'analyse statistique pour les petits échantillons. Il trouva la distribution précise pour plusieurs statistiques échantillonnales. Il inventa la théorie de l'analyse de la variance. C'est lui qui a introduit la notion de vraisemblance maximale dans la théorie de l'estimation. On considère qu'il est un des fondateurs des statistiques modernes[1].

1. L'illustration est extraite de Fisher Box, Joan. *R.A. Fisher : The Life of a Scientist*, New York, John Wiley & Sons, 1978, p. 258.

Dans ce chapitre, il sera question d'estimation de paramètres d'une variable étudiée dans une population, soit la moyenne μ et la proportion π. De plus, l'estimation de la variance σ^2 sera abordée de manière succincte.

L'étude de la précision d'une estimation fera également l'objet de ce chapitre. Afin de mieux situer cette notion, prenons l'exemple des périodes précédant d'importantes élections. Le public est alors submergé de sondages qui estiment le pourcentage des votes que recevra chacun des partis politiques en lice. À chacune de ces estimations est associée une marge d'erreur. Lorsqu'une firme de sondage publie des résultats, elle est obligée d'y joindre la méthodologie utilisée. Celle-ci comprend notamment la méthode d'échantillonnage et la précision des résultats publiés.

10.1 LES ESTIMATEURS

La variable aléatoire $\overline{X}$ sert d'estimateur pour la moyenne μ de la variable X étudiée dans la population ; chacune des valeurs $\overline{x}$ de $\overline{X}$ est une estimation de μ. De même, la variable aléatoire P sert d'estimateur pour la proportion π de la caractéristique étudiée dans la population ; chacune des valeurs p de P est une estimation de π. Les estimateurs $\overline{X}$ et P ont les caractéristiques suivantes :

— Il s'agit d'estimateurs sans biais. Cela veut dire que la moyenne de l'estimateur est égale au paramètre dans la population :

- $\overline{X}$ est un estimateur sans biais pour μ, puisque $\mu_{\overline{x}} = \mu$;
- P est un estimateur sans biais pour π, puisque $\mu_p = \pi$;
- S^2 est un estimateur sans biais pour σ^2. Cette condition est remplie en utilisant $n - 1$ au dénominateur de S^2, sinon il s'agirait d'un estimateur biaisé. C'est la raison pour laquelle l'écart type s était calculé de cette façon.

Ainsi, en recherchant la moyenne de la variable $\overline{X}$, on recherche en même temps la moyenne de la variable X. Cependant, la dispersion de la variable $\overline{X}$ est moindre que celle de la variable X, c'est-à-dire que les valeurs des moyennes échantillonnales $\overline{x}$ de la variable $\overline{X}$ sont plus près de la moyenne μ que les valeurs individuelles x de la variable X.

Il en est de même pour la variable P : rechercher la moyenne de la variable P correspond à rechercher la valeur de π.

— Ces estimateurs sont convergents. En effet, lorsque la taille de l'échantillon augmente, la dispersion des valeurs possibles pour l'estimateur diminue de plus en plus. L'écart type tend vers 0 quand la taille de l'échantillon tend vers la taille de la population. Au chapitre 9, on a vu que c'était vrai pour la moyenne et la proportion. En ce qui concerne la variance, la situation est un peu plus complexe. Toutefois, R.A. Fisher, en 1932, a démontré aussi que S^2 converge vers σ^2.

— Ces estimateurs sont efficaces. Cela veut dire que l'estimateur non biaisé, pour une taille d'échantillon donnée, doit avoir la plus petite variance si on le compare à d'autres estimateurs non biaisés. Grâce à la théorie de l'inégalité de H. Cramer (1946) et aux travaux de C.R. Rao (1945), on sait que $\overline{X}$ et P sont les estimateurs efficaces pour μ et π.

10.2   L'ESTIMATION D'UNE MOYENNE

10.2.1   L'estimation ponctuelle

Puisque $\overline{X}$ est un estimateur de μ, la moyenne $\overline{x}$ obtenue dans l'échantillon est une estimation de la moyenne μ dans la population. Cette façon de procéder consiste à estimer **une** valeur, celle de μ, par **une autre** valeur, celle de $\overline{x}$ obtenue dans l'échantillon ; on dit alors qu'il s'agit d'une estimation ponctuelle de la moyenne μ. Cette estimation ponctuelle donne l'ordre de grandeur de la moyenne μ. De même, l'écart type s obtenu dans l'échantillon est une estimation ponctuelle de l'écart type σ dans la population.

EXEMPLE   10.1

Le « 100 mètres dos » chez les femmes

Au cours d'une compétition de natation, en octobre 1995, au Centre Claude-Robillard, 85 personnes de sexe féminin, dont l'âge variait de 15 à 23 ans, ont participé au « 100 mètres dos ». Soit la variable X = Le temps pris par la nageuse. Un échantillon aléatoire de 30 de ces jeunes femmes a donné un temps moyen de 1,280 minute avec un écart type de 0,118 minute[2].

Expérience aléatoire	Choisir au hasard 30 nageuses
Espace échantillonnal	Tous les échantillons de 30 nageuses
Variable aléatoire	$\overline{X}$ = Temps moyen pris par 30 nageuses pour faire le « 100 mètres dos »

Dans l'échantillon de 30 nageuses, la moyenne et l'écart type sont :

$\overline{x} = 1{,}280$ minute ;
$s = 0{,}118$ minute.

L'estimation ponctuelle du temps moyen μ pris par les 85 nageuses de cette compétition pour le « 100 mètres dos » est de 1,280 minute, et l'estimation ponctuelle pour l'écart type σ de la distribution des temps pour les 85 nageuses de cette compétition est de 0,118 minute.

---

2. *Invitation provinciale A-AA-AAA, 28 et 29 octobre 1995*, Montréal, Centre Claude-Robillard, Résultats, 1995, p. 47.

EXEMPLE 10.2

Les pneus Burnstone

On a effectué des tests sur 72 pneus, pris au hasard, de la compagnie Burnstone. L'étude portait sur la durée de vie des pneus.

Expérience aléatoire	Prendre au hasard 72 pneus
Espace échantillonnal	Tous les échantillons de 72 pneus
Variable aléatoire	$\overline{X}$ = Durée de vie moyenne des 72 pneus

Le tableau 10.1 donne la distribution de la variable X = Durée de vie du pneu, dans un échantillon particulier.

TABLEAU 10.1
Répartition des pneus
en fonction
de leur durée de vie

Durée de vie (milliers de kilomètres)	Milieu m_i	Nombre de pneus n_i
[0 ; 10[	5	8
[10 ; 20[	15	11
[20 ; 30[	25	7
[30 ; 40[	35	14
[40 ; 50[	45	10
[50 ; 60[	55	16
[60 ; 70[	65	6
Total		72

Les estimations ponctuelles pour la durée de vie moyenne μ de tous les pneus et pour l'écart type σ de la distribution concernant la durée de vie de tous les pneus produits par cette compagnie sont :

$\overline{x}$ = 35 972 kilomètres ;
s = 18 777 kilomètres.

EXERCICES

10.1 Dans une étude portant sur le nombre d'heures que consacrent les Canadiens à un travail rémunéré, on a choisi au hasard 674 Canadiens. Les 674 personnes de l'échantillon consacrent en moyenne 6,7 heures par jour à un travail rémunéré, avec un écart type de 0,8 heure[3].

a) Quelle estimation ponctuelle pouvez-vous faire du nombre moyen d'heures par jour que consacrent les Canadiens à un travail rémunéré ?

b) Quelle estimation ponctuelle pouvez-vous faire de l'écart type de la distribution du nombre d'heures par jour que consacrent les Canadiens à un travail rémunéré ?

10.2 Dans une étude portant sur les activités personnelles des Canadiens, on a choisi un échantillon aléatoire de 786 Canadiens. Le nombre d'heures consacrées à des activités personnelles était en moyenne de 9,9 heures par jour, avec un écart type de 1,3 heure.

---
3. Devereaux, Mary Sue. « L'emploi du temps des Canadiens en 1992 », *Tendances sociales canadiennes*, Statistique Canada, automne 1993, p. 14.

a) Quelle estimation ponctuelle pouvez-vous faire du nombre moyen d'heures par jour que consacrent les Canadiens à des activités personnelles ?

b) Quelle estimation ponctuelle pouvez-vous faire de l'écart type de la distribution du nombre d'heures par jour que consacrent les Canadiens à des activités personnelles ?

10.3 Dans le cadre d'une étude sur la situation économique des élèves de niveau collégial de son collège, M. Pagé a interrogé 16 élèves choisis au hasard parmi ceux qui avaient un emploi rémunéré durant la session. L'une des questions portait sur leur revenu (bourse, emploi rémunéré, allocation des parents, etc.) pour les 12 derniers mois. Voici les réponses obtenues (en dollars) :

2 800	4 200	1 700	5 300	4 200	3 500	3 200	2 000
3 600	3 100	3 300	2 800	4 100	3 300	2 800	3 000

a) Quelle estimation ponctuelle M. Pagé peut-il faire du revenu moyen pour les 12 derniers mois des élèves de son collège qui ont un emploi rémunéré durant la session?

b) Quelle estimation ponctuelle M. Pagé peut-il faire de l'écart type de la distribution du revenu pour les 12 derniers mois des élèves de son collège qui ont un emploi rémunéré durant la session?

10.4 Dans l'étude menée par M. Pagé sur la situation économique des élèves de niveau collégial, une question portait aussi sur le nombre hebdomadaire d'heures de travail rémunéré effectué par les élèves durant la session. Voici les réponses obtenues (en heures) :

22	18	25	14	16	20	22	15
14	20	26	22	15	15	14	18

a) Quelle estimation ponctuelle M. Pagé peut-il faire du nombre hebdomadaire moyen d'heures de travail rémunéré effectué par les élèves de son collège qui ont un emploi rémunéré durant la session ?

b) Quelle estimation ponctuelle M. Pagé peut-il faire de l'écart type de la distribution du nombre hebdomadaire d'heures de travail rémunéré effectué par les élèves de son collège qui ont un emploi rémunéré durant la session ?

10.2.2 L'estimation par intervalle de confiance

Lorsqu'on fait une estimation ponctuelle d'un paramètre, il est intéressant de savoir dans quelle mesure cette estimation ponctuelle est juste. En d'autres mots, on recherche la proportion des échantillons qui procurent une moyenne $\bar{x}$ exactement égale à celle du paramètre μ. Cette proportion correspond à $P(\overline{X} = \mu)$.

EXEMPLE 10.3

Le « 100 mètres dos » chez les femmes

Reprenons l'exemple 10.1 où l'on a prélevé un échantillon de 30 jeunes nageuses. On sait que le temps pris pour faire le « 100 mètres dos » chez les jeunes nageuses a une distribution dont la moyenne μ est de 1,347 minute, et l'écart type σ est de 0,347 minute. Soit la variable $X =$ Temps pris pour faire le « 100 mètres dos » chez les jeunes nageuses. Quelle est la probabilité que le temps moyen $\overline{X}$ dans l'échantillon soit exactement 1,347 minute (la valeur de μ), soit le temps moyen pour les 85 nageuses ? On cherche donc à évaluer $P(\overline{X} = 1,347)$.

Puisque la taille de l'échantillon est d'au moins 30, la distribution de la variable $\overline{X}$ est approximativement normale. Dans le cas d'une distribution normale, la probabilité entre deux valeurs données s'obtient en calculant l'aire sous la courbe entre ces deux valeurs. Dans ce cas-ci, on n'a qu'une seule valeur. La probabilité est donc égale à l'aire d'une ligne, c'est-à-dire 0.

Ainsi, $P(\overline{X} = 1,347) = 0$.

Il n'y a donc aucune chance que la moyenne $\bar{x}$ calculée dans l'échantillon donne la moyenne exacte de la population ($\mu = 1,347$). Cela signifie que, dans approximativement 0 % des échantillons de taille 30, on obtient exactement $\bar{x} = \mu = 1,347$ minute.

Cela veut dire aussi qu'une estimation ponctuelle de la moyenne ne donne jamais une estimation précise. On dit alors qu'on a 0 % de confiance dans une estimation ponctuelle.

Il est cependant possible d'augmenter le pourcentage de confiance dans l'estimation du paramètre μ en bâtissant un intervalle autour de l'estimation ponctuelle $\bar{x}$.

A. Le cas où l'écart type σ est connu

Puisqu'une estimation ponctuelle $\bar{x}$ ne donne jamais la valeur exacte de la moyenne μ recherchée, on utilisera une estimation sous forme d'intervalle telle $[\bar{x} - ME \; ; \; \bar{x} + ME]$ afin d'augmenter le pourcentage de confiance ; ME est une marge d'erreur qui dépendra du pourcentage de confiance désiré et de la taille n de l'échantillon employé.

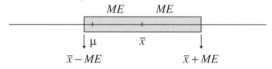

Il ne sera pas toujours certain que la moyenne μ recherchée se situera dans l'intervalle $[\bar{x} - ME \; ; \; \bar{x} + ME]$, mais le pourcentage de confiance correspond au pourcentage d'échantillons de taille n pour lesquels la moyenne μ recherchée se situera dans l'intervalle $[\bar{x} - ME \; ; \; \bar{x} + ME]$.

EXEMPLE 10.4

Le « 100 mètres dos » chez les femmes – influence du pourcentage de confiance

Reprenons l'exemple 10.1. On considère encore les échantillons de 30 jeunes nageuses choisies à partir des 85 participantes. La distribution de la variable X est telle que $\mu = 1{,}347$ minute et $\sigma = 0{,}347$ minute. La distribution de la variable $\bar{X}$ est approximativement normale avec :

$\mu_{\bar{x}} = 1{,}347$ minute, puisque $\mu = 1{,}347$ minute ;

$$\sigma_{\bar{x}} = \frac{\sigma}{\sqrt{n}} \; \sqrt{\frac{N-n}{N-1}},$$

car

$$\frac{n}{N} = \frac{30}{85} = 0{,}353 > 0{,}05;$$

$$\sigma_{\bar{x}} = \frac{0{,}347}{\sqrt{30}} \; \sqrt{\frac{85-30}{85-1}} = 0{,}05 \text{ minute.}$$

Note : Il faut toujours vérifier les conditions d'application pour savoir si l'on peut utiliser la distribution normale pour la distribution de $\bar{X}$, c'est-à-dire qu'il faut vérifier si l'écart type de la variable X est connu, si la variable X obéit à une distribution normale.

Ainsi, si l'on n'est pas certain que la variable X obéit à une distribution normale, il faut vérifier si la taille de l'échantillon est d'au moins 30. Il faut aussi considérer le taux de sondage afin de déterminer si l'on doit utiliser le facteur de correction pour une population finie afin d'évaluer $\sigma_{\bar{x}}$.

EXEMPLE 10.4 (suite)

a)   Un intervalle de confiance à 95 %

Dans le cas d'une variable X qui obéit à une distribution normale, $N(\mu\ ;\ \sigma^2)$, la variable Z correspondante obéit à une distribution normale $N(0\ ;\ 1)$. Ainsi,

$$P(-1{,}96 < Z < 1{,}96) = 0{,}95,$$

ce qui signifie que, dans le cas d'une variable dont la distribution est normale, 95 % des données sont à au plus 1,96 longueur d'écart type de la moyenne μ. Cela s'applique aussi à la variable $\overline{X}$, c'est-à-dire que 95 % des échantillons donnent des moyennes $\overline{x}$ qui sont à au plus 1,96 longueur d'écart type de la moyenne μ.

Dans ce sens, on pose :

$$ME = Z \cdot \sigma_{\overline{x}}$$
$$= 1{,}96 \cdot \sigma_{\overline{x}} = 1{,}96 \cdot 0{,}05 = 0{,}098 \text{ minute.}$$

Ainsi, pour approximativement 95 % des échantillons de 30 jeunes nageuses, le temps moyen $\overline{x}$ est à au plus 0,098 minute du temps moyen $\mu_{\overline{x}} = \mu = 1{,}347$ minute. La figure 10.1 illustre la situation.

FIGURE 10.1

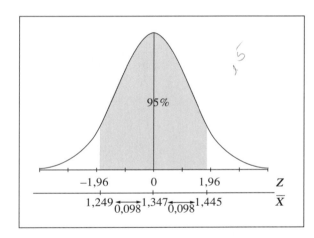

Donc, l'intervalle $[\overline{x} - 0{,}098\ ;\ \ \overline{x} + 0{,}098]$ contiendra la moyenne $\mu = 1{,}347$, pour approximativement 95 % des échantillons.

On dit qu'il s'agit d'un intervalle de confiance à 95 % pour la moyenne car, pour 95 % des échantillons de 30 nageuses, il est vrai que le temps moyen μ se situe entre les deux bornes.

$ME = 0{,}098$ minute est la marge d'erreur de l'estimation. On pourra aussi dire que le temps moyen μ est estimé par la valeur $\overline{x}$ à plus ou moins 0,098 minute, c'est-à-dire que $\mu = \overline{x} \pm 0{,}098$ minute et qu'une telle estimation est juste 19 fois sur 20, soit 95 % des fois.

On estime la moyenne d'une population lorsqu'elle est inconnue, ce qui signifie qu'on ignore si la valeur de μ est à l'intérieur de l'intervalle. Voilà pourquoi on parle de « confiance ». Il y a toujours un risque de faire une mauvaise estimation. Ce risque correspond au pourcentage d'échantillons pour lesquels l'intervalle $[\overline{x} - ME\ ;\ \overline{x} + ME]$ ne contient pas μ.

On est dans l'erreur lorsque la distance entre la valeur $\bar{x}$ de l'échantillon et celle de la moyenne µ est plus grande que la marge d'erreur *ME*. Un intervalle de confiance à 95 % représente un risque de se tromper (risque d'erreur) de 5 %.

Note : Si l'on désire un pourcentage de confiance différent, il faut modifier la valeur de *Z*. Le choix de la valeur de *Z* égale à 1,96 correspond toujours, pour la distribution normale, à une probabilité de 95 %. Puisque
P(–2,33 < Z < 2,33) = 0,98 et P(–2,58 < Z < 2,58) = 0,99,
on utilisera une cote *Z* de 2,33 lorsqu'on travaillera avec un pourcentage de confiance de 98 % et une cote *Z* de 2,58 pour un pourcentage de confiance de 99 %.

b) Un intervalle de confiance à 99 %

Pour un intervalle de confiance à 99 %, la marge d'erreur devient :

$ME = Z \cdot \sigma_{\bar{x}} = 2{,}58 \cdot 0{,}05 = 0{,}129$ minute.

Ainsi, pour approximativement 99 % des échantillons de 30 jeunes nageuses, le temps moyen $\bar{x}$ est à au plus 0,129 minute du temps moyen $\mu_{\bar{x}} = \mu = 1{,}347$ minute. Cela veut dire que, pour approximativement 99 % des échantillons, l'intervalle $[\bar{x} - 0{,}129 \; ; \; \bar{x} + 0{,}129]$ contient la moyenne µ = 1,347 minute. La figure 10.2 illustre la situation.

FIGURE 10.2

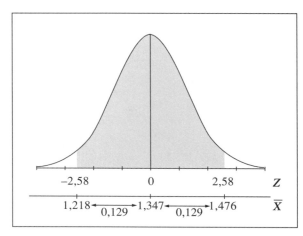

$ME = 0{,}129$ minute est la marge d'erreur de l'estimation. On peut aussi dire que le temps moyen µ est estimé par la valeur $\bar{x}$ à plus ou moins 0,129 minute, c'est-à-dire que $\mu = \bar{x} \pm 0{,}129$ minute et qu'une telle estimation est juste 99 fois sur 100.

Il faut faire attention de ne pas confondre une augmentation du pourcentage de confiance avec une augmentation de précision de l'estimation, comme le montre le tableau 10.2.

TABLEAU 10.2
Marge d'erreur en fonction
du pourcentage de confiance

Pourcentage de confiance	Marge d'erreur *ME* (minutes)
0	0
95	0,098
99	0,129
100	∞

Note : On peut donc constater que si l'on augmente le pourcentage de confiance, la valeur de Z et celle de la marge d'erreur *ME* augmentent aussi. Accroître le pourcentage de confiance veut dire accroître le nombre d'échantillons qui donnent un intervalle dans lequel se situe la moyenne μ de la variable étudiée dans la population. En particulier, un intervalle de confiance à 0 % de confiance (estimation ponctuelle) a une marge d'erreur de 0, et un intervalle de confiance à 100 % a une marge d'erreur infinie, car la cote Z (théorique) qui correspond à cette situation est $+\infty$:

$$P(-\infty < Z < +\infty) = 1 \; ;$$
$$ME = \infty \cdot 0{,}05 = \infty.$$

Un intervalle de confiance pour la moyenne μ dans le cas où l'écart type σ dans la population est connu prend habituellement la forme suivante :

$$[\bar{x} - Z_{\alpha/2} \cdot \sigma_{\bar{x}} \; ; \; \bar{x} + Z_{\alpha/2} \cdot \sigma_{\bar{x}}],$$

où $\alpha/2$ représente, sur le graphique de la figure 10.3, l'aire à droite du point $Z_{\alpha/2}$ et, par symétrie, celle à gauche du point $-Z_{\alpha/2}$.

FIGURE 10.3

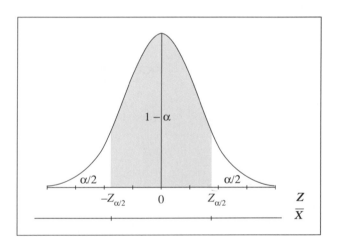

Normalement, l'indice de Z représente l'aire sous la courbe à droite de la valeur Z utilisée. Par exemple, $Z_{0,025} = 1{,}96$, car l'aire à droite de 1,96 est égale à 0,025.

La valeur $1 - \alpha$ correspond au pourcentage de confiance désiré.

Ainsi, pour un intervalle de confiance à 95 % :

– Le pourcentage de confiance est de 95 % ; $1 - \alpha = 0{,}95$;

– Le risque d'erreur est de 5 % ; $\alpha = 0{,}05$;

– Le risque d'erreur partagé est de 2,5 % ; $\alpha/2 = 0{,}025$;

– La cote Z utilisée dans le calcul de l'intervalle de confiance est $Z_{\alpha/2} = Z_{0,025} = 1{,}96$.

L'intervalle de confiance à 95 % a donc la forme suivante :

$$[\bar{x} - Z_{0,025} \cdot \sigma_{\bar{x}} \; ; \; \bar{x} + Z_{0,025} \cdot \sigma_{\bar{x}}].$$

Les pourcentages de confiance ainsi que les valeurs de Z qui reviennent le plus souvent sont présentés au tableau 10.3.

TABLEAU 10.3
Pourcentages de confiance
et valeurs de *Z*
les plus fréquents

Pourcentage de confiance	Risque d'erreur	Risque d'erreur partagé de part et d'autre	Cote *Z* utilisée
80 % ; $1 - \alpha = 0{,}80$	20 % ; $\alpha = 0{,}20$	10 % ; $\alpha/2 = 0{,}10$	$Z_{0{,}10} = 1{,}28$
90 % ; $1 - \alpha = 0{,}90$	10 % ; $\alpha = 0{,}10$	5 % ; $\alpha/2 = 0{,}05$	$Z_{0{,}05} = 1{,}64$
95 % ; $1 - \alpha = 0{,}95$	5 % ; $\alpha = 0{,}05$	2,5 % ; $\alpha/2 = 0{,}025$	$Z_{0{,}025} = 1{,}96$
98 % ; $1 - \alpha = 0{,}98$	2 % ; $\alpha = 0{,}02$	1 % ; $\alpha/2 = 0{,}01$	$Z_{0{,}01} = 2{,}33$
99 % ; $1 - \alpha = 0{,}99$	1 % ; $\alpha = 0{,}01$	0,5 % ; $\alpha/2 = 0{,}005$	$Z_{0{,}005} = 2{,}58$

EXEMPLE 10.5

L'interprétation de l'intervalle de confiance

Reprenons l'exemple 10.1. Avec l'échantillon de 30 jeunes nageuses, on a obtenu un temps moyen pour le « 100 mètres dos » de 1,280 minute (l'écart type $\sigma_{\bar{x}}$ est toujours de 0,05 minute). Si l'on devait estimer le temps moyen des 85 nageuses de cette compétition à partir des résultats de l'échantillon à l'aide d'un intervalle de confiance à 98 % :

– Le pourcentage de confiance serait de 98 % ; $1 - \alpha = 0{,}98$;
– Le risque d'erreur serait de 2 % ; $\alpha = 0{,}02$;
– Le risque d'erreur partagé serait de 1 % ; $\alpha/2 = 0{,}01$;
– La cote *Z* utilisée dans le calcul de l'intervalle de confiance serait $Z_{\alpha/2} = Z_{0{,}01} = 2{,}33$.

Ainsi, l'intervalle de confiance serait :

$$[\bar{x} - ME ; \bar{x} + ME] = [\bar{x} - Z_{\alpha/2} \bullet \sigma_{\bar{x}} ; \bar{x} + Z_{\alpha/2} \bullet \sigma_{\bar{x}}]$$
$$= [1{,}280 - 2{,}33 \bullet 0{,}05 ; 1{,}280 + 2{,}33 \bullet 0{,}05]$$
$$= [1{,}280 - 0{,}117 ; 1{,}280 + 0{,}117]$$
$$= [1{,}163 \text{ minute} ; 1{,}397 \text{ minute}].$$

L'estimation s'interpréterait de la façon suivante : le temps moyen pour le « 100 mètres dos » chez les jeunes femmes de cette compétition se situe entre 1,163 minute et 1,397 minute, avec 98 % de confiance.

Quand on lit les sondages dans les journaux, on constate qu'ils sont toujours accompagnés d'une méthodologie. Celle-ci informe notamment le lecteur sur la façon dont les unités de l'échantillon ont été choisies, sur la marge d'erreur et sur le pourcentage de confiance. Dans la plupart des cas, le pourcentage de confiance est exprimé de la façon suivante : « La marge d'erreur avec un tel échantillon est de plus ou moins... dans 19 cas sur 20 », où l'expression « 19 cas sur 20 » signifie un pourcentage de confiance de 95 %.

Un pourcentage de confiance de 95 % ou 0,95 correspond à la probabilité d'obtenir un échantillon procurant un intervalle [$\bar{x} - ME ; \bar{x} + ME$] contenant la moyenne μ et non à la probabilité que la moyenne μ se situe dans l'intervalle calculé. La moyenne μ n'est pas une variable mais un **paramètre** ; il ne s'agit pas d'une valeur qui varie d'un échantillon à un autre. Quel que soit l'échantillon, la moyenne de la population ne varie pas ; elle demeure constante.

Comme pour l'exemple du lancer d'une pièce de monnaie, la probabilité d'obtenir face est de 0,5 avant de lancer la pièce. Une fois le résultat du lancer connu, il n'y a plus 0,5 comme probabilité d'obtenir face : on l'a obtenu ou non. On parle de probabilité **avant** d'effectuer une épreuve aléatoire, jamais après.

En prélevant un échantillon, on ne sait pas s'il fait partie de l'ensemble des échantillons pour lesquels l'intervalle de confiance, calculé à partir de $\overline{x}$, englobe la moyenne μ. Toutefois, comme cet ensemble représente 95 % de tous les échantillons, on a confiance à 95 % dans l'intervalle obtenu.

EXEMPLE 10.6

Le permis de conduire – influence de la taille de l'échantillon sur la marge d'erreur

D'après les données fournies par la Régie de l'assurance automobile du Québec, en 1987, l'âge des personnes détenant un permis de conduire a une distribution dont l'écart type est de 14,5 ans[4].

Dans le but de déterminer l'âge moyen des personnes détenant un permis de conduire, on désire effectuer un sondage auprès d'un échantillon de personnes choisies au hasard parmi les 3 850 000 détenteurs d'un permis de conduire du Québec.

Expérience aléatoire	Choisir au hasard n détenteurs de permis de conduire du Québec
Espace échantillonnal	Tous les échantillons de n détenteurs de permis de conduire du Québec
Variable aléatoire	$\overline{X}$ = Âge moyen des n détenteurs de permis de conduire du Québec, dans l'échantillon

Voyons comment se comporte la marge d'erreur d'une estimation par intervalle de confiance à 95 % pour des échantillons de différentes tailles.

a) L'échantillon est composé de 1 000 personnes

Note :   Il ne faut pas oublier de vérifier les conditions d'application !

La distribution de l'âge est inconnue, mais l'écart type de la distribution de l'âge est connu, soit $\sigma = 14,5$ ans. De plus, la taille de l'échantillon est d'au moins 30 puisque $n = 1\ 000$. Le théorème central limite assure que la distribution de la variable $\overline{X}$ est approximativement normale. De ce fait, on peut trouver un intervalle de confiance à l'aide de la distribution normale, tout comme pour l'exemple 10.4. De plus, il ne faut pas oublier de vérifier le taux de sondage pour déterminer si l'on doit utiliser le facteur de correction dans le calcul de $\sigma_{\overline{x}}$.

Comme
$$\frac{n}{N} = \frac{1\ 000}{3\ 850\ 000} = 0,0003 \le 0,05,$$
on n'a pas besoin d'utiliser le facteur de correction.

---

4.   *Le Québec statistique*, 59e édition, Québec, Les Publications du Québec, 1989, p. 635.

Ainsi, puisque $\sigma = 14{,}5$ ans et $n = 1\,000$, on a :

$$\sigma_{\bar{x}} = \frac{\sigma}{\sqrt{n}} = \frac{14{,}5}{\sqrt{1\,000}} = 0{,}46 \text{ an.}$$

- Le pourcentage de confiance est de 95 % ; $1 - \alpha = 0{,}95$;
- Le risque d'erreur est de 5 % ; $\alpha = 0{,}05$;
- Le risque d'erreur partagé est de 2,5 % ; $\alpha/2 = 0{,}025$;
- La cote Z utilisée dans le calcul de l'intervalle de confiance est $Z_{\alpha/2} = Z_{0{,}025} = 1{,}96$.

On obtient alors comme marge d'erreur :

$$ME = Z_{\alpha/2} \cdot \sigma_{\bar{x}} = 1{,}96 \cdot 0{,}46 = 0{,}9 \text{ an.}$$

b) L'échantillon est composé de 10 000 personnes

Comme la taille de l'échantillon est $n = 10\,000 \geq 30$, on peut utiliser le théorème central limite. De plus, puisque le taux de sondage est :

$$\frac{10\,000}{3\,850\,000} = 0{,}0026 \leq 0{,}05,$$

on n'a pas besoin de se servir du facteur de correction.

Ainsi, puisque $\sigma = 14{,}5$ ans et $n = 10\,000$, on a :

$$\sigma_{\bar{x}} = \frac{\sigma}{\sqrt{n}} = \frac{14{,}5}{\sqrt{10\,000}} = 0{,}15 \text{ an.}$$

On obtient alors comme marge d'erreur :

$$ME = Z_{\alpha/2} \cdot \sigma_{\bar{x}} = 1{,}96 \cdot 0{,}15 = 0{,}3 \text{ an.}$$

c) L'échantillon est composé de 1 000 000 personnes

Comme la taille de l'échantillon est $n = 1\,000\,000 \geq 30$, on peut utiliser le théorème central limite. De plus, puisque le taux de sondage est :

$$\frac{1\,000\,000}{3\,850\,000} = 0{,}26 > 0{,}05,$$

il faut se servir du facteur de correction.

Ainsi, puisque $\sigma = 14{,}5$ ans et $n = 1\,000\,000$, on a :

$$\sigma_{\bar{x}} = \frac{\sigma}{\sqrt{n}} \sqrt{\frac{N-n}{N-1}}$$

$$= \frac{14{,}5}{\sqrt{1\,000\,000}} \sqrt{\frac{3\,850\,000 - 1\,000\,000}{3\,850\,000 - 1}} = 0{,}01 \text{ an.}$$

On obtient alors comme marge d'erreur :

$$ME = Z_{\alpha/2} \cdot \sigma_{\bar{x}} = 1{,}96 \cdot 0{,}01 = 0{,}02 \text{ an.}$$

Le tableau 10.4 montre la marge d'erreur en fonction de la taille de l'échantillon.

TABLEAU 10.4
Marge d'erreur en fonction de la taille de l'échantillon

Taille de l'échantillon n	Marge d'erreur ME (années)
1 000	0,9
10 000	0,3
1 000 000	0,02

Les calculs précédents illustrent le fait que, pour un même pourcentage de confiance, plus la taille de l'échantillon augmente, plus $\sigma_{\bar{x}}$ est petit et, par conséquent, plus la marge d'erreur diminue, ce qui témoigne du fait que $\overline{X}$ est un estimateur convergent pour la moyenne μ, comme on l'a déjà remarqué. À la limite, lorsque l'échantillon comprend toute la population, il n'y a plus de dispersion. Toutefois, il faut aussi considérer que la prise d'un échantillon plus grand pour augmenter la précision de l'estimation engendre des coûts plus élevés.

La marge d'erreur de l'estimation varie selon le pourcentage de confiance désiré et la taille de l'échantillon :

$$ME = Z_{\alpha/2} \bullet \sigma_{\bar{x}} = Z_{\alpha/2} \bullet \frac{\sigma}{\sqrt{n}} \quad \text{si} \quad \frac{n}{N} \leq 0,05 ;$$

$$ME = Z_{\alpha/2} \bullet \sigma_{\bar{x}} = Z_{\alpha/2} \bullet \frac{\sigma}{\sqrt{n}} \sqrt{\frac{N-n}{N-1}} \quad \text{si} \quad \frac{n}{N} > 0,05.$$

Si l'on augmente le pourcentage de confiance, on accroît la marge d'erreur ; mais en augmentant la taille de l'échantillon, on diminue la marge d'erreur. Voyons comment déterminer la taille d'un échantillon en fonction du pourcentage de confiance et de la marge d'erreur désirés.

EXEMPLE 10.7

Le permis de conduire – taille de l'échantillon pour une marge d'erreur fixée

Reprenons l'exemple 10.6 sur la distribution de l'âge des 3 850 000 personnes détenant un permis de conduire du Québec dont l'écart type est de 14,5 ans[5].

Puisque la distribution de la variable « Âge » est inconnue, il faut être certain que la taille de l'échantillon sera d'au moins 30 afin de pouvoir utiliser l'approximation par la distribution normale pour la distribution des moyennes $\bar{x}$.

a) Le taux de sondage est d'au plus 0,05

Il est possible de déterminer la taille de l'échantillon qui donnera une estimation pour l'âge moyen de toutes les personnes qui détiennent un permis de conduire du Québec, sous forme d'intervalle de confiance à 99 %, avec une marge d'erreur qui n'excède pas 1 an.

– Le pourcentage de confiance est de 99 % ; $1 - \alpha = 0,99$;
– Le risque d'erreur est de 1 % ; $\alpha = 0,01$;
– Le risque d'erreur partagé est de 0,5 % ; $\alpha/2 = 0,005$;
– La cote Z utilisée dans le calcul de l'intervalle de confiance est $Z_{\alpha/2} = Z_{0,005} = 2,58$.

On a :

$ME = 1$ an ;
$\sigma = 14,5$ ans.

Il faut donc que

$$ME = 2,58 \bullet \frac{14,5}{\sqrt{n}} \leq 1,$$

---

5. *Le Québec statistique*, 59ᵉ édition, Québec, Les Publications du Québec, 1989, p. 635.

c'est-à-dire que

$$n \geq \left(\frac{2,58 \cdot 14,5}{1} \right)^2,$$

d'où

$$n \geq 1\ 399,5.$$

Ainsi, pour obtenir une estimation avec un intervalle de confiance à 99 % et une marge d'erreur d'au plus 1 an de l'âge moyen de toutes les personnes qui détiennent un permis de conduire du Québec, il faudrait choisir au moins 1 400 personnes détenant un permis de conduire du Québec.

Le taux de sondage $\frac{1\ 400}{3\ 850\ 000} = 0,0004$ est inférieur à 0,05.

Note :   La taille de l'échantillon, soit un nombre entier d'éléments, ne devra jamais être inférieure à la valeur obtenue avec cette formule.

Note :   De façon générale, pour déterminer la taille de l'échantillon pour une marge d'erreur fixée, on peut utiliser la formule suivante :

$$n \geq \frac{Z_{\alpha/2}^2 \cdot \sigma^2}{ME^2} \text{ ou encore } n \geq \left(\frac{Z_{\alpha/2} \cdot \sigma}{ME} \right)^2.$$

EXEMPLE 10.7 (suite)

b) Le taux de sondage est supérieur à 0,05

Si la marge d'erreur est fixée à 0,03 an au lieu de 1 an pour estimer, à l'aide d'un intervalle de confiance à 99 %, l'âge moyen de toutes les personnes qui détiennent un permis de conduire du Québec, on procède de la même façon.

–   Le pourcentage de confiance est de 99 % ; $1 - \alpha = 0,99$;
–   Le risque d'erreur est de 1 % ; $\alpha = 0,01$;
–   Le risque d'erreur partagé de part et d'autre est de 0,5 % ; $\alpha/2 = 0,005$;
–   La cote Z utilisée dans le calcul de l'intervalle de confiance est $Z_{\alpha/2} = Z_{0,005} = 2,58$.

On a :

$ME = 0,03$ an ;
$\sigma = 14,5$ ans.

Il faut donc que

$$ME = 2,58 \cdot \frac{14,5}{\sqrt{n}} \leq 0,03,$$

c'est-à-dire que

$$n \geq \left(\frac{2,58 \cdot 14,5}{0,03} \right)^2,$$

d'où

$$n \geq 1\ 555\ 009.$$

Il faudrait donc choisir au moins 1 555 009 personnes détenant un permis de conduire du Québec.

Le taux de sondage $\dfrac{1\,555\,009}{3\,850\,000} = 0,40$ est supérieur à 0,05.

Dans le calcul de la marge d'erreur, il faut tenir compte du facteur de correction. Ainsi, la marge d'erreur sera :

$$ME = Z_{\alpha/2} \bullet \sigma_{\bar{x}} = Z_{\alpha/2} \bullet \frac{\sigma}{\sqrt{n}} \sqrt{\frac{N-n}{N-1}}$$

$$= 2,58 \bullet \frac{14,5}{\sqrt{1\,555\,009}} \sqrt{\frac{3\,850\,000 - 1\,555\,009}{3\,850\,000 - 1}} = 0,023 \text{ an.}$$

Le facteur de correction ayant une valeur toujours comprise entre 0 et 1 a pour effet de réduire la valeur de $\sigma_{\bar{x}}$. Ne pas tenir compte du facteur de correction dans la détermination de la taille de l'échantillon, alors que le taux de sondage est supérieur à 0,05, a pour conséquence de déterminer une taille minimale d'échantillon plus grande que celle qui est requise par la marge d'erreur fixée au départ. Puisque le fait d'augmenter la taille de l'échantillon implique la diminution de la valeur de $\sigma_{\bar{x}}$, cela entraîne une marge d'erreur maximale inférieure à celle qui est fixée, ce qui ne va pas à l'encontre de l'objectif visé au départ.

Ainsi, au lieu d'avoir une marge d'erreur maximale de 0,03 an, on aura une marge d'erreur maximale de 0,023 an si l'on choisit au moins 1 555 009 personnes.

Note : La formule qui tient compte du facteur de correction est la suivante :

$$n \geq \frac{N Z_{\alpha/2}^2 \sigma^2}{ME^2(N-1) + Z_{\alpha/2}^2 \sigma^2}.$$

EXEMPLE 10.8

Le permis de conduire

On a choisi au hasard 225 personnes détenant un permis de conduire du Québec. Dans l'échantillon, l'âge moyen était de 43,2 ans.

Expérience aléatoire	Choisir au hasard 225 détenteurs de permis de conduire du Québec
Espace échantillonnal	Tous les échantillons de 225 détenteurs de permis de conduire du Québec
Variable aléatoire	$\overline{X}$ = Âge moyen des 225 détenteurs de permis de conduire du Québec, dans l'échantillon

On a vu à l'exemple 10.6 que
$\sigma = 14,5$ ans ;
$N = 3\,850\,000$.

De plus, on a :
$\bar{x} = 43,2$ ans ;
$n = 225$.

Déterminons un intervalle de confiance à 99 % pour l'âge moyen de toutes les personnes détenant un permis de conduire du Québec.

Puisque la taille de l'échantillon est de 225 ≥ 30, on peut, grâce au théorème central limite, utiliser la distribution normale comme approximation de la distribution des moyennes $\bar{x}$.

- Le pourcentage de confiance est de 99 % ; $1 - \alpha = 0,99$;
- Le risque d'erreur est de 1 % ; $\alpha = 0,01$;
- Le risque d'erreur partagé est de 0,5 % ; $\alpha/2 = 0,005$;
- La cote Z utilisée dans le calcul de l'intervalle de confiance est $Z_{\alpha/2} = Z_{0,005} = 2,58$.

Puisque le taux de sondage $\dfrac{225}{3\,850\,000} \leq 0,05$, $\sigma_{\bar{x}} = \dfrac{\sigma}{\sqrt{n}} = \dfrac{14,5}{\sqrt{225}} = 0,97$ an.

Ainsi, l'intervalle de confiance devient :

$$[\bar{x} - ME \,;\, \bar{x} + ME] = [\bar{x} - Z_{\alpha/2} \bullet \sigma_{\bar{x}} \,;\, \bar{x} + Z_{\alpha/2} \bullet \sigma_{\bar{x}}]$$
$$= [43,2 - 2,58 \bullet 0,97 \,;\, 43,2 + 2,58 \bullet 0,97]$$
$$= [40,7 \text{ ans} \,;\, 45,7 \text{ ans}].$$

Ainsi, à 99 % de confiance, l'âge moyen des personnes détenant un permis de conduire du Québec se situe entre 40,7 et 45,7 ans.

Une rumeur laissait croire que l'âge moyen des personnes détenant un permis de conduire du Québec était de 39 ans. Cette hypothèse ne se situe pas dans l'intervalle de confiance. C'est avec un pourcentage de confiance de 99 % qu'il est possible de réfuter cette hypothèse. Dans 99 % des cas, l'intervalle de confiance englobe la moyenne de la population. Il y a seulement 1 % des échantillons qui donnent un intervalle n'englobant pas la moyenne de la population : ou bien on joue de malchance, ou bien la moyenne n'est pas de 39 ans ! On choisira la seconde raison.

EXERCICES

10.5 « Les quatre cinquièmes des chercheurs d'emploi qui se sont improvisés entrepreneurs grâce au programme fédéral d'Aide au travail indépendant (ATI) se tirent assez bien d'affaires[6]. »
Étant vous-même un chercheur d'emploi, vous interrogez 18 travailleurs indépendants choisis parmi les 400 000 au Québec afin de connaître leur revenu familial. Le revenu familial moyen des 18 travailleurs est de 40 000 $. On suppose que le revenu familial des travailleurs indépendants obéit à une loi normale dont l'écart type est de 8 552 $.

a) Quelle estimation ponctuelle pouvez-vous faire du revenu familial moyen des travailleurs indépendants ?

b) Dans ce cas-ci, quelles conditions vous permettront d'utiliser la distribution normale dans l'évaluation d'un intervalle de confiance pour le revenu familial moyen des travailleurs indépendants ?

c) Quelle est la marge d'erreur associée à une estimation par intervalle de confiance à 95 % pour le revenu familial moyen des travailleurs indépendants ?

d) Quel est l'intervalle de confiance à 95 % pour le revenu familial moyen de tous les travailleurs indépendants du Québec ?

e) De quelle taille devrait être l'échantillon pour qu'on puisse estimer, avec un pourcentage de confiance de 95 %, le revenu familial moyen des travailleurs indépendants avec une marge d'erreur n'excédant pas 1 000 $?

10.6 Les ampoules de type A de 60 watts de la compagnie Itof ont une durée de vie qui obéit à une loi normale dont l'écart type est de 50 heures.

À la demande de la compagnie, on a effectué un contrôle de la qualité sur 64 ampoules de type A de 60 watts, prises

---

6. Malbœuf, Marie-Claude. « Le travail autonome, mieux que le chômage », *La Presse*, 11 septembre 1996, p. D5.

au hasard. Les tests ont démontré que la durée moyenne des 64 ampoules est de 1 975 heures.

a) Quelle estimation ponctuelle pouvez-vous faire de la durée moyenne de toutes les ampoules de type A de 60 watts de cette compagnie ?

b) Dans ce cas-ci, quelles conditions vous permettront d'utiliser la distribution normale dans l'évaluation d'un intervalle de confiance ?

c) Quelle est la marge d'erreur associée à une estimation par intervalle de confiance à 99 % ?

d) Quel est l'intervalle de confiance à 99 % pour la durée moyenne de toutes les ampoules de type A de 60 watts de cette compagnie ?

e) De quelle taille devrait être l'échantillon pour pouvoir estimer, avec un pourcentage de confiance de 99 %, la durée moyenne de toutes les ampoules de type A de 60 watts de cette compagnie avec une marge d'erreur n'excédant pas 5 heures ?

f) Pouvez-vous estimer, avec un pourcentage de confiance de 99 %, la durée de vie moyenne de toutes les ampoules de type A de 60 watts de cette compagnie avec une marge d'erreur n'excédant pas 1 heure ?

10.7 Quel est l'âge moyen des 20 756 Québécoises décédées en 1986[7] ? Pour répondre à cette question, il faut considérer que l'âge des Québécoises au moment de leur décès en 1986 est une variable ayant un écart type de 18 ans.

On a pris au hasard 1 250 décès de Québécoises enregistrés en 1986. L'âge moyen de ces femmes était de 70,5 ans.

a) Quelle estimation ponctuelle pouvez-vous faire de l'âge moyen des Québécoises décédées ?

b) Dans ce cas-ci, quelles conditions vous permettront d'utiliser la distribution normale dans l'évaluation d'un intervalle de confiance ?

c) Quelle est la marge d'erreur associée à une estimation par intervalle de confiance à 98 % ?

d) Quel est l'intervalle de confiance à 98 % pour l'âge moyen des Québécoises décédées en 1986 ?

e) De quelle taille devrait être l'échantillon pour pouvoir estimer, avec un pourcentage de confiance de 98 %, l'âge moyen des Québécoises décédées en 1986, avec une marge d'erreur n'excédant pas 1 an ?

f) Pouvez-vous estimer, avec un pourcentage de confiance de 98 %, l'âge moyen des Québécoises décédées en 1986, avec une marge d'erreur n'excédant pas 0,5 an ? À quoi devriez-vous prêter attention ?

10.8 Dans le but de vérifier la quantité de goudron contenue dans une cigarette de marque K, on a pris au hasard 50 cigarettes dans toute la production. La quantité de goudron dans une cigarette de marque K est une variable ayant un écart type de 0,45 milligramme.

Dans l'échantillon, la quantité moyenne de goudron par cigarette était de 10,93 milligrammes.

a) Quelle estimation ponctuelle pouvez-vous faire de la quantité moyenne de goudron par cigarette ?

b) Dans ce cas-ci, quelles conditions vous permettront d'utiliser la distribution normale dans l'évaluation d'un intervalle de confiance ?

c) Quelle est la marge d'erreur associée à une estimation par intervalle de confiance à 95 % ?

d) Quel est l'intervalle de confiance à 95 % pour la quantité moyenne de goudron par cigarette ?

e) Si la loi exige que la quantité moyenne de goudron par cigarette n'excède pas 11 milligrammes, selon la réponse obtenue en d), les cigarettes de marque K respectent-elles les normes ?

f) De quelle taille devrait être l'échantillon pour que vous puissiez estimer, avec un pourcentage de confiance de 95 %, la quantité moyenne de goudron par cigarette, avec une marge d'erreur n'excédant pas 0,01 milligramme ?

10.9 La durée de vie des pneus Hyroul est une variable avec une distribution normale dont l'écart type est de 4 000 kilomètres. Dans le but d'évaluer la durée de vie qui sera offerte comme garantie, on doit estimer la durée de vie moyenne de ces pneus. Des tests ont été faits sur 16 de ces pneus pris au hasard.

La durée de vie moyenne des 16 pneus choisis a été de 63 150,14 kilomètres.

a) Quelle estimation ponctuelle pouvez-vous faire de la durée de vie moyenne des pneus Hyroul ?

b) Dans ce cas-ci, quelles conditions vous permettront d'utiliser la distribution normale dans l'évaluation d'un intervalle de confiance ?

c) Quelle est la marge d'erreur associée à une estimation à 95 % de confiance ?

d) Quel est l'intervalle de confiance à 95 % pour la durée de vie moyenne des pneus Hyroul ?

e) La compagnie trouve que la marge d'erreur est trop grande. Elle voudrait une marge d'erreur n'excédant pas 1 000 kilomètres. De quelle taille devrait être l'échantillon pour qu'on puisse respecter cette marge d'erreur, avec un pourcentage de confiance de 95 % ?

f) On a décidé de fournir à la compagnie une estimation dont la marge d'erreur n'excédera pas 500 kilomètres. Combien de pneus devra-t-on tester ?

---

7. *Le Québec statistique*, 59ᵉ édition, Québec, Les Publications du Québec, 1989, p. 309.

10.10 On a choisi au hasard 200 des 3 300 apiculteurs du Québec afin d'estimer le prix moyen du miel au kilogramme. L'écart type du prix demandé par les 3 300 apiculteurs du Québec est de 0,15 $ par kilogramme. Le prix moyen demandé par les 200 apiculteurs est de 2,53 $.

a) Quelle estimation ponctuelle pouvez-vous faire du prix moyen du miel au kilogramme ?

b) Dans ce cas-ci, quelles conditions vous permettront d'utiliser la distribution normale dans l'évaluation d'un intervalle de confiance ?

c) Quelle est la marge d'erreur associée à une estimation par intervalle de confiance à 95 % ?

d) Quel est l'intervalle de confiance à 95 % pour le prix moyen du miel au kilogramme ?

e) De quelle taille devrait être l'échantillon pour que vous puissiez estimer, avec un pourcentage de confiance de 95 %, le prix moyen du miel au kilogramme, avec une marge d'erreur n'excédant pas 0,01 $?

f) Quelle serait la marge d'erreur réelle correspondant à un échantillon dont la taille est égale à la valeur obtenue en e) ?

10.11 Dans le but de connaître le pouls moyen à l'effort des joueurs de hockey de niveau pee-wee lorsqu'ils sont soumis à un exercice de patinage exigeant, on a tenté une expérience avec les 30 jeunes déjà choisis au hasard dans l'exemple 8.3. On sait que la distribution des pouls a un écart type de 8 pulsations par minute.

Le pouls moyen à l'effort des 30 joueurs a été de 201,6 pulsations par minute.

a) Quelle estimation ponctuelle pouvez-vous faire du pouls moyen à l'effort des joueurs de niveau pee-wee ?

b) Dans ce cas-ci, quelles conditions vous permettront d'utiliser la distribution normale dans l'évaluation d'un intervalle de confiance ?

c) Quelle est la marge d'erreur associée à une estimation par intervalle de confiance à 95 % ?

d) Quel est l'intervalle de confiance à 95 % pour le pouls moyen à l'effort des joueurs de niveau pee-wee ?

e) Il n'est pas recommandé, pour des jeunes de cet âge, de dépasser 206 pulsations par minute. Selon la réponse obtenue en d), ce critère est-il respecté ?

f) De quelle taille devrait être l'échantillon pour que vous puissiez estimer, avec un pourcentage de confiance de 95 %, le pouls moyen à l'effort des joueurs de niveau pee-wee avec une marge d'erreur n'excédant pas 1 pulsation par minute ?

10.2.2 L'estimation par intervalle de confiance (suite)

Dans la sous-section A, pour bâtir un intervalle de confiance, on a utilisé une valeur $\bar{x}$ de la variable $\bar{X}$ et l'écart type σ de la variable X dans la population. Maintenant, si l'on ne connaît pas l'écart type de la variable X dans la population étudiée, il faut lui trouver une estimation. L'estimateur de σ est S, qui sera obtenu à partir des données de l'échantillon.

La conséquence de cette estimation est qu'il faut maintenant considérer deux variables aléatoires, soit $\bar{X}$ et S ; les deux varient en fonction des éléments de l'échantillon. Souvent, au moment d'un sondage, on doit faire face à de telles situations. En effet, il arrive fréquemment qu'on ignore les paramètres et la distribution de la variable considérée dans la population à étudier.

B. Le cas où l'écart type σ est inconnu et $n \geq 30$

Grâce à H. Cramer (1946), on peut utiliser le théorème central limite dans le cas d'une variable n'obéissant pas à une loi normale et dont l'écart type σ est inconnu. Il suffit de remplacer σ par s, la valeur de l'écart type dans l'échantillon. Afin que l'approximation de la distribution de la variable $\bar{X}$ par la distribution normale soit acceptable, il faut que la taille de l'échantillon soit d'au moins 30. Ainsi, l'intervalle de confiance pour la moyenne μ de la population devient :

$$[\bar{x} - Z_{\alpha/2} \cdot s_{\bar{x}} ; \bar{x} + Z_{\alpha/2} \cdot s_{\bar{x}}],$$

où $s_{\bar{x}} = \dfrac{s}{\sqrt{n}}$ dans le cas où le taux de sondage $\dfrac{n}{N} \leq 0,05$;

$s_{\bar{x}} = \dfrac{s}{\sqrt{n}} \sqrt{\dfrac{N-n}{N-1}}$ dans le cas où le taux de sondage $\dfrac{n}{N} > 0,05$.

EXEMPLE 10.9   **Le magasinage**

Un grand magasin a effectué un sondage auprès de 244 clients choisis au hasard parmi ses 2 000 clients qui détiennent une carte-client. L'un des points du sondage concerne le nombre de fois que le client a utilisé sa carte-client au cours du dernier mois. Les résultats du sondage montrent que les 244 clients ont utilisé leur carte-client en moyenne 2,5 fois au cours du dernier mois et que l'écart type des données de l'échantillon est de 1,29 fois.

La variable aléatoire X = Nombre de fois qu'un client s'est servi de sa carte-client dans le courant du dernier mois n'obéit pas à une loi normale. De plus, on ne connaît pas l'écart type de sa distribution.

Expérience aléatoire	Choisir au hasard 244 clients possédant une carte-client
Espace échantillonnal	Tous les échantillons de 244 clients possédant une carte-client
Variable aléatoire	$\overline{X}$ = Nombre moyen de fois que les 244 clients ont utilisé la carte-client au cours du dernier mois

On a :

N = 2 000 ;

n = 244 ≥ 30 ; on peut utiliser l'approximation par la distribution normale ;

$\overline{x}$ = 2,5 fois ;

s = 1,29 fois.

a) **L'intervalle de confiance à 95 % pour le nombre moyen de fois qu'un client s'est servi de sa carte-client, pour les 2 000 clients du magasin possédant une carte-client**

Le taux de sondage est :

$$\frac{n}{N} = \frac{244}{2\ 000} = 0,122 > 0,05.$$

On a :

$$s_{\overline{x}} = \frac{1,29}{\sqrt{244}} \sqrt{\frac{2\ 000 - 244}{2\ 000 - 1}} = 0,08 \text{ fois.}$$

–   Le pourcentage de confiance est de 95 % ; $1 - \alpha$ = 0,95 ;

–   Le risque d'erreur est de 5 % ; α = 0,05 ;

–   Le risque d'erreur partagé est de 2,5 % ; $\alpha/2$ = 0,025 ;

–   La cote Z utilisée dans le calcul de l'intervalle de confiance est $Z_{\alpha/2} = Z_{0,025}$ = 1,96.

Ainsi, l'intervalle de confiance devient :

$$[\overline{x} - ME\ ;\ \overline{x} + ME] = [\overline{x} - Z_{\alpha/2} \bullet s_{\overline{x}}\ ;\ \overline{x} + Z_{\alpha/2} \bullet s_{\overline{x}}]$$
$$= [2,5 - 1,96 \bullet 0,08\ ;\ 2,5 + 1,96 \bullet 0,08]$$
$$= [2,5 - 0,2\ ;\ 2,5 + 0,2]$$
$$= [2,3 \text{ fois}\ ;\ 2,7 \text{ fois}].$$

Ainsi, avec un pourcentage de confiance de 95 %, le nombre moyen de fois que les 2 000 clients du magasin se sont servis de leur carte-client au cours du dernier mois se situe entre 2,3 et 2,7 fois.

b) La taille minimale de l'échantillon qui donne une estimation, sous forme d'intervalle de confiance à 95 %, dont la marge d'erreur est d'au plus 0,1 fois

La formule pour trouver la taille de l'échantillon en fonction de la marge d'erreur fixée est :

$$n \geq \left(\frac{Z_{\alpha/2} \cdot \sigma}{ME} \right)^2 .$$

Pour utiliser cette formule, il faut être certain que la taille de l'échantillon sera d'au moins 30, car cette formule est basée sur l'approximation par la distribution normale, qui exige une taille échantillonnale d'au moins 30. Puisqu'on ne connaît pas la valeur de σ, on peut la remplacer par une estimation provenant d'un échantillon préliminaire (ou d'une estimation issue de recherches antérieures). Ainsi, on peut utiliser l'estimation obtenue à partir des 244 clients déjà choisis, soit $s = 1,29$ fois.

Donc,

$$n \geq \left(\frac{Z_{\alpha/2} \cdot s}{ME} \right)^2$$
$$\geq \left(\frac{1,96 \cdot 1,29}{0,1} \right)^2$$
$$\geq 639,3.$$

On doit choisir au hasard au moins 640 des 2 000 clients du magasin qui possèdent une carte-client. Puisque l'échantillon comprend déjà 244 clients, il en manque 396. Le taux de sondage de $\frac{640}{2\,000}$ étant supérieur à 0,05, l'utilisation du facteur de correction fera en sorte que la marge d'erreur soit inférieure à 0,1.

Note : Pour tenir compte du facteur de correction, on utilise la formule suivante pour déterminer la taille minimale de l'échantillon :

$$n \geq \frac{N Z_{\alpha/2}^2 \, \sigma^2}{ME^2 (N-1) + Z_{\alpha/2}^2 \, \sigma^2}.$$

En remplaçant σ par s, on obtient une taille minimale de 485 clients. Ainsi, avec 640 clients, on est certain d'avoir une marge d'erreur inférieure à celle qui est fixée, soit 0,1 fois.

EXEMPLE 10.10   **Le revenu des médecins québécois**

Dans le but de déterminer le revenu annuel moyen des quelque 13 300 médecins du Québec, on a choisi au hasard 127 médecins du Québec. Le revenu moyen de ces médecins est de 105 000 $, avec un écart type de 15 000 $[8].

---

8.   Goyette, Robert. « Votre médecin et vous », *L'Actualité*, 15 novembre 1992, vol. 17, n° 18, p. 59.

Expérience aléatoire	Choisir au hasard 127 médecins du Québec
Espace échantillonnal	Tous les échantillons de 127 médecins du Québec
Variable aléatoire	$\overline{X}$ = Revenu moyen des 127 médecins

a) On désire faire une estimation du revenu moyen des médecins du Québec à l'aide d'un intervalle de confiance à 99 %.

Puisque $n = 127 \geq 30$, pour la distribution de la variable $\overline{X}$, on peut utiliser l'approximation par la distribution normale.

On a :

$\overline{x} = 105\,000\ \$$;
$s = 15\,000\ \$$;
$N = 13\,300$.

Puisque le taux de sondage est $\dfrac{127}{13\,300} = 0,01 \leq 0,05$,

$s_{\overline{x}} = \dfrac{15\,000}{\sqrt{127}} = 1\,331\$ $ (au dollar près) ;

– Le pourcentage de confiance est de 99 % ; $1 - \alpha = 0,99$;
– Le risque d'erreur est de 1 % ; $\alpha = 0,01$;
– Le risque d'erreur partagé est de 0,5 % ; $\alpha/2 = 0,005$;
– La cote Z utilisée dans le calcul de l'intervalle de confiance est $Z_{\alpha/2} = Z_{0,005} = 2,58$.

Ainsi, l'intervalle de confiance devient :

$$
\begin{aligned}
[\overline{x} - ME\,;\ \overline{x} + ME] &= [\overline{x} - Z_{\alpha/2} \bullet s_{\overline{x}}\,;\ \overline{x} + Z_{\alpha/2} \bullet s_{\overline{x}}] \\
&= [105\,000 - 2,58 \bullet 1\,331\,;\ 105\,000 + 2,58 \bullet 1\,331] \\
&= [105\,000 - 3\,434\,;\ 105\,000 + 3\,434] \\
&= [101\,566\ \$\,;\ 108\,434\ \$].
\end{aligned}
$$

Le revenu annuel moyen des médecins du Québec se situe entre 101 566 \$ et 108 434 \$, et ce avec un pourcentage de confiance de 99 %.

b) En se basant sur les résultats de l'échantillon, avec un pourcentage de confiance de 99 %, est-ce que 116 000 \$ est une valeur plausible comme revenu moyen des 13 300 médecins du Québec ? La réponse est non, car 116 000 \$ ne fait pas partie de l'intervalle de confiance.

c) On considère qu'une marge d'erreur de 3 434 \$ est trop élevée. On désire estimer, avec un pourcentage de confiance de 99 %, le revenu moyen des médecins du Québec à 500 \$ près. Combien de médecins devra-t-on choisir dans l'échantillon ?

Il faut que

$$
\begin{aligned}
n &\geq \left(\frac{Z_{\alpha/2} \bullet s}{ME} \right)^2 \\
&\geq \left(\frac{2,58 \bullet 15\,000}{500} \right)^2 \\
&\geq 5\,990,76.
\end{aligned}
$$

On devra choisir au moins 5 991 médecins, soit 5 864 de plus que ceux qu'on a déjà sélectionnés. Dans ce cas-ci, le taux de sondage dépassera de beaucoup la norme de 0,05, soit

$$\frac{5\ 991}{13\ 300} = 0,45 > 0,05.$$

Il faut donc utiliser un facteur de correction pour calculer la marge d'erreur correspondante.

Si l'on suppose que l'écart type de l'échantillon conserve la même valeur, la marge d'erreur sera :

$$ME = Z_{\alpha/2} \bullet s_{\bar{x}} = Z_{\alpha/2} \bullet \frac{s}{\sqrt{n}} \sqrt{\frac{N-n}{N-1}}$$

$$= 2,58 \bullet \frac{15\ 000}{\sqrt{5\ 991}} \sqrt{\frac{13\ 300 - 5\ 991}{13\ 300 - 1}}$$

$$= 500 \bullet \sqrt{\frac{13\ 300 - 5\ 991}{13\ 300 - 1}}$$

$$= 371\ \$ \text{ (au lieu de 500 \$ sans le facteur de correction).}$$

EXERCICES

10.12 Le Bureau de la statistique du Québec affirme que 26 208 hommes sont décédés en 1986[9]. Dans le but de connaître l'âge moyen des hommes décédés en 1986, on a choisi au hasard 3 025 décès de Québécois survenus en 1986. L'âge moyen de ces hommes, au moment de leur décès, était de 69,5 ans, avec un écart type de 19,6 ans.

a) À l'aide d'un intervalle de confiance à 95 %, estimez l'âge moyen de tous les hommes québécois décédés en 1986.

b) Selon la réponse obtenue en a), que pourriez-vous faire remarquer à quelqu'un qui affirme que l'âge moyen des hommes québécois, au moment du décès, était de 71 ans en 1986 ?

10.13 Au cours d'un sondage auprès de 45 Québécois choisis au hasard, ceux-ci ont déclaré un revenu annuel moyen de 23 460 $, avec un écart type de 11 956 $. Dans un sondage auprès de 36 Québécoises choisies au hasard, celles-ci ont déclaré un revenu annuel moyen de 11 335 $, avec un écart type de 7 800 $.

a) Estimez le revenu annuel moyen qui est déclaré par les hommes, à l'aide d'un intervalle de confiance à 99 %.

b) Estimez le revenu annuel moyen qui est déclaré par les femmes, à l'aide d'un intervalle de confiance à 99 %.

c) Que pouvez-vous conclure si vous comparez le revenu annuel moyen déclaré par les hommes et celui qui est déclaré par les femmes ?

10.14 Au cours d'un sondage antérieur, les 92 hommes divorcés depuis moins de 1 an que vous avez choisis au hasard avaient un âge moyen de 38,9 ans, avec un écart type de 8,6 ans. De même, dans un autre sondage, les 75 femmes divorcées depuis moins de 1 an que vous avez choisies au hasard avaient un âge moyen de 35,8 ans, avec un écart type de 7,4 ans.

a) Estimez l'âge moyen de tous les hommes divorcés depuis moins de 1 an, à l'aide d'un intervalle de confiance à 95 %.

b) Estimez l'âge moyen de toutes les femmes divorcées depuis moins de 1 an, à l'aide d'un intervalle de confiance à 95 %.

c) Que pouvez-vous conclure au sujet de l'âge moyen des hommes et des femmes divorcés depuis moins de 1 an ?

10.15 Dans une étude sur les familles, vous avez choisi au hasard 116 familles québécoises. Le nombre moyen de personnes dans ces familles était de 3,79 avec un écart type de 1,62.

---

9. *Le Québec statistique*, 59ᵉ édition, Québec, Les Publications du Québec, 1989, p. 310.

a) Estimez le nombre moyen de personnes dans les familles québécoises à l'aide d'un intervalle de confiance à 95 %.

b) Est-ce que l'intervalle que vous venez d'obtenir peut vous aider à estimer le nombre moyen d'enfants dans les familles québécoises ?

10.2.2 L'estimation par intervalle de confiance (suite)

C. Le cas où l'écart type σ est inconnu et $n < 30$

Dans le cas de petits échantillons ($n < 30$), lorsque la distribution de la variable aléatoire X étudiée dans la population obéit à une distribution normale dont l'écart type est inconnu, il est possible d'obtenir la distribution de la variable aléatoire $\overline{X}$. W.E. Gosset a analysé ce cas en 1908. Il a élaboré la distribution de $\overline{X}$ pour des échantillons provenant d'une population normale dont l'écart type de la population était inconnu. Gosset travaillait pour une brasserie, la Guinness Brewery d'Irlande, et cette compagnie interdisait à ses employés de rendre publics les résultats de leurs recherches. C'est ce qui explique pourquoi Gosset a publié le fruit de ses recherches sous le pseudonyme de Student. La distribution qu'on utilisera porte le nom de **distribution de Student**, ou **distribution t**.

En fait, Gosset a étudié la distribution de $t = \dfrac{\overline{X} - \mu}{S_{\overline{x}}}$, et il a montré que la distribution de t variait en fonction du nombre d'éléments dans l'échantillon, plus précisément en fonction de $n - 1$. Ce nombre $n - 1$ s'appelle le nombre de **degrés de liberté**.

Pour illustrer la notion de degré de liberté, on imagine un échantillon de taille 3 pour lequel les données relatives à une variable sont inconnues et qui ont une restriction, soit que leur somme est 72. Le nombre minimal de données qui doivent être spécifiées afin de déterminer la valeur des 3 données est 2. Par exemple, le fait de savoir que la première donnée est 20 n'est pas suffisant pour déterminer les valeurs des deux autres données ; mais si l'on sait que la deuxième est 40, on peut alors déduire que la troisième est 12, puisque la somme des données doit être 72. Alors, le nombre minimal de données qui doivent être connues au départ est 2, ce qui correspond au nombre de degrés de liberté.

Dans le modèle de la distribution de Student pour $t = \dfrac{\overline{X} - \mu}{S_{\overline{x}}}$, une seule restriction est imposée aux n unités de l'échantillon. Alors, le nombre de degrés de liberté, noté ν, est $\nu = n - 1$.

La distribution de Student a la forme d'une cloche un peu plus évasée que celle de la distribution $N(0 ; 1)$. Cependant, la distribution de Student se rapproche de la distribution $N(0 ; 1)$ au fur et à mesure que le nombre de degrés de liberté augmente. On continuera d'utiliser l'approximation à l'aide de la distribution normale pour les échantillons dont la taille est supérieure ou égale à 30.

Cependant, pour utiliser une distribution de Student, il faut :
- **que l'échantillon soit petit, $n < 30$;**
- **qu'une variable aléatoire X obéisse à une loi normale dans la population ;**
- **que l'écart type σ de la distribution de la variable aléatoire X soit inconnu.**

Dans ce cas, la distribution de la variable aléatoire $\dfrac{\overline{X} - \mu}{S_{\overline{x}}}$ obéit à une distribution de Student avec $n - 1$ degrés de liberté, où n est la taille de l'échantillon prélevé.

EXEMPLE 10.11

La lecture d'une table de Student

La table de Student donne, pour chaque degré de liberté ν, la valeur de t qui correspond à une aire donnée sous la courbe, à droite de cette valeur. Les seules valeurs d'aire considérées sont 0,10 ; 0,05 ; 0,025 ; 0,01 et 0,005.

La distribution t est symétrique, tout comme la distribution normale N(0 ; 1). La table donne les valeurs positives de t, et on a les valeurs négatives par symétrie. La figure 10.4 illustre la distribution t.

FIGURE 10.4
Distribution t

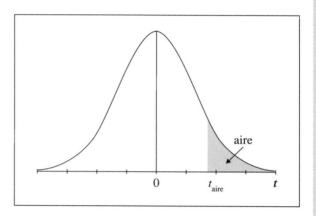

Le tableau 10.5 est un extrait de la table de Student présentée en annexe.

TABLEAU 10.5
Extrait de la table de Student

ν	$t_{0,10}$	$t_{0,05}$	$t_{0,025}$	$t_{0,01}$	$t_{0,005}$
1	3,08	6,31	12,71	31,82	63,66
2	1,89	2,92	4,30	6,96	9,92
3	1,64	2,35	3,18	4,54	5,84
4	1,53	2,13	2,78	3,75	4,60
5	1,48	2,02	2,57	3,37	4,03
6	1,44	1,94	2,45	3,14	3,71
7	1,42	1,90	2,37	3,00	3,50
8	1,40	1,86	2,31	2,90	3,36
9	1,38	1,83	2,26	2,82	3,25
10	1,37	1,81	2,23	2,76	3,17
11	1,36	1,80	2,20	2,72	3,11
12	1,36	1,78	2,18	2,68	3,06
13	1,35	1,77	2,16	2,65	3,01
14	1,34	1,76	2,14	2,62	2,98
15	1,34	1,75	2,13	2,60	2,95
16	1,34	1,75	2,12	2,58	2,92
17	1,33	1,74	2,11	2,57	2,90
18	1,33	1,73	2,10	2,55	2,88
19	1,33	1,73	2,09	2,54	2,86

La valeur de t dépend du pourcentage de confiance et du nombre de degrés de liberté ; elle est notée $t_{\alpha/2\,;\,\nu}$.

Voici deux exemples :

– La valeur de t, pour un échantillon de taille 15 et un intervalle de confiance à 95 %, est notée $t_{0,025\,;\,14}$.

En effet, $n = 15$ et $\alpha = 0,05$. Alors,

$$\nu = n - 1 = 15 - 1 = 14 \text{ et } \alpha/2 = 0,025.$$

Ainsi, $t_{\alpha/2\,;\,\nu} = t_{0,025\,;\,14} = 2,14$. (Cette valeur se trouve dans la colonne 0,025 à l'intersection de la ligne $\nu = 14$.)

– La valeur de t, pour un échantillon de taille 10 et un intervalle de confiance à 90 % est $t_{\alpha/2\,;\,\nu} = t_{0,05\,;\,9}$.

Dans ce cas, $n = 10$ et $\alpha = 0,10$. Alors,

$$\nu = n - 1 = 10 - 1 = 9 \text{ et } \alpha/2 = 0,05.$$

Ainsi, $t_{\alpha/2\,;\,\nu} = t_{0,05\,;\,9} = 1,83$. (Cette valeur se trouve dans la colonne 0,05 à l'intersection de la ligne $\nu = 9$.)

L'utilisation de la distribution de Student permet d'obtenir la forme suivante pour l'intervalle de confiance de la moyenne μ de la variable aléatoire étudiée dans une population :

$$[\bar{x} - ME\,;\,\bar{x} + ME],$$

où $ME = t_{\alpha/2\,;\,\nu} \cdot s_{\bar{x}}$.

Ainsi, l'intervalle de confiance devient :

$$[\bar{x} - t_{\alpha/2\,;\,\nu} \cdot s_{\bar{x}}\,;\,\bar{x} + t_{\alpha/2\,;\,\nu} \cdot s_{\bar{x}}].$$

EXEMPLE 10.12

Le revenu des élèves

Dans le collège où M. Pagé travaille, on suppose que le revenu pour les 12 derniers mois des élèves qui ont un emploi rémunéré durant la session obéit à une loi normale. Voici les données recueillies auprès des 16 élèves choisis au hasard parmi ceux qui ont un emploi rémunéré durant la session (en dollars) :

| 2 800 | 4 200 | 1 700 | 5 300 | 4 200 | 3 500 | 3 200 | 2 000 |
| 3 600 | 3 100 | 3 300 | 2 800 | 4 100 | 3 300 | 2 800 | 3 000 |

Le revenu moyen des 16 élèves est de 3 306,25 $, et l'écart type est de 876,71 $.

Expérience aléatoire	Choisir au hasard 16 élèves ayant un emploi rémunéré durant la session
Espace échantillonnal	Tous les échantillons de 16 élèves ayant un emploi rémunéré durant la session
Variable aléatoire	$\bar{X}$ = Revenu moyen des 16 élèves ayant un emploi rémunéré durant la session

Déterminons le revenu moyen pour les 12 derniers mois de tous les élèves ayant un emploi rémunéré durant la session à l'aide d'un intervalle de confiance à 98 %.

La taille de l'échantillon est $n = 16 < 30$. La distribution de la variable aléatoire, soit X = Revenu d'un élève ayant un emploi rémunéré durant la session, obéit à une loi normale. L'écart type de cette distribution est inconnu. On utilisera la distribution de Student.

On a :

$n = 16 < 30$;

$\bar{x} = 3\,306{,}25\,\$$;

$s = 876{,}71\,\$$.

Il faudrait qu'il y ait moins de 320 élèves ayant un emploi rémunéré durant la session dans le collège où travaille M. Pagé pour que le taux de sondage soit supérieur à 0,05.

$$\frac{16}{N} \leq 0{,}05 ;$$

$$N \geq 320.$$

Dans le collège où travaille M. Pagé, il y a plus de 320 élèves qui ont un emploi rémunéré durant la session   Il n'est donc pas nécessaire d'utiliser le facteur de correction dans le calcul de $s_{\bar{x}}$.

Ainsi,

$$s_{\bar{x}} = \frac{s}{\sqrt{n}} = \frac{876{,}71}{\sqrt{16}} = 219{,}18\,\$.$$

— Le pourcentage de confiance est de 98 % ; $1 - \alpha = 0{,}98$;

— Le risque d'erreur est de 2 % ; $\alpha = 0{,}02$;

— Le risque d'erreur partagé est de 1 % ; $\alpha/2 = 0{,}01$;

— $\nu = n - 1 = 16 - 1 = 15$;

— La valeur de $t_{\alpha/2\,;\,\nu} = t_{0{,}01\,;\,15} = 2{,}60$.

Ainsi, l'intervalle de confiance devient :

$$
\begin{aligned}
[\bar{x} - ME;\ \bar{x} + ME] &= [\bar{x} - t_{\alpha/2\,;\,\nu} \bullet s_{\bar{x}};\ \bar{x} + t_{\alpha/2\,;\,\nu} \bullet s_{\bar{x}}] \\
&= [3\,306{,}25 - 2{,}60 \bullet 219{,}18;\ 3\,306{,}25 + 2{,}60 \bullet 219{,}18] \\
&= [3\,306{,}25 - 569{,}87;\ 3\,306{,}25 + 569{,}87] \\
&= [2\,736{,}38\,\$;\ 3\,876{,}12\,\$].
\end{aligned}
$$

Le revenu moyen pour les 12 derniers mois des élèves ayant un emploi rémunéré durant la session se situe donc entre 2 736,38 $ et 3 876,12 $, et ce avec un pourcentage de confiance de 98 %.

EXEMPLE 10.13   **L'épicerie**

Une épicerie du quartier veut évaluer le montant moyen hebdomadaire que les ménages du quartier consacrent à leur alimentation. On a demandé à 28 ménages, choisis au hasard, à combien s'élevait le montant de leur facture d'épicerie cette semaine. Voici les montants, en dollars, qu'ils ont dépensés à cette fin :

97,25	53,79	189,56	76,80	123,56	119,45	68,83
102,34	87,67	147,23	101,55	67,45	78,90	92,87
167,25	210,34	157,29	134,85	86,69	175,01	191,46
114,32	126,78	210,60	158,24	118,35	84,21	76,83

Sachant que la variable aléatoire X = Montant dépensé pour l'épicerie obéit à une loi normale, il faut déterminer, à l'aide d'un intervalle de confiance à 95 %, le montant moyen qu'ont dépensé les gens du quartier pour l'épicerie cette semaine.

Expérience aléatoire	Choisir au hasard 28 ménages du quartier
Espace échantillonnal	Tous les échantillons de 28 ménages du quartier
Variable aléatoire	$\overline{X}$ = Montant moyen dépensé par les 28 ménages pour l'épicerie

La taille de l'échantillon est $n = 28 < 30$. La distribution du montant dépensé pour l'épicerie obéit à une loi normale, et l'écart type de cette distribution est inconnu. On utilisera la distribution de Student.

On a :

$n = 28 < 30$;

$\overline{x} = 122,12$ \$;

$s = 45,49$ \$.

Puisque le nombre de ménages du quartier est sûrement supérieur à 560, le taux de sondage est inférieur à 0,05. Il n'est donc pas nécessaire d'utiliser le facteur de correction dans le calcul de $s_{\overline{x}}$.

Ainsi,

$$s_{\overline{x}} = \frac{s}{\sqrt{n}} = \frac{45,49}{\sqrt{28}} = 8,60 \text{ \$.}$$

— Le pourcentage de confiance est de 95 % ; $1 - \alpha = 0,95$;

— Le risque d'erreur est de 5 % ; $\alpha = 0,05$;

— Le risque d'erreur partagé est de 2,5 % ; $\alpha/2 = 0,025$;

— $v = n - 1 = 28 - 1 = 27$;

— La valeur de $t_{\alpha/2\,;\,v} = t_{0,025\,;\,27} = 2,05$ (dans la table de Student en annexe).

Ainsi, l'intervalle de confiance devient :

$$[\overline{x} - ME \,;\, \overline{x} + ME] = [\overline{x} - t_{\alpha/2\,;\,v} \bullet s_{\overline{x}} \,;\, \overline{x} + t_{\alpha/2\,;\,v} \bullet s_{\overline{x}}]$$
$$= [122,12 - 2,05 \bullet 8,60 \,;\, 122,12 + 2,05 \bullet 8,60]$$
$$= [122,12 - 17,63 \,;\, 122,12 + 17,63]$$
$$= [104,49 \text{ \$} \,;\, 139,75 \text{ \$}].$$

Le montant moyen que les ménages du quartier ont dépensé pour leur épicerie cette semaine se situe entre 104,49 \$ et 139,75 \$, et ce avec un pourcentage de confiance de 95 %.

EXERCICES

10.16 Vous êtes propriétaire d'une maison et vous croyez que l'évaluation des maisons de votre quartier ne correspond pas à leur valeur marchande. Dans le but de comparer l'évaluation moyenne des maisons de votre quartier avec celle des maisons des quartiers similaires des municipalités avoisinantes, vous avez pris au hasard 10 maisons parmi les 1 200 maisons de votre quartier. Voici la liste des montants d'évaluation de ces maisons :

80 704	86 302	88 789	105 796	126 875
91 477	112 782	125 278	123 941	119 581

L'évaluation des maisons obéit à une loi normale.

a) Déterminez le modèle de distribution que vous utiliserez pour estimer l'évaluation moyenne des maisons de votre quartier.

b) Estimez l'évaluation moyenne des maisons de votre quartier à l'aide d'un intervalle de confiance à 95 %.

c) Estimez l'évaluation moyenne des maisons de votre quartier à l'aide d'un intervalle de confiance à 99 %.

10.17 Le maire de la municipalité voisine se vante d'avoir le taux d'impôt foncier le plus bas de la région. Toutefois, vous savez que ce n'est pas seulement le taux qui compte, mais aussi l'évaluation de la maison. En fait, il faut comparer le montant de l'impôt foncier pour deux maisons similaires. Puisque les deux municipalités sont semblables, vous avez décidé de prendre au hasard 25 maisons de votre municipalité afin d'estimer le montant moyen du compte d'impôt foncier et de le comparer avec le compte moyen de l'autre municipalité. En effet, le maire se vante que le compte moyen d'impôt foncier est de 1 850 $. Voici la liste des montants payés par les propriétaires des maisons sélectionnées dans votre échantillon :

1 389,91	1 472,17	1 495,11	1 528,03	1 558,19
1 584,89	1 641,26	1 644,10	1 661,30	1 663,92
1 689,94	1 719,67	1 720,08	1 751,76	1 759,52
1 810,63	1 860,17	1 865,15	1 874,20	1 877,38
1 907,76	1 963,81	1 976,69	1 981,43	2 130,79

La valeur des comptes d'impôt foncier obéit à une loi normale.

a) Déterminez le modèle de distribution que vous utiliserez pour estimer le compte moyen d'impôt foncier pour votre municipalité.

b) Estimez le compte moyen d'impôt foncier pour votre municipalité à l'aide d'un intervalle de confiance à 95 %.

c) Estimez le compte moyen d'impôt foncier pour votre municipalité à l'aide d'un intervalle de confiance à 99 %.

d) Selon les intervalles obtenus en b) et en c), l'impôt foncier moyen que vous payez est-il supérieur à celui des propriétaires de la municipalité voisine ?

10.18 Reprenons le contexte de l'exercice 10.4 concernant le collège où travaille M. Pagé. Il était question du nombre hebdomadaire d'heures de travail rémunéré effectué par les élèves ayant un emploi rémunéré durant la session. Voici les réponses qu'on avait obtenues auprès de 16 élèves (en heures) :

22	18	25	14	16	20	22	15
14	20	26	22	15	15	14	18

On suppose que le nombre hebdomadaire d'heures de travail rémunéré effectué par les élèves ayant un emploi rémunéré durant la session obéit à une loi normale.

a) Estimez le nombre hebdomadaire moyen d'heures de travail rémunéré qu'effectue un élève ayant un emploi rémunéré durant la session à l'aide d'un intervalle de confiance à 98 %.

b) Estimez le nombre hebdomadaire moyen d'heures de travail rémunéré qu'effectue un élève ayant un emploi rémunéré durant la session à l'aide d'un intervalle de confiance à 99 %.

10.19 En 1990, il y a eu 98 013 naissances et 48 651 décès au Québec[10]. On a prélevé un échantillon aléatoire de 20 dossiers parmi ceux qui sont relatifs aux naissances, et on a noté le poids du nouveau-né à la naissance.

Le poids est exprimé en kilogrammes.

3,1	3,0	1,7	1,8	2,1	3,7	2,2	2,9	4,6	2,8
2,8	2,7	1,2	3,1	0,9	3,2	3,5	2,2	4,2	2,7

Le poids des nouveau-nés obéit à une loi normale.

a) Estimez le poids moyen des nouveau-nés québécois de 1990 à l'aide d'un intervalle de confiance à 99 %.

b) Le poids moyen des nouveau-nés québécois de 1987 était de 3,31 kilogrammes. Ce poids moyen est-il encore plausible ?

---

10. *Portrait social du Québec, Statistiques sociales*, Québec, Les Publications du Québec, 1989, p. 33.

10.3 L'ESTIMATION D'UNE PROPORTION

10.3.1 L'estimation ponctuelle

Puisque P est un estimateur de π, la proportion p obtenue dans l'échantillon est une estimation ponctuelle de la proportion π dans la population.

EXEMPLE 10.14   **La vie personnelle par rapport à la vie professionnelle**

La firme de sondage Léger et Léger a posé en 1995 la question suivante à 1 003 Québécois : « Trouvez-vous plutôt facile ou plutôt difficile de concilier votre vie personnelle et votre vie professionnelle[11] ? » Le tableau 10.6 résume les résultats obtenus.

TABLEAU 10.6
Répartition des Québécois en fonction de leur opinion

Opinion	Pourcentage des personnes
Plutôt facile	48,7
Plutôt difficile	29,0
Ne s'applique pas	21,4
NSP / NRP	0,9
	100

Source : Adapté d'un tableau présenté dans l'article de Sondage Léger et Léger. *Op. cit.*, p. 70.

Expérience aléatoire	Choisir au hasard 1 003 Québécois
Espace échantillonnal	Tous les échantillons de 1 003 Québécois
Variable aléatoire	P = Proportion des Québécois dans l'échantillon qui trouvent plutôt difficile de concilier leur vie personnelle et leur vie professionnelle

L'estimation ponctuelle de π, la proportion des Québécois qui trouvent plutôt difficile de concilier leur vie personnelle et leur vie professionnelle, est obtenue par p, la proportion dans l'échantillon. Celle-ci est de 29,0 %.

EXEMPLE 10.15   **La situation financière**

La firme Léger et Léger a posé en 1995 la question suivante à 207 cadres et professionnels québécois : « Depuis un an, votre situation financière personnelle s'est-elle améliorée, détériorée, ou est-elle restée la même[12] ? » Le tableau 10.7 résume les résultats obtenus.

TABLEAU 10.7
Répartition des cadres et professionnels québécois en fonction de leur opinion

Opinion	Pourcentage des personnes
Améliorée	19,6
Détériorée	21,7
Restée la même	58,2
NSP / NRP	0,5
	100

Source : Adapté d'un tableau présenté dans l'article de Sondage Léger et Léger. *Op. cit.*, p. 66.

---

11. Sondage Léger et Léger. « Indiscrétion », *Magazine Affaires Plus*, novembre 1995, vol. 18, nᵒ 9, p. 70.
12. Sondage Léger et Léger. « Indiscrétion », *Magazine Affaires Plus*, janvier 1996, vol. 18, nᵒ 10, p. 66.

Expérience aléatoire	Choisir au hasard 207 cadres et professionnels québécois
Espace échantillonnal	Tous les échantillons de 207 cadres et professionnels québécois
Variable aléatoire	P = Proportion dans l'échantillon des cadres et professionnels québécois qui trouvent que leur situation financière s'est améliorée

Si l'on estime à 19,6 % la proportion π des cadres et professionnels québécois qui trouvent que leur situation financière s'est améliorée, il s'agit d'une estimation ponctuelle.

EXEMPLE 10.16

Le bilinguisme

Dans le journal *La Presse* du 22 mai 1993, on écrivait que, en 1991, 61 % des anglophones du Québec étaient bilingues[13].

Si l'on choisit au hasard 90 anglophones, quelle est la probabilité que la valeur de l'estimateur P = Proportion d'anglophones bilingues dans l'échantillon soit égale à la valeur du paramètre π = Proportion d'anglophones bilingues dans la population ?

Expérience aléatoire	Choisir au hasard 90 anglophones
Espace échantillonnal	Tous les échantillons de 90 anglophones
Variable aléatoire	P = Proportion d'anglophones bilingues dans l'échantillon

On recherche $P(P = 0,61)$.

Au chapitre 9, on a montré que, pour calculer une telle probabilité, on doit utiliser l'approximation par la distribution normale.

La probabilité recherchée est égale à l'aire d'une ligne. Ainsi,

$$P(P = 0,61) = 0.$$

Il n'y a donc aucune chance que la proportion p calculée dans l'échantillon donne la proportion π exacte de la population ($\pi = 0,61$). Cela signifie que, dans approximativement 0 % des échantillons de taille 90, on obtient $p = \pi = 0,61$ exactement. On dira donc qu'on a 0 % de confiance dans une estimation ponctuelle.

Il est possible d'augmenter le pourcentage de confiance dans l'estimation du paramètre π en bâtissant un intervalle autour de l'estimation ponctuelle p.

---

13. Ouimet, Michèle. « Les élèves anglophones sont mieux préparés au bilinguisme que les enfants francophones », *La Presse*, 22 mai 1993, p. A2.

10.3.2 L'estimation par intervalle de confiance

Comme on l'a déjà mentionné, lorsqu'on recherche la proportion π des unités possédant une caractéristique étudiée dans la population, on prélève un échantillon et l'on considère la variable aléatoire P = Proportion des unités dans l'échantillon qui possèdent la caractéristique.

La variable aléatoire P a comme moyenne

$$\mu_p = \pi$$

et comme écart type

$$\sigma_p = \sqrt{\frac{\pi \cdot (1-\pi)}{n}} \sqrt{\frac{N-n}{N-1}}.$$

Cette variable P obéit approximativement à une distribution normale si les trois conditions suivantes sont respectées :

1) $n \geq 30$.
2) $n \cdot \pi \geq 5$.
3) $n \cdot (1 - \pi) \geq 5$.

Ce sont les conditions d'approximation d'une distribution binomiale par la distribution normale.

L'utilisation de l'approximation par la distribution normale permet d'obtenir la forme suivante pour l'intervalle de confiance de la proportion π des unités possédant la caractéristique étudiée dans la population :

$$[p - ME \; ; p + ME],$$
où $ME = Z_{\alpha/2} \cdot \sigma_p$.

Ainsi, l'intervalle de confiance devient :

$$[p - Z_{\alpha/2} \cdot \sigma_p \; ; p + Z_{\alpha/2} \cdot \sigma_p].$$

Comme on peut le constater, pour connaître σ_p, il faut savoir quelle est la valeur de π, et c'est justement cette valeur que l'on tente d'estimer. Alors, que peut-on faire ?

L'estimation qui sera utilisée pour obtenir σ_p est :

$$s_p = \sqrt{\frac{p \cdot (1-p)}{n}} \sqrt{\frac{N-n}{N-1}}.$$

L'intervalle de confiance pour π devient :

$$[p - Z_{\alpha/2} \cdot s_p \; ; p + Z_{\alpha/2} \cdot s_p].$$

Note : L'estimation sans biais de σ_p^2 est $\dfrac{p \cdot (1-p)}{n-1} \cdot \dfrac{N-n}{N-1}$. Cela signifie qu'on devrait plutôt utiliser $s_p = \sqrt{\dfrac{p \cdot (1-p)}{n-1}} \sqrt{\dfrac{N-n}{N-1}}$. Cependant, étant donné qu'on utilise toujours des échantillons de grande taille pour estimer une proportion dans une population, la différence entre s_p calculé avec n au dénominateur et s_p calculé avec $n-1$ au dénominateur est négligeable.

EXEMPLE 10.17

La vie personnelle par rapport à la vie professionnelle

Reprenons l'exemple 10.14 qui présentait le cas du sondage effectué par la firme Léger et Léger en 1995, dans lequel la question suivante était posée à 1 003 Québécois : « Trouvez-vous plutôt facile ou plutôt difficile de concilier votre vie personnelle et votre vie professionnelle[14] ? ».

Parmi les personnes interrogées, 48,7 % trouvent plutôt facile de concilier leur vie personnelle et leur vie professionnelle.

Donnez une estimation de la proportion de tous les Québécois qui trouvent plutôt facile de concilier leur vie personnelle et leur vie professionnelle à l'aide d'un intervalle de confiance à 95 %.

On a :

$n = 1\ 003$;
$p = 0,487$;
$1 - p = 0,513$.

On vérifie si le taux de sondage $\dfrac{n}{N}$ est $\leq 0,05$:

$\dfrac{n}{N} \leq 0,05$ signifie que $\dfrac{n}{0,05} \leq N$, c'est-à-dire que $\dfrac{1\ 003}{0,05} \leq N$.

N doit être supérieur à 20 060 Québécois en âge de travailler. Comme il y a sûrement plus de 20 060 Québécois en âge de travailler, il ne sera pas nécessaire d'utiliser le facteur de correction pour le calcul de s_p.

$$s_p = \sqrt{\frac{p \cdot (1 - p)}{n}} = \sqrt{\frac{0,487 \cdot 0,513}{1\ 003}} = 0,0158.$$

Puisque π est inconnue, on utilisera p dans la vérification des conditions d'approximation de la binomiale par la distribution normale :

$n = 1\ 003 \geq 30$;
$n \cdot p = 1\ 003 \cdot 0,487 = 488,5 \geq 5$;
$n \cdot (1 - p) = 1\ 003 \cdot 0,513 = 514,5 \geq 5$.

On peut donc utiliser l'approximation par la distribution normale.

- Le pourcentage de confiance est de 95 % ; $1 - \alpha = 0,95$;
- Le risque d'erreur est de 5 % ; $\alpha = 0,05$;
- Le risque d'erreur partagé est de 2,5 % ; $\alpha/2 = 0,025$;
- La cote Z utilisée dans le calcul de l'intervalle de confiance est $Z_{\alpha/2} = Z_{0,025} = 1,96$.

Ainsi, l'intervalle de confiance devient :

$$\begin{aligned}
[p - ME\ ;\ p + ME] &= [p - Z_{\alpha/2} \cdot s_p\ ;\ p + Z_{\alpha/2} \cdot s_p] \\
&= [0,487 - 1,96 \cdot 0,0158\ ;\ 0,487 + 1,96 \cdot 0,0158] \\
&= [0,487 - 0,0310\ ;\ 0,487 + 0,0310] \\
&= [0,4560\ ;\ 0,5180]\ \text{ou}\ [45,60\,\%\ ;\ 51,80\,\%].
\end{aligned}$$

---

14. Sondage Léger et Léger. « Indiscrétion », *Magazine Affaires Plus*, novembre 1995, vol. 18, n° 9, p. 70.

On peut dire que le pourcentage des Québécois qui trouvent plutôt facile de concilier leur vie personnelle et leur vie professionnelle se situe entre 45,60 % et 51,80 %, et ce avec un pourcentage de confiance de 95 %. La marge d'erreur est de 0,0310 ou 3,10 %.

EXEMPLE 10.18

La situation financière

Reprenons l'exemple 10.15 qui présentait le cas du sondage effectué en 1995 par la firme Léger et Léger, dans lequel la question suivante était posée à 207 cadres et professionnels québécois : « Depuis un an, votre situation financière personnelle s'est-elle améliorée, détériorée, ou est-elle restée la même[15] ? ».

Parmi les cadres et professionnels interrogés, 21,7 % trouvent que leur situation financière s'est détériorée.

Quelle est la marge d'erreur d'une estimation, avec un pourcentage de confiance de 99 %, pour la proportion π des cadres et professionnels qui trouvent que leur situation financière s'est détériorée ?

On a :

$n = 207$;
$p = 0,217$;
$1 - p = 0,783$.

On vérifie si le taux de sondage $\dfrac{n}{N}$ est $\leq 0,05$:

$\dfrac{n}{N} \leq 0,05$ signifie que $\dfrac{n}{0,05} \leq N$, c'est-à-dire que $\dfrac{207}{0,05} \leq N$.

N doit être supérieur à 4 140 cadres et professionnels québécois. Comme il y a plus de 4 140 cadres et professionnels québécois, il ne sera pas nécessaire d'utiliser le facteur de correction pour le calcul de s_p :

$$s_p = \sqrt{\dfrac{p \cdot (1 - p)}{n}} = \sqrt{\dfrac{0,217 \cdot 0,783}{207}} = 0,0287 \text{ ou } 2,87\%.$$

Puisque π est inconnue, on utilisera p dans la vérification des conditions d'approximation de la binomiale par la distribution normale.

$n = 207 \geq 30$;
$n \cdot p = 207 \cdot 0,217 = 44,9 \geq 5$;
$n \cdot (1 - p) = 207 \cdot 0,783 = 162,1 \geq 5$.

On peut donc utiliser l'approximation par la distribution normale.

– Le pourcentage de confiance est de 99 % ; $1 - \alpha = 0,99$;

– Le risque d'erreur est de 1 % ; $\alpha = 0,01$;

– Le risque d'erreur partagé est de 0,5 % ; $\alpha/2 = 0,005$;

– La cote Z utilisée est $Z_{\alpha/2} = Z_{0,005} = 2,58$.

---

15. Sondage Léger et Léger. « Indiscrétion », *Magazine Affaires Plus*, janvier 1996, vol. 18, nº 10, p. 66.

Ainsi, la marge d'erreur devient :

$$ME = Z_{\alpha/2} \cdot s_p$$
$$= 2,58 \cdot 0,0287$$
$$= 0,074 \text{ ou } 7,4\%.$$

La proportion des cadres et professionnels québécois qui trouvent que leur situation financière s'est détériorée est de 21,7 %, et ce avec un pourcentage de confiance de 99 %. La marge d'erreur est de 7,4 %.

EXEMPLE 10.19

La réorientation professionnelle

On désire estimer, avec un pourcentage de confiance de 95 %, la proportion des Québécois qui sont prêts à se recycler dans un autre domaine que le leur pour obtenir un emploi. De quelle taille devrait être l'échantillon afin d'estimer cette proportion avec une marge d'erreur n'excédant pas 3 % ?

On reprend l'intervalle de confiance pour une proportion :

$$[p - Z_{\alpha/2} \cdot \sigma_p \; ; p + Z_{\alpha/2} \cdot \sigma_p].$$

La marge d'erreur est :

$$ME = Z_{\alpha/2} \cdot \sigma_p = Z_{\alpha/2} \cdot \sqrt{\frac{\pi \cdot (1-\pi)}{n}}.$$

(On suppose a priori que la taille de la population est suffisamment grande pour qu'il ne soit pas nécessaire d'utiliser le facteur de correction dans la formule de σ_p. Une fois la taille de l'échantillon déterminée, ce fait sera vérifié.)

On cherche à déterminer la taille de l'échantillon en fonction d'une marge d'erreur donnée. Pour y arriver, il faudrait connaître à l'avance la valeur de π. À l'aide d'un outil mathématique, il a été possible de déterminer la valeur qu'il faut donner à π, dans la formule, de telle sorte que la taille de l'échantillon ne donne pas une marge d'erreur supérieure à celle qui a été fixée, et ce peu importe la valeur réelle de π. La valeur qu'il faut donner à π est 1/2.

C'est la valeur de π, parmi toutes les valeurs possibles, qui maximise le produit $\pi \cdot (1 - \pi)$, donc la marge d'erreur. Ainsi, si la valeur réelle de π diffère de 1/2, on aura pris un échantillon un peu plus grand qu'il n'est nécessaire, mais on aura une marge d'erreur inférieure à celle qui a été fixée. En remplaçant π par 1/2, on obtient la formule suivante pour déterminer la taille de l'échantillon en fonction d'une marge d'erreur **maximale**.

Il faut que

$$ME = Z_{\alpha/2} \cdot \sqrt{\frac{\pi \cdot (1-\pi)}{n}} \le 0,03$$

$$= Z_{0,025} \cdot \sqrt{\frac{1/2 \cdot (1-1/2)}{n}} \le 0,03$$

$$= 1,96 \cdot \sqrt{\frac{1/2 \cdot 1/2}{n}} \le 0,03$$

$$= 1,96 \sqrt{\frac{1}{4n}} \le 0,03.$$

Donc, $n \ge 1\,067,11$. Il faut donc interroger au moins 1 068 Québécois.

Il ne faut pas oublier que la taille de l'échantillon doit être d'au moins 30 pour pouvoir utiliser l'approximation par la distribution normale. De plus, il faut vérifier le taux de sondage pour déterminer si le facteur de correction pour une population finie doit être utilisé.

Pour que $\frac{n}{N} \leq 0,05$, c'est-à-dire que $\frac{n}{0,05} \leq N$ ou $\frac{1\ 068}{0,05} \leq N$, il faut que N soit supérieur à 21 360 Québécois. Comme il y a plus de 21 360 Québécois, le facteur de correction n'est pas nécessaire.

De façon générale, lorsqu'on recherche une taille d'échantillon telle que la marge d'erreur ne dépasse pas un certain pourcentage, il faut que :

$$Z_{\alpha/2} \bullet \sqrt{\frac{\pi \bullet (1 - \pi)}{n}} \leq ME,$$

ce qui signifie, pour la valeur de n,

$$n \geq \frac{Z_{\alpha/2}^2}{4 \bullet ME^2} \text{ (en remplaçant } \pi \text{ par } 1/2).$$

Notes : — La taille n de l'échantillon, soit un nombre entier d'éléments, ne devra jamais être inférieure à la valeur obtenue avec cette formule pour que la marge d'erreur maximale donnée initialement soit respectée.
— Si le taux de sondage dépasse 0,05, il faut utiliser le facteur de correction dans la formule de s_p pour évaluer la marge d'erreur correspondant à la valeur n trouvée. Ainsi, dans ce cas, la marge d'erreur sera plus petite que celle qui a été fixée, comme on l'a vu dans le cas de la moyenne.
— La formule pour déterminer la valeur minimale de n qui tient compte du facteur de correction est :

$$n \geq \frac{N Z_{\alpha/2}^2}{4 ME^2 (N - 1) + Z_{\alpha/2}^2}.$$

EXEMPLE 10.20 **La situation financière**

Reprenons l'exemple 10.15 et imaginons que la firme Léger et Léger, dans son sondage effectué en 1995 auprès des cadres et professionnels québécois[16], désire estimer, à l'aide d'un intervalle de confiance à 99 %, la proportion π de ceux qui trouvent que leur situation financière personnelle s'est améliorée, et ce avec une marge d'erreur n'excédant pas 5 %.

La firme a déjà un échantillon préliminaire de 207 cadres et professionnels, et elle a une estimation de π. Ainsi, la valeur de $p = 0,196$ obtenue dans l'échantillon peut être utilisée dans la formule de l'intervalle de confiance :

$$[p - ME\ ;\ p + ME],$$

où la marge d'erreur est :

$$ME = Z_{\alpha/2} \bullet s_p = Z_{\alpha/2} \bullet \sqrt{\frac{p \bullet (1 - p)}{n}}.$$

---

16. Sondage Léger et Léger. « Indiscrétion », *Magazine Affaires Plus*, janvier 1996, vol. 18, n° 10, p. 66.

On recherche la taille de l'échantillon qui permettra de respecter la marge d'erreur ($ME = 0,05$) fixée pour cette estimation de π.

Il faut que

$$ME = Z_{\alpha/2} \cdot \sqrt{\frac{p \cdot (1-p)}{n}} \leq 0,05$$

$$= Z_{0,005} \cdot \sqrt{\frac{0,196 \cdot (1-0,196)}{n}} \leq 0,05$$

$$= 2,58 \cdot \sqrt{\frac{0,196 \cdot (1-0,196)}{n}} \leq 0,05$$

$$= \frac{2,58^2 \cdot (0,196 \cdot 0,804)}{0,05^2} \leq n$$

$$= \frac{2,58^2 \cdot (0,196 \cdot 0,804)}{0,05^2} \leq n.$$

Donc,

$$n \geq 419,6.$$

Il faut choisir au moins 420 cadres et professionnels québécois dans l'échantillon au lieu de 207. Par conséquent, il faudrait en choisir au moins 213 autres.

Il ne faut pas oublier que la taille de l'échantillon doit être d'au moins 30 pour pouvoir utiliser l'approximation par la distribution normale. De plus, il faut vérifier le taux de sondage pour déterminer si le facteur de correction pour une population finie doit être utilisé.

Pour que $\frac{n}{N} \leq 0,05$, c'est-à-dire que $\frac{n}{0,05} \leq N$ ou $\frac{420}{0,05} \leq N$, il faut que N soit supérieur à 8 400 cadres et professionnels québécois. Comme il y a sûrement au moins 8 400 cadres et professionnels québécois, le facteur de correction n'est pas nécessaire.

De façon générale, lorsqu'on recherche une taille d'échantillon telle que la marge d'erreur ne dépasse pas un certain pourcentage, il faut que

$$Z_{\alpha/2} \cdot \sqrt{\frac{p \cdot (1-p)}{n}} \leq ME,$$

d'où on obtient :

$$n \geq \frac{Z_{\alpha/2}^2 \cdot p \cdot (1-p)}{ME^2} = \text{Valeur minimale.}$$

Notes : — Si le taux de sondage dépasse 0,05, il faut utiliser le facteur de correction dans la formule de s_p pour évaluer la marge d'erreur correspondant à la valeur n trouvée. Ainsi, dans ce cas, la marge d'erreur sera plus petite que celle qui a été fixée, comme on l'a vu dans le cas de la moyenne.

     — La formule pour déterminer la valeur minimale de n qui tient compte du facteur de correction est :

$$n \geq \frac{(N-1) Z_{\alpha/2}^2 \, p(1-p)}{ME^2 (N-1) + Z_{\alpha/2}^2 \, p(1-p)}.$$

EXERCICES

10.20 Dans un échantillon de 503 adultes de la région métropolitaine de Montréal, 362 adultes se disaient prêts à se recycler dans un autre domaine que le leur pour obtenir un emploi[17].

a) À l'aide d'un intervalle de confiance à 95 %, estimez le pourcentage réel des adultes de la région métropolitaine de Montréal qui se disent prêts à se recycler dans un autre domaine que le leur pour obtenir un emploi.

b) Avec un pourcentage de confiance de 95 %, de quelle taille devrait être l'échantillon afin que la marge d'erreur de l'estimation soit inférieure à 1 % ?

10.21 Vous devez produire un rapport sur l'équité salariale entre hommes et femmes. L'un des résultats de votre rapport doit mentionner le pourcentage des Québécois qui se disent d'accord avec un projet de loi du gouvernement du Québec. Cette loi forcerait les entreprises de plus de 50 employés à respecter l'équité salariale entre hommes et femmes à partir de l'an 2000, c'est-à-dire à travail équivalent salaire égal.

a) Avec un pourcentage de confiance de 95 %, de quelle taille doit être l'échantillon afin que la marge d'erreur sur l'estimation du pourcentage des Québécois favorables au projet de loi ne soit pas supérieure à 3 % ?

b) Vous prenez un échantillon de 1 004 Québécois. Parmi ceux-ci, 863 se disent favorables au projet de loi[18]. Avec un pourcentage de confiance de 95 %, estimez le pourcentage des Québécois qui sont favorables au projet de loi.

c) Expliquez la différence entre la marge d'erreur prévue et celle qui est obtenue.

10.22 Quel pourcentage des Québécois et Québécoises âgés de 15 ans et plus ne lisent jamais de quotidiens ? Voilà une question à laquelle on aimerait répondre.

a) Avec un pourcentage de confiance de 99 %, de quelle taille doit être l'échantillon afin que la marge d'erreur sur l'estimation du pourcentage des Québécois et Québécoises âgés de 15 ans et plus qui ne lisent jamais de quotidiens ne soit pas supérieure à 3 % ?

b) Vous avez opté pour un échantillon de 1 849 Québécois et Québécoises âgés de 15 ans et plus. Parmi ceux-ci, 167 ont déclaré ne jamais lire de quotidiens. Avec un pourcentage de confiance de 99 %, estimez le pourcentage des Québécois et Québécoises âgés de 15 ans et plus qui ne lisent jamais de quotidiens.

c) Expliquez la différence entre la marge d'erreur prévue et celle qui est obtenue.

10.23 Il y a quelques années au Québec, on a assisté à une grande popularité de la pratique du tennis chez les 15 ans et plus. Cependant, cet engouement n'a pas duré. Existe-t-il encore des personnes qui pratiquent ce sport au Québec ?

a) Avec un pourcentage de confiance de 98 %, de quelle taille doit être l'échantillon afin que la marge d'erreur sur l'estimation du pourcentage des personnes âgées de 15 ans et plus pratiquant le tennis au Québec ne soit pas supérieure à 3 % ?

b) Vous avez opté pour un échantillon de 1 509 personnes âgées de 15 ans et plus. Parmi celles-ci, 46 pratiquent ce sport. Avec un pourcentage de confiance de 98 %, estimez le pourcentage des personnes âgées de 15 ans et plus qui pratiquent le tennis au Québec.

c) Expliquez la différence entre la marge d'erreur prévue et celle qui est obtenue.

---

17. Lortie, Marie-Claude. « Perte d'emploi : le portefeuille en souffre, l'âme aussi », *La Presse*, Cahier Plus, 7 septembre 1996, p. B1.

18. Sondage SOM – La Presse – Droit de parole, *La Presse*, 24 mai 1996, p. B4.

RÉCAPITULATION

Intervalle de confiance pour une moyenne

	Conditions d'application		Intervalle de confiance
Taille de l'échantillon	Distribution de la variable étudiée	Écart type de la distribution	
$n \geq 1$	normale	connu	$[\bar{x} - Z_{\alpha/2} \cdot \sigma_{\bar{x}}\,;\, \bar{x} + Z_{\alpha/2} \cdot \sigma_{\bar{x}}]$
$n \geq 30$	inconnue	connu	$[\bar{x} - Z_{\alpha/2} \cdot \sigma_{\bar{x}}\,;\, \bar{x} + Z_{\alpha/2} \cdot \sigma_{\bar{x}}]$
$n \geq 30$	inconnue	inconnu	$[\bar{x} - Z_{\alpha/2} \cdot s_{\bar{x}}\,;\, \bar{x} + Z_{\alpha/2} \cdot s_{\bar{x}}]$
$n < 30$	normale	inconnu	$[\bar{x} - t_{\alpha/2\,;\,\nu} \cdot s_{\bar{x}}\,;\, \bar{x} + t_{\alpha/2\,;\,\nu} \cdot s_{\bar{x}}]$

Calcul de l'écart type et de la taille de l'échantillon pour une moyenne

Écart type de la distribution	Écart type de $\bar{X}$		Taille de l'échantillon
	$\dfrac{n}{N} \leq 0,05$	$\dfrac{n}{N} > 0,05$	
σ connu	$\sigma_{\bar{x}} = \dfrac{\sigma}{\sqrt{n}}$	$\sigma_{\bar{x}} = \dfrac{\sigma}{\sqrt{n}}\sqrt{\dfrac{N-n}{N-1}}$	$n \geq \left(\dfrac{Z_{\alpha/2} \cdot \sigma}{ME}\right)^2$
σ inconnu	$s_{\bar{x}} = \dfrac{s}{\sqrt{n}}$	$s_{\bar{x}} = \dfrac{s}{\sqrt{n}}\sqrt{\dfrac{N-n}{N-1}}$	$n \geq \left(\dfrac{Z_{\alpha/2} \cdot s}{ME}\right)^2$

Intervalle de confiance pour une proportion

Conditions d'application			Intervalle de confiance
$n \geq 30$	$n \cdot p \geq 5$	$n \cdot (1-p) \geq 5$	$\left[p - Z_{\alpha/2} \cdot s_p\,;\, p + Z_{\alpha/2} \cdot s_p\right]$

Calcul de l'écart type et de la taille de l'échantillon pour une proportion

Écart type de P		Taille de l'échantillon	
$\dfrac{n}{N} \leq 0,05$	$\dfrac{n}{N} > 0,05$	π est inconnu (on utilise $\pi = 1/2$)	π est inconnu (on utilise p de l'échantillon)
$s_p = \sqrt{\dfrac{p \cdot (1-p)}{n}}$	$s_p = \sqrt{\dfrac{p \cdot (1-p)}{n}}\sqrt{\dfrac{N-n}{N-1}}$	$n \geq \dfrac{Z_{\alpha/2}^2}{4 \cdot ME^2}$	$n \geq \dfrac{Z_{\alpha/2}^2 \cdot p \cdot (1-p)}{ME^2}$

EXERCICES RÉCAPITULATIFS

10.24 Vous aimeriez acheter une maison dans un nouveau quartier en banlieue de Montréal. Votre budget ne vous permet pas de payer plus de 95 $ par mois, en moyenne, pour le compte d'électricité. Vous avez choisi au hasard 12 des 1 600 propriétaires abonnés à un plan de paiements mensuels égaux, et vous leur avez demandé le montant de leur compte mensuel d'électricité. Voici ces montants :

81,59	94,86	96,02	96,84	97,70	102,92
105,16	111,53	112,35	113,82	114,10	118,02

Le montant du compte mensuel d'électricité obéit à une loi normale.

a) Estimez le montant moyen des comptes d'électricité de ce mois-ci pour les maisons du quartier à l'aide d'un intervalle de confiance à 95 %.

b) Estimez le montant moyen des comptes d'électricité de ce mois-ci pour les maisons du quartier à l'aide d'un intervalle de confiance à 99 %.

c) Votre budget vous permet-il d'acheter une maison dans ce quartier ?

10.25 Vous venez d'aménager un terrain de golf dans les Laurentides. Cependant, vous n'avez pas encore coté le niveau de difficulté des trous du parcours. Pour évaluer le niveau de difficulté de chacun des trous, vous avez demandé à 50 golfeurs professionnels, choisis au hasard, de les tester. L'écart type de la distribution du nombre de coups pour une normale 5 (5 coups pour entrer la balle dans le trou) est habituellement de 0,65 coup.

Le trou n° 13 correspond à une normale 5 de 565 verges. Les 50 professionnels ont effectué en moyenne 5,23 coups pour ce trou.

a) Quelle est la valeur de l'estimation ponctuelle du nombre moyen de coups nécessaires pour jouer le trou n° 13 ?

b) Quelles sont les conditions requises pour que vous puissiez utiliser la distribution normale dans l'évaluation d'un intervalle de confiance ?

c) Quelle est la marge d'erreur associée à une estimation par intervalle de confiance à 95 % ?

d) Quel est l'intervalle de confiance à 95 % pour le nombre moyen de coups nécessaires pour jouer le trou n° 13 ?

e) D'après la réponse obtenue en d), le trou n°13 est-il difficile ?

f) Avec un pourcentage de confiance de 95 %, de quelle taille devrait être l'échantillon pour que vous puissiez estimer le nombre moyen de coups nécessaires pour jouer le trou n° 13, et ce avec une marge d'erreur n'excédant pas 0,15 coup ?

10.26 Connaissez-vous le pourcentage des Québécois qui sont favorables à un taux unique d'imposition ?

a) Avec un pourcentage de confiance de 95 %, de quelle taille doit être l'échantillon afin que la marge d'erreur sur l'estimation du pourcentage des Québécois qui sont favorables à un taux unique d'imposition ne soit pas supérieure à 3 % ?

b) Un sondage réalisé par Ad hoc recherche pour le journal *Les Affaires* auprès de 998 Québécois de 18 ans et plus révèle que 55 % des Québécois sont en faveur d'un taux unique d'imposition[19]. Avec un pourcentage de confiance de 95 %, estimez le pourcentage des Québécois qui sont en faveur d'un taux unique d'imposition.

c) Expliquez la différence entre la marge d'erreur prévue et celle qui est obtenue.

10.27 On a fait un sondage auprès de 125 hommes et 125 femmes vivant seuls, choisis au hasard. Les hommes avaient un âge moyen de 56,8 ans avec un écart type de 20,6 ans, et les femmes avaient un âge moyen de 42,3 ans avec un écart type de 16,9 ans.

a) Déterminez l'âge moyen de tous les hommes vivant seuls à l'aide d'un intervalle de confiance à 98 %.

b) Déterminez l'âge moyen de toutes les femmes vivant seules à l'aide d'un intervalle de confiance à 98 %.

c) Que pouvez-vous conclure au sujet de l'âge moyen des femmes et des hommes vivant seuls ?

---

19. Adapté de Gagné, Jean-Paul. « 55 % des Québécois sont en faveur d'un taux unique d'imposition », *Les Affaires*, 27 avril 1996, p. 2.

CHAPITRE
11
Les tests d'hypothèses

Elizabeth L. Scott (1917-1988), statisticienne américaine. Ses principales recherches portèrent sur la distribution spatiale des galaxies, les variations de climat et la fréquence des cas de cancer de la peau. Elle fut une collaboratrice précieuse pour Jerzy Neyman[1].

1. L'illustration est extraite de Reid, Constance. *Neyman – from Life*, New York, Springer-Verlag, 1982, p. 238.

En 1987, « le salaire annuel moyen dans l'industrie de la construction atteignait 18 580 \$ ». Durant la même année, 46,6 % des salariés de la construction gagnaient moins de 15 000 \$, les compagnons tuyauteurs avaient un salaire annuel moyen de 31 514 \$, et les monteurs de lignes d'énergie et de distribution avaient un salaire annuel moyen de 33 615 \$[2].

Comment vérifier si ces pourcentages et ces moyennes s'appliquent encore aujourd'hui ? Ont-ils augmenté ou diminué ? Grâce à la théorie des tests d'hypothèses statistiques, on tentera de répondre à ces questions.

11.1 LE TEST D'HYPOTHÈSES SUR UNE MOYENNE

On suppose qu'un individu est accusé de vol à l'étalage dans un grand magasin de Montréal. Le juge a devant lui deux hypothèses, notées H_0 et H_1 :

H_0 : L'accusé n'est pas coupable ;
H_1 : L'accusé est coupable.

A priori, l'accusé n'est pas coupable, et si le juge considère que la preuve fournie pour tenter de démontrer sa culpabilité n'est pas **significative** (hors de tout doute raisonnable), il sera obligé de choisir l'hypothèse H_0. Cela ne veut pas dire que l'individu n'est pas coupable ; cela signifie plutôt que la preuve fournie n'a pas réussi à convaincre le juge de la culpabilité de l'accusé. Lorsque le juge opte pour l'hypothèse H_0, il **annule** l'action entreprise contre l'accusé. Voilà pourquoi l'hypothèse H_0 sera appelée l'**hypothèse nulle**. Toutefois, si le juge considère que la preuve fournie est significative, il choisira l'**hypothèse alternative**, soit H_1. À partir de ce moment, une mesure sera prise, par exemple sous la forme d'un travail communautaire, d'une amende ou d'un emprisonnement.

Contrairement à l'estimation où la moyenne de la variable étudiée dans la population est inconnue, dans un test d'hypothèses, une valeur est proposée pour la moyenne de la variable étudiée, qui sera notée μ_0. Cette moyenne proposée peut être la moyenne de la même variable étudiée une année antérieure, une moyenne qui constituait un objectif, une moyenne d'une autre population servant de critère de comparaison ou une moyenne basée sur des considérations jugées pertinentes par le chercheur. Cette valeur proposée pour la moyenne est connue dès le début de la recherche. Le but du test d'hypothèses est d'intenter un procès à cette moyenne proposée, et c'est la moyenne de l'échantillon $\bar{x}$ qui sera le seul témoin à charge.

Un test d'hypothèses comporte donc deux hypothèses, H_0 et H_1, qui seront appelées les **hypothèses statistiques**.

Dans le cas d'un test d'hypothèses sur une moyenne, l'hypothèse H_0 aura toujours la formulation suivante :

H_0 : $\mu = \mu_0$ (valeur proposée).

---

2. _Le Québec statistique_, 59e édition, Québec, Les Publications du Québec, 1989, p. 601.

La formulation de l'hypothèse alternative dépend de l'objectif visé par le test (le procès).

a) **Si l'on veut montrer que la moyenne dans la population est supérieure à la moyenne proposée**, l'hypothèse alternative aura la formulation :

$H_1 : \mu > \mu_0$.

Ainsi, si l'on désire montrer que le nombre d'heures moyen que les mères québécoises consacrent à leurs enfants quotidiennement est supérieur à 3 heures (μ_0), on aura :

$H_0 : \mu = 3$ heures ;
$H_1 : \mu > 3$ heures.

Dans ce cas, on fait un test d'hypothèses <u>unilatéral</u> (à droite). On optera pour l'hypothèse H_1 si la moyenne de l'échantillon est supérieure à la moyenne proposée pour la population de façon significative.

b) **Si l'on veut montrer que la moyenne de la population est inférieure à la moyenne proposée**, l'hypothèse alternative aura la formulation :

$H_1 : \mu < \mu_0$.

Ainsi, si l'on désire montrer que le nombre moyen d'enfants dans les familles québécoises est inférieur à 1,8 (μ_0), on aura :

$H_0 : \mu = 1,8$ enfant ;
$H_1 : \mu < 1,8$ enfant.

Dans ce cas, on fait un test d'hypothèses <u>unilatéral</u> (à gauche). On optera pour l'hypothèse H_1 si la moyenne de l'échantillon est inférieure à la moyenne proposée pour la population de façon significative.

c) **Si l'on veut montrer que la moyenne de la population est différente de la moyenne proposée**, l'hypothèse alternative aura la formulation :

$H_1 : \mu \neq \mu_0$.

Ainsi, si l'on désire montrer que le temps moyen pris pour effectuer un exercice est différent de 12,3 minutes (μ_0), on aura :

$H_0 : \mu = 12,3$ minutes ;
$H_1 : \mu \neq 12,3$ minutes.

Dans ce cas, on fait un test d'hypothèses <u>bilatéral</u>. On optera pour l'hypothèse H_1 si la moyenne de l'échantillon est supérieure ou inférieure à la moyenne proposée pour la population de façon significative.

L'hypothèse H_1 varie donc en fonction du contexte auquel on veut accorder une attention particulière.

La probabilité que la variable aléatoire $\overline{X}$ soit égale à la moyenne μ_0 de la population est presque nulle. C'est à partir de la moyenne $\overline{x}$ de l'échantillon qu'on détermine si l'écart entre $\overline{x}$ et μ_0 est significatif.

Si cet écart n'est pas significatif, on ne rejettera pas la moyenne μ_0 de la population. On considérera donc que cette moyenne μ_0 est plausible. On fait le même genre d'interprétation lorsque les témoignages au cours d'un procès sont jugés non significatifs. Dans ce dernier cas, l'accusé est reconnu non coupable, mais l'est-il vraiment ?

Par contre, si l'écart entre $\bar{x}$ et μ_0 est significatif, on rejettera la moyenne μ_0 comme moyenne plausible pour la population. On acceptera donc l'hypothèse alternative. La différence entre la moyenne $\bar{x}$ de l'échantillon et la valeur μ_0 proposée pour la moyenne de la population sera jugée significative si l'écart entre $\bar{x}$ et μ_0 est grand, c'est-à-dire si la probabilité d'en arriver à un écart plus grand ou égal à celui qui est obtenu est petite lorsque la moyenne de la population est réellement μ_0. Cette probabilité représente la probabilité de prendre une mauvaise décision en rejetant la moyenne proposée μ_0, s'il s'avère qu'il s'agit réellement de la moyenne de la population.

De ce fait, si la moyenne μ_0 proposée pour la population est la moyenne réelle de la population, il se peut qu'elle soit quand même rejetée. Mais la probabilité que cette situation se produise est relativement faible.

Habituellement, on fixe une valeur maximale pour cette probabilité (5 %, 2 % ou 1 %). Cette valeur est le **seuil de signification** du test, noté α. À l'aide du seuil de signification α et de la distribution de la variable aléatoire $\bar{X}$, on peut déterminer les valeurs de la variable aléatoire $\bar{X}$ qui délimitent les zones de rejet et de non-rejet de l'hypothèse H_0 : ce sont les valeurs critiques.

En général, les valeurs critiques sont exprimées pour la variable centrée et réduite correspondante qui prend l'une des formes présentées au tableau 11.1.

TABLEAU 11.1
Distributions selon les conditions d'application

Distribution utilisée	Conditions d'application
$\dfrac{\bar{X} - \mu_0}{\sigma_{\bar{x}}} = Z$ obéit à une $N(0 \,;\, 1)$	Dans le cas où la variable étudiée X obéit à une loi normale dont l'écart type σ est connu.
$\dfrac{\bar{X} - \mu_0}{\sigma_{\bar{x}}} = Z$ obéit approximativement à une $N(0 \,;\, 1)$	Dans le cas où la variable étudiée X obéit à une loi inconnue dont l'écart type σ est connu et $n \geq 30$.
$\dfrac{\bar{X} - \mu_0}{S_{\bar{x}}} = Z$ obéit approximativement à une $N(0 \,;\, 1)$	Dans le cas où la variable étudiée X obéit à une loi inconnue dont l'écart type σ est inconnu et $n \geq 30$.
$\dfrac{\bar{X} - \mu_0}{S_{\bar{x}}} = t$ obéit à une loi de Student avec $\nu = n - 1$	Dans le cas où la variable étudiée X obéit à une loi normale dont l'écart type σ est inconnu et $n < 30$.

Les conditions d'application des lois utilisées dans les tests d'hypothèses sont exactement les mêmes que celles qui sont utilisées dans l'estimation d'une moyenne. En effet, dans les deux cas, on étudie la distribution de la moyenne échantillonnale $\bar{X}$. Les figures 11.1 à 11.3 présentent les zones de rejet et de non-rejet des trois situations différentes.

Huitième étape : Conclure

Il faut expliquer ce que veut dire la décision en tenant compte du contexte.

EXEMPLE 11.1

Les joueurs de hockey pee-wee

On a choisi au hasard 30 jeunes joueurs de niveau pee-wee au Québec. Ils ont obtenu un temps moyen $\bar{x}$ de 7,63 minutes pour exécuter un exercice de patinage. On considère le cas où le temps pris pour faire l'exercice obéit à une loi normale dont l'écart type σ est de 3 minutes. Avec un seuil de signification de 5 %, peut-on conclure que le temps moyen pris par tous les joueurs de niveau pee-wee au Québec pour exécuter le même exercice est différent de 7 minutes (μ_0), qui est le temps moyen obtenu par les joueurs de même niveau l'année précédente ?

Première étape : Formuler les hypothèses statistiques H_0 et H_1

$H_0 : \mu = 7$ minutes ;
$H_1 : \mu \neq 7$ minutes (test bilatéral).

Deuxième étape : Indiquer le seuil de signification

Le seuil de signification est de 5 % ; $\alpha = 0,05$.

Troisième étape : Vérifier les conditions d'application

- La distribution de la variable « Temps pris pour faire l'exercice » obéit à une loi normale ;
- L'écart type de cette variable est connu, soit $\sigma = 3$ minutes ;
- La taille de l'échantillon est $n = 30$.

Quatrième étape : Préciser quelle est la distribution utilisée

Alors, $\dfrac{\overline{X} - \mu_0}{\sigma_{\bar{x}}} = Z$ obéit à une distribution normale N(0 ; 1).

Cinquième étape : Définir la règle de décision

- Le seuil de signification est de 5 % ; $\alpha = 0,05$;
- Le risque d'erreur est de 5 % ; $\alpha = 0,05$;
- Le risque d'erreur partagé est de 2,5 % ; $\alpha/2 = 0,025$;
- La cote Z utilisée est $Z_{\alpha/2} = Z_{0,025} = 1,96$.

Donc,

- si $-1,96 \leq Z_{\bar{x}} \leq 1,96$, alors on ne rejettera pas l'hypothèse nulle H_0 ;
- si $Z_{\bar{x}} < -1,96$ ou $Z_{\bar{x}} > 1,96$, alors on rejettera l'hypothèse H_0 et, ainsi, on acceptera l'hypothèse alternative H_1.

La figure 11.4 illustre la situation.

FIGURE 11.4
Représentation graphique
des zones de rejet
et de non-rejet de H_0

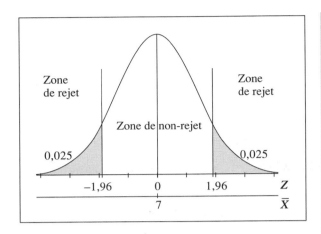

Sixième étape : Calculer

$\bar{x} = 7{,}63$ minutes ;
$n = 30$.

Le taux de sondage est inférieur à 5 %, car il y a au moins 600 joueurs de niveau pee-wee au Québec.

Donc,

$$\sigma_{\bar{x}} = \frac{\sigma}{\sqrt{n}} = \frac{3}{\sqrt{30}} = 0{,}55 \text{ minute};$$

$$Z_{\bar{x}} = \frac{\bar{x} - \mu_0}{\sigma_{\bar{x}}} = \frac{7{,}63 - 7}{0{,}55} = 1{,}15.$$

Septième étape : Prendre la décision

Puisque $-1{,}96 \leq 1{,}15 \leq 1{,}96$, la différence entre $\bar{x} = 7{,}63$ minutes et $\mu = 7$ minutes est jugée non significative. La différence n'est pas assez grande pour qu'on prenne le risque de rejeter H_0. On doit donc accepter H_0. La figure 11.5 illustre la situation.

FIGURE 11.5
Représentation graphique
des zones de rejet
et de non-rejet de H_0
et position de la valeur $Z_{\bar{x}}$

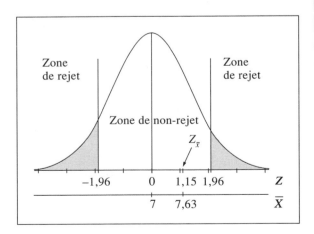

Huitième étape : Conclure

Même si la moyenne obtenue dans l'échantillon est différente de 7 minutes, on ne peut conclure, avec un seuil de signification de 5 %, que le temps moyen de tous les joueurs de niveau pee-wee au Québec pour exécuter l'exercice de patinage est différent de

7 minutes. Il est donc plausible que le temps moyen pour faire l'exercice de patinage soit toujours de 7 minutes. La différence est probablement due au hasard, au moment de l'échantillonnage, et non au fait que la moyenne est différente de 7 minutes. On ne peut conclure que les jeunes joueurs de niveau pee-wee prennent un temps moyen différent de 7 minutes pour faire l'exercice.

EXEMPLE 11.2

Les pneus Burnstone

La compagnie Burnstone déclare que ses pneus ont une durée de vie moyenne d'au moins 40 000 kilomètres (μ_0). Pour vérifier cette affirmation, on a fait des tests sur 72 pneus pris au hasard. L'échantillon a donné une durée de vie moyenne $\bar{x}$ de 35 972 kilomètres avec un écart type s de 18 777 kilomètres. Avec un seuil de signification de 5 %, peut-on conclure que la durée de vie moyenne des pneus est inférieure à 40 000 kilomètres ?

Note :   L'hypothèse H_0 devrait plutôt se lire $\mu \geq 40\ 000$. Mais si le test démontre que la durée de vie moyenne est inférieure à 40 000 kilomètres, du même coup, on a montré que la durée de vie moyenne est inférieure à toute valeur supérieure ou égale à 40 000 kilomètres.

Première étape : Formuler les hypothèses statistiques H_0 et H_1

$H_0 : \mu = 40\ 000$ kilomètres ;
$H_1 : \mu < 40\ 000$ kilomètres (test unilatéral à gauche).

Deuxième étape : Indiquer le seuil de signification

Le seuil de signification est de 5 % ; $\alpha = 0{,}05$.

Troisième étape : Vérifier les conditions d'application

- La distribution de la variable « Durée de vie des pneus » est inconnue ;
- L'écart type de cette variable est inconnu ;
- La taille de l'échantillon est $n = 72 \geq 30$.

Quatrième étape : Préciser quelle est la distribution utilisée

Alors, $\dfrac{\bar{X} - \mu_0}{S_{\bar{x}}} = Z$ obéit approximativement à une distribution normale N(0 ; 1).

Cinquième étape : Définir la règle de décision

- Le seuil de signification est de 5 % ; $\alpha = 0{,}05$;
- Le risque d'erreur est de 5 % ; $\alpha = 0{,}05$;
- La cote Z utilisée est $Z_\alpha = Z_{0,05} = 1{,}64$.

Donc,

- si $Z_{\bar{x}} \geq -1{,}64$, alors on ne rejettera pas l'hypothèse nulle H_0 ;
- si $Z_{\bar{x}} < -1{,}64$, alors on rejettera l'hypothèse H_0 et, ainsi, on acceptera l'hypothèse alternative H_1.

La figure 11.6 illustre la situation.

FIGURE 11.6
Représentation graphique de la zone de rejet de H_0

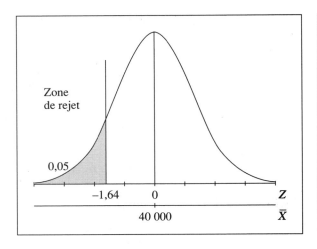

Sixième étape : Calculer

$\bar{x} = 35\ 972$ kilomètres ;

$s = 18\ 777$ kilomètres ;

$n = 72$.

Le taux de sondage est inférieur à 5 %.

Donc,

$$s_{\bar{x}} = \frac{s}{\sqrt{n}} = \frac{18\ 777}{\sqrt{72}} = 2\ 212,89 \text{ kilomètres;}$$

$$Z_{\bar{x}} = \frac{\bar{x} - \mu_0}{s_{\bar{x}}} = \frac{35\ 972 - 40\ 000}{2\ 212,89} = -1,82.$$

Septième étape : Prendre la décision

Puisque $-1,82 < -1,64$, la différence entre $\bar{x} = 35\ 972$ kilomètres et $\mu = 40\ 000$ kilomètres est jugée significative. La différence est assez grande pour qu'on prenne le risque de rejeter H_0 et, ainsi, on acceptera H_1. La figure 11.7 illustre la situation.

FIGURE 11.7
Représentation graphique de la zone de rejet de H_0 et position de $Z_{\bar{x}}$

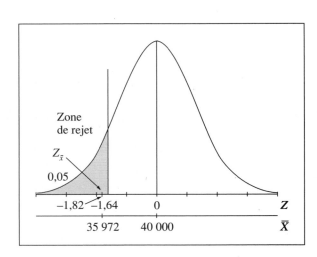

Huitième étape : Conclure

La différence n'est probablement pas due au hasard de l'échantillonnage. Avec un seuil de signification de 5 %, on peut conclure que la durée de vie moyenne des pneus Burnstone est inférieure à 40 000 kilomètres. Si la durée de vie moyenne des pneus est vraiment de 40 000 kilomètres, le risque de prendre une mauvaise décision en rejetant l'hypothèse H_0, c'est-à-dire ne pas accepter que la durée de vie moyenne des pneus soit de 40 000 kilomètres, est inférieur à 5 %.

EXEMPLE 11.3

L'épicerie

Une épicerie du quartier veut évaluer le montant hebdomadaire moyen que les ménages du quartier consacrent à leur alimentation et déterminer s'ils dépensent en moyenne plus de 110 $ (μ_0) par semaine. On a demandé à 28 ménages choisis au hasard à combien s'élevait le montant de leur facture d'épicerie cette semaine. Voici les montants, en dollars, qu'ils ont dépensés à cette fin :

97,25	53,79	189,56	76,80	123,56	119,45	68,83
102,34	87,67	147,23	101,55	67,45	78,90	92,87
167,25	210,34	157,29	134,85	86,69	175,01	191,46
114,32	126,78	210,60	158,24	118,35	84,21	76,83

On sait que le montant dépensé pour l'épicerie obéit à une loi normale. On utilise un seuil de signification de 1 % pour prendre la décision.

Première étape : Formuler les hypothèses statistiques H_0 et H_1

$H_0 : \mu = 110$ \$;
$H_1 : \mu > 110$ \$ (test unilatéral à droite).

Deuxième étape : Indiquer le seuil de signification

Le seuil de signification est de 1 % ; $\alpha = 0,01$.

Troisième étape : Vérifier les conditions d'application

— La distribution de la variable « Montant dépensé pour l'épicerie » obéit à une loi normale ;

— L'écart type de cette variable est inconnu ;

— La taille de l'échantillon est $n = 28 < 30$.

Quatrième étape : Préciser quelle est la distribution utilisée

Alors, $\dfrac{\overline{X} - \mu_0}{S_{\overline{x}}} = t$ obéit à une loi de Student avec 27 degrés de liberté.

Cinquième étape : Définir la règle de décision

— Le seuil de signification est de 1 % ; $\alpha = 0,01$;

— Le risque d'erreur est de 1 % ; $\alpha = 0,01$;

— La cote t utilisée est $t_{\alpha\,;\,v} = t_{0,01\,;\,27} = 2,47$.

Donc,

— si $t_{\overline{x}} \leq 2,47$, alors on ne rejettera pas l'hypothèse nulle H_0 ;

—   si $t_{\bar{x}} > 2,47$, alors on rejettera l'hypothèse H_0 et, ainsi, on acceptera l'hypothèse alternative H_1.

La figure 11.8 illustre la situation.

FIGURE 11.8
Représentation graphique de la zone de rejet de H_0

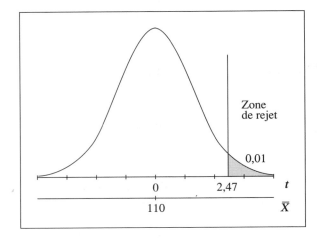

Sixième étape : Calculer

$\bar{x} = 122,12\ \$$;
$s = 45,49\ \$$;
$n = 28$.

Le taux de sondage est inférieur à 5 %.

Donc,

$$s_{\bar{x}} = \frac{s}{\sqrt{n}} = \frac{45,49}{\sqrt{28}} = 8,60\ \$;$$

$$t_{\bar{x}} = \frac{\bar{x} - \mu_0}{s_{\bar{x}}} = \frac{122,12 - 110}{8,60} = 1,41.$$

Septième étape : Prendre la décision

Puisque $1,41 \leq 2,47$, la différence entre $\bar{x} = 122,12\ \$$ et $\mu = 110\ \$$ est jugée non significative. La différence n'est pas assez grande pour qu'on prenne le risque de rejeter H_0. Il faut donc accepter H_0. La figure 11.9 illustre la situation.

FIGURE 11.9
Représentation graphique de la zone de rejet de H_0 et position de $t_{\bar{x}}$

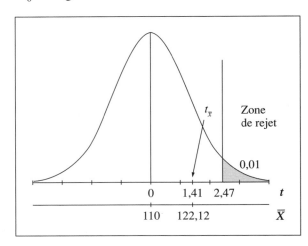

Huitième étape : Conclure

La différence est probablement due au hasard. Avec un seuil de signification de 1 %, on ne peut conclure que le montant moyen dépensé cette semaine pour l'alimentation par les ménages du quartier est supérieur à 110 $.

EXEMPLE 11.4

Le permis de conduire

On sait que la population du Québec vieillit, mais en est-il de même pour ceux qui détiennent un permis de conduire du Québec ? En 1987, il y avait environ 3 850 000 personnes qui détenaient un permis de conduire du Québec, et l'âge moyen de ces personnes était de 39 ans[3]. On a choisi au hasard 225 personnes détenant un permis de conduire du Québec. Dans l'échantillon, l'âge moyen $\bar{x}$ était de 43,2 ans. Si l'écart type σ de la variable « Âge » est de 14,5 ans, peut-on conclure, avec un seuil de signification de 1 %, que l'âge moyen des personnes qui détiennent un permis de conduire du Québec a augmenté ?

Première étape : Formuler les hypothèses statistiques H_0 et H_1

$H_0 : \mu = 39$ ans ;
$H_1 : \mu > 39$ ans (test unilatéral à droite).

Deuxième étape : Indiquer le seuil de signification

Le seuil de signification est de 1 % ; $\alpha = 0,01$.

Troisième étape : Vérifier les conditions d'application

– La distribution de la variable « Âge » est inconnue ;
– L'écart type de cette variable est connu, soit $\sigma = 14,5$ ans ;
– La taille de l'échantillon est $n = 225 \geq 30$.

Quatrième étape : Préciser quelle est la distribution utilisée

Alors, $\dfrac{\bar{X} - \mu_0}{\sigma_{\bar{x}}} = Z$ obéit approximativement à une distribution normale N(0 ; 1).

Cinquième étape : Définir la règle de décision

– Le seuil de signification est de 1 % ; $\alpha = 0,01$;
– Le risque d'erreur est de 1 % ; $\alpha = 0,01$;
– La cote Z utilisée est $Z_{\alpha} = Z_{0,01} = 2,33$.

Donc,

– si $Z_{\bar{x}} \leq 2,33$, alors on ne rejettera pas l'hypothèse nulle H_0 ;
– si $Z_{\bar{x}} > 2,33$, alors on rejettera l'hypothèse H_0 et, ainsi, on acceptera l'hypothèse alternative H_1.

La figure 11.10 illustre la situation.

---

3. *Le Québec statistique*, 59e édition, Québec, Les Publications du Québec, 1989, p. 635.

FIGURE 11.10
Représentation graphique de la zone de rejet de H_0

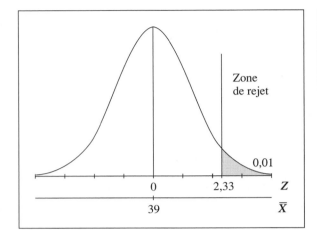

Sixième étape : Calculer

$\bar{x} = 43,2$ ans ;
$\sigma = 14,5$ ans ;
$n = 225$.

Le taux de sondage est inférieur à 5 %.

Donc,

$$\sigma_{\bar{x}} = \frac{\sigma}{\sqrt{n}} = \frac{14,5}{\sqrt{225}} = 0,97 \text{ an};$$

$$Z_{\bar{x}} = \frac{\bar{x} - \mu_0}{\sigma_{\bar{x}}} = \frac{43,2 - 39}{0,97} = 4,33.$$

Septième étape : Prendre la décision

Puisque 4,33 > 2,33, la différence entre $\bar{x} = 43,2$ ans et $\mu = 39$ ans est jugée significative. La différence est assez grande pour qu'on prenne le risque de rejeter H_0 et, ainsi, on acceptera H_1. La figure 11.11 illustre la situation.

FIGURE 11.11
Représentation graphique de la zone de rejet de H_0 et position de $Z_{\bar{x}}$

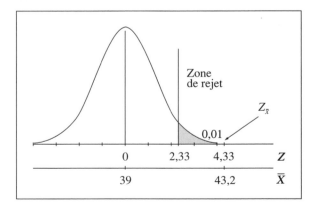

Huitième étape : Conclure

La différence n'est probablement pas due au hasard de l'échantillonnage. On peut conclure que l'âge moyen des personnes détenant un permis de conduire du Québec a augmenté et qu'il est supérieur à 39 ans. La probabilité qu'on prenne une mauvaise décision est d'au plus 1 %.

EXERCICES

11.1 On considère que le revenu familial des travailleurs indépendants obéit à une loi normale avec un écart type de 8 552 $.

On a mené une enquête auprès de 18 travailleurs indépendants choisis au hasard parmi les quelque 400 000 travailleurs indépendants au Québec. Les 18 travailleurs indépendants ont un revenu familial moyen de 40 000 $. Pouvez-vous conclure, avec un seuil de signification de 5 %, que le revenu familial moyen des travailleurs indépendants est inférieur à 45 000 $?

11.2 On considère que les ampoules de type A de 60 watts de la compagnie Itof ont une durée de vie qui obéit à une loi normale dont l'écart type est de 50 heures.

À la demande de la compagnie Itof, on a effectué un contrôle de la qualité sur 64 ampoules de type A de 60 watts prises au hasard. Les tests démontrent que la durée de vie moyenne des 64 ampoules est de 1 975 heures. Pouvez-vous conclure, avec un seuil de signification de 5 %, que la durée de vie moyenne des ampoules de type A est de 2 000 heures ?

11.3 On considère que l'âge des Québécoises au moment de leur décès, en 1986, est une variable ayant un écart type de 18 ans[4].

On a pris au hasard 1 250 des 20 756 décès de Québécoises survenus en 1986. L'âge moyen de ces femmes, au moment du décès, était de 70,5 ans. Pouvez-vous conclure, avec un seuil de signification de 1 %, que l'âge moyen des femmes décédées en 1986 est supérieur à 70 ans ?

11.4 Pour une étude sur les familles, on a choisi au hasard 116 familles québécoises. Le nombre moyen de personnes dans ces familles est de 3,79 avec un écart type de 1,62.

Pouvez-vous conclure, avec un seuil de signification de 5 %, que le nombre moyen de personnes par famille québécoise est inférieur à 4 ?

11.5 Selon un sondage, 92 hommes divorcés depuis moins de 1 an, choisis au hasard parmi la population québécoise, ont un âge moyen de 38,9 ans avec un écart type de 8,6 ans. Selon un autre sondage, 75 femmes divorcées depuis moins de 1 an, choisies au hasard parmi

la population québécoise, ont un âge moyen de 35,8 ans avec un écart type de 7,4 ans.

a) Pouvez-vous conclure, avec un seuil de signification de 1 %, que l'âge moyen des hommes divorcés depuis moins de 1 an au Québec est inférieur à 40 ans ?

b) Pouvez-vous conclure, avec un seuil de signification de 1 %, que l'âge moyen des femmes divorcées depuis moins de 1 an au Québec est inférieur à 40 ans ?

11.6 Dans le but de comparer l'évaluation moyenne des maisons d'un quartier avec celle des maisons qui font partie de quartiers semblables dans les municipalités avoisinantes, on a pris au hasard 10 maisons parmi les 1 200 maisons de ce quartier. Voici la liste des évaluations, en dollars, de ces maisons :

80 704	86 302	88 789	105 796	126 875
91 477	112 782	125 278	123 941	119 581

Sachant que l'évaluation des maisons obéit à une loi normale, pouvez-vous conclure, avec un seuil de signification de 5 %, que l'évaluation moyenne des maisons du quartier est supérieure à 100 000 $?

11.7 Revenons à l'étude sur la situation économique des élèves ayant un emploi rémunéré durant la session au collège où travaille M. Pagé. À partir d'un échantillon aléatoire de 16 élèves ayant un emploi rémunéré durant la session, on a obtenu un nombre hebdomadaire moyen de 18,5 heures et un écart type de 4,0 heures.

Sachant que le nombre d'heures de travail rémunéré par semaine obéit à une loi normale, pouvez-vous conclure, avec un seuil de signification de 1 %, que le nombre d'heures moyen de travail rémunéré par semaine est inférieur à 20 heures ?

11.8 Afin de déterminer le prix de vente des porcs, l'Association des éleveurs de porcs du Québec a besoin d'en connaître le poids moyen, car le prix est évalué au kilogramme. Elle a choisi 24 porcs au hasard.

Voici le poids, en kilogrammes, de ces 24 porcs :

78,2	78,4	78,9	79,0	79,0	79,2	79,2	80,1
79,3	79,4	79,6	79,7	79,8	80,0	80,0	79,3
80,2	80,4	80,6	80,7	80,9	82,1	79,2	80,1

Sachant que le poids des porcs du Québec obéit à une loi normale, pouvez-vous conclure, avec un seuil de signification de 1 %, que le poids moyen de tous les porcs du Québec est inférieur à 80 kilogrammes ?

11.9 Dans un sondage auprès de 125 hommes et 125 femmes vivant seuls, choisis au hasard, les

---

4. *Le Québec statistique*, 59e édition, Québec, Les Publications du Québec, 1989, p. 309.

hommes avaient un âge moyen de 56,8 ans avec un écart type de 20,6 ans, et les femmes avaient un âge moyen de 42,3 ans avec un écart type de 16,9 ans.

a) Pouvez-vous conclure, avec un seuil de signification de 5 %, que l'âge moyen des femmes vivant seules est de 45 ans ?

b) Pouvez-vous conclure, avec un seuil de signification de 5 %, que l'âge moyen des hommes vivant seuls est de 60 ans ?

11.10 Le Bureau de la statistique du Québec déclare que l'âge moyen des 26 208 hommes décédés en 1986 était de 66,3 ans[5]. Dans le but de vérifier cette affirmation, on a pris au hasard 3 025 décès d'hommes survenus en 1986. L'âge moyen de ces hommes, au

_____
5. *Le Québec statistique*, 59e édition, Québec, Les Publications du Québec, 1989, p. 309.

moment de leur décès, était de 69,5 ans avec un écart type de 19,6 ans.

Pouvez-vous conclure, avec un seuil de signification de 1 %, que l'âge moyen des hommes décédés en 1986 est supérieur à 66,3 ans ?

11.11 Vous aimeriez acheter une maison dans un nouvel ensemble résidentiel, en banlieue de Montréal. Votre budget ne vous permet pas de payer plus de 85 $ par mois pour le compte d'électricité. Vous avez choisi au hasard 12 des 1 600 propriétaires et vous leur avez demandé le montant moyen de leur compte mensuel d'électricité. Voici ces montants :

81,59	94,86	96,02	96,84	97,70	102,92
105,16	111,53	112,35	113,82	114,10	118,02

Sachant que le montant moyen des comptes d'électricité obéit à une loi normale, pouvez-vous conclure, avec un seuil de signification de 5 %, que vous avez les moyens d'acheter une maison dans cet ensemble résidentiel ?

11.2 LE TEST D'HYPOTHÈSES SUR UNE PROPORTION

Un test d'hypothèses sur une proportion comporte les mêmes huit étapes que dans le cas d'un test d'hypothèses sur une moyenne :

Première étape : Formuler les hypothèses statistiques H_0 et H_1

$H_0 : \pi = \pi_0$ **ou** $H_0 : \pi = \pi_0$ **ou** $H_0 : \pi = \pi_0$
$H_1 : \pi < \pi_0$ $H_1 : \pi \neq \pi_0$ $H_1 : \pi > \pi_0$

Deuxième étape : Indiquer le seuil de signification

Troisième étape : Vérifier les conditions d'application

(Il s'agit d'une approximation de la distribution binomiale à l'aide de la distribution normale.)

$n \geq 30$;
$n \cdot \pi_0 \geq 5$;
$n \cdot (1 - \pi_0) \geq 5$.

Quatrième étape : Préciser quelle est la distribution utilisée

Si les conditions précédentes sont vérifiées, alors $\dfrac{P - \pi_0}{\sigma_p} = Z$ obéit approximativement à une distribution normale N(0 ; 1).

Cinquième étape : Définir la règle de décision

– Il faut spécifier la zone de non-rejet de l'hypothèse nulle H_0 ;
– Il faut spécifier la zone de rejet de l'hypothèse nulle H_0.

Sixième étape : Calculer

— p et σ_p, où $\sigma_p = \sqrt{\dfrac{\pi_0 \cdot (1-\pi_0)}{n}} \sqrt{\dfrac{N-n}{N-1}}$.

Il faut utiliser π_0 comme proportion dans la population, car l'hypothèse H_0 est toujours supposée vraie au départ ;

— Z_p.

Septième étape : Prendre la décision

Il faut appliquer la règle de décision.

Huitième étape : Conclure

Il faut expliquer ce que veut dire la décision en tenant compte du contexte.

EXEMPLE 11.5

La situation financière

Un sociologue croit que moins de 30 % (π_0) des Québécois sur le marché du travail considèrent que leur situation financière personnelle s'est améliorée au cours de la dernière année[6]. Afin de vérifier si l'on peut conclure dans ce sens, avec un seuil de signification de 5 %, un échantillon aléatoire de 1 003 Québécois sur le marché du travail a été prélevé. Dans cet échantillon, 28,4 % des personnes considéraient que leur situation financière s'était améliorée.

Première étape : Formuler les hypothèses statistiques H_0 et H_1

$H_0 : \pi = 0,30$ ou 30 % ;
$H_1 : \pi < 0,30$ (test unilatéral à gauche).

Deuxième étape : Indiquer le seuil de signification

Le seuil de signification est de 5 % ; $\alpha = 0,05$.

Troisième étape : Vérifier les conditions d'application

$n = 1\ 003 \geq 30$;
$n \cdot \pi_0 = 1\ 003 \cdot 0,30 = 300,9 \geq 5$;
$n \cdot (1 - \pi_0) = 1\ 003 \cdot 0,70 = 702,1 \geq 5$.

Quatrième étape : Préciser quelle est la distribution utilisée

Alors, $\dfrac{P - \pi_0}{\sigma_p} = Z$ obéit approximativement à une distribution normale N(0 ; 1).

Cinquième étape : Définir la règle de décision

— Le seuil de signification est de 5 % ; $\alpha = 0,05$;

— Le risque d'erreur est de 5 % ; $\alpha = 0,05$;

— La cote Z utilisée est $Z_\alpha = Z_{0,05} = 1,64$.

Donc,

— si $Z_p \geq -1,64$, alors on ne rejettera pas l'hypothèse nulle H_0 ;

---

6. Sondage Léger et Léger. « Indiscrétion », *Magazine Affaires Plus*, janvier 1996, vol. 18, nº 10, p. 66.

— si $Z_p < -1,64$, alors on rejettera l'hypothèse H_0 et, ainsi, on acceptera l'hypothèse alternative H_1.

La figure 11.12 illustre la situation.

FIGURE 11.12
**Représentation graphique
de la zone de rejet de H_0**

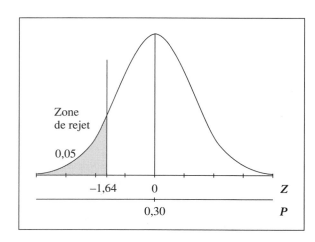

Sixième étape : Calculer

$p = 0,284$.

Le taux de sondage est inférieur à 5 %, car il y a plus de 20 060 Québécois sur le marché du travail.

Donc,

$$\sigma_p = \sqrt{\frac{\pi_0 \cdot (1 - \pi_0)}{n}} = \sqrt{\frac{0,30 \cdot (1 - 0,30)}{1\ 003}} = 0,0145;$$

$$Z_p = \frac{0,284 - 0,30}{0,0145} = -1,10.$$

Note :   Il est important de conserver, si possible, quatre décimales pour les valeurs de p et de σ_p dans le calcul de Z_p. Prendre moins de décimales pourrait entraîner une mauvaise décision lorsque la valeur de Z est près de la valeur critique.

Par exemple, on peut comparer les deux résultats suivants :

$$\frac{0,284 - 0,30}{0,0145} = -1,10$$

devient, si l'on conserve seulement deux décimales :

$$\frac{0,28 - 0,30}{0,01} = -2,00.$$

Une différence de près de 1 pour une cote Z, c'est beaucoup.

Septième étape : Prendre la décision

Puisque $-1,10 \geq -1,64$, la différence entre $p = 0,284$ et $\pi = 0,30$ est jugée non significative. La différence n'est pas assez grande pour qu'on prenne le risque de rejeter H_0. Il faut donc accepter H_0. La figure 11.13 illustre la situation.

FIGURE 11.13
Représentation graphique de la zone de rejet de H₀ et position de Z_p

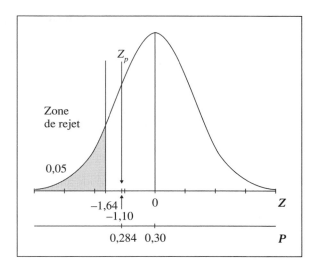

Huitième étape : Conclure

La différence est probablement due au hasard. Avec un seuil de signification de 5 %, le sociologue ne peut pas conclure que moins de 30 % des Québécois sur le marché du travail considèrent que leur situation financière s'est améliorée.

EXEMPLE 11.6

Les vacances d'été

Une agence de voyages veut vérifier, à l'aide d'un test utilisant un seuil de signification de 1 %, si plus de la moitié (π_0) des cadres et professionnels québécois dépensent moins de 2 000 $ pour leurs vacances d'été.

Les recherches ont permis de constater que le groupe Léger et Léger a déjà effectué un sondage récent sur le sujet auprès de 198 cadres et professionnels québécois. Dans cet échantillon, 112 personnes dépensaient moins de 2 000 $ pour leurs vacances d'été[7].

Première étape : Formuler les hypothèses statistiques H₀ et H₁

$H_0 : \pi = 0{,}50$;
$H_1 : \pi > 0{,}50$ (test unilatéral à droite).

Deuxième étape : Indiquer le seuil de signification

Le seuil de signification est de 1 % ; $\alpha = 0{,}01$.

---

7.   Sondage Léger et Léger. « Indiscrétion », *Magazine Affaires Plus*, juin 1995, vol. 18, n° 5, p. 58.

Troisième étape : Vérifier les conditions d'application

$n = 198 \geq 30$;
$n \cdot \pi_0 = 198 \cdot 0{,}50 = 99 \geq 5$;
$n \cdot (1 - \pi_0) = 198 \cdot 0{,}50 = 99 \geq 5$.

Quatrième étape : Préciser quelle est la distribution utilisée

Alors, $\dfrac{P - \pi_0}{\sigma_p} = Z$ obéit approximativement à une distribution normale N(0 ; 1).

Cinquième étape : Définir la règle de décision

– Le seuil de signification est de 1 % ; $\alpha = 0{,}01$;

– Le risque d'erreur est de 1 % ; $\alpha = 0{,}01$;

– La cote Z utilisée est $Z_\alpha = Z_{0{,}01} = 2{,}33$.

Donc,

– si $Z_p \leq 2{,}33$, alors on ne rejettera pas l'hypothèse nulle H_0 ;

– si $Z_p > 2{,}33$, alors on rejettera l'hypothèse H_0 et, ainsi, on acceptera l'hypothèse alternative H_1.

La figure 11.14 illustre la situation.

FIGURE 11.14
Représentation graphique de la zone de rejet de H_0

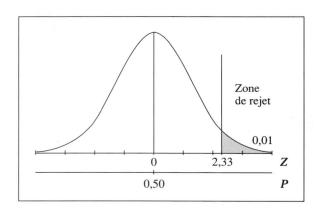

Sixième étape : Calculer

$p = \dfrac{112}{198} = 0{,}5657$.

Le taux de sondage est inférieur à 5 %, car il y a plus de 3 960 cadres et professionnels québécois.

Donc,

$$\sigma_p = \sqrt{\dfrac{\pi_0 \cdot (1 - \pi_0)}{n}} = \sqrt{\dfrac{0{,}50 \cdot (1 - 0{,}50)}{198}} = 0{,}0355 ;$$

$$Z_p = \dfrac{0{,}5657 - 0{,}50}{0{,}0355} = 1{,}85.$$

Septième étape : Prendre la décision

Puisque $1{,}85 \leq 2{,}33$, la différence entre $p = 0{,}5657$ et $\pi = 0{,}50$ est jugée non significative. La différence n'est pas assez grande pour qu'on prenne le risque de rejeter H_0. Il faut donc accepter H_0. La figure 11.15 illustre la situation.

FIGURE 11.15
Représentation graphique
de la zone de rejet de H_0
et position de Z_p

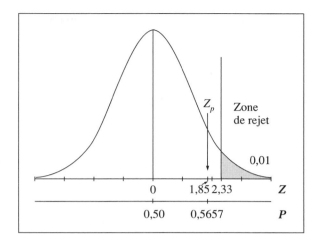

Huitième étape : Conclure

La différence est probablement due au hasard. Avec un seuil de signification de 1 %, on ne peut conclure que plus de la moitié des cadres et professionnels québécois dépensent moins de 2 000 $ pour leurs vacances d'été.

EXERCICES

11.12 Dans un échantillon de 1 034 Québécois choisis au hasard, on a relevé 650 personnes qui étaient mariées. Avec un seuil de signification de 1 %, pouvez-vous conclure que plus de la moitié des Québécois sont mariés ?

11.13 Un sondage effectué par SOM auprès de 1 004 Québécois indique que 86 % de ceux-ci sont en accord avec un projet de loi du gouvernement du Québec qui forcerait « les entreprises de plus de 50 employés à respecter l'équité salariale entre hommes et femmes à partir de l'an 2000, c'est-à-dire à travail équivalent salaire égal[8] ».

_____
8. Sondage SOM – La Presse – Droit de parole, *La Presse*, 24 mai 1996, p. B4.

Avec un seuil de signification de 5 %, pouvez-vous conclure que le pourcentage de Québécois en accord avec le projet de loi est de 85 % ?

11.14 On a pris un échantillon de 1 849 Québécois et Québécoises âgés de 15 ans et plus. Parmi ceux-ci, 167 ont répondu ne jamais lire les quotidiens. Avec un seuil de signification de 1 %, pouvez-vous conclure que le pourcentage des Québécois et Québécoises âgés de 15 ans et plus qui ne lisent jamais les quotidiens est de 10 % ?

11.15 Vous avez pris un échantillon de 1 509 Québécois âgés de 15 ans et plus. Parmi ceux-ci, 46 pratiquent le tennis. Avec un seuil de signification de 5 %, pouvez-vous conclure que le pourcentage des personnes âgées de 15 ans et plus qui pratiquent le tennis au Québec est inférieur à 5 % ?

11.3   LES ERREURS

Lorsqu'on prend la décision de rejeter une hypothèse alors qu'elle est vraie, on commet une erreur. On peut commettre une erreur en rejetant l'hypothèse H_0

lorsqu'elle est vraie, mais on peut aussi en commettre une en acceptant l'hypothèse H_0 lorsqu'elle est fausse. Dans le premier cas, l'erreur est dite de **première espèce** et, dans le deuxième cas, elle est dite de **deuxième espèce**. Le tableau 11.2 résume cette situation.

TABLEAU 11.2
Différents types d'erreurs

Décision	Valeur de H_0	
	H_0 est vraie	H_0 est fausse
Accepter H_0	Aucune erreur	Erreur de deuxième espèce
Rejeter H_0	Erreur de première espèce	Aucune erreur

11.3.1 L'erreur de première espèce

Au cours d'un test d'hypothèses, la probabilité de commettre une erreur de première espèce est α, qui est le seuil de signification du test. C'est la probabilité d'obtenir un échantillon dont la moyenne $\bar{x}$ se situe dans la zone de rejet lorsque la moyenne est réellement μ_0, c'est-à-dire la moyenne proposée dans l'hypothèse H_0.

α = P(rejeter H_0 lorsque H_0 est vraie) = Seuil de signification,

comme le montre la figure 11.16 pour un test bilatéral.

FIGURE 11.16
Zones de rejet et de non-rejet pour les variables $\bar{X}$ et Z pour un test bilatéral

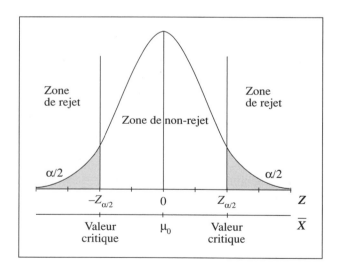

11.3.2 L'erreur de deuxième espèce

La probabilité de commettre une erreur de deuxième espèce est un peu plus difficile à calculer. Lorsque l'hypothèse H_0 est fausse, c'est l'hypothèse H_1 qui est vraie. Or, dans l'hypothèse H_1, aucune valeur précise n'est proposée pour la moyenne. On a seulement :

$H_1 : \mu < \mu_0$ **ou** $H_1 : \mu \neq \mu_0$ **ou** $H_1 : \mu > \mu_0$.

La valeur de la probabilité de commettre une erreur de deuxième espèce dépend donc de la vraie valeur de μ, qui sera notée μ_1. La probabilité de commettre une erreur de deuxième espèce est notée β.

β = P(accepter H_0 lorsque H_0 est fausse) **ou** β = P(accepter H_0 lorsque $\mu = \mu_1$).

EXEMPLE 11.7

Les joueurs de hockey pee-wee

Reprenons l'exemple 11.1. On a :

$\sigma = 3$ minutes ;
$n = 30$;
$\sigma_{\bar{x}} = 0,55$ minute.

Les hypothèses sont :

$H_0 : \mu = 7$ minutes ;
$H_1 : \mu \neq 7$ minutes.

La règle de décision est :

Si $Z_{\bar{x}} < -1,96$, c'est-à-dire si $\bar{x} < 5,92$ minutes, ou si $Z_{\bar{x}} > 1,96$, c'est-à-dire si $\bar{x} > 8,08$ minutes, alors on rejettera l'hypothèse H_0.

Pour obtenir les valeurs critiques de $\bar{x}$, on procède comme suit :

$$Z_{\bar{x}} = \frac{\bar{x} - 7}{0,55} < -1,96, \text{ d'où } \bar{x} < -1,96 \cdot 0,55 + 7 = 5,92 \text{ minutes.}$$

On procède de même pour obtenir $\bar{x} = 8,08$ minutes.

Toutefois, si $-1,96 \leq Z_{\bar{x}} \leq 1,96$, on ne rejettera pas l'hypothèse H_0.

Pour avoir une idée de l'erreur de deuxième espèce, on calcule celle-ci en fonction de diverses valeurs, plus ou moins près de μ_0, qu'on attribue à la moyenne de la population.

a) **Si la moyenne est en réalité de 8 minutes**, la probabilité de commettre une erreur de deuxième espèce est :

β = P(accepter H_0 lorsque H_0 est fausse).

Puisque la règle de décision est d'accepter H_0 si $5,92 \leq \bar{x} \leq 8,08$, alors

β = P$(5,92 \leq \bar{X} \leq 8,08)$ si $\mu = \mu_1 = 8$ minutes.

Puisque $\sigma_{\bar{x}} = 0,55$ minute,
$$\beta = P\left(\frac{5,92 - 8}{0,55} \leq Z \leq \frac{8,08 - 8}{0,55} \right).$$

Note : Il faut calculer les valeurs de Z en utilisant la moyenne de 8 minutes, puisque c'est elle qui est supposément vraie.

β = P$(-3,78 \leq Z \leq 0,15)$.

La figure 11.17 montre la courbe normale centrée à $\mu = \mu_1 = 8$ minutes (celle de droite) superposée à celle de l'hypothèse H_0 où $\mu = \mu_0 = 7$ minutes. On peut voir que, si $\mu = \mu_1 = 8$ minutes, il existe plusieurs échantillons avec des moyennes $\bar{x}$ se situant dans la zone d'acceptation de H_0, c'est-à-dire avec des moyennes entre 5,92 et 8,08 minutes. La région tramée correspond à la probabilité d'accepter l'hypothèse H_0 ; lorsque $\mu = \mu_1 = 8$ minutes, elle représente β.

FIGURE 11.17
Représentation de la probabilité β de commettre une erreur de deuxième espèce

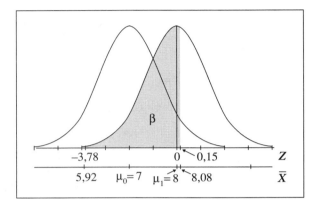

$$\beta = P(-3,78 \leq Z \leq 0,15)$$
$$= P(-3,78 \leq Z \leq 0) + P(0 \leq Z \leq 0,15)$$
$$= 0,5000 + 0,0596 = 0,5596.$$

Cela signifie que, si la moyenne est de 8 minutes, il y a environ 55,96 % des échantillons de taille 30 dont la moyenne se situe entre 5,92 et 8,08 minutes. Par conséquent, 55,96 % des échantillons entraîneront une mauvaise décision si la moyenne réelle est de 8 minutes plutôt que de 7 minutes.

b) **Si la moyenne est en réalité de 10 minutes**, la probabilité de commettre une erreur de deuxième espèce est :

$$\beta = P(\text{accepter } H_0 \text{ lorsque } H_0 \text{ est fausse}).$$

Puisque la règle de décision est d'accepter H_0 si $5,92 \leq \bar{x} \leq 8,08$, alors

$$\beta = P(5,92 \leq \bar{X} \leq 8,08) \text{ si } \mu = \mu_1 = 10 \text{ minutes.}$$

La figure 11.18 illustre la situation.

FIGURE 11.18
Représentation de la probabilité β de commettre une erreur de deuxième espèce

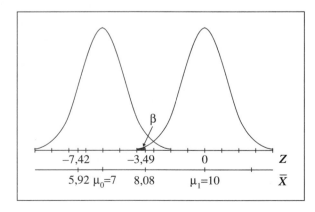

Puisque $\sigma_{\bar{x}} = 0,55$ minute,
$$\beta = P\left(\frac{5,92 - 10}{0,55} \leq Z \leq \frac{8,08 - 10}{0,55}\right)$$
$$= P(-7,42 \leq Z \leq -3,49).$$

$$\beta = P(-7,42 \leq Z \leq 0) - P(-3,49 \leq Z \leq 0)$$
$$= 0,5000 - 0,4998 = 0,0002.$$

Cela signifie que, si la moyenne est de 10 minutes, il y a environ 0,02 % des échantillons de taille 30 dont la moyenne se situe entre 5,92 et 8,08 minutes. Par conséquent, 0,02 % des échantillons entraîneront une mauvaise décision si la moyenne réelle est de 10 minutes plutôt que de 7 minutes.

Note : Plus la valeur de la moyenne μ_1 s'éloigne de μ_0, plus la probabilité d'accepter l'hypothèse H_0 est faible. Cela signifie que plus la moyenne μ_1 est loin de la valeur μ_0, plus la probabilité de commettre une erreur de deuxième espèce est faible. On peut choisir le seuil de signification α désiré, mais on n'a aucun contrôle direct sur la valeur de β. Celle-ci dépend de α et de n qu'on a choisis.

EXEMPLE 11.8

Le permis de conduire

Reprenons l'exemple 11.4.

Les hypothèses sont :

$H_0 : \mu = 39$ ans ;
$H_1 : \mu > 39$ ans.

La règle de décision est :

— si $Z_{\bar{x}} \leq 2,33$, alors on ne rejettera pas l'hypothèse nulle H_0 ;
— si $Z_{\bar{x}} > 2,33$, alors on rejettera l'hypothèse H_0 et, ainsi, on acceptera l'hypothèse alternative H_1.

Si $\bar{x} > 41,26$ ans, alors on rejettera l'hypothèse H_0 et, ainsi, on acceptera l'hypothèse alternative H_1. La règle de décision est toujours définie en fonction de la valeur proposée dans l'hypothèse H_0.

Si la moyenne est en réalité de 44 ans, la probabilité de commettre une erreur de deuxième espèce est :

$$\beta = P(\text{accepter } H_0 \text{ lorsque } H_0 \text{ est fausse})$$
$$= P(\overline{X} \leq 41,26 \text{ ans}) \text{ si } \mu = \mu_1 = 44 \text{ ans}.$$

La figure 11.19 illustre la situation.

FIGURE 11.19
**Représentation
de la probabilité β
de commettre une erreur
de deuxième espèce**

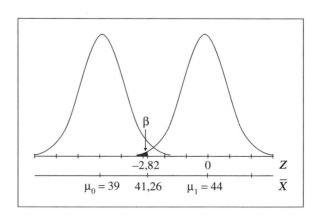

$$\beta = P\left(Z \le \frac{41,26 - 44}{0,97}\right)$$
$$= P(Z \le -2,82)$$
$$= 0,5000 - 0,4976$$
$$= 0,0024.$$

Cela signifie que, si la moyenne d'âge est de 44 ans, il y a environ 0,24 % des échantillons de taille 225 dont la moyenne est inférieure à 41,26 ans. Par conséquent, 0,24 % des échantillons entraîneront une mauvaise décision si la moyenne réelle est de 44 ans plutôt que de 39 ans.

EXERCICES

11.16 Reprenons le contexte de l'exercice 11.2.

a) Quelle est la probabilité de commettre une erreur de deuxième espèce si la moyenne est en réalité de 1 950 heures ?

b) Quelle est la probabilité de commettre une erreur de deuxième espèce si la moyenne est en réalité de 2 030 heures ?

11.17 Reprenons le contexte de l'exercice 11.4.

a) Quelle est la probabilité de commettre une erreur de deuxième espèce si la moyenne est en réalité de 3,5 personnes ?

b) Quelle est la probabilité de commettre une erreur de deuxième espèce si la moyenne est en réalité de 3,25 personnes ?

11.18 Reprenons le contexte de l'exercice 11.3.

a) Quelle est la probabilité de commettre une erreur de deuxième espèce si la moyenne est en réalité de 71 ans ?

b) Quelle est la probabilité de commettre une erreur de deuxième espèce si la moyenne est en réalité de 75 ans ?

RÉCAPITULATION

Les tests d'hypothèses sur une moyenne

Conditions d'application				Zone de rejet		
Taille de l'échantillon n	Distribution de la variable X	Écart type de la variable σ	Variable centrée réduite	Unilatéral à gauche $H_0: \mu = \mu_0$ $H_1: \mu < \mu_0$	Bilatéral $H_0: \mu = \mu_0$ $H_1: \mu \neq \mu_0$	Unilatéral à droite $H_0: \mu = \mu_0$ $H_1: \mu > \mu_0$
$n \geq 1$	normale	connu	$\dfrac{\overline{X} - \mu_0}{\sigma_{\overline{x}}} = Z$	$Z_{\overline{x}} < -Z_{\alpha}$	$Z_{\overline{x}} < -Z_{\alpha/2}$ ou $Z_{\overline{x}} > Z_{\alpha/2}$	$Z_{\overline{x}} > Z_{\alpha}$
$n \geq 30$	inconnue	connu	$\dfrac{\overline{X} - \mu_0}{\sigma_{\overline{x}}} = Z$	$Z_{\overline{x}} < -Z_{\alpha}$	$Z_{\overline{x}} < -Z_{\alpha/2}$ ou $Z_{\overline{x}} > Z_{\alpha/2}$	$Z_{\overline{x}} > Z_{\alpha}$
$n \geq 30$	inconnue	inconnu	$\dfrac{\overline{X} - \mu_0}{S_{\overline{x}}} = Z$	$Z_{\overline{x}} < -Z_{\alpha}$	$Z_{\overline{x}} < -Z_{\alpha/2}$ ou $Z_{\overline{x}} > Z_{\alpha/2}$	$Z_{\overline{x}} > Z_{\alpha}$
$n < 30$	normale	inconnu	$\dfrac{\overline{X} - \mu_0}{S_{\overline{x}}} = t$	$t_{\overline{x}} < -t_{\alpha}$	$t_{\overline{x}} < -t_{\alpha/2}$ ou $t_{\overline{x}} > t_{\alpha/2}$	$t_{\overline{x}} > t_{\alpha}$

La valeur de l'écart type utilisé pour la distribution de la variable $\overline{X}$

Conditions sur σ	Écart type de $\overline{X}$	
	Si $\dfrac{n}{N} \leq 0,05$	Si $\dfrac{n}{N} > 0,05$
σ connu	$\sigma_{\overline{x}} = \dfrac{\sigma}{\sqrt{n}}$	$\sigma_{\overline{x}} = \dfrac{\sigma}{\sqrt{n}} \sqrt{\dfrac{N-n}{N-1}}$
σ inconnu	$s_{\overline{x}} = \dfrac{s}{\sqrt{n}}$	$s_{\overline{x}} = \dfrac{s}{\sqrt{n}} \sqrt{\dfrac{N-n}{N-1}}$

Les tests d'hypothèses sur une proportion

Conditions d'application				Zone de rejet		
Taille de l'échantillon	Nombre de succès espérés	Nombre d'échecs espérés	Variable centrée réduite	Unilatéral à gauche $H_0: \pi = \pi_0$ $H_1: \pi < \pi_0$	Bilatéral $H_0: \pi = \pi_0$ $H_1: \pi \neq \pi_0$	Unilatéral à droite $H_0: \pi = \pi_0$ $H_1: \pi > \pi_0$
$n \geq 30$	$n \cdot \pi_0 \geq 5$	$n \cdot (1 - \pi_0) \geq 5$	$\dfrac{P - \pi_0}{\sigma_p} = Z$	$Z_P < -Z_{\alpha}$	$Z_P < -Z_{\alpha/2}$ ou $Z_P > Z_{\alpha/2}$	$Z_P > Z_{\alpha}$

La valeur de l'écart type utilisé pour la distribution de la variable P

Si $\dfrac{n}{N} \leq 0,05$	Si $\dfrac{n}{N} > 0,05$
$\sigma_p = \sqrt{\dfrac{\pi_0 \cdot (1 - \pi_0)}{n}}$	$\sigma_p = \sqrt{\dfrac{\pi_0 \cdot (1 - \pi_0)}{n}} \sqrt{\dfrac{N-n}{N-1}}$

L'association de deux variables

Sir Francis Galton (1822-1911), anthropologue et explorateur anglais, reconnu comme un pionnier dans l'étude de l'intelligence humaine. Il voua la dernière partie de sa vie à l'eugénisme, c'est-à-dire à l'amélioration de l'espèce humaine. On lui doit la notion de régression comme relation entre deux variables. C'est avec son aide que Pearson et Weldon fondèrent le journal *Biometrika*, dans lequel on publie encore les résultats de recherche en biométrie et en statistiques. Il fut l'un des premiers à utiliser des questionnaires et à appliquer des techniques d'enquête à l'étude de l'intelligence humaine[1].

1. L'illustration provient de http://WWW-groups.dos.st-and.ac.uk/~history/Mathematicians/Galton.html.

12.1 L'ASSOCIATION DE DEUX VARIABLES QUALITATIVES

L'étude d'une association ou d'un lien statistique entre deux variables qualitatives ou quantitatives présentées sous forme de classes se fait à l'aide d'un tableau à double entrée. Celui-ci donne la répartition des données non plus en fonction d'une seule variable, mais en fonction des deux variables étudiées conjointement.

Une analyse statistique, faite à partir des données contenues dans un tableau à double entrée, permettra, à l'aide d'un test d'hypothèses, de répondre à des questions du genre :

— Est-ce que les hommes et les femmes ont la même opinion face à l'équité salariale ?

— Est-ce que l'opinion sur la possibilité de déménager à l'extérieur du Québec pour obtenir un emploi est reliée à la langue maternelle ?

— Est-ce que le montant investi dans les REER est relié au niveau de scolarité ?

L'objectif de cette étude est de déterminer s'il existe un lien statistique entre deux variables, c'est-à-dire de vérifier si la répartition des données d'une variable est la même pour chacune des modalités d'une autre variable ou si elle est différente. Est-ce que l'opinion varie selon le sexe des répondants ? Autrement dit, est-ce que la distribution de l'opinion est la même chez les hommes et chez les femmes ?

La variable sur laquelle porte principalement l'étude est la variable à expliquer, appelée aussi la **variable dépendante**, tandis que la variable qui sert à expliquer les résultats de la variable dépendante est la variable explicative, appelée aussi la **variable indépendante**.

12.1.1 Les distributions conditionnelles et la distribution marginale

Pour étudier le lien statistique entre deux variables, on utilisera la distribution, en pourcentage, des résultats de la variable dépendante (à expliquer) pour chacune des modalités de la variable indépendante (explicative). Chacune de ces distributions est une **distribution conditionnelle**, en pourcentage. La **distribution marginale** est la distribution de la variable dépendante sans qu'on tienne compte de la variable indépendante. (Le choix des variables dépendante et indépendante est arbitraire, puisque la même théorie s'applique si les rôles sont inversés.)

EXEMPLE 12.1

Le réseau scolaire

Reprenons l'exemple 7.1. Comme on l'a vu, dans le journal *La Presse* du samedi 22 mai 1993, on publiait un sondage dont l'une des questions portait sur le choix du réseau scolaire, anglophone ou francophone, que les parents feraient si on leur laissait le libre choix. Le tableau 12.1 montre les résultats obtenus[2].

---

2. Adapté d'un tableau présenté dans l'article de Ouimet, Michèle. « Les élèves anglophones sont mieux préparés au bilinguisme que les enfants francophones », *La Presse*, 22 mai 1993, p. B4.

TABLEAU 12.1
Répartition des répondants en fonction de leur langue maternelle et de leur choix du réseau scolaire

Choix du réseau scolaire	Langue maternelle			Total
	Français	Anglais	Autres	
Anglophone	146	71	32	249
Francophone	689	30	19	738
Total	835	101	51	987

La variable dépendante (à expliquer) est « Choix du réseau scolaire » ; la variable indépendante (explicative) est « Langue maternelle ». Est-ce que le choix du réseau scolaire (variable dépendante) est distribué de la même façon chez les francophones, les anglophones et les allophones ?

Le tableau 12.1 présente la distribution conjointe de 987 données. Un tel tableau est appelé **tableau de contingence**. La variable « Choix du réseau scolaire » a deux modalités, et la variable « Langue maternelle » en a trois. On dira qu'il s'agit d'un tableau de contingence 2 × 3 ; on indique en premier le nombre de lignes et ensuite le nombre de colonnes. Le produit de ces deux nombres donne le nombre de combinaisons possibles résultant du croisement des modalités des deux variables, soit 6 intersections possibles. Les fréquences de chacune de ces intersections sont les **fréquences observées** dans l'échantillon.

Puisque la variable indépendante « Langue maternelle » a trois modalités, il y aura trois distributions conditionnelles de la variable dépendante « Choix du réseau ». **Il y a une distribution conditionnelle pour chacune des modalités de la variable indépendante.**

Le tableau 12.2 présente les trois distributions conditionnelles, ainsi que la distribution marginale de la variable « Choix du réseau scolaire ».

TABLEAU 12.2
Répartition des répondants, en pourcentage, en fonction de leur choix du réseau scolaire pour chacune des langues maternelles

Choix du réseau scolaire	Langue maternelle			Tous
	Français	Anglais	Autres	
Anglophone	17,49	70,30	62,75	25,23
Francophone	82,51	29,70	37,25	74,77
Total	100	100	100	100

La distribution marginale de la variable dépendante

Dans la dernière colonne du tableau 12.2, on constate que 25,23 % des répondants ont choisi le réseau anglophone, et que 74,77 % des répondants ont choisi le réseau francophone.

Les distributions conditionnelles de la variable dépendante

- Chez les francophones, 17,49 % des répondants ont choisi le réseau anglophone, et 82,51 % des répondants ont choisi le réseau francophone ;
- Chez les anglophones, 70,30 % des répondants ont choisi le réseau anglophone, et 29,70 % des répondants ont choisi le réseau francophone ;
- Chez les allophones, 62,75 % des répondants ont choisi le réseau anglophone, et 37,25 % des répondants ont choisi le réseau francophone.

Si la variable « Langue maternelle » n'influait pas sur la variable « Choix du réseau scolaire », les distributions conditionnelles seraient identiques à la distribution marginale. Autrement dit, si les francophones, les anglophones et les allophones avaient la même répartition quant au choix du réseau scolaire, il ne faudrait pas se baser sur la langue maternelle pour expliquer la distribution de la variable « Choix du réseau scolaire ».

Ainsi, dans la population, lorsque les distributions conditionnelles (en pourcentage) de la variable dépendante sont identiques à la distribution marginale de la variable dépendante, les deux variables sont dites indépendantes.

Cependant, il ne faut pas oublier que les données proviennent d'un échantillon et non de la population. Cela signifie qu'on n'aura jamais de distributions conditionnelles (en pourcentage) identiques à la distribution marginale (en pourcentage) même si, dans la population, ces deux variables sont indépendantes. On aura à prendre une décision au sujet de l'indépendance des deux variables pour l'ensemble des données de la population à partir des données de l'échantillon.

La question à laquelle il faudra répondre est la suivante :

Est-ce que l'écart entre les distributions conditionnelles (en pourcentage) et la distribution marginale (en pourcentage) est significatif ? Si oui, on conclura que, pour l'ensemble de la population, la variable « Choix du réseau scolaire » est dépendante de la variable « Langue maternelle ». Sinon, on conclura que, pour l'ensemble de la population, la variable « Choix du réseau scolaire » est indépendante de la variable « Langue maternelle ».

12.1.2 Les fréquences espérées (ou théoriques)

La décision concernant l'existence d'un lien statistique entre les deux variables repose sur un coefficient que Karl Pearson (1857-1936) a fait connaître en 1900. Ce coefficient se calcule à partir des fréquences et non des pourcentages.

La technique consiste à comparer les **fréquences observées** dans l'échantillon, notées f_o, aux fréquences qu'on aurait obtenues avec une relation d'indépendance parfaite entre les deux variables, c'est-à-dire lorsque les distributions conditionnelles (en pourcentage) sont identiques à la distribution marginale (en pourcentage). Ces fréquences s'appellent les **fréquences espérées** ou **théoriques**, et elles sont notées f_e. Il faudra toujours s'assurer que

$$\sum f_o = \sum f_e = n,$$

qui est la taille de l'échantillon.

EXEMPLE 12.2 — Le réseau scolaire

Reprenons l'exemple 12.1. Le tableau 12.1 présente les fréquences observées.

TABLEAU 12.1

Choix du réseau scolaire	Langue maternelle			Total
	Français	Anglais	Autres	
Anglophone	146	71	32	249
Francophone	689	30	19	738
Total	835	101	51	987

Pour avoir l'indépendance parfaite entre les deux variables, il faudrait avoir les mêmes proportions chez les francophones, les anglophones et les allophones pour chacune des modalités de la variable « Choix du réseau ». Le tableau 12.3 présente le tableau de base pour trouver les fréquences espérées.

TABLEAU 12.3
Choix du réseau scolaire—tableau de base pour trouver les fréquences espérées

Choix du réseau scolaire	Langue maternelle			Total
	Français	Anglais	Autres	
Anglophone				249
Francophone				738
Total	835	101	51	987

Il faudrait que la proportion chez les 835 francophones soit la même que dans tout l'échantillon pour chacun des choix du réseau scolaire :

— Réseau anglophone :

$$\frac{249}{987} = \frac{f_e}{835}, \text{ c'est-à-dire } f_e = 835 \cdot \frac{249}{987} = 210,65;$$

— Réseau francophone :

$$\frac{738}{987} = \frac{f_e}{835}, \text{ c'est-à-dire } f_e = 835 \cdot \frac{738}{987} = 624,35.$$

Il faudrait que la proportion chez les 101 anglophones soit la même que dans tout l'échantillon pour chacun des choix du réseau scolaire :

— Réseau anglophone :

$$\frac{249}{987} = \frac{f_e}{101}, \text{ c'est-à-dire } f_e = 101 \cdot \frac{249}{987} = 25,48;$$

— Réseau francophone :

$$\frac{738}{987} = \frac{f_e}{101}, \text{ c'est-à-dire } f_e = 101 \cdot \frac{738}{987} = 75,52.$$

Il faudrait que la proportion chez les 51 allophones soit la même que dans tout l'échantillon pour chacun des choix du réseau scolaire :

— Réseau anglophone :

$$\frac{249}{987} = \frac{f_e}{51}, \text{ c'est-à-dire } f_e = 51 \cdot \frac{249}{987} = 12,87;$$

— Réseau francophone :

$$\frac{738}{987} = \frac{f_e}{51}, \text{ c'est-à-dire } f_e = 51 \cdot \frac{738}{987} = 38,13.$$

Pour ces fréquences espérées, deux décimales seront conservées.

On peut donc obtenir les fréquences espérées par le processus rapide suivant :

$$f_e = \frac{\text{Somme de la colonne} \cdot \text{Somme de la ligne}}{\text{Somme totale}}.$$

Si l'on regroupe ces renseignements, on obtient le tableau 12.4 des fréquences espérées ou théoriques.

TABLEAU 12.4
Répartition des répondants en fonction de leur langue maternelle et de leur choix du réseau scolaire (fréquences espérées)

Choix du réseau scolaire	Langue maternelle			Total
	Français	Anglais	Autres	
Anglophone	210,65	25,48	12,87	249
Francophone	624,35	75,52	38,13	738
Total	835	101	51	987

Le tableau 12.5 permet de comparer les deux séries de fréquences.

TABLEAU 12.5
Répartitions observée et espérée des répondants en fonction de leur langue maternelle et de leur choix du réseau scolaire

Choix du réseau scolaire	Langue maternelle			Total
	Français	Anglais	Autres	
Anglophone				
f_o	146	71	32	249
f_e	210,65	25,48	12,87	
Francophone				
f_o	689	30	19	738
f_e	624,35	75,52	38,13	
Total	835	101	51	987

On peut remarquer que les fréquences observées f_o sont toutes différentes des fréquences espérées f_e. Même lorsque les deux variables sont indépendantes, les fréquences observées sont différentes des fréquences espérées. La probabilité que les fréquences observées soient identiques aux fréquences espérées est presque nulle.

Si les deux variables sont indépendantes, l'écart entre les fréquences observées et les fréquences espérées sera dû au hasard de l'échantillonnage, la différence entre les deux séries de fréquences ne devrait pas être significative. Ainsi, lorsque la différence entre les deux séries de fréquences sera considérée comme grande, c'est-à-dire significative, on rejettera l'hypothèse d'indépendance entre les deux variables.

12.1.3 La force du lien

Pour évaluer la force du lien statistique entre les deux variables, on calcule d'abord un coefficient, le khi deux, noté χ^2, qui mesure l'écart entre les fréquences observées et les fréquences espérées. À l'aide du khi deux, on peut ensuite calculer un autre coefficient, appelé le coefficient de contingence, noté C. Celui-ci mesure la force du lien statistique entre les deux variables.

A. Le calcul du khi deux

À partir des fréquences observées et espérées dans un échantillon, on peut obtenir le χ^2 pour cet échantillon avec la formule suivante :

$$\chi^2 = \sum \frac{(f_o - f_e)^2}{f_e}.$$

Les valeurs du khi deux sont toujours positives ou nulles. Lorsque la valeur du khi deux donne zéro, cela implique que les fréquences observées sont toutes égales aux fréquences espérées ; les variables sont alors indépendantes. Et plus les fréquences observées s'éloignent des fréquences espérées, plus la valeur du khi deux est grande.

EXEMPLE 12.3

Le réseau scolaire

Reprenons l'exemple 12.1. Le tableau 12.6 permet de calculer la valeur du khi deux de l'échantillon.

TABLEAU 12.6   Calcul du khi deux

Choix du réseau scolaire	Langue maternelle			Total
	Français	Anglais	Autres	
Anglophone	$\dfrac{(146 - 210,65)^2}{210,65} = 19,84$	$\dfrac{(71 - 25,48)^2}{25,48} = 81,32$	$\dfrac{(32 - 12,87)^2}{12,87} = 28,43$	
Francophone	$\dfrac{(689 - 624,35)^2}{624,35} = 6,69$	$\dfrac{(30 - 75,52)^2}{75,52} = 27,44$	$\dfrac{(19 - 38,13)^2}{38,13} = 9,60$	
Total				173,32

Le khi deux vaut donc $19,84 + 81,32 + 28,43 + 6,69 + 27,44 + 9,60 = 173,32$.

B. Le calcul du coefficient de contingence

Le coefficient de contingence s'obtient à l'aide de la formule suivante :

$$C = \sqrt{\frac{\chi^2}{\chi^2 + n}},$$

où χ^2 est la valeur du khi deux calculé ;
n est la taille de l'échantillon.

La valeur de ce coefficient se situe entre 0 et 1. Lorsque la valeur du khi deux est près de 0, la valeur du coefficient de contingence est près de 0, ce qui indique que le lien statistique entre les deux variables est nul, inexistant. Lorsque la valeur du khi deux est très grande, la valeur du coefficient de contingence se rapproche de 1, ce qui indique que le lien statistique est fort. La valeur du coefficient de contingence ne permet pas de conclure au sujet de l'indépendance entre deux variables ; celle-ci est néanmoins un indicateur de la force du lien entre les deux variables, si ce lien existe. Le tableau 12.7 permet de faciliter l'interprétation de la force du lien statistique entre deux variables.

TABLEAU 12.7
Force du lien statistique entre deux variables selon la valeur de C

Valeur de C	Force du lien statistique
0	Un coefficient près de 0 indique un lien statistique très faible ou inexistant entre les deux variables.
0,25	Un coefficient près de 0,25 indique un lien statistique faible entre les deux variables.
0,50	Un coefficient près de 0,50 indique un lien statistique moyen entre les deux variables.
0,75	Un coefficient près de 0,75 indique un lien statistique fort entre les deux variables.
1	Un coefficient près de 1 indique un lien statistique très fort entre les deux variables.

La valeur maximale réelle du coefficient dépend du nombre de modalités de chacune des deux variables. À titre d'exemple, la valeur maximale de C est 0,816 dans un tableau 3×3 et 0,894 dans un tableau 5×5. Néanmoins, ce coefficient est très utile pour comparer la force du lien statistique entre deux variables dans deux groupes différents ou à deux moments différents. Ce qui rend ce coefficient intéressant, c'est qu'il est indépendant de la taille de l'échantillon, contrairement à la valeur du khi deux.

EXEMPLE 12.4

Le réseau scolaire

Reprenons l'exemple 12.1. On a un échantillon de taille $n = 987$ et $\chi^2 = 173,32$.

La valeur du coefficient de contingence est :

$$C = \sqrt{\frac{173,32}{173,32 + 987}} = 0,39.$$

On a donc un lien statistique moyen-faible entre le choix du réseau scolaire et la langue maternelle.

TABLEAU 12.2

Choix du réseau scolaire	Langue maternelle			
	Français	Anglais	Autres	Tous
Anglophone	17,49	70,30	62,75	25,23
Francophone	82,51	29,70	37,25	74,77
Total	100	100	100	100

Si l'on étudie attentivement les distributions conditionnelles et la distribution marginale (en pourcentage) présentées dans le tableau 12.2, on constate que les francophones choisissent en grande partie le réseau scolaire francophone et que les anglophones et les allophones choisissent plutôt le réseau scolaire anglophone.

EXEMPLE 12.5

Le réseau scolaire (modifié)

On suppose un échantillon de 1 974 personnes (le double de 987) et la répartition décrite au tableau 12.8.

TABLEAU 12.8
Répartition des répondants en fonction de leur langue maternelle et de leur choix du réseau scolaire

Choix du réseau scolaire	Langue maternelle			Total
	Français	Anglais	Autres	
Anglophone	292	142	64	498
Francophone	1 378	60	38	1 476
Total	1 670	202	102	1 974

Les distributions marginale et conditionnelles sont données au tableau 12.2. Ces distributions sont les mêmes qu'à l'exemple 12.4. Pourtant, si l'on calcule la valeur du khi deux, on obtiendra 346,64, exactement le double du résultat précédent. La valeur du khi deux dépend donc du nombre d'unités dans l'échantillon.

Toutefois, la valeur du coefficient de contingence donnera la même valeur, c'est-à-dire :

$$C = \sqrt{\frac{346,64}{346,64 + 1\ 974}} = 0,39,$$

d'où l'intérêt de ce coefficient. En effet, puisque les distributions conditionnelles et la distribution marginale sont les mêmes dans les deux cas, cela veut dire que le lien statistique est le même.

12.1.4 ## La vérification de l'existence d'un lien

Comme on l'a déjà mentionné, Karl Pearson a fait connaître un coefficient qui mesure l'écart entre des fréquences observées et des fréquences espérées :

$$\chi^2 = \Sigma \frac{(f_o - f_e)^2}{f_e}.$$

Puisque la valeur de $\Sigma \frac{(f_o - f_e)^2}{f_e}$ dépend des unités statistiques comprises dans l'échantillon, alors $\Sigma \frac{(f_o - f_e)^2}{f_e}$ est une variable aléatoire. Karl Pearson a élaboré un modèle approximatif de distribution de cette variable. Ce modèle porte le nom de khi deux et s'applique lorsque les deux variables étudiées sont indépendantes et que toutes les fréquences espérées sont supérieures ou égales à 5 ($f_e \geq 5$). Le modèle utilisé dépend du nombre de degrés de liberté associé au tableau de contingence étudié.

La forme générale d'une distribution du khi deux est présentée à la figure 12.1.

FIGURE 12.1
Forme générale d'une distribution du khi deux

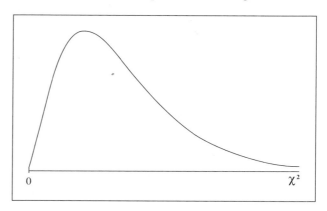

Dans la population, même si les deux variables sont indépendantes, on n'aura jamais un khi deux de 0 dans un échantillon, ce qui est simplement dû au hasard de l'échantillonnage. Il s'agit donc de déterminer si le khi deux calculé dans l'échantillon est différent de 0, de façon significative, ce qui établirait l'existence d'une relation entre les deux variables.

Imaginons le tableau de contingence 12.9 où les sommes des lignes et des colonnes sont connues, mais non les valeurs à l'intérieur du tableau. Le nombre minimal de valeurs qu'il faut connaître pour être en mesure de déduire les autres valeurs est le nombre de degrés de liberté, noté ν (lire nu).

TABLEAU 12.9
Tableau de contingence

Variable X	Variable Y			Total
	Modalité 1	Modalité 2	Modalité 3	
Modalité 1				75
Modalité 2				90
Modalité 3				80
Modalité 4				70
Total	105	90	120	315

Si l'on connaissait les valeurs qui vont dans les cellules tramées, on serait en mesure de déterminer aussi celles qui vont dans les cellules non tramées. S'il en manquait une seule dans les cellules tramées, on ne pourrait pas déterminer toutes les valeurs qui vont dans les cellules non tramées. Le nombre de degrés de liberté correspond au nombre de cellules tramées. On peut voir qu'elles forment un rectangle de 3×2 cellules : une ligne de moins et une colonne de moins que le tableau de contingence (on tient compte seulement des modalités des variables). Donc, $\nu = 6$ degrés de liberté.

De façon générale, on obtient le nombre de degrés de liberté du tableau de contingence de deux variables X et Y à l'aide de la formule suivante :

$$\nu = \left(\begin{matrix}\text{Nombre de modalités} \\ \text{de la variable } X\end{matrix} - 1\right) \cdot \left(\begin{matrix}\text{Nombre de modalités} \\ \text{de la variable } Y\end{matrix} - 1\right).$$

Ainsi, un tableau de contingence 4×5 a donc $(4 - 1) \cdot (5 - 1) = 12$ degrés de liberté.

À l'aide du modèle de Karl Pearson, on a déterminé des valeurs critiques qui aident à prendre une décision concernant la relation entre les deux variables étudiées. Il est évident que plus les distributions conditionnelles se rapprochent de la distribution marginale, plus le khi deux est petit. On rejettera donc l'hypothèse de l'indépendance lorsque la valeur du khi deux sera significativement grande. Ainsi, lorsque la valeur du khi deux calculé dans l'échantillon sera plus grande qu'une valeur critique fournie par le modèle théorique, on rejettera l'hypothèse de l'indépendance entre les deux variables. Le choix de la valeur critique dépend donc du nombre de modalités des deux variables dans le tableau de contingence.

Ainsi, l'indépendance entre les deux variables étudiées sera rejetée si la valeur du khi deux de l'échantillon est jugée significativement grande, c'est-à-dire plus grande qu'une valeur critique qui dépend du seuil de signification et du nombre de degrés de liberté. Le test d'hypothèses sur l'indépendance de deux variables est toujours unilatéral (on n'aura jamais à diviser le seuil de signification en deux). La table de la distribution du khi deux (en annexe) se lit de la même façon que la table de la distribution de Student, car les seuils de signification utilisés sont les mêmes.

Le test d'hypothèses comporte huit étapes :

Première étape : Formuler les hypothèses statistiques H_0 et H_1

H_0 : La variable « dépendante » est **indépendante** de la variable « indépendante » ;
H_1 : La variable « dépendante » est **dépendante** de la variable « indépendante ».

Notes : – Il faudra adapter ces hypothèses H_0 et H_1 en tenant compte du contexte.

– Les fréquences théoriques sont calculées en supposant que les deux variables sont indépendantes ; c'est ce modèle qu'on veut vérifier. L'hypothèse H_0 correspond toujours au modèle qu'on veut vérifier. Il est donc important que l'indépendance soit mentionnée dans l'hypothèse nulle H_0.

Deuxième étape : Indiquer le seuil de signification

Troisième étape : Construire le tableau des fréquences espérées et vérifier les conditions d'application

Il faut que $\sum f_o = \sum f_e = n \geq 30$ et que toutes les fréquences espérées $f_e \geq 5$.

Quatrième étape : Préciser quelle est la distribution utilisée

Alors, $\Sigma \frac{(f_o - f_e)^2}{f_e}$ obéit approximativement à une distribution du khi deux avec ν degrés de liberté :

$$\nu = \left(\begin{array}{c}\text{Nombre de modalités} \\ \text{de la variable } X\end{array} - 1\right) \bullet \left(\begin{array}{c}\text{Nombre de modalités} \\ \text{de la variable } Y\end{array} - 1\right),$$

où X et Y sont les deux variables étudiées.

Cinquième étape : Définir la règle de décision

– Si la valeur du $\chi^2 \leq \chi^2_{\alpha\,;\,\nu}$, alors on ne rejettera pas H_0, l'hypothèse de l'indépendance entre les deux variables ;

– Si la valeur du $\chi^2 > \chi^2_{\alpha\,;\,\nu}$, alors on rejettera H_0, l'hypothèse de l'indépendance entre les deux variables et, ainsi, on acceptera H_1, l'hypothèse de la dépendance entre les deux variables.

Sixième étape : Calculer χ^2

Septième étape : Appliquer la règle de décision

Huitième étape : Évaluer la force du lien, s'il y a lieu, et conclure

On vérifie et on explique le lien en tenant compte du contexte à partir du tableau des distributions conditionnelles et de la distribution marginale, en pourcentage.

EXEMPLE 12.6   Le réseau scolaire

TABLEAU 12.1

Choix du réseau scolaire	Langue maternelle			Total
	Français	Anglais	Autres	
Anglophone	146	71	32	249
Francophone	689	30	19	738
Total	835	101	51	987

Reprenons l'exemple 12.1. À l'aide d'un test d'hypothèses utilisant un seuil de signification de 5 %, on analyse le lien entre le choix du réseau scolaire et la langue maternelle. Le tableau 12.1 présente les fréquences observées.

Première étape : Formuler les hypothèses statistiques H_0 et H_1

H_0 : Le choix du réseau scolaire est **indépendant** de la langue maternelle ;
H_1 : Le choix du réseau scolaire est **dépendant** de la langue maternelle.

Deuxième étape : Indiquer le seuil de signification

Le seuil de signification est de 5 % ; $\alpha = 0,05$.

Troisième étape : Construire le tableau des fréquences espérées et vérifier les conditions d'application

$\Sigma f_o = \Sigma f_e = n = 987 \geq 30$.

Le tableau 12.4 présente les fréquences espérées.

Toutes les $f_e \geq 5$.

TABLEAU 12.4

Choix du réseau scolaire	Langue maternelle			Total
	Français	Anglais	Autres	
Anglophone	210,65	25,48	12,87	249
Francophone	624,35	75,52	38,13	738
Total	835	101	51	987

Quatrième étape : Préciser quelle est la distribution utilisée

Alors, $\Sigma \dfrac{(f_o - f_e)^2}{f_e}$ obéit approximativement à une distribution du khi deux avec $\nu = (2 - 1) \cdot (3 - 1) = 2$ degrés de liberté.

Cinquième étape : Définir la règle de décision

- Le seuil de signification est de 5 % ; $\alpha = 0,05$;
- Le risque d'erreur est de 5 % ; $\alpha = 0,05$;
- Le χ^2 critique utilisé est $\chi^2_{\alpha \,;\, \nu} = \chi^2_{0,05 \,;\, 2} = 5,99$.

Donc,

- si $\chi^2 \leq 5,99$, alors on ne rejettera pas H_0, l'hypothèse d'indépendance entre les deux variables ;
- si $\chi^2 > 5,99$, alors on rejettera H_0 l'hypothèse d'indépendance entre les deux variables et, ainsi, on acceptera H_1, l'hypothèse de dépendance entre les deux variables.

Sixième étape : Calculer χ^2

TABLEAU 12.6

Choix du réseau scolaire	Langue maternelle			Total
	Français	Anglais	Autres	
Anglophone	$\dfrac{(146 - 210,65)^2}{210,65} = 19,84$	$\dfrac{(71 - 25,48)^2}{25,48} = 81,32$	$\dfrac{(32 - 12,87)^2}{12,87} = 28,43$	
Francophone	$\dfrac{(689 - 624,35)^2}{624,35} = 6,69$	$\dfrac{(30 - 75,52)^2}{75,52} = 27,44$	$\dfrac{(19 - 38,13)^2}{38,13} = 9,60$	
Total				173,32

Le tableau 12.6 montre le calcul du khi deux.

$$\chi^2 = 173,32.$$

Septième étape : Appliquer la règle de décision

Puisque 173,32 > 5,99, on rejettera l'hypothèse d'indépendance entre le choix du réseau scolaire et la langue maternelle. Le risque de prendre une mauvaise décision est d'au plus 5 % puisque, si les deux variables sont indépendantes, il y a seulement 5 % des échantillons qui ont des χ^2 supérieurs à 5,99.

Huitième étape : Évaluer la force du lien, s'il y a lieu, et conclure

Puisqu'il y a un lien statistique entre les deux variables, on calcule la force de ce lien :

$$C = \sqrt{\dfrac{173,32}{173,32 + 987}} = 0,39.$$

Ce lien est moyen-faible. Ainsi, la langue maternelle explique moyennement le choix du réseau scolaire.

TABLEAU 12.2

Choix du réseau scolaire	Langue maternelle			Tous
	Français	Anglais	Autres	
Anglophone	17,49	70,30	62,75	25,23
Francophone	82,51	29,70	37,25	74,77
Total	100	100	100	100

Le tableau 12.2 présente la répartition des répondants en fonction de leur choix pour chacune des langues maternelles.

En effet, la répartition du choix du réseau scolaire est nettement différente entre les francophones et les deux autres catégories de langue maternelle.

Notes : – Il faudra être prudent dans l'interprétation de l'association entre deux variables. Une association forte n'implique pas nécessairement une relation de cause à effet. Par exemple, l'existence d'une association entre le type de maison que possède une famille et le modèle d'automobile de la même famille ne signifie pas que c'est le modèle d'automobile qui est la cause du choix du type de maison. Il se pourrait que ce soit le revenu familial qui soit la cause des deux.

— Lorsqu'il y a des fréquences théoriques inférieures à 5, l'utilisation de la distribution du khi deux n'est pas recommandée. Pour pouvoir l'utiliser, il faut regrouper des catégories afin d'obtenir des fréquences théoriques d'au moins 5 et, ensuite, on vérifie l'hypothèse de l'indépendance entre les deux variables. Pour éviter ce genre de situation, il est préférable de prévoir un échantillon suffisamment grand, car le fait de regrouper des catégories entraîne une perte d'information.

L'étude précédente sur le lien entre deux variables qualitatives s'applique également dans le cas de variables quantitatives présentées sous forme de classes. L'exemple 12.7 montre comment procéder.

EXEMPLE 12.7

La charité

Un sondage CROP, publié dans la revue *L'Actualité* du 15 mai 1993, présente le montant que les individus donnent en charité, par année, en fonction de leur revenu annuel. Le tableau 12.10 présente les fréquences observées[3].

TABLEAU 12.10
Répartition des répondants en fonction de leur revenu et du montant d'argent donné en charité (fréquences observées)

Montant d'argent (dollars)	Revenu (milliers de dollars)			
	[0 ; 15[	[15 ; 30[	30 et plus	Total
Rien	54	40	14	108
Moins de 100	65	68	39	172
[100 ; 200[	28	50	68	146
[200 ; 500[	16	32	51	99
500 et plus	2	8	33	43
Total	165	198	205	568

À l'aide d'un test d'hypothèses avec un seuil de signification de 5 %, on analyse le lien entre le montant d'argent donné en charité et le revenu. Le nombre de classes ou de catégories étant petit, on peut les traiter comme des variables qualitatives. À remarquer qu'il y a plusieurs classes ouvertes.

Première étape : Formuler les hypothèses statistiques H_0 et H_1

H_0 : Le montant d'argent donné en charité est indépendant du revenu ;
H_1 : Le montant d'argent donné en charité est dépendant du revenu.

Deuxième étape : Indiquer le seuil de signification

Le seuil de signification est de 5 % ; $\alpha = 0{,}05$.

Troisième étape : Construire le tableau des fréquences espérées et vérifier les conditions d'application

$$\sum f_o = \sum f_e = n = 568 \geq 30.$$

---

3. Adapté d'un tableau présenté dans l'article de Nadeau, Jean Benoît. « La charité, ça s'organise », *L'Actualité*, 15 mai 1993, vol. 18, n° 8, p. 36.

Le tableau 12.11 présente les fréquences espérées.

TABLEAU 12.11
Répartition des répondants en fonction de leur revenu et du montant d'argent donné en charité (fréquences espérées)

Montant d'argent (dollars)	Revenu (milliers de dollars)			Total
	[0 ; 15[	[15 ; 30[	30 et plus	
Rien	31,37	37,65	38,98	108
Moins de 100	49,96	59,96	62,08	172
[100 ; 200[	42,41	50,89	52,69	146
[200 ; 500[	28,76	34,51	35,73	99
500 et plus	12,49	14,99	15,52	43
Total	165	198	205	568

Toutes les $f_e \geq 5$.

Quatrième étape : Préciser quelle est la distribution utilisée

Alors, $\sum \frac{(f_o - f_e)^2}{f_e}$ obéit approximativement à une distribution du khi deux avec $\nu = 8$ degrés de liberté.

Cinquième étape : Définir la règle de décision

- Le seuil de signification est de 5 % ; $\alpha = 0,05$;
- Le risque d'erreur est de 5 % ; $\alpha = 0,05$;
- Le χ^2 critique utilisé est $\chi^2_{\alpha\,;\,\nu} = \chi^2_{0,05\,;\,8} = 15,51$.

Donc,
- si $\chi^2 \leq 15,51$, alors on ne rejettera pas H_0, l'hypothèse d'indépendance entre les deux variables ;
- si $\chi^2 > 15,51$, alors on rejettera H_0 et, ainsi, on acceptera H_1, l'hypothèse de dépendance entre les deux variables.

Sixième étape : Calculer χ^2

$\chi^2 = 100,18$.

Le tableau 12.12 montre le calcul du khi deux.

TABLEAU 12.12 Calcul du khi deux

Montant d'argent (dollars)	Revenu (milliers de dollars)			Total
	[0 ; 15[	[15 ; 30[	30 et plus	
Rien	$\frac{(54 - 31,37)^2}{31,37} = 16,33$	$\frac{(40 - 37,65)^2}{37,65} = 0,15$	$\frac{(14 - 38,98)^2}{38,98} = 16,01$	
Moins de 100	$\frac{(65 - 49,96)^2}{49,96} = 4,53$	$\frac{(68 - 59,96)^2}{59,96} = 1,08$	$\frac{(39 - 62,08)^2}{62,08} = 8,58$	
[100 ; 200[	$\frac{(28 - 42,41)^2}{42,41} = 4,90$	$\frac{(50 - 50,89)^2}{50,89} = 0,02$	$\frac{(68 - 52,69)^2}{52,69} = 4,45$	
[200 ; 500[	$\frac{(16 - 28,76)^2}{28,76} = 5,66$	$\frac{(32 - 34,51)^2}{34,51} = 0,18$	$\frac{(51 - 35,73)^2}{35,73} = 6,53$	
500 et plus	$\frac{(2 - 12,49)^2}{12,49} = 8,81$	$\frac{(8 - 14,99)^2}{14,99} = 3,26$	$\frac{(33 - 15,52)^2}{15,52} = 19,69$	
Total				100,18

Septième étape : Appliquer la règle de décision

Puisque 100,18 > 15,51, on ne doit pas hésiter à rejeter l'hypothèse d'indépendance entre le montant d'argent donné en charité et le revenu. Le risque de prendre une mauvaise décision est nettement inférieur à 5 %.

Huitième étape : Évaluer la force du lien, s'il y a lieu, et conclure

Puisqu'il y a un lien statistique entre les deux variables, on calcule la force de ce lien :

$$C = \sqrt{\frac{100,18}{100,18 + 568}} = 0,39.$$

La différence entre les fréquences observées et les fréquences espérées n'est pas due au hasard, mais au fait qu'il y a un lien de force moyenne-faible entre le montant d'argent donné en charité et le revenu. Le tableau 12.13 présente la répartition des répondants en fonction du montant donné en charité pour chaque tranche de revenu.

TABLEAU 12.13
Répartition des répondants en fonction du montant donné en charité pour chaque tranche de revenu

Montant d'argent (dollars)	Revenu (milliers de dollars) [0 ; 15[%	[15 ; 30[%	30 et plus %	Total %
Rien	32,73	20,20	6,83	19,01
Moins de 100	39,39	34,34	19,02	30,28
[100 ; 200[	16,97	25,25	33,17	25,70
[200 ; 500[	9,70	16,16	24,88	17,43
500 et plus	1,21	4,04	16,10	7,57
Total	100	100	100	100

Il y a une différence entre les répartitions de ceux qui gagnent entre 0 $ et 15 000 $ et ceux qui gagnent 30 000 $ et plus, tandis que la répartition de ceux dont le revenu se situe entre 15 000 $ et 30 000 $ ne s'éloigne pas beaucoup de la distribution marginale.

EXERCICES

12.1 « **Les jeunes entrevoient un avenir sombre**
« Frappés par un taux de chômage de 19,2 %, la plupart des jeunes de la région métropolitaine n'espèrent même plus que leurs perspectives d'emploi s'améliorent.

« C'est du moins ce qui ressort d'un sondage SOM – La Presse réalisé dans le cadre du projet Défi Emploi 18-25 entre le 28 mars et le 1er avril, auprès de jeunes âgés de 18 à 25 ans.

[L'une des questions posées était la suivante :] « Selon vous, dans les 12 prochains mois, la situation de l'emploi va-t-elle s'améliorer, rester stable ou se détériorer[4] ? ».

Le tableau de contingence 12.14 donne la répartition des répondants en fonction de leur sexe et de leur opinion.

TABLEAU 12.14
Répartition des répondants en fonction de leur sexe et de leur opinion

Opinion sur la situation de l'emploi	Sexe féminin	masculin	Total
Va s'améliorer	19	50	69
Va rester stable	127	158	286
Va se détériorer	66	69	135
Total	212	277	489

Source :   Élaboré à partir d'un tableau d'Infographie *La Presse* présenté dans l'article de Perreault, Mathieu. *Op. cit.*, p. A1.

4.   Perreault, Mathieu. « Les jeunes entrevoient un avenir sombre », *La Presse*, 5 avril 1997, p. A1

Analysez le lien entre l'opinion face à la situation de l'emploi et le sexe de la personne. Utilisez un seuil de signification de 5 % pour tirer vos conclusions.

12.2 Dans le journal *La Presse* du 22 mai 1993, la firme de sondage SOM publiait les résultats d'un sondage effectué auprès de 965 Québécois sur les programmes d'immersion en langue seconde.

L'une des questions posées était : « Personnellement, êtes-vous très favorable, plutôt favorable, plutôt défavorable ou très défavorable aux programmes d'immersion où, pendant un certain temps, toutes les matières sont enseignées dans l'autre langue ? ». Le tableau de contingence 12.15 donne la répartition des répondants en fonction de leur langue maternelle et de leur opinion[5].

TABLEAU 12.15
Répartition des répondants en fonction de leur langue maternelle et de leur opinion

| Opinion | Langue maternelle | | |
	Français	Anglais	Total
Très favorable	247	96	343
Plutôt favorable	316	35	351
Plutôt défavorable	162	6	168
Très défavorable	94	9	103
Total	819	146	965

Analysez le lien entre l'opinion et la langue maternelle. Utilisez un seuil de signification de 1 % pour tirer vos conclusions.

12.3 Dans le journal *La Presse* du 1er octobre 1993, la firme de sondage SOM publiait les résultats d'un sondage concernant l'opinion des Québécois sur l'imposition d'un ticket modérateur de 5 $ pour chaque consultation auprès d'un professionnel de la santé. Le tableau de contingence 12.16 donne la répartition des répondants en fonction de leur opinion et de leur revenu familial[6].

À l'aide d'un test d'hypothèses avec un seuil de signification de 1 %, analysez le lien entre l'opinion au sujet de l'imposition d'un ticket modérateur et le revenu familial.

TABLEAU 12.16
Répartition des répondants en fonction de leur opinion au sujet de l'imposition d'un ticket modérateur et de leur revenu familial, en milliers de dollars

| Revenu familial (milliers de dollars) | Opinion | | | | |
	Tout à fait d'accord	Assez d'accord	Peu d'accord	Pas du tout d'accord	Total
[0 ; 15[	35	47	15	136	233
[15 ; 25[	24	44	9	53	130
[25 ; 35[	35	29	14	41	119
[35 ; 55[	61	44	15	47	167
[55 ; 75[	35	21	9	22	87
75 et plus	40	20	3	11	74
Total	230	205	65	310	810

12.4 La revue *L'Actualité* de janvier 1993 publiait les résultats d'un sondage CROP effectué du 22 au 29 octobre 1992. L'une des questions de ce sondage mettait en relation le lieu de résidence actuel et le lieu de résidence désiré pour l'an 2000.

Le tableau de contingence 12.17 donne la répartition des répondants en fonction du lieu de résidence actuel et du lieu de résidence désiré[7].

TABLEAU 12.17
Répartition des répondants en fonction du lieu de résidence actuel et du lieu de résidence désiré

| Lieu de résidence actuel | Lieu de résidence désiré | | | |
	Ville	Banlieue	Campagne	Total
Ville	92	71	100	263
Banlieue	6	117	72	195
Campagne	3	10	130	143
Total	101	198	302	601

Analysez le lien entre le lieu de résidence actuel et le lieu de résidence désiré. Utilisez un seuil de signification de 1 % pour tirer vos conclusions.

12.5 Une étude menée auprès de 242 personnes a permis de recueillir les observations présentées au tableau 12.18 sur la possession d'un ordinateur et le niveau de scolarité d'une personne.

Analysez la relation entre la possession d'un ordinateur et le niveau de scolarité. Utilisez un seuil de signification de 5 %.

---

5. Adapté d'un tableau présenté dans l'article de Ouimet, Michèle. « Les francophones revendiquent l'immersion en anglais dès la maternelle », *La Presse*, 22 mai 1993, p. B4.

6. Adapté d'un tableau d'Infographie *La Presse*, présenté dans l'article de Falardeau, Louis et de Sondage SOM – La Presse – Radio-Québec. « Sondage SOM : une majorité en faveur du ticket modérateur », *La Presse*, 1er octobre 1993, p. B4.

7. Adapté d'un tableau présenté dans l'article de Lisée, Jean-François. « L'avenir et nous », *L'Actualité*, janvier 1993, vol. 18, n° 1, p. 29.

TABLEAU 12.18
Répartition des personnes possédant un ordinateur
en fonction de leur niveau de scolarité

Niveau de scolarité	Possession d'un ordinateur		
	Oui	Non	Total
Primaire	6	21	27
Secondaire	15	37	52
Collégial	18	61	79
Universitaire	38	46	84
Total	77	165	242

12.6 Le 1er octobre 1993, le journal *La Presse* publiait les résultats d'un sondage SOM. Ce sondage visait à connaître la répartition des répondants en fonction de leur région de provenance et de leur opinion au sujet de l'imposition d'un ticket modérateur de 5 $ pour chaque consultation auprès d'un professionnel de la santé et de leur région[8]. Le tableau 12.19 présente les données recueillies.

TABLEAU 12.19
Répartition des répondants en fonction de leur région et
de leur opinion

Région	Opinion				
	Tout à fait d'accord	Assez d'accord	Peu d'accord	Pas du tout d'accord	Total
Québec métropolitain	129	57	24	81	291
Montréal métropolitain	126	104	45	166	441
Ailleurs en province	55	66	15	103	239
Total	310	227	84	350	971

Analysez la relation entre la région et l'opinion. Utilisez un seuil de signification de 5 % pour tirer vos conclusions.

8. Adapté d'un tableau d'Infographie *La Presse* présenté dans l'article de Falardeau, Louis et de Sondage SOM – La Presse – Radio-Québec. « Sondage SOM : une majorité en faveur du ticket modérateur », *La Presse*, 1er octobre 1993, p. B4.

12.2   L'ASSOCIATION DE DEUX VARIABLES QUANTITATIVES

Un ménage qui consacre au moins 30 % de son revenu pour son logement est considéré comme un ménage ayant de la difficulté à payer son loyer. Au printemps 1995, Statistique Canada publiait les résultats d'une enquête sur ce sujet. Plusieurs variables quantitatives ont été étudiées dont le revenu annuel du ménage, le montant du loyer mensuel, l'âge de la personne à la tête du ménage, etc. À partir des données recueillies au sujet de ces variables, il est possible de vérifier s'il existe des liens entre elles.

Dans le domaine de la santé, on considère que si, dans une diète, plus de 15 % des calories proviennent de matières grasses, on risque d'avoir des problèmes cardio-vasculaires. Une façon d'établir le lien entre les deux variables est de mettre en relation le pourcentage de calories provenant de matières grasses dans la diète d'un certain nombre de personnes et le taux de cholestérol de ces mêmes personnes.

Qu'est-ce qui détermine la valeur d'une maison ? Est-ce l'âge de la maison, le nombre de chambres dans la maison, la superficie de la maison, etc. ? Une étude mettant en relation ces variables permettrait de mieux répondre à cette question.

Dans la section 12.1, on a vu comment étudier le lien entre deux variables pour lesquelles on utilise une échelle nominale ou ordinale (les variables qualitatives ou quantitatives groupées en classes). Dans cette section, on s'intéresse au lien entre deux variables quantitatives pour lesquelles on utilise une échelle de rapport ou d'intervalle. Par exemple, existe-t-il un lien entre la taille d'un homme et celle de son fils ?

La variable dépendante (la variable à expliquer) sera notée *Y*, et la variable indépendante (la variable explicative) sera notée *X*. C'est à la variable *X* que seront assignées des valeurs pour savoir comment se comporte la variable *Y*. Par exemple, pour une taille *X* d'un homme quelle est la taille *Y* du fils ?

Comme dans la section 12.1, le fait de montrer qu'il existe un lien statistique entre deux variables ne voudra jamais dire qu'il y a un lien de cause à effet. Par exemple, même s'il existe un lien statistique entre la quantité de céleri récolté et la quantité de tomates récoltées dans une saison, cela ne signifie pas que ce sont les tomates qui ont aidé le céleri à pousser.

Dans cette section, on apprendra à analyser un lien linéaire statistique entre deux variables quantitatives. Celles-ci ne doivent pas être groupées en classes. De plus, **il est important que les unités statistiques de l'échantillon soient toutes prises au hasard.**

Le terme **corrélation** est utilisé pour désigner un lien statistique entre les données de deux variables quantitatives. Il existe plusieurs liens possibles entre deux variables quantitatives, mais on étudiera seulement le cas où le lien est linéaire, c'est-à-dire où le lien entre les deux variables est représenté par l'équation d'une droite. Ainsi, on parlera de corrélation linéaire entre deux variables lorsqu'on cherche à évaluer la force du lien linéaire entre les deux variables, et de régression linéaire lorsqu'on trouve l'équation d'une droite montrant le lien entre les deux variables.

12.2.1   Le nuage de points

Pour chacune des unités statistiques, on appelle *x* la donnée obtenue pour la variable indépendante *X* et *y* la donnée obtenue pour la variable dépendante *Y*, qui seront notées sous forme de couple (*x* ; *y*). Pour étudier la corrélation linéaire entre les variables *X* et *Y*, on visualise d'abord les données sous forme de graphique en plaçant dans le plan cartésien tous les couples (*x* ; *y*) (l'axe horizontal correspondant à la variable *X* et l'axe vertical à la variable *Y*). Ces couples placés dans le plan forment ce qu'on appelle le **nuage de points**. Celui-ci permettra d'avoir un premier aperçu du lien entre les deux variables. On dira qu'il existe un lien linéaire entre les deux variables si la forme du nuage de points montre une tendance linéaire (une droite).

Pour faire une étude de régression et de corrélation linéaire, il faut que les données se présentent sous forme de couples tel (*x* ; *y*).

EXEMPLE 12.8   Cet exemple porte sur les jeunes et le travail[9].

Pour 10 jeunes canadiens âgés de 15 à 24 ans sur le marché du travail, choisis au hasard, le tableau 12.20 met en relation le revenu annuel *Y* du jeune en fonction de son âge *X* pour l'année 1990.

---

9. « Les enfants et les jeunes : un aperçu », Ottawa, Statistique Canada, Catalogue 96-320F, 1994, p. 61.

TABLEAU 12.20
**Revenu annuel de 10 jeunes
canadiens en fonction
de leur âge**

Jeune	Âge X (années)	Revenu annuel Y (dollars)
1	15	2 500
2	16	2 600
3	17	3 200
4	18	3 750
5	19	7 750
6	20	11 250
7	21	13 750
8	22	15 250
9	23	17 500
10	24	20 000

Source : Élaboré à partir d'un tableau de Statistique Canada. *Op. cit.*, p. 61, de même que les
figures 12.2, 12.3 et 12.10.

La variable dépendante *Y* est le revenu annuel, et la variable indépendante *X* est
l'âge. Le nuage de points sera donc constitué des 10 couples, 1 par jeune.

Il faut placer les 10 couples (*x* ; *y*) sur un plan cartésien. Sur l'axe horizontal, on
place la variable indépendante *X* et sur l'axe vertical la variable dépendante *Y*. La
figure 12.2 illustre le nuage de points.

FIGURE 12.2
Nuage de points

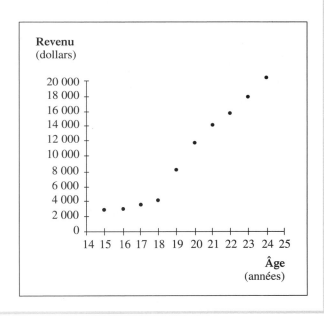

12.2.2   Les droites $x = \bar{x}$ et $y = \bar{y}$

Pour mieux juger du lien entre les deux variables, on trace sur le nuage de points
les droites $x = \bar{x}$ et $y = \bar{y}$. La droite verticale $x = \bar{x} = 19,5$ ans correspond à l'âge
moyen des jeunes dans l'échantillon, et la droite horizontale $y = \bar{y} = 9\,755\$$ cor-
respond au revenu moyen des jeunes dans l'échantillon. Ces deux droites divisent
le graphique en quatre parties appelées des quadrants (figure 12.3).

FIGURE 12.3
Division du graphique en quadrants

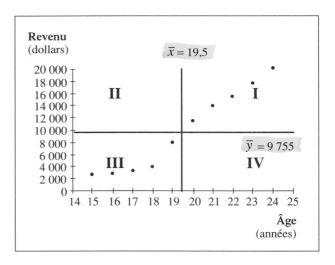

Il s'agit maintenant d'examiner dans quels quadrants se répartissent les points. Une corrélation entre les deux variables sera dite positive lorsque les données de la variable X croissent, et que les données de la variable Y croissent aussi. Cette situation se remarque quand les points du nuage sont localisés surtout dans les quadrants I et III. La corrélation sera dite négative lorsque les données de la variable X croissent, et que les données de la variable Y décroissent. Cette situation se remarque quand les points du nuage sont situés surtout dans les quadrants II et IV.

Si aucune des situations précédentes ne se produit, cela indique qu'il n'y a peut-être aucun lien entre les deux variables, mais il se peut aussi que le lien soit différent d'un lien linéaire.

EXEMPLE 12.9

Reprenons l'exemple 12.8 sur les jeunes et le travail et la figure 12.3.

Tous les points se situent dans les quadrants I et III. Lorsque l'âge augmente, le revenu augmente aussi. Il y a donc corrélation positive entre les deux variables. De plus, le nuage de points a une forme linéaire. Il faut donc prévoir une corrélation linéaire positive entre les deux variables.

12.2.3 ## La mesure du degré de corrélation linéaire entre deux variables quantitatives

Lorsque la disposition des points du nuage dans les quadrants indique la présence d'un lien linéaire, il est intéressant de mesurer le degré de corrélation linéaire entre les deux variables. Karl Pearson a trouvé un coefficient qui aide à mesurer la force du lien linéaire entre deux variables quantitatives. Il s'agit du coefficient de corrélation linéaire de Pearson, noté r. Cette valeur de r s'obtient rapidement à l'aide de la calculatrice si elle a un mode statistique à deux variables.

Note : Une façon d'obtenir la valeur du coefficient de corrélation linéaire de Pearson est d'utiliser la formule suivante :

$$r = \frac{\sum (x - \bar{x})(y - \bar{y})}{(n-1)\, s_x\, s_y},$$

où s_x représente l'écart type des données de la variable X ;
  s_y représente l'écart type des données de la variable Y.

Lorsqu'un point $(x\,;y)$ est dans le quadrant I, la donnée x est supérieure à la moyenne $\bar{x}$, et la donnée y est supérieure à la moyenne $\bar{y}$. Puisque $(x-\bar{x})$ est positif et que $(y-\bar{y})$ l'est aussi, $(x-\bar{x})(y-\bar{y})$ est positif.

Lorsqu'un point $(x\,;y)$ est dans le quadrant III, la donnée x est inférieure à la moyenne $\bar{x}$, et la donnée y est inférieure à la moyenne $\bar{y}$. Puisque $(x-\bar{x})$ est négatif et que $(y-\bar{y})$ l'est aussi, $(x-\bar{x})(y-\bar{y})$ est positif. Les points $(x\,;y)$ dans les quadrants I et III contribuent positivement à la valeur du numérateur de r.

Lorsqu'un point $(x\,;y)$ est dans le quadrant II, la donnée x est inférieure à la moyenne $\bar{x}$, et la donnée y est supérieure à la moyenne $\bar{y}$. Puisque $(x-\bar{x})$ est négatif et que $(y-\bar{y})$ est positif, $(x-\bar{x})(y-\bar{y})$ est négatif.

Lorsqu'un point $(x\,;y)$ est dans le quadrant IV, la donnée x est supérieure à la moyenne $\bar{x}$, et la donnée y est inférieure à la moyenne $\bar{y}$. Puisque $(x-\bar{x})$ est positif et que $(y-\bar{y})$ est négatif, $(x-\bar{x})(y-\bar{y})$ est négatif. Les points $(x\,;y)$ dans les quadrants II et IV contribuent négativement à la valeur du numérateur de r.

Ainsi, lorsque les points dans les quadrants I et III ont une contribution plus grande que celle des points dans les quadrants II et IV, on a une corrélation positive, et lorsque les points dans les quadrants II et IV ont une contribution plus grande que celle des points dans les quadrants I et III, on a une corrélation négative.

La valeur de ce coefficient se situe toujours entre −1 et 1. Le signe et la valeur du coefficient de corrélation linéaire devraient correspondre à l'observation qui a été faite.

Si l'on a observé la présence d'une corrélation linéaire positive, le signe du coefficient de corrélation devrait être positif (figures 12.4 et 12.5) ; et plus la forme du nuage ressemblera à une droite, plus la valeur du coefficient devrait être élevée (près de +1).

FIGURE 12.4
Corrélation linéaire positive

FIGURE 12.5
Corrélation linéaire positive avec une forme de nuage ressemblant à une droite

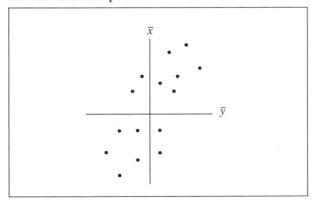

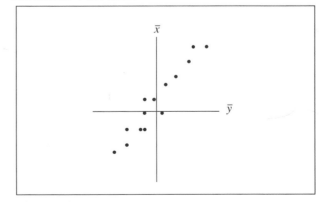

Si l'on a observé la présence d'une corrélation linéaire négative, le signe du coefficient de corrélation devrait être négatif (figures 12.6 et 12.7) ; et plus la forme du nuage ressemblera à une droite, plus la valeur du coefficient devrait être très basse (près de −1).

FIGURE 12.6
Corrélation linéaire négative

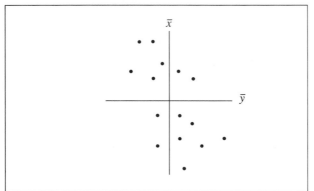

FIGURE 12.7
Corrélation linéaire négative avec une forme de nuage ressemblant à une droite

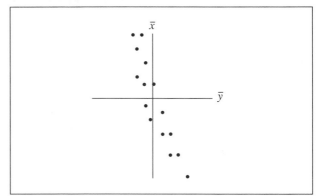

Si la corrélation entre les deux variables n'est pas linéaire, le signe du coefficient de corrélation linéaire pourrait être positif ou négatif (figures 12.8 et 12.9), mais sa valeur devrait être près de 0.

FIGURE 12.8
Absence de corrélation

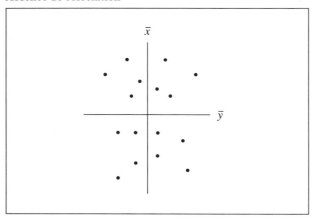

FIGURE 12.9
Corrélation non linéaire

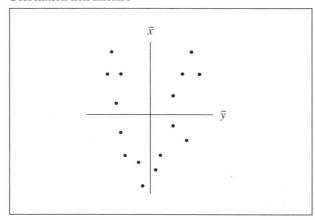

Le tableau 12.21 permet d'interpréter la force du lien linéaire qui existe entre deux variables.

TABLEAU 12.21
Force du lien linéaire entre deux variables selon la valeur de r

Valeur de r	Force du lien linéaire
0	Un coefficient près de 0 indique un lien linéaire nul entre les deux variables
$\pm 0{,}50$	Un coefficient près de $\pm 0{,}50$ indique un lien linéaire faible entre les deux variables
$\pm 0{,}70$	Un coefficient près de $\pm 0{,}70$ indique un lien linéaire moyen entre les deux variables
$\pm 0{,}87$	Un coefficient près de $\pm 0{,}87$ indique un lien linéaire fort entre les deux variables
± 1	Un coefficient près de ± 1 indique un lien linéaire très fort entre les deux variables

EXEMPLE   12.10
Reprenons l'exemple 12.8 sur les jeunes et le travail. On peut trouver la valeur du coefficient de corrélation à l'aide de la calculatrice.

Ainsi, on obtient $r = 0{,}978$. On est donc en présence d'un lien linéaire très fort entre le revenu et l'âge des jeunes.

Puisque r est positif, cela signifie que les deux variables varient dans le même sens. En effet, lorsque l'une augmente, l'autre augmente aussi. Sur le graphique du nuage de points, on remarque effectivement que lorsque l'âge (la variable indépendante) augmente, le revenu (la variable dépendante) augmente aussi.

12.2.4   La droite de régression

Dans l'exemple 12.10, même si le coefficient de corrélation linéaire est élevé, les points ne sont pas sur une droite. On n'aura jamais de nuage de points où les points seront parfaitement alignés sur une droite. Il est donc impensable de trouver l'équation d'une droite qui, pour une valeur de X donnée, permettra une prédiction précise pour la variable Y. Est-il vraisemblable que tous les jeunes du même âge aient le même revenu annuel ? Aucune équation ne peut donc donner le revenu d'un jeune, même si l'on connaît son âge.

Alors, pourquoi rechercher l'équation d'une droite ? La droite recherchée ne donnera pas le revenu d'un jeune de 15 ou de 24 ans, mais **elle permettra d'estimer le revenu moyen** des jeunes de 15 ans, de 16 ans, etc. On appellera **droite de régression** la droite qui minimise la somme des carrés des distances verticales entre chacun des points du nuage de points et la droite. Ces distances verticales représentent, pour chaque couple $(x \, ; y)$, la différence entre la donnée y de la variable Y et l'estimation fournie par la droite. On pourrait dire qu'il s'agit d'une droite qui serait, en moyenne, la plus proche possible de tous les points du nuage. Cette droite est aussi appelée droite des moindres carrés.

Francis Galton (1822-1911) a remarqué, à partir des travaux effectués par Karl Pearson (1857-1936), que les hommes de grande taille avaient des fils qui étaient aussi de grande taille, mais que la taille moyenne des fils adultes était inférieure à la taille moyenne des pères ; de là est né le terme régression. Galton a généralisé cette notion de régression à tous les traits qui sont caractéristiques de l'homme.

La droite de régression est représentée par l'équation $y' = a + b \cdot x$. Dans cette équation, b représente la pente de la droite de régression et a représente l'ordonnée à l'origine. Puisqu'une valeur de r positive correspond à une corrélation linéaire positive, b sera alors de signe positif. De même, si une valeur de r négative correspond à une corrélation négative, b sera de signe négatif. On trouvera les valeurs de a et de b à l'aide de la calculatrice si elle a un mode statistique à deux variables.

Note :   Les valeurs de a et de b peuvent être obtenues à l'aide des formules suivantes :

$$b = \frac{\sum (x - \bar{x})(y - \bar{y})}{(n-1)s_x^2} = r \frac{s_y}{s_x} \, ;$$

$$a = \bar{y} - b\,\bar{x}.$$

EXEMPLE 12.11

Reprenons l'exemple 12.8 sur les jeunes et le travail.

Dans cet exemple, $a = -32\ 264,55$ \$ et $b = 2\ 154,85$ \$. L'équation de la droite de régression est donc :

$$y' = -32\ 264,55 + 2\ 154,85 \cdot x.$$

La valeur de r obtenue précédemment était de signe positif ($r = 0,978$). On remarque que la valeur de la pente b est aussi de signe positif. La figure 12.10 présente le tracé de cette droite.

FIGURE 12.10
Tracé de la droite
de régression

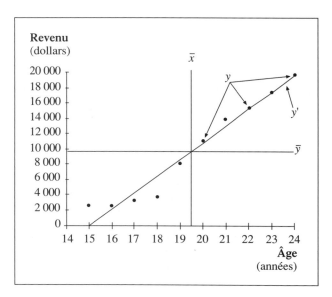

Il est à noter que la droite de régression passe par l'intersection des deux droites $x = \bar{x} = 19,5$ et $y = \bar{y} = 9\ 755$. Cette droite de régression $y' = a + b \cdot x$ est une estimation de la tendance linéaire qui existe entre les valeurs de la variable X et les moyennes des valeurs correspondantes de la variable Y. Cette droite permettra donc d'estimer le revenu moyen des jeunes de 15 à 24 ans.

Ainsi, on peut **estimer** le revenu moyen des jeunes de 15 ans de la façon suivante :

$$y' = -32\ 264,55 + 2\ 154,85 \cdot 15 = 58,20\,\$.$$

(On obtient 58,18 \$ avec la calculatrice, en mode statistique à deux variables ; tous les calculs sont effectués avec plus de précision avec la calculatrice.) On obtient donc les estimations suivantes :

– Le revenu annuel moyen des jeunes de 15 ans est estimé à 58,18 \$ en 1990 ;
– Le revenu annuel moyen des jeunes de 16 ans est estimé à 2 213,03 \$ en 1990 ;
– Le revenu annuel moyen des jeunes de 17 ans est estimé à 4 367,88 \$ en 1990 ;
– Le revenu annuel moyen des jeunes de 18 ans est estimé à 6 522,73 \$ en 1990 ;
– Le revenu annuel moyen des jeunes de 19 ans est estimé à 8 677,58 \$ en 1990 ;
– Le revenu annuel moyen des jeunes de 20 ans est estimé à 10 832,42 \$ en 1990 ;
– Le revenu annuel moyen des jeunes de 21 ans est estimé à 12 987,27 \$ en 1990 ;
– Le revenu annuel moyen des jeunes de 22 ans est estimé à 15 142,12 \$ en 1990 ;
– Le revenu annuel moyen des jeunes de 23 ans est estimé à 17 296,97 \$ en 1990 ;
– Le revenu annuel moyen des jeunes de 24 ans est estimé à 19 451,82 \$ en 1990.

De plus, les jeunes de 19,5 ans (l'âge moyen de l'échantillon) ont un revenu moyen de 9 755 \$ (le revenu moyen de l'échantillon).

Note :   **Il est très important de retenir qu'un modèle linéaire ne peut s'appliquer que dans l'intervalle des valeurs de la variable *X* qu'on a dans l'échantillon**, car ce modèle a été établi à l'aide de ces valeurs. Il se peut que ce modèle ne soit plus valable à l'extérieur de l'intervalle étudié.

En particulier, si l'on estime le revenu moyen des jeunes de 14 ans à partir de l'équation de la droite de régression, on obtient –2 096,67 $. Ce revenu négatif n'a pas de sens. Il aurait fallu avoir des jeunes de 14 ans dans l'échantillon afin que l'estimation de la droite tienne compte du revenu des jeunes de 14 ans, mais il n'y en avait pas. Comme les données relatives à la variable « Âge » dans l'échantillon variaient de 15 à 24 ans (soit l'intervalle étudié), il faut donc rester dans cet intervalle de valeurs pour pouvoir utiliser la droite de régression.

12.2.5   Le coefficient de détermination

Sur la figure 12.10, on remarque que les points fluctuent autour de la droite de régression. Ce phénomène est en partie normal, puisque la droite de régression se situe en un lieu « moyen » du nuage de points. L'usage de la droite de régression ne peut pas à lui seul expliquer toutes les fluctuations, puisque certains points sont plus éloignés que d'autres de la droite.

Si quelqu'un demandait d'estimer le revenu moyen des jeunes, on n'aurait d'autre choix que de répondre 9 755 $ (qui est la moyenne des revenus dans l'échantillon), si l'on ne tient pas compte de l'âge. Cependant, si l'on connaît l'âge des jeunes concernés, et qu'il y a un lien linéaire entre l'âge et le revenu moyen des jeunes, on peut se servir de la droite de régression et ainsi obtenir une meilleure estimation.

Lorsqu'il y a un lien linéaire entre deux variables, les données de la variable *Y* ont moins de dispersion autour de la valeur y', pour une valeur x donnée, que l'ensemble des valeurs de la variable *Y* autour de $\bar{y}$. Le coefficient de détermination, noté r^2, représente sous forme de proportion la diminution de dispersion entre ces deux situations.

EXEMPLE   12.12   Reprenons l'exemple 12.8 sur les jeunes et le travail et voyons comment illustrer (à partir d'un point seulement) le coefficient de détermination.

On considère le revenu annuel de 3 750 $ (y) d'un jeune de 18 ans faisant partie de l'échantillon. Il y a un écart de 6 005 $ entre son revenu de 3 750 $ (y) et le revenu moyen des 10 jeunes de l'échantillon, soit 9 755 $ ($\bar{y}$). Le revenu de 9 755 $ est l'estimation du revenu moyen de tous les jeunes de 15 à 24 ans, sans considérer l'âge. On peut donc constater que cette estimation est loin du revenu du jeune de 18 ans. L'écart de 6 005 $ est l'écart total entre la donnée et l'estimation du revenu moyen.

À partir de la droite de régression, c'est-à-dire en tenant compte de l'âge du jeune, on estime que le revenu moyen des jeunes de 18 ans est de 6 522,73 $ (y') ; l'écart entre le revenu du jeune de 18 ans dans l'échantillon, soit 3 750 $, et l'estimation du revenu moyen des jeunes de 18 ans, soit 6 522,73 $, n'est alors plus que de 2 772,73 $.

L'utilisation de la droite de régression basée sur la variable « Âge » permet de diminuer de 3 232,27 $ l'écart entre la donnée et son estimation. Le tableau 12.22 présente l'écart entre le revenu observé et le revenu espéré pour un jeune de 18 ans.

TABLEAU 12.22
Écart entre le revenu observé et le revenu espéré pour un jeune de 18 ans

Revenu du jeune de 18 ans	Estimation du revenu moyen	Écart entre le revenu et son estimation	Écart expliqué par X
3 750 $	9 755 $ (à l'aide de $\bar{y}$)	6 005 $ (écart total)	3 232,27 $
	6 522,73 $ (à l'aide de y')	2 772,73 $ (écart inexpliqué par X)	

La figure 12.11 illustre l'écart entre le revenu observé et le revenu espéré pour un jeune de 18 ans.

FIGURE 12.11

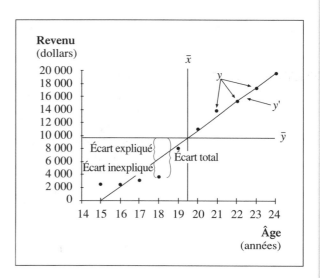

Le coefficient de détermination mesure la proportion de la dispersion de la variable Y qui est expliquée par l'utilisation de la variable X. Cette mesure est obtenue par la formule suivante :

$$r^2 = \frac{\text{Variation expliquée}}{\text{Variation totale}} = \frac{\sum \left(\text{Écart expliqué} \right)^2}{\sum \left(\text{Écart total} \right)^2}.$$

Note : Très souvent, ce coefficient est multiplié par 100 afin d'être exprimé en pourcentage.

Comme la notation du coefficient de détermination le suggère, on peut montrer que celui-ci est égal au carré du coefficient de corrélation linéaire. Ainsi, dans cet exemple, puisque $r = 0,978$, le coefficient de détermination r^2 est égal à 0,957 ou 95,7 %. On peut donc dire que la variable « Âge » explique environ 95,7 % de la dispersion de la variable « Revenu », ce qui donne un lien linéaire très fort.

Le tableau 12.23 permet d'interpréter la force du lien linéaire entre les deux variables à l'aide du coefficient de détermination.

TABLEAU 12.23
Force du lien linéaire
entre deux variables
selon la valeur de r^2

Valeur de r^2	Force du lien linéaire
0	Un coefficient près de 0 indique un lien linéaire nul entre les deux variables
0,25	Un coefficient près de 0,25 indique un lien linéaire faible entre les deux variables
0,50	Un coefficient près de 0,50 indique un lien linéaire moyen entre les deux variables
0,75	Un coefficient près de 0,75 indique un lien linéaire fort entre les deux variables
1	Un coefficient près de 1 indique un lien linéaire très fort entre les deux variables

Le tableau 12.23 est équivalent au tableau 12.21 sur l'interprétation des valeurs du coefficient de corrélation linéaire (les valeurs sont simplement élevées au carré, puisque l'interprétation se fait avec r^2 au lieu de r).

EXEMPLE   12.13

Le rendement d'une action

L'indice boursier XXM mesure l'évolution du prix des actions à la Bourse de Montréal. Cet indice est calculé en utilisant le prix des actions de 25 sociétés canadiennes. Cet indice reflète donc la tendance du marché boursier. Le taux de rendement représente le pourcentage d'augmentation ou de diminution de l'indice entre deux périodes. Le tableau 12.24 donne le taux hebdomadaire de rendement de l'indice XXM ainsi que le taux hebdomadaire de rendement d'une action de la compagnie Bombardier pour la période allant du 22 février au 3 mai 1997.

TABLEAU 12.24
Taux hebdomadaire
de rendement pour la période
du 22 février au 3 mai 1997

Semaine	Taux hebdomadaire de rendement	
	Indice XXM X	Bombardier Y
1	0,10	4,09
2	−1,30	−1,31
3	2,88	2,46
4	−1,50	−1,11
5	−2,08	−4,86
6	−1,82	3,73
7	−2,46	−0,95
8	−2,79	−0,76
9	3,65	4,43
10	0,26	2,03

Le rendement hebdomadaire moyen (en pourcentage) de l'indice XXM pour cette période est de $-0,51$ %. Le rendement hebdomadaire moyen (en pourcentage) de la valeur de l'action de la compagnie Bombardier pour cette période est de 0,78 %.

L'écart type du rendement hebdomadaire (en pourcentage) de la valeur de l'action de la compagnie Bombardier est de 3,027 %. La variance est donc de 9,163. En gestion de portefeuille, on dit que cette variance représente le risque de l'action. Une partie de ce risque est attribuable aux facteurs macro-économiques et est expliquée à l'aide de l'indice XXM qui représente l'évolution du marché. Le coefficient de détermination représente la proportion de cette variance (le risque) qui est expliquée par le marché (l'indice XXM). La valeur du coefficient de détermination r^2 est de $0,648^2 = 0,4199$. Cela signifie que 41,99 % de la variance (dispersion) est attribuable au marché tandis que le reste, soit 58,01 %, est attribuable aux facteurs spécifiques de la compagnie Bombardier. Ainsi, 41,99 % du risque rattaché à l'action de la compagnie Bombardier est attribuable au risque du marché, tandis que 58,01 % du risque est attribuable au risque spécifique.

12.2.6 *La signification de l'existence d'un lien linéaire*

On peut vérifier l'existence d'un lien linéaire entre deux variables à l'aide d'un test d'hypothèses sur la valeur du coefficient de corrélation linéaire.

Le coefficient de corrélation linéaire de Pearson r, calculé à l'aide des données contenues dans l'échantillon, est une estimation du coefficient de corrélation linéaire entre les deux variables pour toutes les unités statistiques de la population, noté ρ.

On sait qu'un coefficient de corrélation linéaire de zéro indique l'absence totale de lien linéaire entre deux variables. Alors, le coefficient r obtenu dans un échantillon est-il à ce point différent de zéro pour qu'on puisse conclure à l'existence d'un lien linéaire entre les deux variables pour toutes les unités statistiques de la population ?

Puisque le coefficient de corrélation linéaire r dans l'échantillon est une estimation du coefficient de corrélation linéaire ρ dans la population, le test d'hypothèses se fera sur la valeur de ρ. On devra répondre à la question suivante : Est-ce que la valeur de r s'éloigne de zéro de façon significative pour qu'on puisse conclure que le coefficient de corrélation linéaire ρ dans la population est différent de zéro, donc qu'il existe un lien linéaire entre les deux variables dans la population ?

R.A. Fisher a montré, en 1915, qu'on pouvait utiliser la distribution de Student pour effectuer un test d'hypothèses sur la valeur de ρ à l'aide de la valeur du coefficient de corrélation linéaire de Pearson r de l'échantillon. En fait, Fisher a montré que, lorsque la valeur du coefficient de corrélation linéaire ρ dans la population est nulle, les valeurs de $\dfrac{r\sqrt{n-2}}{\sqrt{1-r^2}}$ obéissent à une loi de Student avec $n-2$ degrés de liberté.

Voici les huit étapes du test :

Première étape : Formuler les hypothèses statistiques H_0 et H_1
Trois situations sont possibles :

a) un test unilatéral à gauche :

$H_0 : \rho = 0$ (il n'y a pas de corrélation linéaire) ;
$H_1 : \rho < 0$ (il y a une corrélation linéaire négative) ;

b) un test bilatéral :

$H_0 : \rho = 0$ (il n'y a pas de corrélation linéaire) ;
$H_1 : \rho \neq 0$ (il y a une corrélation linéaire) ;

c) un test unilatéral à droite :

$H_0 : \rho = 0$ (il n'y a pas de corrélation linéaire) ;
$H_1 : \rho > 0$ (il y a une corrélation linéaire positive).

Deuxième étape : Indiquer le seuil de signification

Troisième étape : Vérifier les conditions d'application

Pour utiliser la distribution de Student telle qu'elle a été présentée par Fisher, il faut que la variable Y obéisse à une loi normale ayant le même écart type pour chacune des valeurs de la variable X. Cette condition sera toujours assumée dans les exercices.

Quatrième étape : Préciser quelle est la distribution utilisée

Alors, $\dfrac{r\sqrt{n-2}}{\sqrt{1-r^2}} = t$ obéit à une distribution de Student avec $n-2$ degrés de liberté.

Cinquième étape : Définir la règle de décision

–   Il faut spécifier la zone de non-rejet de l'hypothèse nulle H_0 ;
–   Il faut spécifier la zone de rejet de l'hypothèse nulle H_0 (acceptation de H_1).

Sixième étape : Calculer r et t_r

Septième étape : Prendre la décision

Il faut appliquer la règle de décision.

Huitième étape : Conclure

Il faut expliquer ce que veut dire la décision en tenant compte du contexte.

EXEMPLE 12.14

Reprenons l'exemple 12.8 sur les jeunes et le travail. Avec un seuil de signification de 5 %, peut-on conclure qu'il existe un lien linéaire entre le revenu annuel et l'âge chez les jeunes canadiens au travail ?

Première étape : Formuler les hypothèses statistiques H_0 et H_1

$H_0 : \rho = 0$ (il n'y a pas de corrélation linéaire) ;
$H_1 : \rho \neq 0$ (il y a une corrélation linéaire).

Deuxième étape : Indiquer le seuil de signification

Le seuil de signification est de 5 % ; $\alpha = 0{,}05$.

Troisième étape : Vérifier les conditions d'application

On considère que la distribution du revenu obéit à une loi normale avec le même écart type pour chaque âge.

Quatrième étape : Préciser quelle est la distribution utilisée

Alors, $\dfrac{r\sqrt{n-2}}{\sqrt{1-r^2}} = t$ obéit à une distribution de Student avec $10 - 2 = 8$ degrés de liberté.

Cinquième étape : Définir la règle de décision

–   Le seuil de signification est de 5 % ; $\alpha = 0{,}05$;
–   Le risque d'erreur est de 5 % ; $\alpha = 0{,}05$;
–   Le risque d'erreur partagé est de 2,5 % ; $\alpha/2 = 0{,}025$;
–   La cote t utilisée est $t_{\alpha/2\,;\,\nu} = t_{0,025\,;\,8} = 2{,}31$.

Donc,

–   si $-2{,}31 \leq t_r \leq 2{,}31$, alors on ne rejettera pas l'hypothèse nulle H_0 ;

— si $t_r < -2{,}31$ ou si $t_r > 2{,}31$, alors on rejettera l'hypothèse H_0 et, ainsi, on acceptera l'hypothèse alternative H_1.

La figure 12.12 illustre la situation.

FIGURE 12.12
Représentation graphique des zones de rejet et de non-rejet de H_0

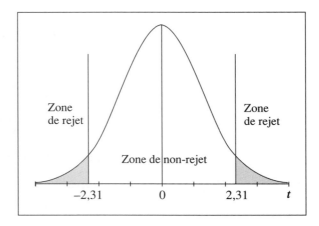

Sixième étape : Calculer r et t_r

$n = 10$;
$r = 0{,}978$;
$$t_r = \frac{r\sqrt{n-2}}{\sqrt{1-r^2}} = \frac{0{,}978\sqrt{10-2}}{\sqrt{1-0{,}978^2}} = 13{,}26.$$

Septième étape : Prendre la décision

Puisque $13{,}26 > 2{,}31$, la différence entre $r = 0{,}978$ et $\rho = 0$ est jugée significative. La différence est assez grande pour qu'on prenne le risque de rejeter H_0 et, ainsi, accepter H_1. La figure 12.13 illustre la situation.

FIGURE 12.13
Représentation graphique des zones de rejet et de non-rejet de H_0 et position de la valeur de t_r

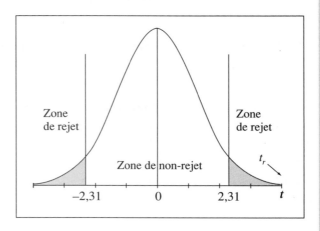

Huitième étape : Conclure

Il existe un lien linéaire entre le revenu annuel et l'âge des jeunes Canadiens sur le marché du travail en 1990. Ce lien peut être exprimé par la droite de régression :
$$y' = -32\,264{,}55 + 2\,154{,}85 \cdot x.$$

Note :   Le coefficient de corrélation linéaire r de l'échantillon est une estimation du coefficient de corrélation linéaire ρ de la population. La droite de régression linéaire $y' = a + b \cdot x$, obtenue avec les données de l'échantillon, est une estimation de la droite de régression linéaire $\mu_{Y/x} = \alpha + \beta \cdot x$, où $\mu_{Y/x}$ signifie la moyenne pour la variable Y pour une valeur x de la variable X. Les valeurs calculées de a et de b à partir des données de l'échantillon sont des estimations des valeurs α et β du modèle linéaire reliant les variables X et Y.

EXERCICES

12.7   Ce problème porte sur l'abordabilité du logement, le loyer mensuel et le taux d'inoccupation. Le tableau 12.25[10] présente, pour 15 villes prises au hasard, le loyer mensuel moyen d'un logement et le taux d'inoccupation.

TABLEAU 12.25
Loyer mensuel moyen et taux d'inoccupation selon la ville

Ville	Loyer mensuel moyen (dollars)	Taux d'inoccupation (pourcentage)
Victoria	619	1
Vancouver	665	2
Sherbrooke	449	11
Winnipeg	478	7
Trois-Rivières	425	9
Montréal	514	8
Halifax	571	5
Sudbury	513	1
Edmonton	521	2
Regina	466	6
Calgary	589	4
Québec	473	6
Chicoutimi–Jonquière	444	7
Toronto	703	2
Ottawa–Hull	601	2

Source : Adapté d'un tableau de Lo, Oliver et Gauthier, Pierre. *Op. cit.*, p. 15.

a)   Quelle est la variable dépendante ?

b)   De quel type est cette variable ?

c)   Quelle est la variable indépendante ?

d)   De quel type est cette variable ?

e)   Quelle est la population étudiée ?

f)   Quelle est l'unité statistique ?

g)   Quelle est la taille de l'échantillon ?

h)   Tracez le nuage de points.

i)   Sur le nuage de points, tracez les droites $x = \bar{x}$ et $y = \bar{y}$.

j)   Déterminez l'équation de la droite de régression.

k)   Tracez cette droite de régression sur le nuage de points.

l)   Déterminez la valeur du coefficient de corrélation et interprétez cette valeur en tenant compte du contexte.

m)   Déterminez la valeur du coefficient de détermination et interprétez cette valeur en tenant compte du contexte.

n)   Avec un seuil de signification de 5 %, pouvez-vous conclure qu'il existe une corrélation linéaire négative entre les deux variables ?

o)   Si vous avez décelé un lien linéaire entre les deux variables, à l'aide de la droite de régression, estimez le taux d'inoccupation moyen d'un logement dont le loyer mensuel moyen est de :
1) 500 $.
2) 450 $.

12.8   « L'enquête sociale générale de 1992 montre que 45 % des Canadiens font du sport[11]. » On a choisi 20 Canadiens au hasard. Le tableau 12.26 donne l'âge des 20 Canadiens et le nombre d'heures par semaine de pratique d'activités sportives pour chacun.

---

10.   Lo, Oliver et Gauthier, Pierre. « Les locataires et l'abordabilité du logement », *Tendances sociales canadiennes*, Ottawa, Statistique Canada, Catalogue 11-008F, n° 36, printemps 1995, p. 14-15.

11.   Corbeil, Jean-Pierre. « La pratique des sports au Canada », *Tendances sociales canadiennes*, Ottawa, Statistique Canada, Catalogue 11-008F, n° 36, printemps 1995, p. 18 à 23. La suite du problème est un exemple fictif simulé à partir des données contenues dans cet article.

TABLEAU 12.26
Âge des Canadiens et nombres d'heures de pratique d'activités sportives par semaine

Canadien	Âge	Nombre d'heures
1	15	7
2	34	3
3	18	6
4	56	2
5	32	4
6	22	5
7	42	4
8	60	2
9	24	4
10	36	5
11	45	1
12	19	8
13	37	4
14	46	4
15	55	3
16	24	4
17	34	2
18	39	4
19	41	1
20	50	2

a) Quelle est la variable dépendante ?

b) De quel type est cette variable ?

c) Quelle est la variable indépendante ?

d) De quel type est cette variable ?

e) Quelle est la population étudiée ?

f) Quelle est l'unité statistique ?

g) Quelle est la taille de l'échantillon ?

h) Tracez le nuage de points.

i) Sur le nuage de points, tracez les droites $x = \bar{x}$ et $y = \bar{y}$.

j) Déterminez l'équation de la droite de régression.

k) Tracez cette droite de régression sur le nuage de points.

l) Déterminez la valeur du coefficient de corrélation et interprétez cette valeur en tenant compte du contexte.

m) Déterminez la valeur du coefficient de détermination et interprétez cette valeur en tenant compte du contexte.

n) Avec un seuil de signification de 1 %, pouvez-vous conclure qu'il existe une corrélation linéaire négative entre les deux variables ?

o) Si vous avez décelé un lien linéaire entre les deux variables, à l'aide de la droite de régression, estimez le nombre moyen d'heures d'activités sportives par semaine pour un Canadien âgé de 27 ans.

12.9 La mesure la plus souvent utilisée pour étudier le revenu national est le produit intérieur brut (PIB) exprimé en millions de dollars. Le revenu national d'un pays correspond à la valeur totale de ses produits finals. Tous les biens et services canadiens vendus à l'étranger contribuent à la production canadienne et au revenu du pays, car ils procurent un revenu aux compagnies canadiennes qui les ont produits. Au tableau 12.27, on a pris 21 trimestres pour lesquels on a calculé la valeur des exportations canadiennes et la valeur du PIB.

TABLEAU 12.27
Valeur des exportations et valeur du PIB pour 21 trimestres

Trimestre	Valeur des exportations (millions de dollars)	Valeur du PIB (millions de dollars)
1	166 072	680 948
2	172 188	683 632
3	177 304	687 220
4	182 536	693 136
5	192 728	696 500
6	199 796	701 396
7	205 388	711 488
8	211 292	714 012
9	221 004	724 524
10	222 800	731 128
11	244 580	740 748
12	259 288	754 368
13	276 840	762 796
14	291 972	770 384
15	284 544	773 752
16	288 348	779 412
17	296 436	781 648
18	299 084	784 884
19	304 208	791 236
20	315 156	802 108
21	307 688	812 928

Source : Statistique Canada. CANSIM, séries n^{os} D20023 et D20011.

a) Quelle est la variable dépendante ?

b) De quel type est cette variable ?

c) Quelle est la variable indépendante ?

d) De quel type est cette variable ?

e) Quelle est la population étudiée ?

f) Quelle est l'unité statistique ?

g) Quelle est la taille de l'échantillon ?

h) Tracez le nuage de points.

i) Sur le nuage de points, tracez les droites $x = \bar{x}$ et $y = \bar{y}$.

j) Déterminez l'équation de la droite de régression.

k) Tracez cette droite de régression sur le nuage de points.

l) Déterminez la valeur du coefficient de corrélation et interprétez cette valeur en tenant compte du contexte.

m) Déterminez la valeur du coefficient de détermination et interprétez cette valeur en tenant compte du contexte.

n) Avec un seuil de signification de 5 %, pouvez-vous conclure qu'il existe une corrélation linéaire positive entre les deux variables ?

o) Si vous avez décelé un lien linéaire entre les deux variables, à l'aide de la droite de régression, estimez la valeur du PIB moyen d'un trimestre lorsque la valeur des exportations est de :

1) 290 040 millions de dollars.

2) 320 150 millions de dollars.

12.10 Depuis 1979, on a remarqué que les augmentations de salaire sont à la hausse lorsque le taux de chômage est en dessous de 8 %, et c'est l'inverse lorsque le taux de chômage est au-dessus de 8 %. Le taux de chômage de plein emploi au Canada est de 8 % car, lorsque le taux de chômage est près de 8 %, le taux annuel de variation des salaires est stable. Au tableau 12.28, on a pris 20 trimestres pour lesquels on a calculé le taux de chômage et les augmentations moyennes de salaires en pourcentage.

a) Quelle est la variable dépendante ?

b) De quel type est cette variable ?

c) Quelle est la variable indépendante ?

d) De quel type est cette variable ?

e) Quelle est la population étudiée ?

f) Quelle est l'unité statistique ?

g) Quelle est la taille de l'échantillon ?

h) Tracez le nuage de points.

i) Sur le nuage de points, tracez les droites $x = \bar{x}$ et $y = \bar{y}$.

j) Déterminez l'équation de la droite de régression.

k) Tracez cette droite de régression sur le nuage de points.

l) Déterminez la valeur du coefficient de corrélation et interprétez cette valeur en tenant compte du contexte.

m) Déterminez la valeur du coefficient de détermination et interprétez cette valeur en tenant compte du contexte.

n) Avec un seuil de signification de 5 %, pouvez-vous conclure qu'il existe une corrélation linéaire entre les deux variables ?

o) Si vous avez décelé un lien linéaire entre les deux variables, à l'aide de la droite de régression, estimez le pourcentage moyen d'augmentation moyenne pour les salaires lorsque le taux de chômage est de :

1) 11,5 %.

2) 9,3 %.

TABLEAU 12.28
Valeur du taux de chômage et augmentations moyennes de salaires

Trimestre	Taux de chômage	Augmentations moyennes de salaires en pourcentage
1	12,3	6,5
2	10,9	3,2
3	9,7	2,8
4	10,6	2,2
5	13,4	3,9
6	12,2	1,5
7	11,1	2,9
8	11,7	1,7
9	13,2	1,0
10	12,1	0,3
11	10,9	0,5
12	11,1	0,3
13	13,1	0,3
14	11,2	0,0
15	9,5	0,3
16	9,6	0,4
17	11,3	0,8
18	10,0	1,0
19	8,8	0,8
20	9,1	0,7

Source : Statistique Canada. CANSIM, séries nᵒˢ D980420 et D47018.

12.11 Le taux préférentiel des banques est un indicateur fiable des points de retournement (à la hausse ou à la baisse) de l'activité économique canadienne. Au tableau 12.29, on a pris 24 mois pour lesquels on a comparé le taux préférentiel des banques avec le nombre d'automobiles vendues au Canada.

a) Quelle est la variable dépendante ?

b) De quel type est cette variable ?

c) Quelle est la variable indépendante ?

d) De quel type est cette variable ?

e) Quelle est la population étudiée ?

f) Quelle est l'unité statistique ?

g) Quelle est la taille de l'échantillon ?

h) Tracez le nuage de points.

i) Sur le nuage de points, tracez les droites $x = \bar{x}$ et $y = \bar{y}$.

j) Déterminez l'équation de la droite de régression.

k) Tracez cette droite de régression sur le nuage de points.

l) Déterminez la valeur du coefficient de corrélation et interprétez cette valeur en tenant compte du contexte.

m) Déterminez la valeur du coefficient de détermination et interprétez cette valeur en tenant compte du contexte.

TABLEAU 12.29
Valeur du taux préférentiel et nombre d'automobiles vendues

Mois	Taux préférentiel des banques	Nombre d'automobiles vendues
1	9,25	57 719
2	9,50	56 518
3	9,75	56 422
4	9,75	53 375
5	9,25	54 741
6	8,75	57 127
7	8,25	54 608
8	8,00	57 375
9	8,00	59 870
10	8,00	53 990
11	7,75	53 236
12	7,50	55 210
13	7,25	52 587
14	7,00	54 304
15	6,75	52 669
16	6,50	49 469
17	6,50	54 293
18	6,50	56 410
19	6,25	55 093
20	5,75	54 687
21	5,75	57 703
22	5,00	57 547
23	4,75	58 111
24	4,75	57 898

Source : Statistique Canada. CANSIN, n^os B14020 et D4975.

n) Avec un seuil de signification de 1 %, pouvez-vous conclure qu'il existe une corrélation linéaire entre les deux variables ?

o) Si vous avez décelé un lien linéaire entre les deux variables, à l'aide de la droite de régression, estimez le nombre moyen d'automobiles vendues pour un mois lorsque le taux préférentiel est de :
1) 7,75 %.
2) 5,25 %.

12.12 « [...] il y a trois types de climat au Québec : continental humide, [...] subarctique [...] et arctique, à l'extrême nord. On observe du sud au nord une baisse progressive des températures, tant estivales qu'hivernales, une durée plus longue de l'hiver et une diminution des précipitations[12]. »

---

12. *Le Québec statistique*, 59e édition, Québec, Les Publications du Québec, 1989, p. 242. Reproduit avec l'autorisation des Publications du Québec.

Le tableau 12.30 présente, pour différentes villes prises au hasard, l'altitude et la période sans gel (en jours).

TABLEAU 12.30
Altitude et période sans gel de villes du Québec

Ville	Altitude (mètres)	Période sans gel (jours)
Amos	310	90
Baie-Comeau	69	119
Blanc-Sablon	19	106
Cap-Chat	37	153
Chibougamau	378	73
Chicoutimi	15	135
Drummondville	82	145
Gaspé	30	123
Granby	168	147
Joliette	59	145
Kuujjuak	37	66
Lac-Mégantic	465	117
L'Assomption	21	133
La Tuque	125	115
Matane	30	127
Mont-Joli	52	137
Montréal	57	177
Québec	73	137

Source : Adapté d'un tableau des Publications du Québec. *Op. cit.*, p. 257.

a) Quelle est la variable dépendante ?
b) De quel type est cette variable ?
c) Quelle est la variable indépendante ?
d) De quel type est cette variable ?
e) Quelle est la population étudiée ?
f) Quelle est l'unité statistique ?
g) Quelle est la taille de l'échantillon ?
h) Tracez le nuage de points.
i) Sur le nuage de points, tracez les droites $x = \bar{x}$ et $y = \bar{y}$.
j) Déterminez l'équation de la droite de régression.
k) Tracez cette droite de régression sur le nuage de points.
l) Déterminez la valeur du coefficient de corrélation et interprétez cette valeur en tenant compte du contexte.
m) Déterminez la valeur du coefficient de détermination et interprétez cette valeur en tenant compte du contexte.
n) Avec un seuil de signification de 5 %, pouvez-vous conclure qu'il existe une corrélation linéaire entre les deux variables ?
o) Si vous avez décelé un lien linéaire entre les deux variables, à l'aide de la droite de régression, estimez

le nombre moyen de jours sans gel d'une ville située à une altitude de :

1) 259 m.

2) 125 m.

12.13 « L'utilisation des établissements hôteliers varie selon divers facteurs : la saison, la région touristique et la taille de l'établissement. La période de haute saison s'étend du mois de juin au mois de septembre. D'une façon générale, le taux d'occupation des établissements de l'ensemble du Québec atteint un sommet au cours des mois de juillet et d'août[13]. »

Le taux d'occupation correspond au nombre de chambres occupées au cours d'une période donnée divisé par le nombre total de chambres disponibles au cours de cette même période multiplié par 100.

Le tableau 12.31 présente le taux d'occupation de 18 établissements hôteliers pris au hasard, durant le mois d'août dans différentes régions touristiques en 1986 et en 1987.

TABLEAU 12.31
Taux d'occupation de 18 établissements hôteliers dans différentes régions touristiques en 1986 et en 1987

Région touristique	Taux d'occupation en août	
	1986 X	1987 Y
Îles-de-la-Madeleine	82,4	74,3
Gaspésie	57,5	57,4
Bas Saint-Laurent	71,1	67,8
Québec	86,3	85,2
Charlevoix	74,0	77,5
Pays-de-l'Érable	57,1	57,8
Cœur-du-Québec	66,7	60,7
Estrie	69,4	62,6
Montérégie	69,8	70,1
Lanaudière	52,0	47,0
Laurentides	57,2	55,2
Montréal	84,2	85,5
Outaouais	50,0	49,4
Abitibi-Témiscamingue	58,6	53,9
Saguenay – Lac-Saint-Jean	64,8	72,4
Manicouagan	63,2	67,5
Duplessis	58,7	57,7
Nouveau-Québec –Baie-James	51,6	57,1

Source : Adapté d'un tableau des Publications du Québec. *Op. cit.*, p. 761.

---

13. *Le Québec statistique*, 59e édition, Québec, Les Publications du Québec, 1989, p. 748. Reproduit avec l'autorisation des Publications du Québec.

a) Quelle est la variable dépendante ?

b) De quel type est cette variable ?

c) Quelle est la variable indépendante ?

d) De quel type est cette variable ?

e) Quelle est la population étudiée ?

f) Quelle est l'unité statistique ?

g) Quelle est la taille de l'échantillon ?

h) Tracez le nuage de points.

i) Sur le nuage de points, tracez les droites $x = \bar{x}$ et $y = \bar{y}$.

j) Déterminez l'équation de la droite de régression.

k) Tracez cette droite de régression sur le nuage de points.

l) Déterminez la valeur du coefficient de corrélation et interprétez cette valeur en tenant compte du contexte.

m) Déterminez la valeur du coefficient de détermination et interprétez cette valeur en tenant compte du contexte.

n) Avec un seuil de signification de 5 %, pouvez-vous conclure qu'il existe une corrélation linéaire positive entre les deux variables ?

o) Si vous avez décelé un lien linéaire entre les deux variables, à l'aide de la droite de régression, estimez le taux d'occupation moyen en août 1987 d'un établissement dont le taux d'occupation en août 1986 était de 63,6 %.

12.14 On a calculé le pourcentage de rendement hebdomadaire pour les actions de Bombardier, de la brasserie Molson, de la Banque Royale et de Teknor, une compagnie québécoise en informatique. Les pourcentages de rendement hebdomadaire ont été calculés pour la période allant du 22 février au 3 mai 1997. Le rendement du marché est représenté par le rendement de l'indice boursier XXM. Le tableau 12.32 contient les informations recueillies.

TABLEAU 12.32
Taux de rendement hebdomadaire de différentes actions

Semaine	Indice XXM	Bombardier	Molson	Banque Royale	Teknor
1	0,10	4,09	3,85	−0,37	−1,60
2	−1,30	−1,31	−2,06	1,75	10,81
3	2,88	2,46	−1,47	9,88	2,44
4	−1,50	−1,11	1,71	−3,05	−4,76
5	−2,08	−4,86	−2,10	−2,72	−4,00
6	−1,82	3,73	−1,29	−1,31	−5,73
7	−2,46	−0,95	−1,09	−4,26	−0,55
8	−2,79	−0,76	−3,52	−5,65	−7,78
9	3,65	4,43	4,56	3,83	1,81
10	0,26	2,03	2,40	1,23	−1,78

a) Calculer le risque associé aux actions des compagnies Molson, Banque Royale et Teknor.

b) Quelle proportion du risque est attribuable au marché ?

c) Quelle proportion du risque est spécifiquement attribuable à la compagnie ?

d) Si vous avez un portefeuille qui est composé à 60 % d'actions de Bombardier et à 40 % d'actions de la Banque Royale, calculez le rendement hebdomadaire moyen pour les 10 semaines considérées.

e) Calculez le risque associé à ce portefeuille.

f) Quelle proportion de ce risque est attribuable au marché ?

g) Quelle proportion de ce risque est spécifique aux actions du portefeuille ?

Frank Yates (1902-1994), statisticien anglais. Il succéda en 1933 à R.A. Fisher comme chef des Statistiques à Rothamsted, poste qu'il conserva jusqu'à sa retraite, en 1968. Il fut une des personnes qui influencèrent la création du British Computer Society, dont il fut le président en 1960-1961[1].

1. L'illustration provient de http ://WWW-groups.dos.st-and.ac.uk/~history/Mathematicians/Yates.html.

La distribution du khi deux peut aussi servir à vérifier, à partir des données d'un échantillon :

— si une variable obéit à une distribution théorique proposée ;
— si un échantillon est représentatif de la population.

Il s'agit encore de comparer des fréquences observées dans l'échantillon avec des fréquences théoriques calculées à partir du modèle proposé.

À l'aide de

$$\chi^2 = \sum \frac{(f_o - f_e)^2}{f_e},$$

on détermine si l'écart entre les fréquences observées et les fréquences théoriques est jugé significatif, c'est-à-dire si l'écart est suffisamment grand pour qu'on prenne le risque :

— de rejeter le modèle proposé dans l'hypothèse H_0 ;
— de rejeter l'hypothèse selon laquelle l'échantillon est représentatif de la population.

13.1 L'AJUSTEMENT À UNE DISTRIBUTION THÉORIQUE

Les étapes d'un test d'ajustement sont les mêmes que celles du test d'indépendance entre deux variables. Cependant, la façon de calculer le nombre de degrés de liberté et les fréquences théoriques est différente d'un cas à l'autre.

EXEMPLE 13.1

La location de films vidéo

Dans cet exemple, il s'agit de vérifier si le modèle théorique proposé pour la population est plausible.

Un club de location de films vidéo a effectué une recherche auprès de 180 membres. On a noté le nombre de films loués par membre durant la semaine précédente. Le tableau 13.1 présente la répartition des 180 membres de l'échantillon en fonction du nombre de films loués la semaine précédant le sondage.

TABLEAU 13.1
Répartition observée des membres en fonction du nombre de films loués la semaine précédant le sondage

Nombre de films	Nombre de membres
0	85
1	49
2	32
3	10
4 et plus	4
Total	180

Avec, un seuil de signification de 5 %, est-ce que le modèle de distribution du nombre de films loués durant la semaine pour l'ensemble de tous les membres présenté au tableau 13.2 est plausible ?

TABLEAU 13.2
**Modèle proposé pour
la répartition des membres,
en pourcentage, en fonction
du nombre de films loués
par semaine**

Nombre de films	Pourcentage des membres
0	33
1	26
2	33
3	5
4 et plus	3
Total	100

Le test d'hypothèses est le suivant.

Première étape : Formuler les hypothèses statistiques H$_0$ et H$_1$

H_0 : La répartition des membres en fonction du nombre de films loués durant la semaine est celle qui est présentée dans le tableau 13.2 ;

H_1 : La répartition des membres en fonction du nombre de films loués durant la semaine est différente de celle qui est présentée dans le tableau 13.2.

Deuxième étape : Indiquer le seuil de signification

Le seuil de signification est de 5 % ; $\alpha = 0{,}05$.

Troisième étape : Construire le tableau des fréquences espérées et vérifier les conditions d'application

$$\sum f_o = \sum f_e = n = 180 \geq 30.$$

Chacune des fréquences théoriques s'obtient en attribuant à chacune des valeurs ou catégories de la variable le même pourcentage dans l'échantillon que celui de la population ou du modèle proposé.

Dans l'échantillon, il devrait théoriquement y avoir :

- 33 % des 180 membres, c'est-à-dire 59,4 membres n'ayant loué aucun film ;
- 26 % des 180 membres, c'est-à-dire 46,8 membres ayant loué 1 film ;
- 33 % des 180 membres, c'est-à-dire 59,4 membres ayant loué 2 films ;
- 5 % des 180 membres, c'est-à-dire 9,0 membres ayant loué 3 films ;
- 3 % des 180 membres, c'est-à-dire 5,4 membres ayant loué 4 films ou plus.

Le tableau 13.3 montre la répartition espérée des membres en fonction du nombre de films loués.

TABLEAU 13.3
**Répartition espérée
des membres en fonction
du nombre de films loués
la semaine précédant
le sondage**

Nombre de films	Nombre de membres
0	59,4
1	46,8
2	59,4
3	9,0
4 et plus	5,4
Total	180

Toutes les $f_e \geq 5$.

Quatrième étape : Préciser quelle est la distribution utilisée

Alors, $\sum \dfrac{(f_o - f_e)^2}{f_e}$ obéit approximativement à une distribution du khi deux avec $\nu = k - 1$ degrés de liberté, où k est le nombre de valeurs ou de catégories de la variable étudiée. Dans ce cas-ci, le nombre de degrés de liberté est $v = 5 - 1 = 4$ degrés de liberté.

Cinquième étape : Définir la règle de décision

– Le seuil de signification est de 5 % ; $\alpha = 0,05$;
– Le risque d'erreur est de 5 % ; $\alpha = 0,05$;
– Le χ^2 critique utilisé est $\chi^2_{\alpha\,;\,v} = \chi^2_{0,05\,;\,4} = 9,49$.

Donc,

– si $\chi^2 \leq 9,49$, alors on ne rejettera pas l'hypothèse nulle H_0 ;
– si $\chi^2 > 9,49$, alors on rejettera l'hypothèse nulle H_0 et, ainsi, on acceptera l'hypothèse alternative H_1.

Sixième étape : Calculer χ^2

$$\chi^2 = 24,24.$$

Le tableau 13.4 montre le calcul du khi deux.

TABLEAU 13.4
Calcul du khi deux

Catégorie	f_o	f_e	$\dfrac{(f_o - f_e)^2}{f_e}$
0	85	59,4	11,03
1	49	46,8	0,10
2	32	59,4	12,64
3	10	9,0	0,11
4 ou plus	4	5,4	0,36
Total	180	180	24,24

Septième étape : Appliquer la règle de décision

Puisque $24,24 > 9,49$, on rejettera l'hypothèse H_0 et, ainsi, on acceptera l'hypothèse alternative H_1.

Huitième étape : Conclure

La différence entre les fréquences observées et les fréquences espérées est jugée trop grande pour être due au hasard de l'échantillonnage. La répartition proposée pour le nombre de films loués par semaine par les membres du club n'est pas plausible pour la semaine précédant le sondage.

Il arrive souvent que l'application d'un test d'hypothèses exige que la distribution de la variable étudiée soit normale. Un test d'ajustement à une distribution normale se fait exactement de la même façon que dans le cas d'un ajustement à une distribution de fréquences. Ce test s'appuie également sur la distribution du khi deux.

Au lieu de connaître les probabilités, il faut les calculer avec une loi normale. Il faut partir d'une distribution en classes et calculer la probabilité pour chacune de celles-ci. On comparera donc les fréquences observées de chacune des classes avec les fréquences espérées (c'est-à-dire les fréquences obtenues d'après le modèle de distribution normale) des mêmes classes. Il ne faut surtout pas oublier qu'on doit toujours avoir $\sum f_o = \sum f_e = n$. Puisque la courbe normale va de $-\infty$ à $+\infty$, il faudra toujours ajouter deux classes à la distribution : une classe à gauche dont la borne inférieure est $-\infty$ et une classe à droite dont la borne supérieure est $+\infty$. Ainsi, la somme des probabilités donnera 1.

Le nombre de degrés de liberté de la distribution du khi deux utilisée est :

$\nu = k - r - 1$,

où *k* est le nombre de classes :

r est un paramètre.

Le paramètre *r* s'évalue comme suit :

— $r = 0$ si l'hypothèse H_0 mentionne les valeurs des deux paramètres μ et σ à utiliser dans le modèle ;

— $r = 1$ si l'hypothèse H_0 ne mentionne qu'un seul des deux paramètres μ ou σ. Dans ce cas, il faudra estimer l'autre paramètre à l'aide d'une estimation provenant de l'échantillon $\bar{x}$ ou *s*, ce qui crée une contrainte de plus sur les valeurs que peuvent prendre les fréquences observées et espérées. Ce résultat fait perdre 1 degré de liberté ;

— $r = 2$ si l'hypothèse H_0 ne mentionne aucun des deux paramètres μ et σ. Dans ce cas, il faudra estimer les deux paramètres à l'aide d'estimations $\bar{x}$ et *s* provenant de l'échantillon, ce qui crée deux contraintes de plus sur les valeurs que peuvent prendre les fréquences observées et espérées. Ce résultat fait perdre 2 degrés de liberté. On n'abordera ici que des situations où la moyenne et l'écart type doivent être estimés, car ce sont les plus fréquentes.

EXEMPLE 13.2

Les pneus Burnstone

Reprenons l'exemple 11.2. La compagnie Burnstone désire faire une étude sur la durée de vie de ses pneus afin de déterminer la durée de la garantie qu'elle devrait offrir à ses clients. On a pris au hasard 72 pneus qui ont été testés. Le tableau 13.5 présente la distribution des durées de vie obtenues.

TABLEAU 13.5
Répartition observée des pneus en fonction de leur durée de vie, en milliers de kilomètres

Durée de vie (milliers de kilomètres)	Nombre de pneus
[0 ; 10[	8
[10 ; 20[	11
[20 ; 30[	7
[30 ; 40[	14
[40 ; 50[	10
[50 ; 60[	16
[60 ; 70[	6
Total	72

Avec un seuil de signification de 5 %, on vérifie si la durée de vie des pneus obéit à une loi normale.

Première étape : Formuler les hypothèses statistiques H_0 et H_1

H_0 : La durée de vie des pneus obéit à une loi normale ;
H_1 : La durée de vie des pneus n'obéit pas à une loi normale.

Deuxième étape : Indiquer le seuil de signification

Le seuil de signification est de 5 % ; $\alpha = 0,05$.

Troisième étape : Construire le tableau des fréquences espérées et vérifier les conditions d'application

$n = 72 \geq 30$.

Note : Il faut ajouter une classe au début et une classe à la fin, de façon à couvrir toutes les valeurs de $-\infty$ à $+\infty$. Ces deux nouvelles classes ont des fréquences observées de 0.

Le tableau des fréquences 13.6 montre la répartition des pneus en fonction de leur durée de vie.

TABLEAU 13.6
Répartition observée des pneus en fonction de leur durée de vie, en milliers de kilomètres

Durée de vie (milliers de kilomètres)	Fréquence f_o
$-\infty$; 0[	0
[0 ; 10[	8
[10 ; 20[	11
[20 ; 30[	7
[30 ; 40[	14
[40 ; 50[	10
[50 ; 60[	16
[60 ; 70[	6
[70 ; $+\infty$	0
Total	72

Note : Pour calculer les probabilités p de chacune de ces classes, il faut avoir les cotes Z des bornes des classes

$$z = \frac{x - \bar{x}}{s} = \frac{x - 35,972}{18,777}.$$

Puisque μ et σ ne sont pas fournies dans le modèle, il faut utiliser les estimations $\bar{x} = 35\ 972$ kilomètres et $s = 18\ 777$ kilomètres.

On ajoute une colonne de valeurs de cotes Z pour les bornes des classes, comme le montre le tableau 13.7.

TABLEAU 13.7
Répartition observée des pneus en fonction de leur durée de vie, en milliers de kilomètres, et leurs cotes Z correspondantes

Durée de vie (milliers de kilomètres)	Fréquence f_o	Cotes Z $z = \frac{x - \bar{x}}{s}$
$-\infty$; 0[	0	$-\infty$; $-1,92$[
[0 ; 10[	8	[$-1,92$; $-1,38$[
[10 ; 20[	11	[$-1,38$; $-0,85$[
[20 ; 30[	7	[$-0,85$; $-0,32$[
[30 ; 40[	14	[$-0,32$; $0,21$[
[40 ; 50[	10	[$0,21$; $0,75$[
[50 ; 60[	16	[$0,75$; $1,28$[
[60 ; 70[	6	[$1,28$; $1,81$[
[70 ; $+\infty$	0	[$1,81$; $+\infty$
Total	72	

Il faut calculer la probabilité d'obtenir une valeur à l'aide des cotes Z pour chacune des classes en utilisant la table de la distribution normale.

Note :   Pour toutes les classes sous la valeur de la moyenne, les bornes ont deux valeurs de cote Z négatives ; pour toutes les classes au-dessus de la moyenne, les bornes ont deux valeurs de cote Z positives. Pour ces classes, la probabilité s'obtient en faisant une différence d'aires. Les bornes inférieure et supérieure de la classe contenant la moyenne ont respectivement une valeur de cote Z négative et une valeur de cote Z positive. Pour cette classe, la probabilité s'obtient en additionnant deux aires. Afin de revoir la façon de trouver les probabilités à l'aide des aires, il est conseillé de se référer au chapitre 8.

Pour chacune des classes, on ajoute la probabilité p dans la dernière colonne, comme le montre le tableau 13.8.

TABLEAU 13.8
Répartition observée des pneus en fonction de leur durée de vie, en milliers de kilomètres, et leurs probabilités correspondantes

Durée de vie (milliers de kilomètres)	Fréquence f_o	Cotes Z $z = \dfrac{x - \overline{x}}{s}$	Probabilité p
$-\infty$; 0[	0	$-\infty$; $-1{,}92$[	0,0274
[0 ; 10[	8	[$-1{,}92$; $-1{,}38$[	0,0564
[10 ; 20[	11	[$-1{,}38$; $-0{,}85$[	0,1139
[20 ; 30[	7	[$-0{,}85$; $-0{,}32$[	0,1768
[30 ; 40[	14	[$-0{,}32$; 0,21[	0,2087
[40 ; 50[	10	[0,21 ; 0,75[	0,1902
[50 ; 60[	16	[0,75 ; 1,28[	0,1263
[60 ; 70[	6	[1,28 ; 1,81[	0,0652
[70 ; $+\infty$	0	[1,81 ; $+\infty$	0,0351
Total	72		1,0000

Les fréquences espérées s'obtiennent toujours à l'aide de la formule suivante :

$$f_e = n \bullet p.$$

On ajoute la colonne des fréquences espérées, comme le montre le tableau 13.9.

TABLEAU 13.9
Répartition observée des pneus en fonction de leur durée de vie, en milliers de kilomètres, et leurs fréquences espérées correspondantes

Durée de vie (milliers de kilomètres)	Fréquence f_o	Cotes Z $z = \dfrac{x - \overline{x}}{s}$	Probabilité p	Fréquence f_e
$-\infty$; 0[	0	$-\infty$; $-1{,}92$[	0,0274	1,97
[0 ; 10[	8	[$-1{,}92$; $-1{,}38$[	0,0564	4,06
[10 ; 20[	11	[$-1{,}38$; $-0{,}85$[	0,1139	8,20
[20 ; 30[	7	[$-0{,}85$; $-0{,}32$[	0,1768	12,73
[30 ; 40[	14	[$-0{,}32$; 0,21[	0,2087	15,03
[40 ; 50[	10	[0,21 ; 0,75[	0,1902	13,69
[50 ; 60[	16	[0,75 ; 1,28[	0,1263	9,09
[60 ; 70[	6	[1,28 ; 1,81[	0,0652	4,69
[70 ; $+\infty$	0	[1,81 ; $+\infty$	0,0351	2,53
Total	72		1,0000	72

Note :   On a deux classes à chaque extrémité avec $f_e < 5$. Pour respecter la condition $f_e \geq 5$, il faut regrouper les deux classes à chaque extrémité. Cependant, selon W.G. Cochran et G.W. Snedecor, on peut avoir jusqu'à 20 % des classes avec $1 \leq f_e < 5$, et l'approximation par la distribution du khi deux est toujours applicable[2].

Après avoir regroupé les deux premières classes d'une part et les deux dernières classes d'autre part, on obtient le tableau 13.10.

TABLEAU 13.10
Répartition observée des pneus en fonction de leur durée de vie, en milliers de kilomètres, et leurs fréquences espérées correspondantes

Durée de vie (milliers de kilomètres)	Fréquence f_o	Cotes Z $z = \dfrac{x - \bar{x}}{s}$	Probabilité p	Fréquence f_e
$-\infty$; 10[	8	$-\infty$; $-1,38$[	0,0838	6,03
[10 ; 20[	11	$[-1,38$; $-0,85$[	0,1139	8,20
[20 ; 30[	7	$[-0,85$; $-0,32$[	0,1768	12,73
[30 ; 40[	14	$[-0,32$; $0,21$[	0,2087	15,03
[40 ; 50[	10	[0,21 ; 0,75[	0,1902	13,69
[50 ; 60[	16	[0,75 ; 1,28[	0,1263	9,09
[60 ; $+\infty$	6	[1,28 ; $+\infty$	0,1003	7,22
Total	72		1,0000	72

$$\sum f_o = \sum f_e = n = 72.$$

Quatrième étape : Préciser quelle est la distribution utilisée

Alors, $\sum \dfrac{(f_o - f_e)^2}{f_e}$ obéit approximativement à une distribution du khi deux avec $\nu = k - r - 1 = 7 - 2 - 1 = 4$ degrés de liberté.

Note : On a sept classes (après regroupement), et les valeurs de μ et de σ ne sont pas fournies avec le modèle ; elles ont été estimées par $\bar{x}$ et s. Dans ce cas, $r = 2$.

Cinquième étape : Définir la règle de décision

- Le seuil de signification est de 5 % ; $\alpha = 0,05$;
- Le risque d'erreur est de 5 % ; $\alpha = 0,05$;
- Le χ^2 critique utilisé est $\chi^2_{\alpha\,;\,\nu} = \chi^2_{0,05\,;\,4} = 9,49$.

Donc,

- si $\chi^2 \leq 9,49$, alors on ne rejettera pas l'hypothèse nulle H_0 ;
- si $\chi^2 > 9,49$, alors on rejettera l'hypothèse nulle H_0 et, ainsi, on acceptera l'hypothèse alternative H_1.

Sixième étape : Calculer χ^2

$$\chi^2 = 10,70.$$

Le tableau 13.11 montre le calcul du khi deux.

---

2. Snedecor, George W. et Cochran, William G. *Statistical Methods*, 6e édition, Iowa, The Iowa University Press, 1967, p. 235.

TABLEAU 13.11
Calcul du khi deux

Classe	f_o	f_e	$\dfrac{(f_o - f_e)^2}{f_e}$
$-\infty$; 10[	8	6,03	0,64
[10 ; 20[	11	8,20	0,96
[20 ; 30[	7	12,73	2,58
[30 ; 40[	14	15,03	0,07
[40 ; 50[	10	13,69	0,99
[50 ; 60[	16	9,09	5,25
[60 ; $+\infty$	6	7,22	0,21
Total	72	72	10,70

Septième étape : Appliquer la règle de décision

Puisque 10,70 > 9,49, on rejettera l'hypothèse nulle H_0. La différence entre les fréquences observées et les fréquences espérées est jugée significative : elle est assez grande pour qu'on prenne le risque de rejeter l'hypothèse H_0. Le risque de prendre une mauvaise décision est d'au plus 5 %.

Huitième étape : Conclure

La différence entre les fréquences observées et les fréquences espérées n'est probablement pas due au hasard de l'échantillonnage. La durée de vie des pneus n'obéit pas à une loi normale.

13.2 LA VÉRIFICATION DE LA REPRÉSENTATIVITÉ D'UN ÉCHANTILLON

Pour vérifier si l'échantillon est représentatif de la population, on effectue un test d'ajustement : si la valeur du χ^2 calculé pour cet échantillon se situe dans la zone de rejet, cela signifie que cet échantillon est non représentatif de la population en ce qui concerne l'étude de cette variable. De plus, on présumera que cet échantillon amènerait à prendre de mauvaises décisions, quel que soit l'objet de l'étude. On dira donc que cet échantillon est non représentatif de la population.

EXEMPLE 13.3

La famille

Dans cet exemple, il s'agit de faire le test d'ajustement pour vérifier si l'échantillon prélevé est représentatif de la population.

On a choisi au hasard 325 Canadiens âgés de 15 à 44 ans. Le sondage portait sur différents points concernant la famille. L'une des questions du sondage visait à connaître le nombre d'enfants que la personne avait en 1990. Le tableau 13.12 montre la distribution obtenue pour cette question[3].

---

3. Échantillon fictif simulé à partir de données contenues dans *La famille et les amis, Enquête sociale générale, Série analytique*, Ottawa, Statistique Canada, Catalogue 11-612F, n° 9, 1994, p. 39-41.

TABLEAU 13.12
Répartition observée des
Canadiens âgés de 15 à 44 ans
en fonction du nombre
d'enfants qu'ils avaient en 1990

Nombre d'enfants	Nombre de personnes
Sans enfant	166
1 enfant	45
2 enfants	84
3 enfants ou plus	30
Total	325

On sait que la distribution de la variable « Nombre d'enfants » pour l'ensemble des Canadiens âgés de 15 à 44 ans est celle qui est présentée au tableau 13.13.

TABLEAU 13.13
Répartition de la population
canadienne âgée de 15 à
44 ans, en pourcentage,
en fonction du nombre
d'enfants qu'ils avaient en 1990
(modèle théorique)

Nombre d'enfants	Pourcentage des personnes
Sans enfant	54
1 enfant	14
2 enfants	22
3 enfants ou plus	10
Total	100

Source : Adapté d'un tableau présenté dans *La famille et les amis, Op. cit.*, p. 41.

Avec un seuil de signification de 5 %, est-ce que l'échantillon prélevé est représentatif de population ?

Le test d'hypothèses est le suivant :

Première étape : Formuler les hypothèses statistiques H_0 et H_1

H_0 : L'échantillon des 325 Canadiens est représentatif de la population pour la variable « Nombre d'enfants » ;

H_1 : L'échantillon des 325 Canadiens n'est pas représentatif de la population pour la variable « Nombre d'enfants ».

Deuxième étape : Indiquer le seuil de signification

Le seuil de signification est de 5 % ; $\alpha = 0,05$.

Troisième étape : Construire le tableau des fréquences espérées et vérifier les conditions d'application

$$\sum f_o = \sum f_e = n = 325 \geq 30.$$

Les fréquences théoriques s'obtiennent en attribuant à chacune des catégories de la variable le même pourcentage dans l'échantillon que celui de la population ou du modèle de distribution proposé.

Dans l'échantillon, il devrait théoriquement y avoir :

— 54 % des 325 personnes, c'est-à-dire 175,5 personnes, sans enfant ;

— 14 % des 325 personnes, c'est-à-dire 45,5 personnes, avec un enfant ;

— 22 % des 325 personnes, c'est-à-dire 71,5 personnes, avec deux enfants ;

— 10 % des 325 personnes, c'est-à-dire 32,5 personnes, avec trois enfants ou plus.

Le tableau 13.14 montre la répartition espérée des répondants canadiens âgés de 15 à 44 ans en fonction du nombre d'enfants qu'ils avaient en 1990.

TABLEAU 13.14
Répartition espérée
des répondants canadiens
âgés de 15 à 44 ans
en fonction du nombre
d'enfants qu'ils avaient en 1990

Nombre d'enfants	Nombre de personnes
Sans enfant	175,5
1 enfant	45,5
2 enfants	71,5
3 enfants ou plus	32,5
Total	325

Toutes les $f_e \geq 5$.

Quatrième étape : Préciser quelle est la distribution utilisée

Alors, $\sum \dfrac{(f_o - f_e)^2}{f_e}$ obéit approximativement à une distribution du khi deux avec $\nu = k - 1$ degrés de liberté, où k est le nombre de modalités ou de classes de la variable étudiée. Dans ce cas-ci, le nombre de degrés de liberté est $\nu = 4 - 1 = 3$ degrés de liberté.

Cinquième étape : Définir la règle de décision

— Le seuil de signification est de 5 % ; $\alpha = 0,05$;
— Le risque d'erreur est de 5 % ; $\alpha = 0,05$;
— Le χ^2 critique utilisé est $\chi^2_{\alpha \,;\, \nu} = \chi^2_{0,05 \,;\, 3} = 7,81$.

Donc,
— si $\chi^2 \leq 7,81$, alors on ne rejettera pas l'hypothèse nulle H_0 ;
— si $\chi^2 > 7,81$, alors on rejettera l'hypothèse nulle H_0 et, ainsi, on acceptera l'hypothèse alternative H_1.

Sixième étape : Calculer χ^2

$\chi^2 = 2,90$.

Le tableau 13.15 montre le calcul du khi deux.

TABLEAU 13.15
Calcul du khi deux

Catégorie	f_o	f_e	$\dfrac{(f_o - f_e)^2}{f_e}$
Sans enfant	166	175,5	0,51
1 enfant	45	45,5	0,01
2 enfants	84	71,5	2,19
3 enfants ou plus	30	32,5	0,19
Total	325	325	2,90

Septième étape : Appliquer la règle de décision

Puisque $2,90 \leq 7,81$, on ne rejettera pas l'hypothèse H_0.

Huitième étape : Conclure

La différence entre les fréquences observées et les fréquences espérées est probablement due au hasard de l'échantillonnage. L'échantillon est jugé représentatif de la population pour la variable « Nombre d'enfants ». Il serait aussi plausible de considérer que cet échantillon est représentatif de la population pour l'étude d'autres variables.

> **Note :** Dans un sondage, il est utile d'insérer des variables dont la distribution est connue pour l'ensemble de la population étudiée afin de vérifier si l'échantillon est représentatif de la population.

EXERCICES

13.1 Au cours d'une étude, on a choisi au hasard 837 Canadiens âgés de 15 ans et plus et ayant touché des revenus en 1990. Le tableau 13.16 montre la répartition de ces répondants en fonction de leur âge.

Pouvez-vous considérer, avec un seuil de signification de 5 %, que la population canadienne des 15 ans et plus qui ont touché des revenus en 1990 obéit à une loi normale ?

TABLEAU 13.16
Répartition des répondants canadiens, âgés de 15 ans et plus et ayant touché des revenus en 1990, en fonction de leur âge

Âge (années)	Nombre
De 15 à moins de 20 ans	67
De 20 à moins de 25 ans	57
De 25 à moins de 30 ans	80
De 30 à moins de 35 ans	73
De 35 à moins de 40 ans	78
De 40 à moins de 45 ans	87
De 45 à moins de 50 ans	50
De 50 à moins de 55 ans	80
De 55 à moins de 60 ans	65
De 60 à moins de 65 ans	71
65 ans et plus	129
Total	837

Note : Aux fins de calcul, la classe « 65 ans et plus » sera considérée comme « De 65 à moins de 75 ans ».

13.2 Au cours d'une étude, on a choisi au hasard 2 450 immigrants investisseurs au Canada, en 1992[4]. Le tableau 13.17 montre leur répartition en fonction de leur pays de provenance.

Pouvez-vous considérer, avec un seuil de signification de 1 %, que cet échantillon est représentatif de la population des immigrants investisseurs, en 1992, au Canada, dont la répartition selon le pays de provenance est présentée au tableau 13.18.

TABLEAU 13.17
Répartition des répondants immigrants investisseurs, en 1992, en fonction de leur pays de provenance

Pays de provenance	Nombre d'immigrants investisseurs
Hong-Kong	440
Taiwan	700
Corée-du-Sud	140
Philippines	120
Égypte	130
Angleterre	130
Jordanie	150
États-Unis	140
Autres pays	500
Total	2 450

Source : Échantillon fictif simulé à partir d'un tableau d'Emploi et Immigration Canada, présenté dans le *Rapport sur l'état de la population du Canada 1993. Op. cit.*, p. 59.

TABLEAU 13.18
Répartition de la population des immigrants investisseurs, en 1992, en fonction de leur pays de provenance

Pays de provenance	Pourcentage des immigrants investisseurs
Hong-Kong	45,22
Taiwan	42,26
Corée-du-Sud	2,73
Philippines	2,50
Égypte	1,23
Angleterre	0,55
Jordanie	0,46
États-Unis	0,32
Autres pays	4,74
Total	100

---

4. Échantillon fictif simulé à partir de données du *Rapport sur l'état de la population du Canada 1993*, Ottawa, Statistique Canada, 1994, p. 57-59.

13.3 Un échantillon aléatoire de 870 Canadiens âgés de 15 à 24 ans ayant eu des gains en 1990 a donné la distribution présentée au tableau 13.19[5].

TABLEAU 13.19
Répartition des répondants canadiens âgés de 15 à 24 ans ayant eu des gains en 1990, en fonction de leur revenu, en dollars

Revenu (dollars)	Nombre de Canadiens
Moins de 6 000	7
De 6 000 à moins de 9 000	24
De 9 000 à moins de 12 000	57
De 12 000 à moins de 15 000	119
De 15 000 à moins de 18 000	198
De 18 000 à moins de 21 000	185
De 21 000 à moins de 24 000	157
De 24 000 à moins de 27 000	82
De 27 000 à moins de 30 000	30
De 30 000 à moins de 33 000	8
33 000 et plus	3
Total	870

Pouvez-vous conclure, avec un seuil de signification de 5 %, que le revenu des Canadiens âgés de 15 à 24 ans, qui ont eu des gains en 1990, obéit à une loi normale ?

Aux fins de calcul, utilisez des classes de largeur 6 000 $ pour les classes ouvertes.

13.4 Le tableau 13.20 présente la répartition des familles monoparentales selon le nombre d'enfants, pour l'année 1986[6].

TABLEAU 13.20
Répartition des familles monoparentales en fonction du nombre d'enfants en 1986

Nombre d'enfants	Pourcentage des familles
1	59,46
2	20,09
3	8,53
4	2,15
5 et plus	0,77
Total	100

Imaginons qu'on prenne un échantillon de 650 familles monoparentales en 1996 et qu'on obtienne la répartition présentée au tableau 13.21.

TABLEAU 13.21
Répartition des familles monoparentales en fonction du nombre d'enfants en 1996

Nombre d'enfants	Nombre de familles
1	377
2	171
3	65
4	22
5 et plus	15
Total	650

Avec un seuil de signification de 5 %, est-il possible de conclure que la répartition des familles monoparentales en 1986 s'applique encore en 1996 ?

13.5 Un sondage SOM – La Presse – Radio-Québec, publié dans le journal *La Presse* du 21 avril 1995, montre à quel point les Québécois manquent de confiance dans le système judiciaire québécois pour réhabiliter les mineurs ayant commis des actes criminels violents[7]. Le tableau 13.22 résume les données recueillies.

TABLEAU 13.22
Répartition des Québécois en fonction du niveau de confiance accordé

Niveau de confiance	Nombre de Québécois
Pas du tout confiance	321
Peu confiance	331
Assez confiance	230
Totalement confiance	50
Total	932

Source : Adapté du tableau de Falardeau, Louis. *Op. cit.*, p. A6.

Avec un seuil de signification de 5 %, est-il possible de conclure pour l'ensemble des Québécois que le niveau de confiance est réparti uniformément ?

---

5. Échantillon fictif simulé à partir des données de *Les gains des Canadiens,* Ottawa, Statistique Canada, Catalogue 96-317F, 1994, p. 32.

6. *Le Québec statistique*, 59e édition, Québec, Les Publications du Québec, 1989, p. 408.

7. Falardeau, Louis. « Crimes avec violence : que les jeunes soient jugés en adultes », *La Presse*, 21 avril 1995, p. A6.

Les séries chronologiques

Sir Maurice George Kendall (1907-1983), statisticien anglais. Il étudia la corrélation de rang et introduisit un coefficient qui porte son nom. Il produisit, en collaboration avec Babington-Smith, une table de nombres aléatoires utilisée par un très grand nombre de statisticiens jusqu'à l'avènement des ordinateurs. Il est aussi connu pour son travail dans le domaine des séries chronologiques[1].

1. L'illustration est extraite du *American Statistician*, vol. 38, n° 1, p. 36.

Lorsqu'on observe la valeur obtenue pour une variable à différents moments dans le temps, qu'il s'agisse de jours, de semaines, de mois, d'années, etc., on construit une série chronologique. Par exemple, le nombre de naissances par trimestre au Canada de 1950 à 1996, le taux de chômage mensuel au Québec de 1980 à 1996 ou le nombre d'automobiles vendues annuellement par la compagnie Toyota de 1990 à 1996 sont des séries chronologiques.

L'utilité d'une série chronologique est de prédire la valeur de la variable étudiée pour les périodes à venir. Par exemple, on pourra estimer le nombre de naissances pour le premier trimestre de 1997, le taux de chômage pour le mois de janvier 1997 ou le nombre d'automobiles vendues en 1997. De telles prédictions peuvent aider le gestionnaire à prendre des décisions, par exemple sur la quantité d'automobiles à produire ou sur le montant à investir pour la publicité d'un produit pour bébé. On présentera ici le cas des séries chronologiques dont l'intervalle de temps entre chacune des observations est constant.

14.1 LES COMPOSANTES D'UNE SÉRIE CHRONOLOGIQUE

L'étude classique d'une série chronologique consiste à considérer que les valeurs de la variable étudiée dans le temps sont le résultat de quatre composantes : la tendance à long terme, la variation cyclique, la variation saisonnière et la variation irrégulière ou aléatoire.

L'intervalle de temps choisi entre les observations pour étudier une variable dans le temps sera considéré comme la durée de la saison. Celle-ci peut donc être un jour, une semaine, un mois, un trimestre, etc.

EXEMPLE 14.1

Le nombre trimestriel de naissances au Québec, de 1946 à 1996

Depuis 1946, Statistique Canada enregistre tous les trois mois le nombre de naissances au Québec.

Variable	Le nombre de naissances
Durée de la saison	Un trimestre (trois mois)

La figure 14.1 montre les fluctuations que cette variable a connues de 1946 à 1996. Étant donné le très grand nombre de trimestres (200), les points de repère sur l'axe horizontal sont donnés seulement tous les cinq ans.

À partir des données de cette série chronologique, on peut trouver une tendance à long terme, une variation cyclique, une variation saisonnière et une variation irrégulière. Chacune de ces quatre composantes de la série chronologique, qui représente le nombre trimestriel de naissances au Québec de 1946 à 1996, est illustrée à l'aide d'un graphique (on verra plus loin comment obtenir ces graphiques).

FIGURE 14.1
**Nombre trimestriel
de naissances au Québec,
de 1946 à 1996**

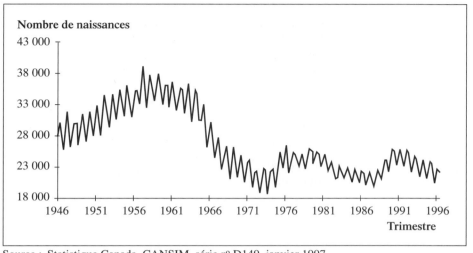

Source : Statistique Canada. CANSIM, série n° D149, janvier 1997.

14.1.1   La tendance à long terme *T*

La tendance à long terme met en relief l'évolution de la variable étudiée sur une longue période, sans tenir compte des variations cycliques, saisonnières et irrégulières ou aléatoires. Elle représente l'évolution moyenne de la variable étudiée par unité de temps considérée. La tendance à long terme est donc un indicateur de croissance ou de décroissance pour la variable étudiée sur une longue période.

La tendance à long terme s'obtient par le **lissage** de la série chronologique, c'est-à-dire en supprimant les aspérités de la série pour dégager la tendance à long terme. Un lissage consiste donc à « adoucir » la série en éliminant les effets des trois autres composantes de la série : la variation cyclique, la variation saisonnière et la variation irrégulière ou aléatoire. On verra trois types de lissage pour la tendance à long terme : le lissage à l'aide des moyennes mobiles centrées, le lissage linéaire et le lissage exponentiel. Ainsi, si l'on désirait représenter la tendance à long terme de la série chronologique du nombre trimestriel de naissances au Québec de 1946 à 1996 par une droite (lissage linéaire), on obtiendrait la figure 14.2.

FIGURE 14.2
**Nombre trimestriel
de naissances au Québec,
de 1946 à 1996, et tendance
à long terme de la série**

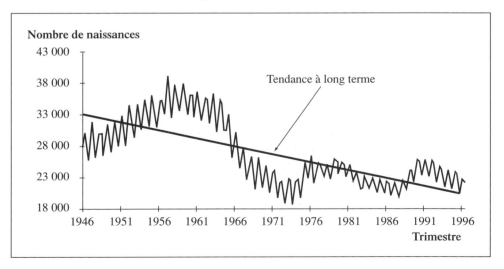

On remarque que le nombre de naissances au Québec a tendance à diminuer. En 1946, il y avait en moyenne environ 33 000 naissances par trimestre, tandis qu'en 1996, il y en avait environ 20 000.

14.1.2 La variation cyclique *C*

Une série chronologique est considérée comme cyclique lorsqu'on observe une suite de hausses et de baisses, c'est-à-dire un certain nombre de périodes (quelques années) avec des valeurs à la hausse suivi d'un certain nombre de périodes (quelques années) avec des valeurs à la baisse. La durée d'un cycle est souvent imprévisible, comme le montre la figure 14.3.

FIGURE 14.3
Cycles du nombre trimestriel de naissances au Québec, de 1946 à 1996

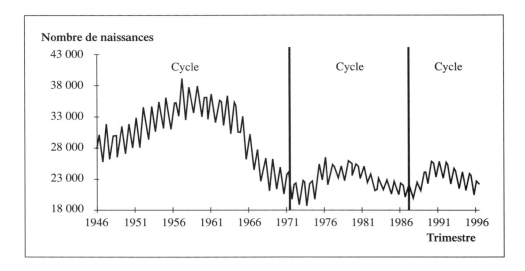

On a donc un premier cycle qui va approximativement de 1946 à 1972, un deuxième cycle de 1972 à 1987 et un troisième cycle de 1987 à 1996. Les durées de ces trois cycles sont inégales.

FIGURE 14.4
Tendance à long terme et mouvement cyclique du nombre trimestriel de naissances au Québec, de 1946 à 1996

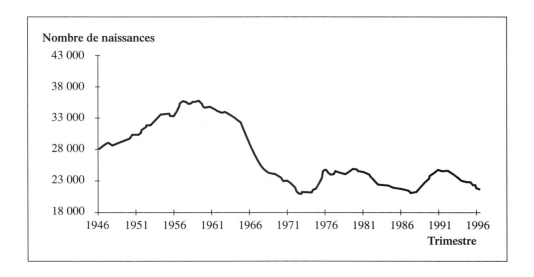

La courbe du graphique de la figure 14.4 représente la tendance à long terme affectée de la variation cyclique de la série chronologique du nombre trimestriel de naissances au Québec, de 1946 à 1996.

Pour voir l'effet des variations cycliques sur une série chronologique, il faut faire une étude portant sur plusieurs années. Comme la durée d'un cycle est imprévisible, on n'abordera pas ici l'étude de la variation cyclique. Ainsi, l'étude portant sur un nombre restreint d'années peut généralement être faite en considérant qu'aucune variation cyclique n'intervient.

14.1.3 *La variation saisonnière S*

La variation saisonnière met en évidence le comportement périodique de la variable, c'est-à-dire un comportement qui survient (habituellement) chaque année, à la même saison, avec approximativement la même intensité.

On verra comment trouver des coefficients pour chacune des périodes saisonnières. Ces coefficients déterminent l'effet de chacune des saisons sur la variable. Ainsi, à l'aide de ces coefficients, on pourra désaisonnaliser les données, c'est-à-dire enlever l'effet de chacune des saisons sur la valeur de la variable. Une valeur désaisonnalisée donne une information au sujet de la tendance à long terme affectée de la variation cyclique (s'il y a lieu). Par exemple, on sait que le nombre de naissances est moins élevé au premier trimestre (à la première saison) de l'année qu'au deuxième trimestre de la même année. Cependant, notre intérêt ne porte pas sur la différence du nombre de naissances entre les deux trimestres (on sait qu'il y en a toujours moins au premier trimestre qu'au deuxième), mais sur la tendance à long terme du nombre trimestriel de naissances. Après la désaisonnalisation des données, s'il s'avérait, par exemple, que le nombre de naissances au premier trimestre de 1996 soit supérieur au nombre de naissances du deuxième trimestre, on dira que la tendance à long terme, pour cette période de 1996, du nombre trimestriel de naissances est à la baisse. Si c'est le contraire, on dira que la tendance à long terme, pour cette période de 1996, du nombre trimestriel de naissances est à la hausse. La figure 14.5 présente les valeurs désaisonnalisées de la série chronologique du nombre trimestriel de naissances au Québec, de 1946 à 1996.

FIGURE 14.5
Série désaisonnalisée du nombre trimestriel de naissances au Québec, de 1946 à 1996

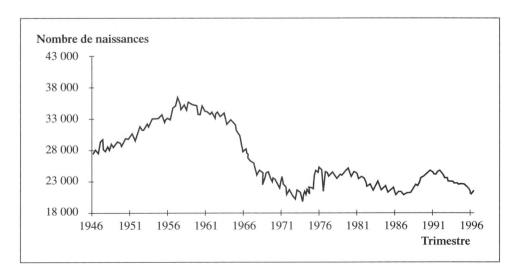

Ce graphique donne un aperçu du comportement de la tendance à long terme affectée du mouvement cyclique tel qu'il a été présenté à la figure 14.4.

Si l'on place sur un même graphique le nombre trimestriel de naissances observé (la série) et la tendance à long terme (figure 14.2), et la série des valeurs désaisonnalisées pour le nombre trimestriel de naissances au Québec de 1946 à 1996 (figure 14.5), on obtient la figure 14.6.

FIGURE 14.6
Série observée du nombre trimestriel de naissances au Québec, de 1946 à 1996, tendance à long terme et valeurs désaisonnalisées

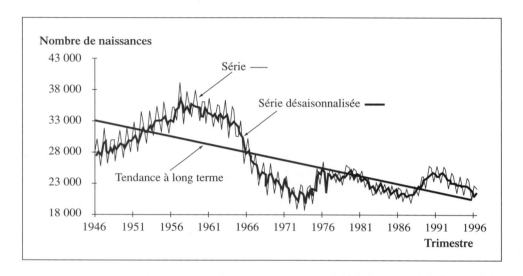

14.1.4 La variation aléatoire ou irrégulière *I*

Si l'on élimine la variation cyclique, la variation saisonnière et la tendance à long terme de la série chronologique, il ne reste que la partie non expliquée, attribuée au hasard : la variation irrégulière ou aléatoire. Cette variation peut être causée par des phénomènes tels qu'une grève, une chute de neige abondante, un tremblement de terre, une guerre, une crise politique, un changement de gouvernement, une panne d'électricité, etc.

Pour chacune des saisons de la série chronologique, on calcule une estimation des valeurs observées à l'aide de la tendance à long terme, des coefficients cycliques (s'il y a lieu) et des coefficients saisonniers. L'écart entre la valeur observée de la variable pour une saison donnée et la valeur estimée pour cette même saison est due à la variation aléatoire ou irrégulière.

Dans l'exemple du nombre trimestriel de naissances, le coefficient de variation aléatoire est exprimé sous forme de quotient entre la valeur observée pour une saison et la valeur estimée pour la même saison. (On verra la justification de ce choix à la sous-section 14.2.2.) Ainsi, un coefficient aléatoire de 1,05 signifie que la valeur observée représente 1,05 fois la valeur estimée, c'est-à-dire que la valeur observée vaut 105 % de la valeur estimée. De même un coefficient de 0,95 signifie que la valeur observée représente 95 % de la valeur estimée. La figure 14.7 illustre la variation aléatoire obtenue pour la série chronologique du nombre trimestriel de naissances.

FIGURE 14.7
Variation aléatoire du nombre trimestriel de naissances au Québec, de 1946 à 1996

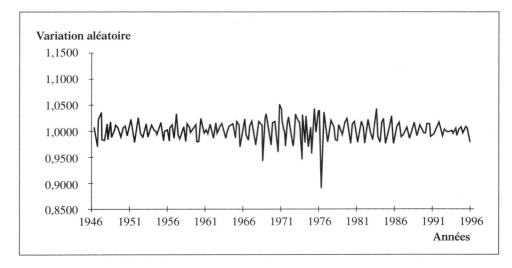

Note : On considère souvent que la variation aléatoire obéit à une loi normale (on peut le vérifier à l'aide d'un test d'ajustement à une distribution normale), ce qui permet de construire un intervalle de confiance pour des prévisions au sujet de la variable et, ainsi, déterminer si l'écart entre la valeur observée et la valeur prévue (estimée) est dû seulement au hasard.

14.2 LA RELATION ENTRE LES COMPOSANTES D'UNE SÉRIE CHRONOLOGIQUE

Deux modèles sont utilisés pour exprimer la relation entre les quatre composantes d'une série chronologique : le modèle additif et le modèle multiplicatif.

14.2.1 Le modèle additif

Le modèle additif suppose que les valeurs de la variable étudiée Y s'obtiennent en additionnant les quatre composantes T, C, S et I. On numérote les périodes de 1 à n, où n est le nombre total de périodes observées. La valeur de la variable Y pour la période i considérée s'obtient comme suit :

$$Y_i = T_i + C_i + S_i + I_i,$$

où, pour la période i,

T_i est la composante de la tendance à long terme ;

C_i est la composante cyclique ;

S_i est la composante saisonnière ;

I_i est la composante irrégulière.

Avec ce modèle, les composantes ont les mêmes unités que celles de la variable. Par exemple, si la variable est le nombre trimestriel de naissances, les quatre composantes sont toutes exprimées en nombre de naissances par trimestre. (On peut additionner seulement des termes qui ont les mêmes unités.)

Ce modèle suppose que les quatre composantes sont indépendantes l'une de l'autre, c'est-à-dire qu'elles sont causées par des facteurs différents qui n'ont pas d'interaction entre eux. Comme cette condition est rarement vérifiée, on n'utilise pas souvent ce modèle.

14.2.2 Le modèle multiplicatif

Le modèle multiplicatif suppose que les valeurs de la variable étudiée Y s'obtiennent en multipliant les quatre composantes T, C, S et I. On numérote les périodes de 1 à n, où n est le nombre total de périodes observées. La valeur de la variable Y pour la période i considérée s'obtient comme suit :

$$Y_i = T_i \cdot C_i \cdot S_i \cdot I_i,$$

où, pour la période i,

    T_i est la composante de la tendance à long terme ;

    C_i est la composante cyclique ;

    S_i est la composante saisonnière ;

    I_i est la composante irrégulière.

On peut multiplier des facteurs (T, C, S, I) ayant des unités différentes, mais le résultat doit avoir comme unités celles de la variable Y. Une façon de procéder est de noter la tendance à long terme avec les mêmes unités que celles de la variable et d'exprimer les autres facteurs sous forme de coefficient sans unité. Ainsi, lorsque $Y_i = T_i$, cela signifie qu'il n'y a pas de variation cyclique, ni saisonnière ni irrégulière. On obtient ce résultat lorsque les coefficients C, S et I équivalent tous à 1. Ces coefficients sont donc exprimés sous forme de proportion, ce qui affecte la tendance à long terme en l'augmentant si le coefficient est supérieur à 1 ou en la diminuant si le coefficient est inférieur à 1. Par exemple, si la variable étudiée est le nombre trimestriel de naissances, la tendance à long terme aura comme unité le nombre trimestriel de naissances, et les autres facteurs seront exprimés sous forme de proportion, ce qui aura pour effet d'augmenter ou de diminuer le nombre trimestriel de naissances.

Le modèle multiplicatif suppose que les quatre composantes sont dépendantes l'une de l'autre, c'est-à-dire qu'elles sont causées par des facteurs qui, même s'ils sont différents, ont des interactions entre eux. Le modèle multiplicatif est fréquemment utilisé pour les phénomènes sociaux et économiques. C'est ce modèle qui sera utilisé ici pour étudier les séries chronologiques. De plus, étant donné que la plupart des études portent sur un nombre restreint d'années et qu'il est difficile d'estimer la durée d'un cycle, on supposera que les variations cycliques sont absentes, c'est-à-dire que tous les C_i valent 1. Le modèle multiplicatif devient donc :

$$Y_i = T_i \cdot S_i \cdot I_i.$$

On verra, pour chaque type de lissage, comment calculer les coefficients saisonniers S_i. On verra aussi, à l'aide des coefficients saisonniers, comment éliminer la variation saisonnière, c'est-à-dire désaisonnaliser les données.

Chacune des sections suivantes présente, à l'aide d'un exemple, l'étude d'une série chronologique en utilisant un type de lissage particulier (les moyennes mobiles centrées, le lissage linéaire et le lissage exponentiel). Pour chacun des lissages, on respectera les étapes suivantes :

> **A.** Estimer la tendance à long terme ;
> **B.** Effectuer la désaisonnalisation des données à l'aide des coefficients saisonniers ;
> **C.** Prédire la valeur de la variable pour la saison (période) à venir.

14.3 LES TYPES DE LISSAGE

14.3.1 Les moyennes mobiles centrées *MMC*

Un lissage à l'aide des moyennes mobiles centrées consiste à former une nouvelle série de valeurs dans laquelle les valeurs de la première série sont remplacées par des moyennes (arithmétiques ou pondérées) calculées en utilisant un certain nombre de valeurs de la première série. L'objectif de ce lissage est d'éliminer la variation saisonnière et la variation irrégulière pour faire apparaître la tendance à long terme.

Effectuer un lissage en utilisant trois valeurs observées consiste à créer une nouvelle série dans laquelle on associe, à chaque période, la moyenne arithmétique calculée en se servant de la valeur de la période précédente, de la valeur de la période même et de la valeur de la période suivante. Cette façon de procéder fait en sorte que la nouvelle série ne comporte pas de valeur pour la première période, ni de valeur pour la dernière période.

Effectuer un lissage en utilisant cinq valeurs observées consiste à créer une nouvelle série dans laquelle on associe, à chaque période, la moyenne arithmétique calculée en se servant des valeurs des deux périodes précédentes, de la valeur de la période même et des valeurs des deux périodes suivantes. Cette façon de procéder fait en sorte que la nouvelle série ne comporte pas de valeurs pour les deux premières périodes, ni de valeurs pour les deux dernières périodes.

EXEMPLE 14.2

Le nombre annuel de naissances au Québec, de 1946 à 1953

Le tableau 14.1 présente le nombre annuel de naissances au Québec, de 1946 à 1953, et deux lissages : l'un avec des moyennes mobiles centrées utilisant trois années à la fois et l'autre avec des moyennes mobiles centrées utilisant cinq années à la fois. Y représente le nombre annuel observé de naissances, $T(MMC_3)$ et $T(MMC_5)$ désignent les lissages obtenus pour la tendance à long terme.

Dans la colonne des moyennes mobiles centrées sur trois ans (MMC_3), la valeur 113 849,00 est obtenue de la façon suivante :

$$113\,849,00 = \frac{111\,285 + 115\,553 + 114\,709}{3},$$

et les autres valeurs sont calculées de façon similaire.

TABLEAU 14.1
Nombre annuel
de naissances au Québec,
de 1946 à 1953 et les lissages
$T(MMC_3)$ et $T(MMC_5)$

Année	Y_i	$T_i(MMC_3)$	$T_i(MMC_5)$
1946	111 285		
1947	115 553	113 849,00	
1948	114 709	115 695,33	115 496,4
1949	116 824	116 881,33	117 425,4
1950	119 111	118 955,00	119 598,0
1951	120 930	122 152,33	122 400,0
1952	126 416	125 355,00	
1953	128 719		

Source : Statistique Canada. CANSIM, série n° D149, janvier 1997.

Dans la colonne des moyennes mobiles centrées sur cinq ans (MMC_5), la valeur 115 496,4 est obtenue de la façon suivante :

$$115\,496,4 = \frac{111\,285 + 115\,553 + 114\,709 + 116\,824 + 119\,111}{5},$$

et les autres valeurs sont calculées de façon similaire.

Si l'on transpose ces lissages sur un graphique comparatif, on obtient la figure 14.8.

FIGURE 14.8
Représentation de la série
et des lissages $T(MMC_3)$
et $T(MMC_5)$

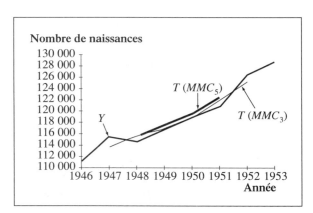

On remarque que le lissage effectué à l'aide de trois années (MMC_3) va de 1947 à 1952, tandis que le lissage effectué à l'aide de cinq années (MMC_5) va de 1948 à 1951.

Lorsqu'on effectue un lissage avec un nombre pair de valeurs, il n'y a pas de valeur centrale. On ne peut associer la moyenne calculée à une période centrale. Dans ce cas, on effectue un lissage avec une moyenne pondérée. Par exemple, supposons qu'on désire effectuer un lissage en utilisant quatre années à la fois. Pour les valeurs du tableau 14.1, on calculerait des moyennes arithmétiques en prenant les années quatre à la fois de la même façon qu'on l'a fait pour les moyennes mobiles centrées avec un nombre impair d'années. Toutefois, on ne peut associer chacune de ces moyennes à une année centrale, car il n'y en a pas. Afin d'avoir une période centrale, on calcule ensuite la moyenne arithmétique entre deux moyennes mobiles consécutives. Cette nouvelle moyenne tient donc compte de cinq années consécutives. On associe la nouvelle moyenne à l'année qui est au centre des cinq années.

EXEMPLE 14.3

Le nombre annuel de naissances au Québec, de 1946 à 1953

Le tableau 14.2 présente le nombre annuel de naissances au Québec, de 1946 à 1953, et un lissage avec des moyennes mobiles utilisant quatre années à la fois.

La première moyenne mobile avec quatre années est :

$$\frac{Y_1 + Y_2 + Y_3 + Y_4}{4}.$$

La deuxième moyenne mobile avec quatre années est :

$$\frac{Y_2 + Y_3 + Y_4 + Y_5}{4}.$$

La valeur moyenne de ces deux moyennes mobiles est :

$$\frac{\dfrac{Y_1 + Y_2 + Y_3 + Y_4}{4} + \dfrac{Y_2 + Y_3 + Y_4 + Y_5}{4}}{2} = \frac{Y_1 + 2Y_2 + 2Y_3 + 2Y_4 + Y_5}{8}.$$

C'est une moyenne pondérée des cinq premières valeurs qui sera associée à l'année centrale (la troisième année). On dira que ces valeurs obtenues sont des moyennes mobiles de huit valeurs dont certaines sont répétées. On utilise la notation MMC_8 pour les désigner.

TABLEAU 14.2
Nombre annuel de naissances au Québec, de 1946 à 1953 et le lissage $T(MMC_8)$

Année	Y_i	$T_i(MMC_8)$
1946	111 285	
1947	115 553	
1948	114 709	115 571,00
1949	116 824	117 221,38
1950	119 111	119 356,88
1951	120 930	122 307,13
1952	126 416	
1953	128 719	

Source : Statistique Canada. CANSIM, série n° D149, janvier 1997.

Si l'on transpose ce lissage sur un graphique comparatif, on obtient la figure 14.9.

FIGURE 14.9
Représentation de la série et du lissage $T(MMC_8)$

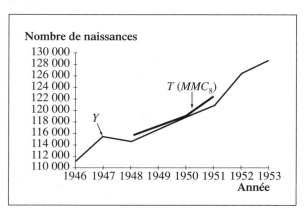

On remarque que le lissage va de 1948 à 1951.

Note : L'un des critères permettant de déterminer le type de lissage qu'il faut utiliser pour représenter la tendance à long terme d'une série chronologique est la méthode des moindres carrés. Cette méthode consiste à minimiser la valeur de $\sum(Y_i - P_i)^2$, où la valeur de P_i (valeur prédite, pour la période i, par la tendance à long terme) est calculée pour chacun des types de lissage proposé. On verra aux sous-sections C des exemples 14.4, 14.5 et 14.6 comment sont calculées les valeurs P_i. La connaissance de toute l'histoire de la série chronologique peut aussi influer sur le choix du type de lissage ; c'est ce que fait Statistique Canada.

EXEMPLE 14.4

Le nombre trimestriel de mariages au Québec, de 1986 à 1995

Statistique Canada enregistre le nombre de mariages au Canada par province et par trimestre, et ce depuis 1946. Le tableau 14.3 présente le nombre de mariages enregistrés par trimestre au Québec pour les années 1986 à 1995.

TABLEAU 14.3
Nombre trimestriel de mariages au Québec, de 1986 à 1995

Année	Trimestre 1	Trimestre 2	Trimestre 3	Trimestre 4
1986	2 136	9 393	15 705	5 849
1987	2 288	9 064	15 911	5 353
1988	2 451	9 291	16 296	5 481
1989	2 608	9 295	16 427	4 995
1990	2 541	9 471	14 987	5 061
1991	2 684	8 640	13 256	4 342
1992	2 336	7 246	12 252	4 007
1993	2 113	6 842	12 156	3 910
1994	1 905	6 786	12 469	3 825
1995	2 135	6 855	11 950	3 892

Source : Statistique Canada. CANSIM, série n° D175, janvier 1997.

Variable étudiée	Le nombre de mariages
Durée de la saison	Un trimestre (trois mois)

A. L'estimation de la tendance à long terme

On étudiera cette série chronologique à l'aide des moyennes mobiles centrées en prenant les trimestres quatre à la fois. Puisqu'il y a quatre saisons (trimestres) par année, en prenant la moyenne de quatre saisons (trimestres) consécutives, on obtient une moyenne saisonnière annuelle. Cette façon de procéder élimine les variations saisonnières et irrégulières. Quelle que soit l'année, on observe beaucoup plus de mariages au troisième trimestre (juillet, août, septembre) qu'au premier trimestre (janvier, février, mars). L'écart entre les deux trimestres est dû aux variations saisonnières et irrégulières. Alors, si l'on fait la moyenne du nombre de mariages de quatre trimestres consécutifs (une année), on obtient une série de valeurs qui fluctuent moins (qui sont plus stables), une série de valeurs qui ne dépendent pas des effets saisonniers et irréguliers.

Pour calculer les moyennes mobiles centrées, on place la série sous forme de tableau en colonnes (tableau 14.4). Dans la troisième colonne, on numérote les périodes de 1 à 40 (40 trimestres). La dernière colonne du tableau contient les valeurs trimestrielles de la tendance à long terme T_i, c'est-à-dire les moyennes mobiles MMC_8.

TABLEAU 14.4
Calcul des valeurs de la tendance à long terme

Année	Saison (trimestre)	Période i	Nombre de mariages Y_i	T_i (MMC_8)
1986	1	1	2 136	
	2	2	9 393	
	3	3	15 705	8 289,75
	4	4	5 849	8 267,63
1987	1	5	2 288	8 252,25
	2	6	9 064	8 216,00
	3	7	15 911	8 174,38
	4	8	5 353	8 223,13
1988	1	9	2 451	8 299,63
	2	10	9 291	8 363,75
	3	11	16 296	8 399,38
	4	12	5 481	8 419,50
1989	1	13	2 608	8 436,38
	2	14	9 295	8 392,00
	3	15	16 427	8 322,88
	4	16	4 995	8 336,50
1990	1	17	2 541	8 178,50
	2	18	9 471	8 006,75
	3	19	14 987	8 032,88
	4	20	5 061	7 946,88
1991	1	21	2 684	7 626,63
	2	22	8 640	7 320,38
	3	23	13 256	7 187,00
	4	24	4 342	6 969,25
1992	1	25	2 336	6 669,50
	2	26	7 246	6 502,13
	3	27	12 252	6 432,38
	4	28	4 007	6 354,00
1993	1	29	2 113	6 291,50
	2	30	6 842	6 267,38
	3	31	12 156	6 229,25
	4	32	3 910	6 196,25
1994	1	33	1 905	6 228,38
	2	34	6 786	6 256,88
	3	35	12 469	6 275,00
	4	36	3 825	6 312,38
1995	1	37	2 135	6 256,13
	2	38	6 855	6 199,63
	3	39	11 950	
	4	40	3 892	

La figure 14.10 montre la tendance à long terme représentée à l'aide des moyennes mobiles centrées.

FIGURE 14.10
Représentation de la série et de la tendance à long terme

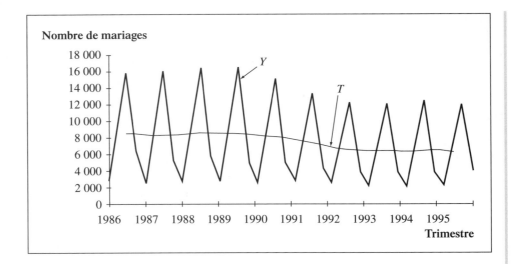

La série lissée *T* (tendance à long terme) ne contient plus de variations saisonnières ni de variations irrégulières. On peut alors constater que le nombre trimestriel de mariages diminue lentement depuis 1986.

B. La désaisonnalisation des données

On a choisi les trimestres comme étant les saisons. Pour désaisonnaliser les données d'une variable, il faut connaître l'influence de chacune des saisons sur la variable. Cette influence se mesure à l'aide d'un coefficient qui compare les données Y_i de la série avec les données T_i de la tendance à long terme.

La première étape consiste à diviser la valeur de la variable Y_i par la valeur de la tendance à long terme T_i. Selon l'équation du modèle multiplicatif, le résultat de cette division correspond au produit du coefficient saisonnier et du coefficient de la variation irrégulière :

$$\frac{Y_i}{T_i} = S_i \cdot I_i.$$

La dernière colonne du tableau 14.5 donne le résultat de la division (le quotient).

Le nombre de mariages observé au troisième trimestre de 1986 est égal à la valeur de la tendance à long terme multipliée par 1,8945. Cela signifie que le nombre de mariages observé au troisième trimestre de 1986 représente 189,45 % de l'estimation obtenue par la tendance à long terme pour cette période. Durant cette période, le nombre de mariages est donc au-dessus de la tendance à long terme. De même, le nombre de mariages observé au premier trimestre de 1995 représente 34,13 % de l'estimation obtenue grâce à la tendance à long terme pour cette période. Durant cette période, le nombre de mariages observé est donc en dessous de la tendance à long terme.

On obtient une valeur approximative du coefficient saisonnier pour le premier (deuxième…) trimestre en calculant la valeur moyenne de tous les rapports Y_i / T_i obtenus des premiers (deuxièmes…) trimestres. Le tableau 14.6 résume la situation.

TABLEAU 14.5
Première étape du calcul
des coefficients saisonniers

Année	Saison (trimestre)	Période i	Nombre de mariages Y_i	$T_i\,(MMC_8)$	$Y_i\,/\,T_i$
1986	1	1	2 136		
	2	2	9 393		
	3	3	15 705	8 289,75	1,8945
	4	4	5 849	8 267,63	0,7075
1987	1	5	2 288	8 252,25	0,2773
	2	6	9 064	8 216,00	1,1032
	3	7	15 911	8 174,38	1,9464
	4	8	5 353	8 223,13	0,6510
1988	1	9	2 451	8 299,63	0,2953
	2	10	9 291	8 363,75	1,1109
	3	11	16 296	8 399,38	1,9401
	4	12	5 481	8 419,50	0,6510
1989	1	13	2 608	8 436,38	0,3091
	2	14	9 295	8 392,00	1,1076
	3	15	16 427	8 322,88	1,9737
	4	16	4 995	8 336,50	0,5992
1990	1	17	2 541	8 178,50	0,3107
	2	18	9 471	8 006,75	1,1829
	3	19	14 987	8 032,88	1,8657
	4	20	5 061	7 946,88	0,6369
1991	1	21	2 684	7 626,63	0,3519
	2	22	8 640	7 320,38	1,1803
	3	23	13 256	7 187,00	1,8444
	4	24	4 342	6 969,25	0,6230
1992	1	25	2 336	6 669,50	0,3503
	2	26	7 246	6 502,13	1,1144
	3	27	12 252	6 432,38	1,9047
	4	28	4 007	6 354,00	0,6306
1993	1	29	2 113	6 291,50	0,3358
	2	30	6 842	6 267,38	1,0917
	3	31	12 156	6 229,25	1,9514
	4	32	3 910	6 196,25	0,6310
1994	1	33	1 905	6 228,38	0,3059
	2	34	6 786	6 256,88	1,0846
	3	35	12 469	6 275,00	1,9871
	4	36	3 825	6 312,38	0,6060
1995	1	37	2 135	6 256,13	0,3413
	2	38	6 855	6 199,63	1,1057
	3	39	11 950		
	4	40	3 892		

Avant de continuer, il faut considérer que :

– la moyenne de plusieurs valeurs observées rend le coefficient irrégulier près de 1. Plus le nombre de valeurs est grand, plus la composante I tend vers 1 ;

– la moyenne des valeurs relatives à toutes les saisons d'une année rend le coefficient saisonnier égal à 1.

Avec le modèle multiplicatif, éliminer une composante (autre que la tendance à long terme) signifie que sa valeur vaut 1.

TABLEAU 14.6
Calcul des valeurs approximatives des coefficients saisonniers

Année	Trimestre 1 Y_i / T_i	Trimestre 2 Y_i / T_i	Trimestre 3 Y_i / T_i	Trimestre 4 Y_i / T_i
1986			1,8945	0,7075
1987	0,2773	1,1032	1,9464	0,6510
1988	0,2953	1,1109	1,9401	0,6510
1989	0,3091	1,1076	1,9737	0,5992
1990	0,3107	1,1829	1,8657	0,6369
1991	0,3519	1,1803	1,8444	0,6230
1992	0,3503	1,1144	1,9047	0,6306
1993	0,3358	1,0917	1,9514	0,6310
1994	0,3059	1,0846	1,9871	0,6060
1995	0,3413	1,1057		
Valeur approximative (moyenne)	0,3197	1,1201	1,9231	0,6373

Ainsi, si l'on fait la moyenne des différentes valeurs Y_i / T_i pour le premier trimestre, on obtient approximativement la valeur du coefficient saisonnier de ce trimestre. De plus, si l'on fait la moyenne de ces quatre valeurs, une par saison, on doit obtenir 1 comme valeur, car on élimine la variation saisonnière.

Donc, si la moyenne des valeurs approximatives des coefficients saisonniers est différente de 1, on doit effectuer une correction. Dans cet exemple, la moyenne des valeurs approximatives des coefficients saisonniers calculées dans le tableau 14.6 (0,3197, 1,1201, 1,9231, 0,6373) est 1,00005. La correction à effectuer consiste à diviser chacune des valeurs obtenues dans le tableau 14.6 par la valeur moyenne de ces coefficients, soit 1,00005. Ainsi,

- la valeur corrigée de 0,3197 est 0,3197 / 1,00005 = 0,3197 ;
- la valeur corrigée de 1,1201 est 1,1201 / 1,00005 = 1,1200 ;
- la valeur corrigée de 1,9231 est 1,9231 / 1,00005 = 1,9230 ;
- la valeur corrigée de 0,6373 est 0,6373 / 1,00005 = 0,6373.

Le tableau 14.7 résume la situation.

TABLEAU 14.7
Coefficients saisonniers

	Trimestre 1	Trimestre 2	Trimestre 3	Trimestre 4
S_i	0,3197	1,1200	1,9230	0,6373

On interprète ces coefficients de la façon suivante : le nombre de mariages au premier trimestre d'une année représente en moyenne 31,97 % de la tendance à long terme pour cette période, le nombre de mariages au deuxième trimestre d'une année représente en moyenne 112,00 % de la tendance à long terme pour cette période.

La notation S_i utilisée pour les coefficients saisonniers devra être interprétée de la façon suivante :

$$S_i = S_{\text{de la saison (du trimestre) correspondant à la période numéro } i}.$$

Par exemple, $S_{27} = S_{\text{trimestre 3}} = 1,9230$.

Puisque le modèle est $Y_i = T_i \cdot S_i \cdot I_i$, on obtient les valeurs désaisonnalisées (c'est-à-dire celles qui contiennent seulement la tendance à long terme et la variation irrégulière) en divisant chacune des valeurs de la série Y_i par le coefficient saisonnier S_i correspondant à la saison. La dernière colonne du tableau 14.8 donne les valeurs désaisonnalisées Y_i / S_i du nombre de mariages par trimestre de 1986 à 1995.

TABLEAU 14.8
Calcul des valeurs désaisonnalisées du nombre trimestriel de mariages, de 1986 à 1995

Année	Saison (trimestre)	Période i	Nombre de mariages Y_i	Coefficients saisonniers S_i	Nombre désaisonnalisé de mariages Y_i / S_i
1986	1	1	2 136	0,3197	6 681,26
	2	2	9 393	1,1200	8 386,61
	3	3	15 705	1,9230	8 166,93
	4	4	5 849	0,6373	9 177,78
1987	1	5	2 288	0,3197	7 156,71
	2	6	9 064	1,1200	8 092,86
	3	7	15 911	1,9230	8 274,05
	4	8	5 353	0,6373	8 399,50
1988	1	9	2 451	0,3197	7 666,56
	2	10	9 291	1,1200	8 295,54
	3	11	16 296	1,9230	8 474,26
	4	12	5 481	0,6373	8 600,35
1989	1	13	2 608	0,3197	8 157,65
	2	14	9 295	1,1200	8 299,11
	3	15	16 427	1,9230	8 542,38
	4	16	4 995	0,6373	7 837,75
1990	1	17	2 541	0,3197	7 948,08
	2	18	9 471	1,1200	8 456,25
	3	19	14 987	1,9230	7 793,55
	4	20	5 061	0,6373	7 941,31
1991	1	21	2 684	0,3197	8 395,37
	2	22	8 640	1,1200	7 714,29
	3	23	13 256	1,9230	6 893,40
	4	24	4 342	0,6373	6 813,12
1992	1	25	2 336	0,3197	7 306,85
	2	26	7 246	1,1200	6 469,64
	3	27	12 252	1,9230	6 371,29
	4	28	4 007	0,6373	6 287,46
1993	1	29	2 113	0,3197	6 609,32
	2	30	6 842	1,1200	6 108,93
	3	31	12 156	1,9230	6 321,37
	4	32	3 910	0,6373	6 135,26
1994	1	33	1 905	0,3197	5 958,71
	2	34	6 786	1,1200	6 058,93
	3	35	12 469	1,9230	6 484,14
	4	36	3 825	0,6373	6 001,88
1995	1	37	2 135	0,3197	6 678,14
	2	38	6 855	1,1200	6 120,54
	3	39	11 950	1,9230	6 214,25
	4	40	3 892	0,6373	6 107,01

La différence entre la valeur désaisonnalisée Y_i / S_i et la valeur de la tendance à long terme T_i est due à la variation irrégulière. La figure 14.11 montre que la série désaisonnalisée n'est pas très loin de la tendance à long terme ; l'écart est dû à la variation irrégulière ou aléatoire.

FIGURE 14.11
Tendance à long terme
et valeurs désaisonnalisées
du nombre trimestriel
de mariages, de 1986 à 1995

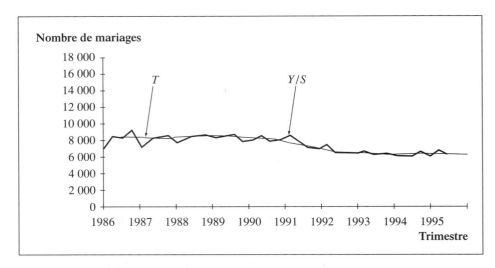

Il n'y a pas une grande différence entre la tendance à long terme du nombre trimestriel de mariages et la série désaisonnalisée du nombre trimestriel de mariages, surtout depuis 1993. C'est donc dire que la série désaisonnalisée informe très bien sur la tendance à long terme du nombre trimestriel de mariages.

C. La prévison pour une période à venir

Si l'on veut faire une prévision en tenant compte de la variation saisonnière, il faut d'abord trouver une prévision P_i pour la tendance à long terme de la période visée. Ensuite, on multiplie cette valeur par le coefficient saisonnier approprié :

Prévision saisonnalisée $= P_i \cdot S_i$.

Avec cette méthode, la moyenne mobile centrée calculée avec un certain nombre de périodes sert de prévision pour la tendance à long terme de la période suivante. Ainsi, la moyenne mobile centrée calculée avec les cinq premières périodes sert de prévision pour la tendance à long terme de la sixième période : $P_6 = T_3$. Lorsqu'on utilise les MMC_5, la relation entre la tendance à long terme et la prédiction est $P_i = T_{i-3}$. Il y a donc un déphasage entre les valeurs lissées de la tendance à long terme T_i et les valeurs de la prévision à long terme P_i.

Cette méthode ne permet pas de faire des prévisions sur plusieurs périodes. En général, elle est utilisée pour faire des prévisions pour une seule période, celle à venir.

Note : Le fait de prendre plusieurs périodes pour calculer les moyennes mobiles centrées élimine davantage les variations saisonnières et irrégulières, mais cela accorde aussi beaucoup d'importance aux périodes antérieures qui sont moins sensibles aux variations récentes. Il faut donc prendre un nombre de périodes qui soit assez grand pour éliminer la variation irrégulière et assez petit pour tenir compte des variations récentes.

La prévision de la tendance à long terme pour le nombre de mariages au premier trimestre de 1996 est $P_{41} = T_{38} = 6\ 199,63$. Cette valeur est alors mutipliée par le coefficient saisonnier établi précédemment pour le premier trimestre, soit 0,3197. Le nombre saisonnalisé de mariages prévu pour la 41e période est :

$$\text{Prévision saisonnalisée} = P_i \bullet S_i$$
$$= P_{41} \bullet S_{41} = T_{38} \bullet S_{\text{trimestre 1}}$$
$$= 6\ 199,63 \bullet 0,3197 = 1\ 982,0.$$

Le nombre de mariages prévus pour le premier trimestre de 1996 est d'environ 1 982. Ce nombre ne tient pas compte de la variation irrégulière.

Le nombre de mariages enregistrés au premier trimestre de 1996 a été de 1 880. Cela représente un écart relatif de −5,15 %, obtenu ainsi :

$$\frac{1\ 880 - 1\ 982,0}{1\ 982,0} \bullet 100 = -5,15\ \%.$$

Si l'on évaluait les coefficients irréguliers pour chacune des périodes et qu'on calculait l'écart type de ces coefficients, on pourrait (en considérant que ces coefficients obéissent à une loi normale de moyenne 1) déterminer un intervalle de confiance à 95 % pour l'écart relatif entre la valeur prédite et la valeur obtenue. Dans cet exemple, l'intervalle de confiance correspond à une marge d'erreur d'environ 9,60 % pour l'écart relatif, c'est-à-dire −9,60 % ≤ écart relatif ≤ 9,60 % pour 95 % des écarts relatifs. Ainsi, un écart relatif de −5,15 % permet donc de considérer que l'écart entre 1 982,0 et 1 880 est dû à la variation aléatoire.

14.3.2   Le lissage linéaire

Lorsqu'on estime la tendance à long terme à l'aide d'un lissage linéaire, on utilise souvent l'équation de la droite de régression, qui correspond à l'équation de la droite des moindres carrés, droite qu'on a utilisée dans le cas de la régression linéaire entre deux variables quantitatives. Dans le cas du lissage linéaire, on utilise l'équation de la même droite pour obtenir les valeurs lissées T_i et les valeurs prédites P_i. Cette méthode assure donc que dans le cas d'un lissage linéaire, les valeurs P_i obtenues avec l'équation de la droite sont celles qui minimiseront la valeur de $\sum(Y_i - P_i)^2$. Cependant, pour pouvoir déterminer si c'est avec un lissage linéaire que la valeur de $\sum(Y_i - P_i)^2$ est minimale, il faudrait comparer la valeur de $\sum(Y_i - P_i)^2$ obtenue pour le lissage linéaire avec la valeur de $\sum(Y_i - P_i)^2$ où les valeurs de P_i sont calculées avec d'autres types de lissage (les moyennes mobiles centrées, le lissage exponentiel, etc.). Avec un lissage linéaire, on peut faire des prévisions pour plus d'une période.

EXEMPLE 14.5

Le taux de chômage mensuel des hommes canadiens, de 1992 à 1995

Chaque mois, Statistique Canada nous informe sur le taux de chômage au Canada. On effectuera l'étude de la série chronologique du taux de chômage présenté au tableau 14.9 à l'aide d'un lissage linéaire.

TABLEAU 14.9
Taux de chômage mensuel pour les hommes canadiens âgés de 15 ans et plus, de 1992 1995

	Janv.	Févr.	Mars	Avr.	Mai	Juin	Juill.	Août	Sept.	Oct.	Nov.	Déc.
1992	12,9	13,3	14,0	13,0	12,0	11,6	11,5	11,2	10,5	10,8	12,1	12,2
1993	13,1	12,9	13,5	12,8	12,0	11,4	11,7	10,7	10,3	10,3	11,1	11,8
1994	13,4	13,2	12,7	12,5	11,1	10,0	10,0	9,5	9,0	9,1	9,6	10,2
1995	11,2	11,1	11,5	10,8	10,0	9,1	9,7	8,8	7,9	8,5	8,9	9,8

Source : Statistique Canada. CANSIM, série nº D980420, mars 1997.

Variable étudiée	Le taux de chômage
Durée de la saison	Un mois

A. L'estimation de la tendance à long terme

Pour déterminer les coefficients de la droite, il faut numéroter les périodes de temps de 1 à n. Dans cet exemple, il y a 48 mois ; ceux-ci seront donc numérotés de 1 à 48. Le tableau 14.10 reprend les données de la série en introduisant une colonne i indiquant le numéro de chacun des mois des quatre années considérées. L'équation de la droite pour la tendance à long terme sera donc :

$$T_i = a + b \cdot i,$$

où a est l'ordonnée à l'origine ;
b est la pente de la droite ;
i est le numéro de la période.

Dans ce cas-ci, les valeurs de a et de b, obtenues à l'aide de la calculatrice (en mode statistique à deux variables) ou d'un chiffrier, sont :

$a = 13,0596$;
$b = -0,0787$.

La droite de régression linéaire est donc $T_i = 13,0596 - 0,0787 \cdot i$.

La dernière colonne du tableau 14.10 donne la valeur de la tendance à long terme T_i calculée à l'aide de la droite de régression pour chaque mois.

La figure 14.12 présente la série ainsi que la tendance à long terme du taux de chômage des hommes canadiens âgés de 15 ans et plus.

FIGURE 14.12
**Représentation de la série
et de la tendance à long terme**

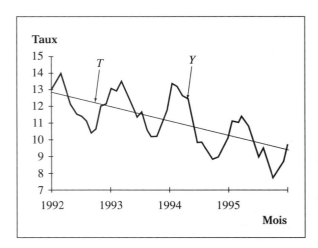

On peut constater que la tendance à long terme du taux de chômage mensuel est à la baisse depuis 1992.

TABLEAU 14.10
Taux de chômage mensuel des hommes canadiens âgés de 15 et plus, de 1992 à 1995

Année	Période i	Taux Y_i	T_i	Année	Période i	Taux Y_i	T_i
1992	1	12,9	12,98	1994	25	13,4	11,09
	2	13,3	12,90		26	13,2	11,01
	3	14,0	12,82		27	12,7	10,93
	4	13,0	12,74		28	12,5	10,86
	5	12,0	12,67		29	11,1	10,78
	6	11,6	12,59		30	10,0	10,70
	7	11,5	12,51		31	10,0	10,62
	8	11,2	12,43		32	9,5	10,54
	9	10,5	12,35		33	9,0	10,46
	10	10,8	12,27		34	9,1	10,38
	11	12,1	12,19		35	9,6	10,31
	12	12,2	12,12		36	10,2	10,23
1993	13	13,1	12,04	1995	37	11,2	10,15
	14	12,9	11,96		38	11,1	10,07
	15	13,5	11,88		39	11,5	9,99
	16	12,8	11,80		40	10,8	9,91
	17	12,0	11,72		41	10,0	9,83
	18	11,4	11,64		42	9,1	9,75
	19	11,7	11,56		43	9,7	9,68
	20	10,7	11,49		44	8,8	9,60
	21	10,3	11,41		45	7,9	9,52
	22	10,3	11,33		46	8,5	9,44
	23	11,1	11,25		47	8,9	9,36
	24	11,8	11,17		48	9,8	9,28

B. La désaisonnalisation des données

La désaisonnalisation des données s'effectue exactement de la même façon qu'avec le lissage fait avec des moyennes mobiles centrées. Il s'agit d'abord de diviser chacune des valeurs Y_i de la série par la valeur de la tendance à long terme T_i. La dernière colonne du tableau 14.11 donne le résultat pour chaque mois.

TABLEAU 14.11
Première étape du calcul des coefficients saisonniers

Année	Période i	Taux Y_i	T_i	Y_i / T_i	Année	Période i	Taux Y_i	T_i	Y_i / T_i
1992	1	12,9	12,98	0,9938	1994	25	13,4	11,09	1,2083
	2	13,3	12,90	1,0310		26	13,2	11,01	1,1989
	3	14,0	12,82	1,0920		27	12,7	10,93	1,1619
	4	13,0	12,74	1,0204		28	12,5	10,86	1,1510
	5	12,0	12,67	0,9471		29	11,1	10,78	1,0297
	6	11,6	12,59	0,9214		30	10,0	10,70	0,9346
	7	11,5	12,51	0,9193		31	10,0	10,62	0,9416
	8	11,2	12,43	0,9010		32	9,5	10,54	0,9013
	9	10,5	12,35	0,8502		33	9,0	10,46	0,8604
	10	10,8	12,27	0,8802		34	9,1	10,38	0,8767
	11	12,1	12,19	0,9926		35	9,6	10,31	0,9311
	12	12,2	12,12	1,0066		36	10,2	10,23	0,9971

TABLEAU 14.11
Première étape du calcul des coefficients saisonniers (suite)

Année	Période i	Taux Y_i	T_i	Y_i / T_i	Année	Période i	Taux Y_i	T_i	Y_i / T_i
1993	13	13,1	12,04	1,0880	1995	37	11,2	10,15	1,1034
	14	12,9	11,96	1,0786		38	11,1	10,07	1,1023
	15	13,5	11,88	1,1364		39	11,5	9,99	1,1512
	16	12,8	11,80	1,0847		40	10,8	9,91	1,0898
	17	12,0	11,72	1,0239		41	10,0	9,83	1,0173
	18	11,4	11,64	0,9794		42	9,1	9,75	0,9333
	19	11,7	11,56	1,0121		43	9,7	9,68	1,0021
	20	10,7	11,49	0,9312		44	8,8	9,60	0,9167
	21	10,3	11,41	0,9027		45	7,9	9,52	0,8298
	22	10,3	11,33	0,9091		46	8,5	9,44	0,9004
	23	11,1	11,25	0,9867		47	8,9	9,36	0,9509
	24	11,8	11,17	1,0564		48	9,8	9,28	1,0560

Le taux de chômage observé au mois de janvier 1995 représente 110,34 % de la tendance à long terme du taux de chômage. Pour cette période, le taux de chômage observé est donc au-dessus de la tendance à long terme. De même, le taux de chômage observé au mois de septembre 1995 représente 82,98 % de la tendance à long terme du taux de chômage. Pour cette période, le taux de chômage observé est donc en dessous de la tendance à long terme.

On obtient une valeur approximative du coefficient saisonnier pour le mois de janvier (février...) en calculant la valeur moyenne de tous les rapports Y_i / T_i obtenus des mois de janvier (février...). Le tableau 14.12 résume la situation.

TABLEAU 14.12
Calcul des valeurs approximatives des coefficients saisonniers

Année	Janv. Y_i / T_i	Févr. Y_i / T_i	Mars Y_i / T_i	Avr. Y_i / T_i	Mai Y_i / T_i	Juin Y_i / T_i
1992	0,9938	1,0310	1,0920	1,0204	0,9471	0,9214
1993	1,0880	1,0786	1,1364	1,0847	1,0239	0,9794
1994	1,2083	1,1989	1,1619	1,1510	1,0297	0,9346
1995	1,1034	1,1023	1,1512	1,0898	1,0173	0,9333
Valeur approximative (moyenne)	1,0984	1,1027	1,1354	1,0865	1,0045	0,9422

Année	Juill. Y_i / T_i	Août Y_i / T_i	Sept. Y_i / T_i	Oct. Y_i / T_i	Nov. Y_i / T_i	Déc. Y_i / T_i
1992	0,9193	0,9010	0,8502	0,8802	0,9926	1,0066
1993	1,0121	0,9312	0,9027	0,9091	0,9867	1,0564
1994	0,9416	0,9013	0,8604	0,8767	0,9311	0,9971
1995	1,0021	0,9167	0,8298	0,9004	0,9509	1,0560
Valeur approximative (moyenne)	0,9688	0,9126	0,8608	0,8916	0,9653	1,0290

Comme on l'a vu précédemment, la moyenne des coefficients saisonniers doit donner 1. La valeur moyenne des 12 valeurs approximatives des coefficients saisonniers calculées au tableau 14.12 est de 0,99982. Pour obtenir une moyenne de 1, on doit donc corriger les valeurs approximatives des coefficients saisonniers en les divisant toutes par 0,99982, ce qui donnera les coefficients saisonniers du tableau 14.13.

TABLEAU 14.13
Coefficients saisonniers

	Janv.	Févr.	Mars	Avr.	Mai	Juin
S_i	1,0986	1,1029	1,1356	1,0867	1,0047	0,9424
	Juill.	Août	Sept.	Oct.	Nov.	Déc.
S_i	0,9690	0,9128	0,8610	0,8918	0,9655	1,0292

Cela signifie que le taux de chômage en janvier représente en moyenne 109,86 % du taux de chômage prévu par la tendance à long terme, et que le taux de chômage en février représente 110,29 % du taux de chômage prévu par la tendance à long terme. Ces coefficients indiquent que le taux de chômage est au-dessus de la tendance à long terme de décembre à mai.

La notation S_i utilisée pour les coefficients saisonniers devra être interprétée de la façon suivante :

$$S_i = S_{\text{de la saison correspondant à la période numéro } i}.$$

Par exemple, $S_{33} = S_{\text{septembre}} = 0,8610$.

Puisque le modèle utilisé est $Y_i = T_i \cdot S_i \cdot I_i$, on obtient les valeurs désaisonnalisées (c'est-à-dire qui contiennent seulement la tendance à long terme et la variation irrégulière) en divisant chacune des valeurs de la série Y_i par le coefficient saisonnier S_i correspondant à la saison. La dernière colonne du tableau 14.14 donne les valeurs désaisonnalisées du taux de chômage mensuel de 1992 à 1995.

TABLEAU 14.14
Calcul des valeurs désaisonnalisées du taux de chômage mensuel des hommes canadiens âgés de 15 ans et plus, de 1992 à 1995

Année	Période i	Taux Y_i	Coefficients saisonniers S_i	Taux désaisonnalisé Y_i / S_i	Année	Période i	Taux Y_i	Coefficients saisonniers S_i	Taux désaisonnalisé Y_i / S_i
1992	1	12,9	1,0986	11,74	1994	25	13,4	1,0986	12,20
	2	13,3	1,1029	12,06		26	13,2	1,1029	11,97
	3	14,0	1,1356	12,33		27	12,7	1,1356	11,18
	4	13,0	1,0867	11,96		28	12,5	1,0867	11,50
	5	12,0	1,0047	11,94		29	11,1	1,0047	11,05
	6	11,6	0,9424	12,31		30	10,0	0,9424	10,61
	7	11,5	0,9690	11,87		31	10,0	0,9690	10,32
	8	11,2	0,9128	12,27		32	9,5	0,9128	10,41
	9	10,5	0,8610	12,20		33	9,0	0,8610	10,45
	10	10,8	0,8918	12,11		34	9,1	0,8918	10,20
	11	12,1	0,9655	12,53		35	9,6	0,9655	9,94
	12	12,2	1,0292	11,85		36	10,2	1,0292	9,91
1993	13	13,1	1,0986	11,92	1995	37	11,2	1,0986	10,19
	14	12,9	1,1029	11,70		38	11,1	1,1029	10,06
	15	13,5	1,1356	11,89		39	11,5	1,1356	10,13
	16	12,8	1,0867	11,78		40	10,8	1,0867	9,94
	17	12,0	1,0047	11,94		41	10,0	1,0047	9,95
	18	11,4	0,9424	12,10		42	9,1	0,9424	9,66
	19	11,7	0,9690	12,07		43	9,7	0,9690	10,01
	20	10,7	0,9128	11,72		44	8,8	0,9128	9,64
	21	10,3	0,8610	11,96		45	7,9	0,8610	9,18
	22	10,3	0,8918	11,55		46	8,5	0,8918	9,47
	23	11,1	0,9655	11,50		47	8,9	0,9655	9,22
	24	11,8	1,0292	11,47		48	9,8	1,0292	9,52

La différence entre la valeur désaisonnalisée Y_i / S_i et la valeur de la tendance à long terme T_i est due à la variation irrégulière. La figure 14.13 présente les deux composantes.

FIGURE 14.13
Tendance à long terme
et valeurs désaisonnalisées
du taux de chômage mensuel
des hommes canadiens âgés
de 15 ans et plus,
de 1992 à 1995

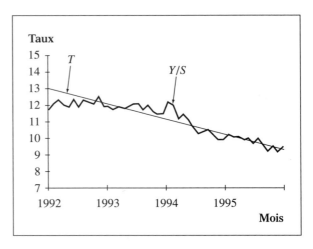

Plusieurs facteurs peuvent influer de façon irrégulière ou aléatoire sur le taux de chômage mensuel, par exemple la création, la fermeture ou l'expansion de certaines entreprises ou encore la compression de personnel.

C. La prévision pour une période à venir

Les prévisions sont faites en utilisant l'équation de la droite de la tendance à long terme et les coefficients saisonniers des mois (ou saisons) considérés.

Le taux de chômage saisonnalisé prévu pour une période i donnée s'obtient de la façon suivante :

    Taux saisonnalisé prévu = $P_i \cdot S_i$.

Les valeurs P_i s'obtiennent à l'aide de la droite de régression linéaire :

    $P_i = 13{,}0596 - 0{,}0787 \cdot i$.

Les taux de chômage saisonnalisé prévu pour les mois de janvier, de février et de mars 1996 sont obtenus de la façon suivante.

– **Pour janvier 1996**
    On a :
        $i = 49$,
    d'où
        $P_{49} = 13{,}0596 - 0{,}0787 \cdot 49 = 9{,}2033$;
        $S_{49} = S_{\text{janvier}} = 1{,}0986$.
        Donc, la prévision saisonnalisée = $P_{49} \cdot S_{49} = 9{,}2033 \cdot 1{,}0986 = 10{,}1$ %.
        Le taux de chômage saisonnalisé prévu pour le mois de janvier 1996 est de
        10,1 %.

– **Pour février 1996**
    On a :
        $i = 50$,
    d'où

$P_{50} = 13,0596 - 0,0787 \cdot 50 = 9,1246$;
$S_{50} = S_{\text{février}} = 1,1029$.

Donc, la prévision saisonnalisée $= P_{50} \cdot S_{50} = 9,1246 \cdot 1,1029 = 10,1$ %.
Le taux de chômage saisonnalisé prévu pour le mois de février 1996 est de 10,1 %.

- **Pour mars 1996**
  On a :
  $i = 51$,
  d'où
  $P_{51} = 13,0596 - 0,0787 \cdot 51 = 9,0459$;
  $S_{51} = S_{\text{mars}} = 1,1356$.
  Donc, la prévision saisonnalisée $= P_{51} \cdot S_{51} = 9,0459 \cdot 1,1356 = 10,3$ %.
  Le taux de chômage saisonnalisé prévu pour le mois de mars 1996 est de 10,3 %.

Il n'est pas recommandé de faire des prévisions pour des périodes qui s'éloignent trop de la dernière période connue, car rien ne garantit que le lissage linéaire s'applique au delà de la dernière période étudiée.

Si l'on considère que les taux de chômage obtenus pour les mois de janvier, de février et de mars 1996 sont respectivement de 11,3 %, de 11,3 % et de 11,2 %, on se rend compte que les prévisions sont loin des valeurs obtenues. Ces prévisions présentent des écarts relatifs de 11,88 %, de 11,88 % et de 8,74 %. Si l'on évaluait les coefficients irréguliers pour chacune des périodes et qu'on calculait l'écart type de ces coefficients, en considérant que ces coefficients obéissent à une loi normale de moyenne 1, on pourrait déterminer un intervalle de confiance à 95 % pour l'écart relatif entre la valeur prédite et la valeur obtenue. Dans cet exemple, l'intervalle de confiance correspond à une marge d'erreur d'environ 7,23 % pour l'écart relatif. Puisque 11,88 % > 7,23 % et que 8,74 % > 7,23 %, les écarts relatifs obtenus sont trop grands pour qu'on puisse considérer qu'ils sont dus seulement au hasard.

14.3.3   Le lissage exponentiel

Le lissage exponentiel tient compte de toutes les valeurs précédentes. Il consiste à attribuer un poids α à la valeur de la dernière période et $(1 - \alpha)$ à la valeur lissée précédente. Le lissage exponentiel a la forme décrite ci-après.

On numérote les périodes de 1 à n, où n est le nombre total de périodes étudiées.
$T_i = \alpha \cdot Y_i + (1 - \alpha) \cdot T_{i-1}$.
On pose $T_1 = Y_1$.
La valeur lissée pour la deuxième période est :
$$T_2 = \alpha \cdot Y_2 + (1 - \alpha) \cdot T_1$$
$$= \alpha \cdot Y_2 + (1 - \alpha) \cdot Y_1.$$
La valeur lissée pour la troisième période est :
$$T_3 = \alpha \cdot Y_3 + (1 - \alpha) \cdot T_2$$
$$= \alpha \cdot Y_3 + \alpha \cdot (1 - \alpha) \cdot Y_2 + (1 - \alpha)^2 \cdot Y_1.$$
La valeur lissée pour la période i est donc :

$$T_i = \alpha \cdot Y_i + (1 - \alpha) \cdot T_{i-1}$$
$$= \alpha \cdot Y_i + \alpha \cdot (1 - \alpha) \cdot Y_{i-1} + \alpha \cdot (1 - \alpha)^2 \cdot Y_{i-2} + \ldots + \alpha \cdot (1 - \alpha)^{i-2} \cdot Y_2$$
$$+ (1 - \alpha)^{i-1} \cdot Y_1.$$

La valeur lissée dépend donc des valeurs précédentes. Cependant, plus la valeur de α est grande, plus on accorde un poids important à la valeur de la dernière période et un poids plus faible aux autres valeurs. Il s'agira donc de déterminer la valeur de α la plus appropriée. La valeur de α est déterminée en appliquant le principe des moindres carrés. Comme précédemment, on cherchera à minimiser la valeur de $\sum (Y_i - P_i)^2$, où les valeurs prédites P_i sont calculées à partir de la tendance à long terme.

Pour savoir si le lissage exponentiel est le plus approprié, il faudrait comparer la valeur de $\sum (Y_i - P_i)^2$ obtenue pour le lissage exponentiel avec la valeur de $\sum (Y_i - P_i)^2$ obtenue pour d'autres types de lissage. Le critère est toujours d'avoir la valeur de $\sum (Y_i - P_i)^2$ la plus petite possible.

EXEMPLE 14.6

Le nombre trimestriel de naissances au Québec, de 1986 à 1995

Le nombre de naissances au Québec a été enregistré tous les trois mois depuis 1946. Le tableau 14.15 présente le nombre de naissances enregistré de 1986 à 1995.

TABLEAU 14.15
Nombre trimestriel de naissances au Québec, de 1986 à 1995

Année	Trimestre 1	Trimestre 2	Trimestre 3	Trimestre 4
1986	20 368	22 266	21 905	20 094
1987	20 380	22 160	21 423	19 828
1988	20 696	22 521	22 363	21 032
1989	21 844	24 169	24 094	22 266
1990	23 404	25 909	25 451	23 284
1991	23 667	25 787	24 874	22 982
1992	24 167	25 681	24 141	22 157
1993	22 814	24 638	23 557	21 382
1994	22 121	24 243	22 988	21 226
1995	22 145	23 725	22 790	20 440

Source : Statistique Canada. CANSIM, série nᵒ D149, janvier 1997.

Variable étudiée	Le nombre de naissances
Durée de la saison	Un trimestre (trois mois)

A. L'estimation de la tendance à long terme

Chacune des valeurs lissées T_i sert de prédiction pour la période suivante. Comme c'était le cas pour la méthode des moyennes mobiles centrées, il y a un déphasage entre les valeurs lissées de la tendance à long terme T_i et les valeurs prédites P_i. Toutefois, dans le cas du lissage exponentiel, le déphasage est d'une seule période :

$$P_i = T_{i-1}.$$

Note : On a effectué un lissage avec différentes valeurs de α. Pour chacune des valeurs, on a calculé $\sum (Y_i - P_i)^2$. Par exemple,

- avec $\alpha = 0{,}33$, on a obtenu $\sum (Y_i - P_i)^2 = 74\ 449\ 291{,}3$;
- avec $\alpha = 0{,}34$, on a obtenu $\sum (Y_i - P_i)^2 = 74\ 417\ 763{,}2$;
- avec $\alpha = 0{,}35$, on a obtenu $\sum (Y_i - P_i)^2 = 74\ 424\ 347{,}9$.

On a constaté que, plus la valeur de α s'éloigne de 0,34, plus la valeur de $\sum (Y_i - P_i)^2$ augmente.

Donc, la valeur de α qu'on utilisera pour minimiser $\sum (Y_i - P_i)^2$ est 0,34.

Ainsi,

- pour le premier trimestre de 1986 :

$$T_1 = Y_1 = 20\ 368 \ ;$$

- pour le deuxième trimestre de 1986 :

$$\begin{aligned} T_2 &= 0{,}34 \bullet Y_2 + (1 - 0{,}34) \bullet T_1 \\ &= 0{,}34 \bullet 22\ 266 + (1 - 0{,}34) \bullet 20\ 368 \\ &= 21\ 013{,}3 \ ; \end{aligned}$$

- pour le troisième trimestre de 1986 :

$$\begin{aligned} T_3 &= 0{,}34 \bullet Y_3 + (1 - 0{,}34) \bullet T_2 \\ &= 0{,}34 \bullet 21\ 905 + (1 - 0{,}34) \bullet 21\ 013{,}3 \\ &= 21\ 316{,}5 \ ; \end{aligned}$$

et ainsi de suite.

Le tableau 14.16 donne les valeurs du lissage exponentiel pour la tendance à long terme avec $\alpha = 0{,}34$.

À la figure 14.14, on peut constater que le nombre trimestriel de naissances au Québec a été à la hausse jusqu'en 1992 mais qu'il est à la baisse depuis ce temps. Les données trimestrielles oscillent bien de part et d'autre de la tendance à long terme. De façon générale, les premier et quatrième trimestres ont des valeurs en dessous de la tendance à long terme, tandis que les deuxième et troisième trimestres ont des valeurs au-dessus de la tendance à long terme.

FIGURE 14.14
Représentation de la série et de la tendance à long terme

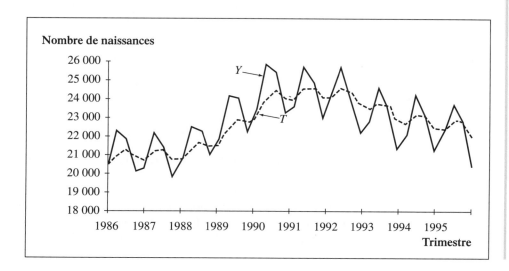

TABLEAU 14.16
Tendance à long terme pour le nombre trimestriel de naissances au Québec, de 1986 à 1995

Année	Saison (trimestre)	Période i	Nombre de naissances Y_i	T_i
1986	1	1	20 368	20 368,0
	2	2	22 266	21 013,3
	3	3	21 905	21 316,5
	4	4	20 094	20 900,8
1987	1	5	20 380	20 723,8
	2	6	22 160	21 212,1
	3	7	21 423	21 283,8
	4	8	19 828	20 788,8
1988	1	9	20 696	20 757,3
	2	10	22 521	21 356,9
	3	11	22 363	21 699,0
	4	12	21 032	21 472,2
1989	1	13	21 844	21 598,6
	2	14	24 169	22 472,6
	3	15	24 094	23 023,8
	4	16	22 266	22 766,2
1990	1	17	23 404	22 983,0
	2	18	25 909	23 977,9
	3	19	25 451	24 478,7
	4	20	23 284	24 072,5
1991	1	21	23 667	23 934,6
	2	22	25 787	24 564,4
	3	23	24 874	24 669,7
	4	24	22 982	24 095,9
1992	1	25	24 167	24 120,1
	2	26	25 681	24 650,8
	3	27	24 141	24 477,5
	4	28	22 157	23 688,5
1993	1	29	22 814	23 391,2
	2	30	24 638	23 815,1
	3	31	23 557	23 727,3
	4	32	21 382	22 929,9
1994	1	33	22 121	22 654,9
	2	34	24 243	23 194,8
	3	35	22 988	23 124,5
	4	36	21 226	22 479,0
1995	1	37	22 145	22 365,5
	2	38	23 725	22 827,7
	3	39	22 790	22 814,9
	4	40	20 440	22 007,4

B. La désaisonnalisation des données

Certains analystes préfèrent utiliser le lissage exponentiel pour étudier l'évolution d'une variable dans le temps lorsqu'il n'y a ni variations saisonnières ni variations cycliques. Cependant, si l'on désire utiliser ce type de lissage dans le cas où apparaissent des variations saisonnières, on désaisonnalise les données de la même façon qu'on l'a fait pour les lissages précédents. On effectue donc en premier le quotient entre la valeur obtenue Y_i et la valeur de la tendance à long terme T_i (tableau 4.17).

TABLEAU 14.17
Première étape du calcul
des coefficients saisonniers

Année	Saison (trimestre)	Période i	Nombre de naissances Y_i	T_i	Y_i / T_i
1986	1	1	20 368	20 368,0	1,0000
	2	2	22 266	21 013,3	1,0596
	3	3	21 905	21 316,5	1,0276
	4	4	20 094	20 900,8	0,9614
1987	1	5	20 380	20 723,8	0,9834
	2	6	22 160	21 212,1	1,0447
	3	7	21 423	21 283,8	1,0065
	4	8	19 828	20 788,8	0,9538
1988	1	9	20 696	20 757,3	0,9970
	2	10	22 521	21 356,9	1,0545
	3	11	22 363	21 699,0	1,0306
	4	12	21 032	21 472,2	0,9795
1989	1	13	21 844	21 598,6	1,0114
	2	14	24 169	22 472,6	1,0755
	3	15	24 094	23 023,8	1,0465
	4	16	22 266	22 766,2	0,9780
1990	1	17	23 404	22 983,0	1,0183
	2	18	25 909	23 977,9	1,0805
	3	19	25 451	24 478,7	1,0397
	4	20	23 284	24 072,5	0,9672
1991	1	21	23 667	23 934,6	0,9888
	2	22	25 787	24 564,4	1,0498
	3	23	24 874	24 669,7	1,0083
	4	24	22 982	24 095,9	0,9538
1992	1	25	24 167	24 120,1	1,0019
	2	26	25 681	24 650,8	1,0418
	3	27	24 141	24 477,5	0,9863
	4	28	22 157	23 688,5	0,9353
1993	1	29	22 814	23 391,2	0,9753
	2	30	24 638	23 815,1	1,0346
	3	31	23 557	23 727,3	0,9928
	4	32	21 382	22 929,9	0,9325
1994	1	33	22 121	22 654,9	0,9764
	2	34	24 243	23 194,8	1,0452
	3	35	22 988	23 124,5	0,9941
	4	36	21 226	22 479,0	0,9443
1995	1	37	22 145	22 365,5	0,9901
	2	38	23 725	22 827,7	1,0393
	3	39	22 790	22 814,9	0,9989
	4	40	20 440	22 007,4	0,9288

Le nombre de naissances au deuxième trimestre de 1991 représente 104,98 % de la tendance à long terme du nombre de naissances. Pour cette période, le nombre de naissances est au-dessus de la tendance à long terme. De même, le nombre de naissances au quatrième trimestre de 1994 représente 94,43 % de la tendance à long terme du nombre de naissances. Pour cette période, le nombre de naissances est en dessous de la tendance à long terme.

On obtient une valeur approximative du coefficient saisonnier pour le premier (deuxième…) trimestre en calculant la valeur moyenne de tous les rapports Y_i / T_i obtenus des premiers (deuxièmes…) trimestres. Le tableau 14.18 résume la situation.

TABLEAU 14.18
Calcul des valeurs approximatives des coefficients saisonniers

Année	Trimestre 1 Y_i / T_i	Trimestre 2 Y_i / T_i	Trimestre 3 Y_i / T_i	Trimestre 4 Y_i / T_i
1986	1,0000	1,0596	1,0276	0,9614
1987	0,9834	1,0447	1,0065	0,9538
1988	0,997	1,0545	1,0306	0,9795
1989	1,0114	1,0755	1,0465	0,978
1990	1,0183	1,0805	1,0397	0,9672
1991	0,9888	1,0498	1,0083	0,9538
1992	1,0019	1,0418	0,9863	0,9353
1993	0,9753	1,0346	0,9928	0,9325
1994	0,9764	1,0452	0,9941	0,9443
1995	0,9901	1,0393	0,9989	0,9288
Valeur approximative (moyenne)	0,9943	1,0526	1,0131	0,9535

Puisque la valeur moyenne des valeurs approximatives des coefficients saisonniers calculées est de 1,00338, on doit effectuer une correction afin d'obtenir quatre coefficients saisonniers dont la moyenne est 1. Il faut diviser les quatre valeurs approximatives des coefficients saisonniers par 1,00338 pour obtenir les coefficients saisonniers. Le tableau 14.19 résume la situation.

TABLEAU 14.19
Coefficients saisonniers

	Trimestre 1	Trimestre 2	Trimestre 3	Trimestre 4
S_i	0,9910	1,0491	1,0097	0,9503

La notation S_i utilisée pour les coefficients saisonniers devra être interprétée de la façon suivante :

$$S_i = S_{\text{de la saison correspondant à la période numéro } i}.$$

Par exemple,

$$S_{29} = S_{\text{trimestre 1}} = 0{,}9910 \,;$$

$$S_{38} = S_{\text{trimestre 2}} = 1{,}0491.$$

Cela signifie que le nombre de naissances au premier trimestre d'une année représente en moyenne 99,10 % du nombre de naissances prévu par la tendance à long terme, et que le nombre de naissances au deuxième trimestre d'une année représente 104,91 % du nombre de naissances prévu par la tendance à long terme.

Les valeurs désaisonnalisées pour le nombre trimestriel de naissances au Québec, de 1986 à 1995, s'obtiennent en calculant Y_i / S_i (tableau 14.20).

TABLEAU 14.20
Valeurs désaisonnalisées
du nombre trimestriel
de naissances au Québec,
de 1986 à 1995

Année	Saison (trimestre)	Période i	Nombre de naissances Y_i	Coefficients saisonniers S_i	Nombre de naissances désaisonnalisé Y_i / S_i
1986	1	1	20 368	0,9910	20 552,98
	2	2	22 266	1,0491	21 223,91
	3	3	21 905	1,0097	21 694,56
	4	4	20 094	0,9503	21 144,90
1987	1	5	20 380	0,9910	20 565,09
	2	6	22 160	1,0491	21 122,87
	3	7	21 423	1,0097	21 217,19
	4	8	19 828	0,9503	20 864,99
1988	1	9	20 696	0,9910	20 883,96
	2	10	22 521	1,0491	21 466,97
	3	11	22 363	1,0097	22 148,16
	4	12	21 032	0,9503	22 131,96
1989	1	13	21 844	0,9910	22 042,38
	2	14	24 169	1,0491	23 037,84
	3	15	24 094	1,0097	23 862,53
	4	16	22 266	0,9503	23 430,50
1990	1	17	23 404	0,9910	23 616,55
	2	18	25 909	1,0491	24 696,41
	3	19	25 451	1,0097	25 206,50
	4	20	23 284	0,9503	24 501,74
1991	1	21	23 667	0,9910	23 881,94
	2	22	25 787	1,0491	24 580,12
	3	23	24 874	1,0097	24 635,04
	4	24	22 982	0,9503	24 183,94
1992	1	25	24 167	0,9910	24 386,48
	2	26	25 681	1,0491	24 479,08
	3	27	24 141	1,0097	23 909,08
	4	28	22 157	0,9503	23 315,80
1993	1	29	22 814	0,9910	23 021,19
	2	30	24 638	1,0491	23 484,89
	3	31	23 557	1,0097	23 330,69
	4	32	21 382	0,9503	22 500,26
1994	1	33	22 121	0,9910	22 321,90
	2	34	24 243	1,0491	23 108,38
	3	35	22 988	1,0097	22 767,16
	4	36	21 226	0,9503	22 336,10
1995	1	37	22 145	0,9910	22 346,12
	2	38	23 725	1,0491	22 614,62
	3	39	22 790	1,0097	22 571,06
	4	40	20 440	0,9503	21 509,00

La différence entre le nombre désaisonnalisé de naissances Y_i / S_i et celui qui est prévu par la tendance à long terme T_i est due à la variation irrégulière. La figure 14.15 présente les deux composantes. On remarque que les valeurs désaisonnalisées suivent toutes d'assez près la tendance à long terme.

FIGURE 14.15
Tendance à long terme et valeurs désaisonnalisées du nombre trimestriel de naissances au Québec, de 1986 à 1995

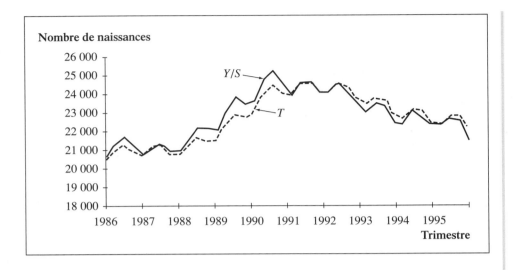

C. La prévision pour une période à venir

Si l'on veut faire une prévision en tenant compte de la variation saisonnière, il faut d'abord trouver une prévision P_i pour la tendance à long terme de la période visée. Ensuite, on multiplie cette valeur par le coefficient saisonnier approprié.

Avec le lissage exponentiel, on considère que la dernière valeur lissée calculée sert de prévision pour la tendance à long terme de la période visée ; le déphasage est d'une seule période. Ainsi, d'une façon générale, $P_i = T_{i-1}$. Le premier trimestre de 1996 correspond à la période 41. On a donc $P_{41} = T_{40} = 22\,007{,}4$.

$$\text{Prévision saisonnalisée} = P_{41} \cdot S_{41} = T_{40} \cdot S_{\text{trimestre 1}}$$
$$= 22\,007{,}4 \cdot 0{,}9910 = 21\,809{,}3.$$

Ainsi, le nombre de naissances prévu pour le premier trimestre de 1996 est d'environ 21 809. Ce nombre ne tient pas compte de la variation irrégulière.

Le nombre de naissances enregistré au premier trimestre de 1996 était de 20 580. L'écart entre 21 809 et 20 580 représente un écart relatif de –5,64 %. Si l'on évaluait les coefficients irréguliers pour chacune des périodes et qu'on calculait l'écart type de ces coefficients, en considérant que ces coefficients obéissent à une loi normale de moyenne 1, on pourrait déterminer un intervalle de confiance à 95 % pour l'écart relatif entre la valeur prédite et la valeur obtenue. Dans cet exemple, l'intervalle de confiance correspond à une marge d'erreur d'environ 3,33 % pour l'écart relatif. Puisque 5,64 % > 3,33 %, l'écart relatif obtenu est trop grand pour qu'on puisse considérer qu'il est dû seulement au hasard.

RÉCAPITULATION

Les types de lissage pour le modèle $Y_i = T_i \cdot S_i \cdot I_i$

A. Moyennes mobiles centrées

Nombre impair de saisons **Exemple : 5 saisons**	Tendance à long terme $T_i = MMC_5$	$T_3 = \dfrac{Y_1 + Y_2 + Y_3 + Y_4 + Y_5}{5}$ $T_i = \dfrac{Y_{i-2} + Y_{i-1} + Y_i + Y_{i+1} + Y_{i+2}}{5}$
	Coefficients saisonniers S_i	Calculer les valeurs de Y_i/T_i Calculer la moyenne de Y_i/T_i pour chaque saison Corriger les moyennes obtenues
	Données désaisonnalisées	Calculer les valeurs de Y_i/S_i
	Prévision	$P_i \cdot S_i = T_{i-3} \cdot S$ de la saison de la période i
Nombre pair de saisons **Exemple : 4 saisons**	Tendance à long terme $T_i = MMC_8$	$T_3 = \dfrac{Y_1 + 2Y_2 + 2Y_3 + 2Y_4 + Y_5}{8}$ $T_i = \dfrac{Y_{i-2} + 2Y_{i-1} + 2Y_i + 2Y_{i+1} + Y_{i+2}}{8}$
	Coefficients saisonniers S_i	Calculer les valeurs de Y_i/T_i Calculer la moyenne de Y_i/T_i pour chaque saison Corriger les moyennes obtenues
	Données désaisonnalisées	Calculer les valeurs de Y_i/S_i
	Prévision	$P_i \cdot S_i = T_{i-3} \cdot S$ de la saison de la période i

B. Lissage linéaire
(droite de régression)

	Tendance à long terme $T_i = a + b \cdot i$	a est l'ordonnée à l'origine b est la pente Ces deux valeurs s'obtiennent avec la calculatrice en mode statistique à deux variables avec $x = i$ et $y = Y_i$
	Coefficients saisonniers S_i	Calculer les valeurs de Y_i/T_i Calculer la moyenne de Y_i/T_i pour chaque saison Corriger les moyennes obtenues
	Données désaisonnalisées	Calculer les valeurs de Y_i/S_i
	Prévision	$P_i \cdot S_i = T_i \cdot S$ de la saison de la période i

C. Lissage exponentiel

	Tendance à long terme $T_i = \alpha \cdot Y_i + (1 - \alpha) \cdot T_{i-1}$	$T_1 = Y_1$ $T_2 = \alpha \cdot Y_1 + (1 - \alpha) \cdot T_1$ La valeur de α est déterminée en appliquant le principe des moindres carrés
	Coefficients saisonniers S_i	Calculer les valeurs de Y_i/T_i Calculer la moyenne de Y_i/T_i pour chaque saison Corriger les moyennes obtenues
	Données désaisonnalisées	Calculer les valeurs de Y_i/S_i
	Prévision	$P_i \cdot S_i = T_{i-1} \cdot S$ de la saison de la période i

EXERCICES

14.1 Le tableau 14.21 présente le nombre trimestriel de décès au Québec, de 1986 à 1995[2].

TABLEAU 14.21
Nombre trimestriel de décès au Québec, de 1986 à 1995

Année	Trimestre 1	Trimestre 2	Trimestre 3	Trimestre 4
1986	13 030	11 143	11 070	11 649
1987	12 165	11 505	11 870	12 076
1988	12 879	11 580	11 532	11 780
1989	12 718	11 859	11 383	12 345
1990	13 223	11 744	11 486	11 967
1991	12 795	11 993	11 366	12 967
1992	12 969	11 889	11 586	12 380
1993	14 033	12 649	12 041	12 988
1994	14 044	12 508	12 106	12 708
1995	14 370	12 665	12 310	12 815

a) Quelle est la variable étudiée ?

b) Quelle est la durée de la saison ?

c) Exprimez la tendance à long terme à l'aide de moyennes mobiles centrées de quatre trimestres MMC_8.

d) Trouvez les coefficients saisonniers pour chaque trimestre.

e) Désaisonnalisez les données.

f) Donnez une prévision pour le premier trimestre de 1996.

g) Placez sur un même graphique la série chronologique observée, la tendance à long terme et la série désaisonnalisée.

h) La valeur obtenue pour le premier trimestre de 1996 a été de 14 375 décès. Si la marge d'erreur associée à un intervalle de confiance à 95 % pour l'écart relatif est de 3,52 %, que concluez-vous ?

14.2 La production de cigarettes a été relativement faible en janvier 1997. Une forte baisse des ventes de cigarettes s'est soldée par des stocks de clôture élevés. La production de cigarettes (3,6 milliards de cigarettes) a été de 3,8 % en deçà du niveau de janvier 1996. Même si les ventes de cigarettes diminuent habituellement après la période des fêtes, les livraisons ont été inférieures à la moyenne pour janvier 1997, se situant à 2,8 milliards. Elles étaient en baisse de 40 % par rapport à décembre 1996. Les livraisons à l'intérieur du Canada, soit 2,7 milliards, qui représentent maintenant le gros des expéditions, ont diminué de 15 % par rapport à janvier 1996. La diminution des ventes a donné lieu à des stocks élevés, en fin de mois, à 5,3 milliards de cigarettes, ce qui constitue une augmentation de 32 % par rapport à décembre 1996 et de 16 % par rapport à janvier 1996[3].

Le tableau 14.22 présente le nombre mensuel de cigarettes et cigares produits, en millions de cigarettes et cigares, de 1991 à 1996[4].

TABLEAU 14.22
Nombre mensuel de cigarettes et cigares produits, en millions de cigarettes et cigares, de 1991 à 1996

	Janv. Juill.	Févr. Août	Mars Sept.	Avr. Oct.	Mai Nov.	Juin Déc.
1991	3 691	4 260	4 683	3 694	3 848	4 535
	2 052	3 083	4 840	4 370	4 772	2 666
1992	3 616	3 880	4 098	3 647	4 204	5 001
	1 399	3 459	4 905	4 025	4 351	2 900
1993	4 085	3 907	4 707	4 111	4 009	4 958
	1 051	3 537	4 471	3 907	4 436	3 107
1994	3 806	3 783	5 878	4 531	4 444	5 962
	2 315	4 617	5 448	4 998	5 325	4 368
1995	3 626	4 341	5 299	4 326	4 453	5 351
	2 263	3 571	5 263	4 286	4 601	4 113
1996	3 764	4 251	5 063	4 349	4 230	4 186
	2 858	2 994	5 504	4 482	5 311	3 194

a) Quelle est la variable étudiée ?

b) Quelle est la durée de la saison ?

c) Exprimez la tendance à long terme à l'aide d'un lissage linéaire.

d) Trouvez les coefficients saisonniers pour chaque mois.

e) Désaisonnalisez les données.

f) Donnez une prévision pour janvier 1997.

g) Placez sur un même graphique la série chronologique observée, la tendance à long terme et la série désaisonnalisée.

h) La valeur obtenue en janvier 1997 a été de 3 623 millions de cigarettes et cigares. Si la marge d'erreur associée à un intervalle de confiance à 95 % pour l'écart relatif est de 23,45 %, que concluez-vous ?

2. Statistique Canada. CANSIM, série n° D162, 17 janvier 1997.

3. Statistique Canada. *Le Quotidien,* 19 mars 1997, n° de catalogue 11-001F, p. 3.

4. Statistique Canada. CANSIM, série n° D2082, 18 mars 1997.

i) Exprimez la tendance à long terme à l'aide d'un lissage exponentiel avec $\alpha = 0,05$.

j) Trouvez les coefficients saisonniers pour chaque mois.

k) Désaisonnalisez les données.

l) Donnez une prévision pour janvier 1997.

m) Placez sur un même graphique la série chronologique observée, la tendance à long terme et la série désaisonnalisée.

n) La valeur obtenue en janvier 1997 a été de 3 623 millions de cigarettes et cigares. Si la marge d'erreur associée à un intervalle de confiance à 95 % pour l'écart relatif est de 24,26 %, que concluez-vous ?

14.3 Les grossistes de bois et de matériaux de construction ont déclaré une hausse des ventes de 23 % au cours de l'année. Après un déclin général en 1995, les ventes de bois et de matériaux de construction n'ont chuté qu'à trois occasions en 1996. Subséquemment au mouvement à la hausse amorcé l'année dernière, les ventes des grossistes de bois et de matériaux de construction ont augmenté de 1,3 % en janvier, témoignant ainsi d'un marché de la construction résidentielle plus florissant. La Société canadienne d'hypothèques et de logement a signalé une augmentation de 7,8 % du nombre de mises en chantier en janvier[5].

Le tableau 14.23 présente les stocks mensuels estimatifs des grossistes de bois et de matériaux de construction, en milliers de dollars, de 1991 à 1996[6].

a) Quelle est la variable étudiée ?

b) Quelle est la durée de la saison ?

c) Exprimez la tendance à long terme à l'aide des MMC_3.

d) Trouvez les coefficients saisonniers pour chaque mois.

e) Désaisonnalisez les données.

f) Donnez une prévision pour janvier 1997.

g) Placez sur un même graphique la série chronologique observée, la tendance à long terme et la série désaisonnalisée.

h) La valeur obtenue en janvier 1997 a été 2 926 959 $. Si la marge d'erreur associée à un intervalle de confiance à 95 % pour l'écart relatif est de 2,07 %, que concluez-vous ?

i) Exprimez la tendance à long terme à l'aide d'un lissage linéaire.

j) Trouvez les coefficients saisonniers pour chaque mois.

k) Désaisonnalisez les données.

l) Donnez une prévision pour janvier 1997.

m) Placez sur un même graphique la série chronologique observée, la tendance à long terme et la série désaisonnalisée.

n) La valeur obtenue en janvier 1997 a été de 2 926 959 $. Si la marge d'erreur associée à un intervalle de confiance à 95 % pour l'écart relatif est de 7,18 %, que concluez-vous ?

TABLEAU 14.23
Stocks mensuels estimatifs des grossistes de bois et de matériaux de construction, en milliers de dollars, de 1991 à 1996

	Janv. Juill.	Févr. Août	Mars Sept.	Avr. Oct.	Mai Nov.	Juin Déc.
1991	2 215 974	2 295 202	2 313 214	2 237 847	2 288 209	2 322 981
	2 199 542	2 222 839	2 209 137	2 151 981	2 122 732	2 149 518
1992	2 254 119	2 428 167	2 521 655	2 659 964	2 592 043	2 564 986
	2 483 217	2 400 778	2 343 389	2 267 985	2 244 973	2 310 299
1993	2 406 792	2 570 429	2 804 589	2 896 991	2 847 302	2 745 512
	2 583 889	2 554 027	2 638 203	2 608 651	2 542 576	2 701 312
1994	2 826 745	2 902 278	3 054 920	3 097 711	3 134 255	2 946 921
	2 900 387	2 812 326	2 763 945	2 736 621	2 735 872	2 768 444
1995	3 039 900	3 253 801	3 344 892	3 412 934	3 404 298	3 260 500
	3 244 244	3 103 312	3 055 890	3 028 777	2 945 153	2 904 455
1996	3 027 346	3 127 218	3 401 434	3 446 284	3 398 342	3 151 106
	3 049 840	2 980 446	2 884 812	2 817 151	2 893 293	2 899 124

5. Statistique Canada. *Le Quotidien*, 5 mars 1997, n° de catalogue 11-001F, p. 2.

6. Statistique Canada. CANSIM, série n° D658415, 19 mars 1997.

14.4 La Colombie-Britannique est la province où l'IPC a le moins augmenté entre février 1996 et février 1997 (+0,9 %). Dans cette province, il y a eu une baisse des primes d'assurance automobile et une diminution exceptionnellement importante des frais de logement relatifs à la propriété. Les variations des prix des aliments, des meubles, de l'essence et des voitures neuves ont également été inférieures à la moyenne nationale.

De toutes les provinces, celles qui ont connu les plus fortes augmentations annuelles sont le Manitoba (+3,2 %), la Nouvelle-Écosse (+3,1 %) et l'Alberta (+3,1 %). Au Manitoba, des hausses supérieures à la moyenne ont été inscrites par les indices des aliments, du logement ainsi que de l'habillement et des chaussures.

Entre janvier et février 1997, les augmentations des IPC des provinces ont été comprises entre un creux de 0,1 % dans six provinces et un sommet de 0,4 % au Québec. Le taux élevé au Québec s'explique principalement par une majoration importante des prix des aliments[7].

Le tableau 14.24 présente la valeur mensuelle de l'IPC au Québec, de 1986 à 1996[8].

TABLEAU 14.24
Valeur mensuelle de l'IPC au Québec, de 1986 à 1996

	Janv. Juill.	Févr. Août	Mars Sept.	Avr. Oct.	Mai Nov.	Juin Déc.
1991	124,9	124,9	125,6	125,8	126,3	126,8
	126,8	126,9	127,0	127,2	127,4	126,9
1992	127,9	127,9	128,2	128,2	128,3	128,6
	129,0	129,0	128,9	129,3	129,7	129,8
1993	130,3	130,3	130,6	130,4	130,3	130,3
	130,3	130,2	130,3	130,2	131,3	131,1
1994	130,9	128,5	128,6	128,4	127,8	128,4
	128,4	128,4	128,4	128,2	129,1	129,0
1995	129,6	130,1	130,3	131,2	131,4	131,3
	131,5	131,1	131,4	131,2	131,5	131,3
1996	131,5	132,0	132,4	133,0	133,6	133,4
	133,2	133,2	133,2	133,8	134,2	133,7

a) Quelle est la variable étudiée ?

b) Quelle est la durée de la saison ?

c) Exprimez la tendance à long terme à l'aide des MMC_3.

d) Trouvez les coefficients saisonniers pour chaque mois.

e) Désaisonnalisez les données.

f) Donnez une prévision pour janvier 1997.

g) Placez sur un même graphique la série chronologique observée, la tendance à long terme et la série désaisonnalisée.

h) La valeur obtenue en janvier 1997 a été de 134,1. Si la marge d'erreur associée à un intervalle de confiance à 95 % pour l'écart relatif est de 0,26 %, que concluez-vous ?

i) Exprimez la tendance à long terme à l'aide d'un lissage linéaire.

j) Trouvez les coefficients saisonniers pour chaque mois.

k) Désaisonnalisez les données.

l) Donnez une prévision pour janvier 1997.

m) Placez sur un même graphique la série chronologique observée, la tendance à long terme et la série désaisonnalisée.

n) La valeur obtenue en janvier 1997 a été de 134,1. Si la marge d'erreur associée à un intervalle de confiance à 95 % pour l'écart relatif est de 1,64 %, que concluez-vous ?

o) Exprimez la tendance à long terme à l'aide d'un lissage exponentiel avec $\alpha = 0,5$.

p) Trouvez les coefficients saisonniers pour chaque mois.

q) Désaisonnalisez les données.

r) Donnez une prévision pour janvier 1997.

s) Placez sur un même graphique la série chronologique observée, la tendance à long terme et la série désaisonnalisée.

t) La valeur obtenue en janvier 1997 a été de 134,1. Si la marge d'erreur associée à un intervalle de confiance à 95 % pour l'écart relatif est de 0,42 %, que concluez-vous ?

---

7. Statistique Canada. *Le Quotidien*, 21 mars 1997, n° de catalogue 11-001F, p. 4.

8. Statistique Canada. CANSIM, série n° P705000, 22 mars 1997.

Bibliographie sélective

COCHRAN, William. *Sampling Techniques*, 3ᵉ éd., New York, John Wiley & Sons, 1977.

GLASS, Gene et HOPKINS, Kenneth. *Statistical Methods in Education and Psychology*, 2ᵉ éd., Englewood Cliffs, Prentice Hall, 1984.

GUÉRIN, Gilles. *Des séries chronologiques au système statistique canadien*, Chicoutimi, Gaëtan Morin éditeur, 1983, 470 pages.

MARTEL, Jean-M. et NADEAU, Raymond, *Statistique en gestion et en économie*, éd. rev. et corr., Boucherville, Gaëtan Morin éditeur, 1988, 622 pages.

MORIN, Hervé. *Théorie de l'échantillonnage*, Québec, Presses de l'Université Laval, 1993, 178 pages.

SCHERRER, Bruno. *Biostatistique*, Boucherville, Gaëtan Morin éditeur, 1984, 872 pages.

SNEDECOR, George W. et COCHRAN, William G. *Statistical Methods*, 6ᵉ éd., The Iowa University Press, 1967.

STEVENS, S.S. *Handbook of Experimental Psychology*, New York, John Wiley & Sons, 1995.

TREMBLAY, André. *Sondages : histoire, pratique et analyse*, Boucherville, Gaëtan Morin éditeur, 1991, 492 pages.

Corrigé des exercices

Chapitre 2

2.1

a) Connaître les habitudes des PME québécoises au regard de l'utilisation d'Internet.

b) Toutes les PME québécoises employant entre 10 et 200 personnes et dont le chiffre d'affaires dépasse 500 000 $ par an.

c) Une PME québécoise employant entre 10 et 200 personnes et dont le chiffre d'affaires dépasse 500 000 $ par an.

d) 301 PME québécoises employant entre 10 et 200 personnes et dont le chiffre d'affaires dépasse 500 000 $ par an.

e) $n = 301$.

2.2

a) Connaître l'opinion des Québécois concernant le projet d'agrandissement du Casino.

b) Tous les Québécois en âge de répondre.

c) Un Québécois en âge de répondre.

d) 1 002 Québécois en âge de répondre.

e) $n = 1\,002$.

2.3

a) Vérifier la qualité du produit.

b) Toutes les boîtes contenant trois balles de golf de la compagnie produites chaque jour.

c) Une boîte contenant trois balles de golf de la compagnie produite chaque jour.

d) Les boîtes contenant trois balles de golf de la compagnie sélectionnées chaque jour.

e) $n = 100$ par jour.

2.4

a) Connaître l'opinion des Canadiens sur le Sénat.

b) Tous les Canadiens âgés de 18 ans et plus.

c) Un Canadien âgé de 18 ans et plus.

d) 1 010 Canadiens âgés de 18 ans et plus.

e) $n = 1\,010$.

2.5

a) Faire une étude sociale des couples canadiens.

b) Tous les couples canadiens.

c) Un couple canadien.

d) L'échantillon correspond à la population puisqu'il s'agit d'un recensement.

e) La taille de l'échantillon correspond à la taille de la population.

2.6

a) Connaître l'opinion des Québécois concernant la tarification des opérations bancaires.

b) Tous les Québécois âgés de 18 ans et plus.

c) Un Québécois âgé de 18 ans et plus.

d) 1 001 Québécois âgés de 18 ans et plus.

e) $n = 1\,001$.

2.7

a) Étudier la qualité du service dans les succursales de la SAQ.

b) Toutes les succursales de la SAQ.

c) Une succursale de la SAQ.

d) 43 succursales de la SAQ.

e) $n = 43$.

2.8

a) Connaître l'opinion des Canadiens sur leur qualité de vie.

b) Tous les Canadiens en âge de répondre.

c) Un Canadien en âge de répondre.

d) 1 009 Canadiens en âge de répondre.

e) $n = 1\,009$.

2.9

a) Connaître les habitudes des Français concernant la lecture.

b) Tous les Français âgés de 25 ans et plus.

c) Un Français âgé de 25 ans et plus.

d) 1 234 Français âgés de 25 ans et plus.

e) $n = 1\,234$.

2.10

a) Connaître la façon dont les Canadiens occupent leur journée.

b) Tous les Canadiens adultes.

c) Un Canadien adulte.

d) Les Canadiens adultes sélectionnés ; le nombre n'est pas indiqué.

e) Il est difficile de donner la taille précise de l'échantillon, car celle-ci n'est pas mentionnée dans l'article.

2.11

a) Connaître l'opinion des fédérations sportives concernant le nouveau budget proposé.
b) Toutes les fédérations sportives du pays.
c) Une fédération sportive du pays.
d) 18 fédérations sportives du pays.
e) $n = 18$.

2.12

a) Connaître la durée des appels interurbains effectués par les employés.
b) Tous les appels interurbains effectués par les employés au cours des deux années.
c) Un appel interurbain effectué par les employés au cours des deux années.
d) 36 appels interurbains effectués par les employés au cours des deux années.
e) $n = 36$.

2.13

a) Déterminer le nombre d'heures consacrées aux laboratoires d'informatique dans les cours autres que les cours d'informatique.
b) Tous les cégeps du Québec.
c) Un cégep du Québec.
d) 40 cégeps du Québec.
e) $n = 40$.

2.14

a) Vérifier la qualité des crayons.
b) Toutes les boîtes de 48 crayons de couleur de la compagnie produites chaque jour.
c) Une boîte de 48 crayons de couleur de la compagnie produite chaque jour.
d) Les boîtes de 48 crayons de couleur de la compagnie sélectionnées chaque jour.
e) $n = 150$ par jour.

2.15

Dans un échantillon de 250 étudiants, il y aura :
50 % de 250 = 125 étudiants de première année choisis au hasard.
30 % de 250 = 75 étudiants de deuxième année choisis au hasard.
20 % de 250 = 50 étudiants de troisième année choisis au hasard.

2.16

Les échantillons possibles sont :
X_1, X_5, X_9, X_{13}.
X_2, X_6, X_{10}, X_{14}.
X_3, X_7, X_{11}, X_{15}.
X_4, X_8, X_{12}.

2.17

a) La taille de l'échantillon équivaut à $350 \div 14 = 25$.
b) Les numéros des unités de l'échantillon sont : 13, 27, 41, 55, 69, 83, 97, 111, 125, 139, 153, **167**, 181, 195, 209, 223, 237, 251, 265, 279, 293, 307, 321, 335, 349.

2.18

a) Connaître l'opinion des foyers québécois de la région de Montréal sur l'environnement.
b) Tous les foyers québécois de la région de Montréal (le nombre de foyers québécois n'apparaissant pas dans l'annuaire de Bell est négligeable).
c) Un foyer québécois de la région de Montréal.
d) Les 300 foyers québécois de la région de Montréal sélectionnés.
e) $n = 300$.
f) Méthode d'échantillonnage aléatoire simple. (Le nombre de non-inscrits dans l'annuaire téléphonique n'étant pas très élevé, on considère que la méthode est aléatoire simple.)

2.19

a) Connaître l'opinion des auditeurs concernant les chances du club de hockey Le Canadien de gagner la coupe Stanley cette année.
b) Tous les auditeurs de l'émission.
c) Un auditeur de l'émission.
d) Les 675 auditeurs qui ont téléphoné.
e) $n = 675$.
f) Échantillonnage de volontaires.

2.20

a) Connaître l'opinion des élèves concernant les changements que le collège désire apporter au menu de la cafétéria.
b) Tous les élèves du collège.
c) Un élève du collège.
d) Les 200 élèves sélectionnés.
e) $n = 200$.
f) Échantillonnage à l'aveuglette.

2.21

a) Connaître l'opinion des joueurs de hockey de la ligue collégiale concernant la nouvelle réglementation.
b) Tous les joueurs de hockey de la ligue collégiale.
c) Un joueur de hockey de la ligue collégiale.
d) Les 15 capitaines de la ligue collégiale.
e) $n = 15$.
f) Échantillonnage au jugé.

2.22

a) Tester les habiletés des joueurs de hockey des équipes collégiales.

b) Tous les joueurs de hockey des équipes collégiales.

c) Un joueur de hockey d'une équipe collégiale.

d) Les joueurs des trois équipes sélectionnées.

e) $n = 57$.

f) Échantillonnage par grappes.

2.23

a) Connaître l'opinion des Canadiens concernant leur emploi.

b) Tous les Canadiens qui travaillent.

c) Un Canadien qui travaille.

d) 677 Canadiens qui travaillent.

e) $n = 677$.

f) La méthode d'échantillonnage n'est pas précisée.

2.24

a) Connaître l'opinion des membres de l'association concernant les modifications de règlements.

b) Tous les membres de l'association.

c) Un membre de l'association.

d) Les 30 membres de l'association qui ont répondu.

e) $n = 30$.

f) Échantillonnage de volontaires.

2.25

a) Connaître l'opinion des élèves de niveau collégial concernant l'imposition de frais pour les demandes de révision de notes.

b) Tous les élèves de niveau collégial du Québec.

c) Un élève de niveau collégial du Québec.

d) Les 50 présidents des associations d'élèves de niveau collégial.

e) $n = 50$.

f) Échantillonnage au jugé.

Chapitre 3

3.1

A) a) Le niveau d'intérêt (pour les magazines ou les journaux offrant des nouvelles et des reportages sur les affaires, les finances personnelles et l'économie).

b) Variable qualitative.

c) Tous les foyers québécois.

d) Un foyer québécois.

B) a) Le principal combustible utilisé pour le chauffage du logement.

b) Variable qualitative.

c) Tous les foyers québécois.

d) Un foyer québécois.

C) a) La consommation de suppléments nutritifs.

b) Variable qualitative.

c) Tous les foyers québécois.

d) Un foyer québécois.

D) a) L'utilisation d'un ordinateur.

b) Variable qualitative.

c) Tous les foyers québécois.

d) Un foyer québécois.

3.2

a) La durée de vie du pneu.

b) Variable quantitative continue.

c) Tous les pneus produits par la compagnie.

d) Un pneu produit par la compagnie.

3.3

a) Le nombre total d'enfants désirés.

b) Variable quantitative discrète.

c) Tous les Canadiens âgés de 15 à 44 ans en 1990.

d) Un Canadien âgé de 15 à 44 ans en 1990.

3.4

a) La température du patient.

b) Variable quantitative continue.

c) Tous les patients du médecin.

d) Un patient du médecin.

3.5

a) L'âge de la mère.

b) Variable quantitative continue.

c) Tous les Canadiens âgés de 15 ans et plus en 1990.

d) Un Canadien âgé de 15 ans et plus en 1990.

3.6

a) Le poids du joueur.

b) Variable quantitative continue.

c) Tous les joueurs de soccer québécois.

d) Un joueur de soccer québécois.

3.7

a) Le résultat au test d'aptitude.

b) Variable quantitative continue.

c) Tous les candidats.

d) Un candidat.

3.8

A) a) L'état de santé.

b) Variable qualitative.

B) a) Le nombre moyen d'heures de sommeil par jour.

b) Variable quantitative continue.

C) a) L'expérience de la cigarette.

b) Variable qualitative.

D) a) Le plus grand nombre de consommations d'alcool prises à une même occasion.

b) Variable quantitative discrète.

E) a) La consommation d'alcool le matin.
   b) Variable qualitative.

F) a) Le sentiment de tension ou de pression.
   b) Variable qualitative.

G) a) La fréquence de la pratique d'activités physiques.
   b) Variable quantitative continue, car les valeurs possibles sont des approximations du nombre moyen d'heures de pratique d'activités physiques.

H) a) Le lieu de naissance de la mère.
   b) Variable qualitative.

I) a) L'état matrimonial légal actuel.
   b) Variable qualitative.

J) a) Le revenu personnel total l'an dernier.
   b) Variable quantitative continue.

K) a) La perception du répondant par rapport à sa situation économique.
   b) Variable qualitative.

L) a) L'opinion du répondant face à l'amélioration de sa situation financière.
   b) Variable qualitative.

M) a) Le plus haut niveau de scolarité atteint par le père.
   b) Variable qualitative.

3.9

Pour les exercices 3.1 à 3.8, l'échelle de mesure de chacune des variables est la suivante :

3.1 A) Échelle ordinale.
    B) Échelle nominale.
    C) Échelle ordinale.
    D) Échelle nominale.

3.2 Échelle de rapport.

3.3 Échelle de rapport.

3.4 Échelle d'intervalle.

3.5 Échelle de rapport.

3.6 Échelle de rapport.

3.7 Échelle d'intervalle (ordinale si deux intervalles égaux ne correspondent pas à une même différence d'aptitude).

3.8 A) Échelle ordinale.
    B) Échelle de rapport.
    C) Échelle ordinale.
    D) Échelle de rapport.
    E) Échelle ordinale.
    F) Échelle ordinale.
    G) Échelle ordinale.
    H) Échelle nominale.
    I) Échelle nominale.
    J) Échelle ordinale.
    K) Échelle ordinale.
    L) Échelle nominale.
    M) Échelle ordinale.

3.10

a) $\dfrac{35,95\,\$ \text{ (avant les taxes)}}{100\,\%} = \dfrac{x\,\$ \text{ (après les taxes)}}{113,96\,\%}$,
d'où $x = 40,97\,\$$.
Le cadeau a donc coûté 40,97 $.

b) $\dfrac{x\,\$ \text{ (avant les taxes)}}{100\,\%} = \dfrac{12,54\,\$ \text{ (après les taxes)}}{113,96\,\%}$,
d'où $x = 11,00\,\$$.
Le prix du stylo avant taxe était de 11,00 $.

c) $\dfrac{x\,\$ \text{ (avant la réduction)}}{100\,\%} = \dfrac{35,95\,\$ \text{ (après la réduction)}}{75\,\%}$,
d'où $x = 47,93\,\$$.
Le prix du cadeau avant réduction était de 47,93 $.

3.11

Taux par province

Province	Taux (par 1 000 habitants)
Terre-Neuve	97,0
Île-du-Prince-Édouard	132,0
Nouvelle-Écosse	126,0
Nouveau-Brunswick	122,0
Québec	112,0
Ontario	117,0
Manitoba	134,0
Saskatchewan	141,0
Alberta	91,0
Colombie-Britannique	129,0

C'est en Saskatchewan qu'on trouve le plus haut taux de personnes âgées de 65 ans et plus par 1 000 habitants.

3.12

a) 1 $CAN = x £ ;
   2,0538 $CAN = 1 £ ;
   Donc, 1 $CAN = 0,4869 £.

b) 1 $CAN = x $US ;
   1,3563 $CAN = 1 $US ;
   Donc, 1 $CAN = 0,7373 $US.

c)
$US	$CAN	£
1	1,3563	?
	2,0538	1

Donc, 1 $US = 0,6604 £.

d)
FF	$CAN	DM
1	0,2657	
?	0,9019	1

Ainsi, 1 DM = 3,3944 FF.
Donc, l'article a coûté 124 • 3,3944 FF = 420,9056 FF.

3.13

a) Le pourcentage de variation est :
$$\frac{29,42 - 27,85}{27,85} \cdot 100 = 5,64\,\%.$$
Il y a eu une augmentation de 5,64 % du rapport de dépendance économique au Québec entre 1992 et 1994.

b)
1993	1994
100 %	97,2 %
x	30,24

d'où $x = 31,11$.
Le rapport de dépendance économique était de 31,11 en Saskatchewan en 1993.

c)
1993	1994
100 %	103,6 %
36,23	x

d'où $x = 37,53$.
Le rapport de dépendance économique était de 37,53 en Nouvelle-Écosse en 1994.

3.14

Le pourcentage de variation pour une boisson gazeuse est :
$$\frac{0,95 - 0,23}{0,23} \cdot 100 = 313,04\,\%.$$
Il y a eu une augmentation de 313,04 % du prix d'une boisson gazeuse entre 1973 et 1993.

Le pourcentage de variation pour des cigarettes est :
$$\frac{6,30 - 0,62}{0,62} \cdot 100 = 916,13\,\%.$$
Il y a eu une augmentation de 916,13 % du prix du paquet de 25 cigarettes entre 1973 et 1993.

Le pourcentage de variation pour une calculatrice est :
$$\frac{60 - 130}{130} \cdot 100 = -53,85\,\%.$$
Il y a eu une diminution de 53,85 % du prix d'une calculatrice entre 1973 et 1993.

Le pourcentage de variation pour une journée de ski est :
$$\frac{31 - 7}{7} \cdot 100 = 342,86\,\%.$$
Il y a eu une augmentation de 342,86 % du prix d'une journée de ski entre 1973 et 1993.

3.15

Le pourcentage de variation pour le nombre de mises en chantier est :
$$\frac{129\,988 - 215\,340}{215\,340} \cdot 100 = -39,64\,\%.$$
Il y a eu une diminution de 39,64 % du nombre de mises en chantier dans les régions urbaines entre 1987 et 1993.

3.16

Le ratio pour les deux groupes est :
$$\frac{\text{Élèves au primaire et au secondaire}}{\text{Élèves aux études postsecondaires}} = \frac{5\,367\,300}{949\,300}$$
$$= \frac{5,65}{1} \approx \frac{17}{3}.$$
C'est donc dire qu'il y a environ 3 élèves aux études postsecondaires pour 17 élèves au primaire et au secondaire.

3.17

a) Le ratio pour les veufs et les veuves est :
$$\frac{\text{Veuves}}{\text{Veufs}} = \frac{155\,200}{33\,900} = \frac{4,58}{1} \approx \frac{9}{2}.$$
C'est donc dire qu'il y a environ 2 veufs pour 9 veuves.

b) $$\frac{\text{Veufs de 85 ans et plus}}{\text{Veufs de 65 ans et plus}} = \frac{19,76}{100} = \frac{33\,900}{x},$$
d'où $x = 171\,559$.
Il y avait donc environ 171 559 veufs de 65 ans et plus en 1991.

c) $$\frac{1\text{ femme mariée}}{8\text{ veuves}} = \frac{x\text{ femmes mariées}}{155\,200\text{ veuves}},$$
d'où $x = 19\,400$.
Il y avait donc environ 19 400 femmes mariées âgées de 85 ans et plus en 1991.

3.18

a) Le pourcentage de variation pour les gains moyens des Albertains est :
$$\frac{33\,325 - 36\,666}{36\,666} \cdot 100 = -9,11\,\%.$$
Les gains moyens des Albertains ont diminué de 9,11 % entre 1980 et 1990.

b) Le pourcentage de variation pour les gains moyens des Ontariens est :
$$\frac{36\,031 - 30\,540}{30\,540} \cdot 100 = 17,98\,\%.$$
Les gains moyens des Ontariens ont augmenté de 17,98 % entre 1970 et 1990.

c) Le pourcentage de variation pour les gains moyens des Québécois est :
$$\frac{31\,705 - 27\,161}{27\,161} \cdot 100 = 16,73\,\%.$$
Les gains moyens des Québécois ont augmenté de 16,73 % entre 1970 et 1990.

d) Le pourcentage de variation pour chacune des provinces est le suivant :

– Terre-Neuve :
$$\frac{30\,993 - 30\,457}{30\,457} \cdot 100 = 1,76\,\%;$$

– Île-du-Prince-Édouard :
$$\frac{28\,617 - 27\,417}{27\,417} \cdot 100 = 4,38\,\% ;$$
– Nouvelle-Écosse :
$$\frac{30\,841 - 30\,747}{30\,747} \cdot 100 = 0,31\,\% ;$$
– Nouveau-Brunswick :
$$\frac{30\,274 - 29\,846}{29\,846} \cdot 100 = 1,43\,\% ;$$
– Québec :
$$\frac{31\,705 - 31\,546}{31\,546} \cdot 100 = 0,50\,\% ;$$
– Ontario :
$$\frac{36\,031 - 34\,497}{34\,497} \cdot 100 = 4,45\,\% ;$$
– Manitoba :
$$\frac{29\,607 - 30\,396}{30\,396} \cdot 100 = -2,60\,\% ;$$
– Saskatchewan :
$$\frac{27\,868 - 30\,004}{30\,004} \cdot 100 = -7,12\,\% ;$$
– Alberta :
$$\frac{33\,325 - 35\,238}{35\,238} \cdot 100 = -5,43\,\% ;$$
– Colombie-Britannique :
$$\frac{34\,886 - 35\,429}{35\,429} \cdot 100 = -1,53\,\% .$$

Le plus grand pourcentage de variation a été constaté en Saskatchewan avec une baisse des gains moyens de 7,12 % entre 1985 et 1990.

3.19

a) Le pourcentage de variation pour la population du Québec est :
$$\frac{7\,048\,400 - 6\,829\,100}{6\,829\,100} \cdot 100 = 3,21\,\% .$$
La population du Québec a augmenté de 3,21 % entre 1988 et 1991.

b) Le pourcentage de variation pour la population de la Saskatchewan est :
$$\frac{1\,006\,100 - 1\,033\,200}{1\,033\,200} \cdot 100 = -2,62\,\% .$$
La population de la Saskatchewan a diminué de 2,62 % entre 1988 et 1991.

c) Le pourcentage de variation pour chacune des provinces est le suivant :
– Terre-Neuve :
$$\frac{578\,900 - 576\,800}{576\,800} \cdot 100 = 0,36\,\% ;$$

– Île-du-Prince-Édouard :
$$\frac{131\,000 - 130\,500}{130\,500} \cdot 100 = 0,38\,\% ;$$
– Nouvelle-Écosse :
$$\frac{915\,200 - 903\,200}{903\,200} \cdot 100 = 1,33\,\% ;$$
– Nouveau-Brunswick :
$$\frac{746\,100 - 735\,200}{735\,200} \cdot 100 = 1,48\,\% ;$$
– Québec :
$$\frac{7\,048\,400 - 6\,906\,000}{6\,906\,000} \cdot 100 = 2,06\,\% ;$$
– Ontario :
$$\frac{10\,401\,400 - 10\,017\,400}{10\,017\,400} \cdot 100 = 3,83\,\% ;$$
– Manitoba :
$$\frac{1\,109\,100 - 1\,104\,100}{1\,104\,100} \cdot 100 = 0,45\,\% ;$$
– Saskatchewan :
$$\frac{1\,006\,100 - 1\,025\,100}{1\,025\,100} \cdot 100 = -1,85\,\% ;$$
– Alberta :
$$\frac{2\,580\,700 - 2\,483\,900}{2\,483\,900} \cdot 100 = 3,90\,\% ;$$
– Colombie-Britannique :
$$\frac{3\,346\,300 - 3\,170\,400}{3\,170\,400} \cdot 100 = 5,55\,\% .$$

Le plus grand pourcentage de variation a été constaté en Colombie-Britannique, qui affiche une augmentation de la population de 5,55 % entre 1989 et 1991.

3.20

a) De 1989 à 1992, le taux d'inflation était :
$$\frac{128,2 - 114,1}{114,1} \cdot 100 = 12,36\,\% .$$

b) De 1987 à 1993, le taux d'inflation était :
$$\frac{130,6 - 104,4}{104,4} \cdot 100 = 25,10\,\% .$$

c) De 1989 à 1992, le taux d'inflation était :
$$\frac{169,9 - 151,2}{151,2} \cdot 100 = 12,37\,\% .$$

d) De 1987 à 1993, le taux d'inflation était :
$$\frac{173,0 - 138,3}{138,3} \cdot 100 = 25,09\,\% .$$

e) Les taux d'inflation sont les mêmes. En effet, ce sont les mêmes années qui sont visées, et seule l'année de référence a changé. Les petites différences entre les valeurs obtenues viennent simplement du fait que les valeurs sont arrondies dans les tableaux. L'année de référence étant passée de 1981 à 1986, tous les indices ont été modifiés en fonction de la nouvelle année de référence, mais les taux d'inflation, eux, ne changent pas.

3.21

Le nombre de détaillants se calcule comme suit :

Nombre de détaillants par ville

Ville	Nombre de détaillants
Vancouver	20
Saint-Jean (T.-N.)	22
Saint-Jean (N.-B.)	23
Charlottetown	25
Calgary	29
Halifax	30
Toronto	31
Winnipeg	32
Regina	38
Montréal	49

Source : Élaboré à partir d'une figure de la Presse Canadienne. « 60 % des détaillants vendraient du tabac aux jeunes », *La Presse*, 25 septembre 1995, p. A6.

3.22

Les ratios sont obtenus ainsi :

$$\frac{\text{Nombre de mariages}}{\text{Nombre de divorces}}.$$

Mariages et divorces au Canada

Année	Quotient	Ratio
1981	$\frac{2,809}{1}$	3 mariages pour 1 divorce
1983	$\frac{2,693}{1}$	8 mariages pour 3 divorces
1985	$\frac{2,970}{1}$	3 mariages pour 1 divorce
1987	$\frac{1,893}{1}$	2 mariages pour 1 divorce
1989	$\frac{2,354}{1}$	7 mariages pour 3 divorces
1991	$\frac{2,236}{1}$	9 mariages pour 4 divorces
1993	$\frac{2,037}{1}$	2 mariages pour 1 divorce

Source : Élaboré à partir d'une figure de Statistique Canada, présentée dans la Presse canadienne. « Le mariage est de moins en moins populaire », *La Presse*, 14 juin 1995, p. A17.

Chapitre 4[1]

4.1

a) Le nombre de cours inscrits à l'horaire de l'élève.
b) Tous les élèves de techniques administratives de la première session au collégial au Collège Ducoin.

c) Un élève de techniques administratives de la première session au Collège Ducoin.
d) $n = 65$.
e) **Répartition des élèves de techniques administratives de la première session en fonction du nombre de cours à leur horaire**

Nombre de cours	Nombre d'élèves	Pourcentage des élèves	Pourcentage cumulé des élèves
4	4	6,15	6,15
5	8	12,31	18,46
6	24	36,92	55,38
7	18	27,69	83,07
8	11	16,92	100,00
Total	65	100,00	

f) $Mo = 6$ cours. Le nombre de cours inscrits à l'horaire des élèves de techniques administratives de la première session qui revient le plus souvent est de 6 cours, avec une proportion de 36,92 %.
g) $Md = 6$ cours. Au moins 50 % des élèves de techniques administratives de la première session ont au plus 6 cours inscrits à leur horaire.
h) $\bar{x} = 6,4$ cours. Le nombre moyen de cours inscrits à l'horaire des élèves de techniques administratives de la première session est d'environ 6,4.
i) **Répartition des élèves de techniques administratives de la première session en fonction du nombre de cours inscrits à leur horaire**

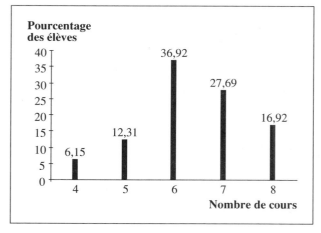

---

1. Le coefficient de variation et la cote Z ont été calculés en ne conservant que les décimales présentées dans les résultats de la moyenne et de l'écart type (non pas en utilisant la mémoire de la calculatrice).

La distribution est relativement symétrique puisque le graphique de la distribution des élèves présente une certaine forme de symétrie.

j) $s = 1,1$ cours. La dispersion du nombre de cours inscrits à l'horaire des élèves de techniques administratives de la première session correspond à un écart type de 1,1 cours.

$CV = \dfrac{1,1}{6,4} \cdot 100 = 17,19\%$.

Les données ne sont pas très homogènes puisque le coefficient de variation est supérieur à 15 %.

k) 6 cours est le nombre maximal de cours suivis par 45 % des élèves qui en suivent le moins.

l) 7 cours est le nombre minimal de cours suivis par 20 % des élèves qui en suivent le plus.

m) $Z = \dfrac{8 - 6,4}{1,1} = 1,45$ écart type.

Un élève ayant 8 cours inscrits à son horaire se situe à 1,45 écart type au-dessus de la moyenne.

4.2

a) Le nombre de cadres siégeant au conseil d'administration de l'entreprise.

b) Toutes les entreprises québécoises de moins de 100 employés.

c) Une entreprise québécoise de moins de 100 employés.

d) $n = 52$.

e) **Répartition des entreprises en fonction du nombre de cadres siégeant au conseil d'administration**

Nombre de cadres	Nombre d'entreprises	Pourcentage des entreprises	Pourcentage cumulé des entreprises
1	8	15,38	15,38
2	15	28,85	44,23
3	10	19,23	63,46
4	8	15,38	78,84
5	6	11,54	90,38
6	3	5,77	96,15
7	2	3,85	100,00
Total	52	100,00	

f) $Mo = 2$ cadres. Le nombre de cadres siégeant au conseil d'administration de l'entreprise qui revient le plus souvent est de 2 cadres, avec une proportion de 28,85 %.

g) $Md = 3$ cadres. Au moins 50 % des entreprises ont au plus 3 cadres siégeant au conseil d'administration de l'entreprise.

h) $\bar{x} = 3,1$ cadres. Le nombre moyen de cadres siégeant au conseil d'administration de l'entreprise est d'environ 3,1.

i) **Répartition des entreprises en fonction du nombre de cadres siégeant au conseil d'administration**

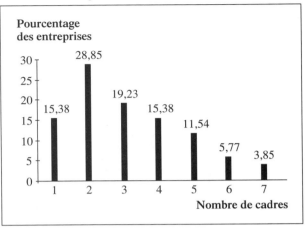

La distribution est asymétrique à droite puisque le graphique de la distribution des entreprises présente une asymétrie à droite.

j) $s = 1,6$ cadre. La dispersion du nombre de cadres siégeant au conseil d'administration de l'entreprise correspond à un écart type de 1,6 cadre.

$CV = 51,61$ %. Les données ne sont pas homogènes puisque le coefficient de variation est très élevé.

k) 78,84 % des entreprises ont au plus 4 cadres qui siègent au conseil d'administration de l'entreprise.

l) 11 entreprises ont plus de 4 cadres qui siègent au conseil d'administration de l'entreprise.

m) $Q_1 = 2$ cadres. Au moins 25 % des entreprises ont au plus 2 cadres qui siègent au conseil d'administration de l'entreprise.

4.3

a) Le nombre de journées de maladie accordées par année par employé.

b) Toutes les conventions collectives au Québec.

c) Une convention collective au Québec.

d) $n = 96$.

e) **Répartition des conventions collectives en fonction du nombre de journées de maladie accordées par année par employé**

Nombre de journées de maladie	Pourcentage des conventions collectives	Nombre de conventions collectives	Pourcentage cumulé des conventions collectives
5	12,50	12	12,50
7	43,75	42	56,25
10	28,13	27	84,38
12	10,42	10	94,80
14	5,21	5	100,00
Total	100,00	96	

f) Pour étudier la symétrie d'une distribution, il faut considérer le graphique et les mesures de tendance centrale de la distribution.

Le graphique

Répartition des conventions collectives en fonction du nombre de journées de maladie par année par employé

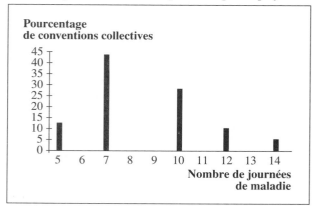

Les mesures de tendance centrale

$Mo = 7$ journées ;
$Md = 7$ journées ;
$\bar{x} = 8,5$ journées.

Comme le graphique de la distribution des conventions collectives présente une asymétrie à droite et que $Mo = Md < \bar{x}$, la médiane devient la mesure de tendance centrale appropriée, soit 7 journées de maladie par année.

g) Puisque le coefficient de variation est de 29,41%, les données ne sont pas homogènes ($\bar{x} = 8,5$ journées et $s = 2,5$ journées).

h) 56,25 % des conventions collectives accordent moins de 10 journées de maladie par année aux employés.

i) 5 conventions collectives accordent plus de 12 journées de maladie par année aux employés.

j) $Z = \dfrac{12 - 8,5}{2,5} = 1,40$.

La cote Z d'une convention collective qui accorde 12 journées de maladie aux employés est de 1,40 écart type. Une telle convention collective se situe à 1,40 écart type au-dessus de la moyenne.

k) $-2,60 = \dfrac{x - 8,5}{2,5}$.

Une convention collective qui a une cote Z de $-2,60$ doit accorder 2 journées de maladie aux employés. Une telle situation est peu probable.

4.4

a) Le nombre de journées d'apprentissage autonome à la session d'hiver.

b) Tous les cégeps du Québec.

c) Un cégep du Québec.

d) $n = 36$.

e) **Répartition des cégeps en fonction du nombre de journées d'apprentissage autonome à la session d'hiver**

Nombre de journées d'apprentissage autonome	Nombre de cégeps	Pourcentage des cégeps	Pourcentage cumulé des cégeps
2	6	16,67	16,67
3	12	33,33	50,00
4	5	13,89	63,89
5	8	22,22	86,11
6	5	13,89	100,00
Total	36	100,00	

f) Le nombre modal de journées d'apprentissage autonome à la session d'hiver est de 3 journées. C'est le nombre de journées qui revient le plus souvent dans la distribution avec une proportion de 33,33 %.

g) Le nombre médian de journées d'apprentissage autonome à la session d'hiver est de 3,5 journées. Cela signifie qu'au moins 50 % des cégeps ont au plus 3,5 journées d'apprentissage autonome à la session d'hiver.

h) Le nombre moyen de journées d'apprentissage autonome à la session d'hiver est de 3,8 journées.

i) **Répartition des cégeps en fonction du nombre de journées d'apprentissage autonome à la session d'hiver**

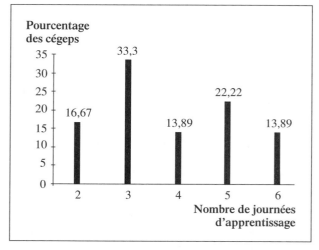

La distribution est relativement symétrique puisque le graphique de la distribution des cégeps présente une certaine forme de symétrie.

j) L'écart type est de 1,3 journée. La dispersion du nombre de journées d'apprentissage autonome à la session d'hiver correspond donc à un écart type de 1,3 journée.

$CV = 34{,}21$ %. Les données ne sont pas homogènes puisque le coefficient de variation est supérieur à 15 %.

k) Le pourcentage des cégeps qui a moins de 4 journées d'apprentissage autonome à la session d'hiver est de 50,00 %.

l) Un cégep doit avoir au moins 4 journées d'apprentissage autonome à la session d'hiver pour faire partie des 37 % des cégeps qui en ont le plus.

m) $Q_3 = 5$ journées d'apprentissage autonome à la session d'hiver. Au moins 75 % des cégeps ont au plus 5 journées d'apprentissage autonome à la session d'hiver.

n) $3{,}23 = \dfrac{x - 3{,}8}{1{,}3}$.

Pour avoir une cote Z de 3,23, il faudrait qu'un cégep ait 8 journées d'apprentissage autonome à la session hiver, ce qui semble très peu probable.

4.5

a) Le nombre de films vus au cours du mois d'août.
b) Tous les élèves d'un collège de la Rive-Sud.
c) Un élève d'un collège de la Rive-Sud.
d) $n = 120$.
e) **Répartition des élèves en fonction du nombre de films vus**

Nombre de films vus	Nombre d'élèves	Pourcentage des élèves	Pourcentage cumulé des élèves
0	13	10,83	10,83
1	21	17,50	28,33
2	30	25,00	53,33
3	18	15,00	68,33
4	16	13,33	81,66
5	16	13,33	94,99
6	6	5,00	100,00
Total	120	100,00	

f) **Répartition des élèves en fonction du nombre de films vus**

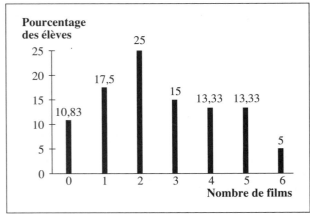

g) $Mo = 2$ films. C'est le nombre de films qui revient le plus souvent dans la distribution avec une proportion de 25 %.

h) $Md = 2$ films. Au moins 50 % des élèves ont vu au plus 2 films au cours du mois d'août.

i) $\bar{x} = 2{,}6$ films. En moyenne, les élèves ont donc vu 2,6 films au cours du mois d'août.

j) La distribution est asymétrique à droite puisque le graphique de la distribution montre une légère asymétrie à droite et que $Mo = Md < \bar{x}$.

k) $s = 1{,}7$ film. La dispersion du nombre de films vus au cours du mois d'août correspond à un écart type d'environ 1,7 film.
$CV = 65{,}38$ %. Les données sont très peu homogènes puisque le coefficient de variation est très élevé.

l) $C_{30} = 2$ films. Au moins 30 % des élèves ont vu au plus 2 films.
$D_6 = 3$ films. Au moins 60 % des élèves ont vu au plus 3 films.
$Q_3 = 4$ films. Au moins 75 % des élèves ont vu au plus 4 films.

m) $Z = \dfrac{3 - 2{,}6}{1{,}7} = 0{,}24$ écart type.
Un élève ayant vu 3 films se situe à 0,24 écart type au-dessus de la moyenne.

4.6

Attention, les données sont celles d'une population et non d'un échantillon.

a) Dans les deux cas la variable est le nombre d'enfants.

b) Toutes les familles biparentales au Québec.
Toutes les familles monoparentales au Québec.

c) La taille de la population des familles biparentales est de 961 255 familles.
La taille de la population des familles monoparentales est de 252 805 familles.

d) **Répartition des familles monoparentales et biparentales en fonction du nombre d'enfants**

	Familles monoparentales		
Nombre d'enfants	Nombre de familles	Pourcentage des familles	Pourcentage cumulé des familles
1	150 320	59,46	59,46
2	73 555	29,10	88,56
3	21 565	8,53	97,09
4	5 425	2,15	99,24
5	1 940	0,77	100,00
Total	252 805	100,00	

	Familles biparentales		
Nombre d'enfants	Nombre de familles	Pourcentage des familles	Pourcentage cumulé des familles
1	355 570	36,99	36,99
2	407 845	42,43	79,42
3	151 070	15,72	95,14
4	36 090	3,75	98,89
5	10 680	1,11	100,00
Total	961 255	100,00	

e) **Répartition des familles monoparentales et biparentales en fonction du nombre d'enfants**

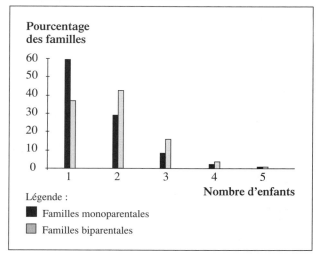

Légende :
■ Familles monoparentales
▨ Familles biparentales

f) $Mo = 1$ enfant chez les familles monoparentales.

C'est le nombre d'enfants qui revient le plus souvent chez les familles monoparentales avec une proportion de 59,46 %.

$Mo = 2$ enfants chez les familles biparentales.

C'est le nombre d'enfants qui revient le plus souvent chez les familles biparentales avec une proportion de 42,43 %.

g) $Md = 1$ enfant chez les familles monoparentales.

Au moins 50 % des familles monoparentales ont au plus 1 enfant.

$Md = 2$ enfants chez les familles biparentales.

Au moins 50 % des familles biparentales ont au plus 2 enfants.

h) $\mu = 1,6$ enfant chez les familles monoparentales.

En moyenne, une famille monoparentale a 1,6 enfant.

$\mu = 1,9$ enfant chez les familles biparentales.

En moyenne, une famille biparentale a 1,9 enfant.

i) La distribution est asymétrique à droite puisque le graphique de la distribution du nombre d'enfants des deux types de familles montre une asymétrie à droite.

j) $\sigma = 0,8$ enfant chez les familles monoparentales.

La dispersion du nombre d'enfants dans les familles monoparentales correspond à un écart type d'environ 0,8 enfant.

$CV = \dfrac{\sigma}{\mu} \cdot 100 = 50,00\%$ chez les familles monoparentales.

Les données sont très peu homogènes puisque le coefficient de variation est très élevé. La dispersion représente un pourcentage élevé par rapport à la valeur de la moyenne.

$\sigma = 0,9$ enfant chez les familles biparentales.

La dispersion du nombre d'enfants dans les familles biparentales correspond à un écart type d'environ 0,9 enfant.

$CV = \dfrac{\sigma}{\mu} \cdot 100 = 47,37\%$ chez les familles biparentales.

Les données sont très peu homogènes puisque le coefficient de variation est très élevé. La dispersion représente un pourcentage élevé par rapport à la valeur de la moyenne.

C'est dans le cas des familles biparentales que les données sont le plus homogènes, car le coefficient de variation des familles biparentales est inférieur au coefficient de variation des familles monoparentales.

k) $C_{80} = 2$ enfants chez les familles monoparentales.

Au moins 80 % des familles monoparentales ont au plus 2 enfants.

$C_{80} = 3$ enfants chez les familles biparentales.

Au moins 80 % des familles biparentales ont au plus 3 enfants.

$D_2 = 1$ enfant chez les familles monoparentales.

Au moins 20 % des familles monoparentales ont au plus 1 enfant.

$D_2 = 1$ enfant chez les familles biparentales.

Au moins 20 % des familles biparentales ont au plus 1 enfant.

$Q_1 = 1$ enfant chez les familles monoparentales.

Au moins 25 % des familles monoparentales ont au plus 1 enfant.

$Q_1 = 1$ enfant chez les familles biparentales.

Au moins 25 % des familles biparentales ont au plus 1 enfant.

l) $Z = \dfrac{4 - 1,9}{0,9} = 2,33$ écarts types.

Une famille biparentale ayant 4 enfants se situe à 2,33 écarts types au-dessus de la moyenne.

m) $3 = \dfrac{x - 1,6}{0,8}$.

Pour avoir une cote Z de 3, une famille monoparentale devrait avoir 4 enfants.

4.7

a) Le nombre de téléphones.

b) Tous les ménages québécois possédant au moins 1 téléphone.

c) Un ménage québécois possédant au moins 1 téléphone.

d) $n = 2\,490$.

e) **Répartition des ménages québécois possédant au moins 1 téléphone en fonction du nombre de téléphones**

Nombre de téléphones	Nombre de ménages	Pourcentage des ménages	Pourcentage cumulé des ménages
1	1 156	46,43	46,43
2	860	34,54	80,97
3	474	19,04	100,00
Total	2 490	100,00	

f) **Répartition des ménages québécois en fonction du nombre de téléphones**

g) $Mo = 1$ téléphone.

C'est le nombre de téléphones qui revient le plus souvent dans la distribution avec une proportion de 46,43 %.

h) $Md = 2$ téléphones.

Au moins 50 % des ménages québécois ont au plus 2 téléphones.

i) $\bar{x} = 1,7$ téléphone.

En moyenne, un ménage québécois a 1,7 téléphone.

j) La variable n'a que trois valeurs, il est difficile de parler d'asymétrie.

k) $s = 0,8$ téléphone.

La dispersion du nombre de téléphones dans les ménages québécois correspond donc à un écart type de 0,8 téléphone.

l) $CV = 47,06$ %.

Les données sont très peu homogènes puisque le coefficient de variation est très élevé. La dispersion représente un pourcentage élevé par rapport à la valeur de la moyenne.

m) $C_{40} = 1$ téléphone.

Au moins 40 % des ménages québécois ont au plus 1 téléphone.

$D_8 = 2$ téléphones.

Au moins 80 % des ménages québécois ont au plus 2 téléphones.

$Q_1 = 1$ téléphone.

Au moins 25 % des ménages québécois ont au plus 1 téléphone.

n) $Z = \dfrac{2 - \bar{x}}{s} = 0,38$ écart type.

Un ménage québécois ayant 2 téléphones se situe à 0,38 écart type au-dessus de la moyenne.

o) $2,88 = \dfrac{x - 1,7}{0,8}$.

Un ménage dont la cote Z est 2,88 devrait avoir 4 téléphones.

4.8

a) Le revenu annuel.

b) Toutes les femmes canadiennes nées entre 1946 et 1965 qui ont travaillé à temps plein toute l'année en 1990.

c) Une femme canadienne née entre 1946 et 1965 qui a travaillé à temps plein toute l'année en 1990.

d) Puisque l'échantillon contient 120 données, il est suggéré de faire 8 classes.

L'étendue des données est :

$39,6 - 9,6 = 30$ milliers de dollars.

La largeur des classes est :

$\dfrac{30}{8} = 3,75$ milliers de dollars ;

une largeur de 5 milliers de dollars pourrait être utilisée.

e) **Répartition des femmes canadiennes nées entre 1946 et 1965, ayant travaillé toute l'année à plein temps, en fonction de leur revenu annuel en 1990**

Revenu annuel (milliers de dollars)	Nombre de femmes canadiennes	Pourcentage des femmes canadiennes	Pourcentage cumulé des femmes canadiennes
[5 ; 10[	1	0,83	0,83
[10 ; 15[	6	5,00	5,83
[15 ; 20[	13	10,83	16,66
[20 ; 25[	33	27,50	44,16
[25 ; 30[	40	33,33	77,49
[30 ; 35[	19	15,83	93,32
[35 ; 40[	8	6,67	100,00
Total	120	100,00	

f) **Répartition des femmes canadiennes nées entre 1946 et 1965, ayant travaillé toute l'année à plein temps, en fonction de leur revenu annuel en 1990**

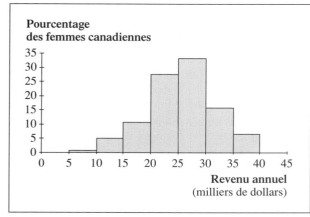

g) **Répartition des femmes canadiennes nées entre 1946 et 1965, ayant travaillé toute l'année à plein temps, en fonction de leur revenu annuel en 1990**

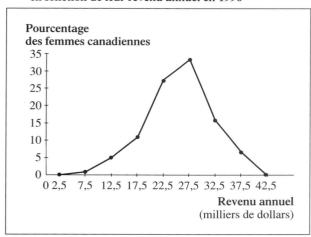

h) **Courbe des pourcentages cumulés des femmes canadiennes nées entre 1946 et 1965, ayant travaillé toute l'année à plein temps, en fonction de leur revenu annuel en 1990**

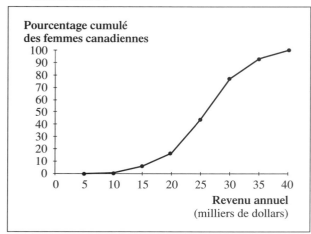

i) La classe modale est « De 25 000 $ à moins de 30 000 $ ». La classe de revenu annuel qui revient le plus souvent chez les femmes du *baby-boom*, ayant travaillé à plein temps toute l'année en 1990, est « De 25 000 $ à moins de 30 000 $ ».

Le mode brut est de 27 500 $. Le revenu annuel autour duquel il y a une plus grande concentration de données chez les femmes du *baby-boom*, ayant travaillé à plein temps toute l'année en 1990, est d'environ 27 500 $.

Le mode approximatif est de 26 249 $. Le revenu annuel autour duquel il y a une plus grande concentration de données chez les femmes du *baby-boom*, ayant travaillé à plein temps toute l'année en 1990, est d'environ 26 249 $.

j) La médiane est d'environ 25 876 $ (à l'aide de la courbe des pourcentages cumulés ou de la formule). Environ 50 % des femmes du *baby-boom*, ayant travaillé à plein temps toute l'année en 1990, ont eu un revenu annuel d'au plus 25 876 $.

k) La moyenne est d'environ 25 583 $. Le revenu annuel moyen des femmes du *baby-boom*, ayant travaillé à plein temps toute l'année en 1990, est d'environ 25 583 $.

l) Les trois mesures de tendance centrale (le mode, la médiane et la moyenne) ont des valeurs rapprochées, et le graphique montre une distribution symétrique. La moyenne serait la mesure de tendance centrale la plus appropriée.

m) L'écart type est d'environ 6 291 $. La dispersion du revenu annuel des femmes du *baby-boom*, ayant travaillé à plein temps toute l'année en 1990, donne un écart type d'environ 6 291 $.

n) Le coefficient de variation est de 24,59 %. La distribution du revenu annuel des femmes du *baby-boom*, ayant travaillé à plein temps toute l'année en 1990, n'est pas homogène puisque le coefficient est supérieur à 15 %.

o) C_{60} est d'environ 27 376 $ (à l'aide de la courbe des pourcentages cumulés ou de la formule). Environ 60 % des femmes du *baby-boom*, ayant travaillé à plein temps toute l'année en 1990, ont eu un revenu annuel d'au plus 27 376 $.

Q_1 est d'environ 21 516 $ (à l'aide de la courbe des pourcentages cumulés ou de la formule). Environ 25 % des femmes du *baby-boom*, ayant travaillé à plein temps toute l'année en 1990, ont eu un revenu annuel d'au plus 21 516 $.

Q_3 est d'environ 29 626 $ (à l'aide de la courbe des pourcentages cumulés ou de la formule). Environ 75 % des femmes du *baby-boom*, ayant travaillé à plein temps toute l'année en 1990, ont eu un revenu annuel d'au plus 29 626 $.

p) $Z = \dfrac{32\,769 - \bar{x}}{s} = 1,14$. La cote Z de 32 769 $ est de 1,14. Une femme du *baby-boom*, ayant travaillé à plein temps toute l'année en 1990, dont le revenu annuel est de 32 769 $, se situe à 1,14 écart type au-dessus du revenu annuel moyen de ces femmes.

q) $Z = \dfrac{12\,547 - \bar{x}}{s} = -2,07$. La cote Z de 12 547 $ est de $-2,07$. Une femme du *baby-boom*, ayant travaillé à plein temps toute l'année en 1990, dont le revenu annuel est 12 547 $, se situe à 2,07 écarts types au-dessous du revenu annuel moyen de ces femmes.

4.9

Attention, les données sont celles d'une population et non d'un échantillon.
a) L'âge.
b) Tous les Québécois et Québécoises âgés de 65 ans et plus.
c) Un Québécois ou une Québécoise âgé de 65 ans et plus.
d) **Répartition des Québécois et des Québécoises « âgés » en fonction de leur âge**

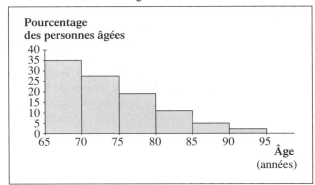

e) La classe modale est « De 65 ans à moins de 70 ans ». La classe d'âge qui revient le plus souvent est « De 65 ans à moins de 70 ans ».

Le mode brut est de 67,5 ans. L'âge autour duquel il y a une plus grande concentration de données est d'environ 67,5 ans.

Le mode approximatif est de 69,1 ans. L'âge autour duquel il y a une plus grande concentration de données est d'environ 69,1 ans.

f) La médiane est d'environ 72,7 ans (valeur trouvée à l'aide de la courbe des pourcentages cumulés ou de la formule).

Environ 50 % des Québécois et des Québécoises « âgés » ont au plus 72,7 ans.

g) La moyenne μ est d'environ 74,0 ans. L'âge moyen des Québécois de 65 ans et plus est d'environ 74,0 ans.

h) Dans la distribution, $Mo < Md < \mu$, et le graphique montre une asymétrie à droite. La médiane serait la mesure de tendance centrale la plus appropriée.

i) L'écart type σ est d'environ 6,5 ans. La distribution des âges a une dispersion dont l'écart type est d'environ 6,5 ans.

j) Le coefficient de variation est de 8,78 %. Dans cette distribution, les données sont homogènes puisque le coefficient de variation est inférieur à 15 %.

k) C_{30} est d'environ 69,3 ans (valeur trouvée à l'aide de la courbe des pourcentages cumulés ou de la formule). Environ 30 % des Québécois et des Québécoises « âgés » ont au plus 69,3 ans.

D_6 est d'environ 74,5 ans (valeur trouvée à l'aide de la courbe des pourcentages cumulés ou de la formule). Environ 60 % des Québécois et des Québécoises « âgés » ont au plus 74,5 ans.

Q_3 est d'environ 78,2 ans (valeur trouvée à l'aide de la courbe des pourcentages cumulés ou de la formule). Environ 75 % des Québécois et des Québécoises « âgés » ont au plus 78,2 ans.

l) $Z = \dfrac{73 - \mu}{\sigma} = -0,15$. La cote Z d'une personne québécoise âgée de 73 ans est de $-0,15$ écart type. Une personne québécoise âgée de 73 ans se situe donc à 0,15 écart type au-dessous de la moyenne.

m) Le pourcentage de variation est de :
$$\dfrac{6,3\,\% - 3,7\,\%}{3,7\,\%} \cdot 100 = 70,27\,\%.$$
Il y aura une augmentation de 70,27 % de la proportion de personnes de 75 ans et plus entre 1986 et 2006.

n) 303 500 personnes.
o) 18,32 %.

4.10

Attention, les données sont celles d'un population et non d'un échantillon.
a) L'âge du parent d'une famille monoparentale.
b) Toutes les familles monoparentales de type père seul au Canada en 1990.

Toutes les familles monoparentales de type mère seule au Canada en 1990.

c) Une famille monoparentale de type père seul au Canada en 1990.

Une famille monoparentale de type mère seule au Canada en 1990.

d) **Répartition des parents seuls en fonction de leur âge**

Âge du parent seul	Pourcentage des hommes seuls	Pourcentage cumulé des hommes seuls	Pourcentage des femmes seules	Pourcentage cumulé des femmes seules
De 15 à 25 ans	1	1	6	6
De 25 à 35 ans	13	14	24	30
De 35 à 45 ans	31	45	30	60
De 45 à 55 ans	27	72	17	77
De 55 à 65 ans	14	86	11	88
De 65 à 75 ans	14	100	12	100
Total	100		100	

e) Pour la distribution des hommes, la classe modale est « De 35 à 45 ans », le mode brut est de 40 ans et le mode approximatif est de 43,2 ans.

   C'est l'âge autour duquel il y a une plus grande concentration de données dans la distribution des parents seuls de sexe masculin.

   Pour la distribution des femmes, la classe modale est « De 35 à 45 ans », le mode brut est de 40 ans et le mode approximatif est de 38,2 ans.

   C'est l'âge autour duquel il y a une plus grande concentration de données dans la distribution des parents seuls de sexe féminin.

f) Pour la distribution des hommes, Md est d'environ 46,9 ans.

   Environ 50 % des parents seuls de sexe masculin sont âgés d'au plus 46,9 ans.

   Pour la distribution des femmes, Md est d'environ 41,7 ans.

   Environ 50 % des parents seuls de sexe féminin sont âgés d'au plus 41,7 ans.

g) Pour la distribution des hommes, μ est d'environ 48,2 ans.

   L'âge moyen des parents seuls de sexe masculin est de 48,2 ans.

   Pour la distribution des femmes, μ est d'environ 43,9 ans.

   L'âge moyen des parents seuls de sexe féminin est de 43,9 ans.

h) Dans la distribution des hommes, $Mo < Md < \mu$, et le graphique montre une asymétrie à droite. La médiane serait la mesure de tendance centrale la plus appropriée.

   Dans la distribution des femmes, $Mo < Md < \mu$, et le graphique montre une asymétrie à droite. La médiane serait la mesure de tendance centrale la plus appropriée.

i) Dans la distribution des hommes, σ est d'environ 12,6 ans. La dispersion de l'âge des parents seuls de sexe masculin donne un écart type d'environ 12,6 ans.

   Dans la distribution des femmes, σ est d'environ 14,2 ans. La dispersion de l'âge des parents seuls de sexe féminin donne un écart type d'environ 14,2 ans.

j) $CV = 26,14 \%$. Dans la distribution des hommes, les données sont peu homogènes puisque le coefficient de variation est supérieur à 15 %.

   $CV = 32,35 \%$. Dans la distribution des femmes, les données sont peu homogènes puisque le coefficient de variation est supérieur à 15 %.

k) **Pour la distribution des hommes**

   C_{40} est d'environ 43,4 ans. Environ 40 % des parents seuls de sexe masculin sont âgés d'au plus 43,4 ans.

   D_8 est d'environ 60,7 ans. Environ 80 % des parents seuls de sexe masculin sont âgés d'au plus 60,7 ans.

   Q_1 est d'environ 38,5 ans. Environ 25 % des parents seuls de sexe masculin sont âgés d'au plus 38,5 ans.

   Pour la distribution des femmes

   C_{40} est d'environ 38,3 ans. Environ 40 % des parents seuls de sexe féminin sont âgés d'au plus 38,3 ans.

   D_8 est d'environ 57,7 ans. Environ 80 % des parents seuls de sexe féminin sont âgés d'au plus 57,7 ans.

   Q_1 est d'environ 32,9 ans. Environ 25 % des parents seuls de sexe féminin sont âgés d'au plus 32,9 ans.

l) $Z = \dfrac{27 - \mu}{\sigma} = -1,68$ écart type.

   Un parent seul de sexe masculin âgé de 27 ans se situe à 1,68 écart type au-dessous de l'âge moyen des parents seuls de sexe masculin.

m) $Z = \dfrac{32 - \mu}{\sigma} = -0,84$ écart type.

   Un parent seul de sexe féminin âgé de 32 ans se situe à 0,84 écart type au-dessous de l'âge moyen des parents seuls de sexe féminin.

4.11

a) Le revenu du ménage.

b) Tous les ménages locataires ayant de la difficulté à payer leur loyer.

c) Un ménage locataire ayant de la difficulté à payer son loyer.

d) **Répartition des ménages locataires ayant de la difficulté à payer leur loyer en fonction de leur revenu**

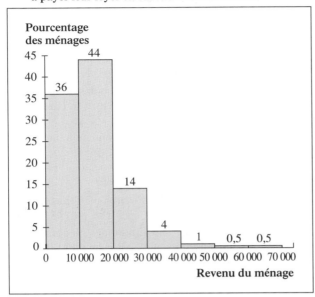

e) La classe modale est « De 10 000 $ à moins de 20 000 $ ». La classe de revenu qui contient le plus de ménages locataires ayant de la difficulté à payer leur loyer est « De 10 000 $ à moins de 20 000 $ ».

Le mode brut est de 15 000 $. Le revenu autour duquel il y a une plus grande concentration de données est d'environ 15 000 $.

Le mode approximatif est de 12 105 $. Le revenu autour duquel il y a une plus grande concentration de données est d'environ 12 105 $.

f) **Courbe des pourcentages cumulés pour les ménages locataires ayant de la difficulté à payer leur loyer en fonction du revenu du ménage**

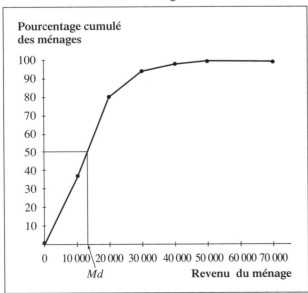

La médiane est d'environ 13 182 $ (cette valeur a été trouvée à l'aide de la courbe des pourcentages cumulés ou de la formule). Environ 50 % des ménages locataires ayant de la difficulté à payer leur loyer ont un revenu d'au plus 13 182 $.

g) Le revenu moyen des ménages locataires ayant de la difficulté à payer leur loyer est d'environ 14 350 $.

h) L'écart type est d'environ 9 737,94 $. La dispersion des revenus des ménages locataires ayant de la difficulté à payer leur loyer donne un écart type d'environ 9 737,94 $.

i) Le coefficient de variation est de 67,86 %. Les revenus de cette distribution ne sont pas homogènes, puisque le coefficient est supérieur à 15 %.

j) Q_1 est d'environ 6 944 $ (cette valeur a été trouvée à l'aide de la courbe des pourcentages cumulés ou de la formule). Environ 25 % des ménages locataires ayant de la difficulté à payer leur loyer ont un revenu d'au plus 6 944 $.

Q_3 est d'environ 18 864 $ (cette valeur a été trouvée à l'aide de la courbe des pourcentages cumulés ou de la formule). Environ 75 % des ménages locataires ayant de la difficulté à payer leur loyer ont un revenu d'au plus 18 864 $.

4.12

a) Le montant dépensé pour l'achat de jeux électroniques.

b) Tous les jeunes Montréalais âgés de 15 à moins de 20 ans.

c) Un jeune Montréalais âgé de 15 à moins de 20 ans.

d) **Répartition des jeunes Montréalais âgés de 15 à moins de 20 ans en fonction du montant dépensé pour l'achat de jeux électroniques au cours des 12 derniers mois**

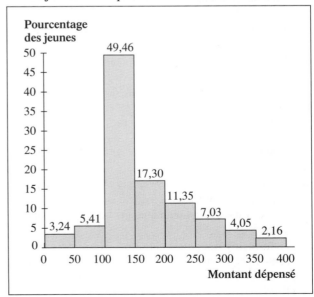

e) La classe modale est « De 100 $ à moins de 150 $ ».
La classe du montant dépensé au cours des 12 derniers mois qui revient le plus souvent est « De 100 $ à moins de 150 $ ».

Le mode brut est de 125 $. Le montant dépensé au cours des 12 derniers mois autour duquel il y a une plus grande concentration de données est d'environ 125 $.

Le mode approximatif est de 128,90 $. Le montant dépensé au cours des 12 derniers mois autour duquel il y a une plus grande concentration de données est d'environ 128,90 $.

f) **Courbe des pourcentages cumulés pour les jeunes Montréalais âgés de 15 à moins de 20 ans en fonction du montant dépensé pour l'achat de jeux électroniques au cours des 12 derniers mois**

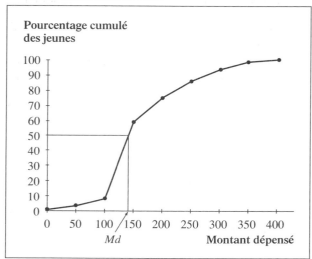

La médiane est d'environ 141,80 $ (cette valeur a été trouvée à l'aide de la courbe des pourcentages cumulés ou de la formule). Environ 50 % des jeunes Montréalais âgés de 15 à moins de 20 ans ont dépensé au plus 141,80 $ pour l'achat de jeux électroniques au cours des 12 derniers mois.

g) Le montant moyen dépensé par les jeunes âgés de 15 à moins de 20 ans pour l'achat de jeux électroniques au cours des 12 derniers mois est d'environ 163,11 $.

h) L'écart type est d'environ 71,71 $. La dispersion du montant dépensé donne un écart type d'environ 71,71 $.

i) Le coefficient de variation est de 43,96 %. Les montants dépensés de cette distribution ne sont pas homogènes, puisque le coefficient est supérieur à 15 %.

j) Q_1 est d'environ 116,53 $ (cette valeur a été trouvée à l'aide de la courbe des pourcentages cumulés ou de la formule). Environ 25 % des jeunes Montréalais âgés de 15 à moins de 20 ans dépensent au plus 116,53 $ pour l'achat de jeux électroniques au cours des 12 derniers mois.

C_{80} est d'environ 220,22 $ (cette valeur a été trouvée à l'aide de la courbe des pourcentages cumulés ou de la formule). Environ 80 % des jeunes Montréalais âgés de 15 à moins de 20 ans dépensent au plus 220,22 $ pour l'achat de jeux électroniques au cours des 12 derniers mois.

4.13

a) La taille du cabinet.

b) Tous les cabinets d'avocats au Québec.

c) Un cabinet d'avocats au Québec.

d) Le pourcentage de variation est :
$$\frac{15\ 049 - 13\ 748}{13\ 748} \cdot 100 = 9,46\ \%.$$
Au Québec, le nombre de membres du Barreau a augmenté de 9,46 % entre 1991 et 1993.

e) Le pourcentage d'augmentation est :
$$\frac{9\ 137 - 8\ 000}{8\ 000} \cdot 100 = 14,21\ \%.$$
Au Québec, le nombre d'avocats de pratique privée a augmenté de 14,21 % entre 1991 et 1993.

f) La moyenne est de 13,3 avocats. Au Québec, le nombre moyen d'avocats par cabinet est de 13,3.

g) La médiane est de 6,6 avocats. Au Québec, environ 50 % des cabinets d'avocats ont une taille d'au moins 6,6 avocats.

Chapitre 5

5.1

a) Le niveau de scolarité.

b) Variable qualitative.

c) Échelle ordinale ; il existe une relation d'ordre entre les modalités de la variable.

d) Tous les Canadiens francophones, anglophones et allophones.

e) Un Canadien francophone, anglophone ou allophone.

f) Répartition des Canadiens en fonction de leur langue et de leur niveau de scolarité

Niveau de scolarité	Anglophones		Francophones		Allophones	
	Pourcentage des anglophones	Pourcentage cumulé des anglophones	Pourcentage des francophones	Pourcentage cumulé des francophones	Pourcentage des allophones	Pourcentage cumulé des allophones
A	11	11	24	24	32	32
B	44	55	36	60	28	60
C	35	90	32	92	29	89
D	10	100	8	100	11	100
Total	100		100		100	

g) Il est possible d'évaluer le mode et la médiane.

Chez les anglophones

Mo = Études secondaires partielles ou complètes.

C'est le niveau de scolarité le plus élevé atteint qui revient le plus souvent chez les anglophones avec une proportion de 44 %.

Md = Études secondaires partielles ou complètes.

Au moins 50 % des anglophones ont au plus, comme niveau de scolarité le plus élevé atteint, des études secondaires partielles ou complètes.

Chez les francophones

Mo = Études secondaires partielles ou complètes.

C'est le niveau de scolarité le plus élevé atteint qui revient le plus souvent chez les francophones avec une proportion de 36 %.

Md = Études secondaires partielles ou complètes.

Au moins 50 % des francophones ont au plus, comme niveau de scolarité le plus élevé atteint, des études secondaires partielles ou complètes.

Chez les allophones

Mo = Moins d'une neuvième année.

C'est le niveau de scolarité le plus élevé atteint qui revient le plus souvent chez les allophones avec une proportion de 32 %.

Md = Études secondaires partielles ou complètes.

Au moins 50 % des allophones ont au plus, comme niveau de scolarité le plus élevé atteint, des études secondaires partielles ou complètes.

5.2

a) L'opinion face à l'adoption d'un système de classification des services médicaux.

b) Variable qualitative.

c) Échelle ordinale ; il existe une relation d'ordre entre les modalités de la variable.

d) Tous les Canadiens âgés de 18 ans et plus.

e) Un Canadien âgé de 18 ans et plus.

f) 1 401 Canadiens âgés de 18 ans et plus.

g) Les deux formes de graphiques suivantes sont valables :

Répartition des Canadiens en fonction de leur opinion face à l'adoption d'un système de classification des services médicaux

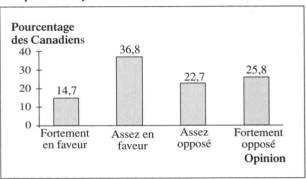

Répartition des Canadiens en fonction de leur opinion face à l'adoption d'un système de classification des services médicaux

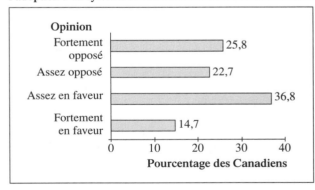

h) Il est possible d'évaluer le mode et la médiane.

Mo = Assez en faveur.

C'est l'opinion qui revient le plus souvent dans la distribution avec une proportion de 36,8 %.

Md = Assez en faveur.

Au moins 50 % des Canadiens âgés de 18 ans et plus sont en faveur de l'adoption d'un système de classification des services médicaux.

i) Méthode d'échantillonnage aléatoire simple.

C'est une méthode aléatoire, car le principe voulant que chaque Canadien âgé de 18 ans et plus a une chance égale d'être choisi au hasard est respecté.

5.3

a) L'opinion face aux juges.

b) Variable qualitative.

c) Échelle ordinale ; il existe une relation d'ordre entre les modalités de la variable.

d) Tous les Québécois ayant connu l'expérience des tribunaux.

e) Un Québécois ayant connu l'expérience des tribunaux.

f) 1 003 Québécois ayant connu l'expérience des tribunaux.

g) Les deux formes de graphiques suivantes sont valables :

Répartition des Québécois ayant connu l'expérience des tribunaux en fonction de leur opinion face aux juges

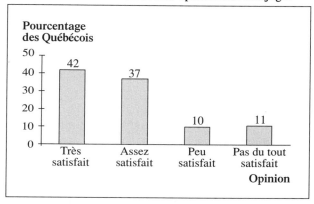

Répartition des Québécois ayant connu l'expérience des tribunaux en fonction de leur opinion face aux juges

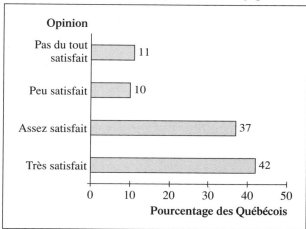

h) Il est possible d'évaluer le mode et la médiane.

Mo = Très satisfait.

C'est l'opinion des Québécois ayant connu l'expérience des tribunaux qui revient le plus souvent dans la distribution avec une proportion de 42 %.

Md = Assez satisfait.

Au moins 50 % des Québécois ayant connu l'expérience des tribunaux se disent très satisfaits ou assez satisfaits des juges.

5.4

a) L'opinion au sujet de la réforme de l'Assurance-chômage.

b) Variable qualitative.

c) Échelle ordinale; il existe une relation d'ordre entre les modalités de la variable.

d) 1 012 Québécois.

e) **Répartition des Québécois en fonction de leur opinion au sujet de la réforme de l'Assurance-chômage**

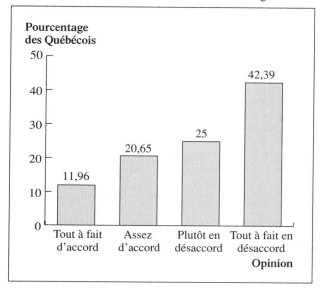

Répartition des Québécois en fonction de leur opinion au sujet de la réforme de l'Assurance-chômage

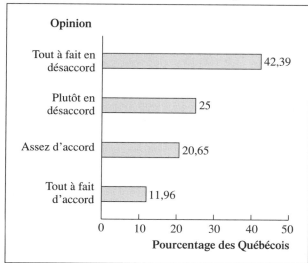

f) Il est possible d'évaluer le mode et la médiane.

Mo = Tout à fait en désaccord.

C'est l'opinion des Québécois au sujet de la réforme de l'Assurance-chômage qui revient le plus souvent dans la distribution avec une proportion de 42,39 %.

Md = Plutôt en désaccord.

Au moins 50 % des Québécois sont tout à fait d'accord, assez d'accord ou plutôt en désaccord avec la réforme de l'Assurance-chômage.

5.5

a) Le degré de difficulté pour ce qui est de consacrer 2 à 3 heures par semaine à des activités physiques au cours de la prochaine année.

b) Variable qualitative.

c) Échelle ordinale ; il existe une relation d'ordre entre les modalités de la variable.

d) Tous les élèves du collège.

e) Un élève du collège.

f) 130 élèves du collège.

g) **Répartition des élèves du collège en fonction de leur degré de difficulté pour ce qui est de consacrer 2 à 3 heures par semaine à des activités physiques**

Degré de difficulté	Nombre d'élèves	Pourcentage des élèves	Pourcentage cumulé des élèves
Très facile	49	37,69	37,69
Assez facile	35	26,92	64,61
Ni facile ni difficile	21	16,15	80,76
Assez difficile	19	14,62	95,38
Très difficile	6	4,62	100,00
Total	130	100,00	

h) Les deux formes de graphiques suivantes sont valables :

Répartition des élèves du collège en fonction de leur degré de difficulté pour ce qui est de consacrer 2 à 3 heures par semaine à des activités physiques

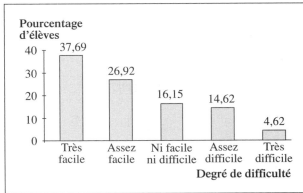

Répartition des élèves du collège en fonction de leur degré de difficulté pour ce qui est de consacrer 2 à 3 heures par semaine à des activités physiques

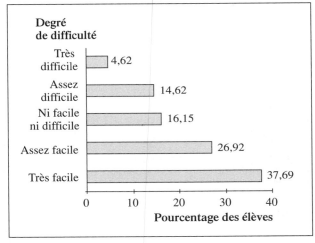

i) Il est possible d'évaluer le mode et la médiane.

Mo = Très facile.

C'est le degré de difficulté des élèves qui revient le plus souvent dans la distribution avec une proportion de 37,69 %.

Md = Assez facile.

Au moins 50 % des élèves trouvent très facile ou assez facile de consacrer 2 à 3 heures par semaine à des activités physiques au cours de la prochaine année.

5.6

a) La catégorie d'acheteurs.

b) Variable qualitative.

c) Échelle nominale.

d) Tous les billets pour le XXIXe Super Bowl.

e) Un billet pour le XXIXe Super Bowl.

f) **Répartition des billets en fonction de la catégorie d'acheteurs**

Catégorie d'acheteurs	Pourcentage des billets
Équipe hôtesse	10,0
Personnel de la ligue	25,0
Équipe Chargers	17,5
Équipe 49ers	17,5
Autres équipes	30,0
Total	100,0

g) Le mode est la seule mesure de tendance centrale qu'il est possible d'évaluer.

Mo = Autres équipes.

C'est la catégorie d'acheteurs qui revient le plus souvent avec une proportion de 30 %.

5.7

a) Dans chacune des distributions (1981 et 1991), la variable est le type de famille.

b) Variable qualitative.

c) Échelle nominale.

d) Tous les enfants pauvres.

e) Un enfant pauvre.

f) **Répartition des enfants pauvres en fonction du type de famille**

Type de famille	Pourcentage des enfants pauvres 1981	Pourcentage des enfants pauvres 1991
Les deux parents	62	54
Une mère seule	33	41
Une autre personne	5	5
Total	100	100

g) Le mode est la seule mesure de tendance centrale qu'il est possible d'évaluer.

Mo = Les deux parents.

C'est le type de famille qui revient le plus souvent dans la distribution avec une proportion de 62 % en 1981 et une proportion de 54 % en 1991.

5.8

a) Le type de poste.

b) Variable qualitative.

c) Échelle nominale.

d) Tous les postes vacants.

e) Un poste vacant.

f) **Répartition des postes vacants en fonction du type de poste**

Type de poste	Pourcentage des postes vacants
Travailleurs de la production	24
Travailleurs de la vente et des services	48
Professionnels de la gestion et cadres administratifs	6
Personnel de bureau	5
Professionnels et techniciens	17
Total	100

g) Le mode est la seule mesure de tendance centrale qu'il est possible d'évaluer.

Mo = Travailleurs de la vente et des services.

C'est le type de poste qui revient le plus souvent parmi les postes vacants avec une proportion de 48 %.

5.9

a) L'opinion au sujet des contraintes qui empêchent les jeunes couples d'avoir des enfants.

b) Variable qualitative.

c) Échelle nominale. Il n'y a pas de relation d'ordre entre les modalités de la variable.

d) Tous les Québécois en âge de répondre.

e) Un Québécois en âge de répondre.

f) **Répartition des Québécois en fonction de leur opinion**

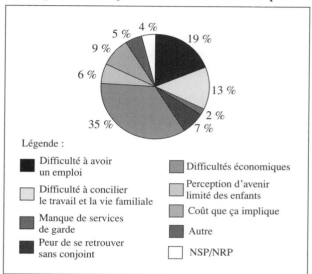

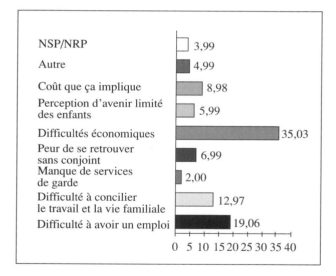

g) Le mode est la seule mesure de tendance centrale qu'il est possible d'évaluer.

Mo = Difficultés économiques.

C'est la contrainte qui revient le plus souvent, avec une proportion de 35,03 %.

Chapitre 6

6.1

a) 42,9 % des hommes âgés de 45 à 64 ans, en 1987, ont pris au moins un médicament dans les deux jours précédant l'enquête.

b) 80,6 % des personnes âgées de 65 ans et plus, en 1992-1993, ont pris au moins un médicament dans les deux jours précédant l'enquête.

c) 54,7 % des femmes, en 1987, ont pris au moins un médicament dans les deux jours précédant l'enquête.

d) Parmi les hommes âgés entre 15 et 24 ans en 1992-1993, 28,7 % ont pris au moins un médicament au cours des deux jours ayant précédé l'enquête.

e) Parmi les personnes âgées entre 25 et 44 ans en 1992-1993, 46,4 % ont pris au moins un médicament au cours des deux jours ayant précédé l'enquête.

f) Parmi les femmes, 61,4 % ont pris au moins un médicament au cours des deux jours ayant précédé l'enquête en 1992-1993.

6.2

a) La variable étudiée est la suivante : les éléments de rémunération des cadres supérieurs. Les modalités sont :
   – Salaire de base ;
   – Avantages sociaux ;
   – Intéressement à long terme ;
   – Prime annuelle.

b) La variable est qualitative.

c) Cette variable est étudiée selon une échelle nominale.

d) Les entreprises aux États-Unis et les entreprises au Canada.

e) Aux États-Unis, la prime annuelle représente 18 % du salaire des cadres supérieurs, tandis qu'au Canada elle ne représente que 15 %.

f) **Répartition des entreprises au Canada et aux États-Unis en fonction des éléments de rémunération des cadres supérieurs**

Éléments de rémunération	Pourcentage au Canada	Pourcentage aux États-Unis
Salaire de base	55	35
Avantages sociaux-gratifications	17	12
Intéressement à long terme	13	35
Prime annuelle	15	18
Total	100	100

6.3

a) La population étudiée est la suivante : tous les foyers canadiens.

b) L'unité statistique est un foyer canadien.

c) 23,3 % des foyers canadiens de l'échantillon possèdent un ordinateur.

d) 33,2 % de 38 000 = 12 616 foyers canadiens de l'échantillon possèdent un lecteur de DC.

e) La somme ne donne pas 100 % parce qu'un foyer donné peut posséder plus d'un appareil domestique. Ainsi, le même foyer peut être compilé plusieurs fois.

6.4

a) 27 % des individus dont la langue maternelle est le français pensent que le droit de grève est un moyen de pression efficace.

b) 58 % de 225 = 131 personnes. Environ 131 personnes dont l'âge est entre 25 et 34 ans croient que le droit de grève n'est pas un moyen de pression efficace.

c) Le plus haut pourcentage de gens qui croient que le droit de grève est un moyen de pression efficace se trouve chez ceux dont la scolarité est entre 13 et 15 ans.

d) Chez les 18 à 24 ans : 42 % de 122 = 51 personnes âgées entre 18 et 24 ans, qui ne croient pas que le droit de grève est un moyen de pression efficace.
   Chez les 25 à 34 ans : 58 % de 225 = 131 personnes âgées entre 25 et 34 ans, qui ne croient pas que le droit de grève est un moyen de pression efficace.
   Chez les 35 à 44 ans : 67 % de 263 = 176 personnes âgées entre 35 et 44 ans, qui ne croient pas que le droit de grève est un moyen de pression efficace.
   Chez les 45 à 54 ans : 66 % de 187 = 123 personnes âgées entre 45 et 54 ans, qui ne croient pas que le droit de grève est un moyen de pression efficace.
   Chez les 55 à 64 ans : 72 % de 84 = 60 personnes âgées entre 55 et 64 ans, qui ne croient pas que le droit de grève est un moyen de pression efficace.
   Chez les 65 et plus : 75 % de 118 = 89 personnes âgées de 65 ans et plus, qui ne croient pas que le droit de grève est un moyen de pression efficace.
   Ainsi, c'est dans la catégorie des 18 à 24 ans qu'on trouve le plus petit nombre de personnes qui ne croient pas que le droit de grève est un moyen de pression efficace.

6.5

a) 16,9 % correspond à la part de marché de la crème glacée au chocolat.

b) Il y a eu une augmentation de 5 % des friandises glacées en 1993 par rapport à 1992.

c) 46,9 % de 381 millions = 178 689 000 $.

6.6

a) Il y a 20 ans, en Asie du Sud, 25 % des femmes actives occupaient un emploi.

b) 35 % des illettrés dans le monde sont de sexe masculin.

6.7

a) Environ 50 % des mères de familles monoparentales occupaient un emploi en 1991.

b) En 1993, le taux d'emploi féminin chez les 45 à 54 ans est de 71,8 %.

c) Une série présente l'évolution entre 1981 et 1993 du pourcentage de mères de familles traditionnelles qui ont un emploi, et l'autre série présente l'évolution entre 1981 et 1993 du pourcentage de mères de familles monoparentales qui ont un emploi.

6.8

a) Dans le groupe d'âge de 35 à 44 ans, 66 % des personnes savaient faire fonctionner un ordinateur en 1994.

b) Il est impossible de calculer le revenu moyen des personnes sachant faire fonctionner un ordinateur en 1994, puisque le nombre (ou le pourcentage) de personnes dans chacune des catégories est inconnu.

c) 17 % des personnes qui se servaient d'un ordinateur en 1994 l'utilisaient pour Internet et les services en direct.

6.9

a) Toutes les PME du Québec.

b) Une PME du Québec.

c) $\dfrac{300}{27\,000} \cdot 100 = 1,11\,\%$ des PME du Québec ont participé à ce sondage.

d) 94 % des 194 entreprises réservent une partie du budget marketing pour la publicité.

e) 20 % des PME utilisent les services d'un consultant extérieur pour la promotion de leurs produits.

f) 78 % des 194 = 151. Environ 151 entreprises réservent une partie du budget marketing pour les commandites.

6.10

a) En 1981, 23 % des femmes du pré-*baby-boom* avaient un conjoint dont le revenu se situait entre 30 000 $ et 39 999 $.

b) En 1991, 9 % des femmes du pré-*baby-boom* détenaient un diplôme universitaire.

c) En 1981, la majorité (82 %) des femmes du pré-*baby-boom* étaient mariées.

d) En 1981, le taux d'activité des femmes du pré-*baby-boom* ayant 2 enfants était de 64 %.

6.11

a) La contribution moyenne des femmes de la première vague du *baby-boom* au revenu familial situé entre 40 000 $ et 49 999 $ est d'environ 31 %.

b) La contribution moyenne des femmes au revenu familial est plus importante chez les femmes appartenant à la deuxième vague du *baby-boom*.

6.12

a) Tous les hommes canadiens âgés de 15 à 24 ans et toutes les femmes canadiennes âgées de 15 à 24 ans en 1990.

b) Le revenu moyen des hommes de 21 ans en 1990 était d'environ 12 500 $.

c) Le revenu moyen des femmes de 23 ans en 1990 était d'environ 13 500 $.

d) Le revenu moyen des hommes est toujours supérieur à celui des femmes en 1990 chez les 15 à 24 ans, âge par âge.

6.13

a) Il y a eu une diminution de 16,1 % du nombre de jeunes de 15 à 19 ans dans la population active au Canada entre 1981 et 1986.

b) En 1991, il y avait 904 370 jeunes de 15 à 19 ans dans la population active au Canada.

c) En 1986, il y avait 905 725 femmes de 20 à 24 ans dans la population active au Canada.

d) Il y a eu une diminution de 9,8 % du nombre d'hommes de 15 à 24 ans dans la population active au Canada entre 1986 et 1991.

6.14

a) La variable est l'opinion des médecins au Canada, aux États-Unis, en France et au Royaume-Uni face à la pratique dans le régime public de soins de santé.

b) Les trois modalités sont :
 – D'accord ;
 – En désaccord ;
 – Ne savent pas.

c) Les choix de réponse sont exhaustifs.

d) Les choix de réponse sont exclusifs.

e) 32,9 % des médecins au Canada sont en désaccord avec le fait de pratiquer dans le régime public de soins de santé.

f) Au Canada, les médecins consacrent en moyenne 20,6 minutes à chaque patient.

g) La variable est le revenu net des médecins en dollars canadiens.

h) Les choix de réponse sont :
 – Moins de 100 000 $;
 – De 100 000 $ à moins de 175 000 $;
 – De 175 000 $ à moins de 250 000 $;
 – De 250 000 $ à moins de 325 000 $;
 – 325 000 $ et plus ;
 – Sans réponse.

i) Les choix de réponse sont exhaustifs.

j) Les choix de réponse sont exclusifs.

k) 25,4 % des médecins ont un revenu net inférieur à 100 000 $.

6.15

a) La population est tous les humains qui vivent dans la pauvreté absolue.

b) La variable est la région où vivent les humains dans la pauvreté absolue.

c) Variable qualitative.

d) Échelle nominale.

e) Les modalités de cette variable sont exhaustives et exclusives puisque le total des pourcentages donne 100 %.

f) 14 % des humains vivant dans la pauvreté absolue habitent en Amérique latine et dans les Caraïbes.

g) 23 % de 1,3 milliard = 299 000 000 d'humains vivant dans la pauvreté absolue en Afrique sub-saharienne.

h) La somme des pourcentages ne donne pas 100 %, puisque chaque région est considérée comme un tout.

i) 35 % des habitants de l'Asie du Sud-Est vivent dans la pauvreté absolue.

Chapitre 7

7.1

a) L'expérience aléatoire consiste à lancer deux dés.

b) $\Omega = \{(1, 1), (1, 2), (1, 3), (1, 4), (1, 5), (1, 6), (2, 1),$ $(2, 2), (2, 3), (2, 4), (2, 5), (2, 6), (3, 1), (3, 2),$ $(3, 3), (3, 4), (3, 5), (3, 6), (4, 1), (4, 2), (4, 3),$ $(4, 4), (4, 5), (4, 6), (5, 1), (5, 2), (5, 3), (5, 4),$ $(5, 5), (5, 6), (6, 1), (6, 2), (6, 3), (6, 4), (6, 5),$ $(6, 6)\}.$

Il y a 36 résultats possibles.

7.2

a) L'expérience aléatoire consiste à choisir au hasard une personne parmi celles qui ont été interrogées au cours du sondage.

b) L'espace échantillonnal est composé de l'ensemble des personnes qui ont été interrogées au cours du sondage.

c) Il n'est pas certain que Maude sera la personne sélectionnée, c'est le hasard qui décidera.

7.3

a) L'expérience aléatoire consiste à lancer deux dés.

b) $\Omega = \{(1, 1), (1, 2), (1, 3), (1, 4), (1, 5), (1, 6), (2, 1),$ $(2, 2), (2, 3), (2, 4), (2, 5), (2, 6), (3, 1), (3, 2),$ $(3, 3), (3, 4), (3, 5), (3, 6), (4, 1), (4, 2), (4, 3),$ $(4, 4), (4, 5), (4, 6), (5, 1), (5, 2), (5, 3), (5, 4),$ $(5, 5), (5, 6), (6, 1), (6, 2), (6, 3), (6, 4), (6, 5),$ $(6, 6)\}.$

Il y a 36 résultats possibles.

c) $A = \{(1, 4), (4, 1), (2, 3), (3, 2)\}.$

d) $B = \{(1, 6), (6, 1), (2, 5), (5, 2), (4, 3), (3, 6),$ $(6, 3), (4, 5), (5, 4), (4, 6), (6, 4), (5, 5)\}.$

e) $C = \{(1, 5), (5, 1), (2, 4), (4, 2), (3, 3), (2, 6), (6, 2),$ $(3, 5), (5, 3), (4, 4), (6, 6)\}.$

7.4

a) L'expérience consiste à choisir au hasard l'une des personnes interrogées au cours du sondage.

b) L'espace échantillonnal est composé de l'ensemble des personnes interrogées au cours de ce sondage.

c) 54 % des personnes considèrent que leur sécurité d'emploi est bonne.

d) 46 % des personnes considèrent que leur sécurité d'emploi n'est pas bonne.

7.5

a) L'expérience aléatoire consiste à choisir au hasard 3 des 6 chercheurs.

b) L'espace échantillonnal est composé de l'ensemble des combinaisons de 3 chercheurs qu'on peut faire à partir des 6 chercheurs.

$\Omega = \{$(Fouine, Rat, Tenace), (Fouine, Rat, Lâcheur), (Fouine, Rat, Cerveau), (Fouine, Rat, Cœur), (Fouine, Tenace, Lâcheur), (Fouine, Tenace, Cerveau), (Fouine, Tenace, Cœur), (Fouine, Lâcheur, Cerveau), (Fouine, Lâcheur, Cœur), (Fouine, Cerveau, Cœur), (Rat, Tenace, Lâcheur), (Rat, Tenace, Cerveau), (Rat, Tenace, Cœur), (Rat, Lâcheur, Cerveau), (Rat, Lâcheur, Cœur), (Rat, Cerveau, Cœur), (Tenace, Lâcheur, Cerveau), (Tenace, Lâcheur, Cœur), (Tenace, Cerveau, Cœur), (Lâcheur, Cerveau, Cœur)$\}.$

L'espace échantillonnal est donc composé de 20 résultats possibles.

c) Il y a 4 résultats qui peuvent satisfaire l'événement A. Il s'agit de calculer le nombre de façons différentes de choisir parmi 4 personnes 1 personne autre que Fouine et Rat pour former le trio.

Il y a 4 résultats qui satisfont l'événement A :

$A = \{$(Fouine, Rat, Tenace), (Fouine, Rat, Lâcheur), (Fouine, Rat, Cerveau), (Fouine, Rat, Cœur)$\}.$

d) Il y a 10 résultats qui peuvent satisfaire l'événement B. Il s'agit de former des combinaisons de 2 personnes choisies parmi les 5 personnes autres que Cerveau et qui, avec Cerveau, formeront le trio.

Il y a 10 résultats qui satisfont l'événement B :

$B = \{$(Fouine, Rat, Cerveau), (Fouine, Tenace, Cerveau), (Fouine, Lâcheur, Cerveau), (Fouine, Cerveau, Cœur), (Rat, Tenace, Cerveau), (Rat, Lâcheur, Cerveau), (Rat, Cerveau, Cœur), (Tenace, Lâcheur, Cerveau), (Tenace, Cerveau, Cœur), (Lâcheur, Cerveau, Cœur)$\}.$

7.6

a) L'expérience aléatoire consiste à lancer deux dés.

b) $\Omega = \{(1, 1), (1, 2), (1, 3), (1, 4), (1, 5), (1, 6), (2, 1),$
$(2, 2), (2, 3), (2, 4), (2, 5), (2, 6), (3, 1), (3, 2),$
$(3, 3), (3, 4), (3, 5), (3, 6), (4, 1), (4, 2), (4, 3),$
$(4, 4), (4, 5), (4, 6), (5, 1), (5, 2), (5, 3), (5, 4),$
$(5, 5), (5, 6), (6, 1), (6, 2), (6, 3), (6, 4), (6, 5),$
$(6, 6)\}.$

Il y a 36 résultats possibles.

c) Soit l'événement A : Obtenir une somme de 9.

A = {(3, 6), (4, 5), (5, 4), (6, 3)}.

$P(A) = \dfrac{4}{36} = 0,1111.$

Dans 11,11 % des cas, en lançant deux dés on devrait obtenir une somme de 9.

d) Soit l'événement B : Obtenir une somme de 6.

B = {(1, 5), (2, 4), (3, 3), (4, 2), (5, 1)}.

$P(B) = \dfrac{5}{36} = 0,1389.$

Dans 13,89 % des cas, en lançant deux dés on devrait obtenir une somme de 6.

e) Soit l'événement C : Obtenir au moins un 4 en lançant les deux dés.

C = {(4, 1), (4, 2), (4, 3), (4, 4), (4, 5), (4, 6), (1, 4),
(2, 4), (3, 4), (5, 4), (6, 4)}.

$P(C) = \dfrac{11}{36} = 0,3056.$

Dans 30,56 % des cas, en lançant deux dés on devrait obtenir au moins un 4.

f) Cet événement correspond à A ∩ C.

A ∩ C = {(4, 5), (5, 4)}.

$P(A \cap C) = \dfrac{2}{36} = 0,0556.$

Dans 5,56 % des cas, en lançant deux dés on devrait obtenir un 4 et une somme de 9.

g) Cet événement correspond à A ∪ B.

A ∪ B = {(3, 6), (4, 5), (5, 4), (6, 3), (1, 5), (2, 4),
(3, 3), (4, 2), (5, 1)}.

$P(A \cup B) = \dfrac{9}{36} = 0,2500.$

Dans 25 % des cas, en lançant deux dés on devrait obtenir une somme de 6 ou une somme de 9.

7.7

a) L'expérience aléatoire consiste à lancer deux dés.

b) $\Omega = \{(1, 1), (1, 2), (1, 3), (1, 4), (1, 5), (1, 6), (2, 1),$
$(2, 2), (2, 3), (2, 4), (2, 5), (2, 6), (3, 1), (3, 2), (3, 3),$
$(3, 4), (3, 5), (3, 6), (4, 1), (4, 2), (4, 3), (4, 4), (4, 5),$
$(4, 6), (5, 1), (5, 2), (5, 3), (5, 4), (5, 5), (5, 6), (6, 1),$
$(6, 2), (6, 3), (6, 4), (6, 5), (6, 6)\}.$

Il y a 36 résultats possibles.

c) Soit l'événement A : La somme est supérieure à 7.

A = {(2, 6), (6, 2), (3, 5), (5, 3), (3, 6), (6, 3), (4, 4),
(4, 5), (5, 4), (4, 6), (6, 4), (5, 5), (5, 6), (6, 5),
(6, 6)}.

d) $P(A) = \dfrac{15}{36} = 0,4167.$

Dans 41,67 % des cas, en lançant deux dés on devrait obtenir une somme supérieure à 7.

7.8

a) $P(A) = \dfrac{101}{987} = 0,1023.$

10,23 % des personnes qui ont répondu au sondage sont anglophones. Il y a donc 10,23 % des chances que la personne choisie soit anglophone.

b) $P(B) = \dfrac{738}{987} = 0,7477.$

74,77 % des personnes qui ont répondu au sondage ont opté pour le réseau francophone. Il y a donc 74,77 % des chances que la personne choisie ait opté pour le réseau francophone.

c) $P(C) = \dfrac{51}{987} = 0,0517.$

5,17 % des personnes qui ont répondu au sondage sont allophones. Il y a donc 5,17 % des chances que la personne choisie soit allophone.

d) $P(D) = \dfrac{249}{987} = 0,2523.$

25,23 % des personnes qui ont répondu au sondage ont opté pour le réseau anglophone. Il y a donc 25,23 % des chances que la personne choisie ait opté pour le réseau anglophone.

e) A ∩ B : La personne est anglophone et elle a opté pour le réseau francophone.

$P(A \cap B) = \dfrac{30}{987} = 0,0304.$

3,04 % des personnes qui ont répondu au sondage sont anglophones et elles ont opté pour le réseau francophone. Il y a donc 3,04 % des chances que la personne choisie soit anglophone et qu'elle ait opté pour le réseau francophone.

f) A ∩ C : La personne est anglophone et elle est allophone.

$P(A \cap C) = \dfrac{0}{987} = 0.$

0 % des personnes qui ont répondu au sondage sont anglophones et allophones. C'est un événement impossible. Il y a donc 0 % des chances que la personne choisie soit anglophone et allophone.

g) B ∩ C : La personne est allophone et elle a opté pour le réseau francophone.

$P(B \cap C) = \dfrac{19}{987} = 0,0193.$

1,93 % des personnes qui ont répondu au sondage sont allophones et elles ont opté pour le réseau francophone. Il y a donc 1,93 % des chances que la personne choisie soit allophone et qu'elle ait opté pour le réseau francophone.

h) $A \cup C$: La personne est anglophone ou la personne est allophone.

$$P(A \cup C) = \frac{101 + 51}{987} = \frac{152}{987} = 0,1540.$$

15,40 % des personnes qui ont répondu au sondage sont anglophones ou allophones. Il y a donc 15,40 % des chances que la personne choisie soit anglophone ou allophone.

i) $A \cup B$: La personne est anglophone ou la personne a opté pour le réseau francophone.

$$P(A \cup B) = \frac{71 + 30 + 689 + 19}{987} = \frac{809}{987} = 0,8197.$$

81,97 % des personnes qui ont répondu au sondage sont anglophones ou elles ont opté pour le réseau francophone. Il y a donc 81,97 % des chances que la personne choisie soit anglophone ou qu'elle ait opté pour le réseau francophone.

j) $B \cup D$: La personne a opté pour le réseau francophone ou la personne a opté pour le réseau anglophone.

$$P(B \cup D) = \frac{249 + 738}{987} = \frac{987}{987} = 1.$$

100 % des personnes qui ont répondu au sondage ont opté pour le réseau francophone ou le réseau anglophone. C'est un événement certain. Il y a donc 100 % des chances que la personne choisie ait opté pour le réseau francophone ou anglophone.

7.9

a) $P(A) = \dfrac{192}{795} = 0,2415.$

24,15 % des personnes qui ont répondu au sondage sont plutôt en désaccord. Il y a donc 24,15 % des chances que la personne choisie soit plutôt en désaccord.

b) $P(B) = \dfrac{303}{795} = 0,3811.$

38,11 % des personnes qui ont répondu au sondage ont de 7 à 12 ans de scolarité. Il y a donc 38,11 % des chances que la personne choisie ait de 7 à 12 ans de scolarité.

c) $A \cap B$: La personne est plutôt en désaccord et elle a de 7 à 12 ans de scolarité.

$$P(A \cap B) = \frac{71}{795} = 0,0893.$$

8,93 % des personnes qui ont répondu au sondage sont plutôt en désaccord et elles ont de 7 à 12 ans de scolarité. Il y a donc 8,93 % des chances que la

personne choisie soit plutôt en désaccord et qu'elle ait de 7 à 12 ans de scolarité.

d) $P(C) = \dfrac{133}{795} = 0,1673.$

16,73 % des personnes qui ont répondu au sondage sont plutôt d'accord. Il y a donc 16,73 % des chances que la personne choisie soit plutôt d'accord.

e) $P(D) = \dfrac{244}{795} = 0,3069.$

30,69 % des personnes qui ont répondu au sondage ont 16 ans et plus de scolarité. Il y a donc 30,69 % des chances que la personne choisie ait 16 ans et plus de scolarité.

f) $P(D \cup C) = \dfrac{2 + 35 + 32 + 64 + 18 + 57 + 105}{795}$

$$= \frac{313}{795} = 0,3937.$$

39,37 % des personnes qui ont répondu au sondage sont plutôt d'accord, ou elles ont 16 ans et plus de scolarité. Il y a donc 39,37 % des chances que la personne choisie soit plutôt d'accord ou qu'elle ait 16 ans et plus de scolarité.

7.10

a) $P(A) = \dfrac{4}{20} = 0,2000.$

20 % des trios possibles contiennent Fouine et Rat. Il y a donc 20 % des chances que l'échantillon contienne Fouine et Rat.

b) $P(B) = \dfrac{10}{20} = 0,5000.$

50 % des trios possibles contiennent Cerveau. Il y a donc 50 % des chances que l'échantillon contienne Cerveau.

c) Soit l'événement C : L'échantillon est composé de Cœur, Tenace et Lâcheur.

C = {(Cœur, Tenace, Lâcheur)}.

$$P(C) = \frac{1}{20} = 0,0500.$$

Il y a donc 1 chance sur 20, soit 5 % des chances, que l'échantillon contienne Cœur, Tenace et Lâcheur.

7.11

a) Soit l'événement A : Le véhicule impliqué dans l'accident est un camion.

$$P(A) = \frac{44\ 331}{247\ 088} = 0,1794.$$

b) Soit l'événement B : Avoir des blessures légères lors d'un accident.

$$P(B) = \frac{48\ 242}{247\ 088} = 0,1952.$$

c) Soit l'événement C : Le véhicule impliqué dans l'accident est une motocyclette.

$$P(C) = \frac{5\ 139}{247\ 088} = 0,0208.$$

Soit l'événement A : Le véhicule impliqué dans l'accident est un camion.

$$P(A) = 0,1794.$$

Soit l'événement C ∩ A : Le véhicule impliqué dans l'accident est une motocyclette et le véhicule impliqué dans l'accident est un camion.

$$P(C \cap A) = 0.$$

Soit l'événement C ∪ A : Le véhicule impliqué dans l'accident est une motocyclette ou le véhicule impliqué dans l'accident est un camion.

$$P(C \cup A) = P(C) + P(A) - P(C \cap A)$$
$$= 0,0208 + 0,1794 - 0 = 0,2002.$$

d) Soit l'événement A ∩ B : Le véhicule impliqué dans l'accident est un camion et avoir des blessures légères lors d'un accident.

$$P(A \cap B) = \frac{6\ 289}{247\ 088} = 0,0255.$$

e) Soit l'événement D : Ne pas avoir de blessure lors d'un accident.

$$P(D) = \frac{190\ 589}{247\ 088} = 0,7713.$$

Soit l'événement E : Le véhicule impliqué dans l'accident est un véhicule de promenade.

$$P(E) = \frac{184\ 814}{247\ 088} = 0,7480.$$

Soit l'événement E ∩ D : Le véhicule impliqué dans l'accident est un véhicule de promenade et n'avoir aucune blessure lors d'un accident.

$$P(E \cap D) = \frac{146\ 330}{247\ 088} = 0,5922.$$

Soit l'événement E ∪ D : Le véhicule impliqué dans l'accident est un véhicule de promenade ou n'avoir aucune blessure lors d'un accident.

$$P(E \cup D) = P(E) + P(D) - P(E \cap D)$$
$$= 0,7480 + 0,7713 - 0,5922 = 0,9271.$$

f) Soit l'événement F : Avoir des blessures mortelles lors d'un accident.

$$P(F) = \frac{1\ 179}{247\ 088} = 0,0048.$$

Soit l'événement G : Avoir des blessures graves lors d'un accident.

$$P(G) = \frac{7\ 078}{247\ 088} = 0,0286.$$

Soit l'événement F ∩ G : Avoir des blessures mortelles lors d'un accident et avoir des blessures graves lors d'un accident.

$$P(F \cap G) = 0.$$

Soit l'événement F ∪ G : Avoir des blessures mortelles lors d'un accident ou avoir des blessures graves lors d'un accident.

$$P(F \cup G) = P(F) + P(G) - P(F \cap G)$$
$$= 0,0048 + 0,0286 - 0 = 0,0334.$$

7.12

a) Soit l'événement A : Le véhicule impliqué dans l'accident est un taxi.

Soit l'événement B : Avoir des blessures mortelles lors d'un accident.

$$P(B \mid A) = \frac{P(B \cap A)}{P(A)} = \frac{5}{2\ 432} = 0,0021.$$

b) Soit l'événement C : Le véhicule impliqué dans l'accident est une motocyclette.

Soit l'événement D : Avoir des blessures graves lors d'un accident.

$$P(D \mid C) = \frac{P(D \cap C)}{P(C)} = \frac{841}{5\ 139} = 0,1637.$$

c) Soit l'événement E : Le véhicule impliqué dans l'accident est un véhicule de promenade.

Soit l'événement F : N'avoir aucune blessure lors d'un accident.

$$P(E \mid F) = \frac{P(E \cap F)}{P(F)} = \frac{146\ 330}{190\ 589} = 0,7678.$$

d) Soit l'événement G : Le véhicule impliqué dans l'accident est une bicyclette.

Soit l'événement H : Avoir des blessures légères lors d'un accident.

$$P(H \mid G) = \frac{P(H \cap G)}{P(G)} = \frac{4\ 044}{4\ 887} = 0,8275.$$

e) Soit l'événement I : Le véhicule impliqué dans l'accident est un camion.

Soit l'événement D : Avoir des blessures graves lors d'un accident.

$$P(I \mid D) = \frac{P(I \cap D)}{P(D)} = \frac{953}{7\ 078} = 0,1346.$$

f) Soit l'événement J : Le véhicule impliqué dans l'accident est un cyclomoteur.

Soit l'événement B : Avoir des blessures mortelles lors d'un accident.

$$P(J \mid B) = \frac{P(J \cap B)}{P(B)} = \frac{8}{1\ 179} = 0,0068.$$

g) Soit l'événement K : Le véhicule impliqué dans l'accident est une motoneige.

Soit l'événement F : N'avoir aucune blessure lors d'un accident.

$$P(F \mid K) = \frac{P(F \cap K)}{P(K)} = \frac{125}{314} = 0,3981.$$

7.13

Soit l'événement A : La personne achète le produit.

Soit l'événement B : La personne est en contact avec la publicité.

Soit l'événement C : La personne n'est pas en contact avec la publicité.

$P(A) = P(A \cap B) + P(A \cap C)$
$\qquad = P(B) \cdot P(A \mid B) + P(C) \cdot P(A \mid C).$

Si 60 % des 40 % de personnes en contact avec la publicité achètent le produit, cela représente 24 % de la population (60 % de 40 %).

Si 25 % des 60 % de personnes qui ne sont pas en contact avec la publicité achètent le produit, cela représente 15 % de la population (25 % de 60 %).

Donc, il y a 24 % + 15 % = 39 % des gens qui achètent le produit et 39 % des chances qu'une personne choisie au hasard achète le produit.

$P(A) = (0,40) \cdot (0,60) + (0,60) \cdot (0,25) = 0,39.$

7.14

Soit l'événement A : La personne paye différents comptes au guichet automatique.

Soit l'événement B : La personne utilise le guichet automatique pour ses retraits hebdomadaires.

Soit l'événement C : La personne n'utilise pas le guichet automatique pour ses retraits hebdomadaires.

$P(A) = P(A \cap B) + P(A \cap C)$
$\qquad = P(B) \cdot P(A \mid B) + P(C) \cdot P(A \mid C)$
$\qquad = 0,48 \cdot 0,60 + 0,52 \cdot 0,08$
$\qquad = 0,3296.$

Il y a donc environ 32,96 % des chances que le client choisi utilise le guichet automatique pour payer ses comptes.

7.15

a) Soit l'événement A : Avoir des blessures mortelles lors d'un accident.

Soit l'événement B : Le véhicule impliqué dans l'accident est une motocyclette.

$P(A) = \dfrac{1\,179}{247\,088} = 0,0048.$

$P(A \mid B) = \dfrac{P(A \cap B)}{P(B)} = \dfrac{104}{5\,139} = 0,0202.$

Comme $P(A) \neq P(A \mid B)$, on ne peut pas dire que les deux événements sont indépendants.

b) Soit l'événement A : Avoir des blessures mortelles lors d'un accident.

Soit l'événement C : Le véhicule impliqué dans l'accident est un véhicule de promenade.

$P(A) = 0,0048.$

$P(A \mid C) = \dfrac{P(A \cap C)}{P(C)} = \dfrac{766}{184\,814} = 0,0041.$

Comme $P(A) \approx P(A \mid C)$, on peut dire que l'événement « Le véhicule impliqué dans l'accident est un

véhicule de promenade » ne modifie pas la probabilité de réalisation de l'événement « Avoir un accident avec blessures mortelles ». Il est donc possible de dire que les deux événements sont indépendants.

c) Soit l'événement D : Avoir des blessures graves lors d'un accident.

Soit l'événement E : Le véhicule impliqué dans l'accident est une motoneige.

$P(D) = \dfrac{7\,078}{247\,088} = 0,0286.$

$P(D \mid E) = \dfrac{P(D \cap E)}{P(E)} = \dfrac{61}{314} = 0,1943.$

Comme $P(D) \neq P(D \mid E)$, on ne peut pas dire que les deux événements sont indépendants.

d) Soit l'événement G : Avoir des blessures légères lors d'un accident.

Soit l'événement H : Le véhicule impliqué dans l'accident est un taxi.

$P(G) = \dfrac{48\,242}{247\,088} = 0,1952.$

$P(G \mid H) = \dfrac{P(G \cap H)}{P(H)} = \dfrac{542}{2\,432} = 0,2229.$

Comme $P(G) \neq P(G \mid H)$, on ne peut pas dire que les deux événements sont indépendants.

e) Soit l'événement A : Avoir des blessures mortelles lors d'un accident.

Soit l'événement I : Le véhicule impliqué dans l'accident est un cyclomoteur.

$P(A) = 0,0048.$

$P(A \mid I) = \dfrac{P(A \cap I)}{P(I)} = \dfrac{8}{819} = 0,0098.$

$P(A) \neq P(A \mid I)$. En effet, $P(A \mid I)$ est plus que le double de $P(A)$. On ne peut donc pas dire que les deux événements sont indépendants.

f) Soit l'événement J : N'avoir aucune blessure lors d'un accident.

Soit l'événement K : Le véhicule impliqué dans l'accident est un autobus scolaire.

$P(J) = \dfrac{190\,589}{247\,088} = 0,7713.$

$P(J \mid K) = \dfrac{P(J \cap K)}{P(K)} = \dfrac{797}{963} = 0,8276.$

Comme $P(J) \neq P(J \mid K)$, on ne peut pas dire que les deux événements sont indépendants.

g) Soit l'événement D : Avoir des blessures graves lors d'un accident.

Soit l'événement C : Le véhicule impliqué dans l'accident est un véhicule de promenade.

$P(D) = 0,0286.$

$P(D \mid C) = \dfrac{P(D \cap C)}{P(C)} = \dfrac{4\,584}{184\,814} = 0,0248.$

Comme P(D) ≈ P(D | C), on peut dire que l'événement « Le véhicule impliqué dans l'accident est un véhicule de promenade » ne modifie pas la probabilité de réalisation de l'événement « Avoir un accident avec blessures graves ». Il est donc possible de dire que les deux événements sont indépendants.

7.16

a) Il y a 54 % des chances que la personne choisie pense que sa sécurité d'emploi est bonne.

b) Il y a 55 % des chances que la personne choisie pense que sa sécurité d'emploi est bonne si l'on sait que son revenu se situe entre 25 000 $ et 35 000 $.

c) Les événements « Être d'avis d'avoir une bonne sécurité d'emploi » et « Avoir un revenu entre 25 000 $ et 35 000 $ » ne sont pas indépendants, car la probabilité marginale de l'événement « Être d'avis d'avoir une bonne sécurité d'emploi » (54 %) est différente de la probabilité conditionnelle (55 %). Cependant, on peut constater que le fait de savoir que la personne a un revenu entre 25 000 $ et 35 000 $ ne modifie pas beaucoup le probabilité que la personne choisie croie qu'elle a une bonne sécurité d'emploi.

d) Les événements « Être d'avis de ne pas avoir une bonne sécurité d'emploi » et « Avoir un revenu de 55 000 $ et plus » ne sont pas indépendants, car la probabilité marginale de l'événement « Être d'avis de ne pas avoir une bonne sécurité d'emploi » (46 %) est différente de la probabilité conditionnelle (27 %).

7.17

a) Il y a 28 % des chances que la personne choisie pense que la situation de l'emploi va se détériorer.

b) Il y a 28 % des chances que la personne choisie pense que la situation de l'emploi va se détériorer si l'on sait qu'elle a 13 à 15 ans de scolarité.

c) Les événements « Être d'avis que la situation de l'emploi va se détériorer » et « Avoir 13 à 15 ans de scolarité » sont indépendants, car la probabilité marginale de l'événement « Être d'avis que la situation de l'emploi va se détériorer » (28 %) est égale à la probabilité conditionnelle (28 %).

d) Les événements « Être d'avis que la situation de l'emploi va rester stable » et « Avoir 16 ans et plus de scolarité » ne sont pas indépendants, car la probabilité marginale de l'événement « Être d'avis que la situation de l'emploi va rester stable » (58 %) est différente de la probabilité conditionnelle (66 %).

7.18

Note : Certaines probabilités sont tirées de l'exercice 7.13.

a) Soit l'événement A : Jean achètera le produit.
P(A) = 0,39.

Soit l'événement B : Élisabeth achètera le produit.
P(B) = 0,39.

On suppose que les événements A et B sont indépendants, c'est-à-dire que Jean et Élisabeth n'ont pas de lien entre eux qui modifierait leur probabilité d'acheter le produit.

P(A et B) = P(A) • P(B) = 0,39 • 0,39 = 0,1521.

Il y a 15,21 % des chances que les deux achètent le produit dans le courant de la semaine.

b) P(un seul) = P[(A et non B) ou (non A et B)]
= P(A et non B) + P(non A et B)
= P(A) • P(non B) + P(non A) • P(B)
= 0,39 • 0,61 + 0,61 • 0,39 = 0,4758.

Il y a 47,58 % des chances qu'un seul des deux achète le produit.

c) P(au moins un) = P(un seul ou les deux)
= P(un seul) + P(les deux)
= 0,4758 + 0,1521 = 0,6279.

Il y a 62,79 % des chances qu'au moins un des deux achète le produit.

7.19

Note : Certaines probabilités sont tirées de l'exercice 7.14.

a) Soit l'événement A : Mélanie utilise le guichet automatique pour payer ses comptes.

Soit l'événement B : Thomas utilise le guichet automatique pour payer ses comptes.

Soit l'événement C : Claude utilise le guichet automatique pour payer ses comptes.

P(A) = P(B) = P(C) = 0,3296.

On suppose que les événements A, B et C sont indépendants, c'est-à-dire que Mélanie, Thomas et Claude n'ont pas de lien entre eux qui modifierait la probabilité que le client utilise le guichet automatique pour payer ses comptes.

P(A et B et C) = P(A) • P(B) • P(C)
= 0,3296 • 0,3296 • 0,3296 = 0,0358.

Il y a 3,58 % des chances que Mélanie, Thomas et Claude utilisent tous les trois le guichet automatique pour payer leurs comptes.

b) P(au moins un) = 1 − P(aucun)
= 1 − P(non A et non B et non C)
= 1 − P(non A) • P(non B) • P(non C)
= 1 − 0,6704 • 0,6704 • 0,6704
= 1 − 0,3013
= 0,6987.

Il y a 69,87 % des chances qu'au moins une des trois personnes (Mélanie, Thomas ou Claude) utilise le guichet automatique pour payer ses comptes.

7.20

a) Soit l'événement A : Antoine signe un contrat avec le premier client.
P(A) = 0,40.
Soit l'événement B : Antoine signe un contrat avec le deuxième client.
P(B) = 0,70.
Soit l'événement C : Antoine signe un contrat avec le troisième client.
P(C) = 0,60.
On suppose que les événements A, B et C sont indépendants, c'est-à-dire que les trois contrats n'ont pas de lien entre eux qui modifierait leur probabilité de signature.
P(A et B et C) = P(A) • P(B) • P(C)
= 0,40 • 0,70 • 0,60 = 0,168.
Il y a 16,8 % des chances qu'Antoine signe un contrat avec les trois clients.

b) P(au moins un) = 1 − P(aucun)
= 1 − P(non A et non B et non C)
= 1 − P(non A) • P(non B) • P(non C)
= 1 − 0,60 • 0,30 • 0,40
= 1 − 0,072 = 0,928.
Il a 92,8 % des chances qu'Antoine signe un contrat avec au moins un des trois.

7.21

a) Il faut choisir 4 personnes pour former le comité de 5 personnes dont fait partie le maire. Puisque les 4 personnes à choisir n'occupent pas de postes particuliers, on calculera ce nombre en utilisant des combinaisons.
Ainsi,
$$\binom{8}{4} = \frac{8!}{(8-4)!\,4!} = \frac{40\,320}{4!\,4!} = 70.$$
Il y a donc 70 comités possibles.

b) Il s'agit de combinaisons, puisque les membres du comité n'occupent pas de postes particuliers. Pour calculer le nombre de comités différents de 5 personnes, il faut évaluer :
$$\binom{8}{5} = \frac{8!}{(8-5)!\,5!} = \frac{40\,320}{3!\,5!} = 56.$$
Il y a donc 56 comités possibles.

c) Il s'agit d'arrangements, puisque les membres du comité occupent des postes particuliers. Pour calculer le nombre de comités différents de 4 personnes, il faut évaluer :
$$A_4^9 = \frac{9!}{(9-4)!} = \frac{9!}{5!} = 3\,024 \text{ comités possibles.}$$

d) Il s'agit de calculer combien il y a de permutations possibles entre 4 personnes. C'est très simple :
4 ! = 24 permutations possibles.

7.22

a) C'est peut-être la méthode des cases qui est la plus appropriée, car les répétitions de chiffres et de lettres sont permises. On a 5 cases à remplir. La première case peut être comblée de 26 façons différentes (les 26 lettres de l'alphabet), et chacune des 4 autres cases peut être comblée de 10 façons différentes (les 10 chiffres). On aura donc :
26 • 10 • 10 • 10 • 10 = 260 000 plaques différentes.

b) Dans ce cas, il y a 26 • 26 • 10 • 10 = 67 600 plaques différentes. Ce nombre est suffisant, compte tenu du nombre de résidents.

7.23

a) $\binom{60}{15} = \dfrac{60!}{(60-15)!\,15!} = 5,319 \cdot 10^{13}$.
Il y a $5,319 \cdot 10^{13}$ échantillons possibles de taille 15.

b) $\binom{50}{40} = \dfrac{50!}{(50-40)!\,40!} = 1,027 \cdot 10^{10}$.
Il y a $1,027 \cdot 10^{10}$ échantillons possibles de taille 40.

c) $\binom{40}{12} = \dfrac{40!}{(40-12)!\,12!} = 5\,586\,853\,480$.
Il y a 5 586 853 480 échantillons possibles de taille 12.

d) $\binom{65}{25} = \dfrac{65!}{(65-25)!\,25!} = 6,517 \cdot 10^{17}$.
Il y a $6,517 \cdot 10^{17}$ échantillons possibles de taille 25.

e) $\binom{30}{20} = \dfrac{30!}{(30-20)!\,20!} = 30\,045\,015$.
Il y a 30 045 015 échantillons possibles de taille 20.

7.24

a) L'expérience aléatoire consiste à choisir au hasard 1 personne parmi les 242 personnes.

b) Les 242 personnes constituent l'espace échantillonnal.

c) Il y a 77 personnes sur 242 qui possèdent un ordinateur. Ainsi, $\frac{77}{242} = 0,3182$ ou 31,82 %, ce qui veut dire que 31,82 % des personnes possèdent un ordinateur. Il y a donc 31,82 % des chances que la personne choisie possède un ordinateur.

d) Il y a 38 personnes qui possèdent un ordinateur parmi les 84 personnes qui ont terminé leurs études universitaires. On peut donc dire que $\frac{38}{84} = 0,4524$ ou 45,24 % possèdent un ordinateur parmi les personnes qui ont terminé leurs études universitaires.
Il y a donc 45,24 % des chances que la personne choisie possède un ordinateur si l'on sait qu'elle a terminé ses études universitaires.

e) Les événements « Posséder un ordinateur » et « Avoir terminé ses études universitaires » ne sont pas indépendants, car la probabilité marginale de « Posséder un ordinateur » (31,82 %) est différente de la probabilité conditionnelle (45,24 %).

f) Soit l'événement A : Choisir une personne ne possédant pas d'ordinateur.

$$P(A) = \frac{165}{242} = 0,6818.$$

Soit l'événement B : Choisir une personne ayant atteint le niveau secondaire.

$$P(B) = \frac{52}{242} = 0,2149.$$

Pour évaluer $P(A \cup B)$, il faut d'abord vérifier si $A \cap B$ contient des éléments.

Soit l'événement $A \cap B$: Choisir une personne ne possédant pas d'ordinateur et ayant terminé ses études secondaires.

$$P(A \cap B) = \frac{37}{242} = 0,1529.$$

De plus, $P(A \cup B) = P(A) + P(B) - P(A \cap B)$.

Alors, $P(A \cup B) = 0,6818 + 0,2149 - 0,1529 = 0,7438.$

On peut donc dire que 74,38 % des personnes ne possèdent pas d'ordinateur ou ont terminé leurs études secondaires. Il y a donc 74,38 % des chances que la personne choisie ne possède pas d'ordinateur ou que son niveau de scolarité le plus élevé atteint soit des études secondaires.

g) La probabilité que la personne choisie possède un ordinateur et qu'elle ait terminé des études collégiales est $\frac{18}{242} = 0,0744$ ou 7,44 %.

7.25

a) La probabilité que la personne choisie ait moins de 30 ans est $\frac{136}{750} = 0,1813$ ou 18,13 %.

b) La probabilité qu'elle ait moins de 30 ans est $\frac{80}{384} = 0,2083$ ou 20,83 % si l'on sait qu'elle est de sexe féminin.

c) La probabilité qu'elle ait 40 ans ou plus est $\frac{296}{750} = 0,3947$ ou 39,47 %.

d) La probabilité qu'elle soit de sexe féminin et qu'elle ait moins de 40 ans est $\frac{196 + 80}{750} = 0,3680$ ou 36,80 %.

e) La probabilité qu'elle soit âgée entre 30 et 40 ans ou qu'elle soit de sexe féminin se calcule par $P(A \cup B) = P(A) + P(B) - P(A \cap B)$.

L'événement A : Choisir une personne âgée entre 30 et 40 ans.

$$P(A) = \frac{318}{750} = 0,4240 \text{ ou } 42,40 \%.$$

L'événement B : Choisir une personne de sexe féminin.

$$P(B) = \frac{384}{750} = 0,5120 \text{ ou } 51,20 \%.$$

L'événement $A \cap B$: Choisir une personne âgée entre 30 et 40 ans de sexe féminin.

$$P(A \cap B) = \frac{196}{750} = 0,2613 \text{ ou } 26,13 \%.$$

Alors, $P(A \cup B) = P(A) + P(B) - P(A \cap B)$ devient :

$P(A \cup B) = 0,4240 + 0,5120 - 0,2613$
$= 0,6747$ ou 67,47 %.

Ainsi, la probabilité que la personne choisie soit âgée entre 30 et 40 ans ou qu'elle soit de sexe féminin est de 67,47 %.

f) La probabilité qu'elle soit de sexe féminin et qu'elle soit âgée de 40 ans ou plus est de $\frac{108}{296} = 0,3649$ ou 36,49 % si l'on sait qu'elle a au moins 40 ans.

7.26

a) La probabilité que cet élève travaille entre 5 et 10 heures par semaine est de 8,6 %.

b) $P(A) = 15,7 \%.$
$P(A \mid B) = 8,1 \%.$

Les événements « Un élève du collégial travaillant entre 20 et 25 heures par semaine » et « Un élève du collégial en sciences » ne sont pas indépendants, car la probabilité marginale de l'événement « Un élève du collégial travaillant entre 20 et 25 heures par semaine » (15,7 %) est différente de la probabilité conditionnelle (8,1 %).

c) La probabilité qu'un élève inscrit dans « Autres programmes » travaille plus de 30 heures par semaine est de 3 %.

7.27

a) La probabilité que l'habitant choisi soit contre le projet de loi est de 58,0 %.

b) Soit l'événement A : Choisir un habitant conservateur.
$P(A) = 0,47.$

Soit l'événement B : Choisir un habitant en faveur du projet de loi.
$P(B) = 0,42.$

L'événement $A \mid B$: Choisir un habitant conservateur si l'on sait qu'il est en faveur du projet de loi.

L'événement $A \cap B$: Choisir un habitant conservateur et en faveur du projet de loi.

$$P(A \mid B) = \frac{P(A \cap B)}{P(B)}.$$

Or, $P(A \cap B) = 0,265.$

Alors, $P(A \mid B) = \frac{0,265}{0,42} = 0,6310$ ou 63,10 %.

Chapitre 8

8.1

a) L'expérience aléatoire : Choisir au hasard une famille canadienne.

b) L'espace échantillonnal : L'ensemble des familles canadiennes.

c) La variable aléatoire X : Le nombre d'enfants dans la famille.

d) $P(X = 2) = \dfrac{28}{100} = 0,28$. On a 28 % des chances de choisir une famille avec 2 enfants.

e) $P(X \geq 1) = P(X = 1) + P(X = 2) + P(X = 3) = \dfrac{64}{100}$.
On a 64 % des chances de choisir une famille ayant au moins 1 enfant.

f) $\mu = 0 \cdot 0,36 + 1 \cdot 0,26 + 2 \cdot 0,28 + 3 \cdot 0,10$
$= 1,12$ enfant.
En moyenne, il y a 1,12 enfant par famille canadienne.

g) $\sigma = 1,01$ enfant.

8.2

a) L'expérience aléatoire : Choisir au hasard un élève du collégial inscrit à la dernière session.

b) L'espace échantillonnal : L'ensemble des élèves du collégial inscrits à la dernière session.

c) La variable aléatoire X : Le nombre de cours réussis.

d) $P(X = 2) = \dfrac{4}{100} = 0,04$. On a 4 % des chances de choisir un élève ayant réussi 2 cours.

e) $P(X < 5) = P(X = 0) + ... + P(X = 4) = 0,34$. On a 34 % des chances de choisir un élève ayant réussi moins de 5 cours.

f) $\mu = 4,75$ cours.
En moyenne, les élèves du collégial inscrits à la dernière session réussissent 4,75 cours.

g) $\sigma = 1,33$ cours.

8.3

a) **Distribution de probabilités de la variable X**

Montant gagné (dollars)	Probabilité associée
–1	0,75
+2	0,25

b) L'espérance mathématique est la moyenne. Dans ce jeu, le montant moyen gagné est de – 0,25 $.

c) Puisque les gens perdent, en moyenne, 0,25 $ chaque fois qu'ils jouent à ce jeu, celui-ci est profitable à l'organisateur.

8.4

a) **Distribution de probabilités de la variable X**

Nombre de clients	Probabilité associée
0	1/15
1	2/15
2	3/15
3	4/15
4	5/15

b) $f(x_i)$ est une fonction de probabilité, car la somme des $f(x_i)$ donne 1.

c) $P(X = 2) = f(2) = 3/15 = 0,2$ ou 20 %.
Il y a environ 20 % des chances qu'il y ait 2 clients à un arrêt.

d) $\mu = 2,67$ clients.
En moyenne, il y a 2,67 clients à un arrêt.

e) $\sigma = 1,25$ client.

8.5

a) **Distribution de probabilités de la variable X**

Nombre d'hommes	Probabilité associée
0	1/6
1	4/6
2	1/6

L'espace échantillonnal est composé de $\binom{4}{2} = 6$ possibilités.

b) $\mu = 1$ homme. En moyenne, un homme fera partie du nouveau projet si les membres sont choisis au hasard.

c) $\sigma = 0,58$ homme.

8.6

Il faut que la somme des probabilités donne 1.

a) $f(1) + f(2) + f(3) = 1/k + 2/k + 3/k = 6/k = 1$.
Il faut donc que $k = 6$.

b) $f(1) + f(2) + f(3) = k/1 + k/2 + k/3 = 11k/6 = 1$.
Il faut donc que $k = 6/11$.

8.7

a) La variable aléatoire X : Le nombre de coups sûrs.

b) Il faut vérifier si les trois conditions de la binomiale sont remplies.

1) L'épreuve consiste à avoir une présence officielle au bâton :
   - succès : coup sûr ; $\pi = 0,3$;
   - échec : pas de coup sûr ; $(1 - \pi) = 0,7$.

2) L'épreuve est répétée 12 fois : $n = 12$.

3) Il y a indépendance entre les épreuves. La probabilité de succès est toujours de 30 % chaque fois que Larry se présente au bâton.

Donc, la variable X obéit à une loi binomiale : B(12 ; 0,3).

c) $P(X = 6) = 0,0792$ ou 7,92 %.

Il y a environ 7,92 % des chances que Larry obtienne exactement 6 coups sûrs.

d) $P(X < 2) = P(X = 0) + P(X = 1) = 0,0138 + 0,0712$
$= 0,0850$ ou 8,5 %.

Il y a environ 8,5 % des chances que Larry obtienne moins de 2 coups sûrs.

e) $\mu = n \cdot \pi = 12 \cdot 0,3 = 3,6$ coups sûrs.

En moyenne, Larry obtient 3,6 coups sûrs en 12 présences au bâton.

f) $\sigma = \sqrt{n \cdot \pi \cdot (1 - \pi)} = \sqrt{12 \cdot 0,3 \cdot 0,7}$
$= 1,59$ coup sûr.

8.8

a) L'expérience aléatoire : Choisir au hasard 20 Québécoises vivant avec un conjoint.

b) La variable aléatoire X : Le nombre de Québécoises très satisfaites de la répartition des tâches ménagères avec leur conjoint.

c) Il faut vérifier si les trois conditions de la binomiale sont remplies.

1) L'épreuve consiste à choisir une Québécoise vivant avec un conjoint :
   – succès : Québécoise très satisfaite ; $\pi = 0,45$;
   – échec : Québécoise pas très satisfaite ; $(1 - \pi) = 0,55$.

2) L'épreuve est répétée 20 fois : $n = 20$.

3) Il y a indépendance entre les tirages. Le fait de choisir 20 Québécoises parmi un si grand nombre modifie de façon négligeable la probabilité de succès à chacune des épreuves. On considère donc que la probabilité de succès demeure la même à chacune des épreuves.

Donc, la variable X obéit à une loi binomiale : B (20 ; 0,45).

d) $P(X < 7) = 0,1299$ ou 12,99 %.

Il y a environ 12,99 % des chances que l'échantillon de 20 Québécoises vivant avec un conjoint contienne moins de 7 Québécoises très satisfaites de la répartition des tâches ménagères avec leur conjoint.

e) $P(X > 15) = 0,0015$ ou 0,15 %.

Il y a environ 0,15 % des chances que l'échantillon de 20 Québécoises vivant avec un conjoint contienne plus de 15 Québécoises très satisfaites de la répartition des tâches ménagères avec leur conjoint.

f) $\mu = n \cdot \pi = 20 \cdot 0,45 = 9$ Québécoises très satisfaites.

Les échantillons de 20 Québécoises vivant avec un conjoint contiennent en moyenne 9 Québécoises très satisfaites de la répartition des tâches ménagères avec leur conjoint.

g) $\sigma = \sqrt{n \cdot \pi \cdot (1 - \pi)} = \sqrt{20 \cdot 0,45 \cdot 0,55}$
$= 2,22$ Québécoises très satisfaites.

h) La proportion correspond à la probabilité, soit environ 0,15 %.

8.9

a) L'expérience aléatoire : Choisir au hasard 15 Canadiens.

b) La variable aléatoire X : Le nombre de Canadiens qui estiment que c'est le bon moment pour économiser.

c) Il faut vérifier si les trois conditions de la binomiale sont remplies :

1) L'épreuve consiste à choisir un Canadien :
   – succès : c'est le bon moment pour économiser ; $\pi = 0,77$;
   – échec : ce n'est pas le bon moment pour économiser ; $(1 - \pi) = 0,23$.

2) L'épreuve est répétée 15 fois : $n = 15$.

3) Il y a indépendance entre les tirages. Le fait de choisir 15 Canadiens parmi un si grand nombre modifie de façon négligeable la probabilité de succès à chacune des épreuves. On considère donc que la probabilité de succès demeure la même à chacune des épreuves.

Donc, la variable X obéit à une loi binomiale : B(15 ; 0,77).

d) $P(X > 10) = P(X = 11) + ... + P(X = 15) = 0,7505$.

Il y a environ 75,05 % des chances que l'échantillon de 15 Canadiens contienne plus de 10 Canadiens qui estiment que c'est le bon moment pour économiser.

e) $P(X < 3) = P(X = 0) + P(X = 1) + P(X = 2) = 0,0000$.

Il y a environ 0,00 % des chances que l'échantillon de 15 Canadiens contienne moins de 3 Canadiens qui estiment que c'est le bon moment pour économiser.

f) $\mu = n \cdot \pi = 15 \cdot 0,77 = 11,6$ Canadiens.

Les échantillons de 15 Canadiens contiennent en moyenne 11,6 Canadiens qui estiment que c'est le bon moment pour économiser.

g) $\sigma = \sqrt{n \cdot \pi \cdot (1 - \pi)} = \sqrt{15 \cdot 0,77 \cdot 0,23} = 1,63$
Canadien qui estime que c'est le bon moment pour économiser.

h) La proportion correspond à la probabilité, soit environ 0,00 %.

8.10

a) L'expérience aléatoire : Choisir au hasard 10 Québécois âgés de 18 ans et plus, parlant français ou anglais.

b) La variable aléatoire X : Le nombre de Québécois âgés de 18 ans et plus, parlant français ou anglais, en faveur de l'abolition de l'impôt.

c) Il faut vérifier si les trois conditions de la binomiale sont remplies.

1) L'épreuve consiste à choisir 1 Québécois âgé de 18 ans et plus, parlant français ou anglais :
   - succès : en faveur de l'abolition de l'impôt ; $\pi = 0,6$;
   - échec : pas en faveur de l'abolition de l'impôt ; $(1 - \pi) = 0,4$.

2) L'épreuve est répétée 10 fois : $n = 10$.

3) Il y a indépendance entre les tirages. Le fait de choisir 10 de ces Québécois parmi un si grand nombre modifie de façon négligeable la probabilité de succès à chacune des épreuves. On considère donc que la probabilité de succès demeure la même à chacune des épreuves.

Donc, la variable X obéit à une loi binomiale : B(10 ; 0,6).

d) Soit Y = Nombre de Québécois âgés de 18 ans et plus, parlant français ou anglais, qui ne sont pas en faveur de l'abolition de l'impôt :
   - succès : pas en faveur de l'abolition de l'impôt ; $\pi = 0,4$;
   - échec : en faveur de l'abolition de l'impôt ; $(1 - \pi) = 0,6$.

   $P(X < 4) = P(Y > 6) = 0,0548$ ou 5,48 %.

   Il y a environ 5,48 % des chances que l'échantillon des 10 Québécois âgés de 18 ans et plus, parlant français ou anglais, contienne moins de 4 Québécois en faveur de l'abolition de l'impôt.

e) $P(X > 8) = P(Y < 2) = 0,0463$ ou 4,63 %.

   Il y a environ 4,63 % des chances que l'échantillon de 10 Québécois âgés de 18 ans et plus, parlant français ou anglais, contienne plus de 8 Québécois en faveur de l'abolition de l'impôt.

f) $\mu = n \cdot \pi = 10 \cdot 0,6 = 6$ Québécois.

   Les échantillons de 10 Québécois âgés de 18 ans et plus, parlant français ou anglais, contiennent en moyenne 6 Québécois en faveur de l'abolition de l'impôt.

g) $\sigma = \sqrt{n \cdot \pi \cdot (1 - \pi)} = \sqrt{10 \cdot 0,6 \cdot 0,4}$
   $= 1,55$ Québécois âgé de 18 ans et plus, parlant français ou anglais, qui est en faveur de l'abolition de l'impôt.

h) La proportion correspond à la probabilité, soit environ 5,48 %.

8.11

a) L'expérience aléatoire : Choisir au hasard un travailleur parmi la population des travailleurs indépendants.

b) La variable aléatoire X : Le revenu familial.

Pour les questions subséquentes, les cotes Z se calculent ainsi :

$$Z = \frac{X - 40\ 000}{8\ 500}.$$

c) $P(X > 50\ 000) = P(Z > 1,18) = 0,5 - 0,3810 = 0,1190$ ou 11,90 %.

   Il y a environ 11,90 % des chances que le travailleur ait un revenu familial de plus de 50 000 $.

d) $P(X < 35\ 000) = P(Z < -0,59) = 0,5 - 0,2224$
   $= 0,2776$ ou 27,76 %.

   Il y a environ 27,76 % des chances que le travailleur ait un revenu familial de moins de 35 000 $.

e) $P(38\ 000 < X < 44\ 000) = P(-0,24 < Z < 0,47)$
   $= 0,0948 + 0,1808 = 0,2756$ ou 27,56 %.

   Il y a environ 27,56 % des chances que le travailleur ait un revenu familial qui se situe entre 38 000 $ et 44 000 $.

f) $P(52\ 000 < X < 58\ 000) = P(1,41 < Z < 2,12)$
   $= 0,4830 - 0,4207 = 0,0623$ ou 6,23 %.

   Il y a environ 6,23 % des chances que le travailleur ait un revenu familial qui se situe entre 52 000 $ et 58 000 $.

g) $P(25\ 000 < X < 28\ 000) = P(-1,76 < Z < -1,41)$
   $= 0,4608 - 0,4207 = 0,0401$ ou 4,01 %.

   Il y a environ 4,01 % des chances que le travailleur ait un revenu familial qui se situe entre 25 000 $ et 28 000 $.

h) $P(X > 65\ 000) = P(Z > 2,94) = 0,5 - 0,4984 = 0,0016$ ou 0,16 %.

   Il y a environ 0,16 % des chances que le travailleur ait un revenu familial de plus de 65 000 $.

8.12

a) L'expérience aléatoire : Choisir au hasard un garçon canadien âgé de 15 ans.

b) La variable aléatoire X : Le temps consacré à regarder des vidéos.

Pour les questions subséquentes, les cotes Z se calculent ainsi :

$$Z = \frac{X - 2,26}{0,34}.$$

c) $P(X < 2) = P(Z < -0,76) = 0,5 - 0,2764$
   $= 0,2236$ ou 22,36 %.

   Il y a environ 22,36 % des chances que le garçon de 15 ans regarde des vidéos moins de 2 heures par semaine.

d) Le décile inférieur est 1,82 heure, c'est-à-dire qu'environ 10 % des garçons de 15 ans regardent des vidéos pendant moins de 1,82 heure par semaine. Le décile supérieur est 2,70 heures, c'est-à-dire qu'environ 10 % des garçons de 15 ans regardent des vidéos pendant plus de 2,70 heures par semaine.

e) $P(X > 10) = P(Z > 22,76) = 0,00$ ou 0,00 %.

Il y a environ 0,00 % des chances que le garçon regarde des vidéos plus de 10 heures par semaine.

f) $P(1,5 < X < 2,5) = P(-2,24 < Z < 0,71)$
$= 0,4875 + 0,2611 = 0,7486$ ou 74,86 %.

Il y a environ 74,86 % des chances que le garçon regarde des vidéos entre 1,5 et 2,5 heures par semaine.

g) $P(2 < X < 3) = P(-0,76 < Z < 2,18)$
$= 0,2764 + 0,4854 = 0,7618$ ou 76,18 %.

Il y a environ 76,18 % des garçons qui regardent des vidéos entre 2 et 3 heures par semaine.

8.13

a) L'expérience aléatoire : Choisir au hasard un Canadien ayant effectué un voyage en 1992.

b) La variable aléatoire X : L'âge.

Pour les questions subséquentes, les cotes Z se calculent ainsi :
$$Z = \frac{X - 40,61}{14,77}.$$

c) $P(X > 60) = P(Z > 1,31) = 0,5 - 0,4049$
$= 0,0951$ ou 9,51 %.

Il y a environ 9,51 % des chances que le Canadien ayant fait un voyage en 1992 soit âgé de plus de 60 ans.

d) $P(X < 20) = P(Z < -1,40) = 0,5 - 0,4192$
$= 0,0808$ ou 8,08 %.

Il y a environ 8,08 % des chances que le Canadien ayant fait un voyage en 1992 soit âgé de moins de 20 ans.

e) $P(30 < X < 50) = P(-0,72 < Z < 0,64)$
$= 0,2642 + 0,2389$
$= 0,5031$ ou 50,31 %.

Il y a environ 50,31 % des chances que le Canadien ayant fait un voyage en 1992 soit âgé entre 30 et 50 ans.

f) $P(18 < X < 25) = P(-1,53 < Z < -1,06)$
$= 0,4370 - 0,3554$
$= 0,0816$ ou 8,16 %.

Il y a environ 8,16 % des chances que le Canadien ayant fait un voyage en 1992 soit âgé entre 18 et 25 ans.

g) Le quartile inférieur est 30,71 ans, c'est-à-dire qu'environ 25 % des Canadiens ayant effectué un voyage en 1992 avaient moins de 30,71 ans.

h) Le quartile supérieur est 50,51 ans, c'est-à-dire qu'environ 25 % des Canadiens ayant effectué un voyage en 1992 avaient plus de 50,51 ans.

8.14

a) L'expérience aléatoire : Choisir au hasard une famille canadienne en 1990.

b) La variable aléatoire X : Le montant annuel des dépenses pour des disques, des bandes et des disques compacts.

Pour les questions subséquentes, les cotes Z se calculent ainsi :
$$Z = \frac{X - 87}{10,44}.$$

c) $P(X < 50) = P(Z < -3,54) = 0,5 - 0,4998$
$= 0,0002$ ou 0,02 %.

Il y a environ 0,02 % des chances que la famille canadienne choisie ait dépensé moins de 50 $, en 1990, pour des disques, des bandes et des disques compacts.

d) $P(100 < X < 150) = P(1,25 < Z < 6,03) = 0,5 - 0,3944$
$= 0,1056$ ou 10,56 %.

Il y a environ 10,56 % des chances que la famille canadienne choisie ait dépensé entre 100 $ et 150 $, en 1990, pour des disques, des bandes et des disques compacts.

e) $P(X > 75) = P(Z > -1,15) = 0,3749 + 0,5$
$= 0,8749$ ou 87,49 %.

Il y a environ 87,49 % des chances que la famille canadienne choisie ait dépensé plus de 75 $, en 1990, pour des disques, des bandes et des disques compacts.

f) $P(X < 125) = P(Z < 3,64) = 0,5 + 0,4999$
$= 0,9999$ ou 99,99 %.

Environ 99,99 % des familles canadiennes ont dépensé moins de 125 $, en 1990, pour des disques, des bandes et des disques compacts.

g) Environ 15 % des familles canadiennes ont dépensé moins de 76,14 $, en 1990, pour des disques, des bandes et des disques compacts.

h) L'intervalle correspondant au montant dépensé, en 1990, pour des disques, des bandes et des disques compacts par les 20 % des familles canadiennes se situant également de part et d'autre de la moyenne de 87 $ est [84,39 $; 89,61 $].

8.15

a) L'expérience aléatoire : Choisir au hasard un étudiant canadien en 1992.

b) La variable aléatoire X : Le nombre d'heures de temps libre par jour.

Pour les questions subséquentes, les cotes Z se calculent ainsi :
$$Z = \frac{X - 6,1}{0,79}.$$

c) $P(X < 5) = P(Z < -1,39) = 0,5 - 0,4177$
$= 0,0823$ ou 8,23 %.

Il y a environ 8,23 % des chances que l'étudiant canadien choisi ait eu moins de 5 heures de temps libre par jour en 1992.

d) $P(X \geq 6,5) = P(Z \geq 0,51) = 0,5 - 0,1950$
   $= 0,3050$ ou $30,50 \%$.

   Il y a environ $30,50 \%$ des chances que l'étudiant canadien choisi ait eu au moins $6,5$ heures de temps libre par jour en 1992.

e) $P(6 < X < 8) = P(-0,13 < Z < 2,41)$
   $= 0,0517 + 0,4920 = 0,5437$ ou $54,37 \%$.

   Il y a environ $54,37 \%$ des chances que l'étudiant canadien choisi ait eu entre 6 et 8 heures de temps libre par jour en 1992.

f) Environ 13% des étudiants canadiens avaient moins de $5,21$ heures de temps libre par jour en 1992.

8.16

a) La variable aléatoire X : Le temps pris pour nager le 100 mètres, style papillon.

   Pour les questions subséquentes, les cotes Z se calculent ainsi :

   $$Z = \frac{X - 1,28}{0,12}.$$

b) Une cote Z négative est préférable, puisque cela signifie que l'athlète obtient un temps sous la moyenne, ce qui est excellent.

c) $P(X < 1,15) = P(Z < -1,08) = 0,5 - 0,3599 = 0,1401$.

   Environ $14,01 \%$ des athlètes nagent le 100 mètres, style papillon, en moins de $1,15$ minute.

d) Environ 50% des athlètes font le parcours en plus de $1,28$ minute.

e) $P(X > 1,8) = P(Z > 4,33) = 0,00$ ou $0,00 \%$.

   Environ $0,00 \%$ des athlètes nagent le 100 mètres, style papillon, dans un temps supérieur à $1,8$ minute.

f) Le temps maximal des 3% des athlètes les plus rapides au 100 mètres, style papillon, est d'environ $1,05$ minute.

g) Environ 50% des athlètes nagent le 100 mètres, style papillon, en moins de $1,28$ minute.

8.17

a) L'expérience aléatoire : Prendre au hasard 150 logements coopératifs.

b) La variable aléatoire X : Le nombre de mères seules.

c) Il faut vérifier si les trois conditions de la binomiale sont remplies.

   1) L'épreuve consiste à choisir un logement coopératif :
      – succès : il s'agit d'une mère seule ; $\pi = 0,28$;
      – échec : il ne s'agit pas d'une mère seule ; $(1 - \pi) = 0,72$.

   2) L'épreuve est répétée 150 fois : $n = 150$.

   3) Il y a indépendance entre chacun des choix. Le fait de prendre 150 logements coopératifs parmi un si grand nombre modifie de façon négligeable la probabilité de succès à chacune des épreuves. On considère donc que la probabilité de succès demeure la même à chacune des épreuves.

Donc, la variable X obéit à une loi binomiale.

Pour utiliser l'approximation de la distribution binomiale par la distribution normale, il faut remplir trois conditions :

1) $n = 150 \geq 30$.
2) $n \cdot \pi = 150 \cdot 0,28 = 42 \geq 5$.
3) $n \cdot (1 - \pi) = 150 \cdot 0,72 = 108 \geq 5$.

Donc, les trois conditions sont remplies.

$\mu = n \cdot \pi = 150 \cdot 0,28 = 42$;

$\sigma = \sqrt{n \cdot \pi \cdot (1 - \pi)} = \sqrt{150 \cdot 0,28 \cdot 0,72} = 5,50$.

Pour les questions subséquentes, les cotes Z se calculent ainsi :

$$Z = \frac{Y - 42}{5,50}.$$

d) $P(30 \leq X \leq 60) \approx P(29,5 \leq Y \leq 60,5)$
   $= P(-2,27 \leq Z \leq 3,36) = 0,9880$ ou $98,80 \%$.

   Il y a environ $98,80 \%$ des chances que l'échantillon de 150 logements coopératifs contienne au moins 30 et au plus 60 logements occupés par des mères seules.

e) $P(X < 20) \approx P(Y \leq 19,5) = P(Z < -4,09) = 0$ ou 0%.

   Il y a environ 0% des chances que l'échantillon de 150 logements coopératifs contienne moins de 20 logements occupés par des mères seules.

f) $P(X > 75) \approx P(Y > 75,5) = P(Z > 6,09) = 0$ ou 0%.

   Il y a environ 0% des chances que l'échantillon de 150 logements coopératifs contienne plus de 75 logements occupés par des mères seules.

g) $P(X > 40) \approx P(Y > 40,5) = P(Z > -0,27) = 0,6064$.

   Donc, il y a environ $60,64 \%$ des échantillons de 150 logements coopératifs qui contiennent plus de 40 logements occupés par des mères seules.

h) $P(35 \leq X \leq 50) \approx P(34,5 \leq Y \leq 50,5)$
   $= P(-1,36 \leq Z \leq 1,55) = 0,8525$.

   Donc, il y a environ $85,25 \%$ des échantillons de 150 logements coopératifs qui contiennent au moins 35 et au plus 50 logements occupés par des mères seules.

i) Environ 10% des échantillons de 150 logements coopératifs contiennent plus de 49 logements occupés par des mères seules.

8.18

a) L'expérience aléatoire : Choisir au hasard 250 adultes canadiens.

b) La variable aléatoire X : Le nombre d'adultes canadiens n'ayant aucune religion.

c) Il faut vérifier si les trois conditions de la binomiale sont remplies.

   1) L'épreuve consiste à choisir un adulte canadien :

– succès : adulte n'ayant aucune religion ;
$\pi = 0,12$;
– échec : adulte ayant une religion ;
$(1 - \pi) = 0,88$.

2) L'épreuve est répétée 250 fois : $n = 250$.

3) Il y a indépendance entre chacun des choix. Le fait de choisir 250 adultes canadiens parmi un si grand nombre modifie de façon négligeable la probabilité de succès à chacune des épreuves. On considère donc que la probabilité de succès demeure la même à chacune des épreuves.

Donc, la variable X obéit à une loi binomiale.

Pour utiliser l'approximation de la distribution binomiale par la distribution normale, il y a trois conditions à remplir :

1) $n = 250 \geq 30$.

2) $n \cdot \pi = 250 \cdot 0,12 = 30 \geq 5$.

3) $n \cdot (1 - \pi) = 250 \cdot 0,88 = 220 \geq 5$.

Donc, les trois conditions sont remplies.

$\mu = n \cdot \pi = 250 \cdot 0,12 = 30$;

$\sigma = \sqrt{n \cdot \pi \cdot (1 - \pi)} = \sqrt{250 \cdot 0,12 \cdot 0,88} = 5,14$.

Pour les questions subséquentes, les cotes Z se calculent ainsi :

$$Z = \frac{Y - 30}{5,14}.$$

d) $P(20 \leq X \leq 25) \approx P(19,5 \leq Y \leq 25,5)$
$= P(-2,04 \leq Z \leq -0,88) = 0,1687$ ou 16,87 %.

Il y a environ 16,87 % des chances que l'échantillon de 250 adultes canadiens comprenne au moins 20 et au plus 25 personnes n'ayant aucune religion.

e) $P(X > 40) \approx P(Y > 40,5) = P(Z > 2,04)$
$= 0,0207$ ou 2,07 %.

Il y a environ 2,07 % des chances que l'échantillon de 250 adultes canadiens comprenne plus de 40 personnes n'ayant aucune religion.

f) $P(X < 36) \approx P(Y < 35,5) = P(Z < 1,07)$
$= 0,8577$ ou 85,77 %.

Il y a environ 85,77 % des chances que l'échantillon de 250 adultes canadiens comprenne moins de 36 personnes n'ayant aucune religion.

g) $P(X < 25) \approx P(Y < 24,5) = P(Z < -1,07) = 0,1423$.

Il y a environ 14,23 % des échantillons de 250 adultes canadiens qui comprennent moins de 25 adultes n'ayant aucune religion.

h) $P(20 \leq X \leq 40) \approx P(19,5 \leq Y \leq 40,5)$
$= P(-2,04 \leq Z \leq 2,04) = 0,9586$.

Il y a environ 95,86 % des échantillons de 250 adultes canadiens qui comprennent au moins 20 et au plus 40 adultes n'ayant aucune religion.

i) Environ 20 % des échantillons de 250 adultes canadiens comprennent moins de 26 adultes n'ayant aucune religion.

8.19

a) L'expérience aléatoire : Choisir au hasard 300 Canadiens âgés de 25 à 64 ans.

b) La variable aléatoire X : Le nombre de personnes ayant fait, au moins partiellement, des études collégiales ou universitaires.

c) Il faut vérifier si les trois conditions de la binomiale sont remplies.

1) L'épreuve consiste à choisir un Canadien :
– succès : qui a fait des études collégiales ou universitaires ; $\pi = 0,41$;
– échec : qui n'a pas fait d'études collégiales ou universitaires ; $(1 - \pi) = 0,59$.

2) L'épreuve est répétée 300 fois : $n = 300$.

3) Il y a indépendance entre chacun des choix. Le fait de choisir 300 Canadiens parmi un si grand nombre modifie de façon négligeable la probabilité de succès à chacune des épreuves. On considère donc que la probabilité de succès demeure la même à chacune des épreuves.

Donc, la variable X obéit à une loi binomiale.

Pour utiliser l'approximation de la distribution binomiale par la distribution normale, il y a trois conditions à remplir :

1) $n = 300 \geq 30$.

2) $n \cdot \pi = 300 \cdot 0,41 = 123 \geq 5$.

3) $n \cdot (1 - \pi) = 300 \cdot 0,59 = 177 \geq 5$.

Donc, les trois conditions sont remplies.

$\mu = n \cdot \pi = 300 \cdot 0,41 = 123,0$;

$\sigma = \sqrt{n \cdot \pi \cdot (1 - \pi)} = \sqrt{300 \cdot 0,41 \cdot 0,59} = 8,52$.

Pour les questions subséquentes, les cotes Z se calculent ainsi :

$$Z = \frac{Y - 123}{8,52}.$$

d) $P(X \geq 125) \approx P(Y \geq 124,5) = P(Z \geq 0,18)$
$= 0,4286$ ou 42,86 %.

Il y a environ 42,86 % des chances que l'échantillon de 300 Canadiens âgés de 25 à 64 ans comprenne au moins 125 personnes ayant fait, au moins partiellement, des études collégiales ou universitaires.

e) Si l'échantillon est composé de 300 Américains, on a : L'expérience aléatoire : Choisir au hasard 300 Américains âgés de 25 à 64 ans.

La variable aléatoire X : Le nombre de personnes ayant fait, au moins partiellement, des études collégiales ou universitaires.

Il faut vérifier si les trois conditions de la binomiale sont remplies.

1) L'épreuve consiste à choisir un Américain :
– succès : qui a fait des études collégiales ou universitaires ; $\pi = 0,31$;

– échec : qui n'a pas fait d'études collégiales ou universitaires ; $(1 - \pi) = 0,69$.

2) L'épreuve est répétée 300 fois : $n = 300$.

3) Il y a indépendance entre chacun des choix. Le fait de choisir 300 Américains parmi un si grand nombre modifie de façon négligeable la probabilité de succès à chacune des épreuves. On considère donc que la probabilité de succès demeure la même à chacune des épreuves.

Donc, la variable X obéit à une loi binomiale.

Pour utiliser l'approximation de la distribution binomiale par la distribution normale, il y a trois conditions à remplir :

1) $n = 300 \geq 30$.

2) $n \cdot \pi = 300 \cdot 0,31 = 93 \geq 5$.

3) $n \cdot (1 - \pi) = 300 \cdot 0,69 = 207 \geq 5$.

Donc, les trois conditions sont remplies.

$\mu = n \cdot \pi = 300 \cdot 0,31 = 93,0$;

$\sigma = \sqrt{n \cdot \pi \cdot (1 - \pi)} = \sqrt{300 \cdot 0,31 \cdot 0,69} = 8,01$.

Pour les questions subséquentes, les cotes Z se calculent ainsi :

$Z = \dfrac{Y - 93}{8,01}$.

$P(X \geq 125) \approx P(Y \geq 124,5) = P(Z \geq 3,93)$
$= 0,0000$ ou $0,00$ %.

Il y a environ 0 % des chances que l'échantillon de 300 Américains âgés de 25 à 64 ans comprenne au moins 125 personnes ayant fait, au moins partiellement, des études collégiales ou universitaires.

f) Le nombre minimal d'Américains doit être de 101.

8.20

a) L'expérience aléatoire : Choisir au hasard 275 jeunes canadiens âgés de 18 à 24 ans.

b) La variable aléatoire X : Le nombre de jeunes inscrits dans un établissement collégial.

c) Il faut vérifier si les trois conditions de la binomiale sont remplies.

1) L'épreuve consiste à choisir un jeune canadien âgé de 18 à 24 ans :

– succès : inscrit dans un établissement collégial ; $\pi = 0,12$;

– échec : non inscrit dans un établissement collégial ; $(1 - \pi) = 0,88$.

2) L'épreuve est répétée 275 fois : $n = 275$.

3) Il y a indépendance entre chacun des choix. Le fait de choisir 275 jeunes canadiens parmi un si grand nombre modifie de façon négligeable la probabilité de succès à chacune des épreuves. On considère donc que la probabilité de succès demeure la même à chacune des épreuves.

Donc, la variable X obéit à une loi binomiale.

Pour utiliser l'approximation de la distribution binomiale par la distribution normale, il y a trois conditions à remplir :

1) $n = 275 \geq 30$.

2) $n \cdot \pi = 275 \cdot 0,12 = 33 \geq 5$.

3) $n \cdot (1 - \pi) = 275 \cdot 0,88 = 242 \geq 5$.

Donc, les trois conditions sont remplies.

$\mu = n \cdot \pi = 275 \cdot 0,12 = 33,0$;

$\sigma = \sqrt{n \cdot \pi \cdot (1 - \pi)} = \sqrt{275 \cdot 0,12 \cdot 0,88} = 5,39$.

Pour les questions subséquentes, les cotes Z se calculent ainsi :

$Z = \dfrac{Y - 33}{5,39}$.

d) $P(X < 25) \approx P(Y < 24,5) = P(Z < -1,58)$
$= 0,0571$ ou $5,71$ %.

Il y a environ 5,71 % des échantillons de 275 jeunes canadiens âgés de 18 à 24 ans qui comprennent moins de 25 jeunes inscrits dans un établissement collégial.

e) L'expérience aléatoire : Choisir au hasard 200 jeunes canadiens âgés de 16 ans.

f) La variable aléatoire X : Le nombre de jeunes canadiens qui lisent et comprennent facilement des textes complexes.

g) Il faut vérifier si les trois conditions de la binomiale sont remplies.

1) L'épreuve consiste à choisir un Canadien âgé de 16 ans :

– succès : qui lit et comprend facilement des textes complexes ; $\pi = 0,70$;

– échec : qui ne lit pas et ne comprend pas facilement des textes complexes ; $(1 - \pi) = 0,30$.

2) L'épreuve est répétée 200 fois : $n = 200$.

3) Il y a indépendance entre chacun des choix. Le fait de choisir 200 jeunes canadiens parmi un si grand nombre modifie de façon négligeable la probabilité de succès à chacune des épreuves. On considère donc que la probabilité de succès demeure la même à chacune des épreuves.

Donc, la variable X obéit à une loi binomiale.

Pour utiliser l'approximation de la distribution binomiale par la distribution normale, il y a trois conditions à remplir :

1) $n = 200 \geq 30$.

2) $n \cdot \pi = 200 \cdot 0,70 = 140 \geq 5$.

3) $n \cdot (1 - \pi) = 200 \cdot 0,30 = 60 \geq 5$.

Donc, les trois conditions sont remplies.

$\mu = n \cdot \pi = 200 \cdot 0,70 = 140$;

$\sigma = \sqrt{n \cdot \pi \cdot (1 - \pi)} = \sqrt{200 \cdot 0,70 \cdot 0,30} = 6,48$.

Pour les questions subséquentes, les cotes Z se calculent ainsi :

$$Z = \frac{Y - 140}{6,48}.$$

h) $P(X > 150) \approx P(Y > 150,5) = P(Z > 1,62)$
= 0,0526 ou 5,26 %.

Il y a environ 5,26 % des chances que l'échantillon de 200 jeunes canadiens âgés de 16 ans contienne plus de 150 jeunes qui lisent et comprennent facilement des textes complexes.

i) L'expérience aléatoire : Choisir au hasard 200 jeunes canadiens âgés de 16 ans.

j) La variable aléatoire X : Le nombre de jeunes canadiens qui montrent une bonne maîtrise de la grammaire, du vocabulaire et du style.

k) Il faut vérifier si les trois conditions de la binomiale sont remplies.

1) L'épreuve consiste à choisir un jeune canadien âgé de 16 ans :
   – succès : qui montre une bonne maîtrise de la grammaire, du vocabulaire et du style ;
   $\pi = 0,80$;
   – échec : qui ne montre pas une bonne maîtrise de la grammaire, du vocabulaire et du style ;
   $(1 - \pi) = 0,20$.

2) L'épreuve est répétée 200 fois : $n = 200$.

3) Il y a indépendance entre chacun des choix. Le fait de choisir 200 jeunes canadiens parmi un si grand nombre modifie de façon négligeable la probabilité de succès à chacune des épreuves. On considère donc que la probabilité de succès demeure la même à chacune des épreuves.

Donc, la variable X obéit à une loi binomiale.

Pour utiliser l'approximation de la distribution binomiale par la distribution normale, il y a trois conditions à remplir :

1) $n = 200 \geq 30$.
2) $n \cdot \pi = 200 \cdot 0,80 = 160 \geq 5$.
3) $n \cdot (1 - \pi) = 200 \cdot 0,20 = 40 \geq 5$.

Donc, les trois conditions sont remplies.

$\mu = n \cdot \pi = 200 \cdot 0,80 = 160$;

$\sigma = \sqrt{n \cdot \pi \cdot (1 - \pi)} = \sqrt{200 \cdot 0,80 \cdot 0,20} = 5,66$.

Pour les questions subséquentes, les cotes Z se calculent ainsi :

$$Z = \frac{Y - 160}{5,66}.$$

l) $P(X < 150) \approx P(Y < 149,5) = P(Z < -1,86)$
= 0,0314 ou 3,14 %.

Il y a environ 3,14 % des chances que l'échantillon de 200 jeunes canadiens âgés de 16 ans comprenne moins de 150 jeunes qui montrent une bonne maîtrise de la grammaire, du vocabulaire et du style.

Chapitre 9

9.1

a) $\mu_p = \pi = 0,28$ ou 28 %.

b) $\sigma_p = \sqrt{\dfrac{\pi \cdot (1 - \pi)}{n}} = \sqrt{\dfrac{0,28 \cdot 0,72}{150}}$
= 0,0367 ou 3,67 %.

c) On vérifie les trois conditions :
   1) $n = 150 \geq 30$.
   2) $n \cdot \pi = 150 \cdot 0,28 = 42 \geq 5$.
   3) $n \cdot (1 - \pi) = 150 \cdot (1 - 0,28) = 150 \cdot 0,72$
      $= 108 \geq 5$.

Puisque les trois conditions sont remplies, l'approximation peut être faite à l'aide de la distribution normale.

d) $P(0,2081 < P < 0,3519)$
$\approx P\left(\dfrac{0,2081 - 0,28}{0,0367} < Z < \dfrac{0,3519 - 0,28}{0,0367} \right)$
$= P(-1,96 < Z < 1,96) = 0,4750 + 0,4750$
$= 0,9500$ ou 95 %.

Il y a environ 95 % des chances que l'échantillon de 150 logements coopératifs contienne entre 20,81 % et 35,19 % de mères seules.

e) $P(0,1853 < P < 0,3747)$
$\approx P\left(\dfrac{0,1853 - 0,28}{0,0367} < Z < \dfrac{0,3747 - 0,28}{0,0367} \right)$
$= P(-2,58 < Z < 2,58) = 0,4951 + 0,4951$
$= 0,9902$ ou 99,02 %.

Il y a environ 99,02 % des chances que l'échantillon de 150 logements coopératifs contienne entre 18,53 % et 37,47 % de mères seules.

f) $P(0,1369 < P < 0,4231)$
$\approx P\left(\dfrac{0,1369 - 0,28}{0,0367} < Z < \dfrac{0,4231 - 0,28}{0,0367} \right)$
$= P(-3,90 < Z < 3,90) = 0,5 + 0,5 = 1,00$ ou 100 %.

Il y a environ 100 % des chances que l'échantillon de 150 logements coopératifs contienne entre 13,69 % et 42,31 % de mères seules.

g) En f), on a montré que toutes les proportions se situent entre 13,69 % et 42,31 %. Il n'y a aucune chance que, dans un échantillon aléatoire de 150 logements, 52 % des logements occupés le soient par des mères seules, à moins que π ne soit supérieur à 28 %.

9.2

a) $\mu_p = \pi = 0,12$ ou 12 %.

b) $\sigma_p = \sqrt{\dfrac{\pi \cdot (1 - \pi)}{n}} = \sqrt{\dfrac{0,12 \cdot 0,88}{250}}$
= 0,0206 ou 2,06 %.

c) On vérifie les trois conditions :

1) $n = 250 \geq 30$.
2) $n \cdot \pi = 250 \cdot 0,12 = 30 \geq 5$.
3) $n \cdot (1 - \pi) = 250 \cdot (1 - 0,12) = 150 \cdot 0,88$
   $= 220 \geq 5$.

Puisque les trois conditions sont remplies, l'approximation peut être faite à l'aide de la distribution normale.

d) $P(0,0669 < P < 0,1731)$

$\approx P\left(\dfrac{0,0669 - 0,12}{0,0206} < Z < \dfrac{0,1731 - 0,12}{0,0206} \right)$

$= P(-2,58 < Z < 2,58) = 0,4951 + 0,4951$

$= 0,9902$ ou $99,02 \%$.

Il y a environ 99,02 % des chances que l'échantillon de 250 adultes canadiens contienne entre 6,69 % et 17,31 % de personnes n'ayant aucune religion.

e) $P(0,0796 < P < 0,1604)$

$\approx P\left(\dfrac{0,0796 - 0,12}{0,0206} < Z < \dfrac{0,1604 - 0,12}{0,0206} \right)$

$= P(-1,96 < Z < 1,96) = 0,4750 + 0,4750$

$= 0,9500$ ou 95%.

Il y a environ 95 % des chances que l'échantillon de 250 adultes canadiens contienne entre 7,96 % et 16,04 % de personnes n'ayant aucune religion.

f) $P(0,0287 < P < 0,2113)$

$\approx P\left(\dfrac{0,0287 - 0,12}{0,0206} < Z < \dfrac{0,2113 - 0,12}{0,0206} \right)$

$= P(-4,43 < Z < 4,43) = 0,5 + 0,5 = 1,00$ ou 100%.

Il y a environ 100 % des chances que l'échantillon de 250 adultes canadiens contienne entre 2,87 % et 21,13 % de personnes n'ayant aucune religion.

g) En f), on a montré que toutes les proportions se situent entre 2,87 % et 21,13 %. Il n'y a aucune chance que, dans un échantillon aléatoire de 250 adultes canadiens, 30 % des adultes n'aient aucune religion, à moins que π ne soit supérieur à 12 %.

9.3

a) Soit la variable aléatoire $P = $ Proportion, dans l'échantillon, des Canadiens âgés de 25 à 34 ans qui désirent avoir des enfants.

b) $\mu_p = \pi = 0,54$ ou 54%.

$\sigma_p = \sqrt{\dfrac{\pi \cdot (1 - \pi)}{n}} = \sqrt{\dfrac{0,54 \cdot 0,46}{225}}$

$= 0,0332$ ou $3,32 \%$.

c) On vérifie les trois conditions :
   1) $n = 225 \geq 30$.
   2) $n \cdot \pi = 225 \cdot 0,54 = 121,5 \geq 5$.
   3) $n \cdot (1 - \pi) = 225 \cdot 0,46 = 103,5 \geq 5$.

Puisque les trois conditions sont remplies, l'approximation peut être faite à l'aide de la distribution normale.

d) $P(0,50 < P < 0,60)$

$\approx P\left(\dfrac{0,50 - 0,54}{0,0332} < Z < \dfrac{0,60 - 0,54}{0,0332} \right)$

$= P(-1,20 < Z < 1,81) = 0,3849 + 0,4649$

$= 0,8498$ ou $84,98 \%$.

Il y a environ 84,98 % des chances que l'échantillon de 225 Canadiens âgés de 25 à 34 ans contienne entre 50 % et 60 % de personnes qui désirent avoir des enfants.

e) $P(P < 0,40) \approx P\left(Z < \dfrac{0,40 - 0,54}{0,0332} \right)$

$= P(Z < -4,22) = 0,0000$ ou 0%.

Il y a environ 0 % des chances que l'échantillon de 225 Canadiens âgés de 25 à 34 ans contienne moins de 40 % de personnes qui désirent avoir des enfants.

9.4

a) Il faut d'abord vérifier le taux de sondage :

$\dfrac{n}{N} = \dfrac{1\,056}{3\,330\,000} = 0,0003 \leq 0,05$.

On n'a donc pas besoin du facteur de correction.

$\mu_{\bar{x}} = 72,5$ ans.

$\sigma_{\bar{x}} = \dfrac{\sigma}{\sqrt{n}} = \dfrac{17,8}{\sqrt{1\,056}} = 0,55$ an.

b) Puisque $n = 1\,056 \geq 30$, on peut utiliser le théorème central limite. La variable aléatoire $\bar{X}$ suit approximativement une distribution normale.

c) $P(\bar{X} < 72) \approx P\left(Z < \dfrac{72 - 72,5}{0,55} \right) = P(Z < -0,91)$

$= 0,5 - 0,3186 = 0,1814$ ou $18,14 \%$.

Il y a environ 18,14 % des chances que, dans l'échantillon de 1 056 Québécoises, l'âge moyen de celles-ci à leur décès soit inférieur à 72 ans.

d) $P(\bar{X} < 74) \approx P\left(Z < \dfrac{74 - 72,5}{0,55} \right) = P(Z < 2,73)$

$= 0,5 + 0,4968 = 0,9968$ ou $99,68 \%$.

Il y a environ 99,68 % des chances que, dans l'échantillon de 1 056 Québécoises, l'âge moyen de celles-ci à leur décès soit inférieur à 74 ans.

e) $P(72 < \bar{X} < 73)$

$\approx P\left(\dfrac{72 - 72,5}{0,55} < Z < \dfrac{73 - 72,5}{0,55} \right)$

$= P(-0,91 < Z < 0,91) = 0,3186 + 0,3186$

$= 0,6372$ ou $63,72 \%$.

Il y a environ 63,72 % des chances que, dans l'échantillon de 1 056 Québécoises, l'âge moyen de celles-ci à leur décès se situe entre 72 et 73 ans.

f) $P(71,5 < \bar{X} < 73,5)$

$\approx P\left(\dfrac{71,5 - 72,5}{0,55} < Z < \dfrac{73,5 - 72,5}{0,55} \right)$

$= P(-1,82 < Z < 1,82) = 0,4656 + 0,4656$

= 0,9312 ou 93,12 %.

Il y a environ 93,12 % des chances que, dans l'échantillon de 1 056 Québécoises, l'âge moyen de celles-ci à leur décès se situe entre 71,5 et 73,5 ans.

g) P(70 < $\overline{X}$ < 75)

$\approx P\left(\dfrac{70-72,5}{0,55} < Z < \dfrac{75-72,5}{0,55}\right)$

= P(–4,55 < Z < 4,55) = 0,5 + 0,5 = 1,00 ou 100 %.

Il y a environ 100 % des chances que, dans l'échantillon de 1 056 Québécoises, l'âge moyen de celles-ci à leur décès se situe entre 70 et 75 ans.

h) Si la moyenne de la population est bien de 72,5 ans, on n'a aucune chance d'obtenir un échantillon aléatoire de taille 1 056 avec une moyenne de 77 ans, à moins que l'information au sujet de la moyenne de la population ne soit erronée.

9.5

a) On doit d'abord vérifier le taux de sondage :

$\dfrac{n}{N} = \dfrac{1\ 200}{15\ 800} = 0,076 > 0,05.$ Il faut donc utiliser le facteur de correction.

$\mu_{\bar{x}} = 39,3$ ans.

$\sigma_{\bar{x}} = \dfrac{\sigma}{\sqrt{n}} \cdot \sqrt{\dfrac{N-n}{N-1}} = \dfrac{9,8}{\sqrt{1\ 200}} \cdot \sqrt{\dfrac{15\ 800 - 1\ 200}{15\ 800 - 1}}$

$= 0,27$ an.

b) Puisque n = 1200 ≥ 30, on peut utiliser le théorème central limite. La variable aléatoire $\overline{X}$ suit approximativement une distribution normale.

c) P($\overline{X}$ > 39) $\approx P\left(Z > \dfrac{39-39,3}{0,27}\right)$ = P(Z > –1,11)

= 0,5 + 0,3665 = 0,8665 ou 86,65 %.

Il y a environ 86,65 % des chances que, dans l'échantillon des 1 200 hommes divorcés au Québec, l'âge moyen de ceux-ci au moment du divorce soit supérieur à 39 ans.

d) P($\overline{X}$ > 41) $\approx P\left(Z > \dfrac{41-39,3}{0,27}\right)$ = P(Z > 6,30)

= 0,5 – 0,5 = 0 ou 0 %.

Il y a environ 0 % des chances que, dans l'échantillon des 1 200 hommes divorcés au Québec, l'âge moyen de ceux-ci au moment du divorce soit supérieur à 41 ans.

e) P(38,8 < $\overline{X}$ < 39,8)

$\approx P\left(\dfrac{38,8-39,3}{0,27} < Z < \dfrac{39,8-39,3}{0,27}\right)$

= P(–1,85 < Z < 1,85) = 0,4678 + 0,4678

= 0,9356 ou 93,56 %.

Il y a environ 93,56 % des chances que, dans l'échantillon des 1 200 hommes divorcés au Québec, l'âge moyen de ceux-ci au moment du divorce se situe entre 38,8 et 39,8 ans.

f) P(38,3 < $\overline{X}$ < 40,3)

$\approx P\left(\dfrac{38,3-39,3}{0,27} < Z < \dfrac{40,3-39,3}{0,27}\right)$

= P(–3,70 < Z < 3,70) = 0,4999 + 0,4999

= 0,9998 ou 99,98 %.

Il y a environ 99,98 % des chances que, dans l'échantillon des 1 200 hommes divorcés au Québec, l'âge moyen de ceux-ci au moment du divorce se situe entre 38,3 et 40,3 ans.

g) P(41 < $\overline{X}$ < 42)

$\approx P\left(\dfrac{41-39,3}{0,27} < Z < \dfrac{42-39,3}{0,27}\right)$

= P(6,30 < Z < 10) = 0,5 – 0,5 = 0 ou 0 %.

Il y a environ 0 % des chances que, dans l'échantillon des 1 200 hommes divorcés au Québec, l'âge moyen de ceux-ci au moment du divorce se situe entre 41 et 42 ans.

Ce résultat n'est pas surprenant, puisqu'en d) on a obtenu P($\overline{X}$ > 41 ans) = 0 %.

h) Si la moyenne de la population est bien de 39,3 ans, on n'a aucune chance d'obtenir un échantillon aléatoire de taille 1 200 avec une moyenne de 41,5 ans, à moins que l'information au sujet de la moyenne de la population ne soit erronée.

9.6

a) On doit d'abord vérifier le taux de sondage :

$\dfrac{n}{N} = \dfrac{784}{2\ 360\ 000} = 0,0003 \le 0,05.$ On n'a donc pas besoin du facteur de correction.

$\mu_{\bar{x}} = 2,7$ personnes.

$\sigma_{\bar{x}} = \dfrac{\sigma}{\sqrt{n}} = \dfrac{1,4}{\sqrt{784}} = 0,05$ personne.

b) Puisque n = 784 ≥ 30, on peut utiliser le théorème central limite. La variable aléatoire $\overline{X}$ suit approximativement une distribution normale.

c) P($\overline{X}$ > 3) $\approx P\left(Z > \dfrac{3-2,7}{0,05}\right)$ = P(Z > 6,00)

= 0,5 – 0,5 = 0 ou 0 %.

Il y a environ 0 % des chances que, dans l'échantillon des 784 ménages, le nombre moyen de personnes dans les ménages soit supérieur à 3.

d) P($\overline{X}$ > 2,6) $\approx P\left(Z > \dfrac{2,6-2,7}{0,05}\right)$ = P(Z > –2,00)

= 0,5 + 0,4772 = 0,9772 ou 97,72 %.

Il y a environ 97,72 % des chances que, dans l'échantillon des 784 ménages, le nombre moyen de personnes dans les ménages soit supérieur à 2,6.

e) P(2,6 < $\overline{X}$ < 2,8)

$\approx P\left(\dfrac{2,6-2,7}{0,05} < Z < \dfrac{2,8-2,7}{0,05}\right)$ = P(–2,00 < Z < 2,00)

= 0,4772 + 0,4772 = 0,9544 ou 95,44 %.

Il y a environ 95,44 % des chances que, dans l'échantillon des 784 ménages, le nombre moyen de personnes dans les ménages se situe entre 2,6 et 2,8.

f) $P(2,5 < \overline{X} < 2,9)$

$$\approx P\left(\frac{2,5 - 2,7}{0,05} < Z < \frac{2,9 - 2,7}{0,05}\right)$$

$= P(-4,00 < Z < 4,00) = 0,5 + 0,5 = 1$ ou 100 %.

Il y a environ 100 % des chances que, dans l'échantillon des 784 ménages, le nombre moyen de personnes dans les ménages se situe entre 2,5 et 2,9.

g) $P(\overline{X} > 2,7) \approx 0,5$ ou 50 %, puisque $\mu_{\overline{x}} = 2,7$ personnes.

Il y a environ 50 % des chances que, dans l'échantillon des 784 ménages, le nombre moyen de personnes dans les ménages soit supérieur à 2,7.

h) Si le nombre moyen est de 2,66 personnes, on a une cote Z de −0,8. Il est très plausible qu'on puisse obtenir une telle moyenne dans un échantillon de 784 ménages, s'il y a en moyenne 2,7 personnes dans les ménages québécois.

9.7

a) On doit d'abord vérifier le taux de sondage :

$\dfrac{n}{N} = \dfrac{841}{2\ 800\ 000} = 0,0003 \le 0,05$. On n'a donc pas besoin du facteur de correction.

$\mu_{\overline{x}} = 28\ 900\ \$.$

$\sigma_{\overline{x}} = \dfrac{\sigma}{\sqrt{n}} = \dfrac{20\ 300}{\sqrt{841}} = 700\ \$.$

b) Puisque $n = 841 \ge 30$, on peut utiliser le théorème central limite. La variable aléatoire $\overline{X}$ suit approximativement une distribution normale.

c) $P(\overline{X} < 28\ 000) \approx P\left(Z < \dfrac{28\ 000 - 28\ 900}{700}\right)$

$= P(Z < -1,29) = 0,5 - 0,4015 = 0,0985$ ou 9,85 %.

Il y a environ 9,85 % des chances que, dans l'échantillon des 841 unités familiales, le revenu moyen de celles-ci soit inférieur à 28 000 $.

d) $P(\overline{X} < 29\ 600) \approx P\left(Z < \dfrac{29\ 600 - 28\ 900}{700}\right)$

$= P(Z < 1) = 0,5 + 0,3413 = 0,8413$ ou 84,13 %.

Il y a environ 84,13 % des chances que, dans l'échantillon des 841 unités familiales, le revenu moyen de celles-ci soit inférieur à 29 600 $.

e) $P(27\ 528 < \overline{X} < 30\ 272)$

$$\approx P\left(\frac{27\ 528 - 28\ 900}{700} < Z < \frac{30\ 272 - 28\ 900}{700}\right)$$

$= P(-1,96 < Z < 1,96) = 0,4750 + 0,4750$

$= 0,9500$ ou 95 %.

Il y a environ 95 % des chances que, dans l'échantillon des 841 unités familiales, le revenu moyen de celles-ci se situe entre 27 528 $ et 30 272 $.

f) $P(27\ 094 < \overline{X} < 30\ 706)$

$$\approx P\left(\frac{27\ 094 - 28\ 900}{700} < Z < \frac{30\ 706 - 28\ 900}{700}\right)$$

$= P(-2,58 < Z < 2,58) = 0,4951 + 0,4951$

$= 0,9902$ ou 99,02 %.

Il y a environ 99,02 % des chances que, dans l'échantillon des 841 unités familiales, le revenu moyen de celles-ci se situe entre 27 094 $ et 30 706 $.

g) $P(26\ 100 < \overline{X} < 31\ 700)$

$$\approx P\left(\frac{26\ 100 - 28\ 900}{700} < Z < \frac{31\ 700 - 28\ 900}{700}\right)$$

$= P(-4,00 < Z < 4,00) = 0,5000 + 0,5000$

$= 1,0000$ ou 100 %.

Il y a environ 100 % des chances que, dans l'échantillon des 841 unités familiales, le revenu moyen de celles-ci se situe entre 26 100 $ et 31 700 $.

h) Si la moyenne de la population est bien de 28 900 $, on n'a aucune chance d'obtenir un échantillon aléatoire de taille 841 avec une moyenne de 33 000 $, à moins que l'information au sujet de la moyenne de la population ne soit erronée.

Chapitre 10

10.1

a) Le meilleur estimateur de μ est $\overline{x} = 6,7$ heures par jour.

b) Le meilleur estimateur de σ est $s = 0,8$ heure par jour.

10.2

a) Le meilleur estimateur de μ est $\overline{x} = 9,9$ heures par jour.

b) Le meilleur estimateur de σ est $s = 1,3$ heure par jour.

10.3

a) Le meilleur estimateur de μ est $\overline{x} = 3\ 306,25\ \$.$

b) Le meilleur estimateur de σ est $s = 876,71\ \$.$

10.4

a) Le meilleur estimateur de μ est $\overline{x} = 18,5$ heures.

b) Le meilleur estimateur de σ est $s = 4,0$ heures.

10.5

a) Le meilleur estimateur de μ est $\overline{x} = 40\ 000\ \$.$

b) La variable aléatoire « Revenu familial » obéit à une loi normale, et σ est connu.

c) Puisque $\dfrac{n}{N} \le 0,05$, $ME = Z_{\alpha/2} \bullet \sigma_{\overline{x}}$

$= 1,96 \bullet \dfrac{\sigma}{\sqrt{n}} = 1,96 \bullet \dfrac{8\ 552}{\sqrt{18}} = 3\ 950,82\ \$.$

d) L'intervalle de confiance est donné sous la forme :
$$[\bar{x} - Z_{\alpha/2} \cdot \sigma_{\bar{x}} \; ; \; \bar{x} + Z_{\alpha/2} \cdot \sigma_{\bar{x}}]$$
$$= [40\,000 - 3\,950,82 \; ; \; 40\,000 + 3\,950,82]$$
$$= [36\,049,18\, \$ \; ; \; 43\,950,82\, \$].$$

e) $n \geq \left(\dfrac{Z_{\alpha/2} \cdot \sigma}{ME}\right)^2$
$$\geq \left(\dfrac{1,96 \cdot 8\,552}{1\,000}\right)^2 = 280,96$$
$$\geq 281 \text{ travailleurs indépendants.}$$

10.6

a) Le meilleur estimateur de μ est $\bar{x} = 1\,975$ heures.

b) La variable aléatoire « Durée de vie d'une ampoule de type A de 60 watts » obéit à une loi normale, et σ est connu.

c) Puisque $\dfrac{n}{N}$ est sûrement inférieur à 0,05,
$$ME = Z_{\alpha/2} \cdot \sigma_{\bar{x}} = Z_{\alpha/2} \cdot \dfrac{\sigma}{\sqrt{n}} = 2,58 \cdot \dfrac{50}{\sqrt{64}}$$
$$= 16,13 \text{ heures.}$$

d) L'intervalle de confiance est donné sous la forme :
$$[\bar{x} - Z_{\alpha/2} \cdot \sigma_{\bar{x}} \; ; \; \bar{x} + Z_{\alpha/2} \cdot \sigma_{\bar{x}}]$$
$$= [1\,975 - 16,13 \; ; \; 1\,975 + 16,13]$$
$$= [1\,958,87 \text{ heures} \; ; \; 1\,991,13 \text{ heures}].$$

e) $n \geq \left(\dfrac{Z_{\alpha/2} \cdot \sigma}{ME}\right)^2$
$$\geq \left(\dfrac{2,58 \cdot 50}{5}\right)^2 = 665,64$$
$$\geq 666 \text{ ampoules.}$$

f) $n \geq \left(\dfrac{Z_{\alpha/2} \cdot \sigma}{ME}\right)^2$
$$\geq \left(\dfrac{2,58 \cdot 50}{1}\right)^2 = 16\,641$$
$$\geq 16\,141 \text{ ampoules.}$$
Comme cette quantité d'ampoules est importante, la tâche sera longue et sûrement très coûteuse. De plus, il faut penser au taux de sondage, c'est-à-dire qu'il faut vérifier si
$$\dfrac{n}{N} \leq 0,05,$$
ou encore si
$$\dfrac{n}{0,05} \leq N :$$
$$\dfrac{16\,641}{0,05} = 332\,820 \leq N.$$
Comme il y a au moins 332 820 ampoules qui seront produites par la compagnie, il n'est donc pas nécessaire d'utiliser le facteur de correction.

10.7

a) Le meilleur estimateur de μ est $\bar{x} = 70,5$ ans.

b) La variable aléatoire « Âge d'une Québécoise au moment de son décès » a une distribution inconnue, σ est connu et $n \geq 30$.

c) Puisque $\dfrac{n}{N} = \dfrac{1\,250}{20\,756} = 0,06 > 0,05,$
$$ME = Z_{\alpha/2} \cdot \sigma_{\bar{x}} = Z_{\alpha/2} \cdot \dfrac{\sigma}{\sqrt{n}} \sqrt{\dfrac{N-n}{N-1}}$$
$$= 2,33 \cdot \dfrac{18}{\sqrt{1\,250}} \sqrt{\dfrac{20\,756 - 1\,250}{20\,755}} = 1,15 \text{ an.}$$

d) L'intervalle de confiance est donné sous la forme :
$$[\bar{x} - Z_{\alpha/2} \cdot \sigma_{\bar{x}} \; ; \; \bar{x} + Z_{\alpha/2} \cdot \sigma_{\bar{x}}]$$
$$= [70,5 - 1,15 \; ; \; 70,5 + 1,15]$$
$$= [69,35 \text{ ans} \; ; \; 71,65 \text{ ans}].$$

e) $n \geq \left(\dfrac{Z_{\alpha/2} \cdot \sigma}{ME}\right)^2$
$$\geq \left(\dfrac{2,33 \cdot 18}{1}\right)^2 = 1\,758,96$$
$$\geq 1\,759 \text{ Québécoises.}$$

f) $n \geq \left(\dfrac{Z_{\alpha/2} \cdot \sigma}{ME}\right)^2$
$$\geq \left(\dfrac{2,33 \cdot 18}{0,5}\right)^2 = 7\,035,85$$
$$\geq 7\,036 \text{ Québécoises.}$$
Comme ce nombre est important, la tâche sera longue et coûteuse. De plus, il faut penser au taux de sondage, soit
$$\dfrac{7\,036}{20\,756} = 0,34 > 0,05.$$ Compte tenu de ce résultat, il est nécessaire d'utiliser le facteur de correction.
$$ME = Z_{\alpha/2} \cdot \sigma_{\bar{x}} = Z_{\alpha/2} \cdot \dfrac{\sigma}{\sqrt{n}} \sqrt{\dfrac{N-n}{N-1}}$$
$$= 2,33 \cdot \dfrac{18}{\sqrt{7\,036}} \sqrt{\dfrac{20\,756 - 7\,036}{20\,755}} = 0,41 \text{ an.}$$

10.8

a) Le meilleur estimateur de μ est $\bar{x} = 10,93$ milligrammes.

b) La variable aléatoire « Quantité de goudron » a une distribution inconnue, σ est connu et $n \geq 30$.

c) Puisque $\dfrac{n}{N} \leq 0,05,$
$$ME = Z_{\alpha/2} \cdot \sigma_{\bar{x}} = Z_{\alpha/2} \cdot \dfrac{\sigma}{\sqrt{n}}$$
$$= 1,96 \cdot \dfrac{0,45}{\sqrt{50}} = 0,12 \text{ milligramme.}$$

d) L'intervalle de confiance est donné sous la forme :
$$[\bar{x} - Z_{\alpha/2} \cdot \sigma_{\bar{x}} \; ; \; \bar{x} + Z_{\alpha/2} \cdot \sigma_{\bar{x}}]$$
$$= [10,93 - 0,12 \; ; \; 10,93 + 0,12]$$
$$= [10,81 \text{ milligrammes} \; ; \; 11,05 \text{ milligrammes}]$$

e) Pas nécessairement, puisque l'intervalle obtenu précédemment est [10,81 ; 11,05]. Puisque ce résultat signifie que **toutes** les valeurs dans l'intervalle sont plausibles, il est possible que la quantité moyenne de goudron par cigarette dépasse 11 milligrammes.

f) $n \geq \left(\dfrac{Z_{\alpha/2} \cdot \sigma}{ME} \right)^2$

$\geq \left(\dfrac{1,96 \cdot 0,45}{0,01} \right)^2 = 7\,779,24$

$\geq 7\,780$ cigarettes.

Cependant, il faut penser au taux de sondage, c'est-à-dire qu'il faut vérifier si $\dfrac{n}{N} \leq 0,05$. Soit $\dfrac{7\,780}{0,05}$ $= 155\,600$ cigarettes. Comme il y a sûrement au moins 155 600 cigarettes, il n'est pas nécessaire d'utiliser le facteur de correction.

10.9

a) Le meilleur estimateur de μ est $\bar{x} = 63\,150,14$ kilomètres.

b) La variable aléatoire « Durée de vie d'un pneu Hyroul » obéit à une loi normale, et σ est connu.

c) Puisque $\dfrac{n}{N} \leq 0,05$, $N \geq 320$ pneus.

$ME = Z_{\alpha/2} \cdot \sigma_{\bar{x}} = Z_{\alpha/2} \cdot \dfrac{\sigma}{\sqrt{n}}$

$= 1,96 \cdot \dfrac{4\,000}{\sqrt{16}} = 1\,960$ kilomètres.

d) L'intervalle de confiance est donné sous la forme :

$[\bar{x} - Z_{\alpha/2} \cdot \sigma_{\bar{x}} \, ; \, \bar{x} + Z_{\alpha/2} \cdot \sigma_{\bar{x}}]$

$= [63\,150,14 - 1\,960 \, ; \, 63\,150,14 + 1\,960]$

$= [61\,190,14$ kilomètres ; $65\,110,14$ kilomètres].

e) $n \geq \left(\dfrac{Z_{\alpha/2} \cdot \sigma}{ME} \right)^2$

$\geq \left(\dfrac{1,96 \cdot 4\,000}{1\,000} \right)^2 = 61,47$

≥ 62 pneus.

Cependant, il faut penser au taux de sondage, c'est-à-dire qu'il faut vérifier si $\dfrac{n}{N} \leq 0,05$. Soit $\dfrac{62}{0,05}$ ≤ 1240 pneus. Comme il y a sûrement au moins 1 240 pneus, il n'est pas nécessaire d'utiliser le facteur de correction.

f) $n \geq \left(\dfrac{Z_{\alpha/2} \cdot \sigma}{ME} \right)^2$

$\geq \left(\dfrac{1,96 \cdot 4\,000}{500} \right)^2 = 245,86$

≥ 246 pneus.

Cependant, il faut penser au taux de sondage, c'est-à-dire qu'il faut vérifier si $\dfrac{n}{N} \leq 0,05$. Soit $\dfrac{246}{0,05}$ $= 4\,920$ pneus. Comme il y a sûrement au moins 4 920 pneus, il n'est pas nécessaire d'utiliser le facteur de correction.

10.10

a) Le meilleur estimateur de μ est $\bar{x} = 2,53$ \$.

b) La variable aléatoire « Prix d'un kilogramme de miel » a une distribution inconnue, σ est connu et $n \geq 30$.

c) Puisque $\dfrac{n}{N} = \dfrac{200}{3\,300} = 0,06 > 0,05$,

$ME = Z_{\alpha/2} \cdot \sigma_{\bar{x}} = Z_{\alpha/2} \cdot \dfrac{\sigma}{\sqrt{n}} \sqrt{\dfrac{N-n}{N-1}}$

$= 1,96 \cdot \dfrac{0,15}{\sqrt{200}} \sqrt{\dfrac{3\,300 - 200}{3\,299}} = 0,02$ \$.

d) L'intervalle de confiance est donné sous la forme :

$[\bar{x} - Z_{\alpha/2} \cdot \sigma_{\bar{x}} \, ; \, \bar{x} + Z_{\alpha/2} \cdot \sigma_{\bar{x}}]$

$= [2,53 - 0,02 \, ; \, 2,53 + 0,02] = [2,51$ \$; $2,55$ \$].

e) $n \geq \left(\dfrac{Z_{\alpha/2} \cdot \sigma}{ME} \right)^2$

$\geq \left(\dfrac{1,96 \cdot 0,15}{0,01} \right)^2 = 864,36$

≥ 865 apiculteurs.

f) Il faut penser au taux de sondage, soit $\dfrac{865}{3\,300} = 0,26$ $> 0,05$. Compte tenu du résultat, il est nécessaire d'utiliser le facteur de correction.

$ME = Z_{\alpha/2} \cdot \dfrac{\sigma}{\sqrt{n}} \sqrt{\dfrac{N-n}{N-1}}$

$= 1,96 \cdot \dfrac{0,15}{\sqrt{865}} \sqrt{\dfrac{3\,300 - 865}{3\,299}} = 0,01$ \$.

La marge d'erreur réelle serait de l'ordre de 0,01 \$.

10.11

a) Le meilleur estimateur de μ est $\bar{x} = 201,6$ pulsations par minute.

b) La variable aléatoire « Pouls du joueur » a une distribution inconnue, σ est connu et $n \geq 30$.

c) Puisque $\dfrac{n}{N} \leq 0,05$,

$ME = Z_{\alpha/2} \cdot \sigma_{\bar{x}} = Z_{\alpha/2} \cdot \dfrac{\sigma}{\sqrt{n}} = 1,96 \cdot \dfrac{8}{\sqrt{30}}$

$= 2,86$ pulsations par minute.

d) L'intervalle de confiance est donné sous la forme :

$[\bar{x} - Z_{\alpha/2} \cdot \sigma_{\bar{x}} \, ; \, \bar{x} + Z_{\alpha/2} \cdot \sigma_{\bar{x}}]$

$= [201,6 - 2,86 \, ; \, 201,6 + 2,86]$

$= [198,74$ pulsations par minute ; $204,46$ pulsations par minute].

e) L'intervalle de confiance à 95 % indique que le nombre moyen de pulsations par minute se situe dans l'intervalle [198,74 ; 204,46], ce qui est inférieur à 206 pulsations par minute.

f) $n \geq \left(\dfrac{Z_{\alpha/2} \cdot \sigma}{ME} \right)^2 \geq \left(\dfrac{1,96 \cdot 8}{1} \right)^2 = 245,86$
≥ 246 jeunes joueurs.

10.12

a) Il faut d'abord vérifier les conditions d'application et le taux de sondage.

La variable aléatoire « Âge d'un Québécois au moment du décès » a une distribution inconnue, σ est inconnu et $n \geq 30$.

$\dfrac{n}{N} = \dfrac{3\,025}{26\,208} = 0,1154 > 0,05$.

$s_{\bar{x}} = \dfrac{s}{\sqrt{n}} \sqrt{\dfrac{N-n}{N-1}} = \dfrac{19,6}{\sqrt{3\,025}} \sqrt{\dfrac{26\,208 - 3\,025}{26\,207}}$

$= 0,34$ an.

$[\bar{x} - Z_{\alpha/2} \cdot s_{\bar{x}} \; ; \; \bar{x} + Z_{\alpha/2} \cdot s_{\bar{x}}]$
$= [69,5 - 1,96 \cdot 0,34 \; ; \; 69,5 + 1,96 \cdot 0,34]$
$= [68,83 \text{ ans} \; ; \; 70,17 \text{ ans}]$.

b) L'intervalle de confiance à 95 % indique que l'âge moyen des hommes décédés se situe dans l'intervalle [68,83 ; 70,17]. L'âge moyen des hommes décédés en 1986 n'est probablement pas de 71 ans, puisque 71 ans ne fait pas partie de l'intervalle de confiance.

10.13

a) Il faut d'abord vérifier les conditions d'application et le taux de sondage.

La variable aléatoire « Revenu annuel » a une distribution inconnue, σ est inconnu et $n \geq 30$.

Il faut vérifier si $\dfrac{n}{N} \leq 0,05$, c'est-à-dire si $\dfrac{n}{0,05} \leq N$.

Puisque $\dfrac{45}{0,05} = 900$ et que la population a certainement une taille de $N \geq 900$ hommes, il n'est pas nécessaire d'utiliser le facteur de correction.

$s_{\bar{x}} = \dfrac{s}{\sqrt{n}} = \dfrac{11\,956}{\sqrt{45}} = 1\,782,30\,\$$.

$[\bar{x} - Z_{\alpha/2} \cdot s_{\bar{x}} \; ; \; \bar{x} + Z_{\alpha/2} \cdot s_{\bar{x}}]$
$= [23\,460 - 2,58 \cdot 1\,782,30 \; ; \; 23\,460 + 2,58 \cdot 1\,782,30]$
$= [18\,861,67\,\$ \; ; \; 28\,058,33\,\$]$.

b) Il faut vérifier si $\dfrac{n}{N} \leq 0,05$, c'est-à-dire si $\dfrac{n}{0,05} \leq N$.

Puisque $\dfrac{36}{0,05} = 720$ et que la population a certainement une taille de $N \geq 720$ femmes, il n'est nécessaire d'utiliser le facteur de correction.

$s_{\bar{x}} = \dfrac{s}{\sqrt{n}} = \dfrac{7\,800}{\sqrt{36}} = 1\,300\,\$$.

$[\bar{x} - Z_{\alpha/2} \cdot s_{\bar{x}} \; ; \; \bar{x} + Z_{\alpha/2} \cdot s_{\bar{x}}]$
$= [11\,335 - 2,58 \cdot 1\,300 \; ; \; 11\,335 + 2,58 \cdot 1\,300]$

$= [7\,981\,\$ \; ; \; 14\,689\,\$]$.

c) Le revenu annuel moyen des femmes est nettement inférieur à celui des hommes.

10.14

a) Il faut d'abord vérifier les conditions d'application et le taux de sondage.

La variable aléatoire « Âge du Québécois divorcé depuis moins de 1 an » a une distribution inconnue, σ est inconnu et $n \geq 30$.

Il faut vérifier si $\dfrac{n}{N} \leq 0,05$, c'est-à-dire si $\dfrac{n}{0,05} \leq N$.

Puisque $\dfrac{92}{0,05} = 1\,840$ et que la population a certainement une taille de $N \geq 1\,840$ hommes divorcés, il n'est pas nécessaire d'utiliser le facteur de correction.

$s_{\bar{x}} = \dfrac{s}{\sqrt{n}} = \dfrac{8,6}{\sqrt{92}} = 0,90$ an.

$[\bar{x} - Z_{\alpha/2} \cdot s_{\bar{x}} \; ; \; \bar{x} + Z_{\alpha/2} \cdot s_{\bar{x}}]$
$= [38,9 - 1,96 \cdot 0,90 \; ; \; 38,9 + 1,96 \cdot 0,90]$
$= [37,14 \text{ ans} \; ; \; 40,66 \text{ ans}]$.

b) Il faut d'abord vérifier les conditions d'application et le taux de sondage.

La variable aléatoire « Âge d'une Québécoise divorcée depuis moins de 1 an » a une distribution inconnue, σ est inconnu et $n \geq 30$.

Il faut vérifier si $\dfrac{n}{N} \leq 0,05$, c'est-à-dire si $\dfrac{n}{0,05} \leq N$.

Puisque $\dfrac{75}{0,05} = 1\,500$ et que la population a certainement une taille de $N \geq 1\,500$ femmes divorcées, il n'est pas nécessaire d'utiliser le facteur de correction.

$s_{\bar{x}} = \dfrac{s}{\sqrt{n}} = \dfrac{7,4}{\sqrt{75}} = 0,85$ an.

$[\bar{x} - Z_{\alpha/2} \cdot s_{\bar{x}} \; ; \; \bar{x} + Z_{\alpha/2} \cdot s_{\bar{x}}]$
$= [35,8 - 1,96 \cdot 0,85 \; ; \; 35,8 + 1,96 \cdot 0,85]$
$= [34,13 \text{ ans} \; ; \; 37,47 \text{ ans}]$.

c) Au moment du divorce, l'âge moyen des femmes semble inférieur à l'âge moyen des hommes.

10.15

a) Il faut d'abord vérifier les conditions d'application et le taux de sondage.

La variable aléatoire « Nombre de personnes dans la famille » a une distribution inconnue, σ est inconnu et $n \geq 30$.

Il faut vérifier si $\dfrac{n}{N} \leq 0,05$, c'est-à-dire si $\dfrac{n}{0,05} \leq N$.

Puisque $\dfrac{116}{0,05} = 2\,320$ et que la population a certainement une taille de $N \geq 2\,320$ familles québécoises, il n'est pas nécessaire d'utiliser le facteur de correction.

$$s_{\bar{x}} = \frac{s}{\sqrt{n}} = \frac{1,62}{\sqrt{116}} = 0,15 \text{ personne.}$$

$$[\bar{x} - Z_{\alpha/2} \bullet s_{\bar{x}} \, ; \, \bar{x} + Z_{\alpha/2} \bullet s_{\bar{x}}]$$
$$= [3,79 - 1,96 \bullet 0,15 \, ; \, 3,79 + 1,96 \bullet 0,15]$$
$$= [3,50 \text{ personnes} \, ; \, 4,08 \text{ personnes}].$$

b) Il n'est pas possible de déterminer le nombre moyen d'enfants dans les familles québécoises, car l'intervalle obtenu précédemment indique le nombre moyen de personnes dans les familles québécoises.

10.16

a) La variable aléatoire « Montant de l'évaluation » obéit à une distribution normale, σ est inconnu et $n < 30$.

On utilisera la distribution de Student.

Il faut vérifier si $\frac{n}{N} \leq 0,05$. Puisque $\frac{10}{1\,200} = 0,01$ $\leq 0,05$, il n'est pas nécessaire d'utiliser le facteur de correction.

La moyenne $\bar{x} = 106\,152,50$ \$ et $s = 17\,933,73$ \$.

$$s_{\bar{x}} = \frac{s}{\sqrt{n}} = \frac{17\,933,73}{\sqrt{10}} = 5\,671,14 \text{ \$.}$$

b) $[\bar{x} - t_{\alpha/2 \, ; \, v} \bullet s_{\bar{x}} \, ; \, \bar{x} + t_{\alpha/2 \, ; \, v} \bullet s_{\bar{x}}]$
$= [106\,152,50 - 2,26 \bullet 5\,671,14 \, ; \, 106\,152,50 + 2,26 \bullet 5\,671,14]$
$= [93\,335,72 \text{ \$} \, ; \, 118\,969,28 \text{ \$}].$

c) $[\bar{x} - t_{\alpha/2 \, ; \, v} \bullet s_{\bar{x}} \, ; \, \bar{x} + t_{\alpha/2 \, ; \, v} \bullet s_{\bar{x}}]$
$= [106\,152,50 - 3,25 \bullet 5\,671,14 \, ; \, 106\,152,50 + 3,25 \bullet 5\,671,14]$
$= [87\,721,30 \text{ \$} \, ; \, 124\,583,71 \text{ \$}].$

10.17

a) La variable aléatoire « Montant payé pour les taxes » obéit à une distribution normale, σ est inconnu et $n < 30$.

On utilisera la distribution de Student.

Il faut vérifier si $\frac{n}{N} \leq 0,05$, c'est-à-dire si $\frac{n}{0,05} \leq N$. Puisque $\frac{25}{0,05} = 500$ et que la population a certainement une taille de $N \geq 500$ maisons, il n'est pas nécessaire d'utiliser le facteur de correction.

La moyenne $\bar{x} = 1\,741,11$ \$ et $s = 183,52$ \$.

$$s_{\bar{x}} = \frac{s}{\sqrt{n}} = \frac{183,52}{\sqrt{25}} = 36,70 \text{ \$.}$$

b) $[\bar{x} - t_{\alpha/2 \, ; \, v} \bullet s_{\bar{x}} \, ; \, \bar{x} + t_{\alpha/2 \, ; \, v} \bullet s_{\bar{x}}]$
$= [1\,741,11 - 2,06 \bullet 36,70 \, ; \, 1\,741,11 + 2,06 \bullet 36,70]$
$= [1\,665,51 \text{ \$} \, ; \, 1\,816,71 \text{ \$}].$

c) $[\bar{x} - t_{\alpha/2 \, ; \, v} \bullet s_{\bar{x}} \, ; \, \bar{x} + t_{\alpha/2 \, ; \, v} \bullet s_{\bar{x}}]$
$= [1\,741,11 - 2,80 \bullet 36,70 \, ; \, 1\,741,11 + 2,80 \bullet 36,70]$
$= [1\,638,35 \text{ \$} \, ; \, 1\,843,87 \text{ \$}].$

d) Les propriétaires de la municipalité voisine payent probablement plus cher d'impôt foncier, puisque 1 850 \$ est supérieur à la limite supérieure des intervalles obtenus précédemment, et ce avec des pourcentages de confiance de 95 % et de 99 %.

10.18

a) Il faut d'abord vérifier les conditions d'application.

La variable aléatoire « Nombre hebdomadaire d'heures de travail rémunéré » obéit à une distribution normale, σ est inconnu et $n < 30$.

On utilisera la distribution de Student.

Il faut vérifier si $\frac{n}{N} \leq 0,05$, c'est-à-dire si $\frac{n}{0,05} \leq N$. Il faut donc $N \geq 320$.

À l'exemple 10.12, on a vu qu'il y avait plus de 320 élèves ayant un emploi rémunéré durant la session au collège où travaille M. Pagé.

La moyenne $\bar{x} = 18,5$ heures et $s = 4,0$ heures.

$$s_{\bar{x}} = \frac{s}{\sqrt{n}} = \frac{4,0}{\sqrt{16}} = 1,0 \text{ heure.}$$

$[\bar{x} - t_{\alpha/2 \, ; \, v} \bullet s_{\bar{x}} \, ; \, \bar{x} + t_{\alpha/2 \, ; \, v} \bullet s_{\bar{x}}]$
$= [18,5 - 2,60 \bullet 1,0 \, ; \, 18,5 + 2,60 \bullet 1,0]$
$= [15,9 \text{ heures} \, ; \, 21,1 \text{ heures}].$

b) $[\bar{x} - t_{\alpha/2 \, ; \, v} \bullet s_{\bar{x}} \, ; \, \bar{x} + t_{\alpha/2 \, ; \, v} \bullet s_{\bar{x}}]$
$= [18,5 - 2,95 \bullet 1,0 \, ; \, 18,5 + 2,95 \bullet 1,0]$
$= [15,55 \text{ heures} \, ; \, 21,45 \text{ heures}].$

10.19

a) Il faut d'abord vérifier les conditions d'application.

La variable aléatoire « Poids du nouveau-né » obéit à une distribution normale, σ est inconnu et $n < 30$.

On utilisera la distribution de Student.

Il faut vérifier si $\frac{n}{N} \leq 0,05$, c'est-à-dire si $\frac{n}{0,05} \leq N$. Puisque $\frac{20}{0,05} = 400$ et que la population a certainement une taille de $N \geq 400$ nouveau-nés, il n'est pas nécessaire d'utiliser le facteur de correction.

La moyenne $\bar{x} = 2,72$ kilogrammes et $s = 0,93$ kilogramme.

$$s_{\bar{x}} = \frac{s}{\sqrt{n}} = \frac{0,93}{\sqrt{20}} = 0,21 \text{ kilogramme.}$$

$[\bar{x} - t_{\alpha/2 \, ; \, v} \bullet s_{\bar{x}} \, ; \, \bar{x} + t_{\alpha/2 \, ; \, v} \bullet s_{\bar{x}}]$
$= [2,72 - 2,86 \bullet 0,21 \, ; \, 2,72 + 2,86 \bullet 0,21]$
$= [2,12 \text{ kilogrammes} \, ; \, 3,32 \text{ kilogrammes}].$

b) Rien n'a changé, puisque 3,31 kilogrammes est compris dans l'intervalle trouvé précédemment, soit [2,12 kilogrammes ; 3,32 kilogrammes].

10.20

a) Il faut d'abord vérifier les conditions d'application.

Il faut évaluer p :

$$p = \frac{362}{503} = 0,7197.$$

De plus,

$n = 503 \geq 30$;

$n \cdot p = 503 \cdot 0,7197 = 362 \geq 5$;

$n \cdot (1 - p) = 503 \cdot 0,2803 = 141 \geq 5$.

Il faut vérifier si $\dfrac{n}{N} \leq 0,05$, c'est-à-dire si $\dfrac{n}{0,05} \leq N$.

Puisque $\dfrac{503}{0,05} = 10\,060$ et que la population a certainement une taille de $N \geq 10\,060$ adultes de la région métropolitaine de Montréal, il n'est pas nécessaire d'utiliser le facteur de correction.

$$s_p = \sqrt{\frac{p \cdot (1-p)}{n}} = \sqrt{\frac{0,7197 \cdot 0,2803}{503}} = 0,0200.$$

$[p - Z_{\alpha/2} \cdot s_p \,;\, p + Z_{\alpha/2} \cdot s_p]$

$= [0,7197 - 1,96 \cdot 0,0200 \,;\, 0,7197 + 1,96 \cdot 0,0200]$

$= [0,6805 \,;\, 0,7589]$ ou $[68,05\ \% \,;\, 75,89\ \%]$.

b) Puisqu'on a un échantillon préliminaire, on peut choisir :

$$n \geq \frac{Z_{\alpha/2}^2 \cdot p \cdot (1-p)}{ME^2}$$

$$\geq \frac{1,96^2 \cdot 0,7197 \cdot 0,2803}{0,01^2}$$

$$\geq 7\,749,73$$

$$\geq 7\,750 \text{ Québécois.}$$

10.21

a) Puisqu'on n'a pas d'échantillon préliminaire, on peut prendre :

$$n \geq \frac{Z_{\alpha/2}^2}{4 \cdot ME^2}$$

$$\geq \frac{1,96^2}{4 \cdot 0,03^2} = 1\,067,11$$

$$\geq 1068 \text{ personnes.}$$

b) Il faut évaluer p :

$$p = \frac{863}{1\,004} = 0,8596.$$

De plus,

$n = 1\,068 \geq 30$;

$n \cdot p = 1\,068 \cdot 0,8596 = 918,1 \geq 5$;

$n \cdot (1 - p) = 1\,068 \cdot 0,1404 = 149,9 \geq 5$.

Il faut vérifier si $\dfrac{n}{N} \leq 0,05$, c'est-à-dire si $\dfrac{n}{0,05} \leq N$.

Puisque $\dfrac{1\,068}{0,05} = 21\,360$, il n'est pas nécessaire d'utiliser le facteur de correction. La population est d'au moins 21 360 personnes.

$$s_p = \sqrt{\frac{p \cdot (1-p)}{n}} = \sqrt{\frac{0,8596 \cdot 0,1404}{1\,004}} = 0,0110.$$

$ME = Z_{\alpha/2} \cdot s_p = 1,96 \cdot 0,0110 = 0,0216.$

$[p - Z_{\alpha/2} \cdot s_p \,;\, p + Z_{\alpha/2} \cdot s_p]$

$= [0,8596 - 1,96 \cdot 0,0110 \,;\, 0,8596 + 1,96 \cdot 0,0110]$

$= [0,8380 \,;\, 0,8812]$ ou $[83,80\ \% \,;\, 88,12\ \%]$.

c) La marge d'erreur obtenue avec $n = 1\,004$ personnes est inférieure à 3 %, marge d'erreur annoncée dans le rapport sur l'équité salariale, parce que la proportion des personnes favorables au projet de loi est loin de 50 % ou 1/2, comme le suppose le résultat en a).

10.22

a) Puisqu'on n'a pas d'échantillon préliminaire, on peut choisir :

$$n \geq \frac{Z_{\alpha/2}^2}{4 \cdot ME^2}$$

$$\geq \frac{2,58^2}{4 \cdot 0,03^2} = 1\,849,00$$

$$\geq 1\,849 \text{ Québécois et Québécoises.}$$

b) Il faut évaluer p :

$$p = \frac{167}{1\,849} = 0,0903.$$

De plus,

$n = 1\,849 \geq 30$;

$n \cdot p = 1\,849 \cdot 0,0903 = 167 \geq 5$;

$n \cdot (1 - p) = 1\,849 \cdot 0,9097 = 1\,682 \geq 5$.

Il faut vérifier si $\dfrac{n}{N} \leq 0,05$, c'est-à-dire si $\dfrac{n}{0,05} \leq N$.

Puisque $\dfrac{1\,849}{0,05} = 36\,980$ et que la population a certainement une taille de $N \geq 36\,980$ Québécois et Québécoises, il n'est pas nécessaire d'utiliser le facteur de correction.

$$s_p = \sqrt{\frac{p \cdot (1-p)}{n}} = \sqrt{\frac{0,0903 \cdot 0,9097}{1\,849}} = 0,0067.$$

$[p - Z_{\alpha/2} \cdot s_p \,;\, p + Z_{\alpha/2} \cdot s_p]$

$= [0,0903 - 2,58 \cdot 0,0067 \,;\, 0,0903 + 2,58 \cdot 0,0067]$

$= [0,0730 \,;\, 0,1076]$ ou $[7,30\ \% \,;\, 10,76\ \%]$.

c) La marge d'erreur obtenue avec $n = 1\,849$ Québécois et Québécoises est inférieure à 3 %, marge d'erreur annoncée, parce que la proportion de ceux qui ne lisent jamais les quotidiens est loin de 50 % ou 1/2.

10.23

a) Puisqu'on n'a pas d'échantillon préliminaire, on peut choisir :

$$n \geq \frac{Z_{\alpha/2}^2}{4 \cdot ME^2}$$

$$\geq \frac{2,33^2}{4 \cdot 0,03^2} = 1508,03$$

$$\geq 1509 \text{ personnes.}$$

b) Il faut évaluer p :

$p = \dfrac{46}{1\,509} = 0{,}0305.$

De plus,

$n = 1\,509 \geq 30$;

$n \cdot p = 1\,509 \cdot 0{,}0305 = 46 \geq 5$;

$n \cdot (1 - p) = 1\,509 \cdot 0{,}9695 = 1\,463 \geq 5.$

Il faut vérifier si $\dfrac{n}{N} \leq 0{,}05$, c'est-à-dire si $\dfrac{n}{0{,}05} \leq N.$

Puisque $\dfrac{1\,509}{0{,}05} = 30\,180$ et que la population a certainement une taille de $N \geq 30\,180$ joueurs de tennis, il n'est pas nécessaire d'utiliser le facteur de correction.

$s_p = \sqrt{\dfrac{p \cdot (1 - p)}{n}} = \sqrt{\dfrac{0{,}0305 \cdot 0{,}9695}{1\,509}} = 0{,}0044.$

$[p - Z_{\alpha/2} \cdot s_p\,;\, p + Z_{\alpha/2} \cdot s_p]$

$= [0{,}0305 - 2{,}33 \cdot 0{,}0044\,;\, 0{,}0305 + 2{,}33 \cdot 0{,}0044]$

$= [0{,}0202\,;\, 0{,}0408]$ ou $[2{,}02\ \%\,;\, 4{,}08\ \%].$

c) La marge d'erreur obtenue avec $n = 1\,509$ joueurs de tennis est inférieure à 3 %, marge d'erreur annoncée, parce que la proportion des joueurs de tennis est loin de 50 % ou 1/2.

10.24

a) Il faut d'abord vérifier les conditions d'application.

La variable aléatoire « Montant payé pour l'électricité » obéit à une distribution normale, σ est inconnu et $n < 30$.

On utilisera la distribution de Student.

Il faut vérifier si $\dfrac{n}{N} \leq 0{,}05$. Puisque $\dfrac{12}{1\,600} = 0{,}01$ $\leq 0{,}05$, il n'est pas nécessaire d'utiliser le facteur de correction.

La moyenne $\bar{x} = 103{,}74$ \$ et $s = 10{,}72$ \$.

$s_{\bar{x}} = \dfrac{s}{\sqrt{n}} = \dfrac{10{,}72}{\sqrt{12}} = 3{,}09\,\$.$

$[\bar{x} - t_{\alpha/2\,;\,\nu} \cdot s_{\bar{x}}\,;\, \bar{x} + t_{\alpha/2\,;\,\nu} \cdot s_{\bar{x}}]$

$= [103{,}74 - 2{,}20 \cdot 3{,}09\,;\, 103{,}74 + 2{,}20 \cdot 3{,}09]$

$= [96{,}94\ \$\,;\, 110{,}54\ \$].$

b) $[\bar{x} - t_{\alpha/2\,;\,\nu} \cdot s_{\bar{x}}\,;\, \bar{x} + t_{\alpha/2\,;\,\nu} \cdot s_{\bar{x}}]$

$= [103{,}74 - 3{,}11 \cdot 3{,}09\,;\, 103{,}74 + 3{,}11 \cdot 3{,}09]$

$= [94{,}13\ \$\,;\, 113{,}35\ \$].$

c) Il est peu probable que vous achèterez une maison dans ce nouveau quartier, puisque la moyenne des comptes d'électricité est supérieure au montant que vous avez prévu à cet effet.

10.25

a) Le meilleur estimateur de μ est $\bar{x} = 5{,}23$ coups.

b) La variable aléatoire « Nombre de coups » a une distribution inconnue, σ est connu et $n \geq 30$.

c) Puisque $\dfrac{n}{N} \leq 0{,}05$ (du fait qu'il y a plus de 1 000 joueurs professionnels),

$ME = Z_{\alpha/2} \cdot \sigma_{\bar{x}} = Z_{\alpha/2} \cdot \dfrac{\sigma}{\sqrt{n}} = 1{,}96 \cdot \dfrac{0{,}65}{\sqrt{50}}$

$= 0{,}18$ coup.

d) L'intervalle de confiance est donné sous la forme :

$[\bar{x} - Z_{\alpha/2} \cdot \sigma_{\bar{x}}\,;\, \bar{x} + Z_{\alpha/2} \cdot \sigma_{\bar{x}}]$

$= [5{,}23 - 0{,}18\,;\, 5{,}23 + 0{,}18]$

$= [5{,}05$ coups ; $5{,}41$ coups$].$

e) L'intervalle de confiance à 95 % indique que le nombre moyen de coups nécessaires pour jouer ce trou se situe dans l'intervalle $[5{,}05\,;\, 5{,}41]$, ce qui est supérieur à 5. Ce trou est considéré comme difficile.

f) $n \geq \left(\dfrac{Z_{\alpha/2} \cdot \sigma}{ME} \right)^2$

$\geq \left(\dfrac{1{,}96 \cdot 0{,}65}{0{,}15} \right)^2 = 72{,}14$

≥ 73 golfeurs.

10.26

a) Puisqu'on n'a pas d'échantillon préliminaire, on peut choisir :

$n \geq \dfrac{Z_{\alpha/2}^2}{4 \cdot ME^2}$

$\geq \dfrac{1{,}96^2}{4 \cdot 0{,}03^2} = 1\,067{,}11$

$\geq 1\,068$ Québécois.

b) $p = 0{,}55$;

$n = 998 \geq 30$;

$n \cdot p = 998 \cdot 0{,}55 = 548{,}9 \geq 5$;

$n \cdot (1 - p) = 998 \cdot 0{,}45 = 449{,}1 \geq 5.$

Il faut vérifier si $\dfrac{n}{N} \leq 0{,}05$, c'est-à-dire si $\dfrac{n}{0{,}05} \leq N.$

Puisque $\dfrac{998}{0{,}05} = 19\,960$ et que la population a certainement une taille de $N \geq 19\,960$ Québécois de 18 ans et plus, il n'est pas nécessaire d'utiliser le facteur de correction.

$s_p = \sqrt{\dfrac{p \cdot (1 - p)}{n}} = \sqrt{\dfrac{0{,}55 \cdot 0{,}45}{998}} = 0{,}0157.$

$[p - Z_{\alpha/2} \cdot s_p\,;\, p + Z_{\alpha/2} \cdot s_p]$

$= [0{,}55 - 1{,}96 \cdot 0{,}0157\,;\, 0{,}55 + 1{,}96 \cdot 0{,}0157]$

$= [0{,}5192\,;\, 0{,}5808]$ ou $[51{,}92\ \%\,;\, 58{,}08\ \%].$

c) La marge d'erreur obtenue est :

$ME = 1{,}96 \cdot 0{,}0157 = 0{,}0308$ ou $3{,}08\ \%.$

Elle est légèrement plus grande que celle qui était prévue, car la taille de l'échantillon (998) est inférieure à la taille requise (1 068) pour avoir une marge d'erreur qui n'excède pas 3 % lorsque la proportion est près de 50 %.

10.27

a) Il faut d'abord vérifier les conditions d'application et le taux de sondage.

La variable aléatoire « Âge d'un homme vivant seul » a une distribution inconnue, σ est inconnu et $n \geq 30$.

Il faut vérifier si $\dfrac{n}{N} \leq 0,05$, c'est-à-dire si $\dfrac{n}{0,05} \leq N$.

Puisque $\dfrac{125}{0,05} = 2\ 500$ et que la population a certainement une taille de $N \geq 2\ 500$ hommes vivant seuls, il n'est pas nécessaire d'utiliser le facteur de correction.

La moyenne $\bar{x} = 56,8$ ans et $s = 20,6$ ans.

$s_{\bar{x}} = \dfrac{s}{\sqrt{n}} = \dfrac{20,6}{\sqrt{125}} = 1,84$ an.

$[\bar{x} - Z_{\alpha/2} \bullet s_{\bar{x}} \ ; \ \bar{x} + Z_{\alpha/2} \bullet s_{\bar{x}}$

$= [56,8 - 2,33 \bullet 1,84 \ ; \ 56,8 + 2,33 \bullet 1,84]$

$= [52,51 \text{ ans} \ ; \ 61,09 \text{ ans}]$.

b) Il faut d'abord vérifier les conditions d'application et le taux de sondage.

La variable aléatoire « Âge d'une femme vivant seule » a une distribution inconnue, σ inconnu et $n \geq 30$.

Il faut vérifier si $\dfrac{n}{N} \leq 0,05$, c'est-à-dire si $\dfrac{n}{0,05} \leq N$.

Puisque $\dfrac{125}{0,05} = 2\ 500$ et que la population a certainement une taille de $N \geq 2\ 500$ femmes vivant seules, il n'est pas nécessaire d'utiliser le facteur de correction.

La moyenne $\bar{x} = 42,3$ ans et $s = 16,9$ ans.

$s_{\bar{x}} = \dfrac{s}{\sqrt{n}} = \dfrac{16,9}{\sqrt{125}} = 1,51$ an.

$[\bar{x} - Z_{\alpha/2} \bullet s_{\bar{x}} \ ; \ \bar{x} + Z_{\alpha/2} \bullet s_{\bar{x}}]$

$= [42,3 - 2,33 \bullet 1,51 \ ; \ 42,3 + 2,33 \bullet 1,51]$

$= [38,78 \text{ ans} \ ; \ 45,82 \text{ ans}]$.

c) L'âge moyen des femmes vivant seules est beaucoup moins élevé que l'âge moyen des hommes vivant seuls.

Chapitre 11

11.1

Première étape : Formuler les hypothèses statistiques H_0 et H_1

$H_0 : \mu = 45\ 000$ \$;

$H_1 : \mu < 45\ 000$ \$ (test unilatéral à gauche).

Deuxième étape : Indiquer le seuil de signification

Le seuil de signification est de 5 % ; $\alpha = 0,05$.

Troisième étape : Vérifier les conditions d'application

La distribution de la variable « Revenu familial » obéit à une loi normale.

L'écart type de cette variable est connu, $\sigma = 8\ 552$ \$. La taille de l'échantillon est $n = 18$.

Quatrième étape : Préciser quelle est la distribution utilisée

Alors, $\dfrac{\bar{X} - \mu_0}{\sigma_{\bar{x}}} = Z$ obéit à une N(0 ; 1).

Cinquième étape : Définir la règle de décision

- Le seuil de signification est de 5 % ; $\alpha = 0,05$;
- Le risque d'erreur est de 5 % ; $\alpha = 0,05$;
- La cote Z utilisée est $Z_\alpha = Z_{0,05} = 1,64$.

Donc,

- si $Z_{\bar{x}} \geq -1,64$, alors on ne rejettera pas l'hypothèse nulle H_0 ;
- si $Z_{\bar{x}} < -1,64$, alors on rejettera l'hypothèse H_0 et, ainsi, on acceptera l'hypothèse alternative H_1.

Sixième étape : Calculer

$\bar{x} = 40\ 000$ \$;

$\sigma = 8\ 552$ \$;

$n = 18$.

Le taux de sondage est inférieur à 5 %.

Donc,

$\sigma_{\bar{x}} = \dfrac{\sigma}{\sqrt{n}} = \dfrac{8\ 552}{\sqrt{18}} = 2\ 015,73$ \$;

$Z_{\bar{x}} = \dfrac{40\ 000 - 45\ 000}{2\ 015,73} = -2,48$.

Septième étape : Prendre la décision

Puisque $-2,48 < -1,64$, la différence entre $\bar{x} = 40\ 000$ \$ et $\mu = 45\ 000$ \$ est jugée significative. La différence est assez grande pour qu'on prenne le risque de rejeter H_0.

Huitième étape : Conclure

La différence n'est probablement pas due au hasard. On peut conclure que le revenu familial moyen des travailleurs indépendants est inférieur à 45 000 \$.

11.2

Première étape : Formuler les hypothèses statistiques H_0 et H_1

$H_0 : \mu = 2\ 000$ heures ;

$H_1 : \mu \neq 2\ 000$ heures (test bilatéral).

Deuxième étape : Indiquer le seuil de signification

Le seuil de signification est de 5 % ; $\alpha = 0,05$.

Troisième étape : Vérifier les conditions d'application

La distribution de la variable « Durée de vie des ampoules » obéit à une loi normale.

L'écart type de cette variable est connu, $\sigma = 50$ heures. La taille de l'échantillon est $n = 64$.

Quatrième étape : Préciser quelle est la distribution utilisée

Alors, $\dfrac{\bar{X} - \mu_0}{\sigma_{\bar{x}}} = Z$ obéit à une N(0 ; 1).

Cinquième étape : Définir la règle de décision
- Le seuil de signification est de 5 % ; $\alpha = 0,05$;
- Le risque d'erreur est de 5 % ; $\alpha = 0,05$;
- Le risque d'erreur partagé est de 2,5 % ; $\alpha/2 = 0,025$;
- La cote Z utilisée est $Z_{\alpha/2} = Z_{0,025} = 1,96$.

Donc,
- si $-1,96 \leq Z_{\bar{x}} \leq 1,96$, alors on ne rejettera pas l'hypothèse nulle H_0 ;
- si $Z_{\bar{x}} < -1,96$ ou $Z_{\bar{x}} > 1,96$, alors on rejettera l'hypothèse H_0 et, ainsi, on acceptera l'hypothèse alternative H_1.

Sixième étape : Calculer

$\bar{x} = 1\,975$ heures ;

$\sigma = 50$ heures ;

$n = 64$.

Le taux de sondage est inférieur à 5 %.

Donc,

$$\sigma_{\bar{x}} = \frac{\sigma}{\sqrt{n}} = \frac{50}{\sqrt{64}} = 6,25 \text{ heures} ;$$

$$Z_{\bar{x}} = \frac{1\,975 - 2\,000}{6,25} = -4,00.$$

Septième étape : Prendre la décision

Puisque $-4,00 < -1,96$, la différence entre $\bar{x} = 1\,975$ heures et $\mu = 2\,000$ heures est jugée significative. La différence est assez grande pour qu'on prenne le risque de rejeter H_0.

Huitième étape : Conclure

La différence n'est probablement pas due au hasard. On peut conclure que la durée de vie moyenne des ampoules de type A de 60 watts n'est pas de 2 000 heures.

11.3

Première étape : Formuler les hypothèses statistiques H_0 et H_1

$H_0 : \mu = 70$ ans ;

$H_1 : \mu > 70$ ans (test unilatéral à droite).

Deuxième étape : Indiquer le seuil de signification

Le seuil de signification est de 1 % ; $\alpha = 0,01$.

Troisième étape : Vérifier les conditions d'application

La distribution de la variable « Âge du décès » est inconnue.

L'écart type de cette variable est connu, $\sigma = 18$ ans.

La taille de l'échantillon est $n = 1\,250 \geq 30$.

Quatrième étape : Préciser quelle est la distribution utilisée

Alors, $\dfrac{\overline{X} - \mu_0}{\sigma_{\bar{x}}} = Z$ obéit approximativement à une N(0 ; 1).

Cinquième étape : Définir la règle de décision
- Le seuil de signification est de 1 % ; $\alpha = 0,01$;
- Le risque d'erreur est de 1 % ; $\alpha = 0,01$;

- La cote Z utilisée est $Z_{\alpha} = Z_{0,01} = 2,33$.

Donc,
- si $Z_{\bar{x}} \leq 2,33$, alors on ne rejettera pas l'hypothèse nulle H_0 ;
- si $Z_{\bar{x}} > 2,33$, alors on rejettera l'hypothèse H_0 et, ainsi, on acceptera l'hypothèse alternative H_1.

Sixième étape : Calculer

$\bar{x} = 70,5$ ans ;

$\sigma = 18$ ans ;

$n = 1\,250$.

Le taux de sondage est $\dfrac{1\,250}{20\,756} = 0,06 > 0,05$.

Donc,

$$\sigma_{\bar{x}} = \frac{\sigma}{\sqrt{n}}\sqrt{\frac{N-n}{N-1}} = \frac{18}{\sqrt{1\,250}}\sqrt{\frac{20\,756 - 1\,250}{20\,755}} = 0,49 \text{ an} ;$$

$$Z_{\bar{x}} = \frac{70,5 - 70}{0,49} = 1,02.$$

Septième étape : Prendre la décision

Puisque $1,02 \leq 2,33$, la différence entre $\bar{x} = 70,5$ ans et $\mu = 70$ ans est jugée non significative. La différence n'est pas assez grande pour qu'on prenne le risque de rejeter H_0.

Huitième étape : Conclure

La différence est probablement due au hasard. On ne peut conclure que l'âge moyen du décès des femmes est supérieur à 70 ans.

11.4

Première étape : Formuler les hypothèses statistiques H_0 et H_1

$H_0 : \mu = 4$ personnes ;

$H_1 : \mu < 4$ personnes (test unilatéral à gauche).

Deuxième étape : Indiquer le seuil de signification

Le seuil de signification est de 5 % ; $\alpha = 0,05$.

Troisième étape : Vérifier les conditions d'application

La distribution de la variable « Nombre de personnes » est inconnue.

L'écart type de cette variable est inconnu.

La taille de l'échantillon est $n = 116 \geq 30$.

Quatrième étape : Préciser quelle est la distribution utilisée

Alors, $\dfrac{\overline{X} - \mu_0}{S_{\bar{x}}} = Z$ obéit approximativement à une N(0 ; 1).

Cinquième étape : Définir la règle de décision
- Le seuil de signification est de 5 % ; $\alpha = 0,05$;
- Le risque d'erreur est de 5 % ; $\alpha = 0,05$;
- La cote Z utilisée est $Z_{\alpha} = Z_{0,05} = 1,64$.

Donc,
- si $Z_{\bar{x}} \geq -1,64$, alors on ne rejettera pas l'hypothèse nulle H_0 ;

– si $Z_{\bar{x}} < -1{,}64$, alors on rejettera l'hypothèse H_0 et, ainsi, on acceptera l'hypothèse alternative H_1.

Sixième étape : Calculer

$\bar{x} = 3{,}79$ personnes ;

$s = 1{,}62$ personne ;

$n = 116$.

Le taux de sondage est inférieur à 5 %.

Donc,

$$s_{\bar{x}} = \frac{s}{\sqrt{n}} = \frac{1{,}62}{\sqrt{116}} = 0{,}15 \text{ personne} ;$$

$$Z_{\bar{x}} = \frac{3{,}79 - 4}{0{,}15} = -1{,}40.$$

Septième étape : Prendre la décision

Puisque $-1{,}40 \geq -1{,}64$, la différence entre $\bar{x} = 3{,}79$ personnes et $\mu = 4$ personnes est jugée non significative. La différence n'est pas assez grande pour qu'on prenne le risque de rejeter H_0.

Huitième étape : Conclure

La différence est probablement due au hasard. On ne peut conclure que le nombre moyen de personnes par famille est inférieur à 4 personnes.

11.5

a) **Première étape : Formuler les hypothèses statistiques H_0 et H_1**

$H_0 : \mu = 40$ ans ;

$H_1 : \mu < 40$ ans (test unilatéral à gauche).

Deuxième étape : Indiquer le seuil de signification

Le seuil de signification est de 1 % ; $\alpha = 0{,}01$.

Troisième étape : Vérifier les conditions d'application

La distribution de la variable « Âge » est inconnue. L'écart type de cette variable est inconnu.

La taille de l'échantillon est $n = 92 \geq 30$.

Quatrième étape : Préciser quelle est la distribution utilisée

Alors, $\dfrac{\bar{X} - \mu_0}{S_{\bar{x}}} = Z$ obéit approximativement à une N(0 ; 1).

Cinquième étape : Définir la règle de décision

– Le seuil de signification est de 1 % ; $\alpha = 0{,}01$;

– Le risque d'erreur est de 1 % ; $\alpha = 0{,}01$;

– La cote Z utilisée est $Z_\alpha = Z_{0{,}01} = 2{,}33$.

Donc,

– si $Z_{\bar{x}} \geq -2{,}33$, alors on ne rejettera pas l'hypothèse nulle H_0 ;

– si $Z_{\bar{x}} < -2{,}33$, alors on rejettera l'hypothèse H_0 et, ainsi, on acceptera l'hypothèse alternative H_1.

Sixième étape : Calculer

$\bar{x} = 38{,}9$ ans ;

$s = 8{,}6$ ans ;

$n = 92$.

Le taux de sondage est inférieur à 5 %.

Donc,

$$s_{\bar{x}} = \frac{s}{\sqrt{n}} = \frac{8{,}6}{\sqrt{92}} = 0{,}90 \text{ an} ;$$

$$Z_{\bar{x}} = \frac{38{,}9 - 40}{0{,}90} = -1{,}22.$$

Septième étape : Prendre la décision

Puisque $-1{,}22 \geq -2{,}33$, la différence entre $\bar{x} = 38{,}9$ ans et $\mu = 40$ ans est jugée non significative. La différence n'est pas assez grande pour qu'on prenne le risque de rejeter H_0.

Huitième étape : Conclure

La différence est probablement due au hasard. On ne peut conclure que l'âge moyen, au moment du divorce, des hommes divorcés depuis moins de 1 an est inférieur à 40 ans.

b) **Première étape : Formuler les hypothèses statistiques H_0 et H_1**

$H_0 : \mu = 40$ ans ;

$H_1 : \mu < 40$ ans (test unilatéral à gauche).

Deuxième étape : Indiquer le seuil de signification

Le seuil de signification est de 1 % ; $\alpha = 0{,}01$.

Troisième étape : Vérifier les conditions d'application

La distribution de la variable « Âge » est inconnue. L'écart type de cette variable est inconnu.

La taille de l'échantillon est $n = 75 \geq 30$.

Quatrième étape : Préciser quelle est la distribution utilisée

Alors, $\dfrac{\bar{X} - \mu_0}{S_{\bar{x}}} = Z$ obéit approximativement à une N(0 ; 1).

Cinquième étape : Définir la règle de décision

– Le seuil de signification est de 1 % ; $\alpha = 0{,}01$;

– Le risque d'erreur est de 1 % ; $\alpha = 0{,}01$;

– La cote Z utilisée est $Z_\alpha = Z_{0{,}01} = 2{,}33$.

Donc,

– si $Z_{\bar{x}} \geq -2{,}33$, alors on ne rejettera pas l'hypothèse nulle H_0 ;

– si $Z_{\bar{x}} < -2{,}33$, alors on rejettera l'hypothèse H_0 et, ainsi, on acceptera l'hypothèse alternative H_1.

Sixième étape : Calculer

$\bar{x} = 35{,}8$ ans ;

$s = 7{,}4$ ans ;

$n = 75$.

Le taux de sondage est inférieur à 5 %.

Donc,

$$s_{\bar{x}} = \frac{s}{\sqrt{n}} = \frac{7{,}4}{\sqrt{75}} = 0{,}85 \text{ an} ;$$

$$Z_{\bar{x}} = \frac{35{,}8 - 40}{0{,}85} = -4{,}94.$$

Septième étape : Prendre la décision

Puisque $-4,94 < -2,33$, la différence entre $\bar{x} = 35,8$ ans et $\mu = 40$ ans est jugée significative. La différence est assez grande pour qu'on prenne le risque de rejeter H_0.

Huitième étape : Conclure

La différence n'est probablement pas due au hasard. On peut conclure que l'âge moyen, au moment du divorce, des femmes divorcées depuis moins de 1 an est inférieur à 40 ans.

11.6

Première étape : Formuler les hypothèses statistiques H_0 et H_1

$H_0 : \mu = 100\ 000$ \$;

$H_1 : \mu > 100\ 000$ \$ (test unilatéral à droite).

Deuxième étape : Indiquer le seuil de signification

Le seuil de signification est de 5 % ; $\alpha = 0,05$.

Troisième étape : Vérifier les conditions d'application

La distribution de la variable « Évaluation » obéit à une loi normale.

L'écart type de cette variable est inconnu.

La taille de l'échantillon est $n = 10 < 30$.

Quatrième étape : Préciser quelle est la distribution utilisée

Alors, $\dfrac{\overline{X} - \mu_0}{S_{\bar{x}}} = t$ obéit à une loi de Student avec 9 degrés de liberté.

Cinquième étape : Définir la règle de décision

– Le seuil de signification est de 5 % ; $\alpha = 0,05$;

– Le risque d'erreur est de 5 % ; $\alpha = 0,05$;

– La cote t utilisée est $t_{\alpha\,;\,\nu} = t_{0,05\,;\,9} = 1,83$.

Donc,

– si $t_{\bar{x}} \leq 1,83$, alors on ne rejettera pas l'hypothèse nulle H_0 ;

– si $t_{\bar{x}} > 1,83$, alors on rejettera l'hypothèse H_0 et, ainsi, on acceptera l'hypothèse alternative H_1.

Sixième étape : Calculer

$\bar{x} = 106\ 152,50$ \$;

$s = 17\ 933,73$ \$;

$n = 10$.

Le taux de sondage est inférieur à 5 %.

Donc,

$$s_{\bar{x}} = \frac{s}{\sqrt{n}} = \frac{17\ 933,73}{\sqrt{10}} = 5\ 671,14\ \$;$$

$$t_{\bar{x}} = \frac{106\ 152,50 - 100\ 000}{5\ 671,14} = 1,08.$$

Septième étape : Prendre la décision

Puisque $1,08 \leq 1,83$, la différence entre $\bar{x} = 106\ 152,50$ \$ et $\mu = 100\ 000$ \$ est jugée non significative. La différence

n'est pas assez grande pour qu'on prenne le risque de rejeter H_0.

Huitième étape : Conclure

La différence est probablement due au hasard. On ne peut conclure que l'évaluation moyenne des maisons du quartier est supérieure à 100 000 \$.

11.7

Première étape : Formuler les hypothèses statistiques H_0 et H_1

$H_0 : \mu = 20$ heures ;

$H_1 : \mu < 20$ heures (test unilatéral à gauche).

Deuxième étape : Indiquer le seuil de signification

Le seuil de signification est de 1 % ; $\alpha = 0,01$.

Troisième étape : Vérifier les conditions d'application

La distribution de la variable « Nombre d'heures de travail rémunéré par semaine » obéit à une loi normale.

L'écart type de cette variable est inconnu.

La taille de l'échantillon est $n = 16 < 30$.

Quatrième étape : Préciser quelle est la distribution utilisée

Alors, $\dfrac{\overline{X} - \mu_0}{S_{\bar{x}}} = t$ obéit à une loi de Student avec 15 degrés de liberté.

Cinquième étape : Définir la règle de décision

– Le seuil de signification est de 1 % ; $\alpha = 0,01$;

– Le risque d'erreur est de 1 % ; $\alpha = 0,01$;

– La cote t utilisée est $t_{\alpha\,;\,\nu} = t_{0,01\,;\,15} = 2,60$.

Donc,

– si $t_{\bar{x}} \geq -2,60$, alors on ne rejettera pas l'hypothèse nulle H_0 ;

– si $t_{\bar{x}} < -2,60$, alors on rejettera l'hypothèse H_0 et, ainsi, on acceptera l'hypothèse alternative H_1.

Sixième étape : Calculer

$\bar{x} = 18,5$ heures ;

$s = 4,0$ heures ;

$n = 16$.

Le taux de sondage est inférieur à 5 % (puisqu'il y a au moins 320 élèves ayant un emploi rémunéré durant la session au collège où travaille M. Pagé).

Donc,

$$s_{\bar{x}} = \frac{s}{\sqrt{n}} = \frac{4}{\sqrt{16}} = 1,00\ \text{heure} ;$$

$$t_{\bar{x}} = \frac{18,5 - 20}{1,0} = -1,50.$$

Septième étape : Prendre la décision

Puisque $-1,50 \geq -2,60$, la différence entre $\bar{x} = 18,5$ heures et $\mu = 20$ heures est jugée non significative. La différence n'est pas assez grande pour qu'on prenne le risque de rejeter H_0.

Huitième étape : Conclure

La différence est probablement due au hasard. On ne peut conclure que le nombre d'heures moyen de travail rémunéré par semaine est inférieur à 20 heures.

11.8

Première étape : Formuler les hypothèses statistiques H_0 et H_1

$H_0 : \mu = 80$ kilogrammes ;

$H_1 : \mu < 80$ kilogrammes (test unilatéral à gauche).

Deuxième étape : Indiquer le seuil de signification

Le seuil de signification est de 1 % ; $\alpha = 0,01$.

Troisième étape : Vérifier les conditions d'application

La distribution de la variable « Poids d'un porc » obéit à une loi normale.

L'écart type de cette variable est inconnu.

La taille de l'échantillon est $n = 24 < 30$.

Quatrième étape : Préciser quelle est la distribution utilisée

Alors, $\dfrac{\overline{X} - \mu_0}{S_{\overline{x}}} = t$ obéit à une loi de Student avec 23 degrés de liberté.

Cinquième étape : Définir la règle de décision

– Le seuil de signification est de 1 % ; $\alpha = 0,01$;

– Le risque d'erreur est de 1 % ; $\alpha = 0,01$;

– La cote t utilisée est $t_{\alpha\,;\,\nu} = t_{0,01\,;\,23} = 2,50$.

Donc,

– si $t_{\overline{x}} \geq -2,50$, alors on ne rejettera pas l'hypothèse nulle H_0 ;

– si $t_{\overline{x}} < -2,50$, alors on rejettera l'hypothèse H_0 et, ainsi, on acceptera l'hypothèse alternative H_1.

Sixième étape : Calculer

$\overline{x} = 79,72$ kilogrammes ;

$s = 0,86$ kilogramme ;

$n = 24$.

Le taux de sondage est inférieur à 5 %.

Donc,

$$s_{\overline{x}} = \frac{s}{\sqrt{n}} = \frac{0,86}{\sqrt{24}} = 0,18 \text{ kilogramme;}$$

$$t_{\overline{x}} = \frac{79,72 - 80}{0,18} = -1,56.$$

Septième étape : Prendre la décision

Puisque $-1,56 \geq -2,50$, la différence entre $\overline{x} = 79,72$ kilogrammes et $\mu = 80$ kilogrammes est jugée non significative. La différence n'est pas assez grande pour qu'on prenne le risque de rejeter H_0.

Huitième étape : Conclure

La différence est probablement due au hasard. On ne peut conclure que le poids moyen des porcs est inférieur à 80 kilogrammes.

11.9

a) **Première étape : Formuler les hypothèses statistiques H_0 et H_1**

$H_0 : \mu = 45$ ans ;

$H_1 : \mu \neq 45$ ans (test bilatéral).

Deuxième étape : Indiquer le seuil de signification

Le seuil de signification est de 5 % ; $\alpha = 0,05$.

Troisième étape : Vérifier les conditions d'application

La distribution de la variable « Âge » est inconnue.

L'écart type de cette variable est inconnu.

La taille de l'échantillon est $n = 125 \geq 30$.

Quatrième étape : Préciser quelle est la distribution utilisée

Alors, $\dfrac{\overline{X} - \mu_0}{S_{\overline{x}}} = Z$ obéit approximativement à une $N(0\,;\,1)$.

Cinquième étape : Définir la règle de décision

– Le seuil de signification est de 5 % ; $\alpha = 0,05$;

– Le risque d'erreur est de 5 % ; $\alpha = 0,05$;

– Le risque d'erreur partagé est de 2,5 % ; $\alpha/2 = 0,025$;

– La cote Z utilisée est $Z_{\alpha/2} = Z_{0,025} = 1,96$.

Donc,

– si $-1,96 \leq Z_{\overline{x}} \leq 1,96$, alors on ne rejettera pas l'hypothèse nulle H_0 ;

– si $Z_{\overline{x}} < -1,96$ ou $Z_{\overline{x}} > 1,96$, alors on rejettera l'hypothèse H_0 et, ainsi, on acceptera l'hypothèse alternative H_1.

Sixième étape : Calculer

$\overline{x} = 42,3$ ans ;

$s = 16,9$ ans ;

$n = 125$.

Le taux de sondage est inférieur à 5 %.

Donc,

$$s_{\overline{x}} = \frac{s}{\sqrt{n}} = \frac{16,9}{\sqrt{125}} = 1,51 \text{ an ;}$$

$$Z_{\overline{x}} = \frac{42,3 - 45}{1,51} = -1,79.$$

Septième étape : Appliquer la règle de décision

Puisque $-1,96 \leq -1,79 \leq 1,96$, la différence entre $\overline{x} = 42,3$ ans et $\mu = 45$ ans est jugée non significative. La différence n'est pas assez grande pour qu'on prenne le risque de rejeter H_0.

Huitième étape : Conclure

La différence est probablement due au hasard. On ne peut conclure que l'âge moyen des femmes vivant seules est différent de 45 ans.

b) **Première étape : Formuler les hypothèses statistiques H_0 et H_1**

$H_0 : \mu = 60$ ans ;

$H_1 : \mu \neq 60$ ans (test bilatéral).

Deuxième étape : Indiquer le seuil de signification

Le seuil de signification est de 5 % ; $\alpha = 0,05$.

Troisième étape : Vérifier les conditions d'application

La distribution de la variable « Âge » est inconnue.

L'écart type de cette variable est inconnu.

La taille de l'échantillon est $n = 125 \geq 30$.

Quatrième étape : Préciser quelle est la distribution utilisée

Alors, $\dfrac{\overline{X} - \mu_0}{S_{\overline{x}}} = Z$ obéit approximativement à une $N(0 ; 1)$.

Cinquième étape : Définir la règle de décision

– Le seuil de signification est de 5 % ; $\alpha = 0,05$;

– Le risque d'erreur est de 5 % ; $\alpha = 0,05$;

– Le risque d'erreur partagé est de 2,5 % ; $\alpha/2 = 0,025$;

– La cote Z utilisée est $Z_{\alpha/2} = Z_{0,025} = 1,96$.

Donc,

– si $-1,96 \leq Z_{\overline{x}} \leq 1,96$, alors on ne rejettera pas l'hypothèse nulle H_0 ;

– si $Z_{\overline{x}} < -1,96$ ou $Z_{\overline{x}} > 1,96$, alors on rejettera l'hypothèse H_0 et, ainsi, on acceptera l'hypothèse alternative H_1.

Sixième étape : Calculer

$\overline{x} = 56,8$ ans ;

$s = 20,6$ ans ;

$n = 125$.

Le taux de sondage est inférieur à 5 %.

Donc,

$$s_{\overline{x}} = \frac{s}{\sqrt{n}} = \frac{20,6}{\sqrt{125}} = 1,84 \text{ an ;}$$

$$Z_{\overline{x}} = \frac{56,8 - 60}{1,84} = -1,74.$$

Septième étape : Appliquer la règle de décision

Puisque $-1,96 \leq -1,74 \leq 1,96$, la différence entre $\overline{x} = 56,8$ ans et $\mu = 60$ ans est jugée non significative. La différence n'est pas assez grande pour qu'on prenne le risque de rejeter H_0.

Huitième étape : Conclure

La différence est probablement due au hasard. On ne peut conclure que l'âge moyen des hommes vivant seuls est différent de 60 ans.

11.10

Première étape : Formuler les hypothèses statistiques H_0 et H_1

$H_0 : \mu = 66,3$ ans ;

$H_1 : \mu > 66,3$ ans (test unilatéral à droite).

Deuxième étape : Indiquer le seuil de signification

Le seuil de signification est de 1 % ; $\alpha = 0,01$.

Troisième étape : Vérifier les conditions d'application

La distribution de la variable « Âge du décès » est inconnue.

L'écart type de cette variable est inconnu.

La taille de l'échantillon est $n = 3\,025 \geq 30$.

Quatrième étape : Préciser quelle est la distribution utilisée

Alors, $\dfrac{\overline{X} - \mu_0}{S_{\overline{x}}} = Z$ obéit approximativement à une $N(0 ; 1)$.

Cinquième étape : Définir la règle de décision

– Le seuil de signification est de 1 % ; $\alpha = 0,01$;

– Le risque d'erreur est de 1 % ; $\alpha = 0,01$;

– La cote Z utilisée est $Z_\alpha = Z_{0,01} = 2,33$.

Donc,

– si $Z_{\overline{x}} \leq 2,33$, alors on ne rejettera pas l'hypothèse nulle H_0 ;

– si $Z_{\overline{x}} > 2,33$, alors on rejettera l'hypothèse H_0 et, ainsi, on acceptera l'hypothèse alternative H_1.

Sixième étape : Calculer

$\overline{x} = 69,5$ ans ;

$s = 19,6$ ans ;

$n = 3\,025$.

Le taux de sondage est $\dfrac{3\,025}{26\,208} = 0,1154 > 0,05$.

Donc,

$$s_{\overline{x}} = \frac{s}{\sqrt{n}} \sqrt{\frac{N-n}{N-1}} = \frac{19,6}{\sqrt{3\,025}} \sqrt{\frac{26\,208 - 3\,025}{26\,207}} = 0,34 \text{ an.}$$

$$Z_{\overline{x}} = \frac{69,5 - 66,3}{0,34} = 9,41.$$

Septième étape : Appliquer la règle de décision

Puisque $9,41 > 2,33$, la différence entre $\overline{x} = 69,5$ ans et $\mu = 66,3$ ans est jugée significative. La différence est assez grande pour qu'on prenne le risque de rejeter H_0.

Huitième étape : Conclure

La différence n'est probablement pas due au hasard. On peut conclure que l'âge moyen des hommes décédés en 1986 est supérieur à 66,3 ans.

11.11

Première étape : Formuler les hypothèses statistiques H_0 et H_1

$H_0 : \mu = 85\ \$$;

$H_1 : \mu > 85\ \$$ (test unilatéral à droite).

Deuxième étape : Indiquer le seuil de signification

Le seuil de signification est de 5 % ; $\alpha = 0,05$.

Troisième étape : Vérifier les conditions d'application

La distribution de la variable « Montant mensuel moyen du compte d'électricité d'une résidence » obéit à une loi normale.

L'écart type de cette variable est inconnu.

La taille de l'échantillon est $n = 12 < 30$.

Quatrième étape : Préciser quelle est la distribution utilisée

Alors, $\dfrac{\overline{X} - \mu_0}{S_{\overline{x}}} = t$ obéit à une loi de Student avec 11 degrés de liberté.

Cinquième étape : Définir la règle de décision

– Le seuil de signification est de 5 % ; $\alpha = 0,05$;
– Le risque d'erreur est de 5 % ; $\alpha = 0,05$;
– La cote t utilisée est $t_{\alpha \,;\, v} = t_{0,05\,;\,11} = 1,80$.

Donc,

– si $t_{\overline{x}} \leq 1,80$, alors on ne rejettera pas l'hypothèse nulle H_0 ;
– si $t_{\overline{x}} > 1,80$, alors on rejettera l'hypothèse H_0 et, ainsi, on acceptera l'hypothèse alternative H_1.

Sixième étape : Calculer

$\overline{x} = 103,74$ \$;

$s = 10,72$ \$;

$n = 12$.

Le taux de sondage est inférieur à 5 %.

Donc,

$s_{\overline{x}} = \dfrac{s}{\sqrt{n}} = \dfrac{10,72}{\sqrt{12}} = 3,09$ \$;

$t_{\overline{x}} = \dfrac{103,74 - 85}{3,09} = 6,06$.

Septième étape : Appliquer la règle de décision

Puisque $6,06 > 1,80$, la différence entre $\overline{x} = 103,74$ \$ et $\mu = 85$ \$ est jugée significative. La différence est assez grande pour qu'on prenne le risque de rejeter H_0.

Huitième étape : Conclure

La différence n'est probablement pas due au hasard. On peut conclure que le montant moyen des comptes mensuels moyens d'électricité des maisons du quartier est supérieur à 85 \$.

11.12

Première étape : Formuler les hypothèses statistiques H_0 et H_1

$H_0 : \pi = 0,50$ ou 50 % ;

$H_1 : \pi > 0,50$ (test unilatéral à droite).

Deuxième étape : Indiquer le seuil de signification

Le seuil de signification est de 1 % ; $\alpha = 0,01$.

Troisième étape : Vérifier les conditions d'application

$n = 1\,034 \geq 30$;

$n \cdot \pi_0 = 1\,034 \cdot 0,50 = 517 \geq 5$;

$n \cdot (1 - \pi_0) = 1\,034 \cdot 0,50 = 517 \geq 5$.

Quatrième étape : Préciser quelle est la distribution utilisée

Alors, $\dfrac{P - \pi_0}{\sigma_p} = Z$ obéit approximativement à une N(0 ; 1).

Cinquième étape : Définir la règle de décision

– Le seuil de signification est de 1 % ; $\alpha = 0,01$;
– Le risque d'erreur est de 1 % ; $\alpha = 0,01$;
– La cote Z utilisée est $Z_\alpha = Z_{0,01} = 2,33$.

Donc,

– si $Z_p \leq 2,33$, alors on ne rejettera pas l'hypothèse nulle H_0 ;
– si $Z_p > 2,33$, alors on rejettera l'hypothèse H_0 et, ainsi, on acceptera l'hypothèse alternative H_1.

Sixième étape : Calculer

$p = \dfrac{650}{1\,034} = 0,6286$.

Le taux de sondage est inférieur à 5 %.

Donc,

$\sigma_p = \sqrt{\dfrac{\pi_0 \cdot (1 - \pi_0)}{n}} = \sqrt{\dfrac{0,50 \cdot (1 - 0,50)}{1\,034}} = 0,0155$;

$Z_p = \dfrac{0,6286 - 0,50}{0,0155} = 8,30$.

Septième étape : Prendre la décision

Puisque $8,30 > 2,33$, la différence entre $p = 0,6286$ et $\pi = 0,50$ est jugée significative. La différence est assez grande pour qu'on prenne le risque de rejeter H_0.

Huitième étape : Conclure

La différence n'est probablement pas due au hasard. On peut conclure que le pourcentage des Québécois mariés est supérieur à 50 %.

11.13

Première étape : Formuler les hypothèses statistiques H_0 et H_1

$H_0 : \pi = 0,85$ ou 85 % ;

$H_1 : \pi \neq 0,85$ (test bilatéral).

Deuxième étape : Indiquer le seuil de signification

Le seuil de signification est de 5 % ; $\alpha = 0,05$.

Troisième étape : Vérifier les conditions d'application

$n = 1\,004 \geq 30$;

$n \cdot \pi_0 = 1\,004 \cdot 0,85 = 853,4 \geq 5$;

$n \cdot (1 - \pi_0) = 1\,004 \cdot 0,15 = 150,6 \geq 5$.

Quatrième étape : Préciser quelle est la distribution utilisée

Alors, $\dfrac{P - \pi_0}{\sigma_p} = Z$ obéit approximativement à une N(0 ; 1).

Cinquième étape : Définir la règle de décision

– Le seuil de signification est de 5 % ; $\alpha = 0,05$;
– Le risque d'erreur est de 5 % ; $\alpha = 0,05$;
– Le risque d'erreur partagé est de 2,5 % ; $\alpha/2 = 0,025$;
– La cote Z utilisée est $Z_{\alpha/2} = Z_{0,025} = 1,96$.

Donc,

– si $-1,96 \leq Z_p \leq 1,96$, alors on ne rejettera pas l'hypothèse nulle H_0 ;

– si $Z_p < -1,96$ ou $Z_p > 1,96$, alors on rejettera l'hypothèse H_0 et, ainsi, on acceptera l'hypothèse alternative H_1.

Sixième étape : Calculer

$p = 0,86$.

Le taux de sondage est inférieur à 5 %.

Donc,

$$\sigma_p = \sqrt{\frac{\pi_0 \cdot (1 - \pi_0)}{n}} = \sqrt{\frac{0,85 \cdot (1 - 0,85)}{1\ 004}} = 0,0113\ ;$$

$$Z_p = \frac{0,86 - 0,85}{0,0113} = 0,88.$$

Septième étape : Prendre la décision

Puisque $-1,96 \leq 0,88 \leq 1,96$, la différence entre $p = 0,86$ et $\pi = 0,85$ est jugée non significative. La différence n'est pas assez grande pour qu'on prenne le risque de rejeter H_0.

Huitième étape : Conclure

La différence est probablement due au hasard. On ne peut conclure que le pourcentage des personnes favorables au projet de la loi sur l'équité salariale est différent de 85 %.

Première étape : Formuler les hypothèses statistiques H_0 et H_1

$H_0 : \pi = 0,10$ ou 10 % ;

$H_1 : \pi \neq 0,10$ (test bilatéral).

Deuxième étape : Indiquer le seuil de signification

Le seuil de signification est de 1 % ; $\alpha = 0,01$.

Troisième étape : Vérifier les conditions d'application

$n = 1\ 849 \geq 30$;

$n \cdot \pi_0 = 1\ 849 \cdot 0,10 = 184,9 \geq 5$;

$n \cdot (1 - \pi_0) = 1\ 849 \cdot 0,90 = 1\ 664,1 \geq 5$.

Quatrième étape : Préciser quelle est la distribution utilisée

Alors, $\dfrac{P - \pi_0}{\sigma_p} = Z$ obéit approximativement à une N(0 ; 1).

Cinquième étape : Définir la règle de décision

– Le seuil de signification est de 1 % ; $\alpha = 0,01$;

– Le risque d'erreur est de 1 % ; $\alpha = 0,01$;

– Le risque d'erreur partagé est de 0,5 % ; $\alpha/2 = 0,005$;

– La cote Z utilisée est $Z_{\alpha/2} = Z_{0,005} = 2,58$.

Donc,

– si $-2,58 \leq Z_p \leq 2,58$, alors on ne rejettera pas l'hypothèse nulle H_0 ;

– si $Z_p < -2,58$ ou $Z_p > 2,58$, alors on rejettera l'hypothèse H_0 et, ainsi, on acceptera l'hypothèse alternative H_1.

Sixième étape : Calculer

$p = \dfrac{167}{1\ 849} = 0,0903$.

Le taux de sondage est inférieur à 5 %.

Donc,

$$\sigma_p = \sqrt{\frac{\pi_0 \cdot (1 - \pi_0)}{n}} = \sqrt{\frac{0,10 \cdot (1 - 0,10)}{1\ 849}} = 0,0070\ ;$$

$$Z_p = \frac{0,0903 - 0,10}{0,0070} = -1,39.$$

Septième étape : Prendre la décision

Puisque $-2,58 \leq -1,39 \leq 2,58$, la différence entre $p = 0,0903$ et $\pi = 0,10$ est jugée non significative. La différence n'est pas assez grande pour qu'on prenne le risque de rejeter H_0.

Huitième étape : Conclure

La différence est probablement due au hasard. On ne peut pas conclure que le pourcentage des Québécois et Québécoises âgés de 15 ans et plus qui ne lisent jamais les quotidiens est différent de 10 %.

Première étape : Formuler les hypothèses statistiques H_0 et H_1

$H_0 : \pi = 0,05$ ou 5 % ;

$H_1 : \pi < 0,05$ (test unilatéral à gauche).

Deuxième étape : Indiquer le seuil de signification

Le seuil de signification est de 5 % ; $\alpha = 0,05$.

Troisième étape : Vérifier les conditions d'application

$n = 1\ 509 \geq 30$;

$n \cdot \pi_0 = 1\ 509 \cdot 0,05 = 75,5 \geq 5$;

$n \cdot (1 - \pi_0) = 1\ 509 \cdot 0,95 = 1\ 433,6 \geq 5$.

Quatrième étape : Préciser quelle est la distribution utilisée

Alors, $\dfrac{P - \pi_0}{\sigma_p} = Z$ obéit approximativement à une N(0 ; 1).

Cinquième étape : Définir la règle de décision

– Le seuil de signification est de 5 % ; $\alpha = 0,05$;

– Le risque d'erreur est de 5 % ; $\alpha = 0,05$;

– La cote Z utilisée est $Z_\alpha = Z_{0,05} = 1,64$.

Donc,

– si $Z_p \geq -1,64$, alors on ne rejettera pas l'hypothèse nulle H_0 ;

– si $Z_p < -1,64$, alors on rejettera l'hypothèse H_0 et, ainsi, on acceptera l'hypothèse alternative H_1.

Sixième étape : Calculer

$p = \dfrac{46}{1\ 509} = 0,0305$.

Le taux de sondage est inférieur à 5 %.

Donc,

$$\sigma_p = \sqrt{\frac{\pi_0 \cdot (1 - \pi_0)}{n}} = \sqrt{\frac{0,05 \cdot (1 - 0,05)}{1\ 509}} = 0,0056\ ;$$

$$Z_p = \frac{0,0305 - 0,05}{0,0056} = -3,48.$$

Septième étape : Appliquer la règle de décision

Puisque $-3,48 < -1,64$, la différence entre $p = 0,0305$ et $\pi = 0,05$ est jugée significative. La différence est assez grande pour qu'on prenne le risque de rejeter H_0. Le risque de prendre une mauvaise décision est inférieur à 5 %.

Huitième étape : Conclure

La différence n'est probablement pas due au hasard. On peut conclure que le pourcentage des Québécois âgés de 15 ans et plus qui pratiquent le tennis au Québec est inférieur à 5 %.

11.16

a) $\beta = P(\text{accepter } H_0 \text{ lorsque } H_0 \text{ est fausse}).$

Dans le contexte de l'exercice 11.2, on avait :

$\mu_0 = 2\,000$ heures ;

$\sigma_{\bar{x}} = 6,25$ heures ;

$n = 64$.

De plus, la règle de décision était :

- si $-1,96 \leq Z_{\bar{x}} \leq 1,96$, alors on ne rejetterait pas l'hypothèse nulle H_0 ;
- si $Z_{\bar{x}} < -1,96$ ou $Z_{\bar{x}} > 1,96$, alors on rejetterait l'hypothèse H_0 et, ainsi, on accepterait l'hypothèse alternative H_1.

Si l'on écrit cette règle de décision pour $\bar{x}$, on aura :

$Z_{\bar{x}} = \dfrac{\bar{x} - \mu_0}{\sigma_{\bar{x}}} = \dfrac{\bar{x} - 2\,000}{6,25} < -1,96,$

d'où $\bar{x} < 1\,987,75$ heures, et

$Z_{\bar{x}} = \dfrac{\bar{x} - \mu_0}{\sigma_{\bar{x}}} = \dfrac{\bar{x} - 2\,000}{6,25} > 1,96,$

d'où $\bar{x} > 2\,012,25$ heures.

Ainsi, la règle de décision pour $\bar{x}$ devient :

- si $1\,987,75$ heures $\leq \bar{x} \leq 2\,012,25$ heures, alors on ne rejettera pas l'hypothèse nulle H_0 ;
- si $\bar{x} < 1\,987,75$ heures ou $\bar{x} > 2\,012,25$ heures, alors on rejettera l'hypothèse H_0 et, ainsi, on acceptera l'hypothèse alternative H_1.

$\beta = P(1\,987,75 \leq \bar{X} \leq 2\,012,25)$ si $\mu_1 = 1\,950$ heures

$= P\left(\dfrac{1\,987,75 - 1\,950}{6,25} \leq Z \leq \dfrac{2\,012,25 - 1\,950}{6,25}\right)$

$= P(6,04 \leq Z \leq 9,96)$

$= 0,0000.$

Cela signifie que, si la moyenne μ est de $1\,950$ heures, il y a environ 0,00 % des échantillons de taille 64 dont la moyenne $\bar{x}$ se situe entre $1\,987,75$ heures et $2\,012,25$ heures. Par conséquent, environ 0,00 % des échantillons entraîneront une mauvaise décision si la moyenne μ est de $1\,950$ heures.

b) $\beta = P(1\,987,75 \leq \bar{X} \leq 2\,012,25)$ si $\mu_1 = 2\,030$ heures

$= P\left(\dfrac{1\,987,75 - 2\,030}{6,25} \leq Z \leq \dfrac{2\,012,25 - 2\,030}{6,25}\right)$

$= P(-6,76 \leq Z \leq -2,84)$

$= 0,5000 - 0,4977$

$= 0,0023.$

Cela signifie que, si la moyenne μ est de $2\,030$ heures, il y a environ 0,23 % des échantillons de taille 64 dont la moyenne $\bar{x}$ se situe entre $1\,987,75$ heures et $2\,012,25$ heures. Par conséquent, environ 0,23 % des échantillons entraîneront une mauvaise décision si la moyenne μ est de $2\,030$ heures.

11.17

a) $\beta = P(\text{accepter } H_0 \text{ lorsque } H_0 \text{ est fausse}).$

Dans le contexte de l'exercice 11.3, on avait :

$\mu_0 = 70$ ans ;

$\sigma_{\bar{x}} = 0,49$ an ;

$n = 1\,250$.

De plus, la règle de décision était :

- si $Z_{\bar{x}} \leq 2,33$, alors on ne rejetterait pas l'hypothèse nulle H_0 ;
- si $Z_{\bar{x}} > 2,33$, alors on rejetterait l'hypothèse H_0 et, ainsi, on accepterait l'hypothèse alternative H_1.

Si l'on écrit cette règle de décision pour $\bar{x}$, on aura :

$Z_{\bar{x}} = \dfrac{\bar{x} - \mu_0}{\sigma_{\bar{x}}} = \dfrac{\bar{x} - 70}{0,49} > 2,33.$

Alors, $\bar{x} > 71,14$ ans.

Ainsi, la règle de décision pour $\bar{x}$ devient :

- si $\bar{x} \leq 71,14$ ans, alors on ne rejettera pas l'hypothèse nulle H_0 ;
- si $\bar{x} > 71,14$ ans, alors on rejettera l'hypothèse H_0 et, ainsi, on acceptera l'hypothèse alternative H_1.

$\beta = P(\bar{X} \leq 71,14)$ si $\mu_1 = 71$ ans

$= P\left(Z \leq \dfrac{71,14 - 71}{0,49}\right)$

$= P(Z \leq 0,29)$

$= 0,5000 + 0,1141$

$= 0,6141.$

Cela signifie que, si l'âge moyen μ du décès des femmes québécoises, en 1986, est de 71 ans, il y a environ 61,41 % des échantillons de taille $1\,250$ qui ont une moyenne $\bar{x}$ inférieure à $71,14$ ans. Par conséquent, environ 61,41 % des échantillons entraîneront une mauvaise décision si la moyenne μ est de 71 ans.

b) $\beta = P(\bar{X} \leq 71,14)$ si $\mu_1 = 75$ ans

$= P\left(Z \leq \dfrac{71,14 - 75}{0,49}\right)$

$= P(Z \leq -7,88)$

$= 0,0000.$

Cela signifie que, si l'âge moyen μ du décès des femmes québécoises, en 1986, est de 75 ans, il y a environ 0,00 % des échantillons de taille $1\,250$ qui ont une moyenne $\bar{x}$ inférieure à $71,14$ ans. Par conséquent, environ 0,00 % des échantillons entraîneront une mauvaise décision si la moyenne μ est de 75 ans.

11.18

a) $\beta = P$(accepter H_0 lorsque H_0 est fausse).

Dans le contexte de l'exercice 11.4, on avait :

$\mu_0 = 4$ personnes ;

$s_{\bar{x}} = 0,15$ personne ;

$n = 116$.

De plus, la règle de décision était :

– si $Z_{\bar{x}} \geq -1,64$, alors on ne rejetterait pas l'hypothèse nulle H_0 ;

– si $Z_{\bar{x}} < -1,64$, alors on rejetterait l'hypothèse H_0 et, ainsi, on accepterait l'hypothèse alternative H_1.

Si l'on écrit cette règle de décision pour $\bar{x}$, on aura :

$$Z_{\bar{x}} = \frac{\bar{x} - \mu_0}{s_{\bar{x}}} = \frac{\bar{x} - 4}{0,15} < -1,64.$$

Alors, $\bar{x} < 3,75$ personnes.

Ainsi, la règle de décision pour $\bar{x}$ devient :

– si $\bar{x} \geq 3,75$ personnes, alors on ne rejettera pas l'hypothèse nulle H_0 ;

– si $\bar{x} < 3,75$ personnes, alors on rejettera l'hypothèse nulle H_0 et, ainsi, on acceptera l'hypothèse alternative H_1.

$\beta = P(\bar{X} \geq 3,75)$ si $\mu_1 = 3,5$ personnes

$= P\left(Z \geq \dfrac{3,75 - 3,5}{0,15}\right)$

$= P(Z \geq 1,67)$

$= 0,5000 - 0,4525$

$= 0,0475$.

Cela signifie que si le nombre moyen μ de personnes dans les familles québécoises est de 3,5, il y a environ 4,75 % des échantillons de taille 116 dont la moyenne $\bar{x}$ est supérieure à 3,75 personnes. Par conséquent, environ 4,75 % des échantillons entraîneront une mauvaise décision si la moyenne μ est de 3,5 personnes.

b) $\beta = P(\bar{X} \geq 3,75)$ si $\mu_1 = 3,25$ personnes

$= P\left(Z \geq \dfrac{3,75 - 3,25}{0,15}\right)$

$= P(Z \geq 3,33)$

$= 0,5000 - 0,4996$

$= 0,0004$.

Cela signifie que si le nombre moyen μ de personnes dans les familles québécoises est de 3,25, il y a environ 0,04 % des échantillons de taille 116 dont la moyenne $\bar{x}$ est supérieure à 3,75 personnes. Par conséquent, environ 0,04 % des échantillons entraîneront une mauvaise décision si la moyenne μ est de 3,25 personnes.

Chapitre 12

12.1

Première étape : Formuler les hypothèses statistiques H_0 et H_1

H_0 : L'opinion est indépendante du sexe ;

H_1 : L'opinion est dépendante du sexe.

Deuxième étape : Indiquer le seuil de signification

Le seuil de signification est de 5 % ; $\alpha = 0,05$.

Troisième étape : Construire le tableau des fréquences espérées et vérifier les conditions d'application

$\sum f_o = \sum f_e = n = 489 \geq 30$.

Répartition des répondants en fonction de leur sexe et de leur opinion (fréquences espérées)

Opinion sur la situation de l'emploi	Sexe		Total
	féminin	masculin	
Va s'améliorer	29,91	39,09	69
Va rester stable	123,56	161,44	285
Va se détériorer	58,53	76,47	135
Total	212	277	489

Toutes les $f_e \geq 5$.

Quatrième étape : Préciser quelle est la distribution utilisée

Alors, $\sum \dfrac{(f_o - f_e)^2}{f_e}$ obéit approximativement à une loi du khi deux avec $\nu = 2$ degrés de liberté.

Cinquième étape : Définir la règle de décision

– Le seuil de signification est de 5 % ; $\alpha = 0,05$;

– Le risque d'erreur est de 5 % ; $\alpha = 0,05$;

– Le χ^2 critique utilisé est $\chi^2_{\alpha\,;\,\nu} = \chi^2_{0,05\,;\,2} = 5,99$.

Donc,

– si $\chi^2 \leq 5,99$, alors on ne rejettera pas H_0, l'hypothèse d'indépendance entre les deux variables ;

– si $\chi^2 > 5,99$, alors on rejettera l'hypothèse H_0 et, ainsi, on acceptera H_1, l'hypothèse de dépendance entre les deux variables.

Sixième étape : Calculer χ^2

$\chi^2 = 8,88$.

Septième étape : Appliquer la règle de décision

Puisque $8,80 > 5,99$, on rejettera l'hypothèse H_0. La différence entre les fréquences observées et les fréquences espérées est jugée significative. Elle est assez grande pour qu'on prenne le risque de rejeter l'hypothèse H_0. Le risque de prendre une mauvaise décision est inférieur à 5 %.

Huitième étape : Évaluer la force du lien, s'il y a lieu, et conclure

Puisqu'il y a un lien statistique entre les deux variables, on calcule la force de ce lien :

$$C = \sqrt{\frac{8,80}{8,80 + 489}} = 0,13.$$

La différence entre les fréquences observées et les fréquences espérées n'est pas due au hasard. Elle est probablement due au fait qu'il y a un lien de force faible entre l'opinion et le sexe.

Les femmes sont moins sûres que les hommes que la situation de l'emploi va s'améliorer. Le tableau des distributions conditionnelles et de la distribution marginale le montre très bien.

Répartition des répondants, en pourcentage, en fonction de l'opinion pour chacun des sexes

Opinion sur la situation de l'emploi	Sexe féminin	masculin	Total
Va s'améliorer	8,96	18,05	14,11
Va rester stable	59,91	57,04	58,28
Va se détériorer	31,13	24,91	27,61
Total	100	100	100

12.2

Première étape : Formuler les hypothèses statistiques H_0 et H_1

H_0 : L'opinion est indépendante de la langue maternelle ;

H_1 : L'opinion est dépendante de la langue maternelle.

Deuxième étape : Indiquer le seuil de signification

Le seuil de signification est de 1 % ; $\alpha = 0,01$.

Troisième étape : Construire le tableau des fréquences espérées et vérifier les conditions d'application

$\sum f_o = \sum f_e = n = 965 \geq 30$.

Répartition des répondants en fonction de leur langue et de leur opinion (fréquences espérées)

Opinion	Langue maternelle Français	Anglais	Total
Très favorable	291,11	51,89	343
Plutôt favorable	297,90	53,10	351
Plutôt défavorable	142,58	25,42	168
Très défavorable	87,42	15,58	103
Total	819	146	965

Toutes les $f_e \geq 5$.

Quatrième étape : Préciser quelle est la distribution utilisée

Alors, $\sum \dfrac{(f_o - f_e)^2}{f_e}$ obéit approximativement à une loi du khi deux avec $\nu = 3$ degrés de liberté.

Cinquième étape : Définir la règle de décision

– Le seuil de signification est de 1 % ; $\alpha = 0,01$;

– Le risque d'erreur est de 1 % ; $\alpha = 0,01$;

– Le χ^2 critique utilisé est $\chi^2_{\alpha \,;\, \nu} = \chi^2_{0,01 \,;\, 3} = 11,34$.

Donc,

– si $\chi^2 \leq 11,34$ alors on ne rejettera pas H_0, l'hypothèse d'indépendance entre les deux variables ;

– si $\chi^2 > 11,34$, alors on rejettera l'hypothèse H_0 et, ainsi, on acceptera H_1, l'hypothèse de dépendance entre les deux variables.

Sixième étape : Calculer χ^2

$\chi^2 = 72,21$.

Septième étape : Appliquer la règle de décision

Puisque $72,21 > 11,34$, on rejettera l'hypothèse H_0. La différence entre les fréquences observées et les fréquences espérées est jugée significative. Elle est assez grande pour qu'on prenne le risque de rejeter l'hypothèse H_0. Le risque de prendre une mauvaise décision est inférieur à 1 %.

Huitième étape : Évaluer la force du lien, s'il y a lieu, et conclure

Puisqu'il y a un lien statistique entre les deux variables, on calcule la force de ce lien :

$$C = \sqrt{\frac{72,21}{72,21 + 965}} = 0,26.$$

La différence entre les fréquences observées et les fréquences espérées n'est pas due au hasard. Elle est probablement due au fait qu'il y a un lien de force faible entre l'opinion et la langue maternelle.

Répartition des répondants, en pourcentage, en fonction de leur opinion pour chacune des langues

Opinion	Langue maternelle Français	Anglais	Total
Très favorable	30,16	65,75	35,54
Plutôt favorable	38,58	23,97	36,37
Plutôt défavorable	19,78	4,11	17,41
Très défavorable	11,48	6,16	10,67
Total	100	100	100

D'après le tableau des distributions conditionnelles, on constate que les anglophones sont plus favorables que les francophones.

12.3

Première étape : Formuler les hypothèses statistiques H_0 et H_1

H_0 : L'opinion au sujet de l'imposition d'un ticket modérateur est indépendante du revenu familial ;

H_1 : L'opinion au sujet de l'imposition d'un ticket modérateur est dépendante du revenu familial.

Deuxième étape : Indiquer le seuil de signification

Le seuil de signification est de 1 % ; $\alpha = 0,01$.

Troisième étape : Construire le tableau des fréquences espérées et vérifier les conditions d'application

$\sum f_o = \sum f_e = n = 810 \geq 30$.

Répartition des répondants en fonction de leur opinion et de leur revenu familial, en milliers de dollars (fréquences espérées)

Revenu familial (milliers de dollars)	Opinion				
	Tout à fait d'accord	Assez d'accord	Peu d'accord	Pas du tout d'accord	Total
[0 ; 15[	66,16	58,97	18,70	89,17	233
[15 ; 25[	36,91	32,90	10,43	49,75	130
[25 ; 35[	33,79	30,12	9,55	45,54	119
[35 ; 55[	47,42	42,27	13,40	63,91	167
[55 ; 75[	24,70	22,02	6,98	33,30	87
75 et plus	21,01	18,73	5,94	28,32	74
Total	230	205	65	310	810

Toutes les $f_e \geq 5$.

Quatrième étape : Préciser quelle est la distribution utilisée

Alors, $\sum \dfrac{(f_o - f_e)^2}{f_e}$ obéit approximativement à une loi du khi deux avec $\nu = 15$ degrés de liberté.

Cinquième étape : Définir la règle de décision

– Le seuil de signification est de 1 % ; $\alpha = 0{,}01$;
– Le risque d'erreur est de 1 % ; $\alpha = 0{,}01$;
– Le χ^2 critique utilisé est $\chi^2_{\alpha \,;\, \nu} = \chi^2_{0{,}01 \,;\, 15} = 30{,}58$.

Donc,

– si $\chi^2 \leq 30{,}58$, alors on ne rejettera pas H_0, l'hypothèse d'indépendance entre les deux variables ;
– si $\chi^2 > 30{,}58$, alors on rejettera l'hypothèse H_0 et, ainsi, on acceptera H_1, l'hypothèse de dépendance entre les deux variables.

Sixième étape : Calculer χ^2

$\chi^2 = 100{,}40$.

Septième étape : Appliquer la règle de décision

Puisque $100{,}40 > 30{,}58$, on ne doit pas hésiter à rejeter l'hypothèse d'indépendance entre l'opinion au sujet de l'imposition d'un ticket modérateur et le revenu familial. La différence entre les fréquences observées et les fréquences espérées est jugée significative. Elle est assez grande pour qu'on prenne le risque de rejeter l'hypothèse H_0. Le risque de prendre une mauvaise décision est inférieur à 1 %.

Huitième étape : Évaluer la force du lien, s'il y a lieu, et conclure

Puisqu'il y a un lien statistique entre les deux variables, on calcule la force de ce lien :

$$C = \sqrt{\dfrac{100{,}40}{100{,}40 + 810}} = 0{,}33.$$

La différence entre les fréquences observées et les fréquences espérées n'est pas due au hasard. Elle est probablement due au fait qu'il y a un lien de force faible entre l'opinion au sujet de l'imposition d'un ticket modérateur et le revenu familial.

Répartition des répondants, en pourcentage, en fonction de leur opinion pour chaque tranche de revenu, en milliers de dollars

Revenu familial (milliers de dollars)	Opinion				
	Tout à fait d'accord	Assez d'accord	Peu d'accord	Pas du tout d'accord	Total
[0 ; 15[	15,02	20,17	6,44	58,37	100
[15 ; 25[	18,46	33,85	6,92	40,77	100
[25 ; 35[	29,41	24,37	11,76	34,45	100
[35 ; 55[	36,53	26,35	8,98	28,14	100
[55 ; 75[	40,23	24,14	10,34	25,29	100
75 et plus	54,05	27,03	4,05	14,86	100
Total	28,40	25,31	8,02	38,27	100

Ceux qui ont des revenus familiaux aux deux extrémités n'ont pas du tout la même opinion au sujet de l'imposition d'un ticket modérateur, tandis que les autres ne s'éloignent pas beaucoup de la distribution marginale.

12.4

Première étape : Formuler les hypothèses statistiques H_0 et H_1

H_0 : Le lieu de résidence désiré est indépendant du lieu de résidence actuel ;

H_1 : Le lieu de résidence désiré est dépendant du lieu de résidence actuel.

Deuxième étape : Indiquer le seuil de signification

Le seuil de signification est de 1 % ; $\alpha = 0{,}01$.

Troisième étape : Construire le tableau des fréquences espérées et vérifier les conditions d'application

$\sum f_o = \sum f_e = n = 601 \geq 30$.

Répartition des répondants en fonction du lieu de résidence désiré et du lieu de résidence actuel (fréquences espérées)

Lieu de résidence actuel	Lieu de résidence désiré			
	Ville	Banlieue	Campagne	Total
Ville	44,20	86,65	132,16	263
Banlieue	32,77	64,24	97,99	195
Campagne	24,03	47,11	71,86	143
Total	101	198	302	601

Toutes les $f_e \geq 5$.

Quatrième étape : Préciser quelle est la distribution utilisée

Alors, $\sum \dfrac{(f_o - f_e)^2}{f_e}$ obéit approximativement à une loi du khi deux avec $\nu = 4$ degrés de liberté.

Cinquième étape : Définir la règle de décision
- Le seuil de signification est de 1 % ; $\alpha = 0,01$;
- Le risque d'erreur est de 1 % ; $\alpha = 0,01$;
- Le χ^2 critique utilisé est $\chi^2_{\alpha;\,v} = \chi^2_{0,01;\,4} = 13,28$.

Donc,
- si $\chi^2 \leq 13,28$, alors on ne rejettera pas H_0, l'hypothèse d'indépendance entre les deux variables ;
- si $\chi^2 > 13,28$, alors on rejettera l'hypothèse H_0 et, ainsi, on acceptera H_1, l'hypothèse de dépendance entre les deux variables.

Sixième étape : Calculer χ^2
$\chi^2 = 229,12$.

Septième étape : Appliquer la règle de décision
Puisque $229,12 > 13,28$, on rejettera l'hypothèse H_0. La différence entre les fréquences observées et les fréquences espérées est jugée significative. Elle est assez grande pour qu'on prenne le risque de rejeter l'hypothèse H_0. Le risque de prendre une mauvaise décision est inférieur à 1 %.

Huitième étape : Évaluer la force du lien, s'il y a lieu, et conclure
Puisqu'il y a un lien statistique entre les deux variables, on calcule la force de ce lien :

$$C = \sqrt{\frac{229,12}{229,12 + 601}} = 0,53.$$

La différence entre les fréquences observées et les fréquences espérées n'est pas due au hasard. Elle est probablement due au fait qu'il y a un lien de force moyenne entre le lieu de résidence actuel et le lieu de résidence désiré.

Répartition des répondants, en pourcentage, en fonction du lieu de résidence désiré pour chaque lieu de résidence actuel

Lieu de résidence actuel	Lieu de résidence désiré			
	Ville	Banlieue	Campagne	Total
Ville	34,98	27,00	38,02	100
Banlieue	3,08	60,00	36,92	100
Campagne	2,10	6,99	90,91	100
Total	16,81	32,95	50,25	100

D'après le tableau des distributions conditionnelles, on constate que le lieu de résidence désiré dépend vraiment du lieu de résidence actuel, sauf peut-être pour ceux qui résident en ville. Les campagnards veulent demeurer à la campagne, et la plupart des banlieusards veulent demeurer en banlieue.

12.5

Première étape : Formuler les hypothèses statistiques H_0 et H_1
H_0 : La possession d'un ordinateur est indépendante du niveau de scolarité ;

H_1 : La possession d'un ordinateur est dépendante du niveau de scolarité.

Deuxième étape : Indiquer le seuil de signification
Le seuil de signification est de 5 % ; $\alpha = 0,05$.

Troisième étape : Construire le tableau des fréquences espérées et vérifier les conditions d'application
$\sum f_o = \sum f_e = n = 242 \geq 30$.

Répartition des répondants en fonction de la possession d'un ordinateur et de leur niveau de scolarité (fréquences espérées)

Niveau de scolarité	Possession d'un ordinateur		
	Oui	Non	Total
Primaire	8,59	18,41	27
Secondaire	16,55	35,45	52
Collégial	25,14	53,86	79
Universitaire	26,73	57,27	84
Total	77	165	242

Toutes les $f_e \geq 5$.

Quatrième étape : Préciser quelle est la distribution utilisée
Alors, $\sum \dfrac{(f_o - f_e)^2}{f_e}$ obéit approximativement à une loi du khi deux avec $v = 3$ degrés de liberté.

Cinquième étape : Définir la règle de décision
- Le seuil de signification est de 5 % ; $\alpha = 0,05$;
- Le risque d'erreur est de 5 % ; $\alpha = 0,05$;
- Le χ^2 critique utilisé est $\chi^2_{\alpha;\,v} = \chi^2_{0,05;\,3} = 7,81$.

Donc,
- si $\chi^2 \leq 7,81$, alors on ne rejettera pas H_0, l'hypothèse d'indépendance entre les deux variables ;
- si $\chi^2 > 7,81$, alors on rejettera l'hypothèse H_0 et, ainsi, on acceptera H_1, l'hypothèse de dépendance entre les deux variables.

Sixième étape : Calculer χ^2
$\chi^2 = 11,30$.

Septième étape : Appliquer la règle de décision
Puisque $11,30 > 7,81$, on rejettera l'hypothèse H_0. La différence entre les fréquences observées et les fréquences espérées est jugée significative. Elle est assez grande pour qu'on prenne le risque de rejeter l'hypothèse H_0. Le risque de prendre une mauvaise décision est inférieur à 5 %.

Huitième étape : Évaluer la force du lien, s'il y a lieu, et conclure
Puisqu'il y a un lien statistique entre les deux variables, on calcule la force de ce lien :

$$C = \sqrt{\frac{11,30}{11,30 + 242}} = 0,21.$$

La différence entre les fréquences observées et les fréquences espérées n'est pas due au hasard. Elle est probablement due au fait qu'il y a un lien de force faible entre le fait de posséder un ordinateur et le niveau de scolarité.

Répartition des répondants, en pourcentage, en fonction de la possession d'un ordinateur pour chacun des niveaux de scolarité

Niveau de scolarité	Possession d'un ordinateur		
	Oui	Non	Total
Primaire	22,22	77,78	100
Secondaire	28,85	71,15	100
Collégial	22,78	77,22	100
Universitaire	45,24	54,76	100
Total	31,82	68,18	100

D'après le tableau des distributions conditionnelles, on constate que chez les répondants dont le niveau de scolarité est universitaire, la proportion de ceux qui possèdent un ordinateur est plus élevée que dans les autres catégories.

12.6

Première étape : Formuler les hypothèses statistiques H_0 et H_1

H_0 : L'opinion est indépendante de la région ;

H_1 : L'opinion est dépendante de la région.

Deuxième étape : Indiquer le seuil de signification

Le seuil de signification est de 5 % ; $\alpha = 0,05$.

Troisième étape : Construire le tableau des fréquences espérées et vérifier les conditions d'application

$\sum f_o = \sum f_e = n = 971 \geq 30$.

Répartition des répondants en fonction de leur opinion et de leur région (fréquences espérées)

Région	Opinion				
	Tout à fait d'accord	Assez d'accord	Peu d'accord	Pas du tout d'accord	Total
Québec métropolitain	92,90	68,03	25,17	104,89	291
Montréal métropolitain	140,79	103,10	38,15	158,96	441
Ailleurs en province	76,30	55,87	20,68	86,15	239
Total	310	227	84	350	971

Toutes les $f_e \geq 5$.

Quatrième étape : Préciser quelle est la distribution utilisée

Alors, $\sum \dfrac{(f_o - f_e)^2}{f_e}$ obéit approximativement à une loi du khi deux avec $v = 6$ degrés de liberté.

Cinquième étape : Définir la règle de décision

– Le seuil de signification est de 5 % ; $\alpha = 0,05$;
– Le risque d'erreur est de 5 % ; $\alpha = 0,05$;
– Le χ^2 critique utilisé est $\chi^2_{\alpha\,;\,v} = \chi^2_{0,05\,;\,6} = 12,59$.

Donc,

– si $\chi^2 \leq 12,59$, alors on ne rejettera pas H_0, l'hypothèse d'indépendance entre les deux variables ;
– si $\chi^2 > 12,59$, alors on rejettera l'hypothèse H_0 et, ainsi, on acceptera H_1, l'hypothèse de dépendance entre les deux variables.

Sixième étape : Calculer χ^2

$\chi^2 = 37,05$.

Septième étape : Appliquer la règle de décision

Puisque $37,05 > 12,59$, on rejettera l'hypothèse nulle H_0. La différence entre les fréquences observées et les fréquences espérées est jugée significative. Elle est assez grande pour qu'on prenne le risque de rejeter l'hypothèse H_0. Le risque de prendre une mauvaise décision est inférieur à 5 %.

Huitième étape : Évaluer la force du lien, s'il y a lieu, et conclure

Puisqu'il y a un lien statistique entre les deux variables, on calcule la force de ce lien :

$$C = \sqrt{\frac{37,05}{37,05 + 971}} = 0,19.$$

La différence entre les fréquences observées et les fréquences espérées n'est pas due au hasard. Elle est probablement due au fait qu'il y a un lien de force faible entre l'opinion et la région.

Répartition des répondants, en pourcentage, en fonction de leur opinion pour chacune des régions

Région	Opinion				
	Tout à fait d'accord	Assez d'accord	Peu d'accord	Pas du tout d'accord	Total
Québec métropolitain	44,33	19,59	8,25	27,84	100
Montréal métropolitain	28,57	23,58	10,20	37,64	100
Ailleurs en province	23,01	27,62	6,28	43,10	100
Total	31,93	23,38	8,65	36,05	100

D'après le tableau des distributions conditionnelles, on constate que la région de Québec a une distribution légèrement plus favorable que celle des autres régions.

12.7

a) La variable dépendante est le taux d'inoccupation.
b) Variable quantitative continue.
c) La variable indépendante est le loyer mensuel moyen.
d) Variable quantitative continue.
e) Toutes les villes canadiennes.

f) Une ville canadienne.

g) $n = 15$.

h) **Nuage de points**

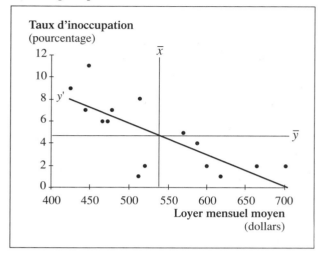

i) (Voir graphique en h).)

j) L'équation de la droite de régression est :
$y' = 19,62 - 0,03 \cdot x$.

k) (Voir graphique en h).)

l) Le coefficient de corrélation linéaire est de $-0,743$.

Une corrélation linéaire moyenne et négative était prévisible, compte tenu du nuage de points. En effet, le signe du coefficient de corrélation linéaire est négatif, et sa valeur est de $-0,743$. On est donc en présence d'un lien linéaire moyen entre le loyer mensuel moyen et le taux d'inoccupation.

m) Le coefficient de détermination est de $0,552$. On peut donc dire que la variable « Loyer mensuel moyen » explique environ 55,2 % de la dispersion de la variable « Taux d'inoccupation », ce qui donne un lien linéaire moyen.

n) **Première étape : Formuler les hypothèses statistiques H_0 et H_1**

$H_0 : \rho = 0$ (il n'y a pas de corrélation linéaire) ;

$H_1 : \rho < 0$ (il y a une corrélation linéaire négative).

Deuxième étape : Indiquer le seuil de signification

Le seuil de signification est de 5 % ; $\alpha = 0,05$.

Troisième étape : Vérifier les conditions d'application

On considère que la distribution du taux d'inoccupation obéit à une loi normale avec le même écart type pour chaque loyer mensuel moyen.

Quatrième étape : Préciser quelle est la distribution utilisée

Alors, $\dfrac{r\sqrt{n-2}}{\sqrt{1-r^2}} = t$ obéit à une distribution de Student avec $15 - 2 = 13$ degrés de liberté.

Cinquième étape : Définir la règle de décision

– Le seuil de signification est de 5 % ; $\alpha = 0,05$;

– Le risque d'erreur est de 5 % ; $\alpha = 0,05$;

– La cote t utilisée est $t_{\alpha\,;\,\nu} = t_{0,05\,;\,13} = 1,77$.

Donc,

– si $t_r \geq -1,77$, alors on ne rejettera pas l'hypothèse nulle H_0 ;

– si $t_r < -1,77$, alors on rejettera l'hypothèse H_0 et, ainsi, on acceptera l'hypothèse alternative H_1.

Sixième étape : Calculer

$n = 15$;

$r = -0,743$;

$t_r = \dfrac{r\sqrt{n-2}}{\sqrt{1-r^2}} = \dfrac{-0,743\sqrt{15-2}}{\sqrt{1-(-0,743)^2}} = -4,00.$

Septième étape : Prendre la décision

Puisque $-4,00 < -1,77$, la différence entre $r = -0,743$ et $\rho = 0$ est jugée significative. La différence est assez grande pour qu'on prenne le risque de rejeter H_0 et, ainsi, d'accepter H_1.

Huitième étape : Conclure

Il existe une corrélation linéaire négative entre le taux d'inoccupation et le loyer. On peut donc estimer le taux moyen d'inoccupation à l'aide de la droite de régression :

$y' = 19,62 - 0,03 \cdot x$.

o) 1) Sachant que le loyer mensuel moyen d'un logement dans une ville est de 500 $, on estime le taux moyen d'inoccupation à 5,84 %.

Cette valeur est obtenue en utilisant la touche y' ou $\hat{y}$ de la calculatrice.

2) Sachant que le loyer mensuel moyen d'un logement dans une ville est de 450 $, on estime le taux moyen d'inoccupation à 7,22 %.

Cette valeur est obtenue en utilisant la touche y' ou $\hat{y}$ de la calculatrice.

12.8

a) La variable dépendante est le nombre d'heures.

b) Variable quantitative continue.

c) La variable indépendante est l'âge.

d) Variable quantitative continue.

e) Tous les Canadiens.

f) Un Canadien.

g) $n = 20$.

h) **Nuage de points**

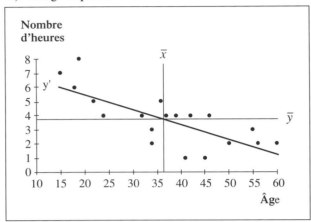

i) (Voir graphique en h).)

j) L'équation de la droite de régression est :
$y' = 7,56 - 0,10 \cdot x$.

k) (Voir graphique en h).)

l) Le coefficient de corrélation linéaire est de −0,746. Une corrélation linéaire moyenne et négative était prévisible, compte tenu du nuage de points. En effet, le signe du coefficient de corrélation linéaire est négatif, et sa valeur est de −0,746. On est donc en présence d'un lien linéaire moyen entre l'âge et le nombre d'heures d'activités sportives.

m) Le coefficient de détermination est de 0,557.

On peut donc dire que la variable « Âge » explique environ 55,7 % de la dispersion de la variable « Nombre d'heures d'activités sportives », ce qui donne un lien linéaire moyen.

n) **Première étape : Formuler les hypothèses statistiques H_0 et H_1**

$H_0 : \rho = 0$ (il n'y a pas de corrélation linéaire) ;

$H_1 : \rho < 0$ (il y a une corrélation linéaire négative).

Deuxième étape : Indiquer le seuil de signification

Le seuil de signification est de 1 % ; $\alpha = 0,01$.

Troisième étape : Vérifier les conditions d'application

On considère que la distribution du nombre d'heures obéit à une loi normale avec le même écart type pour chaque âge.

Quatrième étape : Préciser quelle est la distribution utilisée

Alors, $\dfrac{r\sqrt{n-2}}{\sqrt{1-r^2}} = t$ obéit à une distribution de Student avec $20 - 2 = 18$ degrés de liberté.

Cinquième étape : Définir la règle de décision

– Le seuil de signification est de 1 % ; $\alpha = 0,01$;

– Le risque d'erreur est de 1 % ; $\alpha = 0,01$;

– La cote t utilisée est $t_{\alpha ; \nu} = t_{0,01 ; 18} = 2,55$.

Donc,

– si $t_r \geq -2,55$, alors on ne rejettera pas l'hypothèse nulle H_0 ;

– si $t_r < -2,55$, alors on rejettera l'hypothèse H_0 et, ainsi, on acceptera l'hypothèse alternative H_1.

Sixième étape : Calculer

$n = 20$;

$r = -0,746$;

$t_r = \dfrac{r\sqrt{n-2}}{\sqrt{1-r^2}} = \dfrac{-0,746\sqrt{20-2}}{\sqrt{1-(-0,746)^2}} = -4,75$.

Septième étape : Prendre la décision

Puisque $-4,75 < -2,55$, la différence entre $r = -0,746$ et $\rho = 0$ est jugée significative. La différence est assez grande pour qu'on prenne le risque de rejeter H_0 et, ainsi, accepter H_1.

Huitième étape : Conclure

Il existe une corrélation linéaire négative entre le nombre d'heures d'activités sportives. On peut donc estimer le nombre moyen d'heures d'activités à l'aide de la droite de régression :

$y' = 7,56 - 0,10 \cdot x$.

o) Sachant que l'âge du Canadien est de 27 ans, on estime le nombre moyen d'heures d'activités sportives à 4,74 h.

12.9

a) La variable dépendante est le PIB.

b) Variable quantitative continue.

c) La variable indépendante est la valeur des exportations.

d) Variable quantitative continue.

e) Tous les trimestres.

f) Un trimestre.

g) $n = 21$.

h) **Nuage de points**

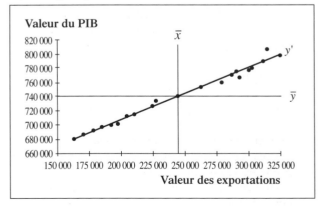

i) (Voir graphique en h).)

j) L'équation de la droite de régression est :
$y' = 541\ 431,04 + 0,822 \cdot x$.

k) (Voir graphique en h).)

l) Le coefficient de corrélation linéaire est de 0,991. Une corrélation linéaire presque parfaite était prévisible, compte tenu du nuage de points. En effet, le signe du coefficient de corrélation linéaire est positif, et sa valeur est de 0,991. On est donc en présence d'un lien linéaire presque parfait entre la valeur des exportations et la valeur du PIB.

m) Le coefficient de détermination est de 0,982. On peut donc dire que la variable « Valeur des exportations » explique environ 98,2 % de la dispersion de la variable « Valeur du PIB », ce qui donne un lien linéaire presque parfait.

n) **Première étape : Formuler les hypothèses statistiques H_0 et H_1**

$H_0 : \rho = 0$ (il n'y a pas de corrélation linéaire) ;

$H_1 : \rho > 0$ (il y a une corrélation linéaire positive).

Deuxième étape : Indiquer le seuil de signification

Le seuil de signification est de 5 % ; $\alpha = 0,05$.

Troisième étape : Vérifier les conditions d'application

On considère que la distribution du PIB obéit à une loi normale avec le même écart type pour chaque valeur des exportations.

Quatrième étape : Préciser quelle est la distribution utilisée

Alors, $\dfrac{r\sqrt{n-2}}{\sqrt{1-r^2}} = t$ obéit à une distribution de Student avec $21 - 2 = 19$ degrés de liberté.

Cinquième étape : Définir la règle de décision

– Le seuil de signification est de 5 % ; $\alpha = 0,05$;

– Le risque d'erreur est de 5 % ; $\alpha = 0,05$;

– La cote t utilisée est $t_{\alpha\,;\,\nu} = t_{0,05\,;\,21} = 1,72$.

Donc,

– si $t_r \leq 1,72$, alors on ne rejettera pas l'hypothèse nulle H_0 ;

– si $t_r > 1,72$, alors on rejettera l'hypothèse H_0 et, ainsi, on acceptera l'hypothèse alternative H_1.

Sixième étape : Calculer

$n = 21$;

$r = 0,991$;

$t_r = \dfrac{r\sqrt{n-2}}{\sqrt{1-r^2}} = \dfrac{0,991\sqrt{21-2}}{\sqrt{1-0,991^2}} = 32,27.$

Septième étape : Prendre la décision

Puisque $32,27 > 1,72$, la différence entre $r = 0,991$ et $\rho = 0$ est jugée significative. La différence est assez grande pour qu'on prenne le risque de rejeter H_0 et, ainsi, accepter H_1.

Huitième étape : Conclure

Il existe une corrélation linéaire positive entre la valeur des exportations et la valeur du PIB. On peut

donc estimer le PIB moyen d'un trimestre à l'aide de la droite de régression :

$y' = 541\,431,04 + 0,822 \cdot x.$

o) 1) Sachant que la valeur des exportations est de 290 040 millions de dollars, on estime la valeur moyenne du PIB à 779 843,9.

2) Sachant que la valeur des exportations est de 320 150 millions de dollars, on estime la valeur moyenne du PIB à 804 594,3.

12.10

a) La variable dépendante est le pourcentage d'augmentation des salaires.

b) Variable quantitative continue.

c) La variable indépendante est le taux de chômage.

d) Variable quantitative continue.

e) Tous les trimestres.

f) Un trimestre.

g) $n = 20$.

h) **Nuage de points**

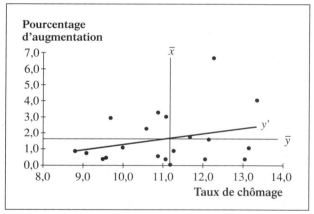

i) (Voir graphique en h).)

j) L'équation de la droite de régression est :

$y' = -2,12 + 1,332 \cdot x.$

k) (Voir graphique en h).)

l) Le coefficient de corrélation linéaire est de 0,279. La corrélation linéaire est très faible.

m) Le coefficient de détermination est de 0,078.

C'est donc dire que la variable « Taux de chômage » explique environ 7,8 % de la dispersion de la variable « Pourcentage d'augmentation », ce qui donne un lien linéaire très faible.

n) **Première étape : Formuler les hypothèses statistiques H_0 et H_1**

$H_0 : \rho = 0$ (il n'y a pas de corrélation linéaire) ;

$H_1 : \rho \neq 0$ (il y a une corrélation linéaire).

Deuxième étape : Indiquer le seuil de signification

Le seuil de signification est de 5 % ; $\alpha = 0,05$.

Troisième étape : Vérifier les conditions d'application

On considère que la distribution des augmentations moyennes de salaires, en pourcentage, obéit à une loi normale avec le même écart type pour chaque taux de chômage.

Quatrième étape : Préciser quelle est la distribution utilisée

Alors, $\dfrac{r\sqrt{n-2}}{\sqrt{1-r^2}} = t$ obéit à une distribution de Student avec $20 - 2 = 18$ degrés de liberté.

Cinquième étape : Définir la règle de décision

– Le seuil de signification est de 5 % ; $\alpha = 0,05$;
– Le risque d'erreur est de 5 % ; $\alpha = 0,05$;
– Le risque d'erreur partagé est de 2,5 % ; $\alpha/2 = 0,025$;
– La cote t utilisée est $t_{\alpha/2\,;\,\nu} = t_{0,025\,;\,18} = 2,10$.

Donc,

– si $-2,10 \leq t_r \leq 2,10$, alors on ne rejettera pas l'hypothèse nulle H_0 ;
– si $t_r < -2,10$ ou si $t_r > 2,10$, alors on rejettera l'hypothèse H_0 et, ainsi, on acceptera l'hypothèse alternative H_1.

Sixième étape : Calculer

$n = 20$;

$r = 0,279$;

$t_r = \dfrac{r\sqrt{n-2}}{\sqrt{1-r^2}} = \dfrac{0,279\sqrt{20-2}}{\sqrt{1-0,279^2}} = 1,23.$

Septième étape : Prendre la décision

Puisque $-2,09 \leq 1,23 \leq 2,09$, la différence entre $r = 0,279$ et $\rho = 0$ est jugée non significative. La différence n'est pas assez grande pour qu'on prenne le risque de rejeter H_0.

Huitième étape : Conclure

La différence entre $r = 0,279$ et $\rho = 0$ est probablement due au hasard. On ne peut conclure qu'il existe un lien linéaire entre les deux variables. Il n'est pas conseillé de se servir de la droite de régression pour estimer l'augmentation moyenne de salaire.

o) Il n'y a pas de lien linéaire entre les deux variables.

12.11

a) La variable dépendante est le nombre d'automobiles vendues.
b) Variable quantitative discrète.
c) La variable indépendante est le taux préférentiel.
d) Variable quantitative continue.
e) Tous les mois.
f) Un mois.
g) $n = 24$.

h) Nuage de points

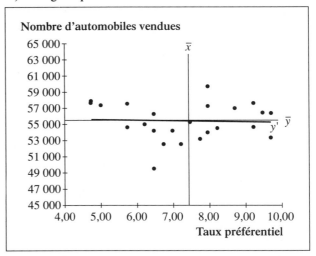

i) (Voir graphique en h).)
j) L'équation de la droite de régression est :
$y' = 56\ 268,59 - 110,391 \cdot x$.
k) (Voir graphique en h).)
l) Le coefficient de corrélation linéaire est de 0,074. On est en présence d'un lien linéaire presque nul entre les deux variables.
m) Le coefficient de détermination est de 0,005. On peut donc dire que la variable « Taux préférentiel » explique environ 0,5 % de la dispersion de la variable « Nombre d'automobiles vendues », ce qui donne un lien linéaire presque nul.

n) **Première étape : Formuler les hypothèses statistiques H_0 et H_1**

$H_0 : \rho = 0$ (il n'y a pas de corrélation linéaire) ;
$H_1 : \rho \neq 0$ (il y a une corrélation linéaire).

Deuxième étape : Indiquer le seuil de signification

Le seuil de signification est de 1 % ; $\alpha = 0,01$.

Troisième étape : Vérifier les conditions d'application

On considère que la distribution de la conductivité obéit à une loi normale avec le même écart type pour chaque dureté.

Quatrième étape : Préciser quelle est la distribution utilisée

Alors, $\dfrac{r\sqrt{n-2}}{\sqrt{1-r^2}} = t$ obéit à une distribution de Student avec $24 - 2 = 22$ degrés de liberté.

Cinquième étape : Définir la règle de décision

– Le seuil de signification est de 1 % ; $\alpha = 0,01$;
– Le risque d'erreur est de 1 % ; $\alpha = 0,01$;
– Le risque d'erreur partagée est de 0,5 % ; $\alpha/2 = 0,005$;
– La cote t utilisée est $t_{\alpha/2\,;\,\nu} = t_{0,025\,;\,22} = 2,82$.

Donc,

- si $-2,82 \leq t_r \leq 2,82$, alors on ne rejettera pas l'hypothèse nulle H_0 ;
- si $t_r < -2,82$ ou si $t_r > 2,82$, alors on rejettera l'hypothèse H_0 et, ainsi, on acceptera l'hypothèse alternative H_1.

Sixième étape : Calculer

$n = 24$;

$r = 0,074$;

$$t_r = \frac{r\sqrt{n-2}}{\sqrt{1-r^2}} = \frac{-0,074\sqrt{24-2}}{\sqrt{1-0,074^2}} = -0,35.$$

Septième étape : Prendre la décision

Puisque $-2,82 \leq -0,35 \leq 2,82$, la différence entre $r = -0,074$ et $\rho = 0$ est jugée non significative. La différence n'est pas assez grande pour qu'on prenne le risque de rejeter H_0.

Huitième étape : Conclure

Il n'existe pas de corrélation linéaire entre le taux préférentiel et le nombre d'automobiles vendues. On ne peut donc pas estimer le nombre moyen d'automobiles vendues par mois par la droite de régression.

o) Il n'y a pas de lien linéaire.

12.12

a) La variable dépendante est la période sans gel.
b) Variable quantitative continue.
c) La variable indépendante est l'altitude.
d) Variable quantitative continue.
e) Toutes les villes du Québec.
f) Une ville du Québec.
g) $n = 18$.
h) **Nuage de points**

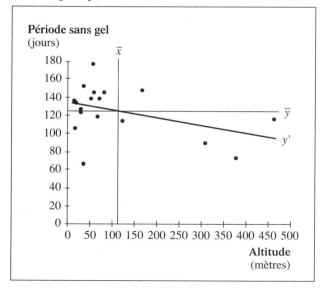

i) (Voir graphique en h).)

j) L'équation de la droite de régression est :
$y' = 134,18 - 0,08 \cdot x$.

k) (Voir graphique en h).)

l) Le coefficient de corrélation linéaire est de $-0,401$. Une corrélation linéaire faible et négative était prévisible, compte tenu du nuage de points. En effet, le signe du coefficient de corrélation linéaire est négatif, et sa valeur est de $-0,401$. On est donc en présence d'un lien faible entre l'altitude d'une ville et la période sans gel dans cette ville.

m) Le coefficient de détermination est de $0,161$. On peut donc dire que la variable « Altitude » explique environ $16,1\ \%$ de la dispersion de la variable « Période sans gel », ce qui donne un lien linéaire faible.

n) **Première étape : Formuler les hypothèses statistiques H_0 et H_1**

$H_0 : \rho = 0$ (il n'y a pas de corrélation linéaire) ;

$H_1 : \rho \neq 0$ (il y a une corrélation linéaire).

Deuxième étape : Indiquer le seuil de signification

Le seuil de signification est de $5\ \%$; $\alpha = 0,05$.

Troisième étape : Vérifier les conditions d'application

On considère que la distribution de la période sans gel obéit à une loi normale avec le même écart type pour chaque altitude.

Quatrième étape : Préciser quelle est la distribution utilisée

Alors, $\dfrac{r\sqrt{n-2}}{\sqrt{1-r^2}} = t$ obéit à une distribution de Student avec $18 - 2 = 16$ degrés de liberté.

Cinquième étape : Définir la règle de décision

- Le seuil de signification est de $5\ \%$; $\alpha = 0,05$;
- Le risque d'erreur est de $5\ \%$; $\alpha = 0,05$;
- Le risque d'erreur partagé est de $2,5\ \%$; $\alpha/2 = 0,025$;
- La cote t utilisée est $t_{\alpha/2\,;\,\nu} = t_{0,025\,;\,16} = 2,12$.

Donc,

- si $-2,12 \leq t_r \leq 2,12$, alors on ne rejettera pas l'hypothèse nulle H_0 ;
- si $t_r < -2,12$ ou si $t_r > 2,12$, alors on rejettera l'hypothèse H_0 et, ainsi, on acceptera l'hypothèse alternative H_1.

Sixième étape : Calculer

$n = 18$;

$r = -0,404$;

$$t_r = \frac{r\sqrt{n-2}}{\sqrt{1-r^2}} = \frac{-0,404\sqrt{18-2}}{\sqrt{1-(-0,404)^2}} = -1,77.$$

Septième étape : Prendre la décision

Puisque $-2,12 \leq -1,77 \leq 2,12$, la différence entre $r = -0,404$ et $\rho = 0$ est jugée non significative. La différence n'est pas assez grande pour qu'on prenne le risque de rejeter H_0.

Huitième étape : Conclure

La différence entre $r = -0,404$ et $\rho = 0$ est probablement due au hasard. On ne peut conclure qu'il existe un lien linéaire entre les deux variables. Il n'est donc pas conseillé de se servir de la droite de régression pour estimer le nombre moyen de jours sans gel en fonction de l'altitude d'une ville.

o) Comme il n'existe pas de lien linéaire entre les deux variables, il est impossible d'utiliser la droite de régression pour estimer le nombre de jours sans gel des villes situées à une altitude donnée.

12.13

a) La variable dépendante est le taux d'occupation en août 1987.

b) Variable quantitative continue.

c) La variable indépendante est le taux d'occupation en août 1986.

d) Variable quantitative continue.

e) Tous les établissements hôteliers du Québec.

f) Un établissement hôtelier du Québec.

g) $n = 18$.

h) **Nuage de points**

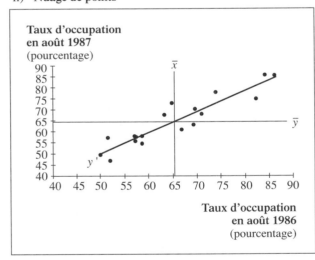

i) (Voir graphique en h).)

j) L'équation de la droite de régression est :
$y' = 2,96 + 0,94 \cdot x$.

k) (Voir graphique en h).)

l) Le coefficient de corrélation linéaire est de 0,926. Une corrélation linéaire forte et positive était prévisible, compte tenu du nuage de points. En effet, le signe du coefficient de corrélation linéaire est positif, et sa valeur est de 0,926 (près de 1). On est donc en présence d'un lien linéaire fort entre le taux d'occupation en août 1986 et celui du mois d'août 1987.

m) Le coefficient de détermination est de 0,858. On peut donc dire que la variable « Taux d'occupation en août 1986 » explique environ 85,8 % de la dispersion de la variable « Taux d'occupation en août 1987 », ce qui donne un lien linéaire fort.

n) **Première étape : Formuler les hypothèses statistiques H_0 et H_1**

$H_0 : \rho = 0$ (il n'y a pas de corrélation linéaire) ;

$H_1 : \rho > 0$ (il y a une corrélation linéaire positive).

Deuxième étape : Indiquer le seuil de signification

Le seuil de signification est de 5 % ; $\alpha = 0,05$.

Troisième étape : Vérifier les conditions d'application

On considère que la distribution du taux d'occupation en août 1987 obéit à une loi normale avec le même écart type pour chaque taux d'occupation en août 1986.

Quatrième étape : Préciser quelle est la distribution utilisée

Alors, $\dfrac{r\sqrt{n-2}}{\sqrt{1-r^2}} = t$ obéit à une distribution de Student avec $18 - 2 = 16$ degrés de liberté.

Cinquième étape : Définir la règle de décision

– Le seuil de signification est de 5 % ; $\alpha = 0,05$;

– Le risque d'erreur est de 5 % ; $\alpha = 0,05$;

– La cote t utilisée est $t_{\alpha\,;\,\nu} = t_{0,05\,;\,16} = 1,75$.

Donc,

– si $t_r \leq 1,75$, alors on ne rejettera pas l'hypothèse nulle H_0 ;

– si $t_r > 1,75$, alors on rejettera l'hypothèse H_0 et, ainsi, on acceptera l'hypothèse alternative H_1.

Sixième étape : Calculer

$n = 18$;

$r = 0,926$;

$t_r = \dfrac{r\sqrt{n-2}}{\sqrt{1-r^2}} = \dfrac{0,926\sqrt{18-2}}{\sqrt{1-0,926^2}} = 9,81$.

Septième étape : Prendre la décision

Puisque $9,81 > 1,75$, la différence entre $r = 0,926$ et $\rho = 0$ est jugée significative. La différence est assez grande pour qu'on prenne le risque de rejeter H_0 et, ainsi, accepter H_1.

Huitième étape : Conclure

Il existe une corrélation linéaire positive entre le taux de 1986 et celui de 1987. On peut donc estimer le taux moyen d'occupation du mois d'août 1987 à l'aide de la droite de régression :
$y' = 2,96 + 0,94 \cdot x$.

o) Sachant que le taux d'occupation d'un établissement en août 1986 était de 63,6 %, on estime le taux moyen d'occupation en août 1987 à 62,8 %.

12.14

a) Molson : l'écart type est de 2,794 %, la variance est donc de 7,807 et elle représente le risque associé au rendement des actions de la brasserie Molson.

Banque Royale : l'écart type est de 4,539 %, la variance est donc de 20,604 et elle représente le risque associé au rendement des actions de la Banque Royale.

Teknor : l'écart type est de 5,289 %, la variance est donc de 29,970 et elle représente le risque associé au rendement des actions de la compagnie Teknor.

b) Molson : le coefficient de corrélation linéaire r entre le rendement des actions de la brasserie et le rendement de l'indice XXM est de 0,594, le coefficient de détermination r^2 est donc 35,32 %. Cela signifie que 35,32 % du risque rattaché à l'action de la brasserie est attribuable au risque du marché.

Banque Royale : le coefficient de corrélation linéaire r entre le rendement des actions de la banque et le rendement de l'indice XXM est de 0,869, le coefficient de détermination r^2 est donc de 75,48 %. Cela signifie que de 75,48 % du risque rattaché à l'action de la banque est attribuable au risque du marché.

Teknor : le coefficient de corrélation linéaire r entre le rendement des actions de la compagnie et le rendement de l'indice XXM est de 0,399, le coefficient de détermination r^2 est donc de 15,93 %. Cela signifie que 15,93 % du risque rattaché à l'action de la compagnie est attribuable au risque du marché.

c) Molson : puisque 35,32 % du risque est attribuable au marché, il reste donc 64,68 % du risque qui est spécifiquement attribuable à la brasserie.

Banque Royale : puisque 75,48 % du risque est attribuable au marché, il reste donc 24,52 % du risque qui est spécifiquement attribuable à la banque.

Teknor : puisque 15,93 % du risque est attribuable au marché, il reste donc 84,07 % du risque qui est spécifiquement attribuable à la compagnie.

d) **Rendement hebdomadaire des actions et du portefeuille**

Semaine	Indice XXM	Bombardier	Banque Royale	Portefeuille
1	0,10	4,09	−0,37	2,31
2	−1,30	−1,31	1,75	−0,09
3	2,88	2,46	9,88	5,43
4	−1,50	−1,11	−3,05	−1,89
5	−2,08	−4,86	−2,72	−4,00
6	−1,82	3,73	−1,31	1,71
7	−2,46	−0,95	−4,26	−2,27
8	−2,79	−0,76	−5,65	−2,72
9	3,65	4,43	3,83	4,19
10	0,26	2,03	1,23	1,71

Le rendement du portefeuille chaque semaine est égal à 60 % du rendement des actions de la compagnie Bombardier plus 40 % du rendement des actions de la Banque Royale.

Semaine 1: 60 % de 4,09 + 40 % de −0,37 = 2,31.

Le rendement hebdomadaire moyen de ce portefeuille est donc de 0,44 % pour ces 10 semaines.

e) L'écart type des 10 valeurs du rendement du portefeuille est de 3,135 %, la variance est donc de 9,826 et elle représente le risque associé au rendement des actions du portefeuille.

f) Le coefficient de corrélation linéaire r entre le rendement des actions du portefeuille et le rendement de l'indice XXM est de 0,879, le coefficient de détermination r^2 est donc de 77,22 %. Cela signifie que 77,22 % du risque rattaché aux actions du portefeuille est attribuable au risque du marché.

g) Puisque 77,22 % du risque est attribuable au marché, il reste donc 22,78 % du risque qui est spécifiquement attribuable aux actions du portefeuille.

Chapitre 13

13.1

Première étape : Formuler les hypothèses statistiques H_0 et H_1

H_0 : La distribution de l'âge des Canadiens âgés de 15 ans et plus ayant touché des revenus en 1990 obéit à une loi normale ;

H_1 : La distribution de l'âge des Canadiens âgés de 15 ans et plus ayant touché des revenus en 1990 n'obéit pas à une loi normale.

Deuxième étape : Indiquer le seuil de signification

Le seuil de signification est de 5 % ; $\alpha = 0,05$.

Troisième étape : Construire le tableau des fréquences espérées et vérifier les conditions d'application

$\sum f_o = \sum f_e = n = 837 \geq 30$.

$\bar{x} = 44,72$ ans ;

$s = 16,86$ ans.

Répartition des répondants canadiens, âgés de 15 ans et plus et ayant touché des revenus en 1990, en fonction de leur âge

Âge	Fréquence f_o	Cotes Z $z = \dfrac{x - \bar{x}}{s}$	Probabilité p	Fréquence f_e
$-\infty$; 15[	0	$-\infty$; $-1,76$[	0,0392	32,81
[15 ; 20[	67	[$-1,76$; $-1,47$[	0,0316	26,45
[20 ; 25[	57	[$-1,47$; $-1,17$[	0,0502	42,02
[25 ; 30[	80	[$-1,17$; $-0,87$[	0,0712	59,59
[30 ; 35[	73	[$-0,87$; $-0,58$[	0,0888	74,33
[35 ; 40[	78	[$-0,58$; $-0,28$[	0,1087	90,98
[40 ; 45[	87	[$-0,28$; 0,02[	0,1183	99,02
[45 ; 50[	50	[0,02 ; 0,31[	0,1137	95,17
[50 ; 55[	80	[0,31 ; 0,61[	0,1074	89,89
[55 ; 60[	65	[0,61 ; 0,91[	0,0895	74,91
[60 ; 65[	71	[0,91 ; 1,20[	0,0663	55,49
[65 ; $+\infty$	129	[1,20 ; $+\infty$	0,1151	96,34
Total	837		1	837

Les f_e sont toutes ≥ 5.

Quatrième étape : Préciser quelle est la distribution utilisée

Alors, $\sum \dfrac{(f_o - f_e)^2}{f_e}$ obéit approximativement à une loi du khi deux avec $v = 12 - 2 - 1 = 9$ degrés de liberté.

Cinquième étape : Définir la règle de décision
- Le seuil de signification est de 5 % ; $\alpha = 0,05$;
- Le risque d'erreur est de 5 % ; $\alpha = 0,05$;
- Le χ^2 critique utilisé est $\chi^2_{\alpha\,;\,v} = \chi^2_{0,05\,;\,9} = 16,92$.

Donc,
- si $\chi^2 \leq 16,92$, alors on ne rejettera pas l'hypothèse nulle H_0 ;
- si $\chi^2 > 16,92$, alors on rejettera l'hypothèse nulle H_0 et, ainsi, on acceptera l'hypothèse alternative H_1.

Sixième étape : Calculer χ^2

$\chi^2 = 149,89$.

Septième étape : Appliquer la règle de décision

Puisque $149,89 > 16,92$, on rejettera l'hypothèse nulle H_0. La différence entre les fréquences observées et les fréquences espérées est jugée significative. Elle est assez grande pour qu'on prenne le risque de rejeter l'hypothèse H_0. Le risque qu'on prenne une mauvaise décision est inférieur à 5 %.

Huitième étape : Conclure

La différence entre les fréquences observées et les fréquences espérées n'est probablement pas due au hasard. On peut conclure que la distribution de l'âge des Canadiens âgés de 15 ans et plus ayant touché des revenus en 1990 n'obéit pas à une loi normale.

13.2

Première étape : Formuler les hypothèses statistiques H_0 et H_1

H_0 : L'échantillon des 2 450 immigrants investisseurs au Canada en 1992 est représentatif de la population ;

H_1 : L'échantillon des 2 450 immigrants investisseurs au Canada en 1992 n'est pas représentatif de la population.

Répartition des immigrants investisseurs en 1992, en fonction de leur pays de provenance

Pays de provenance	Pourcentage des immigrants
Hong-Kong	45,22
Taiwan	42,26
Corée du Sud	2,73
Philippines	2,50
Égypte	1,23
Angleterre	0,55
Jordanie	0,46
États-Unis	0,32
Autres pays	4,74
Total	100

Deuxième étape : Indiquer le seuil de signification

Le seuil de signification est de 1 % ; $\alpha = 0,01$.

Troisième étape : Construire le tableau des fréquences espérées et vérifier les conditions d'application

$\sum f_o = \sum f_e = n = 2\ 450 \geq 30$.

Répartition des immigrants investisseurs en 1992, en fonction de leur pays de provenance (fréquences espérées)

Pays de provenance	Nombre d'immigrants
Hong-Kong	1 107,89
Taiwan	1 035,37
Corée du Sud	66,89
Philippines	61,25
Égypte	30,14
Angleterre	13,48
Jordanie	11,27
États-Unis	7,84
Autres pays	116,13
Total	2 450

Toutes les $f_e \geq 5$.

Quatrième étape : Préciser quelle est la distribution utilisée

Alors, $\sum \dfrac{(f_o - f_e)^2}{f_e}$ obéit approximativement à une loi du khi deux avec $v = 9 - 1 = 8$ degrés de liberté.

Cinquième étape : Définir la règle de décision
- Le seuil de signification est de 1 % ; $\alpha = 0,01$;

– Le risque d'erreur est de 1 % ; $\alpha = 0,01$;
– Le χ^2 critique utilisé est $\chi^2_{\alpha\,;\,\nu} = \chi^2_{0,01\,;\,8} = 20,09$.

Donc,

– si $\chi^2 \leq 20,09$, alors on ne rejettera pas l'hypothèse nulle H_0 ;
– si $\chi^2 > 20,09$, alors on rejettera l'hypothèse nulle H_0 et, ainsi, on acceptera l'hypothèse alternative H_1.

Sixième étape : Calculer χ^2

$\chi^2 = 7\,190,02$.

Septième étape : Appliquer la règle de décision

Puisque $7\,190,02 > 20,09$, on rejettera l'hypothèse H_0. La différence entre les fréquences observées et les fréquences espérées est jugée significative. Elle est assez grande pour qu'on prenne le risque de rejeter l'hypothèse H_0. Le risque de prendre une mauvaise décision est inférieur à 1 %.

Huitième étape : Conclure

La différence entre les fréquences observées et les fréquences espérées n'est probablement pas due au hasard. On peut conclure que l'échantillon prélevé des immigrants investisseurs au Canada en 1992 n'est pas représentatif de l'ensemble des immigrants investisseurs au Canada en 1992.

13.3

Première étape : Formuler les hypothèses statistiques H_0 et H_1

H_0 : La distribution du revenu des Canadiens âgés de 15 à 24 ans ayant touché des gains en 1990 obéit à une loi normale ;

H_1 : La distribution du revenu des Canadiens âgés de 15 à 24 ans ayant touché des gains en 1990 n'obéit pas à une loi normale.

Deuxième étape : Indiquer le seuil de signification

Le seuil de signification est de 5 % ; $\alpha = 0,05$.

Troisième étape : Construire le tableau des fréquences espérées et vérifier les conditions d'application

$n = 870 \geq 30$;

$\sum f_o = \sum f_e = n = 870$;

$\bar{x} = 18\,527,59$ \$;

$s = 5\,253,73$ \$.

Répartition des répondants canadiens âgés de 15 à 24 ans ayant eu des gains, en 1990, en fonction de leur revenu (en milliers de dollars)

Revenu (milliers de dollars)	Fréquence f_o	Cotes Z $z = \dfrac{x - \bar{x}}{s}$	Probabilité p	Fréquence f_e
$-\infty\,;\,6[$	7	$-\infty\,;\,-2,38[$	0,0087	7,57
$[6\,;\,9[$	24	$[-2,38\,;\,-1,81[$	0,0264	22,97
$[9\,;\,12[$	57	$[-1,81\,;\,-1,24[$	0,0724	62,99
$[12\,;\,15[$	119	$[-1,24\,;\,-0,67[$	0,1439	125,19
$[15\,;\,18[$	198	$[-0,67\,;\,-0,10[$	0,2088	181,66
$[18\,;\,21[$	185	$[-0,10\,;\,0,47[$	0,2206	191,92
$[21\,;\,24[$	157	$[0,47\,;\,1,04[$	0,1700	147,90
$[24\,;\,27[$	82	$[1,04\,;\,1,61[$	0,0955	83,09
$[27\,;\,30[$	30	$[1,61\,;\,2,18[$	0,0391	34,02
$[30\,;\,33[$	8	$[2,18\,;\,2,75[$	0,0116	10,09
$[33\,;\,+\infty$	3	$[2,75\,;\,+\infty$	0,0030	2,61
Total	870		1	870

Les f_e ne sont pas toutes ≥ 5. Il faut donc regrouper les deux dernières classes.

Répartition des répondants canadiens âgés de 15 à 24 ans ayant eu des gains, en 1990, en fonction de leur revenu (en milliers de dollars)

Revenu (milliers de dollars)	Fréquence f_o	Cotes Z $z = \dfrac{x - \bar{x}}{s}$	Probabilité p	Fréquence f_e
$-\infty\,;\,6[$	7	$-\infty\,;\,-2,38[$	0,0087	7,57
$[6\,;\,9[$	24	$[-2,38\,;\,-1,81[$	0,0264	22,97
$[9\,;\,12[$	57	$[-1,81\,;\,-1,24[$	0,0724	62,99
$[12\,;\,15[$	119	$[-1,24\,;\,-0,67[$	0,1439	125,19
$[15\,;\,18[$	198	$[-0,67\,;\,-0,10[$	0,2088	181,66
$[18\,;\,21[$	185	$[-0,10\,;\,0,47[$	0,2206	191,92
$[21\,;\,24[$	157	$[0,47\,;\,1,04[$	0,1700	147,90
$[24\,;\,27[$	82	$[1,04\,;\,1,61[$	0,0955	83,09
$[27\,;\,30[$	30	$[1,61\,;\,2,18[$	0,0391	34,02
$[30\,;\,+\infty$	11	$[2,18\,;\,+\infty$	0,0146	12,70
Total	870		1	870

Quatrième étape : Préciser quelle est la distribution utilisée

Alors, $\displaystyle\sum \frac{(f_o - f_e)^2}{f_e}$ obéit approximativement à une loi du khi deux avec $\nu = 10 - 2 - 1 = 7$ degrés de liberté.

Cinquième étape : Définir la règle de décision

– Le seuil de signification est de 5 % ; $\alpha = 0,05$;
– Le risque d'erreur est de 5 % ; $\alpha = 0,05$;
– Le χ^2 critique utilisé est $\chi^2_{\alpha\,;\,\nu} = \chi^2_{0,05\,;\,7} = 14,07$.

Donc,

– si $\chi^2 \leq 14,07$, alors on ne rejettera pas l'hypothèse nulle H_0 ;

– si $\chi^2 > 14{,}07$, alors on rejettera l'hypothèse nulle H_0 et, ainsi, on acceptera l'hypothèse alternative H_1.

Sixième étape : Calculer χ^2

$\chi^2 = 3{,}96$.

Septième étape : Appliquer la règle de décision

Puisque $3{,}96 \leq 14{,}07$, on ne rejettera pas l'hypothèse nulle H_0. La différence entre les fréquences observées et les fréquences espérées est jugée non significative. Elle n'est pas assez grande pour qu'on prenne le risque de rejeter l'hypothèse H_0. Le risque de prendre une mauvaise décision est inférieur à 5 %.

Huitième étape : Conclure

La différence entre les fréquences observées et les fréquences espérées est probablement due au hasard.

On peut conclure que la distribution du revenu des Canadiens âgés de 15 à 24 ans ayant touché des gains en 1990 obéit à une loi normale.

13.4

Première étape : Formuler les hypothèses statistiques H_0 et H_1

H_0 : La répartition des familles monoparentales est celle présentée au tableau ci-après ;

H_1 : La répartition des familles monoparentales n'est pas celle qui est présentée au tableau ci-après.

Répartition des familles monoparentales en fonction du nombre d'enfants en 1986

Nombre d'enfants	Pourcentage des familles
1	59,46
2	29,09
3	8,53
4	2,15
5 et plus	0,77
Total	100

Deuxième étape : Indiquer le seuil de signification

Le seuil de signification est de 5 % ; $\alpha = 0{,}05$.

Troisième étape : Construire le tableau des fréquences espérées et vérifier les conditions d'application

$\sum f_o = \sum f_e = n = 650 \geq 30$.

Répartition des familles monoparentales en fonction du nombre d'enfants en 1986 (fréquences espérées)

Nombre d'enfants	Nombre de familles
1	386,49
2	189,09
3	55,45
4	13,98
5 et plus	5,01
Total	650

Toutes les $f_e \geq 5$.

Quatrième étape : Préciser quelle est la distribution utilisée

Alors, $\sum \dfrac{(f_o - f_e)^2}{f_e}$ obéit approximativement à une loi du khi deux avec $\nu = 5 - 1 = 4$ degrés de liberté.

Cinquième étape : Définir la règle de décision

– Le seuil de signification est de 5 % ; $\alpha = 0{,}05$;

– Le risque d'erreur est de 5 % ; $\alpha = 0{,}05$;

– Le χ^2 critique utilisé est $\chi^2_{\alpha\,;\,\nu} = \chi^2_{0{,}05\,;\,4} = 9{,}49$.

Donc,

– si $\chi^2 \leq 9{,}49$, alors on ne rejettera pas H_0, la distribution proposée ;

– si $\chi^2 > 9{,}49$, alors on rejettera H_0 et, ainsi, on acceptera l'hypothèse alternative H_1.

Sixième étape : Calculer χ^2

$\chi^2 = 28{,}13$.

Septième étape : Appliquer la règle de décision

Puisque $28{,}13 > 9{,}49$, on rejettera l'hypothèse nulle H_0. La différence entre les fréquences observées et les fréquences espérées est jugée significative. Elle est assez grande pour qu'on prenne le risque de rejeter l'hypothèse H_0. Le risque de prendre une mauvaise décision est inférieur à 5 %.

Huitième étape : Conclure

La différence entre les fréquences observées et les fréquences espérées n'est probablement pas due au hasard. On peut conclure que la répartition de 1986 proposée pour les familles monoparentales n'est pas plausible en 1996.

13.5

Première étape : Formuler les hypothèses statistiques H_0 et H_1

H_0 : La répartition des Québécois au sujet du niveau de confiance est uniforme ;

H_1 : La répartition des Québécois au sujet du niveau de confiance n'est pas uniforme.

Deuxième étape : Indiquer le seuil de signification

Le seuil de signification est de 5 % ; $\alpha = 0{,}05$.

Troisième étape : Construire le tableau des fréquences espérées et vérifier les conditions d'application

$\sum f_o = \sum f_e = n = 932 \geq 30$.

Répartition des Québécois en fonction du niveau de confiance accordé (fréquences espérées)

Niveau de confiance	Nombre de Québécois
Pas du tout confiance	233
Peu confiance	233
Assez confiance	233
Totalement confiance	233
Total	932

Toutes les $f_e \geq 5$.

Quatrième étape : Préciser quelle est la distribution utilisée

Alors, $\sum \dfrac{(f_o - f_e)^2}{f_e}$ obéit approximativement à une loi du khi deux avec $v = 4 - 1 = 3$ degrés de liberté.

Cinquième étape : Définir la règle de décision

– Le seuil de signification est de 5 % ; $\alpha = 0,05$;
– Le risque d'erreur est de 5 % ; $\alpha = 0,05$;
– Le χ^2 critique utilisé est $\chi^2_{\alpha\,;\,v} = \chi^2_{0,05\,;\,3} = 7,81$.

Donc,

– si $\chi^2 \leq 7,81$, alors on ne rejettera pas H_0, la distribution proposée ;
– si $\chi^2 > 7,81$, alors on rejettera H_0 et, ainsi, on acceptera l'hypothèse alternative H_1.

Sixième étape : Calculer χ^2

$\chi^2 = 218,22$.

Septième étape : Appliquer la règle de décision

Puisque $218,22 > 7,81$, on rejettera l'hypothèse nulle H_0. La différence entre les fréquences observées et les fré-quences espérées est jugée significative. Elle est assez grande pour qu'on prenne le risque de rejeter l'hypothèse H_0. Le risque de prendre une mauvaise décision est infé-rieur à 5 %.

Huitième étape : Conclure

La différence entre les fréquences observées et les fré-quences espérées n'est probablement pas due au hasard. On peut conclure que la répartition uniforme proposée pour la répartition des Québécois n'est pas plausible.

Chapitre 14

14.1

a) La variable étudiée est le nombre de décès au Québec.

b) La durée de la saison est un trimestre.

c) Le tableau suivant donne la série Y_i, la tendance à long terme T_i, la colonne Y_i / T_i qui sert à obtenir les coefficients saisonniers, les coefficients saisonniers S_i, les valeurs désaisonnalisées de la série Y_i / S_i. La colonne T_i (MMC_8) correspond à la question c). La colonne Y_i / S_i correspond à la question e).

	i	Y_i	MMC_4	$T_i\,(MMC_8)$	Y_i / T_i	S_i	Y_i / S_i
1986	1	13 030				1,0742	12 129,96
	2	11 143	11 723,00			0,9748	11 431,06
	3	11 070	11 506,75	11 614,88	0,95309	0,9481	11 675,98
	4	11 649	11 597,25	11 552,00	1,00840	1,0029	11 615,32
1987	5	12 165	11 797,25	11 697,25	1,03999	1,0742	11 324,71
	6	11 505	11 904,00	11 850,63	0,97083	0,9748	11 802,42
	7	11 870	12 082,50	11 993,25	0,98972	0,9481	12 519,78
	8	12 076	12 101,25	12 091,88	0,99869	1,0029	12 041,08
1988	9	12 879	12 016,75	12 059,00	1,06800	1,0742	11 989,39
	10	11 580	11 942,75	11 979,75	0,96663	0,9748	11 879,36
	11	11 532	11 902,50	11 922,63	0,96724	0,9481	12 163,27
	12	11 780	11 972,25	11 937,38	0,98682	1,0029	11 745,94
1989	13	12 718	11 935,00	11 953,63	1,06395	1,0742	11 839,51
	14	11 859	12 076,25	12 005,63	0,98779	0,9748	12 165,57
	15	11 383	12 202,50	12 139,38	0,93769	0,9481	12 006,12
	16	12 345	12 173,75	12 188,13	1,01287	1,0029	12 309,30
1990	17	13 223	12 199,50	12 186,63	1,08504	1,0742	12 309,63
	18	11 744	12 105,00	12 152,25	0,96641	0,9748	12 047,60
	19	11 486	11 998,00	12 051,50	0,95308	0,9481	12 114,76
	20	11 967	12 060,25	12 029,13	0,99484	1,0029	11 932,40
1991	21	12 795	12 030,25	12 045,25	1,06224	1,0742	11 911,19
	22	11 993	12 280,25	12 155,25	0,98665	0,9748	12 303,04
	23	11 366	12 323,75	12 302,00	0,92391	0,9481	11 988,19
	24	12 967	12 297,75	12 310,75	1,05331	1,0029	12 929,50
1992	25	12 969	12 352,75	12 325,25	1,05223	1,0742	12 073,17
	26	11 889	12 206,00	12 279,38	0,96821	0,9748	12 196,35
	27	11 586	12 472,00	12 339,00	0,93897	0,9481	12 220,23
	28	12 380	12 662,00	12 567,00	0,98512	1,0029	12 344,20

$\longrightarrow$

(suite)

	i	Y_i	MMC_4	$T_i (MMC_8)$	Y_i / T_i	S_i	Y_i / S_i
1993	29	14 033	12 775,75	12 718,88	1,10332	1,0742	13 063,68
	30	12 649	12 927,75	12 851,75	0,98422	0,9748	12 976,00
	31	12 041	12 930,50	12 929,13	0,93131	0,9481	12 700,14
	32	12 988	12 895,25	12 912,88	1,00582	1,0029	12 950,44
1994	33	14 044	12 911,50	12 903,38	1,08840	1,0742	13 073,92
	34	12 508	12 841,50	12 876,50	0,97138	0,9748	12 831,35
	35	12 106	12 923,00	12 882,25	0,93974	0,9481	12 768,70
	36	12 708	12 962,25	12 942,63	0,98187	1,0029	12 671,25
1995	37	14 370	13 013,25	12 987,75	1,10643	1,0742	13 377,40
	38	12 665	13 040,00	13 026,63	0,97224	0,9748	12 992,41
	39	12 310				0,9481	12 983,86
	40	12 815				1,0029	12 777,94

d) Le tableau ci-contre sert à calculer les valeurs des coefficients saisonniers.

Année	Trimestre 1 Y_i / T_i	Trimestre 2 Y_i / T_i	Trimestre 3 Y_i / T_i	Trimestre 4 Y_i / T_i	
1986			0,95309	1,00840	
1987	1,03999	0,97083	0,98972	0,99869	
1988	1,06800	0,96663	0,96724	0,98682	
1989	1,06395	0,98779	0,93769	1,01287	
1990	1,08504	0,96641	0,95308	0,99484	
1991	1,06224	0,98665	0,92391	1,05331	
1992	1,05223	0,96821	0,93897	0,98512	
1993	1,10332	0,98422	0,93131	1,00582	
1994	1,08840	0,97138	0,93974	0,98187	
1995	1,10643	0,97224			
Moyenne	1,07440	0,97493	0,94831	1,00308	1,00018
Coefficients saisonniers					
S_i	1,0742	0,9748	0,9481	1,0029	

e) Voir en c).

f) Prévision saisonnalisée $= P_i \cdot S_i$
$= P_{41} \cdot S_{41}$
$= T_{38} \cdot S_{\text{trimestre 1}}$
$= 13\ 026{,}63 \cdot 1{,}0742$
$= 13\ 993{,}2.$

Le nombre de décès prévu pour le premier trimestre de 1996 est d'environ 13 993. Ce nombre ne tient pas compte de la variation irrégulière.

h) L'écart relatif est :

$\dfrac{14\ 375 - 13\ 993{,}2}{13\ 993{,}2} \cdot 100 = 2{,}73\ \%.$

Il est inférieur à la marge d'erreur maximale prévue pour une estimation. L'écart relatif est probablement dû à la variation aléatoire.

g)

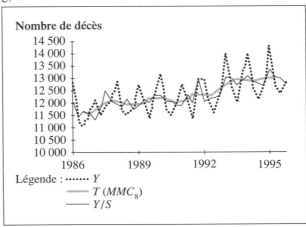

Nombre de décès

Légende : ⋯⋯ Y
— $T (MMC_8)$
— Y/S

14.2

a) La variable étudiée est le nombre de cigarettes et cigares produits au Canada.

b) La durée de la saison est d'un mois.

c) **Le lissage linéaire**

Le tableau suivant donne la série Y_i, la tendance à long terme T_i, la colonne Y_i / T_i qui sert à obtenir les coefficients saisonniers, les coefficients saisonniers S_i et les valeurs désaisonnalisées de la série Y_i / S_i.

La colonne T_i correspond à la question c).

La colonne Y_i / S_i correspond à la question e).

L'équation de la droite de régression est

$T_i = 3\ 788,36 + 8,62 \cdot i$,

où i est le numéro de la période.

	i	Y_i	T_i	Y_i / T_i	S_i	Y_i / S_i		i	Y_i	T_i	Y_i / T_i	S_i	Y_i / S_i
1991	1	3 691	3 796,98	0,97209	0,9300	3 968,82	1994	37	3 806	4 107,30	0,92664	0,9300	4 092,47
	2	4 260	3 805,60	1,11940	1,0028	4 248,11		38	3 783	4 115,92	0,91911	1,0028	3 772,44
	3	4 683	3 814,22	1,22777	1,2153	3 853,37		39	5 878	4 124,54	1,42513	1,2153	4 836,67
	4	3 694	3 822,84	0,96630	1,0058	3 672,70		40	4 531	4 133,16	1,09626	1,0058	4 504,87
	5	3 848	3 831,46	1,00432	1,0267	3 747,93		41	4 444	4 141,78	1,07297	1,0267	4 328,43
	6	4 535	3 840,08	1,18096	1,2216	3 712,34		42	5 962	4 150,40	1,43649	1,2216	4 880,48
	7	2 052	3 848,70	0,53317	0,4814	4 262,57		43	2 315	4 159,02	0,55662	0,4814	4 808,89
	8	3 083	3 857,32	0,79926	0,8619	3 576,98		44	4 617	4 167,64	1,10782	0,8619	5 356,77
	9	4 840	3 865,94	1,25196	1,2292	3 937,52		45	5 448	4 176,26	1,30452	1,2292	4 432,15
	10	4 370	3 874,56	1,12787	1,0519	4 154,39		46	4 998	4 184,88	1,19430	1,0519	4 751,40
	11	4 772	3 883,18	1,22889	1,1587	4 118,41		47	5 325	4 193,50	1,26982	1,1587	4 595,67
	12	2 666	3 891,80	0,68503	0,8147	3 272,37		48	4 368	4 202,12	1,03948	0,8147	5 361,48
1992	13	3 616	3 900,42	0,92708	0,9300	3 888,17	1995	49	3 626	4 210,74	0,86113	0,9300	3 898,92
	14	3 880	3 909,04	0,99257	1,0028	3 869,17		50	4 341	4 219,36	1,02883	1,0028	4 328,88
	15	4 098	3 917,66	1,04603	1,2153	3 372,01		51	5 299	4 227,98	1,25332	1,2153	4 360,24
	16	3 647	3 926,28	0,92887	1,0058	3 625,97		52	4 326	4 236,60	1,02110	1,0058	4 301,05
	17	4 204	3 934,90	1,06839	1,0267	4 094,67		53	4 453	4 245,22	1,04894	1,0267	4 337,20
	18	5 001	3 943,52	1,26816	1,2216	4 093,81		54	5 351	4 253,84	1,25792	1,2216	4 380,32
	19	1 399	3 952,14	0,35399	0,4814	2 906,11		55	2 263	4 262,46	0,53091	0,4814	4 700,87
	20	3 459	3 960,76	0,87332	0,8619	4 013,23		56	3 571	4 271,08	0,83609	0,8619	4 143,17
	21	4 905	3 969,38	1,23571	1,2292	3 990,40		57	5 263	4 279,70	1,22976	1,2292	4 281,65
	22	4 025	3 978,00	1,01181	1,0519	3 826,41		58	4 286	4 288,32	0,99946	1,0519	4 074,53
	23	4 351	3 986,62	1,09140	1,1587	3 755,07		59	4 601	4 296,94	1,07076	1,1587	3 970,83
	24	2 900	3 995,24	0,72586	0,8147	3 559,59		60	4 113	4 305,56	0,95528	0,8147	5 048,48
1993	25	4 085	4 003,86	1,02027	0,9300	4 392,47	1996	61	3 764	4 314,18	0,87247	0,9300	4 047,31
	26	3 907	4 012,48	0,97371	1,0028	3 896,09		62	4 251	4 322,80	0,98339	1,0028	4 239,13
	27	4 707	4 021,10	1,17058	1,2153	3 873,12		63	5 063	4 331,42	1,16890	1,2153	4 166,05
	28	4 111	4 029,72	1,02017	1,0058	4 087,29		64	4 349	4 340,04	1,00206	1,0058	4 323,92
	29	4 009	4 038,34	0,99273	1,0267	3 904,74		65	4 230	4 348,66	0,97271	1,0267	4 120,00
	30	4 958	4 046,96	1,22512	1,2216	4 058,61		66	4 186	4 357,28	0,96069	1,2216	3 426,65
	31	1 051	4 055,58	0,25915	0,4814	2 183,22		67	2 858	4 365,90	0,65462	0,4814	5 936,85
	32	3 537	4 064,20	0,87028	0,8619	4 103,72		68	2 994	4 374,52	0,68442	0,8619	3 473,72
	33	4 471	4 072,82	1,09777	1,2292	3 637,33		69	5 504	4 383,14	1,25572	1,2292	4 477,71
	34	3 907	4 081,44	0,95726	1,0519	3 714,23		70	4 482	4 391,76	1,02055	1,0519	4 260,86
	35	4 436	4 090,06	1,08458	1,1587	3 828,43		71	5 311	4 400,38	1,20694	1,1587	4 583,59
	36	3 107	4 098,68	0,75805	0,8147	3 813,67		72	3 194	4 409,00	0,72443	0,8147	3 920,46

d) Le tableau ci-contre sert à calculer les valeurs des coefficients saisonniers.

Année	Janv. Y_i / T_i	Févr. Y_i / T_i	Mars Y_i / T_i	Avr. Y_i / T_i	Mai Y_i / T_i	Juin Y_i / T_i	
1991	0,97209	1,11940	1,22777	0,96630	1,00432	1,18096	
1992	0,92708	0,99257	1,04603	0,92887	1,06839	1,26816	
1993	1,02027	0,97371	1,17058	1,02017	0,99273	1,22512	
1994	0,92664	0,91911	1,42513	1,09626	1,07297	1,43649	
1995	0,86113	1,02883	1,25332	1,02110	1,04894	1,25792	
1996	0,87247	0,98339	1,16890	1,00206	0,97271	0,96069	
Moyenne	0,92995	1,00284	1,21529	1,00579	1,02668	1,22156	

Année	Juill. Y_i / T_i	Août Y_i / T_i	Sept. Y_i / T_i	Oct. Y_i / T_i	Nov. Y_i / T_i	Déc. Y_i / T_i	
1991	0,53317	0,79926	1,25196	1,12787	1,22889	0,68503	
1992	0,35399	0,87332	1,23571	1,01181	1,09140	0,72586	
1993	0,25915	0,87028	1,09777	0,95726	1,08458	0,75805	
1994	0,55662	1,10782	1,30452	1,19430	1,26982	1,03948	
1995	0,53091	0,83609	1,22976	0,99946	1,07076	0,95528	
1996	0,65462	0,68442	1,25572	1,02055	1,20694	0,72443	
Moyenne	0,48141	0,86186	1,22924	1,05188	1,15873	0,81469	0,99999
Coefficients saisonniers							
S_i	0,9300	1,0028	1,2153	1,0058	1,0267	1,2216	
S_i	0,4814	0,8619	1,2292	1,0519	1,1587	0,8147	

e) Voir en c).

f) Prévision saisonnalisée $= P_i \cdot S_i$
$$= P_{73} \cdot S_{73}$$
$$= T_{73} \cdot S_{\text{janvier}}$$
$$= 4\,417,62 \cdot 0,9300$$
$$= 4\,108,4.$$

Le nombre de cigarettes et cigares prévu pour le mois de janvier 1997 est d'environ 4 108,4 millions. Ce nombre ne tient pas compte de la variation irrégulière.

g)

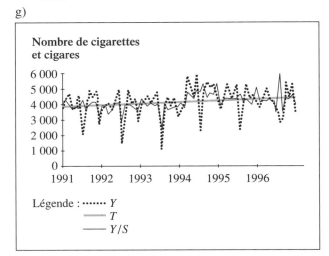

h) L'écart relatif est :
$$\frac{3\,623 - 4\,108,4}{4\,108,4} \cdot 100 = -11,81\,\%.$$
Il est inférieur à la marge d'erreur maximale prévue pour une estimation. L'écart relatif est probablement dû à la variation aléatoire.

i) **Le lissage exponentiel**

Le tableau suivant donne la série Y_i, la tendance à long terme T_i, la colonne Y_i / T_i qui sert à obtenir les coefficients saisonniers, les coefficients saisonniers S_i, les valeurs désaisonnalisées de la série Y_i / S_i pour le lissage exponentiel $\alpha = 0,05$.

La colonne T_i correspond à la question i).

La colonne Y_i / S_i correspond à la question k).

	i	Y_i	T_i	Y_i / T_i	S_i	Y_i / S_i
1991	1	3 691	3 691,00	1,00000	0,9363	3 942,11
	2	4 260	3 719,45	1,14533	1,0080	4 226,19
	3	4 683	3 767,63	1,24296	1,2096	3 871,53
	4	3 694	3 763,95	0,98142	1,0012	3 689,57
	5	3 848	3 768,15	1,02119	1,0210	3 768,85
	6	4 535	3 806,49	1,19139	1,2015	3 774,45
	7	2 052	3 718,77	0,55180	0,4853	4 228,31
	8	3 083	3 686,98	0,83619	0,8776	3 512,99
	9	4 840	3 744,63	1,29252	1,2358	3 916,49
	10	4 370	3 775,90	1,15734	1,0543	4 144,93
	11	4 772	3 825,70	1,24735	1,1524	4 140,92
	12	2 666	3 767,72	0,70759	0,8169	3 263,56
1992	13	3 616	3 760,13	0,96167	0,9363	3 862,01
	14	3 880	3 766,13	1,03024	1,0080	3 849,21
	15	4 098	3 782,72	1,08335	1,2096	3 387,90
	16	3 647	3 775,93	0,96585	1,0012	3 642,63
	17	4 204	3 797,34	1,10709	1,0210	4 117,53
	18	5 001	3 857,52	1,29643	1,2015	4 162,30
	19	1 399	3 734,59	0,37461	0,4853	2 882,75
	20	3 459	3 720,81	0,92964	0,8776	3 941,43
	21	4 905	3 780,02	1,29761	1,2358	3 969,09
	22	4 025	3 792,27	1,06137	1,0543	3 817,70
	23	4 351	3 820,21	1,13894	1,1524	3 775,60
	24	2 900	3 774,20	0,76838	0,8169	3 550,01
1993	25	4 085	3 789,74	1,07791	0,9363	4 362,92
	26	3 907	3 795,60	1,02935	1,0080	3 875,99
	27	4 707	3 841,17	1,22541	1,2096	3 891,37
	28	4 111	3 854,66	1,06650	1,0012	4 106,07
	29	4 009	3 862,38	1,03796	1,0210	3 926,54
	30	4 958	3 917,16	1,26571	1,2015	4 126,51
	31	1 051	3 773,85	0,27850	0,4853	2 165,67
	32	3 537	3 762,01	0,94019	0,8776	4 030,31
	33	4 471	3 797,46	1,17737	1,2358	3 617,90
	34	3 907	3 802,94	1,02736	1,0543	3 705,78
	35	4 436	3 834,59	1,15684	1,1524	3 849,36
	36	3 107	3 798,21	0,81802	0,8169	3 803,40
1994	37	3 806	3 798,60	1,00195	0,9363	4 064,94
	38	3 783	3 797,82	0,99610	1,0080	3 752,98
	39	5 878	3 901,83	1,50647	1,2096	4 859,46
	40	4 531	3 933,29	1,15196	1,0012	4 525,57
	41	4 444	3 958,82	1,12256	1,0210	4 352,60
	42	5 962	4 058,98	1,46884	1,2015	4 962,13
	43	2 315	3 971,78	0,58286	0,4853	4 770,25
	44	4 617	4 004,04	1,15308	0,8776	5 260,94
	45	5 448	4 076,24	1,33653	1,2358	4 408,48
	46	4 998	4 122,33	1,21242	1,0543	4 740,59
	47	5 325	4 182,46	1,27317	1,1524	4 620,79
	48	4 368	4 191,74	1,04205	0,8169	5 347,04

(suite)

	i	Y_i	T_i	Y_i / T_i	S_i	Y_i / S_i
1995	49	3 626	4 163,45	0,87091	0,9363	3 872,69
	50	4 341	4 172,33	1,04043	1,0080	4 306,55
	51	5 299	4 228,66	1,25311	1,2096	4 380,79
	52	4 326	4 233,53	1,02184	1,0012	4 320,82
	53	4 453	4 244,50	1,04912	1,0210	4 361,41
	54	5 351	4 299,83	1,24447	1,2015	4 453,60
	55	2 263	4 197,99	0,53907	0,4853	4 663,09
	56	3 571	4 166,64	0,85705	0,8776	4 069,05
	57	5 263	4 221,46	1,24673	1,2358	4 258,78
	58	4 286	4 224,68	1,01451	1,0543	4 065,26
	59	4 601	4 243,50	1,08425	1,1524	3 992,54
	60	4 113	4 236,97	0,97074	0,8169	5 034,89
1996	61	3 764	4 213,33	0,89336	0,9363	4 020,08
	62	4 251	4 215,21	1,00849	1,0080	4 217,26
	63	5 063	4 257,60	1,18917	1,2096	4 185,68
	64	4 349	4 262,17	1,02037	1,0012	4 343,79
	65	4 230	4 260,56	0,99283	1,0210	4 143,00
	66	4 186	4 256,83	0,98336	1,2015	3 483,98
	67	2 858	4 186,89	0,68261	0,4853	5 889,14
	68	2 994	4 127,25	0,72542	0,8776	3 411,58
	69	5 504	4 196,08	1,31170	1,2358	4 453,80
	70	4 482	4 210,38	1,06451	1,0543	4 251,16
	71	5 311	4 265,41	1,24513	1,1524	4 608,64
	72	3 194	4 211,84	0,75834	0,8169	3 909,90

j) Le tableau ci-contre sert à calculer les valeurs des coefficients saisonniers.

Année	Janv. Y_i / T_i	Févr. Y_i / T_i	Mars Y_i / T_i	Avr. Y_i / T_i	Mai Y_i / T_i	Juin Y_i / T_i
1991	1,00000	1,14533	1,24296	0,98142	1,02119	1,19139
1992	0,96167	1,03024	1,08335	0,96585	1,10709	1,29643
1993	1,07791	1,02935	1,22541	1,06650	1,03796	1,26571
1994	1,00195	0,99610	1,50647	1,15196	1,12256	1,46884
1995	0,87091	1,04043	1,25311	1,02184	1,04912	1,24447
1996	0,89336	1,00849	1,18917	1,02037	0,99283	0,98336
Moyenne	0,96763	1,04166	1,25008	1,03466	1,05512	1,24170

Année	Juill. Y_i / T_i	Août Y_i / T_i	Sept. Y_i / T_i	Oct. Y_i / T_i	Nov. Y_i / T_i	Déc. Y_i / T_i	
1991	0,55180	0,83619	1,29252	1,15734	1,24735	0,70759	
1992	0,37461	0,92964	1,29761	1,06137	1,13894	0,76838	
1993	0,27850	0,94019	1,17737	1,02736	1,15684	0,81802	
1994	0,58286	1,15308	1,33653	1,21242	1,27317	1,04205	
1995	0,53907	0,85705	1,24673	1,01451	1,08425	0,97074	
1996	0,68261	0,72542	1,31170	1,06451	1,24513	0,75834	
Moyenne	0,50157	0,90693	1,27707	1,08959	1,19095	0,84418	1,09847
Coefficients saisonniers							
S_i	0,8809	0,9483	1,1380	0,9419	0,9605	1,1304	
S_i	0,4566	0,8256	1,1626	0,9919	1,0842	0,7685	

k) Voir en i).

l) Prévision saisonnalisée $= P_i \cdot S_i$
$$= P_{73} \cdot S_{73}$$
$$= T_{72} \cdot S_{\text{janvier}}$$
$$= 4\,211{,}84 \cdot 0{,}8809$$
$$= 3\,710{,}21.$$

Le nombre de cigarettes et cigares prévu pour le mois de janvier 1997 est d'environ 3 710,21 millions. Ce nombre ne tient pas compte de la variation irrégulière.

m)

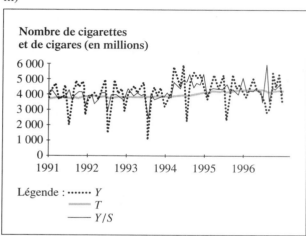

n) L'écart relatif est :
$$\frac{3\,623 - 3\,710{,}21}{3\,710{,}21} \cdot 100 = -2{,}35\,\%.$$

Il est inférieur à la marge d'erreur maximale prévue pour une estimation. L'écart relatif est probablement dû à la variation aléatoire.

14.3

a) La variable étudiée est la valeur des stocks des grossistes de bois et de matériaux de construction.

b) La durée de la saison est d'un mois.

c) **Les moyennes mobiles centrées**

Le tableau suivant donne la série Y_i, la tendance à long terme T_i, la colonne Y_i / T_i qui sert à obtenir les coefficients saisonniers, les coefficients saisonniers S_i et les valeurs désaisonnalisées de la série Y_i / S_i pour les MMC_3.

La colonne T_i correspond à la question c).

La colonne Y_i / S_i correspond à la question e).

	i	Y_i	$T_i\,(MMC_3)$	Y_i / T_i	S_i	Y_i / S_i
1991	1	2 215 974			0,9994	2 217 304,38
	2	2 295 202	2 274 796,67	1,00897	0,9998	2 295 661,13
	3	2 313 214	2 282 087,67	1,01364	1,0107	2 288 724,65
	4	2 237 847	2 279 756,67	0,98162	1,0073	2 221 629,11
	5	2 288 209	2 283 012,33	1,00228	1,0105	2 264 432,46
	6	2 322 981	2 270 244,00	1,02323	0,9993	2 324 608,23
	7	2 199 542	2 248 454,00	0,97825	0,9963	2 207 710,53
	8	2 222 839	2 210 506,00	1,00558	0,9963	2 231 094,05
	9	2 209 137	2 194 652,33	1,00660	1,0030	2 202 529,41
	10	2 151 981	2 161 283,33	0,99570	0,9968	2 158 889,45
	11	2 122 732	2 141 410,33	0,99128	0,9918	2 140 282,31
	12	2 149 518	2 175 456,33	0,98808	0,9886	2 174 305,08
1992	13	2 254 119	2 277 268,00	0,98983	0,9994	2 255 472,28
	14	2 428 167	2 401 313,67	1,01118	0,9998	2 428 652,73
	15	2 521 655	2 536 595,33	0,99411	1,0107	2 494 958,94
	16	2 659 964	2 591 220,67	1,02653	1,0073	2 640 686,99
	17	2 592 043	2 605 664,33	0,99477	1,0105	2 565 109,35
	18	2 564 986	2 546 748,67	1,00716	0,9993	2 566 782,75
	19	2 483 217	2 482 993,67	1,00009	0,9963	2 492 439,02
	20	2 400 778	2 409 128,00	0,99653	0,9963	2 409 693,87
	21	2 343 389	2 337 384,00	1,00257	1,0030	2 336 379,86

(suite)

	i	Y_i	$T_i(MMC_3)$	Y_i / T_i	S_i	Y_i / S_i
	22	2 267 985	2 285 449,00	0,99236	0,9968	2 275 265,85
	23	2 244 973	2 274 419,00	0,98705	0,9918	2 263 533,98
	24	2 310 299	2 320 688,00	0,99552	0,9886	2 336 940,12
1993	25	2 406 792	2 429 173,33	0,99079	0,9994	2 408 236,94
	26	2 570 429	2 593 936,67	0,99094	0,9998	2 570 943,19
	27	2 804 589	2 757 336,33	1,01714	1,0107	2 774 897,60
	28	2 896 991	2 849 627,33	1,01662	1,0073	2 875 996,23
	29	2 847 302	2 829 935,00	1,00614	1,0105	2 817 715,98
	30	2 745 512	2 725 567,67	1,00732	0,9993	2 747 435,20
	31	2 583 889	2 627 809,33	0,98329	0,9963	2 593 484,89
	32	2 554 027	2 592 039,67	0,98533	0,9963	2 563 511,99
	33	2 638 203	2 600 293,67	1,01458	1,0030	2 630 312,06
	34	2 608 651	2 596 476,67	1,00469	0,9968	2 617 025,48
	35	2 542 576	2 617 513,00	0,97137	0,9918	2 563 597,50
	36	2 701 312	2 690 211,00	1,00413	0,9886	2 732 462,07
1994	37	2 826 745	2 810 111,67	1,00592	0,9994	2 828 442,07
	38	2 902 278	2 927 981,00	0,99122	0,9998	2 902 858,57
	39	3 054 920	3 018 303,00	1,01213	1,0107	3 022 578,41
	40	3 097 711	3 095 628,67	1,00067	1,0073	3 075 261,59
	41	3 134 255	3 059 629,00	1,02439	1,0105	3 101 687,28
	42	2 946 921	2 993 854,33	0,98432	0,9993	2 948 985,29
	43	2 900 387	2 886 544,67	1,00480	0,9963	2 911 158,29
	44	2 812 326	2 825 552,67	0,99532	0,9963	2 822 770,25
	45	2 763 945	2 770 964,00	0,99747	1,0030	2 755 677,97
	46	2 736 621	2 745 479,33	0,99677	0,9968	2 745 406,30
	47	2 735 872	2 746 979,00	0,99596	0,9918	2 758 491,63
	48	2 768 444	2 848 072,00	0,97204	0,9886	2 800 368,20
1995	49	3 039 900	3 020 715,00	1,00635	0,9994	3 041 725,04
	50	3 253 801	3 212 864,33	1,01274	0,9998	3 254 451,89
	51	3 344 892	3 337 209,00	1,00230	1,0107	3 309 480,56
	52	3 412 934	3 387 374,67	1,00755	1,0073	3 388 200,14
	53	3 404 298	3 359 244,00	1,01341	1,0105	3 368 924,29
	54	3 260 500	3 303 014,00	0,98713	0,9993	3 262 783,95
	55	3 244 244	3 202 685,33	1,01298	0,9963	3 256 292,28
	56	3 103 312	3 134 482,00	0,99006	0,9963	3 114 836,90
	57	3 055 890	3 062 659,67	0,99779	1,0030	3 046 749,75
	58	3 028 777	3 009 940,00	1,00626	0,9968	3 038 500,20
	59	2 945 153	2 959 461,67	0,99517	0,9918	2 969 502,92
	60	2 904 455	2 958 984,67	0,98157	0,9886	2 937 947,60
1996	61	3 027 346	3 019 673,00	1,00254	0,9994	3 029 163,50
	62	3 127 218	3 185 332,67	0,98176	0,9998	3 127 843,57
	63	3 401 434	3 324 978,67	1,02299	1,0107	3 365 423,96
	64	3 446 284	3 415 353,33	1,00906	1,0073	3 421 308,45
	65	3 398 342	3 331 910,67	1,01994	1,0105	3 363 030,18
	66	3 151 106	3 199 762,67	0,98479	0,9993	3 153 313,32
	67	3 049 840	3 060 464,00	0,99653	0,9963	3 061 166,32

→

(suite)

i	Y_i	$T_i (MMC_3)$	Y_i / T_i	S_i	Y_i / S_i
68	2 980 446	2 971 699,33	1,00294	0,9963	2 991 514,60
69	2 884 812	2 894 136,33	0,99678	1,0030	2 876 183,45
70	2 817 151	2 865 085,33	0,98327	0,9968	2 826 194,82
71	2 893 293	2 869 856,00	1,00817	0,9918	2 917 214,16
72	2 899 124			0,9886	2 932 555,13

d) Le tableau ci-contre sert à calculer les valeurs des coefficients saisonniers.

Année	Janv. Y_i / T_i	Févr. Y_i / T_i	Mars Y_i / T_i	Avr. Y_i / T_i	Mai Y_i / T_i	Juin Y_i / T_i
1991		1,00897	1,01364	0,98162	1,00228	1,02323
1992	0,98983	1,01118	0,99411	1,02653	0,99477	1,00716
1993	0,99079	0,99094	1,01714	1,01662	1,00614	1,00732
1994	1,00592	0,99122	1,01213	1,00067	1,02439	0,98432
1995	1,00635	1,01274	1,00230	1,00755	1,01341	0,98713
1996	1,00254	0,98176	1,02299	1,00906	1,01994	0,98479
Moyenne	0,99909	0,99947	1,01039	1,00701	1,01015	0,99899

Année	Juill. Y_i / T_i	Août Y_i / T_i	Sept. Y_i / T_i	Oct. Y_i / T_i	Nov. Y_i / T_i	Déc. Y_i / T_i	
1991	0,97825	1,00558	1,00660	0,99570	0,99128	0,98808	
1992	1,00009	0,99653	1,00257	0,99236	0,98705	0,99552	
1993	0,98329	0,98533	1,01458	1,00469	0,97137	1,00413	
1994	1,00480	0,99532	0,99747	0,99677	0,99596	0,97204	
1995	1,01298	0,99006	0,99779	1,00626	0,99517	0,98157	
1996	0,99653	1,00294	0,99678	0,98327	1,00817		
Moyenne	0,99599	0,99596	1,00263	0,99651	0,99150	0,98827	0,99966
Coefficients saisonniers							
S_i	0,9994	0,9998	1,0107	1,0073	1,0105	0,9993	
S_i	0,9963	0,9963	1,0030	0,9968	0,9918	0,9886	

e) Voir en c).

f) Prévision saisonnalisée $= P_i \cdot S_i$
$$= P_{73} \cdot S_{73}$$
$$= T_{71} \cdot S_{\text{janvier}}$$
$$= 2\ 869\ 856{,}00 \cdot 0{,}9994$$
$$= 2\ 868\ 134{,}09.$$

La valeur des stocks de bois et de matériaux de construction prévue pour le mois de janvier 1997 est d'environ 2 868 134 milliers de dollars. Ce nombre ne tient pas compte de la variation irrégulière.

g)

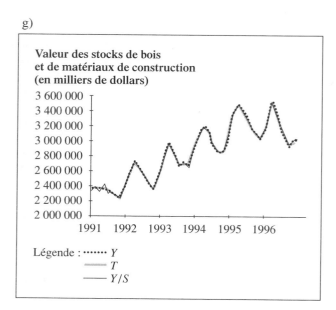

h) L'écart relatif est :

$$\frac{2\,926\,959 - 2\,868\,134,09}{2\,868\,134,09} \cdot 100 = 2,05\,\%.$$

Il est inférieur à la marge d'erreur maximale prévue pour une estimation. L'écart relatif est probablement dû à la variation aléatoire.

i) **Le lissage linéaire**

Le tableau suivant donne la série Y_i, la tendance à long terme T_i, la colonne Y_i / T_i qui sert à obtenir les coefficients saisonniers, les coefficients saisonniers S_i et les valeurs désaisonnalisées de la série Y_i / S_i.

La colonne T_i correspond à la question i).

La colonne Y_i / S_i correspond à la question k).

	i	Y_i	T_i	Y_i / T_i	S_i	Y_i / S_i
1991	1	2 215 974	2 207 106,04	1,00402	0,9874	2 244 251,57
	2	2 295 202	2 222 186,00	1,03286	1,0323	2 223 386,61
	3	2 313 214	2 237 265,96	1,03395	1,0781	2 145 639,55
	4	2 237 847	2 252 345,92	0,99356	1,0905	2 052 129,30
	5	2 288 209	2 267 425,88	1,00917	1,0795	2 119 693,38
	6	2 322 981	2 282 505,84	1,01773	1,0358	2 242 692,60
	7	2 199 542	2 297 585,80	0,95733	0,9966	2 207 045,96
	8	2 222 839	2 312 665,76	0,96116	0,9689	2 294 188,25
	9	2 209 137	2 327 745,72	0,94905	0,9537	2 316 385,66
	10	2 151 981	2 342 825,68	0,91854	0,9311	2 311 224,36
	11	2 122 732	2 357 905,64	0,90026	0,9177	2 313 100,14
	12	2 149 518	2 372 985,60	0,90583	0,9286	2 314 794,31
1992	13	2 254 119	2 388 065,56	0,94391	0,9874	2 282 883,33
	14	2 428 167	2 403 145,52	1,01041	1,0323	2 352 191,22
	15	2 521 655	2 418 225,48	1,04277	1,0781	2 338 980,61
	16	2 659 964	2 433 305,44	1,09315	1,0905	2 439 215,04
	17	2 592 043	2 448 385,40	1,05867	1,0795	2 401 151,46
	18	2 564 986	2 463 465,36	1,04121	1,0358	2 476 333,27
	19	2 483 217	2 478 545,32	1,00188	0,9966	2 491 688,74
	20	2 400 778	2 493 625,28	0,96277	0,9689	2 477 838,79
	21	2 343 389	2 508 705,24	0,93410	0,9537	2 457 155,29
	22	2 267 985	2 523 785,20	0,89864	0,9311	2 435 812,48
	23	2 244 973	2 538 865,16	0,88424	0,9177	2 446 303,80
	24	2 310 299	2 553 945,12	0,90460	0,9286	2 487 937,76
1993	25	2 406 792	2 569 025,08	0,93685	0,9874	2 437 504,56
	26	2 570 429	2 584 105,04	0,99471	1,0323	2 490 001,94
	27	2 804 589	2 599 185,00	1,07903	1,0781	2 601 418,24
	28	2 896 991	2 614 264,96	1,10815	1,0905	2 656 571,30
	29	2 847 302	2 629 344,92	1,08289	1,0795	2 637 611,86
	30	2 745 512	2 644 424,88	1,03823	1,0358	2 650 619,81
	31	2 583 889	2 659 504,84	0,97157	0,9966	2 592 704,19
	32	2 554 027	2 674 584,80	0,95492	0,9689	2 636 006,81
	33	2 638 203	2 689 664,76	0,98087	0,9537	2 766 281,85
	34	2 608 651	2 704 744,72	0,96447	0,9311	2 801 687,25
	35	2 542 576	2 719 824,68	0,93483	0,9177	2 770 596,06
	36	2 701 312	2 734 904,64	0,98772	0,9286	2 909 015,72
1994	37	2 826 745	2 749 984,60	1,02791	0,9874	2 862 816,49
	38	2 902 278	2 765 064,56	1,04962	1,0323	2 811 467,60
	39	3 054 920	2 780 144,52	1,09883	1,0781	2 833 614,69
	40	3 097 711	2 795 224,48	1,10822	1,0905	2 840 633,65
	41	3 134 255	2 810 304,44	1,11527	1,0795	2 903 432,14
	42	2 946 921	2 825 384,40	1,04302	1,0358	2 845 067,58
	43	2 900 387	2 840 464,36	1,02110	0,9966	2 910 281,96

$\longrightarrow$

(suite)

	i	Y_i	T_i	Y_i / T_i	S_i	Y_i / S_i
	44	2 812 326	2 855 544,32	0,98487	0,9689	2 902 596,76
	45	2 763 945	2 870 624,28	0,96284	0,9537	2 898 128,34
	46	2 736 621	2 885 704,24	0,94834	0,9311	2 939 126,84
	47	2 735 872	2 900 784,20	0,94315	0,9177	2 981 226,98
	48	2 768 444	2 915 864,16	0,94944	0,9286	2 981 309,50
1995	49	3 039 900	2 930 944,12	1,03717	0,9874	3 078 691,51
	50	3 253 801	2 946 024,08	1,10447	1,0323	3 151 991,67
	51	3 344 892	2 961 104,04	1,12961	1,0781	3 102 580,47
	52	3 412 934	2 976 184,00	1,14675	1,0905	3 129 696,47
	53	3 404 298	2 991 263,96	1,13808	1,0795	3 153 587,77
	54	3 260 500	3 006 343,92	1,08454	1,0358	3 147 808,46
	55	3 244 244	3 021 423,88	1,07375	0,9966	3 255 312,06
	56	3 103 312	3 036 503,84	1,02200	0,9689	3 202 922,90
	57	3 055 890	3 051 583,80	1,00141	0,9537	3 204 246,62
	58	3 028 777	3 066 663,76	0,98765	0,9311	3 252 901,94
	59	2 945 153	3 081 743,72	0,95568	0,9177	3 209 276,45
	60	2 904 455	3 096 823,68	0,93788	0,9286	3 127 778,38
1996	61	3 027 346	3 111 903,64	0,97283	0,9874	3 065 977,31
	62	3 127 218	3 126 983,60	1,00007	1,0323	3 029 369,37
	63	3 401 434	3 142 063,56	1,08255	1,0781	3 155 026,44
	64	3 446 284	3 157 143,52	1,09158	1,0905	3 160 278,77
	65	3 398 342	3 172 223,48	1,07128	1,0795	3 148 070,40
	66	3 151 106	3 187 303,44	0,98864	1,0358	3 042 195,40
	67	3 049 840	3 202 383,40	0,95237	0,9966	3 060 244,83
	68	2 980 446	3 217 463,36	0,92633	0,9689	3 076 113,12
	69	2 884 812	3 232 543,32	0,89243	0,9537	3 024 863,16
	70	2 817 151	3 247 623,28	0,86745	0,9311	3 025 615,94
	71	2 893 293	3 262 703,24	0,88678	0,9177	3 152 765,61
	72	2 899 124	3 277 783,20	0,88448	0,9286	3 122 037,48

L'équation de la droite de régression est :
$T_i = 2\ 192\ 026{,}08 + 15\ 079{,}96 \cdot i$,
où i est le numéro de la période.

j) Le tableau ci-contre sert à calculer les valeurs des coefficients saisonniers.

Année	Janv. Y_i / T_i	Fév. Y_i / T_i	Mars Y_i / T_i	Avr. Y_i / T_i	Mai Y_i / T_i	Juin Y_i / T_i
1991	1,00402	1,03286	1,03395	0,99356	1,00917	1,01773
1992	0,94391	1,01041	1,04277	1,09315	1,05867	1,04121
1993	0,93685	0,99471	1,07903	1,10815	1,08289	1,03823
1994	1,02791	1,04962	1,09883	1,10822	1,11527	1,04302
1995	1,03717	1,10447	1,12961	1,14675	1,13808	1,08454
1996	0,97283	1,00007	1,08255	1,09158	1,07128	0,98864
Moyenne	0,98712	1,03202	1,07779	1,09023	1,07923	1,03556

Année	Juill. Y_i / T_i	Août Y_i / T_i	Sept. Y_i / T_i	Oct. Y_i / T_i	Nov. Y_i / T_i	Déc. Y_i / T_i	
1991	0,95733	0,96116	0,94905	0,91854	0,90026	0,90583	
1992	1,00188	0,96277	0,93410	0,89864	0,88424	0,90460	
1993	0,97157	0,95492	0,98087	0,96447	0,93483	0,98772	
1994	1,02110	0,98487	0,96284	0,94834	0,94315	0,94944	
1995	1,07375	1,02200	1,00141	0,98765	0,95568	0,93788	
1996	0,95237	0,92633	0,89243	0,86745	0,88678	0,88448	
Moyenne	0,99633	0,96868	0,95345	0,93085	0,91749	0,92832	0,99976
Coefficients saisonniers							
S_i	0,9874	1,0323	1,0781	1,0905	1,0795	1,0358	
S_i	0,9966	0,9689	0,9537	0,9311	0,9177	0,9286	

k) Voir en i).

l) Prévision saisonnalisée $= P_i \cdot S_i$
$= P_{73} \cdot S_{73}$
$= T_{73} \cdot S_{\text{janvier}}$
$= 3\,292\,863,16 \cdot 0,9874$
$= 3\,251\,373,08.$

La valeur des stocks de bois et de matériaux de construction prévue pour le mois de janvier 1997 est d'environ 3 251 373 milliers de dollars. Ce nombre ne tient pas compte de la variation irrégulière.

n) L'écart relatif est :
$\dfrac{2\,926\,959 - 3\,251\,373,08}{3\,251\,373,08} \cdot 100 = -9,98\,\%.$
Il est supérieur à la marge d'erreur maximale prévue pour une estimation. L'écart relatif n'est probablement dû qu'à la variation aléatoire.

m)

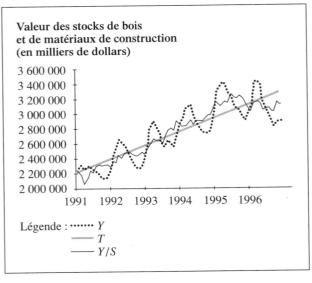

14.4

a) La variable étudiée est la valeur mensuelle de l'IPC au Québec.

b) La durée de la saison est d'un mois.

c) **Les moyennes mobiles centrées**

Le tableau suivant donne la série Y_i, la tendance à long terme T_i, la colonne Y_i / T_i qui sert à obtenir les coefficients saisonniers, les coefficients saisonniers S_i et les valeurs désaisonnalisées de la série Y_i / S_i pour les MMC_3.

La colonne T_i correspond à la question c).
La colonne Y_i / S_i correspond à la question e).

i	Y_i	$T_i(MMC_3)$	Y_i / T_i	S_i	Y_i / S_i		i	Y_i	$T_i(MMC_3)$	Y_i / T_i	S_i	Y_i / S_i
1991 1	124,9			1,0018	124,68	**1994**	37	130,9	130,17	1,00563	1,0018	130,66
2	124,9	125,13	0,99814	0,9985	125,09		38	128,5	129,33	0,99356	0,9985	128,69
3	125,6	125,43	1,00133	1,0003	125,56		39	128,6	128,50	1,00078	1,0003	128,56
4	125,8	125,90	0,99921	1,0002	125,77		40	128,4	128,27	1,00104	1,0002	128,37
5	126,3	126,30	1,00000	0,9998	126,33		41	127,8	128,20	0,99688	0,9998	127,83
6	126,8	126,63	1,00132	1,0003	126,76		42	128,4	128,20	1,00156	1,0003	128,36
7	126,8	126,83	0,99974	1,0003	126,76		43	128,4	128,40	1,00000	1,0003	128,36
8	126,9	126,90	1,00000	0,9996	126,95		44	128,4	128,40	1,00000	0,9996	128,45
9	127,0	127,03	0,99974	0,9999	127,01		45	128,4	128,33	1,00052	0,9999	128,41
10	127,2	127,20	1,00000	0,9989	127,34		46	128,2	128,57	0,99715	0,9989	128,34
11	127,4	127,17	1,00183	1,0020	127,15		47	129,1	128,77	1,00259	1,0020	128,84
12	126,9	127,40	0,99608	0,9984	127,10		48	129,0	129,23	0,99819	0,9984	129,21
1992 13	127,9	127,57	1,00261	1,0018	127,67	**1995**	49	129,6	129,57	1,00026	1,0018	129,37
14	127,9	128,00	0,99922	0,9985	128,09		50	130,1	130,00	1,00077	0,9985	130,30
15	128,2	128,10	1,00078	1,0003	128,16		51	130,3	130,53	0,99821	1,0003	130,26
16	128,2	128,23	0,99974	1,0002	128,17		52	131,2	130,97	1,00178	1,0002	131,17
17	128,3	128,37	0,99948	0,9998	128,33		53	131,4	131,30	1,00076	0,9998	131,43
18	128,6	128,63	0,99974	1,0003	128,56		54	131,3	131,40	0,99924	1,0003	131,26
19	129,0	128,87	1,00103	1,0003	128,96		55	131,5	131,30	1,00152	1,0003	131,46
20	129,0	128,97	1,00026	0,9996	129,05		56	131,1	131,33	0,99822	0,9996	131,15
21	128,9	129,07	0,99871	0,9999	128,91		57	131,4	131,23	1,00127	0,9999	131,41
22	129,3	129,30	1,00000	0,9989	129,44		58	131,2	131,37	0,99873	0,9989	131,34
23	129,7	129,60	1,00077	1,0020	129,44		59	131,5	131,33	1,00127	1,0020	131,24
24	129,8	129,93	0,99897	0,9984	130,01		60	131,3	131,43	0,99899	0,9984	131,51
1993 25	130,3	130,13	1,00128	1,0018	130,07	**1996**	61	131,5	131,60	0,99924	1,0018	131,26
26	130,3	130,40	0,99923	0,9985	130,50		62	132,0	131,97	1,00025	0,9985	132,20
27	130,6	130,43	1,00128	1,0003	130,56		63	132,4	132,47	0,99950	1,0003	132,36
28	130,4	130,43	0,99974	1,0002	130,37		64	133,0	133,00	1,00000	1,0002	132,97
29	130,3	130,33	0,99974	0,9998	130,33		65	133,6	133,33	1,00200	0,9998	133,63
30	130,3	130,30	1,00000	1,0003	130,26		66	133,4	133,40	1,00000	1,0003	133,36
31	130,3	130,27	1,00026	1,0003	130,26		67	133,2	133,27	0,99950	1,0003	133,16
32	130,2	130,27	0,99949	0,9996	130,25		68	133,2	133,20	1,00000	0,9996	133,25
33	130,3	130,23	1,00051	0,9999	130,31		69	133,2	133,40	0,99850	0,9999	133,21
34	130,2	130,60	0,99694	0,9989	130,34		70	133,8	133,73	1,00050	0,9989	133,95
35	131,3	130,87	1,00331	1,0020	131,04		71	134,2	133,90	1,00224	1,0020	133,93
36	131,1	131,10	1,00000	0,9984	131,31		72	133,7			0,9984	133,91

d) Le tableau ci-contre sert à calculer les valeurs des coefficients saisonniers.

Année	Janv. Y_i / T_i	Févr. Y_i / T_i	Mars Y_i / T_i	Avr. Y_i / T_i	Mai Y_i / T_i	Juin Y_i / T_i
1991		0,99814	1,00133	0,99921	1,00000	1,00132
1992	1,00261	0,99922	1,00078	0,99974	0,99948	0,99974
1993	1,00128	0,99923	1,00128	0,99974	0,99974	1,00000
1994	1,00563	0,99356	1,00078	1,00104	0,99688	1,00156
1995	1,00026	1,00077	0,99821	1,00178	1,00076	0,99924
1996	0,99924	1,00025	0,99950	1,00000	1,00200	1,00000
Moyenne	1,00180	0,99853	1,00031	1,00025	0,99981	1,00031

Année	Juill. Y_i / T_i	Août Y_i / T_i	Sept. Y_i / T_i	Oct. Y_i / T_i	Nov. Y_i / T_i	Déc. Y_i / T_i	
1991	0,99974	1,00000	0,99974	1,00000	1,00183	0,99608	
1992	1,00103	1,00026	0,99871	1,00000	1,00077	0,99897	
1993	1,00026	0,99949	1,00051	0,99694	1,00331	1,00000	
1994	1,00000	1,00000	1,00052	0,99715	1,00259	0,99819	
1995	1,00152	0,99822	1,00127	0,99873	1,00127	0,99899	
1996	0,99950	1,00000	0,99850	1,00050	1,00224		
Moyenne	1,00034	0,99966	0,99987	0,99889	1,00200	0,99845	1,00002
Coefficients saisonniers							
S_i	1,0018	0,9985	1,0003	1,0002	0,9998	1,0003	
S_i	1,0003	0,9996	0,9999	0,9989	1,0020	0,9984	

e) Voir en c).

f) Prévision saisonnalisée $= P_i \cdot S_i$

$\qquad = P_{73} \cdot S_{73}$

$\qquad = T_{71} \cdot S_{\text{janvier}}$

$\qquad = 133{,}90 \cdot 1{,}0018$

$\qquad = 134{,}14.$

La valeur de l'IPC prévue pour le mois de janvier 1997 est d'environ 134,1. Ce nombre ne tient pas compte de la variation irrégulière.

h) L'écart relatif est :

$$\frac{134{,}1 - 134{,}14}{134{,}14} \cdot 100 = -0{,}03\,\%.$$

Il est inférieur à la marge d'erreur maximale prévue pour une estimation. L'écart relatif est probablement dû à la variation aléatoire.

g)

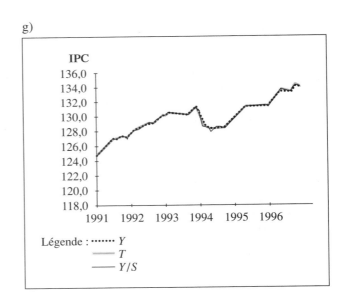

Légende : ······· Y
$\qquad\quad$ —— T
$\qquad\quad$ —— Y/S

i) **Le lissage linéaire**

Le tableau suivant donne la série Y_i, la tendance à long terme T_i, la colonne Y_i / T_i qui sert à obtenir les coefficients saisonniers, les coefficients saisonniers S_i et les valeurs désaisonnalisées de la série Y_i / S_i.

La colonne T_i correspond à la question i).

La colonne Y_i / S_i correspond à la question k).

	i	Y_i	T_i	Y_i / T_i	S_i	Y_i / S_i
1991	1	124,9	126,43	0,98786	0,9998	124,92
	2	124,9	126,53	0,98714	0,9972	125,25
	3	125,6	126,62	0,99195	0,9991	125,71
	4	125,8	126,71	0,99280	1,0000	125,80
	5	126,3	126,81	0,99602	1,0002	126,27
	6	126,8	126,90	0,99923	1,0009	126,69
	7	126,8	126,99	0,99850	1,0008	126,70
	8	126,9	127,08	0,99856	0,9995	126,96
	9	127,0	127,18	0,99862	0,9993	127,09
	10	127,2	127,27	0,99946	0,9995	127,26
	11	127,4	127,36	1,00030	1,0030	127,02
	12	126,9	127,45	0,99565	1,0005	126,84
1992	13	127,9	127,55	1,00277	0,9998	127,93
	14	127,9	127,64	1,00204	0,9972	128,26
	15	128,2	127,73	1,00366	0,9991	128,32
	16	128,2	127,82	1,00294	1,0000	128,20
	17	128,3	127,92	1,00299	1,0002	128,27
	18	128,6	128,01	1,00461	1,0009	128,48
	19	129,0	128,10	1,00700	1,0008	128,90
	20	129,0	128,20	1,00627	0,9995	129,06
	21	128,9	128,29	1,00477	0,9993	128,99
	22	129,3	128,38	1,00716	0,9995	129,36
	23	129,7	128,47	1,00955	1,0030	129,31
	24	129,8	128,57	1,00960	1,0005	129,74
1993	25	130,3	128,66	1,01275	0,9998	130,33
	26	130,3	128,75	1,01202	0,9972	130,67
	27	130,6	128,84	1,01362	0,9991	130,72
	28	130,4	128,94	1,01135	1,0000	130,40
	29	130,3	129,03	1,00984	1,0002	130,27
	30	130,3	129,12	1,00912	1,0009	130,18
	31	130,3	129,22	1,00839	1,0008	130,20
	32	130,2	129,31	1,00690	0,9995	130,27
	33	130,3	129,40	1,00695	0,9993	130,39
	34	130,2	129,49	1,00546	0,9995	130,27
	35	131,3	129,59	1,01323	1,0030	130,91
	36	131,1	129,68	1,01096	1,0005	131,03
1994	37	130,9	129,77	1,00870	0,9998	130,93
	38	128,5	129,86	0,98950	0,9972	128,86
	39	128,6	129,96	0,98956	0,9991	128,72
	40	128,4	130,05	0,98732	1,0000	128,40
	41	127,8	130,14	0,98200	1,0002	127,77
	42	128,4	130,24	0,98591	1,0009	128,28
	43	128,4	130,33	0,98521	1,0008	128,30
	44	128,4	130,42	0,98451	0,9995	128,46
	45	128,4	130,51	0,98381	0,9993	128,49
	46	128,2	130,61	0,98158	0,9995	128,26
	47	129,1	130,70	0,98777	1,0030	128,71
	48	129,0	130,79	0,98630	1,0005	128,94
1995	49	129,6	130,88	0,99019	0,9998	129,63
	50	130,1	130,98	0,99331	0,9972	130,47

$\longrightarrow$

(suite)

	i	Y_i	T_i	Y_i / T_i	S_i	Y_i / S_i
	51	130,3	131,07	0,99413	0,9991	130,42
	52	131,2	131,16	1,00029	1,0000	131,20
	53	131,4	131,25	1,00111	1,0002	131,37
	54	131,3	131,35	0,99964	1,0009	131,18
	55	131,5	131,44	1,00046	1,0008	131,39
	56	131,1	131,53	0,99671	0,9995	131,17
	57	131,4	131,63	0,99829	0,9993	131,49
	58	131,2	131,72	0,99607	0,9995	131,27
	59	131,5	131,81	0,99764	1,0030	131,11
	60	131,3	131,90	0,99542	1,0005	131,23
1996	61	131,5	132,00	0,99624	0,9998	131,53
	62	132,0	132,09	0,99933	0,9972	132,37
	63	132,4	132,18	1,00165	0,9991	132,52
	64	133,0	132,27	1,00549	1,0000	133,00
	65	133,6	132,37	1,00931	1,0002	133,57
	66	133,4	132,46	1,00710	1,0009	133,28
	67	133,2	132,55	1,00488	1,0008	133,09
	68	133,2	132,65	1,00418	0,9995	133,27
	69	133,2	132,74	1,00348	0,9993	133,29
	70	133,8	132,83	1,00730	0,9995	133,87
	71	134,2	132,92	1,00960	1,0030	133,80
	72	133,7	133,02	1,00514	1,0005	133,63

L'équation de la droite de régression est :
$T_i = 126{,}34116 + 0{,}0927 \cdot i$,
où i est le numéro de la période.

j) Le tableau ci-contre sert à calculer les valeurs des coefficients saisonniers.

Année	Janv. Y_i / T_i	Févr. Y_i / T_i	Mars Y_i / T_i	Avr. Y_i / T_i	Mai Y_i / T_i	Juin Y_i / T_i
1991	0,98786	0,98714	0,99195	0,99280	0,99602	0,99923
1992	1,00277	1,00204	1,00366	1,00294	1,00299	1,00461
1993	1,01275	1,01202	1,01362	1,01135	1,00984	1,00912
1994	1,00870	0,98950	0,98956	0,98732	0,98200	0,98591
1995	0,99019	0,99331	0,99413	1,00029	1,00111	0,99964
1996	0,99624	0,99933	1,00165	1,00549	1,00931	1,00710
Moyenne	0,99975	0,99722	0,99910	1,00003	1,00021	1,00093

Année	Juill. Y_i / T_i	Août Y_i / T_i	Sept. Y_i / T_i	Oct. Y_i / T_i	Nov. Y_i / T_i	Déc. Y_i / T_i	
1991	0,99850	0,99856	0,99862	0,99946	1,00030	0,99565	
1992	1,00700	1,00627	1,00477	1,00716	1,00955	1,00960	
1993	1,00839	1,00690	1,00695	1,00546	1,01323	1,01096	
1994	0,98521	0,98451	0,98381	0,98158	0,98777	0,98630	
1995	1,00046	0,99671	0,99829	0,99607	0,99764	0,99542	
1996	1,00488	1,00418	1,00348	1,00730	1,00960	1,00514	
Moyenne	1,00074	0,99952	0,99932	0,99950	1,00302	1,00051	0,99999
Coefficients saisonniers							
S_i	0,9998	0,9972	0,9991	1,0000	1,0002	1,0009	
S_i	1,0008	0,9995	0,9993	0,9995	1,0030	1,0005	

k) Voir en i).

l) Prévision saisonnalisée $= P_i \cdot S_i$

$\qquad = P_{73} \cdot S_{73}$

$\qquad = T_{73} \cdot S_{\text{janvier}}$

$\qquad = 133,11 \cdot 0,9998$

$\qquad = 133,08.$

La valeur de l'IPC prévue pour le mois de janvier 1997 est d'environ 133,1. Ce nombre ne tient pas compte de la variation irrégulière.

n) L'écart relatif est :

$$\frac{134,1 - 133,08}{133,08} \cdot 100 = 0,7\,\%.$$

Il est inférieur à la marge d'erreur maximale prévue pour une estimation. L'écart relatif est probablement dû à la variation aléatoire.

o) **Le lissage exponentiel**

Le tableau ci-contre donne la série Y_i, la tendance à long terme T_i, la colonne Y_i / T_i qui sert à obtenir les coefficients saisonniers, les coefficients saisonniers S_i et les valeurs désaisonnalisées de la série Y_i / S_i pour le lissage exponentiel $\alpha = 0,5$.

La colonne T_i correspond à la question o).

La colonne Y_i / S_i correspond à la question q).

m)

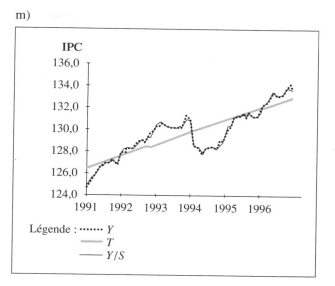

Légende : ······· Y

========== T

———— Y/S

	i	Y_i	T_i	Y_i / T_i	S_i	Y_i / S_i
1991	1	124,9	124,90	1,00000	1,0006	124,83
	2	124,9	124,90	1,00000	0,9989	125,04
	3	125,6	125,25	1,00279	1,0003	125,56
	4	125,8	125,53	1,00219	1,0005	125,74
	5	126,3	125,91	1,00308	1,0002	126,27
	6	126,8	126,36	1,00351	1,0004	126,75
	7	126,8	126,58	1,00175	1,0000	126,80
	8	126,9	126,74	1,00127	0,9993	126,99
	9	127,0	126,87	1,00103	0,9994	127,08
	10	127,2	127,03	1,00130	0,9997	127,24
	11	127,4	127,22	1,00144	1,0015	127,21
	12	126,9	127,06	0,99875	0,9994	126,98
1992	13	127,9	127,48	1,00330	1,0006	127,82
	14	127,9	127,69	1,00165	0,9989	128,04
	15	128,2	127,94	1,00199	1,0003	128,16
	16	128,2	128,07	1,00100	1,0005	128,14
	17	128,3	128,19	1,00089	1,0002	128,27
	18	128,6	128,39	1,00161	1,0004	128,55
	19	129,0	128,70	1,00236	1,0000	129,00
	20	129,0	128,85	1,00118	0,9993	129,09
	21	128,9	128,87	1,00020	0,9994	128,98
	22	129,3	129,09	1,00165	0,9997	129,34
	23	129,7	129,39	1,00237	1,0015	129,51
	24	129,8	129,60	1,00157	0,9994	129,88

(suite)

	i	Y_i	T_i	Y_i / T_i	S_i	Y_i / S_i
1993	25	130,3	129,95	1,00271	1,0006	130,22
	26	130,3	130,12	1,00135	0,9989	130,44
	27	130,6	130,36	1,00182	1,0003	130,56
	28	130,4	130,38	1,00015	1,0005	130,33
	29	130,3	130,34	0,99969	1,0002	130,27
	30	130,3	130,32	0,99984	1,0004	130,25
	31	130,3	130,31	0,99992	1,0000	130,30
	32	130,2	130,26	0,99958	0,9993	130,29
	33	130,3	130,28	1,00017	0,9994	130,38
	34	130,2	130,24	0,99970	0,9997	130,24
	35	131,3	130,77	1,00406	1,0015	131,10
	36	131,1	130,93	1,00126	0,9994	131,18
1994	37	130,9	130,92	0,99987	1,0006	130,82
	38	128,5	129,71	0,99068	0,9989	128,64
	39	128,6	129,15	0,99571	1,0003	128,56
	40	128,4	128,78	0,99707	1,0005	128,34
	41	127,8	128,29	0,99619	1,0002	127,77
	42	128,4	128,34	1,00043	1,0004	128,35
	43	128,4	128,37	1,00022	1,0000	128,40
	44	128,4	128,39	1,00011	0,9993	128,49
	45	128,4	128,39	1,00005	0,9994	128,48
	46	128,2	128,30	0,99925	0,9997	128,24
	47	129,1	128,70	1,00312	1,0015	128,91
	48	129,0	128,85	1,00117	0,9994	129,08
1995	49	129,6	129,22	1,00291	1,0006	129,52
	50	130,1	129,66	1,00338	0,9989	130,24
	51	130,3	129,98	1,00245	1,0003	130,26
	52	131,2	130,59	1,00467	1,0005	131,13
	53	131,4	131,00	1,00309	1,0002	131,37
	54	131,3	131,15	1,00116	1,0004	131,25
	55	131,5	131,32	1,00134	1,0000	131,50
	56	131,1	131,21	0,99915	0,9993	131,19
	57	131,4	131,31	1,00072	0,9994	131,48
	58	131,2	131,25	0,99960	0,9997	131,24
	59	131,5	131,38	1,00094	1,0015	131,30
	60	131,3	131,34	0,99971	0,9994	131,38
1996	61	131,5	131,42	1,00062	1,0006	131,42
	62	132,0	131,71	1,00221	0,9989	132,15
	63	132,4	132,05	1,00261	1,0003	132,36
	64	133,0	132,53	1,00357	1,0005	132,93
	65	133,6	133,06	1,00403	1,0002	133,57
	66	133,4	133,23	1,00126	1,0004	133,35
	67	133,2	133,22	0,99988	1,0000	133,20
	68	133,2	133,21	0,99994	0,9993	133,29
	69	133,2	133,20	0,99997	0,9994	133,28
	70	133,8	133,50	1,00223	0,9997	133,84
	71	134,2	133,85	1,00261	1,0015	134,00
	72	133,7	133,78	0,99944	0,9994	133,78

p) Le tableau ci-contre sert à calculer les valeurs des coefficients saisonniers.

Année	Janv. Y_i / T_i	Févr. Y_i / T_i	Mars Y_i / T_i	Avr. Y_i / T_i	Mai Y_i / T_i	Juin Y_i / T_i	
1991	1,00000	1,00000	1,00279	1,00219	1,00308	1,00351	
1992	1,00330	1,00165	1,00199	1,00100	1,00089	1,00161	
1993	1,00271	1,00135	1,00182	1,00015	0,99969	0,99984	
1994	0,99987	0,99068	0,99571	0,99707	0,99619	1,00043	
1995	1,00291	1,00338	1,00245	1,00467	1,00309	1,00116	
1996	1,00062	1,00221	1,00261	1,00357	1,00403	1,00126	
Moyenne	1,00157	0,99988	1,00123	1,00144	1,00116	1,00130	
Année	**Juill.** Y_i / T_i	**Août** Y_i / T_i	**Sept.** Y_i / T_i	**Oct.** Y_i / T_i	**Nov.** Y_i / T_i	**Déc.** Y_i / T_i	
1991	1,00175	1,00127	1,00103	1,00130	1,00144	0,99875	
1992	1,00236	1,00118	1,00020	1,00165	1,00237	1,00157	
1993	0,99992	0,99958	1,00017	0,99970	1,00406	1,00126	
1994	1,00022	1,00011	1,00005	0,99925	1,00312	1,00117	
1995	1,00134	0,99915	1,00072	0,99960	1,00094	0,99971	
1996	0,99988	0,99994	0,99997	1,00223	1,00261	0,99944	
Moyenne	1,00091	1,00020	1,00036	1,00062	1,00242	1,00032	1,00095
Coefficients saisonniers							
S_i	1,0006	0,9989	1,0003	1,0005	1,0002	1,0004	
S_i	1,0000	0,9993	0,9994	0,9997	1,0015	0,9994	

q) Voir en o).

r) Prévision saisonnalisée $= P_i \cdot S_i$
$$= P_{73} \cdot S_{73}$$
$$= T_{72} \cdot S_{janvier}$$
$$= 133,78 \cdot 1,0006$$
$$= 133,86.$$

La valeur de l'IPC prévue pour le mois de janvier 1997 est d'environ 133,86. Ce nombre ne tient pas compte de la variation irrégulière.

t) L'écart relatif est :
$$\frac{134,1 - 133,86}{133,86} \cdot 100 = 0,18 \%.$$

Il est inférieur à la marge d'erreur maximale prévue pour une estimation. L'écart relatif est probablement dû à la variation aléatoire.

s)

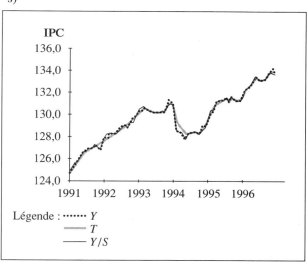

Légende : ······· Y
▬▬▬ T
—— Y/S

ANNEXE
Les tables

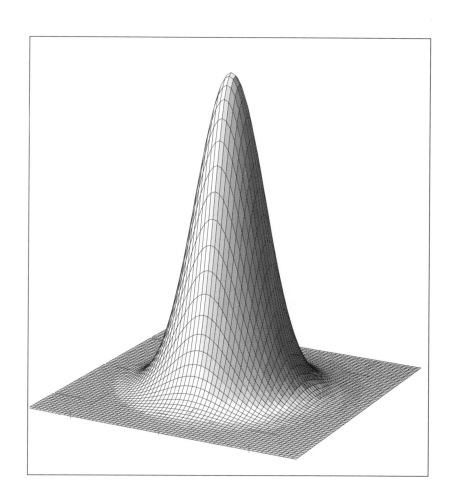

TABLE 1 — LA DISTRIBUTION BINOMIALE

$$P(X = x) = \binom{n}{x} \pi^x (1 - \pi)^{(n-x)}$$

n	x					π					
		0,05	**0,10**	**0,15**	**0,20**	**0,25**	**0,30**	**0,35**	**0,40**	**0,45**	**0,50**
1	**0**	0,9500	0,9000	0,8500	0,8000	0,7500	0,7000	0,6500	0,6000	0,5500	0,5000
	1	0,0500	0,1000	0,1500	0,2000	0,2500	0,3000	0,3500	0,4000	0,4500	0,5000
2	**0**	0,9025	0,8100	0,7225	0,6400	0,5625	0,4900	0,4225	0,3600	0,3025	0,2500
	1	0,0950	0,1800	0,2550	0,3200	0,3750	0,4200	0,4550	0,4800	0,4950	0,5000
	2	0,0025	0,0100	0,0225	0,0400	0,0625	0,0900	0,1225	0,1600	0,2025	0,2500
3	**0**	0,8574	0,7290	0,6141	0,5120	0,4219	0,3430	0,2746	0,2160	0,1664	0,1250
	1	0,1354	0,2430	0,3251	0,3840	0,4219	0,4410	0,4436	0,4320	0,4084	0,3750
	2	0,0071	0,0270	0,0574	0,0960	0,1406	0,1890	0,2389	0,2880	0,3341	0,3750
	3	0,0001	0,0010	0,0034	0,0080	0,0156	0,0270	0,0429	0,0640	0,0911	0,1250
4	**0**	0,8145	0,6561	0,5220	0,4096	0,3164	0,2401	0,1785	0,1296	0,0915	0,0625
	1	0,1715	0,2916	0,3685	0,4096	0,4219	0,4116	0,3845	0,3456	0,2995	0,2500
	2	0,0135	0,0486	0,0975	0,1536	0,2109	0,2646	0,3105	0,3456	0,3675	0,3750
	3	0,0005	0,0036	0,0115	0,0256	0,0469	0,0756	0,1115	0,1536	0,2005	0,2500
	4	0,0000	0,0001	0,0005	0,0016	0,0039	0,0081	0,0150	0,0256	0,0410	0,0625
5	**0**	0,7738	0,5905	0,4437	0,3277	0,2373	0,1681	0,1160	0,0778	0,0503	0,0313
	1	0,2036	0,3281	0,3915	0,4096	0,3955	0,3602	0,3124	0,2592	0,2059	0,1563
	2	0,0214	0,0729	0,1382	0,2048	0,2637	0,3087	0,3364	0,3456	0,3369	0,3125
	3	0,0011	0,0081	0,0244	0,0512	0,0879	0,1323	0,1811	0,2304	0,2757	0,3125
	4	0,0000	0,0005	0,0022	0,0064	0,0146	0,0284	0,0488	0,0768	0,1128	0,1563
	5	0,0000	0,0000	0,0001	0,0003	0,0010	0,0024	0,0053	0,0102	0,0185	0,0313
6	**0**	0,7351	0,5314	0,3771	0,2621	0,1780	0,1176	0,0754	0,0467	0,0277	0,0156
	1	0,2321	0,3543	0,3993	0,3932	0,3560	0,3025	0,2437	0,1866	0,1359	0,0938
	2	0,0305	0,0984	0,1762	0,2458	0,2966	0,3241	0,3280	0,3110	0,2780	0,2344
	3	0,0021	0,0146	0,0415	0,0819	0,1318	0,1852	0,2355	0,2765	0,3032	0,3125
	4	0,0001	0,0012	0,0055	0,0154	0,0330	0,0595	0,0951	0,1382	0,1861	0,2344
	5	0,0000	0,0001	0,0004	0,0015	0,0044	0,0102	0,0205	0,0369	0,0609	0,0938
	6	0,0000	0,0000	0,0000	0,0001	0,0002	0,0007	0,0018	0,0041	0,0083	0,0156
7	**0**	0,6983	0,4783	0,3206	0,2097	0,1335	0,0824	0,0490	0,0280	0,0152	0,0078
	1	0,2573	0,3720	0,3960	0,3670	0,3115	0,2471	0,1848	0,1306	0,0872	0,0547
	2	0,0406	0,1240	0,2097	0,2753	0,3115	0,3177	0,2985	0,2613	0,2140	0,1641
	3	0,0036	0,0230	0,0617	0,1147	0,1730	0,2269	0,2679	0,2903	0,2918	0,2734
	4	0,0002	0,0026	0,0109	0,0287	0,0577	0,0972	0,1442	0,1935	0,2388	0,2734
	5	0,0000	0,0002	0,0012	0,0043	0,0115	0,0250	0,0466	0,0774	0,1172	0,1641
	6	0,0000	0,0000	0,0001	0,0004	0,0013	0,0036	0,0084	0,0172	0,0320	0,0547
	7	0,0000	0,0000	0,0000	0,0000	0,0001	0,0002	0,0006	0,0016	0,0037	0,0078
8	**0**	0,6634	0,4305	0,2725	0,1678	0,1001	0,0576	0,0319	0,0168	0,0084	0,0039
	1	0,2793	0,3826	0,3847	0,3355	0,2670	0,1977	0,1373	0,0896	0,0548	0,0313
	2	0,0515	0,1488	0,2376	0,2936	0,3115	0,2965	0,2587	0,2090	0,1569	0,1094
	3	0,0054	0,0331	0,0839	0,1468	0,2076	0,2541	0,2786	0,2787	0,2568	0,2188
	4	0,0004	0,0046	0,0185	0,0459	0,0865	0,1361	0,1875	0,2322	0,2627	0,2734
	5	0,0000	0,0004	0,0026	0,0092	0,0231	0,0467	0,0808	0,1239	0,1719	0,2188
	6	0,0000	0,0000	0,0002	0,0011	0,0038	0,0100	0,0217	0,0413	0,0703	0,1094
	7	0,0000	0,0000	0,0000	0,0001	0,0004	0,0012	0,0033	0,0079	0,0164	0,0313
	8	0,0000	0,0000	0,0000	0,0000	0,0000	0,0001	0,0002	0,0007	0,0017	0,0039
9	**0**	0,6302	0,3874	0,2316	0,1342	0,0751	0,0404	0,0207	0,0101	0,0046	0,0020
	1	0,2985	0,3874	0,3679	0,3020	0,2253	0,1556	0,1004	0,0605	0,0339	0,0176

→

TABLE 1 — LA DISTRIBUTION BINOMIALE (suite)

$$P(X = x) = \binom{n}{x} \pi^{x}(1 - \pi)^{(n-x)}$$

n	x	0,05	0,10	0,15	0,20	0,25	0,30	0,35	0,40	0,45	0,50
9	2	0,0629	0,1722	0,2597	0,3020	0,3003	0,2668	0,2162	0,1612	0,1110	0,0703
	3	0,0077	0,0446	0,1069	0,1762	0,2336	0,2668	0,2716	0,2508	0,2119	0,1641
	4	0,0006	0,0074	0,0283	0,0661	0,1168	0,1715	0,2194	0,2508	0,2600	0,2461
	5	0,0000	0,0008	0,0050	0,0165	0,0389	0,0735	0,1181	0,1672	0,2128	0,2461
	6	0,0000	0,0001	0,0006	0,0028	0,0087	0,0210	0,0424	0,0743	0,1160	0,1641
	7	0,0000	0,0000	0,0000	0,0003	0,0012	0,0039	0,0098	0,0212	0,0407	0,0703
	8	0,0000	0,0000	0,0000	0,0000	0,0001	0,0004	0,0013	0,0035	0,0083	0,0176
	9	0,0000	0,0000	0,0000	0,0000	0,0000	0,0000	0,0001	0,0003	0,0008	0,0020
10	0	0,5987	0,3487	0,1969	0,1074	0,0563	0,0282	0,0135	0,0060	0,0025	0,0010
	1	0,3151	0,3874	0,3474	0,2684	0,1877	0,1211	0,0725	0,0403	0,0207	0,0098
	2	0,0746	0,1937	0,2759	0,3020	0,2816	0,2335	0,1757	0,1209	0,0763	0,0439
	3	0,0105	0,0574	0,1298	0,2013	0,2503	0,2668	0,2522	0,2150	0,1665	0,1172
	4	0,0010	0,0112	0,0401	0,0881	0,1460	0,2001	0,2377	0,2508	0,2384	0,2051
	5	0,0001	0,0015	0,0085	0,0264	0,0584	0,1029	0,1536	0,2007	0,2340	0,2461
	6	0,0000	0,0001	0,0012	0,0055	0,0162	0,0368	0,0689	0,1115	0,1596	0,2051
	7	0,0000	0,0000	0,0001	0,0008	0,0031	0,0090	0,0212	0,0425	0,0746	0,1172
	8	0,0000	0,0000	0,0000	0,0001	0,0004	0,0014	0,0043	0,0106	0,0229	0,0439
	9	0,0000	0,0000	0,0000	0,0000	0,0000	0,0001	0,0005	0,0016	0,0042	0,0098
	10	0,0000	0,0000	0,0000	0,0000	0,0000	0,0000	0,0000	0,0001	0,0003	0,0010
11	0	0,5688	0,3138	0,1673	0,0859	0,0422	0,0198	0,0088	0,0036	0,0014	0,0005
	1	0,3293	0,3835	0,3248	0,2362	0,1549	0,0932	0,0518	0,0266	0,0125	0,0054
	2	0,0867	0,2131	0,2866	0,2953	0,2581	0,1998	0,1395	0,0887	0,0513	0,0269
	3	0,0137	0,0710	0,1517	0,2215	0,2581	0,2568	0,2254	0,1774	0,1259	0,0806
	4	0,0014	0,0158	0,0536	0,1107	0,1721	0,2201	0,2428	0,2365	0,2060	0,1611
	5	0,0001	0,0025	0,0132	0,0388	0,0803	0,1321	0,1830	0,2207	0,2360	0,2256
	6	0,0000	0,0003	0,0023	0,0097	0,0268	0,0566	0,0985	0,1471	0,1931	0,2256
	7	0,0000	0,0000	0,0003	0,0017	0,0064	0,0173	0,0379	0,0701	0,1128	0,1611
	8	0,0000	0,0000	0,0000	0,0002	0,0011	0,0037	0,0102	0,0234	0,0462	0,0806
	9	0,0000	0,0000	0,0000	0,0000	0,0001	0,0005	0,0018	0,0052	0,0126	0,0269
	10	0,0000	0,0000	0,0000	0,0000	0,0000	0,0000	0,0002	0,0007	0,0021	0,0054
	11	0,0000	0,0000	0,0000	0,0000	0,0000	0,0000	0,0000	0,0000	0,0002	0,0005
12	0	0,5404	0,2824	0,1422	0,0687	0,0317	0,0138	0,0057	0,0022	0,0008	0,0002
	1	0,3413	0,3766	0,3012	0,2062	0,1267	0,0712	0,0368	0,0174	0,0075	0,0029
	2	0,0988	0,2301	0,2924	0,2835	0,2323	0,1678	0,1088	0,0639	0,0339	0,0161
	3	0,0173	0,0852	0,1720	0,2362	0,2581	0,2397	0,1954	0,1419	0,0923	0,0537
	4	0,0021	0,0213	0,0683	0,1329	0,1936	0,2311	0,2367	0,2128	0,1700	0,1208
	5	0,0002	0,0038	0,0193	0,0532	0,1032	0,1585	0,2039	0,2270	0,2225	0,1934
	6	0,0000	0,0005	0,0040	0,0155	0,0401	0,0792	0,1281	0,1766	0,2124	0,2256
	7	0,0000	0,0000	0,0006	0,0033	0,0115	0,0291	0,0591	0,1009	0,1489	0,1934
	8	0,0000	0,0000	0,0001	0,0005	0,0024	0,0078	0,0199	0,0420	0,0762	0,1208
	9	0,0000	0,0000	0,0000	0,0001	0,0004	0,0015	0,0048	0,0125	0,0277	0,0537
	10	0,0000	0,0000	0,0000	0,0000	0,0000	0,0002	0,0008	0,0025	0,0068	0,0161
	11	0,0000	0,0000	0,0000	0,0000	0,0000	0,0000	0,0001	0,0003	0,0010	0,0029
	12	0,0000	0,0000	0,0000	0,0000	0,0000	0,0000	0,0000	0,0000	0,0001	0,0002
13	0	0,5133	0,2542	0,1209	0,0550	0,0238	0,0097	0,0037	0,0013	0,0004	0,0001
	1	0,3512	0,3672	0,2774	0,1787	0,1029	0,0540	0,0259	0,0113	0,0045	0,0016
	2	0,1109	0,2448	0,2937	0,2680	0,2059	0,1388	0,0836	0,0453	0,0220	0,0095
	3	0,0214	0,0997	0,1900	0,2457	0,2517	0,2181	0,1651	0,1107	0,0660	0,0349
	4	0,0028	0,0277	0,0838	0,1535	0,2097	0,2337	0,2222	0,1845	0,1350	0,0873
	5	0,0003	0,0055	0,0266	0,0691	0,1258	0,1803	0,2154	0,2214	0,1989	0,1571

TABLE 1 — LA DISTRIBUTION BINOMIALE (suite)

$$P(X = x) = \binom{n}{x} \pi^x (1 - \pi)^{(n-x)}$$

n x		0,05	0,10	0,15	0,20	0,25	0,30	0,35	0,40	0,45	0,50
13	6	0,0000	0,0008	0,0063	0,0230	0,0559	0,1030	0,1546	0,1968	0,2169	0,2095
	7	0,0000	0,0001	0,0011	0,0058	0,0186	0,0442	0,0833	0,1312	0,1775	0,2095
	8	0,0000	0,0000	0,0001	0,0011	0,0047	0,0142	0,0336	0,0656	0,1089	0,1571
	9	0,0000	0,0000	0,0000	0,0001	0,0009	0,0034	0,0101	0,0243	0,0495	0,0873
	10	0,0000	0,0000	0,0000	0,0000	0,0001	0,0006	0,0022	0,0065	0,0162	0,0349
	11	0,0000	0,0000	0,0000	0,0000	0,0000	0,0001	0,0003	0,0012	0,0036	0,0095
	12	0,0000	0,0000	0,0000	0,0000	0,0000	0,0000	0,0000	0,0001	0,0005	0,0016
	13	0,0000	0,0000	0,0000	0,0000	0,0000	0,0000	0,0000	0,0000	0,0000	0,0001
14	0	0,4877	0,2288	0,1028	0,0440	0,0178	0,0068	0,0024	0,0008	0,0002	0,0001
	1	0,3593	0,3559	0,2539	0,1539	0,0832	0,0407	0,0181	0,0073	0,0027	0,0009
	2	0,1229	0,2570	0,2912	0,2501	0,1802	0,1134	0,0634	0,0317	0,0141	0,0056
	3	0,0259	0,1142	0,2056	0,2501	0,2402	0,1943	0,1366	0,0845	0,0462	0,0222
	4	0,0037	0,0349	0,0998	0,1720	0,2202	0,2290	0,2022	0,1549	0,1040	0,0611
	5	0,0004	0,0078	0,0352	0,0860	0,1468	0,1963	0,2178	0,2066	0,1701	0,1222
	6	0,0000	0,0013	0,0093	0,0322	0,0734	0,1262	0,1759	0,2066	0,2088	0,1833
	7	0,0000	0,0002	0,0019	0,0092	0,0280	0,0618	0,1082	0,1574	0,1952	0,2095
	8	0,0000	0,0000	0,0003	0,0020	0,0082	0,0232	0,0510	0,0918	0,1398	0,1833
	9	0,0000	0,0000	0,0000	0,0003	0,0018	0,0066	0,0183	0,0408	0,0762	0,1222
	10	0,0000	0,0000	0,0000	0,0000	0,0003	0,0014	0,0049	0,0136	0,0312	0,0611
	11	0,0000	0,0000	0,0000	0,0000	0,0000	0,0002	0,0010	0,0033	0,0093	0,0222
	12	0,0000	0,0000	0,0000	0,0000	0,0000	0,0000	0,0001	0,0005	0,0019	0,0056
	13	0,0000	0,0000	0,0000	0,0000	0,0000	0,0000	0,0000	0,0001	0,0002	0,0009
	14	0,0000	0,0000	0,0000	0,0000	0,0000	0,0000	0,0000	0,0000	0,0000	0,0001
15	0	0,4633	0,2059	0,0874	0,0352	0,0134	0,0047	0,0016	0,0005	0,0001	0,0000
	1	0,3658	0,3432	0,2312	0,1319	0,0668	0,0305	0,0126	0,0047	0,0016	0,0005
	2	0,1348	0,2669	0,2856	0,2309	0,1559	0,0916	0,0476	0,0219	0,0090	0,0032
	3	0,0307	0,1285	0,2184	0,2501	0,2252	0,1700	0,1110	0,0634	0,0318	0,0139
	4	0,0049	0,0428	0,1156	0,1876	0,2252	0,2186	0,1792	0,1268	0,0780	0,0417
	5	0,0006	0,0105	0,0449	0,1032	0,1651	0,2061	0,2123	0,1859	0,1404	0,0916
	6	0,0000	0,0019	0,0132	0,0430	0,0917	0,1472	0,1906	0,2066	0,1914	0,1527
	7	0,0000	0,0003	0,0030	0,0138	0,0393	0,0811	0,1319	0,1771	0,2013	0,1964
	8	0,0000	0,0000	0,0005	0,0035	0,0131	0,0348	0,0710	0,1181	0,1647	0,1964
	9	0,0000	0,0000	0,0001	0,0007	0,0034	0,0116	0,0298	0,0612	0,1048	0,1527
	10	0,0000	0,0000	0,0000	0,0001	0,0007	0,0030	0,0096	0,0245	0,0515	0,0916
	11	0,0000	0,0000	0,0000	0,0000	0,0001	0,0006	0,0024	0,0074	0,0191	0,0417
	12	0,0000	0,0000	0,0000	0,0000	0,0000	0,0001	0,0004	0,0016	0,0052	0,0139
	13	0,0000	0,0000	0,0000	0,0000	0,0000	0,0000	0,0001	0,0003	0,0010	0,0032
	14	0,0000	0,0000	0,0000	0,0000	0,0000	0,0000	0,0000	0,0000	0,0001	0,0005
	15	0,0000	0,0000	0,0000	0,0000	0,0000	0,0000	0,0000	0,0000	0,0000	0,0000
16	0	0,4401	0,1853	0,0743	0,0281	0,0100	0,0033	0,0010	0,0003	0,0001	0,0000
	1	0,3706	0,3294	0,2097	0,1126	0,0535	0,0228	0,0087	0,0030	0,0009	0,0002
	2	0,1463	0,2745	0,2775	0,2111	0,1336	0,0732	0,0353	0,0150	0,0056	0,0018
	3	0,0359	0,1423	0,2285	0,2463	0,2079	0,1465	0,0888	0,0468	0,0215	0,0085
	4	0,0061	0,0514	0,1311	0,2001	0,2252	0,2040	0,1553	0,1014	0,0572	0,0278
	5	0,0008	0,0137	0,0555	0,1201	0,1802	0,2099	0,2008	0,1623	0,1123	0,0667
	6	0,0001	0,0028	0,0180	0,0550	0,1101	0,1649	0,1982	0,1983	0,1684	0,1222
	7	0,0000	0,0004	0,0045	0,0197	0,0524	0,1010	0,1524	0,1889	0,1969	0,1746
	8	0,0000	0,0001	0,0009	0,0055	0,0197	0,0487	0,0923	0,1417	0,1812	0,1964
	9	0,0000	0,0000	0,0001	0,0012	0,0058	0,0185	0,0442	0,0840	0,1318	0,1746
	10	0,0000	0,0000	0,0000	0,0002	0,0014	0,0056	0,0167	0,0392	0,0755	0,1222
	11	0,0000	0,0000	0,0000	0,0000	0,0002	0,0013	0,0049	0,0142	0,0337	0,0667

TABLE 1 — LA DISTRIBUTION BINOMIALE (suite)

$$P(X = x) = \binom{n}{x} \pi^{x}(1-\pi)^{(n-x)}$$

n	x	\(\pi\) 0,05	0,10	0,15	0,20	0,25	0,30	0,35	0,40	0,45	0,50
16	12	0,0000	0,0000	0,0000	0,0000	0,0000	0,0002	0,0011	0,0040	0,0115	0,0278
	13	0,0000	0,0000	0,0000	0,0000	0,0000	0,0000	0,0002	0,0008	0,0029	0,0085
	14	0,0000	0,0000	0,0000	0,0000	0,0000	0,0000	0,0000	0,0001	0,0005	0,0018
	15	0,0000	0,0000	0,0000	0,0000	0,0000	0,0000	0,0000	0,0000	0,0001	0,0002
	16	0,0000	0,0000	0,0000	0,0000	0,0000	0,0000	0,0000	0,0000	0,0000	0,0000
17	0	0,4181	0,1668	0,0631	0,0225	0,0075	0,0023	0,0007	0,0002	0,0000	0,0000
	1	0,3741	0,3150	0,1893	0,0957	0,0426	0,0169	0,0060	0,0019	0,0005	0,0001
	2	0,1575	0,2800	0,2673	0,1914	0,1136	0,0581	0,0260	0,0102	0,0035	0,0010
	3	0,0415	0,1556	0,2359	0,2393	0,1893	0,1245	0,0701	0,0341	0,0144	0,0052
	4	0,0076	0,0605	0,1457	0,2093	0,2209	0,1868	0,1320	0,0796	0,0411	0,0182
	5	0,0010	0,0175	0,0668	0,1361	0,1914	0,2081	0,1849	0,1379	0,0875	0,0472
	6	0,0001	0,0039	0,0236	0,0680	0,1276	0,1784	0,1991	0,1839	0,1432	0,0944
	7	0,0000	0,0007	0,0065	0,0267	0,0668	0,1201	0,1685	0,1927	0,1841	0,1484
	8	0,0000	0,0001	0,0014	0,0084	0,0279	0,0644	0,1134	0,1606	0,1883	0,1855
	9	0,0000	0,0000	0,0003	0,0021	0,0093	0,0276	0,0611	0,1070	0,1540	0,1855
	10	0,0000	0,0000	0,0000	0,0004	0,0025	0,0095	0,0263	0,0571	0,1008	0,1484
	11	0,0000	0,0000	0,0000	0,0001	0,0005	0,0026	0,0090	0,0242	0,0525	0,0944
	12	0,0000	0,0000	0,0000	0,0000	0,0001	0,0006	0,0024	0,0081	0,0215	0,0472
	13	0,0000	0,0000	0,0000	0,0000	0,0000	0,0001	0,0005	0,0021	0,0068	0,0182
	14	0,0000	0,0000	0,0000	0,0000	0,0000	0,0000	0,0001	0,0004	0,0016	0,0052
	15	0,0000	0,0000	0,0000	0,0000	0,0000	0,0000	0,0000	0,0001	0,0003	0,0010
	16	0,0000	0,0000	0,0000	0,0000	0,0000	0,0000	0,0000	0,0000	0,0000	0,0001
	17	0,0000	0,0000	0,0000	0,0000	0,0000	0,0000	0,0000	0,0000	0,0000	0,0000
18	0	0,3972	0,1501	0,0536	0,0180	0,0056	0,0016	0,0004	0,0001	0,0000	0,0000
	1	0,3763	0,3002	0,1704	0,0811	0,0338	0,0126	0,0042	0,0012	0,0003	0,0001
	2	0,1683	0,2835	0,2556	0,1723	0,0958	0,0458	0,0190	0,0069	0,0022	0,0006
	3	0,0473	0,1680	0,2406	0,2297	0,1704	0,1046	0,0547	0,0246	0,0095	0,0031
	4	0,0093	0,0700	0,1592	0,2153	0,2130	0,1681	0,1104	0,0614	0,0291	0,0117
	5	0,0014	0,0218	0,0787	0,1507	0,1988	0,2017	0,1664	0,1146	0,0666	0,0327
	6	0,0002	0,0052	0,0301	0,0816	0,1436	0,1873	0,1941	0,1655	0,1181	0,0708
	7	0,0000	0,0010	0,0091	0,0350	0,0820	0,1376	0,1792	0,1892	0,1657	0,1214
	8	0,0000	0,0002	0,0022	0,0120	0,0376	0,0811	0,1327	0,1734	0,1864	0,1669
	9	0,0000	0,0000	0,0004	0,0033	0,0139	0,0386	0,0794	0,1284	0,1694	0,1855
	10	0,0000	0,0000	0,0001	0,0008	0,0042	0,0149	0,0385	0,0771	0,1248	0,1669
	11	0,0000	0,0000	0,0000	0,0001	0,0010	0,0046	0,0151	0,0374	0,0742	0,1214
	12	0,0000	0,0000	0,0000	0,0000	0,0002	0,0012	0,0047	0,0145	0,0354	0,0708
	13	0,0000	0,0000	0,0000	0,0000	0,0000	0,0002	0,0012	0,0045	0,0134	0,0327
	14	0,0000	0,0000	0,0000	0,0000	0,0000	0,0000	0,0002	0,0011	0,0039	0,0117
	15	0,0000	0,0000	0,0000	0,0000	0,0000	0,0000	0,0000	0,0002	0,0009	0,0031
	16	0,0000	0,0000	0,0000	0,0000	0,0000	0,0000	0,0000	0,0000	0,0001	0,0006
	17	0,0000	0,0000	0,0000	0,0000	0,0000	0,0000	0,0000	0,0000	0,0000	0,0001
	18	0,0000	0,0000	0,0000	0,0000	0,0000	0,0000	0,0000	0,0000	0,0000	0,0000
19	0	0,3774	0,1351	0,0456	0,0144	0,0042	0,0011	0,0003	0,0001	0,0000	0,0000
	1	0,3774	0,2852	0,1529	0,0685	0,0268	0,0093	0,0029	0,0008	0,0002	0,0000
	2	0,1787	0,2852	0,2428	0,1540	0,0803	0,0358	0,0138	0,0046	0,0013	0,0003
	3	0,0533	0,1796	0,2428	0,2182	0,1517	0,0869	0,0422	0,0175	0,0062	0,0018
	4	0,0112	0,0798	0,1714	0,2182	0,2023	0,1491	0,0909	0,0467	0,0203	0,0074
	5	0,0018	0,0266	0,0907	0,1636	0,2023	0,1916	0,1468	0,0933	0,0497	0,0222
	6	0,0002	0,0069	0,0374	0,0955	0,1574	0,1916	0,1844	0,1451	0,0949	0,0518
	7	0,0000	0,0014	0,0122	0,0443	0,0974	0,1525	0,1844	0,1797	0,1443	0,0961
	8	0,0000	0,0002	0,0032	0,0166	0,0487	0,0981	0,1489	0,1797	0,1771	0,1442

TABLE 1 — LA DISTRIBUTION BINOMIALE (suite)

$$P(X = x) = \binom{n}{x} \pi^x (1-\pi)^{(n-x)}$$

n	x	0,05	0,10	0,15	0,20	0,25	0,30	0,35	0,40	0,45	0,50
19	9	0,0000	0,0000	0,0007	0,0051	0,0198	0,0514	0,0980	0,1464	0,1771	0,1762
	10	0,0000	0,0000	0,0001	0,0013	0,0066	0,0220	0,0528	0,0976	0,1449	0,1762
	11	0,0000	0,0000	0,0000	0,0003	0,0018	0,0077	0,0233	0,0532	0,0970	0,1442
	12	0,0000	0,0000	0,0000	0,0000	0,0004	0,0022	0,0083	0,0237	0,0529	0,0961
	13	0,0000	0,0000	0,0000	0,0000	0,0001	0,0005	0,0024	0,0085	0,0233	0,0518
	14	0,0000	0,0000	0,0000	0,0000	0,0000	0,0001	0,0006	0,0024	0,0082	0,0222
	15	0,0000	0,0000	0,0000	0,0000	0,0000	0,0000	0,0001	0,0005	0,0022	0,0074
	16	0,0000	0,0000	0,0000	0,0000	0,0000	0,0000	0,0000	0,0001	0,0005	0,0018
	17	0,0000	0,0000	0,0000	0,0000	0,0000	0,0000	0,0000	0,0000	0,0001	0,0003
	18	0,0000	0,0000	0,0000	0,0000	0,0000	0,0000	0,0000	0,0000	0,0000	0,0000
	19	0,0000	0,0000	0,0000	0,0000	0,0000	0,0000	0,0000	0,0000	0,0000	0,0000
20	0	0,3585	0,1216	0,0388	0,0115	0,0032	0,0008	0,0002	0,0000	0,0000	0,0000
	1	0,3774	0,2702	0,1368	0,0576	0,0211	0,0068	0,0020	0,0005	0,0001	0,0000
	2	0,1887	0,2852	0,2293	0,1369	0,0669	0,0278	0,0100	0,0031	0,0008	0,0002
	3	0,0596	0,1901	0,2428	0,2054	0,1339	0,0716	0,0323	0,0123	0,0040	0,0011
	4	0,0133	0,0898	0,1821	0,2182	0,1897	0,1304	0,0738	0,0350	0,0139	0,0046
	5	0,0022	0,0319	0,1028	0,1746	0,2023	0,1789	0,1272	0,0746	0,0365	0,0148
	6	0,0003	0,0089	0,0454	0,1091	0,1686	0,1916	0,1712	0,1244	0,0746	0,0370
	7	0,0000	0,0020	0,0160	0,0545	0,1124	0,1643	0,1844	0,1659	0,1221	0,0739
	8	0,0000	0,0004	0,0046	0,0222	0,0609	0,1144	0,1614	0,1797	0,1623	0,1201
	9	0,0000	0,0001	0,0011	0,0074	0,0271	0,0654	0,1158	0,1597	0,1771	0,1602
	10	0,0000	0,0000	0,0002	0,0020	0,0099	0,0308	0,0686	0,1171	0,1593	0,1762
	11	0,0000	0,0000	0,0000	0,0005	0,0030	0,0120	0,0336	0,0710	0,1185	0,1602
	12	0,0000	0,0000	0,0000	0,0001	0,0008	0,0039	0,0136	0,0355	0,0727	0,1201
	13	0,0000	0,0000	0,0000	0,0000	0,0002	0,0010	0,0045	0,0146	0,0366	0,0739
	14	0,0000	0,0000	0,0000	0,0000	0,0000	0,0002	0,0012	0,0049	0,0150	0,0370
	15	0,0000	0,0000	0,0000	0,0000	0,0000	0,0000	0,0003	0,0013	0,0049	0,0148
	16	0,0000	0,0000	0,0000	0,0000	0,0000	0,0000	0,0000	0,0003	0,0013	0,0046
	17	0,0000	0,0000	0,0000	0,0000	0,0000	0,0000	0,0000	0,0000	0,0002	0,0011
	18	0,0000	0,0000	0,0000	0,0000	0,0000	0,0000	0,0000	0,0000	0,0000	0,0002
	19	0,0000	0,0000	0,0000	0,0000	0,0000	0,0000	0,0000	0,0000	0,0000	0,0000
	20	0,0000	0,0000	0,0000	0,0000	0,0000	0,0000	0,0000	0,0000	0,0000	0,0000
21	0	0,3406	0,1094	0,0329	0,0092	0,0024	0,0006	0,0001	0,0000	0,0000	0,0000
	1	0,3764	0,2553	0,1221	0,0484	0,0166	0,0050	0,0013	0,0003	0,0001	0,0000
	2	0,1981	0,2837	0,2155	0,1211	0,0555	0,0215	0,0072	0,0020	0,0005	0,0001
	3	0,0660	0,1996	0,2408	0,1917	0,1172	0,0585	0,0245	0,0086	0,0026	0,0006
	4	0,0156	0,0998	0,1912	0,2156	0,1757	0,1128	0,0593	0,0259	0,0095	0,0029
	5	0,0028	0,0377	0,1147	0,1833	0,1992	0,1643	0,1085	0,0588	0,0263	0,0097
	6	0,0004	0,0112	0,0540	0,1222	0,1770	0,1878	0,1558	0,1045	0,0574	0,0259
	7	0,0000	0,0027	0,0204	0,0655	0,1265	0,1725	0,1798	0,1493	0,1007	0,0554
	8	0,0000	0,0005	0,0063	0,0286	0,0738	0,1294	0,1694	0,1742	0,1442	0,0970
	9	0,0000	0,0001	0,0016	0,0103	0,0355	0,0801	0,1318	0,1677	0,1704	0,1402
	10	0,0000	0,0000	0,0003	0,0031	0,0142	0,0412	0,0851	0,1342	0,1673	0,1682
	11	0,0000	0,0000	0,0001	0,0008	0,0047	0,0176	0,0458	0,0895	0,1369	0,1682
	12	0,0000	0,0000	0,0000	0,0002	0,0013	0,0063	0,0206	0,0497	0,0933	0,1402
	13	0,0000	0,0000	0,0000	0,0000	0,0003	0,0019	0,0077	0,0229	0,0529	0,0970
	14	0,0000	0,0000	0,0000	0,0000	0,0001	0,0005	0,0024	0,0087	0,0247	0,0554
	15	0,0000	0,0000	0,0000	0,0000	0,0000	0,0001	0,0006	0,0027	0,0094	0,0259
	16	0,0000	0,0000	0,0000	0,0000	0,0000	0,0000	0,0001	0,0007	0,0029	0,0097
	17	0,0000	0,0000	0,0000	0,0000	0,0000	0,0000	0,0000	0,0001	0,0007	0,0029
	18	0,0000	0,0000	0,0000	0,0000	0,0000	0,0000	0,0000	0,0000	0,0001	0,0006
	19	0,0000	0,0000	0,0000	0,0000	0,0000	0,0000	0,0000	0,0000	0,0000	0,0001

→

TABLE 1 — LA DISTRIBUTION BINOMIALE (suite)

$$P(X = x) = \binom{n}{x} \pi^x (1 - \pi)^{(n-x)}$$

n	x	0,05	0,10	0,15	0,20	0,25	0,30	0,35	0,40	0,45	0,50
21	20	0,0000	0,0000	0,0000	0,0000	0,0000	0,0000	0,0000	0,0000	0,0000	0,0000
	21	0,0000	0,0000	0,0000	0,0000	0,0000	0,0000	0,0000	0,0000	0,0000	0,0000
22	0	0,3235	0,0985	0,0280	0,0074	0,0018	0,0004	0,0001	0,0000	0,0000	0,0000
	1	0,3746	0,2407	0,1087	0,0406	0,0131	0,0037	0,0009	0,0002	0,0000	0,0000
	2	0,2070	0,2808	0,2015	0,1065	0,0458	0,0166	0,0051	0,0014	0,0003	0,0001
	3	0,0726	0,2080	0,2370	0,1775	0,1017	0,0474	0,0184	0,0060	0,0016	0,0004
	4	0,0182	0,1098	0,1987	0,2108	0,1611	0,0965	0,0471	0,0190	0,0064	0,0017
	5	0,0034	0,0439	0,1262	0,1898	0,1933	0,1489	0,0913	0,0456	0,0187	0,0063
	6	0,0005	0,0138	0,0631	0,1344	0,1826	0,1808	0,1393	0,0862	0,0434	0,0178
	7	0,0001	0,0035	0,0255	0,0768	0,1391	0,1771	0,1714	0,1314	0,0812	0,0407
	8	0,0000	0,0007	0,0084	0,0360	0,0869	0,1423	0,1730	0,1642	0,1246	0,0762
	9	0,0000	0,0001	0,0023	0,0140	0,0451	0,0949	0,1449	0,1703	0,1586	0,1186
	10	0,0000	0,0000	0,0005	0,0046	0,0195	0,0529	0,1015	0,1476	0,1687	0,1542
	11	0,0000	0,0000	0,0001	0,0012	0,0071	0,0247	0,0596	0,1073	0,1506	0,1682
	12	0,0000	0,0000	0,0000	0,0003	0,0022	0,0097	0,0294	0,0656	0,1129	0,1542
	13	0,0000	0,0000	0,0000	0,0001	0,0006	0,0032	0,0122	0,0336	0,0711	0,1186
	14	0,0000	0,0000	0,0000	0,0000	0,0001	0,0009	0,0042	0,0144	0,0374	0,0762
	15	0,0000	0,0000	0,0000	0,0000	0,0000	0,0002	0,0012	0,0051	0,0163	0,0407
	16	0,0000	0,0000	0,0000	0,0000	0,0000	0,0000	0,0003	0,0015	0,0058	0,0178
	17	0,0000	0,0000	0,0000	0,0000	0,0000	0,0000	0,0001	0,0004	0,0017	0,0063
	18	0,0000	0,0000	0,0000	0,0000	0,0000	0,0000	0,0000	0,0001	0,0004	0,0017
	19	0,0000	0,0000	0,0000	0,0000	0,0000	0,0000	0,0000	0,0000	0,0001	0,0004
	20	0,0000	0,0000	0,0000	0,0000	0,0000	0,0000	0,0000	0,0000	0,0000	0,0001
	21	0,0000	0,0000	0,0000	0,0000	0,0000	0,0000	0,0000	0,0000	0,0000	0,0000
	22	0,0000	0,0000	0,0000	0,0000	0,0000	0,0000	0,0000	0,0000	0,0000	0,0000
23	0	0,3074	0,0886	0,0238	0,0059	0,0013	0,0003	0,0000	0,0000	0,0000	0,0000
	1	0,3721	0,2265	0,0966	0,0339	0,0103	0,0027	0,0006	0,0001	0,0000	0,0000
	2	0,2154	0,2768	0,1875	0,0933	0,0376	0,0127	0,0037	0,0009	0,0002	0,0000
	3	0,0794	0,2153	0,2317	0,1633	0,0878	0,0382	0,0138	0,0041	0,0010	0,0002
	4	0,0209	0,1196	0,2044	0,2042	0,1463	0,0818	0,0371	0,0138	0,0042	0,0011
	5	0,0042	0,0505	0,1371	0,1940	0,1853	0,1332	0,0758	0,0350	0,0132	0,0040
	6	0,0007	0,0168	0,0726	0,1455	0,1853	0,1712	0,1225	0,0700	0,0323	0,0120
	7	0,0001	0,0045	0,0311	0,0883	0,1500	0,1782	0,1602	0,1133	0,0642	0,0292
	8	0,0000	0,0010	0,0110	0,0442	0,1000	0,1527	0,1725	0,1511	0,1051	0,0584
	9	0,0000	0,0002	0,0032	0,0184	0,0555	0,1091	0,1548	0,1679	0,1433	0,0974
	10	0,0000	0,0000	0,0008	0,0064	0,0259	0,0655	0,1167	0,1567	0,1642	0,1364
	11	0,0000	0,0000	0,0002	0,0019	0,0102	0,0332	0,0743	0,1234	0,1587	0,1612
	12	0,0000	0,0000	0,0000	0,0005	0,0034	0,0142	0,0400	0,0823	0,1299	0,1612
	13	0,0000	0,0000	0,0000	0,0001	0,0010	0,0052	0,0182	0,0464	0,0899	0,1364
	14	0,0000	0,0000	0,0000	0,0000	0,0002	0,0016	0,0070	0,0221	0,0525	0,0974
	15	0,0000	0,0000	0,0000	0,0000	0,0000	0,0004	0,0023	0,0088	0,0258	0,0584
	16	0,0000	0,0000	0,0000	0,0000	0,0000	0,0001	0,0006	0,0029	0,0106	0,0292
	17	0,0000	0,0000	0,0000	0,0000	0,0000	0,0000	0,0001	0,0008	0,0036	0,0120
	18	0,0000	0,0000	0,0000	0,0000	0,0000	0,0000	0,0000	0,0002	0,0010	0,0040
	19	0,0000	0,0000	0,0000	0,0000	0,0000	0,0000	0,0000	0,0000	0,0002	0,0011
	20	0,0000	0,0000	0,0000	0,0000	0,0000	0,0000	0,0000	0,0000	0,0000	0,0002
	21	0,0000	0,0000	0,0000	0,0000	0,0000	0,0000	0,0000	0,0000	0,0000	0,0000
	22	0,0000	0,0000	0,0000	0,0000	0,0000	0,0000	0,0000	0,0000	0,0000	0,0000
	23	0,0000	0,0000	0,0000	0,0000	0,0000	0,0000	0,0000	0,0000	0,0000	0,0000
24	0	0,2920	0,0798	0,0202	0,0047	0,0010	0,0002	0,0000	0,0000	0,0000	0,0000
	1	0,3688	0,2127	0,0857	0,0283	0,0080	0,0020	0,0004	0,0001	0,0000	0,0000

TABLE 1 — LA DISTRIBUTION BINOMIALE (suite)

$$P(X = x) = \binom{n}{x} \pi^{x}(1 - \pi)^{(n-x)}$$

n	x	π 0,05	0,10	0,15	0,20	0,25	0,30	0,35	0,40	0,45	0,50
24	2	0,2232	0,2718	0,1739	0,0815	0,0308	0,0097	0,0026	0,0006	0,0001	0,0000
	3	0,0862	0,2215	0,2251	0,1493	0,0752	0,0305	0,0102	0,0028	0,0007	0,0001
	4	0,0238	0,1292	0,2085	0,1960	0,1316	0,0687	0,0289	0,0099	0,0028	0,0006
	5	0,0050	0,0574	0,1472	0,1960	0,1755	0,1177	0,0622	0,0265	0,0091	0,0025
	6	0,0008	0,0202	0,0822	0,1552	0,1853	0,1598	0,1061	0,0560	0,0237	0,0080
	7	0,0001	0,0058	0,0373	0,0998	0,1588	0,1761	0,1470	0,0960	0,0499	0,0206
	8	0,0000	0,0014	0,0140	0,0530	0,1125	0,1604	0,1682	0,1360	0,0867	0,0438
	9	0,0000	0,0003	0,0044	0,0236	0,0667	0,1222	0,1610	0,1612	0,1261	0,0779
	10	0,0000	0,0000	0,0012	0,0088	0,0333	0,0785	0,1300	0,1612	0,1548	0,1169
	11	0,0000	0,0000	0,0003	0,0028	0,0141	0,0428	0,0891	0,1367	0,1612	0,1488
	12	0,0000	0,0000	0,0000	0,0008	0,0051	0,0199	0,0520	0,0988	0,1429	0,1612
	13	0,0000	0,0000	0,0000	0,0002	0,0016	0,0079	0,0258	0,0608	0,1079	0,1488
	14	0,0000	0,0000	0,0000	0,0000	0,0004	0,0026	0,0109	0,0318	0,0694	0,1169
	15	0,0000	0,0000	0,0000	0,0000	0,0001	0,0008	0,0039	0,0141	0,0378	0,0779
	16	0,0000	0,0000	0,0000	0,0000	0,0000	0,0002	0,0012	0,0053	0,0174	0,0438
	17	0,0000	0,0000	0,0000	0,0000	0,0000	0,0000	0,0003	0,0017	0,0067	0,0206
	18	0,0000	0,0000	0,0000	0,0000	0,0000	0,0000	0,0001	0,0004	0,0021	0,0080
	19	0,0000	0,0000	0,0000	0,0000	0,0000	0,0000	0,0000	0,0001	0,0006	0,0025
	20	0,0000	0,0000	0,0000	0,0000	0,0000	0,0000	0,0000	0,0000	0,0001	0,0006
	21	0,0000	0,0000	0,0000	0,0000	0,0000	0,0000	0,0000	0,0000	0,0000	0,0001
	22	0,0000	0,0000	0,0000	0,0000	0,0000	0,0000	0,0000	0,0000	0,0000	0,0000
	23	0,0000	0,0000	0,0000	0,0000	0,0000	0,0000	0,0000	0,0000	0,0000	0,0000
	24	0,0000	0,0000	0,0000	0,0000	0,0000	0,0000	0,0000	0,0000	0,0000	0,0000
25	0	0,2774	0,0718	0,0172	0,0038	0,0008	0,0001	0,0000	0,0000	0,0000	0,0000
	1	0,3650	0,1994	0,0759	0,0236	0,0063	0,0014	0,0003	0,0000	0,0000	0,0000
	2	0,2305	0,2659	0,1607	0,0708	0,0251	0,0074	0,0018	0,0004	0,0001	0,0000
	3	0,0930	0,2265	0,2174	0,1358	0,0641	0,0243	0,0076	0,0019	0,0004	0,0001
	4	0,0269	0,1384	0,2110	0,1867	0,1175	0,0572	0,0224	0,0071	0,0018	0,0004
	5	0,0060	0,0646	0,1564	0,1960	0,1645	0,1030	0,0506	0,0199	0,0063	0,0016
	6	0,0010	0,0239	0,0920	0,1633	0,1828	0,1472	0,0908	0,0442	0,0172	0,0053
	7	0,0001	0,0072	0,0441	0,1108	0,1654	0,1712	0,1327	0,0800	0,0381	0,0143
	8	0,0000	0,0018	0,0175	0,0623	0,1241	0,1651	0,1607	0,1200	0,0701	0,0322
	9	0,0000	0,0004	0,0058	0,0294	0,0781	0,1336	0,1635	0,1511	0,1084	0,0609
	10	0,0000	0,0001	0,0016	0,0118	0,0417	0,0916	0,1409	0,1612	0,1419	0,0974
	11	0,0000	0,0000	0,0004	0,0040	0,0189	0,0536	0,1034	0,1465	0,1583	0,1328
	12	0,0000	0,0000	0,0001	0,0012	0,0074	0,0268	0,0650	0,1140	0,1511	0,1550
	13	0,0000	0,0000	0,0000	0,0003	0,0025	0,0115	0,0350	0,0760	0,1236	0,1550
	14	0,0000	0,0000	0,0000	0,0001	0,0007	0,0042	0,0161	0,0434	0,0867	0,1328
	15	0,0000	0,0000	0,0000	0,0000	0,0002	0,0013	0,0064	0,0212	0,0520	0,0974
	16	0,0000	0,0000	0,0000	0,0000	0,0000	0,0004	0,0021	0,0088	0,0266	0,0609
	17	0,0000	0,0000	0,0000	0,0000	0,0000	0,0001	0,0006	0,0031	0,0115	0,0322
	18	0,0000	0,0000	0,0000	0,0000	0,0000	0,0000	0,0001	0,0009	0,0042	0,0143
	19	0,0000	0,0000	0,0000	0,0000	0,0000	0,0000	0,0000	0,0002	0,0013	0,0053
	20	0,0000	0,0000	0,0000	0,0000	0,0000	0,0000	0,0000	0,0000	0,0003	0,0016
	21	0,0000	0,0000	0,0000	0,0000	0,0000	0,0000	0,0000	0,0000	0,0001	0,0004
	22	0,0000	0,0000	0,0000	0,0000	0,0000	0,0000	0,0000	0,0000	0,0000	0,0001
	23	0,0000	0,0000	0,0000	0,0000	0,0000	0,0000	0,0000	0,0000	0,0000	0,0000
	24	0,0000	0,0000	0,0000	0,0000	0,0000	0,0000	0,0000	0,0000	0,0000	0,0000
	25	0,0000	0,0000	0,0000	0,0000	0,0000	0,0000	0,0000	0,0000	0,0000	0,0000
26	0	0,2635	0,0646	0,0146	0,0030	0,0006	0,0001	0,0000	0,0000	0,0000	0,0000
	1	0,3606	0,1867	0,0671	0,0196	0,0049	0,0010	0,0002	0,0000	0,0000	0,0000
	2	0,2372	0,2592	0,1480	0,0614	0,0204	0,0056	0,0013	0,0002	0,0000	0,0000

TABLE 1 — LA DISTRIBUTION BINOMIALE (suite)

$$P(X = x) = \binom{n}{x} \pi^x (1-\pi)^{(n-x)}$$

n	x	0,05	0,10	0,15	0,20	π 0,25	0,30	0,35	0,40	0,45	0,50
26	3	0,0999	0,2304	0,2089	0,1228	0,0544	0,0192	0,0055	0,0013	0,0003	0,0000
	4	0,0302	0,1472	0,2119	0,1765	0,1042	0,0473	0,0172	0,0050	0,0012	0,0002
	5	0,0070	0,0720	0,1646	0,1941	0,1528	0,0893	0,0407	0,0148	0,0043	0,0010
	6	0,0013	0,0280	0,1016	0,1699	0,1782	0,1339	0,0767	0,0345	0,0123	0,0034
	7	0,0002	0,0089	0,0512	0,1213	0,1698	0,1640	0,1180	0,0657	0,0287	0,0098
	8	0,0000	0,0023	0,0215	0,0720	0,1344	0,1669	0,1509	0,1040	0,0557	0,0233
	9	0,0000	0,0005	0,0076	0,0360	0,0896	0,1431	0,1625	0,1386	0,0912	0,0466
	10	0,0000	0,0001	0,0023	0,0153	0,0508	0,1042	0,1488	0,1571	0,1268	0,0792
	11	0,0000	0,0000	0,0006	0,0056	0,0246	0,0650	0,1165	0,1524	0,1509	0,1151
	12	0,0000	0,0000	0,0001	0,0017	0,0103	0,0348	0,0784	0,1270	0,1543	0,1439
	13	0,0000	0,0000	0,0000	0,0005	0,0037	0,0161	0,0455	0,0912	0,1360	0,1550
	14	0,0000	0,0000	0,0000	0,0001	0,0011	0,0064	0,0227	0,0564	0,1033	0,1439
	15	0,0000	0,0000	0,0000	0,0000	0,0003	0,0022	0,0098	0,0301	0,0676	0,1151
	16	0,0000	0,0000	0,0000	0,0000	0,0001	0,0006	0,0036	0,0138	0,0380	0,0792
	17	0,0000	0,0000	0,0000	0,0000	0,0000	0,0002	0,0011	0,0054	0,0183	0,0466
	18	0,0000	0,0000	0,0000	0,0000	0,0000	0,0000	0,0003	0,0018	0,0075	0,0233
	19	0,0000	0,0000	0,0000	0,0000	0,0000	0,0000	0,0001	0,0005	0,0026	0,0098
	20	0,0000	0,0000	0,0000	0,0000	0,0000	0,0000	0,0000	0,0001	0,0007	0,0034
	21	0,0000	0,0000	0,0000	0,0000	0,0000	0,0000	0,0000	0,0000	0,0002	0,0010
	22	0,0000	0,0000	0,0000	0,0000	0,0000	0,0000	0,0000	0,0000	0,0000	0,0002
	23	0,0000	0,0000	0,0000	0,0000	0,0000	0,0000	0,0000	0,0000	0,0000	0,0000
	24	0,0000	0,0000	0,0000	0,0000	0,0000	0,0000	0,0000	0,0000	0,0000	0,0000
	25	0,0000	0,0000	0,0000	0,0000	0,0000	0,0000	0,0000	0,0000	0,0000	0,0000
	26	0,0000	0,0000	0,0000	0,0000	0,0000	0,0000	0,0000	0,0000	0,0000	0,0000
27	0	0,2503	0,0581	0,0124	0,0024	0,0004	0,0001	0,0000	0,0000	0,0000	0,0000
	1	0,3558	0,1744	0,0592	0,0163	0,0038	0,0008	0,0001	0,0000	0,0000	0,0000
	2	0,2434	0,2520	0,1358	0,0530	0,0165	0,0042	0,0009	0,0002	0,0000	0,0000
	3	0,1068	0,2333	0,1997	0,1105	0,0459	0,0151	0,0041	0,0009	0,0002	0,0000
	4	0,0337	0,1555	0,2115	0,1658	0,0917	0,0389	0,0131	0,0035	0,0008	0,0001
	5	0,0082	0,0795	0,1717	0,1906	0,1406	0,0767	0,0325	0,0109	0,0029	0,0006
	6	0,0016	0,0324	0,1111	0,1747	0,1719	0,1205	0,0641	0,0266	0,0087	0,0022
	7	0,0002	0,0108	0,0588	0,1311	0,1719	0,1550	0,1036	0,0532	0,0213	0,0066
	8	0,0000	0,0030	0,0259	0,0819	0,1432	0,1660	0,1394	0,0887	0,0435	0,0165
	9	0,0000	0,0007	0,0097	0,0432	0,1008	0,1502	0,1585	0,1248	0,0752	0,0349
	10	0,0000	0,0001	0,0031	0,0195	0,0605	0,1159	0,1536	0,1497	0,1108	0,0629
	11	0,0000	0,0000	0,0008	0,0075	0,0312	0,0768	0,1278	0,1543	0,1401	0,0971
	12	0,0000	0,0000	0,0002	0,0025	0,0138	0,0439	0,0918	0,1371	0,1528	0,1295
	13	0,0000	0,0000	0,0000	0,0007	0,0053	0,0217	0,0570	0,1055	0,1443	0,1494
	14	0,0000	0,0000	0,0000	0,0002	0,0018	0,0093	0,0307	0,0703	0,1180	0,1494
	15	0,0000	0,0000	0,0000	0,0000	0,0005	0,0035	0,0143	0,0406	0,0837	0,1295
	16	0,0000	0,0000	0,0000	0,0000	0,0001	0,0011	0,0058	0,0203	0,0514	0,0971
	17	0,0000	0,0000	0,0000	0,0000	0,0000	0,0003	0,0020	0,0088	0,0272	0,0629
	18	0,0000	0,0000	0,0000	0,0000	0,0000	0,0001	0,0006	0,0032	0,0124	0,0349
	19	0,0000	0,0000	0,0000	0,0000	0,0000	0,0000	0,0002	0,0010	0,0048	0,0165
	20	0,0000	0,0000	0,0000	0,0000	0,0000	0,0000	0,0000	0,0003	0,0016	0,0066
	21	0,0000	0,0000	0,0000	0,0000	0,0000	0,0000	0,0000	0,0001	0,0004	0,0022
	22	0,0000	0,0000	0,0000	0,0000	0,0000	0,0000	0,0000	0,0000	0,0001	0,0006
	23	0,0000	0,0000	0,0000	0,0000	0,0000	0,0000	0,0000	0,0000	0,0000	0,0001
	24	0,0000	0,0000	0,0000	0,0000	0,0000	0,0000	0,0000	0,0000	0,0000	0,0000
	25	0,0000	0,0000	0,0000	0,0000	0,0000	0,0000	0,0000	0,0000	0,0000	0,0000
	26	0,0000	0,0000	0,0000	0,0000	0,0000	0,0000	0,0000	0,0000	0,0000	0,0000
	27	0,0000	0,0000	0,0000	0,0000	0,0000	0,0000	0,0000	0,0000	0,0000	0,0000

TABLE 1 — LA DISTRIBUTION BINOMIALE (suite)

$$P(X = x) = \binom{n}{x} \pi^x (1 - \pi)^{(n-x)}$$

n	x	0,05	0,10	0,15	0,20	0,25	0,30	0,35	0,40	0,45	0,50
28	0	0,2378	0,0523	0,0106	0,0019	0,0003	0,0000	0,0000	0,0000	0,0000	0,0000
	1	0,3505	0,1628	0,0522	0,0135	0,0030	0,0006	0,0001	0,0000	0,0000	0,0000
	2	0,2490	0,2442	0,1243	0,0457	0,0133	0,0032	0,0006	0,0001	0,0000	0,0000
	3	0,1136	0,2352	0,1901	0,0990	0,0385	0,0119	0,0030	0,0006	0,0001	0,0000
	4	0,0374	0,1633	0,2097	0,1547	0,0803	0,0318	0,0099	0,0025	0,0005	0,0001
	5	0,0094	0,0871	0,1776	0,1856	0,1284	0,0654	0,0257	0,0079	0,0019	0,0004
	6	0,0019	0,0371	0,1202	0,1779	0,1641	0,1074	0,0530	0,0203	0,0061	0,0014
	7	0,0003	0,0130	0,0667	0,1398	0,1719	0,1446	0,0897	0,0426	0,0156	0,0044
	8	0,0000	0,0038	0,0309	0,0917	0,1504	0,1627	0,1269	0,0745	0,0335	0,0116
	9	0,0000	0,0009	0,0121	0,0510	0,1114	0,1550	0,1518	0,1103	0,0610	0,0257
	10	0,0000	0,0002	0,0041	0,0242	0,0706	0,1262	0,1553	0,1398	0,0948	0,0489
	11	0,0000	0,0000	0,0012	0,0099	0,0385	0,0885	0,1368	0,1525	0,1269	0,0800
	12	0,0000	0,0000	0,0003	0,0035	0,0182	0,0537	0,1044	0,1440	0,1471	0,1133
	13	0,0000	0,0000	0,0001	0,0011	0,0075	0,0283	0,0692	0,1181	0,1481	0,1395
	14	0,0000	0,0000	0,0000	0,0003	0,0027	0,0130	0,0399	0,0844	0,1298	0,1494
	15	0,0000	0,0000	0,0000	0,0001	0,0008	0,0052	0,0201	0,0525	0,0991	0,1395
	16	0,0000	0,0000	0,0000	0,0000	0,0002	0,0018	0,0088	0,0284	0,0659	0,1133
	17	0,0000	0,0000	0,0000	0,0000	0,0001	0,0005	0,0033	0,0134	0,0381	0,0800
	18	0,0000	0,0000	0,0000	0,0000	0,0000	0,0001	0,0011	0,0055	0,0190	0,0489
	19	0,0000	0,0000	0,0000	0,0000	0,0000	0,0000	0,0003	0,0019	0,0082	0,0257
	20	0,0000	0,0000	0,0000	0,0000	0,0000	0,0000	0,0001	0,0006	0,0030	0,0116
	21	0,0000	0,0000	0,0000	0,0000	0,0000	0,0000	0,0000	0,0001	0,0009	0,0044
	22	0,0000	0,0000	0,0000	0,0000	0,0000	0,0000	0,0000	0,0000	0,0002	0,0014
	23	0,0000	0,0000	0,0000	0,0000	0,0000	0,0000	0,0000	0,0000	0,0001	0,0004
	24	0,0000	0,0000	0,0000	0,0000	0,0000	0,0000	0,0000	0,0000	0,0000	0,0001
	25	0,0000	0,0000	0,0000	0,0000	0,0000	0,0000	0,0000	0,0000	0,0000	0,0000
	26	0,0000	0,0000	0,0000	0,0000	0,0000	0,0000	0,0000	0,0000	0,0000	0,0000
	27	0,0000	0,0000	0,0000	0,0000	0,0000	0,0000	0,0000	0,0000	0,0000	0,0000
	28	0,0000	0,0000	0,0000	0,0000	0,0000	0,0000	0,0000	0,0000	0,0000	0,0000
29	0	0,2259	0,0471	0,0090	0,0015	0,0002	0,0000	0,0000	0,0000	0,0000	0,0000
	1	0,3448	0,1518	0,0459	0,0112	0,0023	0,0004	0,0001	0,0000	0,0000	0,0000
	2	0,2541	0,2361	0,1135	0,0393	0,0107	0,0024	0,0004	0,0001	0,0000	0,0000
	3	0,1204	0,2361	0,1803	0,0883	0,0322	0,0093	0,0021	0,0004	0,0001	0,0000
	4	0,0412	0,1705	0,2068	0,1436	0,0698	0,0258	0,0075	0,0017	0,0003	0,0000
	5	0,0108	0,0947	0,1825	0,1795	0,1164	0,0553	0,0202	0,0058	0,0013	0,0002
	6	0,0023	0,0421	0,1288	0,1795	0,1552	0,0948	0,0435	0,0154	0,0042	0,0009
	7	0,0004	0,0154	0,0747	0,1474	0,1699	0,1335	0,0769	0,0337	0,0113	0,0029
	8	0,0001	0,0047	0,0362	0,1013	0,1558	0,1573	0,1139	0,0617	0,0255	0,0080
	9	0,0000	0,0012	0,0149	0,0591	0,1212	0,1573	0,1431	0,0960	0,0486	0,0187
	10	0,0000	0,0003	0,0053	0,0296	0,0808	0,1348	0,1541	0,1280	0,0796	0,0373
	11	0,0000	0,0001	0,0016	0,0128	0,0465	0,0998	0,1433	0,1474	0,1124	0,0644
	12	0,0000	0,0000	0,0004	0,0048	0,0233	0,0642	0,1157	0,1474	0,1380	0,0967
	13	0,0000	0,0000	0,0001	0,0016	0,0101	0,0360	0,0815	0,1285	0,1476	0,1264
	14	0,0000	0,0000	0,0000	0,0004	0,0039	0,0176	0,0502	0,0979	0,1381	0,1445
	15	0,0000	0,0000	0,0000	0,0001	0,0013	0,0075	0,0270	0,0653	0,1130	0,1445
	16	0,0000	0,0000	0,0000	0,0000	0,0004	0,0028	0,0127	0,0381	0,0809	0,1264
	17	0,0000	0,0000	0,0000	0,0000	0,0001	0,0009	0,0052	0,0194	0,0506	0,0967
	18	0,0000	0,0000	0,0000	0,0000	0,0000	0,0003	0,0019	0,0086	0,0276	0,0644
	19	0,0000	0,0000	0,0000	0,0000	0,0000	0,0001	0,0006	0,0033	0,0131	0,0373
	20	0,0000	0,0000	0,0000	0,0000	0,0000	0,0000	0,0002	0,0011	0,0053	0,0187
	21	0,0000	0,0000	0,0000	0,0000	0,0000	0,0000	0,0000	0,0003	0,0019	0,0080
	22	0,0000	0,0000	0,0000	0,0000	0,0000	0,0000	0,0000	0,0001	0,0006	0,0029
	23	0,0000	0,0000	0,0000	0,0000	0,0000	0,0000	0,0000	0,0000	0,0001	0,0009

→

TABLE 1 — LA DISTRIBUTION BINOMIALE (suite)

$$P(X = x) = \binom{n}{x} \pi^x (1 - \pi)^{(n-x)}$$

n	x	0,05	0,10	0,15	0,20	0,25	0,30	0,35	0,40	0,45	0,50
29	24	0,0000	0,0000	0,0000	0,0000	0,0000	0,0000	0,0000	0,0000	0,0000	0,0002
	25	0,0000	0,0000	0,0000	0,0000	0,0000	0,0000	0,0000	0,0000	0,0000	0,0000
	26	0,0000	0,0000	0,0000	0,0000	0,0000	0,0000	0,0000	0,0000	0,0000	0,0000
	27	0,0000	0,0000	0,0000	0,0000	0,0000	0,0000	0,0000	0,0000	0,0000	0,0000
	28	0,0000	0,0000	0,0000	0,0000	0,0000	0,0000	0,0000	0,0000	0,0000	0,0000
	29	0,0000	0,0000	0,0000	0,0000	0,0000	0,0000	0,0000	0,0000	0,0000	0,0000
30	0	0,2146	0,0424	0,0076	0,0012	0,0002	0,0000	0,0000	0,0000	0,0000	0,0000
	1	0,3389	0,1413	0,0404	0,0093	0,0018	0,0003	0,0000	0,0000	0,0000	0,0000
	2	0,2586	0,2277	0,1034	0,0337	0,0086	0,0018	0,0003	0,0000	0,0000	0,0000
	3	0,1270	0,2361	0,1703	0,0785	0,0269	0,0072	0,0015	0,0003	0,0000	0,0000
	4	0,0451	0,1771	0,2028	0,1325	0,0604	0,0208	0,0056	0,0012	0,0002	0,0000
	5	0,0124	0,1023	0,1861	0,1723	0,1047	0,0464	0,0157	0,0041	0,0008	0,0001
	6	0,0027	0,0474	0,1368	0,1795	0,1455	0,0829	0,0353	0,0115	0,0029	0,0006
	7	0,0005	0,0180	0,0828	0,1538	0,1662	0,1219	0,0652	0,0263	0,0081	0,0019
	8	0,0001	0,0058	0,0420	0,1106	0,1593	0,1501	0,1009	0,0505	0,0191	0,0055
	9	0,0000	0,0016	0,0181	0,0676	0,1298	0,1573	0,1328	0,0823	0,0382	0,0133
	10	0,0000	0,0004	0,0067	0,0355	0,0909	0,1416	0,1502	0,1152	0,0656	0,0280
	11	0,0000	0,0001	0,0022	0,0161	0,0551	0,1103	0,1471	0,1396	0,0976	0,0509
	12	0,0000	0,0000	0,0006	0,0064	0,0291	0,0749	0,1254	0,1474	0,1265	0,0806
	13	0,0000	0,0000	0,0001	0,0022	0,0134	0,0444	0,0935	0,1360	0,1433	0,1115
	14	0,0000	0,0000	0,0000	0,0007	0,0054	0,0231	0,0611	0,1101	0,1424	0,1354
	15	0,0000	0,0000	0,0000	0,0002	0,0019	0,0106	0,0351	0,0783	0,1242	0,1445
	16	0,0000	0,0000	0,0000	0,0000	0,0006	0,0042	0,0177	0,0489	0,0953	0,1354
	17	0,0000	0,0000	0,0000	0,0000	0,0002	0,0015	0,0079	0,0269	0,0642	0,1115
	18	0,0000	0,0000	0,0000	0,0000	0,0000	0,0005	0,0031	0,0129	0,0379	0,0806
	19	0,0000	0,0000	0,0000	0,0000	0,0000	0,0001	0,0010	0,0054	0,0196	0,0509
	20	0,0000	0,0000	0,0000	0,0000	0,0000	0,0000	0,0003	0,0020	0,0088	0,0280
	21	0,0000	0,0000	0,0000	0,0000	0,0000	0,0000	0,0001	0,0006	0,0034	0,0133
	22	0,0000	0,0000	0,0000	0,0000	0,0000	0,0000	0,0000	0,0002	0,0012	0,0055
	23	0,0000	0,0000	0,0000	0,0000	0,0000	0,0000	0,0000	0,0000	0,0003	0,0019
	24	0,0000	0,0000	0,0000	0,0000	0,0000	0,0000	0,0000	0,0000	0,0001	0,0006
	25	0,0000	0,0000	0,0000	0,0000	0,0000	0,0000	0,0000	0,0000	0,0000	0,0001
	26	0,0000	0,0000	0,0000	0,0000	0,0000	0,0000	0,0000	0,0000	0,0000	0,0000
	27	0,0000	0,0000	0,0000	0,0000	0,0000	0,0000	0,0000	0,0000	0,0000	0,0000
	28	0,0000	0,0000	0,0000	0,0000	0,0000	0,0000	0,0000	0,0000	0,0000	0,0000
	29	0,0000	0,0000	0,0000	0,0000	0,0000	0,0000	0,0000	0,0000	0,0000	0,0000
	30	0,0000	0,0000	0,0000	0,0000	0,0000	0,0000	0,0000	0,0000	0,0000	0,0000

TABLE 2 — LA DISTRIBUTION NORMALE

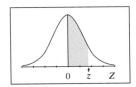

z	0,00	0,01	0,02	0,03	0,04	0,05	0,06	0,07	0,08	0,09
0,0	0,0000	0,0040	0,0080	0,0120	0,0160	0,0199	0,0239	0,0279	0,0319	0,0359
0,1	0,0398	0,0438	0,0478	0,0517	0,0557	0,0596	0,0636	0,0675	0,0714	0,0753
0,2	0,0793	0,0832	0,0871	0,0910	0,0948	0,0987	0,1026	0,1064	0,1103	0,1141
0,3	0,1179	0,1217	0,1255	0,1293	0,1331	0,1368	0,1406	0,1443	0,1480	0,1517
0,4	0,1554	0,1591	0,1628	0,1664	0,1700	0,1736	0,1772	0,1808	0,1844	0,1879
0,5	0,1915	0,1950	0,1985	0,2019	0,2054	0,2088	0,2123	0,2157	0,2190	0,2224
0,6	0,2257	0,2291	0,2324	0,2357	0,2389	0,2422	0,2454	0,2486	0,2517	0,2549
0,7	0,2580	0,2611	0,2642	0,2673	0,2704	0,2734	0,2764	0,2794	0,2823	0,2852
0,8	0,2881	0,2910	0,2939	0,2967	0,2995	0,3023	0,3051	0,3078	0,3106	0,3133
0,9	0,3159	0,3186	0,3212	0,3238	0,3264	0,3289	0,3315	0,3340	0,3365	0,3389
1,0	0,3413	0,3438	0,3461	0,3485	0,3508	0,3531	0,3554	0,3577	0,3599	0,3621
1,1	0,3643	0,3665	0,3686	0,3708	0,3729	0,3749	0,3770	0,3790	0,3810	0,3830
1,2	0,3849	0,3869	0,3888	0,3907	0,3925	0,3944	0,3962	0,3980	0,3997	0,4015
1,3	0,4032	0,4049	0,4066	0,4082	0,4099	0,4115	0,4131	0,4147	0,4162	0,4177
1,4	0,4192	0,4207	0,4222	0,4236	0,4251	0,4265	0,4279	0,4292	0,4306	0,4319
1,5	0,4332	0,4345	0,4357	0,4370	0,4382	0,4394	0,4406	0,4418	0,4429	0,4441
1,6	0,4452	0,4463	0,4474	0,4484	0,4495	0,4505	0,4515	0,4525	0,4535	0,4545
1,7	0,4554	0,4564	0,4573	0,4582	0,4591	0,4599	0,4608	0,4616	0,4625	0,4633
1,8	0,4641	0,4649	0,4656	0,4664	0,4671	0,4678	0,4686	0,4693	0,4699	0,4706
1,9	0,4713	0,4719	0,4726	0,4732	0,4738	0,4744	0,4750	0,4756	0,4761	0,4767
2,0	0,4772	0,4778	0,4783	0,4788	0,4793	0,4798	0,4803	0,4808	0,4812	0,4817
2,1	0,4821	0,4826	0,4830	0,4834	0,4838	0,4842	0,4846	0,4850	0,4854	0,4857
2,2	0,4861	0,4864	0,4868	0,4871	0,4875	0,4878	0,4881	0,4884	0,4887	0,4890
2,3	0,4893	0,4896	0,4898	0,4901	0,4904	0,4906	0,4909	0,4911	0,4913	0,4916
2,4	0,4918	0,4920	0,4922	0,4925	0,4927	0,4929	0,4931	0,4932	0,4934	0,4936
2,5	0,4938	0,4940	0,4941	0,4943	0,4945	0,4946	0,4948	0,4949	0,4951	0,4952
2,6	0,4953	0,4955	0,4956	0,4957	0,4959	0,4960	0,4961	0,4962	0,4963	0,4964
2,7	0,4965	0,4966	0,4967	0,4968	0,4969	0,4970	0,4971	0,4972	0,4973	0,4974
2,8	0,4974	0,4975	0,4976	0,4977	0,4977	0,4978	0,4979	0,4979	0,4980	0,4981
2,9	0,4981	0,4982	0,4982	0,4983	0,4984	0,4984	0,4985	0,4985	0,4986	0,4986
3,0	0,4987	0,4987	0,4987	0,4988	0,4988	0,4989	0,4989	0,4989	0,4990	0,4990
3,1	0,4990	0,4991	0,4991	0,4991	0,4992	0,4992	0,4992	0,4992	0,4993	0,4993
3,2	0,4993	0,4993	0,4994	0,4994	0,4994	0,4994	0,4994	0,4995	0,4995	0,4995
3,3	0,4995	0,4995	0,4995	0,4996	0,4996	0,4996	0,4996	0,4996	0,4996	0,4997
3,4	0,4997	0,4997	0,4997	0,4997	0,4997	0,4997	0,4997	0,4997	0,4997	0,4998
3,5	0,4998	0,4998	0,4998	0,4998	0,4998	0,4998	0,4998	0,4998	0,4998	0,4998
3,6	0,4998	0,4998	0,4999	0,4999	0,4999	0,4999	0,4999	0,4999	0,4999	0,4999
3,7	0,4999	0,4999	0,4999	0,4999	0,4999	0,4999	0,4999	0,4999	0,4999	0,4999
3,8	0,4999	0,4999	0,4999	0,4999	0,4999	0,4999	0,4999	0,4999	0,4999	0,4999
3,9	0,5000	0,5000	0,5000	0,5000	0,5000	0,5000	0,5000	0,5000	0,5000	0,5000
4,0	0,5000	0,5000	0,5000	0,5000	0,5000	0,5000	0,5000	0,5000	0,5000	0,5000
4,1	0,5000	0,5000	0,5000	0,5000	0,5000	0,5000	0,5000	0,5000	0,5000	0,5000
4,2	0,5000	0,5000	0,5000	0,5000	0,5000	0,5000	0,5000	0,5000	0,5000	0,5000
4,3	0,5000	0,5000	0,5000	0,5000	0,5000	0,5000	0,5000	0,5000	0,5000	0,5000
4,4	0,5000	0,5000	0,5000	0,5000	0,5000	0,5000	0,5000	0,5000	0,5000	0,5000
4,5	0,5000	0,5000	0,5000	0,5000	0,5000	0,5000	0,5000	0,5000	0,5000	0,5000
4,6	0,5000	0,5000	0,5000	0,5000	0,5000	0,5000	0,5000	0,5000	0,5000	0,5000
4,7	0,5000	0,5000	0,5000	0,5000	0,5000	0,5000	0,5000	0,5000	0,5000	0,5000
4,8	0,5000	0,5000	0,5000	0,5000	0,5000	0,5000	0,5000	0,5000	0,5000	0,5000
4,9	0,5000	0,5000	0,5000	0,5000	0,5000	0,5000	0,5000	0,5000	0,5000	0,5000
5,0	0,5000	0,5000	0,5000	0,5000	0,5000	0,5000	0,5000	0,5000	0,5000	0,5000

TABLE 3 — LA DISTRIBUTION DE STUDENT

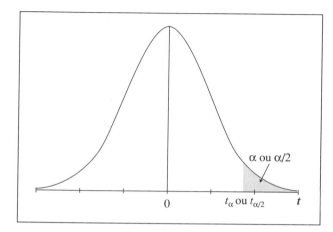

ν	α ou α/2				
	0,10	0,05	0,025	0,01	0,005
1	3,08	6,31	12,71	31,82	63,66
2	1,89	2,92	4,30	6,96	9,92
3	1,64	2,35	3,18	4,54	5,84
4	1,53	2,13	2,78	3,75	4,60
5	1,48	2,02	2,57	3,37	4,03
6	1,44	1,94	2,45	3,14	3,71
7	1,42	1,90	2,37	3,00	3,50
8	1,40	1,86	2,31	2,90	3,36
9	1,38	1,83	2,26	2,82	3,25
10	1,37	1,81	2,23	2,76	3,17
11	1,36	1,80	2,20	2,72	3,11
12	1,36	1,78	2,18	2,68	3,06
13	1,35	1,77	2,16	2,65	3,01
14	1,34	1,76	2,14	2,62	2,98
15	1,34	1,75	2,13	2,60	2,95
16	1,34	1,75	2,12	2,58	2,92
17	1,33	1,74	2,11	2,57	2,90
18	1,33	1,73	2,10	2,55	2,88
19	1,33	1,73	2,09	2,54	2,86
20	1,33	1,73	2,09	2,53	2,85
21	1,32	1,72	2,08	2,52	2,83
22	1,32	1,72	2,07	2,51	2,82
23	1,32	1,71	2,07	2,50	2,81
24	1,32	1,71	2,06	2,49	2,80
25	1,32	1,71	2,06	2,49	2,79
26	1,32	1,71	2,06	2,48	2,78
27	1,31	1,70	2,05	2,47	2,77
28	1,31	1,70	2,05	2,47	2,76
29	1,31	1,70	2,05	2,46	2,76
30	1,31	1,70	2,04	2,46	2,75
∞	1,28	1,64	1,96	2,33	2,58

TABLE 4 — LA DISTRIBUTION DU KHI DEUX

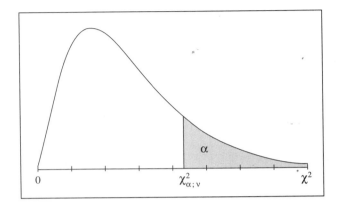

ν	α				
	0,005	0,010	0,025	0,050	0,100
1	7,88	6,63	5,02	3,84	2,71
2	10,60	9,21	7,38	5,99	4,61
3	12,84	11,34	9,35	7,81	6,25
4	14,86	13,28	11,14	9,49	7,78
5	16,75	15,09	12,83	11,07	9,24
6	18,55	16,81	14,45	12,59	10,64
7	20,28	18,48	16,01	14,07	12,02
8	21,96	20,09	17,53	15,51	13,36
9	23,59	21,67	19,02	16,92	14,68
10	25,19	23,21	20,48	18,31	15,99
11	26,76	24,72	21,92	19,68	17,28
12	28,30	26,22	23,34	21,03	18,55
13	29,82	27,69	24,74	22,36	19,81
14	31,32	29,14	26,12	23,68	21,06
15	32,80	30,58	27,49	25,00	22,31
16	34,27	32,00	28,85	26,30	23,54
17	35,72	33,41	30,19	27,59	24,77
18	37,16	34,81	31,53	28,87	25,99
19	38,58	36,19	32,85	30,14	27,20
20	40,00	37,57	34,17	31,41	28,41
21	41,40	38,93	35,48	32,67	29,62
22	42,80	40,29	36,78	33,92	30,81
23	44,18	41,64	38,08	35,17	32,01
24	45,56	42,98	39,36	36,42	33,20
25	46,93	44,31	40,65	37,65	34,38
26	48,29	45,64	41,92	38,89	35,56
27	49,64	46,96	43,19	40,11	36,74
28	50,99	48,28	44,46	41,34	37,92
29	52,34	49,59	45,72	42,56	39,09
30	53,67	50,89	46,98	43,77	40,26

Index

A

ajustement, test d', 398
amas, 19
    échantillonnage par __, 19
analyse statistique, 7-8
approximation de la distribution binomiale par la distribution normale, 256
arrangement(s), 208, 211
association
    de deux variables qualitatives, 362
    de deux variables quantitatives, 377-378
asymétrie, 118

B

bâtons, 68
    diagramme en __, 67

C

centiles, 88, 115
classe(s), 97-98
    de largeurs inégales, 123, 124
    fréquence de la __, 99
    largeur des __, 98-99
    médiane, 105
    modale, 103
    nombre de __, 98
    ouvertes, 123, 124
    point milieu d'une __, 99
coefficient
    de contingence, 366, 367-368
    de corrélation linéaire, 388
        de Pearson, 380
    de détermination, 385, 386
    de variation, 83-84, 114
    saisonnier, 424, 432
combinaisons, 208, 213
confiance
    intervalle de __, voir intervalle
    pourcentage(s) de __, 298, 300, 301, 302, 305
contingence
    coefficient de __, 366, 367-368
    tableau de __, 363
corrélation, 378

facteur de __
    pour une population finie, 279
    linéaire, 378
        coefficient de __, voir coefficient
        degré de __, 380
        négative, 381-382
        positive, 381, 383
    négative, 383
cote Z, 89-90, 117-118
courbe
    de Gauss, 242
    des pourcentages cumulés, 102-103

D

déciles, 87-88, 115
degré(s)
    de corrélation linéaire, 380
    de liberté, 315, 369, 370, 401
densité, 241
    fonction de __, 240, 241, 242
désaisonnalisation des données, 415, 424-428, 431-435, 438-442
détermination, coefficient de, 385, 386
diagramme
    à bandes horizontales, 139-140, 149
    à bandes verticales, 138-139, 148
    circulaire, 149-150
    en bâtons, 67
    linéaire, 150-151
    voir aussi graphique
dispersion, mesures de, 78-85, 110-114, 142, 151
distribution(s)
    asymétrique, 77, 109, 110
    binomiale, 232-233
        approximation de la __, 256
        écart type pour une __, 235
        moyenne pour une __, 235
    conditionnelle(s), 362, 363-364
    d'échantillonnage, 266
        des moyennes, 282
    d'une moyenne, 276-277
    de probabilités, 224
    de Student, 315, 317

des proportions, 266
du khi deux, 369
marginale, 362, 363
normale, 89, 118, 242-244
    approximation de la distribution binomiale par la __, 256
symétrique, 77, 109
donnée(s), 24
    brutes, 64, 96
    construites, 39-57
    désaisonnalisation des __, 415, 424-428, 431-435, 438-442
    étendue des __, 98
    groupées, 97
    homogénéité des __, 85
droite de régression, 383

E

écart
    significatif, 335
    type, 78-79, 110-111, 227
        d'une variable aléatoire discrète, 227-228
        des proportions, 270
        pour une distribution binomiale, 235
échantillon(s), 10
    nombre d'__, 216
    non représentatif, 405
    petits __, 315
    représentatif, 405
    taille de l'__, 10, 24, 303, 306, 327
échantillonnage
    accidentel ou à l'aveuglette, 20
    aléatoire simple, 16
    au jugé, 21
    de volontaires, 20
    distribution d'__, 266
        des moyennes, 282
    méthode(s) d'__, 15
        aléatoire, 15
        non aléatoire, 15
    par grappes ou amas, 19
    par quotas, 21
    stratifié, 18

systématique, 17
échec, 232
échelle(s)
  d'intervalle, 32-33, 38
  de mesure, 31-38
  de rapport, 31, 38
  nominale, 36-37, 38
    variables qualitatives à __,
    146-151
  ordinale, 34, 38
    variables qualitatives à __,
    136-142
épreuve de Bernoulli, 232
erreur
  de deuxième espèce, 354, 355
  de première espèce, 354
  marge d'__, 298, 300, 301, 305
    de l'estimation, 305
  risque d'__, 300, 302
espace échantillonnal, 178
estimateur(s), 294-295
  convergent(s), 294, 305
  de μ, 295
  de π, 320
  de σ, 310
  efficaces, 294
  sans biais, 294
estimation
  d'une moyenne, 295-317
  d'une proportion, 320-328
  de la tendance à long terme,
  422-423, 430-431, 436-438
  marge d'erreur de l'__, 305
  par intervalle de confiance, 297,
  323
  ponctuelle, 295, 320
étendue, 98
événement(s), 182
  certain, 189
  impossible, 189
  indépendants, 204
  intersection et union de deux __,
  183
  mutuellement exclusifs, 192
  probabilité d'un __, 187-189
exclusivité, 99
exhaustivité, 99
expérience aléatoire, 178

F

facteur de corrélation pour une
population finie, 279
factorielle, 209

fonction de densité, 240, 241, 242
force
  du lien linéaire, 378, 380, 382, 387
  du lien statistique, 366, 367
formule de Sturges, 98
fréquence(s), 65, 99
  espérées, 364
  observées, 363, 364
  théoriques, 364

G

graphique, 67, 100, 138, 148
  voir aussi diagramme
grappe(s), 19
  échantillonnage par __, 19

H

histogramme, 100-101
homogénéité, 85, 114
hypothèse(s)
  alternative, 335
  statistiques, 334, 348, 370, 388
  test d'__, *voir* test
  zones de rejet et de non-rejet de
  l'__, 336

I

indépendance de deux variables, 364
indice, 48-49
  des prix à la consommation, 49
  synthétique de fécondité, 49
  synthétique de nuptialité des
  célibataires, 49
intersection de deux événements, 183
intervalle
  de confiance, 300, 301, 310
    de la moyenne, 310, 317
    de la proportion, 323
    estimation par __, 297, 323
  échelle d'__, 32-33, 38

K

khi deux, 366
  distribution du __, 369

L

largeur des classes, 98-99
liberté, degrés de, 315, 369, 370, 401
lien
  linéaire
    force du __, 378, 380, 382, 387
    statistique, 378
  statistique, 362
    force du __, 366, 367
lissage, 413, 443

à l'aide des moyennes mobiles
  centrées, 413
exponentiel, 413, 435-436
linéaire, 413, 429
lois de probabilité, 232

M

marge d'erreur, 298, 300, 301, 305
  de l'estimation, 305
médiane, 69, 105-106, 140-141
mesure(s)
  de dispersion, 78-85, 110-114, 142,
  151
  de position, 87-90, 115-118, 142
  de tendance centrale, 68-78,
  103-110, 140-142, 151
  échelles de __, 31-38
méthode(s)
  d'échantillonnage, 15
    aléatoire, 15
    non aléatoire, 15
  des moindres carrés, 422
méthodologie, 302
  du sondage, 10
modalités, 28, 136, 146
mode, 68-69, 103-104, 140, 151
  brut, 103
modèle
  additif, 417-418
  multiplicatif, 417, 418-419
moyenne(s), 73, 107, 227
  d'une variable aléatoire discrète,
  227-228
  des proportions, 270
  distribution d'échantillonnage des
  __, 282
  distribution d'une __, 276-277
  estimation d'une __ 295-317
  intervalle de confiance de la __,
  310, 317
  mobiles centrées, 419
    lissage à l'aide des __, 413
  pour une distribution binomiale,
  235
  test d'hypothèses sur une __, 334,
  338-339

N

nombre
  d'échantillons, 216
  de classes, 98
nuage de points, 378

O

ogive, 102-103

P

paramètres, 227
pas, 17
permutations, 212
point(s)
 milieu d'une classe, 99
 nuage de __, 378
polygone des pourcentages, 101-102
population, 10
 finie
  facteur de corrélation pour une __,
  279
 taille de la __, 10
position, mesures de, 87-90,
115-118, 142
pourcentage(s), 41
 cumulé(s), 66, 100
  courbe des __, 102-103
 de confiance, 298, 300, 301, 302,
 305
 de variation dans le temps, 49
 polygone des __, 101-102
prévision, 428, 442
 pour une période à venir, 428-429,
 434-435
probabilité(s)
 conditionnelle(s), 196, 204
 d'un événement, 187-189
 distribution de __, 224
 lois de __, 232
 marginale(s), 200, 204
 table de __, 236
proportion(s), 39
 distribution des __, 266
 écart type des __, 270
 estimation d'une __, 320-328
 intervalle de confiance de la __, 323
 moyenne des __, 270
 test d'hypothèses sur une __,
 348-349
pyramide des âges, 163

Q

quadrants, 379
quantiles, 87-88, 115
quartiles, 87, 115
quotas, échantillonnage par, 21

R

rapport, échelle de, 31, 38
ratio, 57

régression
 droite de __, 383
 linéaire, 378
risque d'erreur, 300, 302

S

saison, 412
série chronologique, 161, 412
 lissage de la __, 413
seuil de signification, 336, 354
sondage, 6
 méthodologie du __, 10
 taux de __, 279
statistique(s), 4, 227
strate, 18, 21
succès, 232

T

table
 de probabilités, 236
 de Student, 316
tableau, 64, 96, 136, 146
 à double entrée, 156-158, 362
 de contingence, 363
taille
 de l'échantillon, 10, 24, 303, 306,
 327
 de la population, 10
taux, 43-44
 d'activité, 48
 d'inflation, 55
 de chômage, 48
 de féminité, 47-48
 de présence syndicale, 48
 de sondage, 279
 inversé, 48
tendance
 à long terme, 412, 413, 430
  estimation de la __, 422-423,
  430-431, 436-438
 centrale
  mesures de __, 68-78, 103-110,
  140-142, 151
test
 d'ajustement, 398
 d'hypothèses
  bilatéral, 335
  seuil de signification du __, 336,
  354
  sur une moyenne, 334, 338-339
  sur une proportion, 348-349
  unilatéral (à droite), 335
  unilatéral (à gauche), 335
théorème central limite, 284, 310

U

union de deux événements, 183
unité statistique, 10, 12

V

valeur(s), 24
 critiques, 336, 370
 désaisonnalisée, 415
 fréquence de la __, 65
variable(s), 24
 aléatoire, *voir* variable aléatoire
 centrée et réduite, 243
 dépendante, 362, 378
 indépendance de deux __, 364
 indépendante, 362, 378
 lien statistique entre deux __, 362
  force du __, 366, 367
 qualitatives, 28
  à échelle nominale, 146-151
  à échelle ordinale, 136-142
  association de deux __, 362
 quantitative(s), 24
  association de deux __, 377-378
  continues, 27, 96-118
  discrète(s), 26, 64-90, 127
 statistique(s), 24, 222
variable aléatoire, 222
 continue, 222, 240
 définition d'une __, 222
 discrète, 222, 224
  écart type d'une __, 227-228
  moyenne d'une __, 227-228
variance, 228
variation
 aléatoire, 412, 416-417
 coefficient de __, 83-84, 114
 cyclique, 412, 414-415
 irrégulière, 412, 416-417
 pourcentage de __, 49
 saisonnière, 412, 415-416
volontaires, échantillonnage de, 20

Z

zéro
 absolu, 31
 arbitraire, 33
zones
 de non-rejet, 336
 de rejet, 336

L.-Brault

DATE	NOM D'EMPRUNTEUR	DATE DE RETOUR
16 NOV. 2005		
2 1 DEC. 2005		
2 1 MAR. 2006		
1 0 OCT. 2006		
0 7 NOV. 2006		